Fred Sinowatz | Daniela Rodler

Histologie in der Tiermedizin

Fred Sinowatz | Daniela Rodler

Histologie in der Tiermedizin

Grundlagen, Techniken, Präparate

Mit 363 Abbildungen und 1 Tabelle

schlütersche

Bibliografische Information der Deutschen Nationalbibliothek
Die Deutsche Nationalbibliothek verzeichnet diese Publikation in der Deutschen Nationalbibliografie; detaillierte bibliografische Daten sind im Internet über https://dnb.de abrufbar.

ISBN 978-3-8426-0015-7 (print)
ISBN 978-3-8426-9001-1 (PDF)

Autoren
Prof. Dr. med. vet. Dr. med. univ. Dr. med. habil. Dr. med. vet. h.c. Fred Sinowatz
Veterinärmedizinisches Department
Tierärztliche Fakultät der Ludwig-Maximilians-Universität München
Veterinärstraße 13
80539 München
Fred.Sinowatz@lmu.de

PD Dr. med. vet. Dr. med. vet habil. Daniela Rodler
Veterinärmedizinisches Department
Tierärztliche Fakultät der Ludwig-Maximilians-Universität München
Veterinärstraße 13
80539 München
Daniela.Rodler@lmu.de

Projektleitung und Lektorat: Dr. Simone Bellair, Hannover
Gesamtherstellung: Schlütersche Verlagsgesellschaft mbH & Co. KG, Hannover
Druck und Bindung: Neografia, Martin-Priekopa, Slowakei

Inhaltsverzeichnis

Teil III Gewebe und Organe: Grundlagen, Abbildungen, Präparate

Anhang

Vorwort

Die erfolgreiche Ausübung des tierärztlichen Berufes erfordert wissenschaftliche Kenntnisse, technisches Geschick und eine positive Einstellung zum Tier. Um das erforderliche Wissen im Studium zu erreichen, gibt es eine große Zahl unterschiedlicher Lehrmittel. Trotz der zunehmenden Bedeutung von digitalen Medien nimmt das klassische Lehrbuch immer noch einen herausragenden Platz ein.

Die bewährten umfangreichen deutschsprachigen Lehrbücher der Histologie weisen allerdings einen enzyklopädischen Ansatz auf und enthalten Informationen, die weit über das prüfungsrelevante Wissen hinausgehen. Das Fehlen einer kompakten, verständlichen Zusammenfassung des aktuellen histologischen und mikroskopisch-anatomischen Lehrstoffes in der Tiermedizin wurde schon von meinen Vorgängern am Lehrstuhl, Professor Hugo Grau und Professor Peter Walter, moniert. Sie hatten mit ihrem Buch „Grundriss der Histologie und vergleichenden mikroskopischen Anatomie der Haussäugetiere“, erschienen 1967 bei Paul Parey, Berlin und Hamburg, diese Lücke erfolgreich gefüllt. Wie damals fehlt auch jetzt eine aktuelle Kurzfassung des histologischen und mikroskopisch-anatomischen Lehrstoffes in der Tiermedizin, die einerseits dem schmalen Zeitkontingent für diese Fächer im Stundenplan gerecht wird aber anderseits auch die grundlegend neuen Erkenntnis in den letzten Jahren in der Histologie berücksichtigt. Dabei war der Leitgedanke, den aktuellen Wissensstoff in knapper und verständlicher Form darzubieten, ohne bei Einzelthemen eine zu sehr in die Breite gehende Erörterung wissenschaftlicher Einzelfragen zu geben. Dafür sind die vielfältigen Möglichkeiten der digitalen Medien sicher besser geeignet. Vielmehr soll unser Buch eine solide Grundlage des histologischen Wissens liefern, bei den histologischen Praktika helfen und der gezielten und effektiven Prüfungsvorbereitung dienen. Dazu wurde unser Bildatlas „Histologie Kurs“ (erstmals erschienen 2011) um das Kapitel „Zelle und Zellteilung“ ergänzt und den einzelnen Geweben und Organen eine solide aber prägnante Besprechung ihrer histologischen und mikroskopisch-anatomischen Strukturen vorangestellt. Der Text wird durch mehr als 300 farbige Abbildungen, in denen die an deutschen tiermedizinischen Bildungsstätten traditionellerweise abgehandelten Präparate gezeigt werden, und zahlreiche Grafiken, die von der Akademischen Zeichnerin, Frau Barbara Ruppel angefertigt wurden, ergänzt.

Unser Buch kann selbstverständlich nicht den Vorlesungsbesuch und das Arbeiten mit dem Mikroskop ersetzen, vielmehr soll es den Studierenden beim sicheren Auffinden und Erkennen der wichtigsten Strukturen in den normalen, gesunden Geweben und Organen von Hausstieren helfen und damit auch eine solide Grundlage für das spätere Studium der Pathologie liefern.

Zur Erstellung der in unserem Buch vorgestellten Präparate haben an meinem ehemaligen Lehrstuhl Frau Charlotte Zahn, Frau Monica Settles, Frau Gabi Rußmeier, Frau Wiebke Scholz und Frau Christine Neumüller wesentlich beigetragen. Unser Dank gilt schließlich auch im besonderen Maße der Schlüterschen Verlagsgesellschaft. Frau Sabine Poppe und Frau Dr. Simone Bellair danken wir für ihr engagiertes Bemühen um die Planung und Fertigstellung des vorliegenden Buches.

München, im Sommer 2019
Fred Sinowatz und Daniela Rodler

„Denken ist interessanter als Wissen, aber nicht als Anschauen“

Johann Wolfgang von Goethe

I Histologische Technik

1 Grundlagen zur histologischen Technik

1.1 Einleitung

Die Kenntnis der grundlegenden Prinzipien von häufig verwendeten Techniken ist für das Verständnis der histologischen Grundlagen von großer Bedeutung. Es soll daher vor der Besprechung der Zellen und Gewebe kurz auf wichtige Methoden der Histologie und Zytologie eingegangen werden.

Nur wenige Zellen und Gewebe können ohne Weiteres im lebenden Zustand untersucht werden. In der Regel setzt die mikroskopische Untersuchung eine längere Vorbehandlung der entnommenen Zell- und Gewebsproben voraus. Im Prinzip läuft sie in folgenden wesentlichen Schritten ab (▶ Abb. 1-1):

- Fixierung
- Einbetten
- Schneiden
- Färben der Schnitte
- Einschließen der histologischen Präparate

1.2 Fixierung

Durch Fixierung (Haltbarmachung) des Gewebes sollen autolytische Vorgänge verhindert und die Zellstruktur in einem möglichst natürlichen Zustand erhalten werden. Darüber hinaus werden durch die meisten Fixierungsmittel auch Bakterien und andere Mikroorganismen abgetötet, die zur Fäulnis und damit gleichfalls zum Gewebsabbau führen würden. Allerdings gelingt eine optimale Erhaltung der zellulären Struktur auch mit den besten Fixierungsmitteln nur zum Teil. Besonders wichtig für den chemisch komplexen Fixierungsvorgang ist die Ausbildung von Querverbindungen zwischen den Eiweißmolekülen (Eiweißfällung). Einige der am häufigsten verwendeten Fixierungsmittel, wie Formaldehyd und Glutaraldehyd, bewirken eine besonders ausgeprägte Proteinvernetzung, indem das Fixierungsmittel Methylen-Brücken zwischen einzelnen Proteinmolekülen bildet. Bei guter Fixierung enthält das resultierende Proteingel alle Strukturen in der Beziehung, wie sie auch in der lebenden Zelle vorliegen. Das Erscheinungsbild (Äquivalentbild) einer fixierten Zelle stimmt dann gut mit dem lebender Zellen überein. Durch die Eiweißfällung erhält das Gewebe eine fest-elastische Konsistenz, die auch für das spätere Schneiden mit dem Mikrotom wichtig ist.

Bei der üblichen histologischen Routinetechnik erfolgt die Fixierung durch Einbringen einer kleinen Gewebsprobe (Kantenlänge einige mm) in wässriges Formol (4–10 %) oder in eines der gebräuchlichen Fixierungsgemische, z. B. Bouin-Lösung (Immersionsfixierung). Zur Entnahme des Gewebes sollten dabei Rasierklingen oder ein scharfes Skalpell benutzt werden, um eine mechanische Schädigung der Proben zu vermeiden. Die Fixierung kann aber auch mittels Durchspülen des zu fixierenden Organs bzw. des ganzen, anästhesierten Versuchstiers über das Gefäßsystem (Perfusionsfixierung) erfolgen. Die Perfusionsfixierung wirkt schnell und gleichmäßig und wird vor allem für Zwecke, bei denen eine optimale Strukturerhaltung notwendig ist, z. B. bei der Elektronenmikroskopie, in großem Umfang eingesetzt. Bei den üblichen Routineverfahren wird das Fixierungsmittel nach geeigneter Einwirkungsdauer mittels fließender Wässerung bzw. durch Einbringen in Pufferlösungen wieder ausgewaschen. Nach Fixierung mit Bouin-Lösung wird das Fixierungsgemisch durch Überführen in 70%igen Alkohol entfernt. Die Fixierung kann zur Bildung von Strukturen im Gewebe führen, die in den lebenden Zellen nicht vorkommen. Solche Veränderungen werden als Fixierungsartefakte bezeichnet.

1.3 Einbettung

Zur Vorbereitung für die Einbettung wird die Gewebsprobe durch eine Alkoholreihe von zunehmender Konzentration geführt und dabei schrittweise entwässert (Dehydrierung). Nach Behandlung mit geeigneten Zwischenflüssigkeiten (Intermedien), z. B. Xylol, die sowohl mit Alkohol als auch mit dem Einbettungsmedium mischbar sind und durch die der Alkohol aus dem Gewebe verdrängt wird, kann das Präparat mit einem Einbettungsmedium durchtränkt werden. Am häufigsten verwendet man dazu auf 60 °C erhitztes Paraffin. Beim Auskühlen erstarrt das Paraffin und formt zusammen mit der eingebetteten Gewebsprobe einen Präparatblock, der dann geschnitten werden kann. Eine Paraffineinbettung dauert bei einer mittelgroßen Probe etwa einen Tag. Bei anderen Verfahren, z. B. bei der Celloidineinbettung (die für bestimmte Organe, wie das Auge, besonders geeignet ist) kann der Einbettungsvorgang einen Zeitraum von mehreren Wochen in Anspruch nehmen.

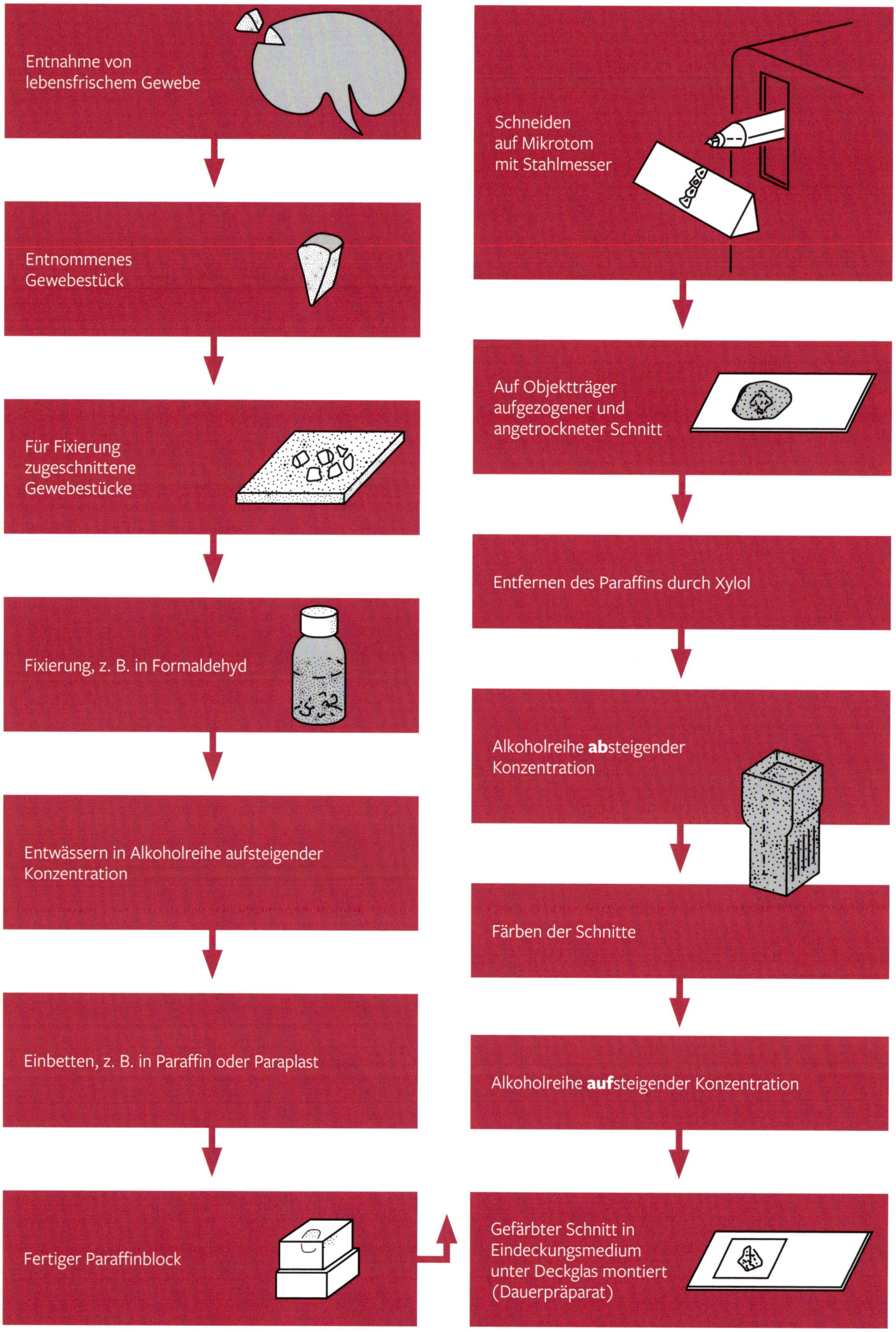

Abb. 1-1 Präparative Schritte bei der Herstellung eines histologischen Präparates für die konventionelle Lichtmikroskopie.

1.4 Schneiden des Präparatblocks

Das Schneiden der eingebetteten Präparate erfolgt mit einem speziellen Instrument, dem Mikrotom (Rotations- oder Schlittenmikrotom). Damit werden z.B. aus in Paraffin eingebettetem Material 5–10 µm dicke Schnitte hergestellt und auf entfettete Glasobjektträger aufgezogen.

Nicht eingebettete Präparate können nach Schockgefrierung (z.B. in mit flüssigem Stickstoff gekühltem Isopentan) mit einem Gefriermikrotom oder mittels eines Kryostats (Mikrotom in einer Kühlkammer) geschnitten werden. Das schnelle Einfrieren verhindert die Bildung von Eiskristallen, die sonst zu Artefakten im Gewebe führen würden. Gefrierschnitte werden für bestimmte histochemische Verfahren (z.B. histochemische Lipid- oder Enzymnachweise, bei denen die Gefahr besteht, dass durch den Einbettungsvorgang die nachzuweisenden Substanzen herausgelöst werden) und als Schnellschnittmethode bei Operationen verwendet. Dabei kann noch während einer Operation entschieden werden, ob es sich bei der entnommenen Probe um gutartiges oder maligne entartetes Gewebe handelt. Das Ergebnis liegt vor, während sich der Patient noch in Narkose befindet und der Chirurg kann sofort über das weitere Vorgehen entscheiden.

Eine besonders schonende Methode ist die Gefriertrocknung. Diese Technik umfasst das Schockfrieren der Gewebsprobe und seine anschließend langsame Entwässerung bei niedriger Temperatur im Vakuum. Durch dieses Vorgehen werden nur wenige Substanzen extrahiert und die Strukturveränderungen sind gering. Da bei dieser Methode die Aktivität von Enzymen kaum verändert wird, wird sie bei enzymhistochemischen Untersuchungen eingesetzt.

1.5 Färben der Schnitte

Für lichtmikroskopische Untersuchungen folgt dem Schneiden der Präparate die Entfernung des Einbettungsmittels und das Färben der Schnitte. Die Anzahl der verschiedenen Färbeverfahren für Zellen und Gewebe ist außerordentlich groß. Eine Zusammenstellung einiger wichtiger Färbungen ist in ▶ Tabelle 1-1 vorgenommen. Durch unterschiedliche Anfärbung entstehen im Gewebe Kontraste, durch die bestimmte Strukturen besonders hervorgehoben werden. Viele Standardmethoden der Histologie verwenden dazu eine Färbung mit je einem sauren und einem basischen Farbstoff. Freie basische Gruppen des Gewebes haben eine Affinität zu sauer reagierenden Farbstoffen (Azidophilie der Struktur), während saure Gruppen im Gewebe basisch reagierende Farbstoffe binden (Basophilie). Am häufigsten wird für routinemäßige Untersuchungen die Hämatoxylin-Eosin-Färbung verwendet. Durch den basischen Farbstoff Hämatoxylin werden die Zellkerne blau, durch den sauren Farbstoff Eosin das Zytoplasma der Zellen in einem roten Farbton angefärbt.

Daneben ist es möglich, durch spezifische Farbstoffe und Techniken selektiv bestimmte Zellen und Gewebsstrukturen anzufärben. Bei bestimmten Farbstoffen färbt sich die Gewebsstruktur in einem anderen Farbton als sie der Farbstoff selbst aufweist. Eine solche Farbveränderung wird als Metachromasie bezeichnet (griechisch: meta = nach, zwischen; chroma = Farbe). Wichtige metachromatisch wirkende Farbstoffe sind die Thiazinfarbstoffe Toluidinblau und Thionin. Typisch metachromatisch verhalten sich beispielsweise die Granula der Mastzellen, die Heparin, ein stark saures sulfatiertes Glukosaminoglykan, enthalten. Die Metachromasie dürfte allgemein auf das Vorkommen von dicht benachbarten und in großer Zahl vorliegenden sauren Gruppen in den organischen Molekülen zurückzuführen sein.

1.6 Wichtige Färbeverfahren

1.6.1 Alcianblau-Färbung

Alcianblau-Färbung wird zur selektiven Färbung von sauren Glykosaminoglykanen verwendet, wie sie z.B. bei Muzinen oder in der Knorpelgrundsubstanz vorkommen. Bei pH 1,0 werden bevorzugt Karboxylgruppen enthaltende Glykosaminoglykane angefärbt, bei pH 2,5 solche, die Sulfatgruppen aufweisen. Diese Strukturen färben sich blau an. Die Zellkerne können mit Kernechtrot gegengefärbt werden. In der Kombination mit der PAS-Reaktion (Perjodsäure-Schiff-

Tabelle 1-1 Resultate einiger wichtiger histologischer Färbungen

	Zellkerne	Zytoplasma	Bindegewebsfasern			Hyaliner Knorpel	Muskelzellen
			elastische	kollagene	retikuläre		
Azan	rot	blassrot bis blassblaut	orange	blau	blau	blassblau	rot
Goldner	braun-schwarz	orange bis rot	–	grün	–	–	blassrot
Hämatoxylin-Eosin (HE)	blau	blassrot	rosa	rot	–	blassblau bis violett	dunkelrot
van Gieson	braun bis schwarz	gelblich braun	gelb	rot	–	rot	rot

Reaktion) ist eine gleichzeitige Darstellung von sauren und neutralen Glykosaminoglykanen möglich.

1.6.2 Eisenhämatoxylin-Färbung

Diese Färbung eignet sich gut zur Darstellung von Zellkernen und wird sowohl allein als auch in Kombination mit anderen Farbstoffen (z.B. bei Trichromfärbungen) eingesetzt. Weiter färben sich die Myofibrillen, Zentrosomen und der Spindelapparat bei der Mitose an.

1.6.3 Feulgen-Reaktion

Sie dient dem spezifischen Nachweis von DNA. Durch vorangehende milde saure Hydrolyse (mit 1 n HCl) lösen sich die Purinbasen (Adenin und Guanin) von der DNA ab und freie Aldehydgruppen werden gebildet. Durch die anschließende Zugabe des Schiff-Reagenz (enthält in schwefliger Säure gelöstes Fuchsin) mit benachbarten freien Aldehydgruppen entsteht ein roter Farbstoff. Mit der Feulgen-Reaktion kann auch zwischen DNA (Rotfärbung) und RNA (keine Färbung bei der Reaktion) unterschieden werden.

1.6.4 Hämatoxylin-Eosin (HE)-Färbung

Dies ist das häufigste Standardverfahren in der Histologie und wurde auch bei den Kurspräparaten, die in diesem Buch gezeigt werden, am häufigsten verwendet. Hämatoxylin ist eine Substanz, die aus dem Blauholzbaum gewonnen wird. Um färbende Eigenschaft zu entwickeln, muss sie durch Zugabe von Alaun zu Hämalaun (basischer Hämateinlack) aufbereitet werden. Hämalaun färbt alle sauren (basophilen) Strukturen blau, insbesondere Zellkerne mit der darin enthaltenen Desoxyribonukleinsäure (DNA) und das mit Ribosomen besetzte raue endoplasmatische Retikulum (rER). Als zweiter Farbstoff wird Eosin, ein der Fluoreszeingruppe zugehöriger gelb-grüner Farbstoff, verwendet. Er färbt die basischen Anteile im Zytoplasma, aber auch die Interzellularsubstanz rot an.

1.6.5 Imprägnation mit Metallsalzen

Diese Technik wird vor allem zur Darstellung von fibrillären Strukturen (z.B. retikuläre Fasern, Neurofibrillen) herangezogen. Häufig verwendet man dazu Silbersalze (Silbernitrat, Silberkarbonat) aber auch andere Metallsalze, wie Goldchlorid oder Osmiumtetroxid. Das Gewebe wird dabei zuerst mit einem Oxidationsmittel vorbehandelt. Die anschließende Inkubation mit Metallsalzösungen führt zu feinen Niederschlägen auf der Oberfläche der Fibrillen. Durch anschließendes Einbringen in Reduktionsmittel kommt es zur Präzipitation feiner Metallsalzniederschläge und zur charakteristischen Faserdarstellung.

Häufiger angewandte Imprägnationsmethoden sind die Versilberung nach Bielschowsky zur Darstellung von Neurofibrillen, die Versilberung nach Gomori zur Darstellung von retikulären Fasern und Neurofibrillen, die Goldsublimatmethode nach Cajal und die Osmiumimprägnation zur Darstellung der Myelinscheide in markhaltigen Nervenfasern. Mit der komplizierten Bodianfärbung erscheinen die imprägnierten Neurofibrillen in tiefschwarzer Farbe.

1.6.6 Pappenheimfärbung, May-Grünwald, Giemsa- und Diff-Quickfärbung

Diese Techniken dienen der Anfärbung der Zellen in einem Blutausstrich zur Auswertung eines differenziellen Blutbildes. Die Pappenheimfärbung ist eine Kombination der May-Grünwald- und der Giemsa-Färbung. In der Regel ergibt die Pappenheim-Färbung die am besten gefärbten Blutbilder. Unter anderem werden dabei saure Farbstoffe, z.B. das Eosin, und basische Farbstoffe, z.B. das Methylenblau, verwendet. Die unterschiedliche Anfärbung der einzelnen Blutzellen beruht dabei auf dem färberischen Verhalten der verschiedenen Zellbestandteile, vor allem der Granula der Granulozyten gegenüber den Farbstoffen.

1.6.7 Diff-Quick®

Dies ist eine Schnellfärbemethode, die sich besonders zur Beurteilung des weißen Blutbildes eignet. Für ein komplettes Differentialblutbild ist aber die Methode nach Pappenheim zu empfehlen.

1.6.8 Perjodsäure-Schiff-Reaktion (Periodic-Acid-Schiff Reaction, PAS-Reaktion)

Sie dient dem Nachweis von Glykogen und Glykoproteinen (neutrale Glykokonjugate ohne Karboxyl- und Sulfatgruppen). Durch milde Hydrolyse werden benachbarte OH-Gruppen der Zucker in Aldehydgruppen umgewandelt.

1.6.9 Resorcin-Fuchsin-Kernechtrot-Färbung nach Weigert

Mit Hilfe des in Überschuss angebotenenen, positiv geladenen Farbstoffes Resorcin-Fuchsin können elastische Fasern selektiv gefärbt werden. Durch Grenzflächen-Adsorption lagert sich der positiv geladene Farbstoff elektropolar der negativ geladenen Hüllschicht der elastischen Fasern (Elastomucin) an. Eine Darstellung der elastischen Fasern ist auch mit Orcein möglich.

1.6.10 Toluidinblau-Färbung

Damit können gut basophile Zellbestandteile und osmiophile Strukturen, wie die Myelinscheiden markhaltiger

Nerven, angefärbt werden. Toluidinblau wird auch zur routinemäßigen Färbung von Semidünnschnitten aus Epon oder Metacrylat verwendet.

1.6.11 Trichrom-Färbungen

Durch die Färbung mit drei verschiedenen Farbstoffen (die dabei am häufigsten verwendeten Farbstoffe sind Eisenhämatoxylin, Säurefuchsin, Orange G, Anilinblau und Lichtgrün) lassen sich Bindegewebe und Muskulatur, die sich bei der HE-Färbung eosinophil verhalten, gut unterscheiden. Als Differenzierunsmittel dienen unter anderem Phophormolybdänsäure oder Phosphorwolframsäure. Da diese Technik aufwendiger ist als die HE-Färbung, eignet sie sich eher für die Herstellung von Unterrichtspräparaten als für die Routinediagnostik. Bei der Trichromfärbung nach Masson-Goldner werden zunächst die Zellkerne mit Eisenhämatoxylin schwarz-braun gefärbt, das Zytoplasma mit Säurefuchsin-Ponceau rot und die Kollagenfasern mit Lichtgrün türkisgrün dargestellt. Weitere Trichromfärbungen sind die van-Gieson-Färbung, bei der sich die Zellkerne schwarz, die Muskulatur gelb und das Bindegewebe rot anfärben, und die Mallory Färbung.

1.7 Einschluss der histologischen Präparate

An die Färbung schließt sich eine Entwässerung der Schnitte über eine aufsteigende Alkoholreihe an. Nach Einbringen in Xylol werden die Präparate mit einem durchsichtigen Einschlussmedium (Kanadabalsam, DePeX, Eukitt) und einem dünnen Deckglas bedeckt und dadurch für lange Zeit haltbar gemacht. Bei Gefrierschnitten werden mit Wasser mischbare Medien wie Glyzerin-Gelatine verwendet.

1.8 Histochemie

Eine wesentliche Erweiterung der klassischen Histologie stellen histochemische und zytochemische Techniken dar. Sie haben den chemischen „In-situ"-Nachweis von Substanzen in Zellen und Geweben unter weitgehender Wahrung der mikro-anatomischen Verhältnisse zum Ziel (Histotopochemie). Durch histochemische Methoden kann eine Beziehung zwischen der Struktur und den sich dort abspielenden molekularen Vorgängen hergestellt werden. Ein wesentliches Charakteristikum der Histochemie, das sie von der Biochemie unterscheidet, ist, dass die zu untersuchenden Substanzen ortstreu in den Zellen bzw. im Gewebe erhalten bleiben. Die Substanz- bzw. Aktivitätsnachweise werden aber dann – wie in der Biochemie – auf der Grundlage von chemischen oder physikalischen Verfahren durchgeführt. Aus der Vielzahl der verschiedenen Methoden sollen im folgenden einige repräsentative Beispiele für zyto- und histochemische Nachweise näher ausgeführt werden.

1.8.1 Histochemischer Nachweis von Ionen

Eine zytochemische Darstellung gelingt nur für gebundene Ionen. Zum Nachweis von Verbindungen, die dreiwertiges Eisen enthalten, werden die Schnitte zunächst in eine 10 %ige Ammoniumsulfidlösung eingebracht. Dann werden sie in eine frisch hergestellte Mischung aus Kaliumferrocyanid-Lösung und Salzsäure überführt. Durch Ammoniumsulfid werden dreiwertige Eisenverbindungen in Schwefeleisen überführt. Dieses ergibt dann mit den folgenden Lösungen ein leuchtend blaues Pigment („Turnbullblau"). Die Reaktion ist in Geweben, die Hämoglobin abbauen, positiv. In der Pathologie wird sie zum Nachweis von krankhaft vermehrten Eisenablagerungen im Gewebe verwendet.

1.8.2 Phosphationen

Diese können mit Silbernitrat nachgewiesen werden. Das bei dieser Reaktion entstehende Silberphosphat wird anschließend durch Hydrochinon zu metallischem, schwarzen Silber reduziert. Mit diesem Verfahren können beispielsweise Ossifikationsprozesse studiert werden, da Knochengewebe in großer Menge Phosphationen (vor allem Kalziumphosphat) enthält.

1.8.3 Histochemischer Nachweis von Kohlenhydraten

Ein wichtiges Verfahren zum Nachweis von kohlenhydrathaltigen Makromolekülen wie Glykogen und Glykoproteinen ist die Perjodsäure-Schiff-Reaktion (PAS-Reaktion). Ihr liegt folgendes Prinzip zugrunde: Durch Perjodsäure (HJO_4) werden freie Hydroxylgruppen benachbarter Kohlenstoffatome zu Aldehydgruppen oxidiert. Gleichzeitig wird die 2,3-Bindung zwischen den Kohlenstoffatomen gespalten. Die entstehenden Aldehydgruppen reagieren mit dem Schiff-Reagenz (farblose fuchsinschwefelige Säure) und ergeben ein stabiles, rotes Reaktionsprodukt. Mit der PAS-Reaktion werden letztlich benachbarte OH-Gruppen nachgewiesen. Solche kommen aber außer in Kohlenhydraten z. B. auch in Lipiden vor. Deswegen muss durch entsprechende Zusatzreaktionen geklärt werden, worauf im Einzelfall die positive Reaktion zurückzuführen ist. So kann beispielsweise durch die Vorbehandlung eines Kontrollpräparats mit dem Enzym Amylase (das spezifisch Glykogen spaltet) geklärt werden, ob durch die PAS-Färbung Glykogen dargestellt wurde. Nur solche Strukturen, die sich bei der PAS-Reaktion deutlich färben, nach Vorbehandlung mit Amylase aber keine Reaktion ergeben, können als Glykogen angesprochen werden. PAS-positiv reagieren auch neutrale Glykoproteine und viele Proteoglykane. Diese Substanzen werden durch glykogenspaltende Enzyme nicht verändert. Sie reagieren daher nach der Enzymvorbehandlung bei der PAS-Reaktion unverändert positiv.

Eine selektive Darstellung von Kohlenhydraten gelingt mit fluoreszenz-, enzym- oder goldmarkierten Lektinen. Bei den Lektinen handelt es sich um Proteine oder Glykoproteine pflanzlichen und auch tierischen Ursprungs. Sie binden sich an spezifische Kohlenhydrate oder Kohlenhydratgruppen, ohne dabei den Glykosylliganden zu verändern.

1.8.4 Histochemischer Nachweis von Lipiden

Lipide werden in der Regel an fixierten Gefrierschnitten mit Farbstoffen nachgewiesen, die in Fett eine bessere Löslichkeit als in der Farbstofflösung aufweisen. Die gebräuchlichsten Farbstoffe sind die sog. Sudan-Farbstoffe (Sudanschwarz, Sudan IV) und Scharlachrot. Bei der Durchführung der Färbung bringt man die Schnitte in eine gesättigte Farbstofflösung. Die Farbstoffmoleküle wandern vom Lösungsmittel in die Fetttropfen und akkumulieren dort, und zwar in einem Ausmaß, das dem jeweiligen Verhältnis ihrer Löslichkeit im Fett und dem Lösungsmittel entspricht.

1.8.5 Histochemischer Nachweis von Nukleinsäuren

Mit der Feulgen-Reaktion kann spezifisch DNA nachgewiesen werden. Dabei werden durch eine milde Säurehydrolyse (mit HCl) die Puringruppen der DNA entfernt. Der Ring der Desoxyribose wird unter Bildung einer Aldehydgruppe geöffnet. Die entstehenden freien Aldehydgruppen reagieren mit dem Schiff-Reagenz unter Ausbildung eines charakteristischen roten Reaktionsproduktes in den Zellkernen. In Verbindung mit einem Zytophotometer kann die Feulgen-Reaktion auch zur quantitativen Bestimmung des DNA-Gehaltes von Zellen herangezogen werden. Eine andere Möglichkeit der Darstellung von Nukleinsäuren ist die Färbung mit verschiedenen Fluoreszenzfarbstoffen, z. B. mit Acridinorange. Mit diesem Farbstoff färbt sich die DNA gelbgrün, die RNA orange. Viele RNA-haltige Strukturen (wie z. B. das raue endoplasmatische Retikulum) färben sich intensiv mit basischen Farbstoffen, wie Methylenblau und Toluidinblau (Basophilie). Dieser Nachweis ist aber nicht spezifisch, da viele Zellen und Gewebe auch andere basophile Strukturen aufweisen, z. B. saure Mukosubstanzen oder DNA.

1.8.6 Histochemischer Nachweis von Enzymen

In jeder Zelle laufen gleichzeitig eine Vielzahl, zum Teil sehr komplizierter, chemischer Reaktionen ab. Sie dienen zum einen der Energiegewinnung (durch Abbau komplexer organischer Verbindungen), zum anderen dem Aufbau zelleigener Moleküle und Strukturen. Bei den in der Zelle herrschenden Bedingungen (neutraler pH; konstante, relativ niedrige Temperatur; konstanter Druck; Überschuss an Wasser als Lösungsmittel) würden die meisten Reaktionen nur mit relativ geringer Geschwindigkeit erfolgen. Der Stoffwechsel in der Zelle kann daher nur mit Hilfe einer großen Zahl außerordentlich effektiver Biokatalysatoren, die als Enzyme bezeichnet werden, ablaufen, welche die Geschwindigkeit der Reaktionen um ein Vielfaches (teilweise um den Faktor 10^8–10^{20}) erhöhen. Ihre genaue Lokalisierung in Zellen und Geweben ist daher von großem Interesse und hat zur Entwicklung einer Vielzahl licht- und elektronenmikroskopischer Enzymnachweise geführt. Das Ziel enzymhistochemischer Untersuchungen ist, auch am histologischen Schnitt, bei dem im Unterschied zu biochemischen Methoden die normale Histotopik des Gewebes noch erhalten ist, Einblick in Stoffwechselvorgänge der Zellen zu bekommen. Weiter können enzymhistochemische Techniken auch zum Erkennen bestimmter Zellstrukturen herangezogen werden, da manche Zellorganellen eine ganz charakteristische Enzymausstattung aufweisen. Enzyme, die hierfür geeignet sind, werden als Markerenzyme bezeichnet. Beispiele für solche Markerenzyme sind die Succinatdehydrogenase für Mitochondrien, die saure Phosphatase für Lysosomen oder die Glukose-6-Phosphatase für das endoplasmatische Retikulum.

Die Wirksamkeit von Enzymen ist an ein aktives Zentrum im Molekül gebunden, das spezifisch eine bestimmte Verbindung, das Substrat des betreffenden Enzyms, spaltet bzw. verändert. Für die histochemische Nachweistechnik ist wichtig, dass die meisten Enzyme eine hohe Substratspezifität aufweisen. Häufig wirkt ein Enzym nur auf ein Substrat. Von dieser Eigenschaft wird bei vielen enzymhistochemischen Methoden Gebrauch gemacht. Es erfolgt ein Nachweis des Substratumsatzes (Aktivitätsnachweis).

Das vielen histochemischen Enzymnachweisen zugrunde liegende Prinzip lässt sich folgendermaßen beschreiben: Das Substrat S wird durch die Wirkung des Enzyms in A und B gespalten. Durch ein weiteres Reagenz wird eines der Spaltprodukte in einen unlöslichen Komplex (BR) überführt, der sich am Ort der Enzymaktivität niederschlägt und mit Hilfe des Licht- oder Elektronenmikroskops erkannt werden kann (Fällungsreaktion).

Andere wichtige Verfahren, die auf dem Substratumsatz eines bestimmten Enzyms beruhen, sind die Azokupplungsreaktion, Synthesereaktionen und Substratfilmverfahren. Da alle Enzyme Proteine bzw. Glykoproteine sind, können sie auch immunzytochemisch im Gewebe lokalisiert werden. Mit dieser Methodik sind allerdings keine Aussagen über die Aktivität eines Enzyms möglich.

Eine besonders wichtige Rolle beim histochemischen Enzymnachweis spielt die Vorbehandlung des Gewebes. Dabei muss zwei unterschiedlichen Anforderungen Rechnung getragen werden: Zum einen gilt es, den Aktivitätsverlust der Enzyme möglichst gering zu halten. Dies gelingt am besten durch die Verwendung von unfixierten Kryostatschnitten. Andererseits soll es zu keinen Änderungen in der zellulären Lokalisation kommen. Dies kann häufig nur durch eine entsprechende Fixierung (und damit Enzyminaktivierung) erreicht werden.

1.8.7 Histochemischer Nachweis von biogenen Aminen

Biogene Amine entstehen im Organismus durch Dekarboxylierung von Aminosäuren. Zu ihnen gehören viele biologisch wichtige Substanzen, wie Adrenalin, Noradrenalin, Dopamin und Serotonin (5-Hydroxytryptamin). Adrenalin und Noradrenalin werden vom Nebennierenmark gebildet. Dopamin, Noradrenalin und Serotonin spielen als Transmitter bei der Übertragung von Nervenimpulsen im sympathischen Nervensystem eine entscheidende Rolle. Der histochemische Nachweis biogener Amine beruht darauf, dass Phenyläthylamine, Indolalkylamine und entsprechende Aminosäuren in Gegenwart von Formaldehyd bei 60–80 °C fluoreszierende Komplexe bilden. Dieses Phänomen wird als „Formol-induzierte Fluoreszenz“ bezeichnet. Alle biogenen Amine und ihre Vorläufersubstanzen sind gut wasserlöslich. Ihr Nachweis im Gewebe gelingt daher nur nach Kältefixierung in gefriergetrockneten Proben.

1.9 Immunhistochemische Methoden

Immunhistochemische Methoden werden zur Zeit in großem Umfang sowohl auf lichtmikroskopischer als auch auf elektronenmikroskopischer Ebene angewendet. Sie dienen der spezifischen Lokalisation von bestimmten antigenen Substanzen (z. B. Proteinen oder Polysacchariden) in Zellen und in Geweben. Der Organismus besitzt die Fähigkeit, auf das Eindringen fremder Substanzen, der Antigene, mit der Bildung spezifischer Antikörper zu reagieren, die sich dann mit den Antigenen verbinden. Diese Antikörper sind von den Plasmazellen synthetisierte Gammaglobuline, die im Blut-Lymph-System zirkulieren.

Für den histochemischen Nachweis eines bestimmten Antigens müssen zuerst spezifische Antikörper durch Immunisierung eines Tieres (Kaninchen, Schaf, Maus, aber auch Vögel, wie das Huhn) gewonnen werden.

Da Antikörper als große Proteinmoleküle im Mikroskop nicht unmittelbar sichtbar sind, müssen sie vor ihrer Anwendung noch an eine Markierungssubstanz gekoppelt werden. Für lichtmikroskopische Untersuchungen verwendet man dazu häufig Fluoreszenzfarbstoffe (z. B. Fluoresceinisothiocyanat = FITC) oder auch Enzyme wie Meerrettichperoxidase (Horseradish Peroxidase). Für die elektronenmikroskopische Immunzytochemie werden als elektronendichte „Marker“ Ferritin, kolloidales Gold oder auch Enzyme wie Peroxidase herangezogen. Die Lösung mit den markierten Antikörpern wird dann auf den histologischen Schnitt aufgebracht. Sie binden sich an ihr spezifisches Antigen, dessen Lokalisation dadurch im Mikroskop beobachtet werden kann (direkte Methode).

Wesentlich häufiger als die direkte Markierung des spezifischen Antikörpers werden heute „indirekte Methoden“ herangezogen. Dadurch kann die Empfindlichkeit des immunzytochemischen Nachweises wesentlich erhöht werden. Zugleich werden die Verluste an wertvollen spezifischen Antikörpern, die bei der Kopplung an eine Markierungssubstanz entstehen, vermieden. Bei der indirekten Methode werden die Schnitte zunächst mit einem spezifischen, nichtmarkierten Antikörper (Antikörper 1) gegen das gesuchte Antigen überschichtet, der sich fest an dieses Antigen bindet. Nach Abspülen der Schnitte, wodurch die überschüssigen Antikörper 1 entfernt werden, wird eine zweite Lösung aufgebracht, die markierte Antikörper 2 enthält. Die Antikörper 2 sind gegen die Antikörper 1 gerichtet, sind also Anti-Antikörper, und stammen aus dem Serum einer anderen Tierart.

Neben den beiden angeführten immunhistochemischen Verfahren, die das Prinzip immunhistologischer Methoden erläutern sollten, gibt es in der Immunhistochemie eine Vielzahl spezieller Techniken, durch die die Empfindlichkeit des Nachweises weiter erhöht werden kann (Peroxidase-anti-Peroxidase-(PAP)-Methode, Streptavidin-Horseradish-Peroxidase-Methode etc). Durch die Verwendung von monoklonalen Antikörpern konnte die Spezifität der immunhistochemischen Verfahren in den letzten Jahren weiter erhöht werden.

1.10 Grundzüge der Gewebspräparation für die Elektronenmikroskopie

Wegen des vielfach größeren Auflösungsvermögens des Elektronenmikroskops werden an die Qualität der Fixierung des Gewebes für ultrastrukturelle Untersuchungen noch größere Anforderungen als bei der Lichtmikroskopie gestellt. Besonders geeignete Fixierungsmittel für die Elektronenmikroskopie sind gepuffertes Glutaraldehyd oder auch Glutaraldehyd-Formaldehyd-Lösungen. Anschließend erfolgt in der Regel eine Nachfixierung mit gepuffertem Osmiumtetroxid. Zusätzlich zur Fixierung erfolgt durch die Bindung von reduziertem Osmium an verschiedene Strukturen, z. B. an die Membranen der Zelle, eine Verbesserung des Kontrasts bei der elektronenmikroskopischen Untersuchung.

Nach der Fixierung werden die Proben über eine aufsteigende Alkoholreihe entwässert, um sie nach der Passage von Propylenoxid in ein geeignetes Kunstharz einzubetten. Dabei wird das Gewebe in mehreren Schritten von der zunächst flüssigen, monomeren Plastikmasse durchdrungen. Durch Zufügen von verschiedenen Aktivatoren (Beschleuniger, Weichmacher, Härter) wird dann die Polymerisierung und Aushärtung des Kunststoffes gestartet, die dann, je nach verwendetem Kunststoff über mehrere

Stunden und Tage bei Temperaturen zwischen 37 °C und 60 °C abläuft.

Zum Schneiden der kleinen polymerisierten Kunststoffblöcke sind spezielle Ultramikrotome mit Glas- oder Diamantmesser notwendig. Zunächst wird dabei von einem größeren Gewebsbereich ein Semidünnschnitt (Dicke ca. 1 µm) hergestellt und mit einem geeigneten Farbstoff, z. B. einer 1%igen Toluidinblau-Lösung, gefärbt. Nach Beurteilung des Semidünnschnittes kann dann aus dem Block das Areal für das Ultradünnschneiden ausgesucht und der Block mit Rasierklingen oder einem speziellen Trimmgerät auf die gewünschte Stelle verkleinert werden. Der Schneidevorgang mit dem Ultramikrotom und das Auffangen in einem kleinen, an dem Messer befestigten Wassertrog, wird mit einer Lupe kontrolliert. Ultradünnschnitte mit den Interferenzfarben silber bis grau werden dann gewöhnlich mit kleinen Kupfernetzen („Grids“), die mit einer sehr dünnen Trägerfolie beschichtet sein können, aus dem Wassertrog aufgenommen. Für routinemäßige elektronenmikroskopische Untersuchungen werden die Ultradünnschnitte mit Uranylazetat und Bleizitrat kontrastiert.

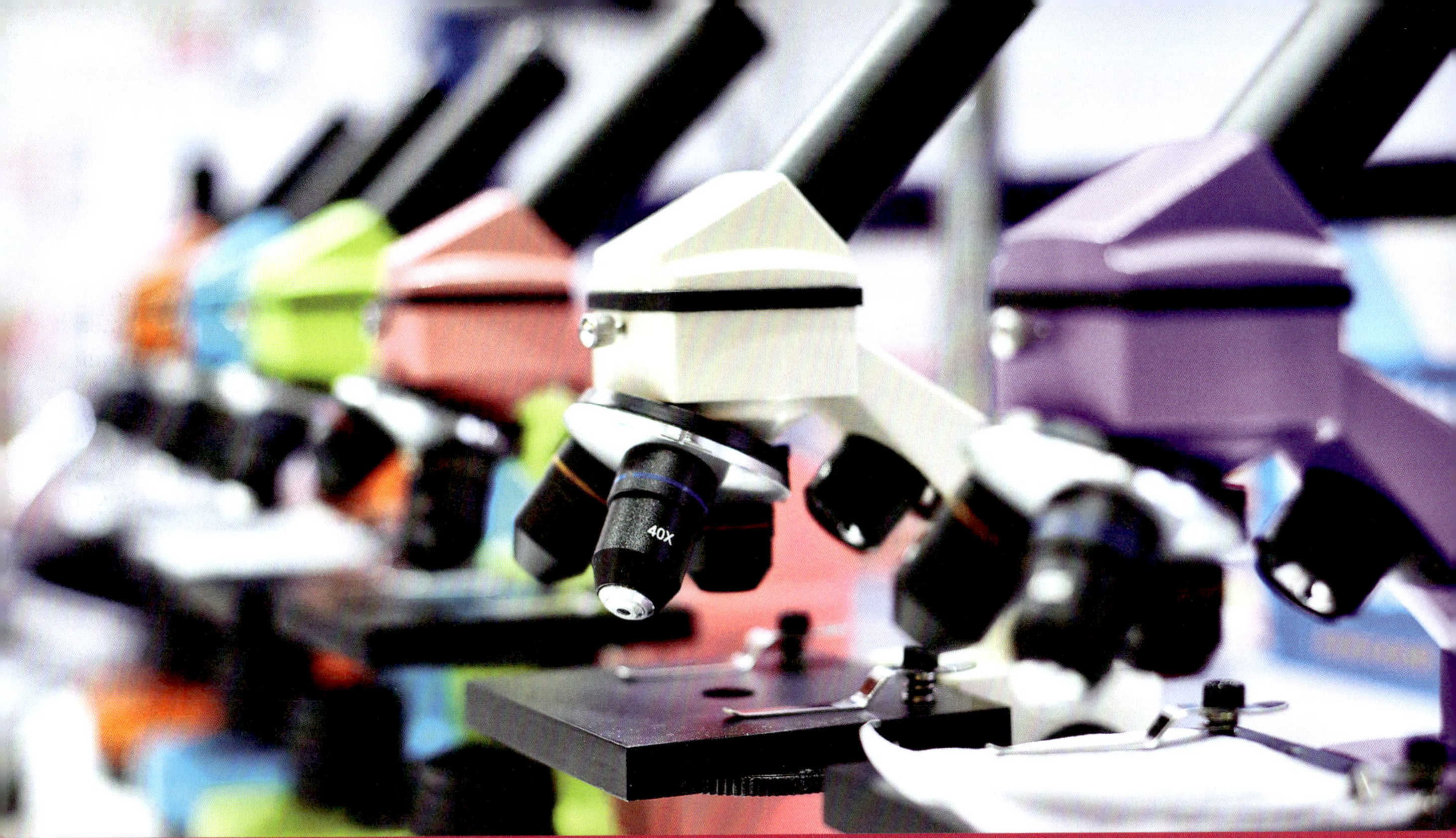

II Mikroskopische Analyse

2 Grundlagen der Mikroskopie

2.1 Auflösungsvermögen und Vergrößerung

Die Untersuchung histologischer und zytologischer Präparate erfolgt mit einem Mikroskop. Licht- und Elektronenmikroskope vergrößern mittels optischer bzw. elektromagnetischer Linsen und machen kleine Objektdetails sichtbar, deren Größe weit unter dem normalen Auflösungsvermögen des menschlichen Auges liegt. Entscheidend für die mikroskopische Beobachtung ist das Auflösungsvermögen des verwendeten Geräts. Dieses ist definiert durch den Abstand von zwei Struktureinzelheiten, die gerade noch getrennt gesehen bzw. abgebildet werden können. Je kleiner dieser Abstand ist, desto besser ist das Auflösungsvermögen.

Das Auflösungsvermögen des unbewaffneten menschlichen Auges liegt bei 70–80 µm. Im normalen Lichtmikroskop (▶ Abb. 2-1) erreicht man ein Auflösungsvermögen von etwa 0,5 µm und bei Verwendung einer Ölimmersion von bis zu 0,25 µm. Das Elektronenmikroskop erlaubt gegenüber dem Lichtmikroskop noch eine etwa 1000-fache Erhöhung des Auflösungsvermögens (0,3 nm).

Das Auflösungsvermögen eines Mikroskops ist abhängig von der Wellenlänge des verwendeten Lichtes und der numerischen Apertur (NA) des Objektives. Die numerische Apertur ist das Produkt aus Brechungsindex (n) des Mediums zwischen Deckglas des Präparates und Frontlinse des Objektivs und dem Sinus des halben Öffnungswinkels des Objektivs α.

$$\mathbf{NA = n \times sinus\ \alpha}$$

Sie drückt die Größe des Lichtkegels aus, der vom Objektiv nach dem Durchgang durch das Objekt aufgenommen wird. Der Brechungsindex eines Mediums entspricht dem Verhältnis der Geschwindigkeit des Lichts im Vakuum zu der im betreffenden Medium.

Das Auflösungsvermögen (R) eines Mikroskops bestimmt die resultierende Bildqualität. Es lässt sich definieren als:

$$\mathbf{R = \frac{K \times \lambda}{NA}}$$

wobei K eine Konstante von 0,61 und l die Wellenlänge des verwendeten Lichts darstellen. Aus der Gleichung lässt sich entnehmen, dass das Auflösungsvermögen umso besser wird, je kleiner die Wellenlänge des Lichtes ist. Andererseits verhält sich das Auflösungsvermögen umgekehrt proportional zur numerischen Apertur. Das heißt, dass die Auflösung R umso besser wird, je größer die numerische Apertur ist. Bei Trockenobjektiven (zwischen Präparat und Frontlinse des Objektivs befindet sich Luft) kann die numerische Apertur maximal 0,95 betragen (sin α kann 1,0 nicht erreichen; der Brechungsindex der Luft liegt bei 1,0). Nur mit Immersionsobjektiven, bei denen Immersionsöl zwischen Präparat und Frontlinse eingebracht wird, kann man eine höhere numerische Apertur (bis 1,4) und damit eine höhere Auflösung erzielen.

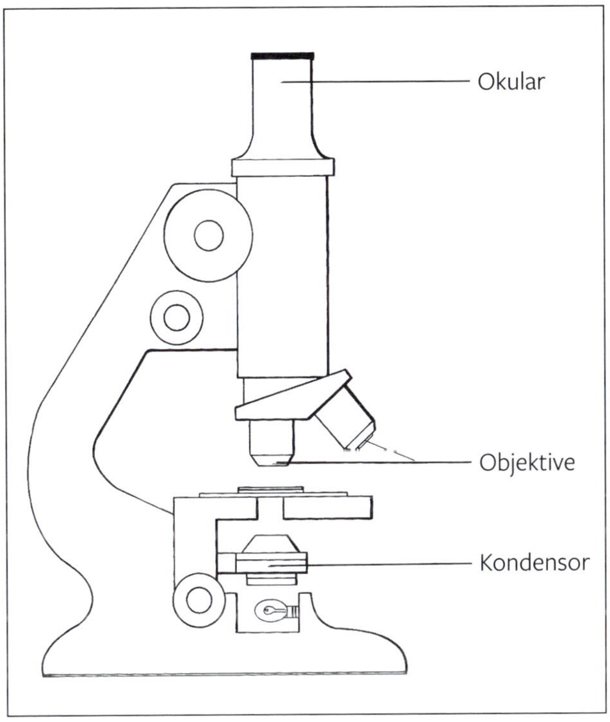

Abb. 2-1 Schematische Darstellung eines Lichtmikroskopes

2.2 Beleuchtungssystem

Beim Lichtmikroskop wird als Lichtquelle sichtbares (Wellenlänge 0,4–0,8 µm) oder ultraviolettes Licht (Wellenlänge 0,3–0,4 µm) verwendet. Durch ein System von Linsen (Kondensor) wird dieses Licht gebündelt und in der Ebene des zu untersuchenden Objektes konzentriert. Die zu betrachtende Objektfläche soll gleichmäßig und optimal ausgeleuchtet sein. Die Apertur des Kondensors kann durch eine Irisblende eingeschränkt werden. Gute Beleuchtungssysteme haben noch eine weitere Blende, die Leuchtfeldblende. Durch sie wird die im Präparat beleuchtete Fläche verkleinert, die Apertur des Kondensors aber nicht beeinflusst. Diese Zusatzeinrichtung ist zur Erreichung eines guten Kontrastes ohne Verlust an Auflösung notwendig (Köhlersche Beleuchtung).

2.3 Abbildungssystem

Die Vergrößerung und Abbildung des Untersuchungsobjektes erfolgt durch ein hintereinander geschaltetes Linsensystem (Objektiv, Okular). Die Gesamtvergrößerung ergibt sich aus dem Produkt von Okular- und Objektivvergrößerung.

Objektive gibt es mit verschiedenen Vergrößerungen und Qualitäten. Auf einem Objektiv sind im Allgemeinen die Vergrößerung, der Wert der numerischen Apertur, die Tubuslänge des Mikroskops (meist 160 mm) und die Deckglasdicke, auf die das Objektiv justiert ist, eingraviert.

2.4 Bedienung des Mikroskopes

1 Verschaffen Sie sich zunächst einen Überblick über die verschiedenen Bedienungselemente des Mikroskops. Probieren Sie vorsichtig die Drehrichtung des Grob- und Feintriebes beim Heben und Senken des Mikroskoptisches.
2 Legen Sie den Objektträger mit dem Deckglas nach oben auf den Mikroskoptisch. Heben Sie dann mittels des Grobtriebknopfes den Tisch vorsichtig soweit an, bis Sie ein deutliches Bild des Objekts bekommen. Zu genauen Scharfeinstellung betätigen Sie den Feineinstellknopf.
3 Ziehen Sie die Irisblende so weit zu, dass die Öffnung der Irisblende das Blickfeld gerade nicht begrenzt. Wird die Irisblende stärker zugezogen, erhöht sich der Kontrast, die Auflösung nimmt aber ab. Die Beleuchtungsstärke kann durch Drehen des Regelknopfes (in der Regel am Mikroskopfuss) eingestellt werden.
4 Man beginnt die Betrachtung des Präparates mit der kleinsten Vergrößerung (meist 4-fache Vergrößerung). Dabei wird der Kondensor nach unten gedreht.
5 Das Präparat wird durch die Verschiebung des Kreuztisches komplett durchgemustert.
6 Beim Übergang zur nächst höheren Vergrößerung wird das Objektiv durch Drehen des Objektivrevolvers gewechselt. Da die Objektive untereinander abgeglichen sind, braucht man zur erneuten Scharfstellung in der Regel nur den Feintrieb betätigen. Bei Verwendung der stärken Objektive (ab 10:1) wird der Kondensor in die höchste Stellung gebracht. Die Irisblende muss nach jedem Objektivwechsel neu eingestellt werden.
7 Eine Überanstrengung der Augen bei längerem Mikroskopieren kann vermieden werden, indem man mit beiden Augen mikroskopiert und auf Unendlich akkomodiert.

2.5 Praktische Anleitung zum Mikroskopieren

1 Zunächst betrachtet man kurz jedes neue Präparat mit dem bloßen Auge, indem man es gegen das Licht hält. Dabei gewinnt man vor allem bei großen Präparaten einen ersten Überblick. Nicht selten kann man dabei schon eine Verdachtsdiagnose stellen.
2 Präparat mit dem Deckglas nach oben auf den Mikroskoptisch auflegen. Nach den Beschriftungsschildchen sollte man sich dabei nicht unbedingt orientieren – sie könnten manchmal auch auf der Unterseite aufgeklebt sein. Ein verkehrt herum aufgelegtes Präparat lässt sich nicht scharf stellen. Außerdem kann beim Wechsel zu einem starken Objektiv das Präparat und das Objektiv erheblich beschädigt werden.
3 Kondensorblende richtig einstellen. Ständiges Auf- und Zuziehen der Kondensorblende beim Mikroskopieren ist unnötig. Sie brauchen für die Beobachtung von gefärbten Präparaten nur eine mittlere Blendenöffnung (ungefähr zu 2/3 geöffnet). Ein stärkeres Schließen bewirkt eine Pseudoschärfe und erzeugt durch Beugungsbilder Kunstprodukte. Bei ungefärbten Präparaten arbeitet man allerdings mit Verstellen der Kondensorblende.
4 Bei der Betrachtung im Mikroskop muss man beachten, dass man ein umgekehrtes Bild erhält.
   - Beginnen Sie stets mit der schwächsten Vergrößerung.
     Kondensor-Frontlinse (wenn vorhanden) herausklappen. Die meisten der eingesetzten Kursmikroskope besitzen eine bewegliche Kondensorfrontlinse (die erste Linse unter dem Objekttisch). Sie muss beim schwächsten Objektiv herausgeklappt werden, damit das Blickfeld gleichmäßig hell und groß genug wird.
   - Durchmustern Sie das ganze Präparat, um einen ersten Überblick zu bekommen. Versuchen Sie dabei schon folgende Punkte zu klären: Natürliche (Epithel-bedeckte) Oberfläche oder künstliche Schnittfläche? Wo liegen eventuell Strukturen, die später näher untersucht werden sollen? Ist eine Organkapsel vorhanden? Organ homogen (z.B. Leber) oder nicht? Liegt ein typischer Schichtenbau vor (Verdauungstrakt, Harnwege, Blutgefäße)? Sind schon bei schwacher Vergößerung typische Strukturmerkmale zu erkennen (wabiges Aussehen der Lunge; Lymphozytenansammlungen)? Jene

Strukturen, die man genauer untersuchen will, schiebt man in die Mitte des Blickfelds und schaltet dann auf die nächsthöhere, mittlere Vergößerung. Bei der Betrachtung bei mittlerer Vergößerung kann man dann eine genaue Diagnose der freien Oberfläche vornehmen. Epithelart und Epithelgrenzen werden klar erkennbar. Die Diagnose des Schichtenbaues (Schleimhaut, Muskelschichten, Serosa oder Adventitia) kann nun sicher ermittelt werden und organspezifische Besonderheiten (Glomerula der Niere, Hassall-Körperchen des Thymus, Lymphfollikel, Darmzotten, Drüsen) können deutlich erkannt werden.

- Wenn ein bestimmter Ausschnitt des Präparates bei stärkerer Vergrößerung genau durchgemustert wurde, und man eine enfernte andere Stelle des Präparate studieren möchte, geht man in der Regel erst wieder auf eine schwache Vergrößerung zurück. Dies erspart Zeit und man erhält einen besseren Gesamteindruck des Präparates. Beim Mikroskopieren mit mittlerer (Regelvergrößerung zur Organdiagnose) oder starker Vergrößerung muss die Kondensorfrontlinse immer in den Strahlengang geklappt werden.
- Das Mikroskopieren mit starker Vergrößerung benötigt man zum Studium feinerer Details (zytologische Strukturen, Kernstrukturen, Mitosestadien, umschriebene Zellverbände etc.). Besonders wichtig sind starke Vergößerungen beim Studium von Blutausstrichen und von zytologischen Präparaten. Beim Wechseln auf starke Objektive besteht die größte Gefahr, ein falsch eingelegtes Präparat (Deckglas nach unten) zu zerstören. Falls man bei nicht genau aufeinander abgestimmten Objektiven im Objektivrevolver (man erreicht beim Wechsel von mittlerer zur starker Vergrößerung keine Scharfstellung durch Drehungen des Feintriebes) sollte man folgendermaßen verfahren: Objektiv unter seitlicher Sichtkontrolle bis dicht auf das Deckglas herunter drehen, wieder in das Okular sehen und nun mit dem Grobtrieb durch Hochdrehen des Objektives das Präparat scharf stellen.
- Optisches Schichten. Bei der relativen Dicke normaler histologischer Präparate (5–10 µm) und der geringen Schärfentiefe der starken Objektive wird nur eine bestimmte Ebene des Schnittes scharf gesehen. Alles was unter oder über dieser Ebene liegt, erscheint etwas verschwommen. Durch Auf- und Abwärtsdrehen des Objektives mittels des Feintriebes kann man den Schärfebereich in höhere und tiefere Schichten des Schnittes verlagern (optisch schichten).

2.6 Funktionsstörungen des Mikroskopes

1. Kein Scharfstellen möglich:
   - Die häufigste Ursache ist, dass der Objektträger mit dem Deckglas nach unten liegt.
   - Objektträger oder Decklas sind verchmutzt (Fingerabdrücke!). Vorsicht beim Reinigen, damit sich das Deckglas nicht löst.
   - Das Okular ist verschmutzt.
   - Die äußerste Linse des Objektivs ist verschmutzt. Die Reinigung des Objektivs erfolgt durch die Lehrpersonen. Bei nicht sachgemäßer Reinigung kann der empfindlichste und teuerste Teil des Mikroskops irreversibel beschädigt werden.
2. Mikroskoplampe brennt nicht: Bitte an einen Assistenten wenden und die ausgebrannte Birne wechseln lassen.
3. Staub ist für die Mikroskope besonders schädlich. Nach Beendigung des Kurses unbedingt die Staubhülle über das Mikroskop stülpen.

2.7 Anleitung zum Zeichnen

Durch das Zeichnen der mikroskopischen Präparate wird das genaue Beobachten, eine wesentliche Voraussetzung für jede medizinische Tätigkeit, sehr gut geübt. Betrachten Sie die Zeichnungen von einem mikroskopischen Präparat auch als ein wichtiges Protokoll dessen, was Sie sehen. Es handelt sich nicht um Schemazeichnungen, wie Sie sie aus Büchern oder aus dem Internet kennen. Wichtiger als die künstlerische Qualität ist der Informationsgehalt. Dazu gehört eine genaue Beschriftung der gezeichneten Strukturen. Notieren Sie auch die histologische Färbemethode und das benutzte Objektiv, das bei Anfertigung der Zeichnung verwendet wurde.

Beim Zeichnen ist zunächst die Auswahl des richtigen Ausschnittes wichtig. Die Vergrößerung sollte so gewählt werden, dass alle Strukturen, die man zeichnen will, in einem Blickfeld liegen. Ist das nicht möglich, fertigt man eine Übersichtsskizze an, markiert die Orte der einzelnen Teilgebiete, die man gesondert zeichnen will, und zeichnet dann diese nacheinander. Für das Zeichnen empfiehlt sich ein Bleistift mittlerer Härte. Mit einem weichen schwarzen Bleistift oder farbigen Stiften kann (muss aber nicht) dann die Skizze getönt bzw. koloriert werden. Niemals sollen Abbildungen von Fotos aus Büchern abgezeichnet werden. Außerdem ist es sinnlos, nicht beobachtete Details der Präparate einzuzeichnen.

Für die Größe der Zeichnung ist maßgebend, dass jedes wichtige Detail so groß dargestellt wird, dass es in der Skizze mühelos erkennbar ist. Eine mikroskopische Zeichnung wird im Durchschnitt ca. 10 cm groß sein. Übersichtszeichnungen mit vielen Details können aber deutlich größer werden.

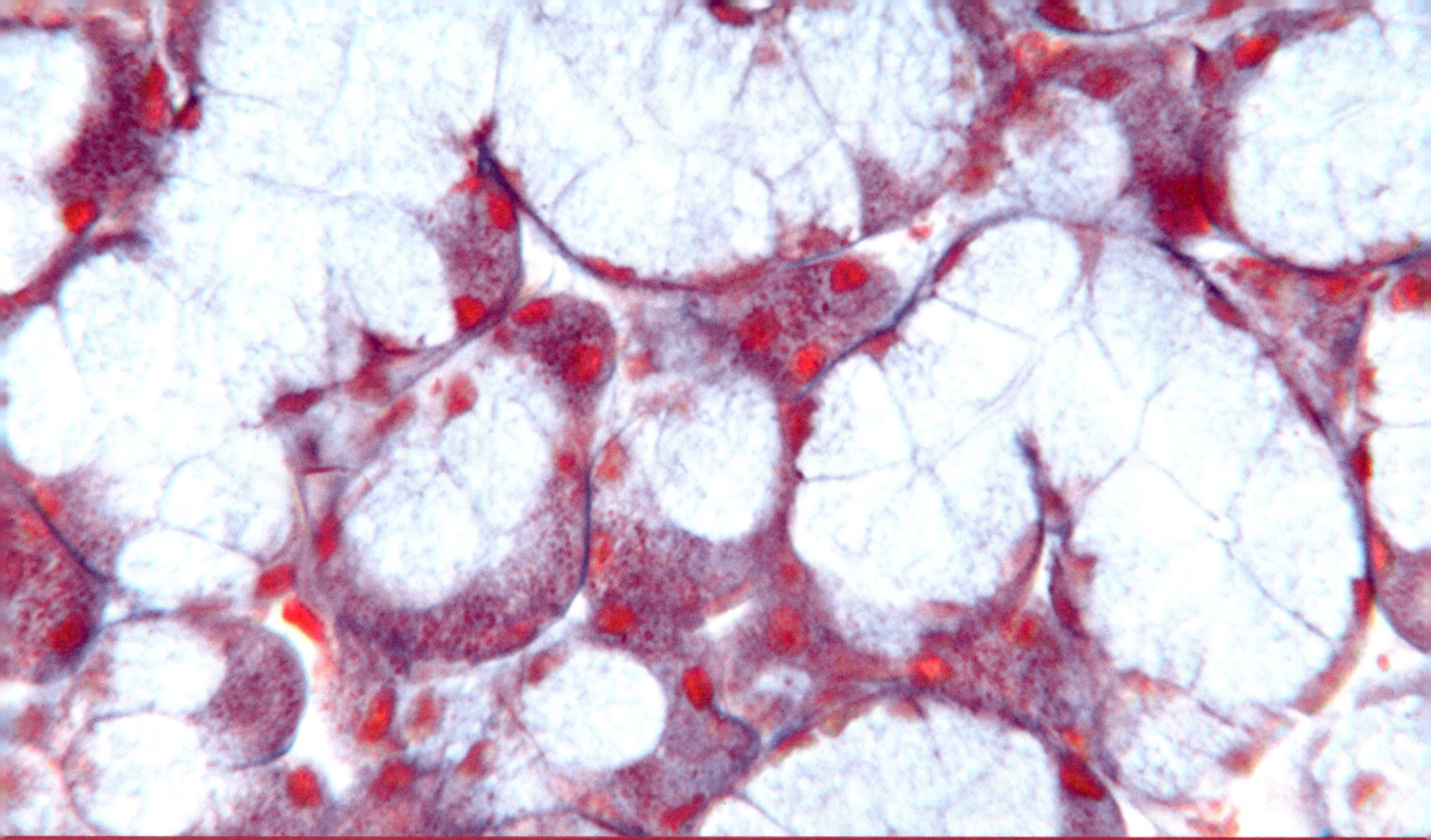

III Gewebe und Organe: Grundlagen, Abbildungen, Präparate

3 Zelle und Zellteilung

3.1 Zelle (Cellula)

Die Zelle ist die kleinste noch selbstständig lebensfähige Einheit eines tierischen oder pflanzlichen Organismus (▶ Abb. 3-1). Sie besteht aus dem Zellkern (Nucleus) und dem Zytoplasma (Zellleib) und wird außen durch die Zellmembran (Plasmalemm) von der Umgebung abgegrenzt (▶ Abb. 3-2).

3.1.1 Zellkern (Nucleus)

Der Zellkern enthält mit den Chromosomen die Träger der Erbanlagen und bildet das übergeordnete Steuerungszentrum des Zellstoffwechsels. Abhängig vom Zellzyklus können zwei Zustandsformen unterschieden werden: Arbeitskern und Teilungskern.

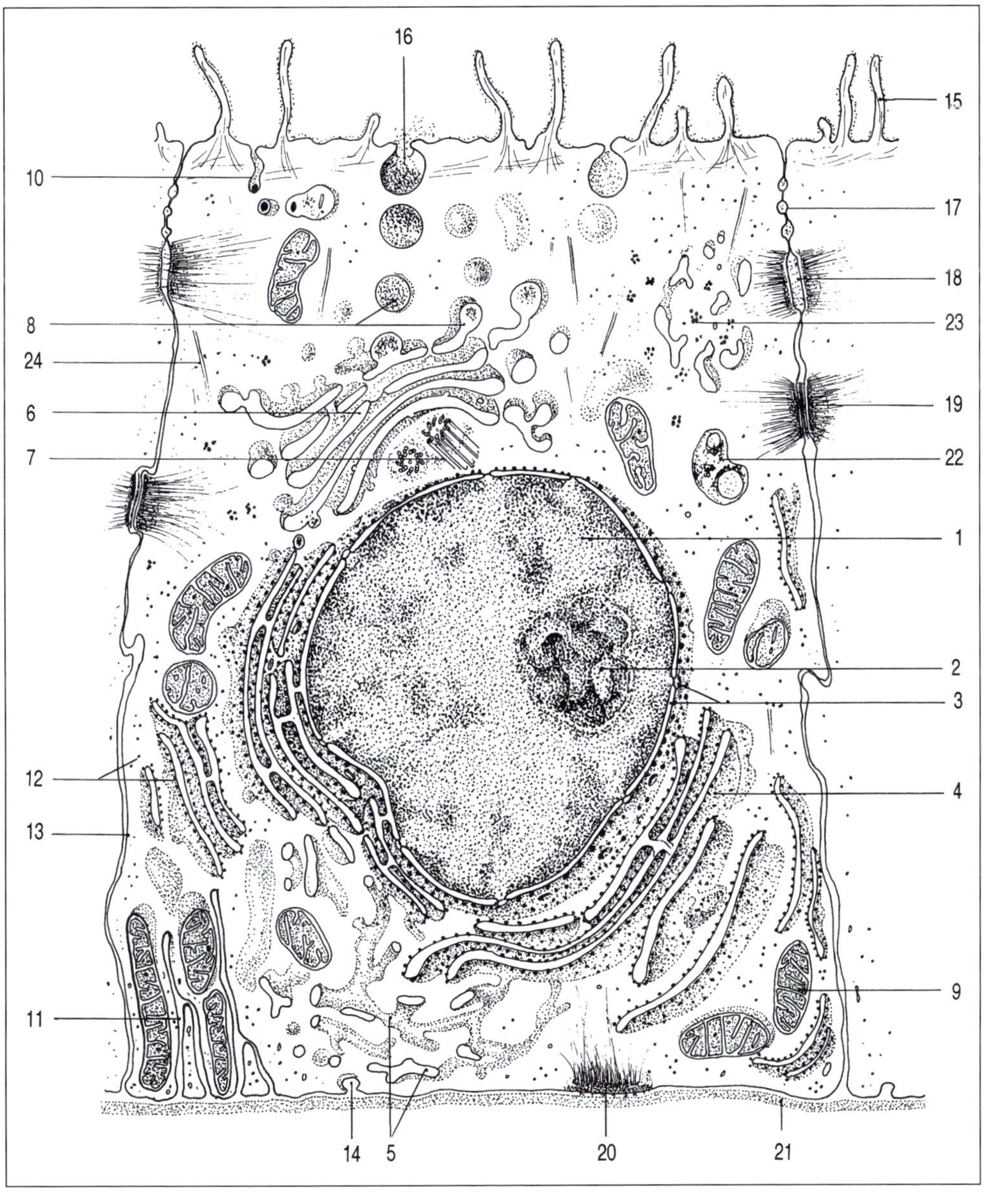

Abb. 3-1 Schema einer Zelle und verschiedener Zellorganellen und Zelleinschlüsse.
1 Zellkern; 2 Nucleolus; 3 Kernhülle mit Kernporen; 4 Raues endoplasmatisches Retikulum; 5 Glattes endoplasmatisches Retikulum; 6 Golgi-Apparat; 7 Zentriolen; 8 Sekretgranula; 9 Mitochondrium vom Cristae-Typ; 10 Phagozytose; 11 Basale Auffaltungen; 12 Ribosomen; 13 Zellmembran; 14 Endozytose; 15 Mikrovilli; 16 Exozytose; 17 Zonula occludens; 18 Zonula adhaerens; 19 Desmosom; 20 Halbdesmosom; 21 Basallamina; 22 Restkörper; 23 Glykogen; 24 Mikrotubulus

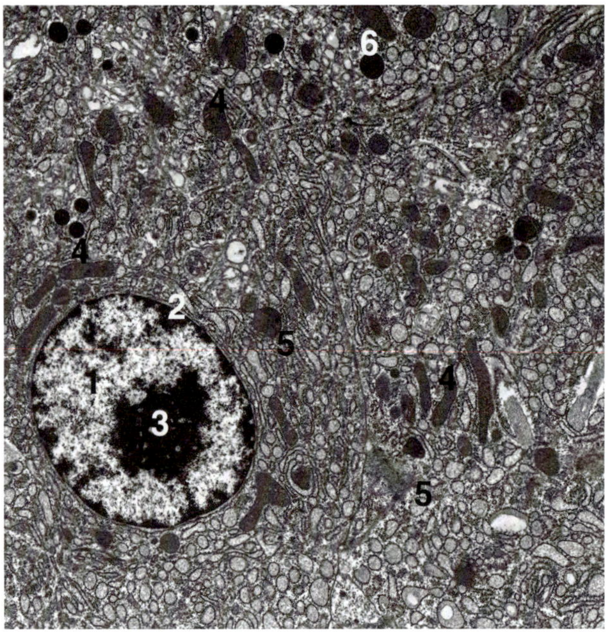

Abb. 3-2 Elektronenmikroskopische Aufnahme einer Zelle aus der Parotis des Rindes zur Demonstration verschiedener Zellorganellen.
Zellkern mit Euchromatin (1) und Heterochromatin (2); 3 Nukleolus; 4 Mitochondrium; 5 Raues endoplasmatisches Retikulum; 6 Sekretorisches Granulum

Lichtmikroskopisch färbt sich der Zellkern durch seinen hohen Gehalt an DNA (Desoxyribonukleinsäure) und RNA (Ribonukleinsäure) deutlich mit basophilen Farbstoffen (z.B. Hämatoxylin) an. Elektronenmikroskopisch können am Kern die Kernhülle (Karyotheca), Kernraum (Karyoplasma) und Kernkörperchen (Nucleolus) unterschieden werden.

3.1.1.1 Kernhülle (Tegmentum nucleare, Karyotheca)

Die Kernhülle dient als Abgrenzung des Kernraums vom Zytoplasma. Sie bildet eine Doppelmembran, zwischen deren beiden Blättern der perinukleäre Raum gelegen ist. Dieser steht mit dem rauen endoplasmatischen Retikulum des Zytoplasmas in kontinuierlicher Verbindung. Die Kernhülle wird von 40–80 nm großen Kernporen mit Diaphragma unterbrochen; dies sind Stellen eines besonders intensiven Stoffaustausches zwischen Kern und Zytoplasma.

3.1.1.2 Kernraum (Nucleoplasma, Karyoplasma)

Er besteht im Wesentlichen aus Chromatin und Karyolymphe. Chromatin setzt sich aus DNA und damit eng verbundenen Proteinen (Histonen und Nicht-Histonproteinen) zusammen. Je zwei Moleküle der Histone H2A, H2B, H3 und H4 bilden zusammen ein flach zylindrisches Gebilde, das als Nucleosom bezeichnet wird. Um jedes dieser Partikel windet sich die DNA mit eineinhalb Windungen. Benachbarte Nucleosomen sind durch einen mehr oder weniger gestreckt verlaufenden DNA-Abschnitt von 40–80 Nukleotidpaaren verbunden („Perlenkettenform der Chromatinfibrille").

3.1.1.3 Heterochromatin (Heterochromatinum)

Chromosomenabschnitte, die auch im Arbeitskern in kondensierter Form vorliegen und daher genetisch inaktiv sind, werden als heterochromatisch bezeichnet. Konstitutives Heterochromatin liegt in den zentromernahen Bereichen der Chromosomen. Als fakultatives Heterochromatin werden Chromosomen bzw. Chromosomenabschnitte bezeichnet, die in der Regel dicht gepackt vorliegen und genetisch inaktiv sind, die sich aber unter bestimmten Umständen wie Euchromatin verhalten können, z.B. das Geschlechtschromatin. Im Elektronenmikroskop erscheinen diese Anteile des Kerns elektronendicht (dunkel). Beim weiblichen Geschlecht wird bei den Säugetieren in den somatischen Zellen eines der beiden X-Chromosomen während der frühe Embryonalentwicklung inaktiviert. Das inaktive X-Chromosom wird als Barr-Körperchen an der inneren Kernmembran sichtbar.

3.1.1.4 Euchromatin (Euchromatinum)

Chromosomenabschnitte, die im Arbeitskern in entspiralisierter Form vorliegen und genetisch aktiv sind, werden Euchromatin genannt. Im Elektronenmikroskop erscheinen diese Bereiche des Zellkerns elektronendurchlässig (hell). Die DNA des Euchromatins wird transkribiert, d.h. in RNA umgeschrieben. Dabei entstehen alle RNA-Formen mit Ausnahme von ribosomaler RNA (rRNA), die im Nucleolus transkribiert wird.

3.1.1.5 Kernkörperchen (Nucleolus)

Sie fallen lichtmikroskopisch als stark basophile Strukturen innerhalb des Kerns auf (infolge ihres hohen RNA-Gehaltes). Im Bereich des Nucleolus wird vor allem ribosomale RNA gebildet und vor der Ausschleusung in das Zytoplasma vorübergehend gespeichert. Nucleoli werden an speziellen Chromosomenabschnitten (Nucleolus-Organisator-Regionen = NOR) gebildet.

3.1.1.6 Mitosechromosomen

Dies ist die Transportform der kondensierten Chromosomen während der Zellteilung. Mit speziellen Färbemethoden lassen sich an den isolierten Chromosomen unterschiedlich stark gefärbte Abschnitte, sog. Chromosomenbänder (Q-Bänder, G-Bänder etc.) unterscheiden, wodurch die Identifizierung der einzelnen Chromosomen eines Chromosomensatzes erleichtert wird.

3.1.2 Zellmembran (Membrana cellularis)

Die 7–10 nm dicke Zellmembran (Plasmalemm) trennt das Zellinnere von der Umgebung. Sie ist lichtmikroskopisch nicht sichtbar.

Modellvorstellungen über den Aufbau der Zellmembran:

- **Unit-Membrane-Modell:** Elektronenmikroskopisch lassen alle Membranen einer Zelle (nicht nur das Plasmalemm) einen dreischichtigen Aufbau erkennen, wobei zwei elektronendichte dunkle Lagen (von 2,5–3 nm Dicke) durch eine nur mäßig elektronendichte hellere Schicht getrennt werden.
- **Flüssig-Mosaik-Modell:** Bimolekulare Lipidschicht aus Phospholipiden, Sterolen und Glykolipiden) in die Proteine eingelagert (integrale Membranproteine) bzw. an den Oberflächen aufgelagert (periphere Membranproteine) sind. An der Außenseite der Zelle ragen die Zuckerreste der Glykoproteine vor und bilden insgesamt eine dünne oberflächliche Schicht (Glykokalix). Diese spielt eine wichtige Rolle bei zellulären Erkennungs- und Differenzierungsprozessen (▶ Abb. 3-3).

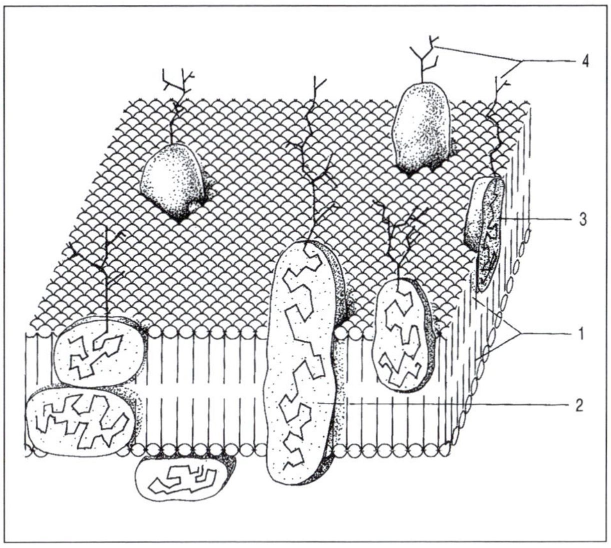

Abb. 3-3 Schematische Darstellung des molekularen Aufbaus der Zellmembran, Fluid Mosaic Model nach Singer und Nicolson (1972).
1 Bimolekulare Lipidschicht; 2 Integrale Membranproteine; 3 Periphere Membranproteine; 4 Zuckerreste der Glykokalyx an der Außenfläche

3.1.2.1 Dynamik der Zellmembran

Während die Lipid-Doppelschicht die Grundstruktur von biologischen Membranen vorgibt, sind die darin mosaikartig verteilten Proteine für die meisten der spezifischen Funktionen der Membran verantwortlich. Unter den Membranproteinen finden sich Transportproteine, Enzyme und spezifische Rezeptoren.

Transportprozesse ohne morphologisch erkennbare Strukturveränderungen der Zellmembran

Ein passiver Transport von Ionen und Molekülen erfolgt durch Diffusion entsprechend einem Konzentrationsgefälle. Ein aktiver Transport durch die Zellmembran läuft unter Energieverbrauch und unter Beteiligung von Transportproteinen ab.

Transportprozesse durch Membranflussvorgänge

Endozytose: Dabei werden die aufzunehmenden Substanzen oder auch größere Partikel von einem bestimmten Abschnitt der Zellmembran umschlossen. Dieser Bereich stülpt sich dabei nach innen ein, schnürt sich ab und bildet so ein den aufgenommenen Stoff enthaltendes intrazelluläres Bläschen (Vesikel). Nach der Größe des sich bildenden Vesikels kann man zwei Typen von endozytotischen Vorgängen unterscheiden, nämlich die Pinozytose und die Phagozytose: Als **Pinozytose** wird die Aufnahme kleiner Flüssigkeitströpfchen bezeichnet. Sie ist nur elektronenmikroskopisch nachweisbar. Von **Phagozytose** spricht man bei der Aufnahme größerer, geformter Bestandteile durch die Zelle. Sie ist häufig schon lichtmikroskopisch nachweisbar.

Rezeptor-vermittelte Endozytose bedeutet die selektive Aufnahme bestimmter Makromoleküle. Ihr morphologisch (elektronenmikroskopisch) nachweisbares Äquivalent sind Stachelsaumvesikel (coated vesicles).

Exozytose: Das Ausschleusen von Substanzen aus der Zelle wird Exozytose genannt. Dabei wird der Inhalt kleiner intrazellulärer Bläschen, die sich z. B. vom Golgi-Apparat abschnüren, zum Plasmalemm wandern und mit diesem verschmelzen, nach außen abgegeben. Besonders häufig ist dieser Vorgang bei endo- und exokrinen Drüsenzellen zu beobachten.

3.1.2.2 Differenzierungen der apikalen Zelloberfläche

- Mikrovilli (Microvilli)
- Stereozilien (Stereocilia)
- Kinozilien (Kinocilia)

Durch **Mikrovilli** (▶ Abb. 3-4) wird die Oberfläche einer Zelle oft deutlich vergrößert. Sie erleichtern damit die Resorption und den Ionentransport. Je nach Zelltyp sind sie ca. 1–2 µm lang und 0,1 µm dick. Sie werden innen durch ca. 20–30 Aktinfilamente stabilisiert und an den Zytoskelettstrukturen des Terminalen Netzes verankert. Dicht stehende Mikrovilli findet man beispielsweise am Epithel des Dünndarms und in den proximalen Tubuli der Niere.

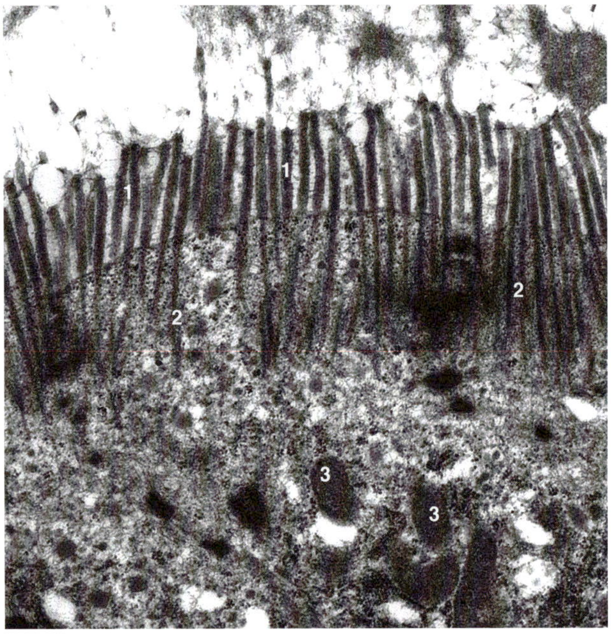

Abb. 3-4 Elektronenmikroskopische Aufnahme der Mikrovilli aus einer Saumzelle des Dünndarmepithels des Rindes.
1 Mikrovilli; Die Aktinfilamente der Mikrovilli setzen sich mit Wurzelstrukturen (2) in das Zytoplasma fort; 3 Mitochondrien

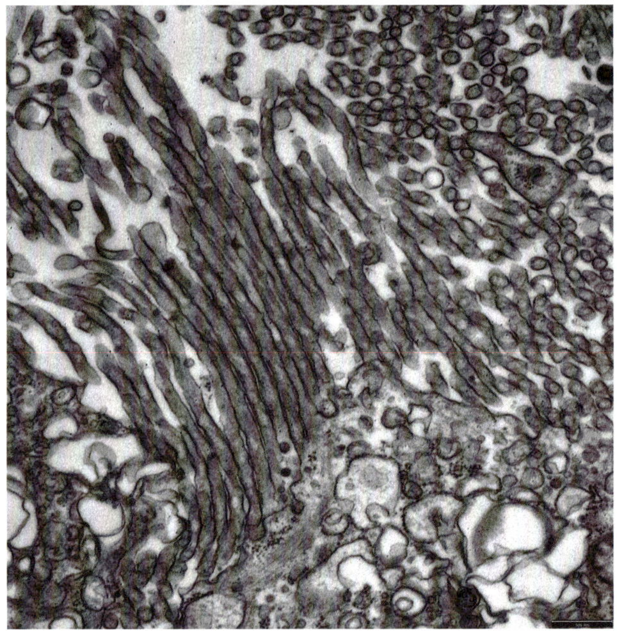

Abb. 3-5 Stereozilien des Nebenhodenepithels des Rindes. Sie sind wichtig für die umfangreichen Resorptions- und Sekretionsprozesse im Nebenhoden.

Stereozilien (▶ Abb. 3-5) sind lange, unbewegliche Mikrovilli, die im Nebenhodenepithel vorkommen und dort mit den spezifischen Resorptions- und Sekretionsprozessen in Verbindung gebracht werden. Kräftige und steife Mikrovilli kommen auf den Sinneszellen des Innenohrs vor.

Kinozilien (▶ Abb. 3-6) sind 3–20 µm lange, 0,2 µm dicke, bewegliche Zellfortsätze. Sie sind über Basalkörperchen und „Wurzelfüßchen" im Zytoplasma verankert. Sie zeigen eine „9 x 2 + 2 Struktur", d. h. 2 zentrale Mikrotubuli werden außen von 9 Paaren peripherer Mikrotubuli umgeben.

Beispiele für das Vorkommen von Kinozilien:

- Epithel der luftleitenden Wege des Atmungstraktes
- Eileiterepithel
- Epithel der Ductuli efferentes

3.1.3 Differenzierung der seitlichen Zellmembran (Zellkontakte) (▶ Abb. 3-7)

3.1.3.1 Zonula occludens (Tight Junction)

Sie ist eine gürtelförmig um die Zelle verlaufende Kontaktstruktur. Im Bereich einer Zonula occludens ist kein durchgehender Interzellularspalt mehr erkennbar, da die benachbarten Zellmembranen miteinander verschmolzen sind.

3.1.3.2 Zonula adhaerens

Sie verläuft gleichfalls gürtelförmig um die ganze Zelle. Ihre Breite beträgt ca. 0,1–0,5 µm. Der Interzellularspalt zwischen zwei benachbarten Zellmembranen bleibt erhalten und ist mit einer glykoproteinhaltigen Kittsubstanz gefüllt. An der zytoplasmatischen Seite sind den Zellmembranen Plaque-Proteine angelagert, die neben anderen Proteinen die aktinbindenden Proteine α-Actinin und Vinculin enthalten. An diese binden die zytoplasmatischen Aktinfilamente.

3.1.3.3 Desmosom (Macula adhaerens)

Desmosomen (▶ Abb. 3-8) zeigen einen ähnlichen Aufbau, verlaufen aber nicht gürtelförmig um die Zelle, sondern sind runde oder elliptische Haftstrukturen, die symmetrisch an benachbarten Zellen vorkommen. Die Größe der Desmosomen beträgt ca. 0,1–0,5 µm. Ein Desmosom ist aus zwei Hälften aufgebaut. In diesem Bereich sind der Zellmembran innen in größerer Menge Plaque-Proteine angelagert, durch die die Desmosomen an die Intermediärfilamente des Zytoskeletts verankert sind. Der Interzellularspalt im Bereich der Desmosomen ist ca. 20–40 nm weit und mit Kittsubstanz gefüllt.

Die bisher genannten Strukturen (Zonulae occludentes, Zonulae adhaerentes; Desomosomen) sind wichtig für den mechanischen Zusammenhalt benachbarter Epithelzellen.

3.1.3.4 Nexus (Gap Junction)

Nexus (▶ Abb. 3-9) dienen dem Stoff- und Informationsaustausch benachbarter Zellen („kommunikative Verbin-

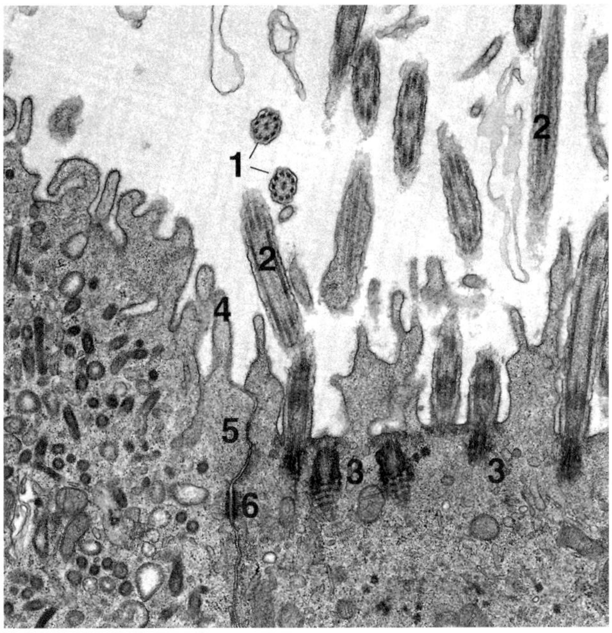

Abb. 3-6 Kinozilien der Ductuli efferentes, Nebenhoden, Rind. 1 Querschnitt und 2 Längsschnitt durch die Kinozilien; 3 Kinetosomen (Basalkörperchen); 4 Mikrovilli; 5 Zonula occludens; 6 Zonula adhaerens

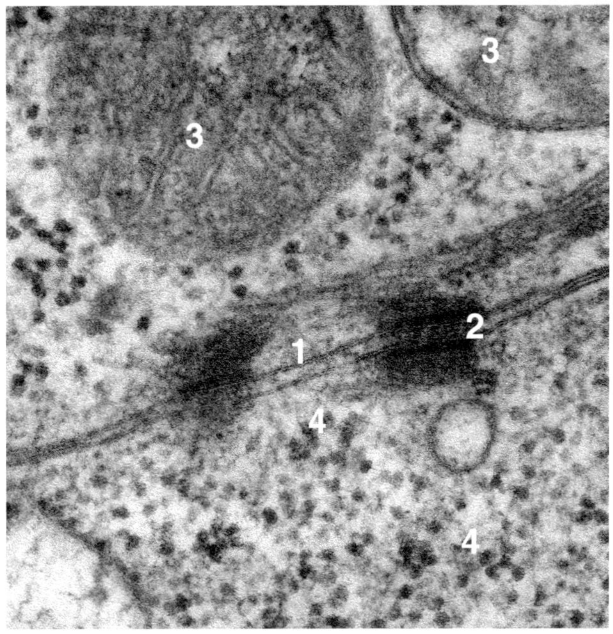

Abb. 3-8 Desmosomen (Maculae adhaerentes) in der Epidermis, Haut des Euters, Rind. Desmosomen sind 0,1–0,5 µm groß. Ihr Interzellularspalt ist 20–40 nm breit. Der Interzellularraum ist an diesen Stellen teilweise leicht verbreitert (20–40 nm) und mit filamentösem Material (vor allem Cadherine) gefüllt.
1 Zellmembran; 2 Desmosom; 3 Mitochondrium; 4 Ribosomen

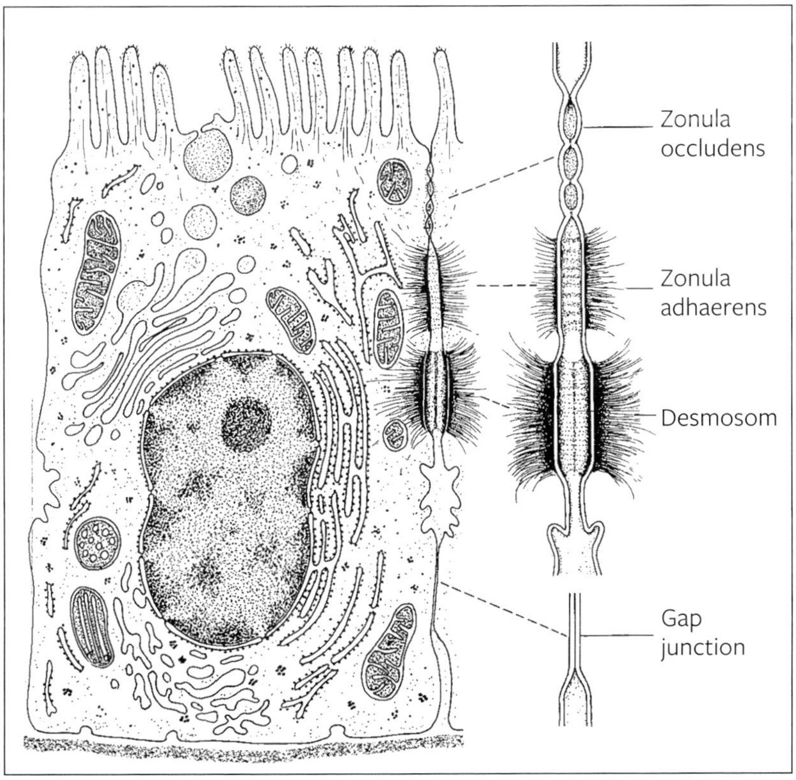

Abb. 3-7 Differenzierungen der seitlichen Zellmembran.

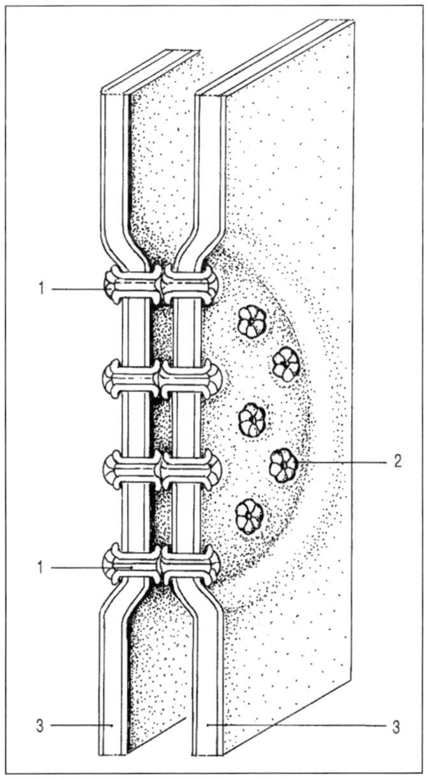

Abb. 3-9 Schematische Darstellung einer Gap junction (Nexus).
1 Jeweils zwei hintereinander geschaltete Connexone bilden einen feinen transzellulären Kanal; 2 Jedes Connexon besteht aus sechs Untereinheiten; 3 Zellmembran

dungen“). Sie bestehen aus zwei fest zusammengefügten Hälften, d.h. ein Konnexon ist mit dem Konnexon der benachbarten Zelle verbunden. Jedes Konnexon besteht aus sechs speziellen Proteinen, den Konnexinen. Im Bereich eines Nexus ist der Interzellularspalt auf 2–4 nm verschmälert. Der Nexus ist für Ionen und Moleküle bis zu einem Molekulargewicht von etwa 1000 Dalton durchgängig. Er hat keine mechanischen Funktionen. Gap Junctions können sehr rasch gebildet und auch wieder abgebaut werden. Ihre Halbwertszeit beträgt nur wenige Stunden.

3.1.4 Zytoplasma (Cytoplasma)

Das Zytoplasma enthält folgende Komponenten:

- Grundplasma (Hyaloplasma, Zytosol)
- Zellorganellen
- Metaplasma
- Paraplasma

3.1.4.1 Zellorganellen

Dies sind spezifisch gebaute, im Zytoplasma gelegene Zellstrukturen, die wichtige Funktionen im Zellstoffwechsel erfüllen. Man kann zwischen membranbegrenzten Zellorganellen und nicht-membranbegrenzten Zellorganellen unterscheiden.

Membranbegrenzte Zellorganellen (Organella membranaria)

- Mitochondrien
- Endoplasmatisches Retikulum
- Golgi-Apparat
- Lysosomen
- Peroxisomen

Mitochondrium (Mitochondrion)

Mitochondrien (▶ Abb. 3-10) sind schon lichtmikroskopisch sichtbare, bewegliche, stäbchenförmige, ca. 2–6 µm lange Gebilde. Sie sind von einer Doppelmembran umgeben, wobei die äußere eine glatte Hülle ist, die innere hingegen zur Oberflächenvergrößerung zahlreiche Einfaltungen (Cristae, Tubuli, Sacculi) bildet. Am häufigsten kommen Mitochondrien vom Christae-Typ vor (▶ Abb. 3-11). In Steroidhormon bildenden Zellen (z.B. den Leydig-Zellen im Hoden oder den Zellen der Nebennierenrinde) finden sich Mitochondrien vom Tubulus-Typ (▶ Abb. 3-12). An

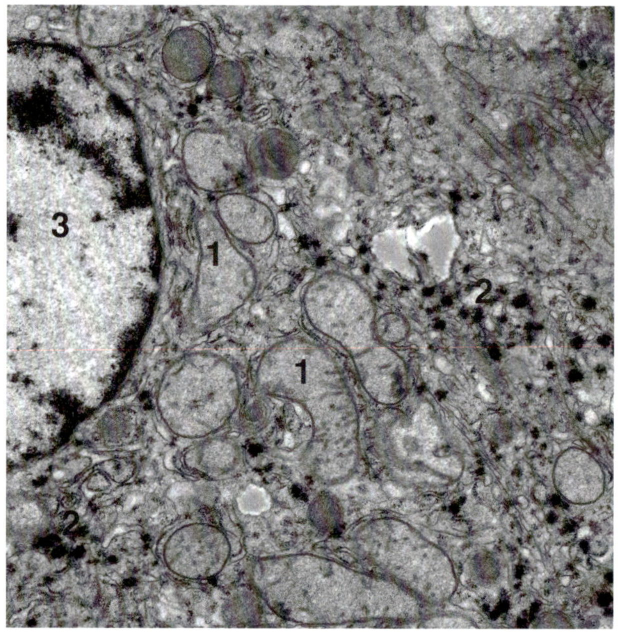

Abb. 3-11 Elektronenmikroskopische Aufnahme einer Leberzelle, Strauss.
1 Mitochondrium vom Cristae-Typ; 2 Glykogen; 3 Zellkern

der Innenmembran des Mitochondriums sind Enzyme der Atmungskette und der oxidativen Phosphorylierung lokalisiert. Die von der inneren Mitochondrienmembran umschlossene Mitochondrienmatrix enthält Enzyme des Zitronensäurezyklus, des Fettabbaus und der Proteinsynthese. Die Mitochondrien sind die Energieproduzenten („Kraftwerke der Zelle“). Mitochondrien enthalten eine eigene, vom Kern unabhängige DNA und RNA, sowie eigene Ribosomen. Sie besitzen dadurch innerhalb der Zelle eine gewisse Autonomie.

Endoplasmatisches Retikulum (Reticulum endoplasmaticum)

Dreidimensionales, membranbegrenztes Hohlraumsystem im Zytoplasma. Es kommt in zwei Formen vor:

1. **Raues endoplasmatisches Retikulum (Reticulum endoplasmaticum granulosum):** Seinen Membranen sind an der Außenseite zahlreiche Ribosomen aufgelagert, die vor allem Exportproteine synthetisieren (▶ Abb. 3-13). Die neugebildeten Proteine werden zunächst in das Innere des Hohlraumsystems abgegeben, dort modifiziert (Abspaltung des Signalpeptids) und dann zur Weiterverarbeitung zum Golgi-Apparat transportiert. Im rauen endoplasmatischen Retikulum

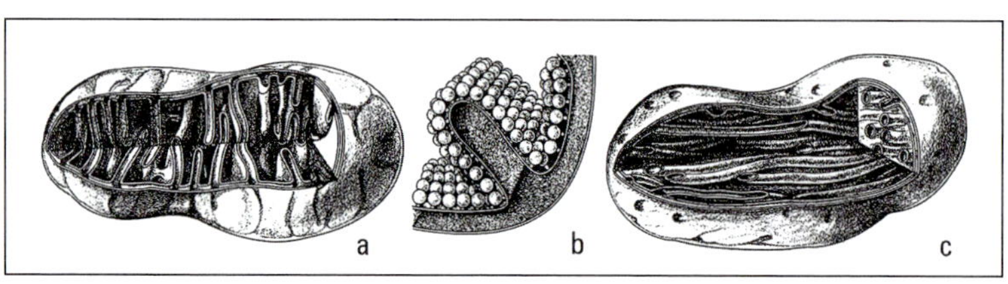

Abb. 3-10 Dreidimensionale schematische Darstellung von Mitochondrien.
a) Mitochondrium vom Cristae-Typ;
b) Innere mitochondriale Membran mit Elementarpartikel für die ATP-Synthese;
c) Mitochondrium vom Tubulus-Typ

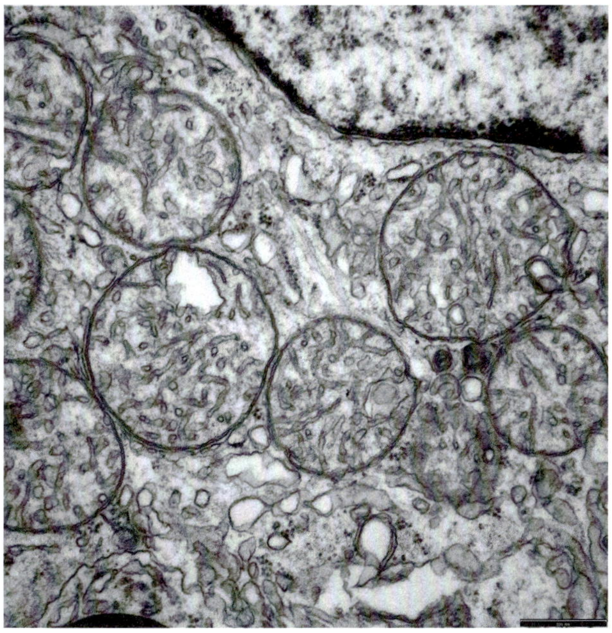

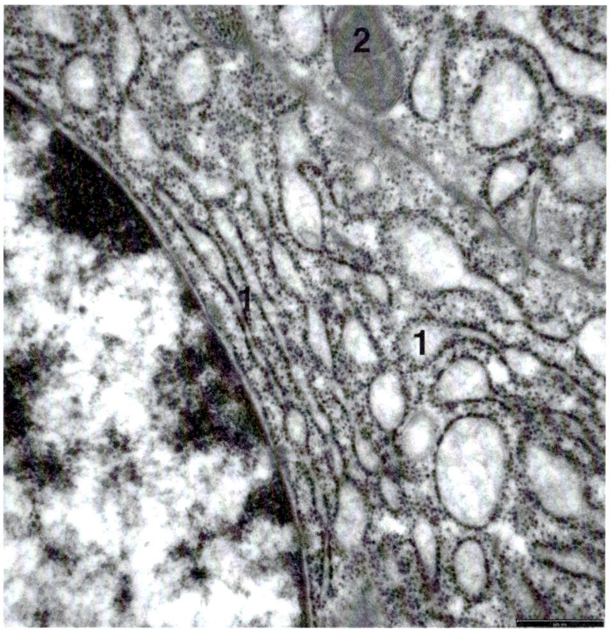

Abb. 3-12 Mitochondrien vom Tubulus-Typ, Leydig-Zelle, Hoden, Hund.

Abb. 3-13 Drüsenzelle aus der Parotis, Rind.
1 Raues endoplasmatisches Retikulum; 2 Mitochondrium

werden außerdem fast alle Lipide der Zelle gebildet (z.B. auch die Lipide des Milchfetts in den Drüsenzellen der Milchdrüse).

2 **Glattes endoplasmatisches Retikulum (Reticulum endoplasmaticum leve):** Das glatte endoplasmatische Retikulum steht oft in kontinuierlicher Verbindung mit dem rauen endoplasmatischen Retikulum. Es kann aber auch unabhängig von ihm vorkommen. Es ist frei von Ribosomen und besteht aus unterschiedlich weiten, miteinander in kontinuierlicher Verbindung stehenden Membranschläuchen. Das glatte endoplasmatische Retikulum dient der Synthese von komplexen Lipiden, Steroiden und Glykogen sowie der Speicherung von Kalziumionen. In größerer Menge kommt es in steroidproduzierenden Zellen, in Skelett- und in Herzmuskelzellen vor.

Golgi-Apparat (Complexus dictyosomaticus)

Proteine, die im rauen endoplasmatischen Retikulum gebildet wurden, wandern mittels Transportvesikel zum Golgi-Apparat. Dieser besteht aus mehreren Stapeln von glattwandigen Zisternen (Dictyosomen) und diesen funktionell zugeordneten kleinen Bläschen (Vesikel und Vakuolen). Am Golgi-Apparat (▶ Abb. 3-14, 3-15) lassen sich eine Aufbauseite (cis-Seite), an die Proteine aus dem rauen endoplasmatischen Retikulum herantransportiert werden, und eine Abgabeseite (trans-Seite), von der membranumhüllte Sekretionsprodukte abgeschnürt werden, unterscheiden.

Funktionen des Golgi-Apparates:

- Ankopplung von Zuckerresten an Proteine,
- Kondensation und Verpackung von Sekretionsprodukten,
- Bildung von Membranmaterial,
- Bildung primärer Lysosomen.

Lysosom (Lysosoma)

Lysosomen (▶ Abb. 3-16) sind membranbegrenzte, meist kugelige Zellorganellen, die verschiedene hydrolytische Enzyme (Leitenzym: saure Phosphatase, daneben Proteasen, Lipasen, Glukuronidasen etc.) enthalten. Mittels ihrer Enzyme können die Lysosomen sowohl überaltertes zelleigenes Material (Autolysosomen), als auch von der Zelle von außen aufgenommenes Material (Heterolysosomen) abbauen. Unverdaute Bestandteile werden aus der Zelle durch Exozytose hinausgeschafft oder bleiben als Restkörper (residual bodies) im Zytoplasma liegen.

Peroxisom (Peroxysoma)

Peroxisomen sind kleine (ca. 0,5 µm), oft kugelförmige Organellen, die sich durch Abschnürung aus dem endoplasmatischen Retikulum bilden. Peroxisomen können mit ihren oxidativen Enzymen (Oxidasen) organische Moleküle oxidieren und beispielsweise Fettsäuren abbauen. Viele der Oxidationsprozesse führen zur Bildung von H_2O_2. Sie besitzen aber auch Enzyme (z.B. Katalase), die das Zellgift H_2O_2 abbauen können.

Nicht-membranbegrenzte Zellorganellen (Organella nonmebranaria)

- Ribosomen
- Zentriolen
- metaplasmatische Strukturen wie Mikrotubuli, Intermediärfilamente und Mikrofilamente

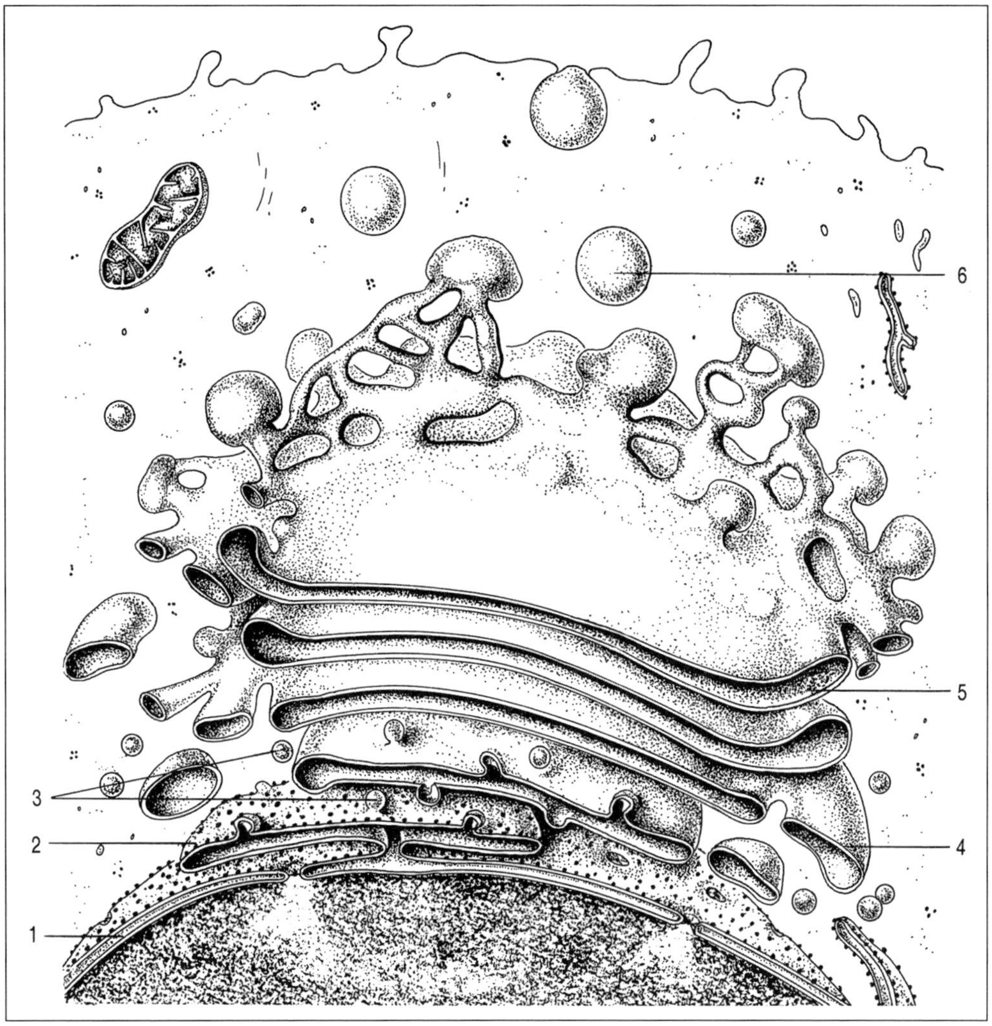

Abb. 3-14 Schematische Darstellung des Golgi-Apparates. Vom endoplasmatischen Retikulum schnüren sich Vesikel ab, die Protein zur cis-Seite des Golgi-Apparates transportieren. Nach Modifikation (z. B. Glykosylierung) in den Zisternen des Golgi-Apparates wird das sekretorische Material (3) an seiner trans-Seite (2) abgegeben.
1 Karyotheca; 2 Raues endoplasmatisches Retikulum; 3 Transportvesikel; 4 cis-Seite des Golgi-Apparates; 5 trans-Seite des Golgi-Apparates; 6 Sekretorische Vesikel

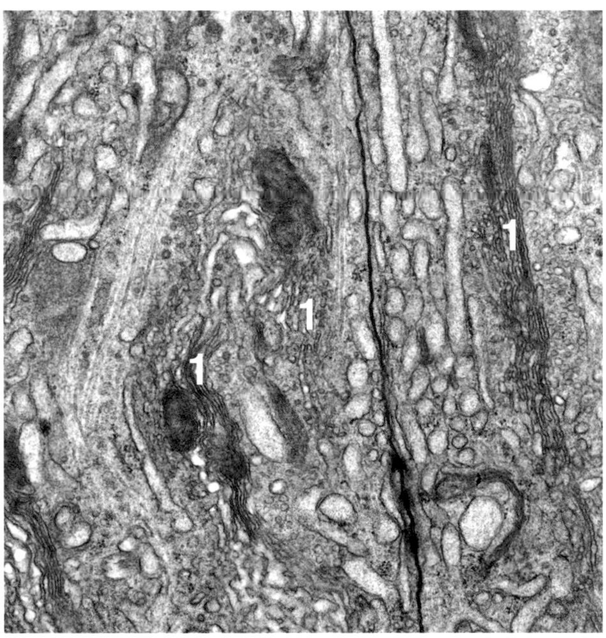

Abb. 3-15 Stapel von Zisternen (1) und begleitenden Vesikeln des Golgi-Apparats, Nebenhodenkanal, Pferd.

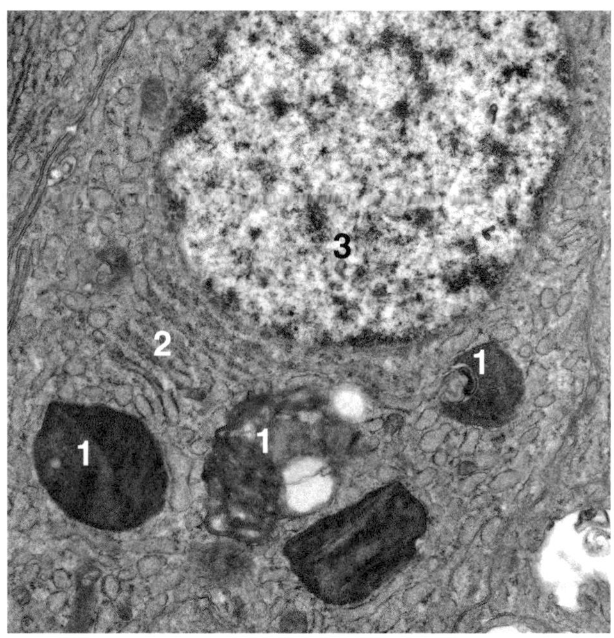

Abb. 3-16 Heterolysosomen, Ductus epididymidis, Hund.
1 Heterolysosomen; 2 raues endoplasmatisches Retikulum; 3 Zellkern

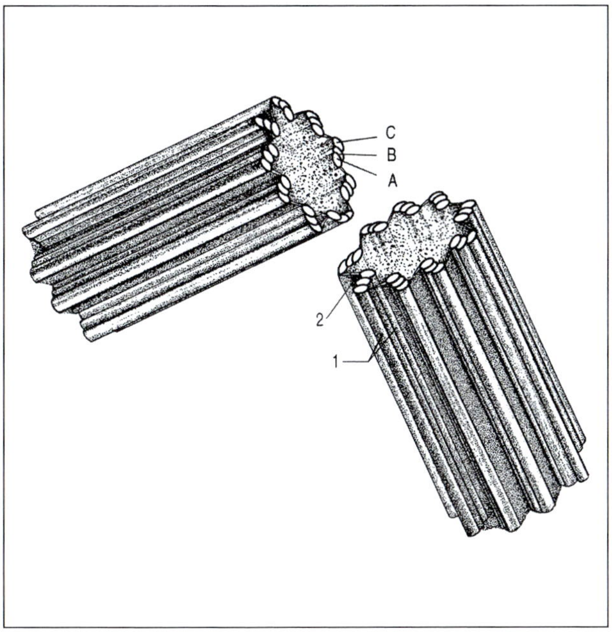

Abb. 3-17 Schematische Darstellung von zwei Zentriolen. Zentriolen bestehen aus 9 Mikrotubuli-Triplets (1), die untereinander durch Proteinbrücken (2) verbunden sind. A Innerster Mikrotubulus; B Mittlerer Mikrotubulus; C Äußerster Mikrotubulus eines Triplets

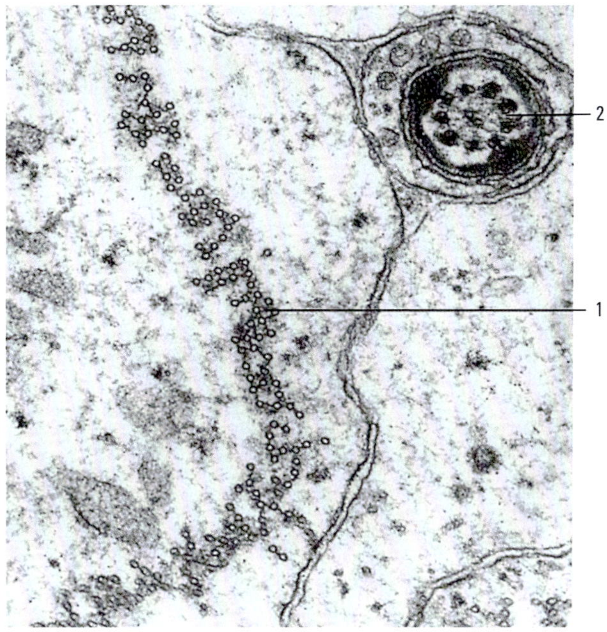

Abb. 3-18 1 Mikrotubuli aus der Manschette einer Spermatide; 2 Axonema eines Spermiums: 9x2+2 Anordnung der Mikrotubuli

Ribosomen (Ribosoma)

Ribosomen sind kugelige, 10–20 nm große Partikel, die in allen Zellen vorkommen und der Proteinsynthese dienen. Rasch wachsende Zellen mit einer hohen Teilungsrate enthalten viele Ribosomen, die teils frei im Zytoplasma, teils an die Membranen des rauen endoplasmatischen Retikulums gebunden vorliegen. Dazu werden mehrere Ribosomen durch einen Strang von mRNA zu Polyribosomen verbunden. Jedes Ribosom besteht aus einer großen (60 S) und einer kleinen (40 S) Untereinheit. Beide Komponenten werden im Zellkern gebildet und über die Kernporen in das Zytoplasma geschleust. Im Zytoplasma lagern sich die beiden Untereinheiten zusammen, wodurch die Ribosomen funktionell erst ihre Wirkung entfalten können. Einzelne, im Zytoplasma gelegene Ribosomen, sind nicht aktiv. Zur Proteinsynthese kommt es erst, wenn mehrere Ribosomen durch einen Strang von messenger Ribonukleinsäure (mRNA) verbunden werden. Bei den von frei im Zytoplasma gelegenen Ribosomen gebildeten Proteine handelt es sich meist um Strukturproteine und Enzyme.

Zentriol (Centriolum)

Als meist paarig auftretende Körperchen (Diplosomen, ▶ Abb. 3-17) sind sie oft in der Nähe des Zellkerns zu finden. Im Elektronenmikroskop erscheinen sie als 0,5 µm lange und 0,25 µm dicke Zylinder, deren Wand aus Mikrotubuli (9 x 3 Mikrotubuli) besteht. Von den Zentriolen aus erfolgt bei der Zellteilung die Bildung des Spindelapparates. Sie spielen eine wichtige Rolle bei der Organisation des Zytoskeletts. Die Basalkörperchen der Kinozilien sind beispielsweise leicht modifizierte Zentriolen.

Zytoskelett (Cytoskeleton)

An ihm lassen sich drei verschiedene Komponenten unterscheiden, nämlich die Mikrotubuli, die Mikrofilamente und die Intermediärfilamente. Sie spielen bei der Aufrechterhaltung der Zellform, bei Bewegungsvorgängen der Zellen, bei Transportprozessen und bei der Zellteilung eine wichtige Rolle.

1. **Mikrotubuli:** Dies sind regelmäßig aufgebaute, unverzweigte Röhrchen (Durchmesser 24 nm) von unterschiedlicher Länge. Ihre Wand besteht aus 13 längs gerichteten Protofilamenten, die sich aus dem Protein Tubulin aufbauen (▶ Abb. 3-18).
2. **Mikrofilamente:** Ihre Dicke beträgt 5–7 nm. Sie sind aus kugelförmigem Aktin G aufgebaut, das sich in der Zelle schnell zu langen Aktin-F-Fasern zusammenlagern kann.
3. **Intermediärfilamente:** Ihr Durchmesser beträgt etwa 8–10 nm. Sie bestehen aus faserigen Polypeptiden, die in ihrer Größe stark variieren. Intermediärfilamente sind die stabilste Komponente des Zytoskeletts. Sie kommen bevorzugt in jenen Zellbereichen vor, die besonderen mechanischen Belastungen ausgesetzt sind.

Metaplasma

Unter diesem Begriff werden zytoplasmatische Strukturen zusammengefasst, an die besondere Leistungen und Eigenschaften von differenzierten Zellen gebunden sind („Berufsstrukturen der Zelle"), z.B. Mikrotubuli.

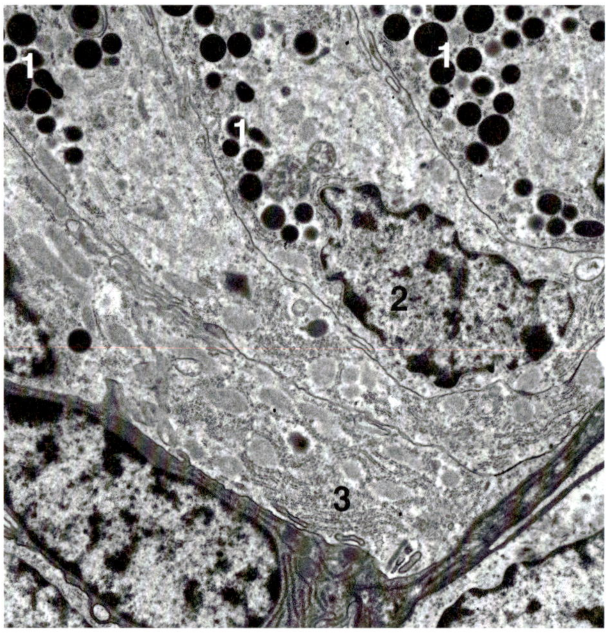

Abb. 3-19 Prostataepithelzelle, Hund, elektronenmikroskopische Abbildung.
1 Sekretorische Granula; 2 Zellkern; 3 Raues endoplasmatisches Retikulum

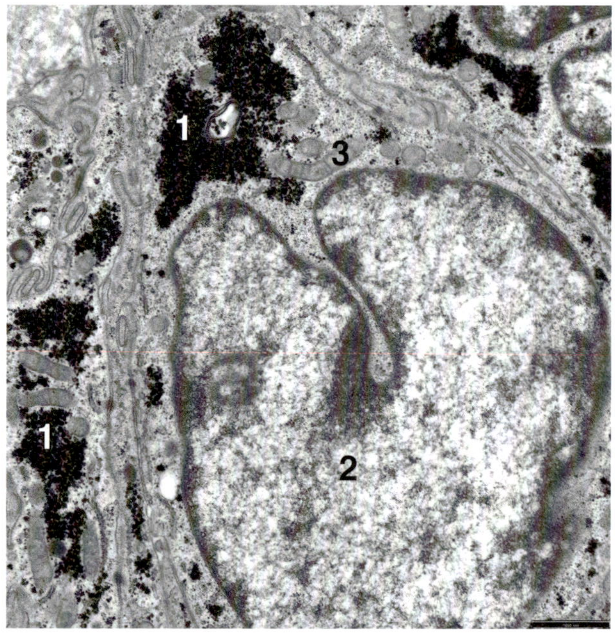

Abb. 3-20 Glykogenansammlung im Prostataepithel des Hundes.
1 Glykogen; 2 Zellkern; 3 Mitochondrium vom Cristae-Typ

Paraplasma

Als Paraplasma bezeichnet man Zytoplasmaeinschlüsse, die zumindest zeitweise nicht am zellulären Stoffwechsel teilnehmen. Zu den paraplasmatischen Einschlüssen zählen:

- Sekrete und kristalline Proteineinschlüsse (▶ Abb. 3-19),
- Reservestoffe wie Glykogen und Lipide (▶ Abb. 3-20),
- Pigmente (Melanin, Lipofuszin, Hämoglobin etc.).

3.1.5 Zelltod

Eine irreversible Schädigung der Zelle führt zum Zelltod. Dabei lassen sich Nekrose und Apoptose (programmierter Zelltod) unterscheiden. Nekrose wird durch verschiedenste exogene und endogene Schädigungen (z.B. mangelnde Blutversorgung, Toxine, Traumen) ausgelöst. Bei der Apoptose sind in der Regel Einzelzellen oder kleine Gruppen von Zellen betroffen. Der Vorgang der Apoptose wird von der Zelle selbst aktiv genetisch gesteuert. Der Zelltod läuft dabei über eine kaskadenartige Sequenz von Veränderungen ab, wobei gezielt bestimmte Enzyme (Caspasen) aktiviert werden, die dann zu Veränderungen an der Zellmembran („blebbing") und über Stimulierung von Nukleasen zu charakteristischen Veränderungen am Zellkern führen. Die Apoptose spielt eine große Rolle bei Differenzierungsprozessen während der Embryonalentwicklung.

3.2 Zellteilung

3.2.1 Zellzyklus

Ein Zellzyklus besteht aus Mitose und Interphase. An der Interphase lässt sich weiter eine G1-Phase („Gap 1": Phase vor der DNA-Verdoppelung), eine S-Phase (DNA-Synthesephase) und eine G2-Phase („Gap 2": Phase nach der DNA-Verdoppelung und vor Beginn der Mitose) unterscheiden.

3.2.2 Mitose (Mitosis, indirekte Kernteilung)

Sie dient der Zellvermehrung und dem Zellersatz und führt zur Ausbildung von zwei erbgleichen Tochterzellen. Die Mitose läuft in vier Phasen ab (▶ Abb. 3-21):

1. Prophase
2. Metaphase
3. Anaphase
4. Telophase

An die Aufteilung der Chromatiden (Karyokinese) schließt sich die Durchschnürung des Zellleibs (Zytokinese) an.

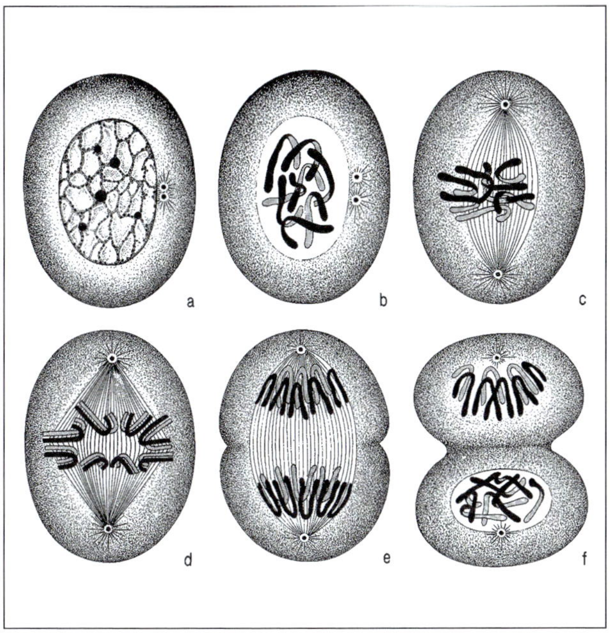

Abb. 3-21 Ablauf der Mitose (Schema).
a) Interphase; b) Prophase; c) Frühe Metaphase; d) Späte Metaphase; e) Anaphase; f) Telophase

3.2.3 Meiose (Meiosis, Reduktionsteilung)

Unter Meiose (griech. Meiono = vermindern) versteht man die Halbierung des diploiden auf einen haploiden Chromosomensatz, die man bei der Bildung der Gameten (Ei- und Samenzellen) beobachten kann. Aus einer diploiden Vorläuferzelle (Oogonie bzw. Spermatogonie) der Gameten entstehen vier haploide Tochterzellen. Beim männlichen Geschlecht sind das vier Spermien, beim weiblichen Geschlecht eine Eizelle und drei Polkörper. Die Meiose läuft dabei in zwei Schritten ab (1. und 2. Reifeteilung). Sie ist notwendig, damit bei der Verschmelzung einer haploiden Eizelle mit einem haploiden Spermium bei der Befruchtung wieder ein diploider Organismus entsteht.

Bei der **1. Reifeteilung** wird der diploide Chromosomensatz (2n) auf einen haploiden reduziert. Während der lang dauernden Prophase (die sich aus den Stadien Leptotän, Zygotän, Pachytän und Diakinese zusammensetzt) legen sich die homologen mütterlichen und väterlichen Chromosomen zu Paaren aneinander. Der Mechanismus, wie sich die homologen Chromosomen erkennen, ist noch nicht bekannt. Da jedes Chromosom vor der Paarung seinen DNA-Gehalt verdoppelt hat, besteht jedes Chromosom aus zwei Schwesterchromatiden. Die zwei gepaarten Chromosomen setzen sich also aus vier Chromatiden (Tetraden) zusammen. Zwischen den gepaarten homologen Chromosomen findet ein Austausch von genetischem Material (beim „Crossing Over") statt. Anschließend kommt es zur zufallsmäßigen Aufteilung ganzer väterlicher und mütterlicher Chromosomen auf zwei Tochterzellen (Spermatozyten II. Ordnung bzw. Oozyten II. Ordnung). Dies ist ein wichtiger Unterschied zur Mitose, bei der erbgleiche Chromatiden auf die beiden Tochterzellen verteilt werden.

Die **2. Reifeteilung** schließt sich an die erste unmittelbar an, ohne dass es dazwischen zu einer Verdopplung der DNA kommt; die 2. Reifeteilung läuft wie eine normale Mitose ab, d. h. es erfolgt die Teilung der Chromosomen in einzelne Chromatiden. Als Ergebnis der Meiose entstehen vier haploide Zellen mit dem Chromosomensatz 1n. Beim männlichen Geschlecht entstehen bei der Meiose aus einer Spermatozyte I. Ordnung vier Spermien, beim weiblichen Geschlecht aus einer Oozyte I. Ordnung eine Eizelle und drei Polkörper.

Die Meiose beginnt beim weiblichen Geschlecht schon während der Embryonalentwicklung. Nach der Beendigung der Vermehrungsphase der Oogonien (Oogonia) im fetalen Ovar beginnt die Meiose. Bei den dabei entstehenden Oozyten I. Ordnung (Oocyti primarii) wird die 1. Reifeteilung in der Prophase (Diktyotänstadium) arretiert und schreitet erst nach der Pubertät bei den jeweils aktivierten Follikeln in den Oozyten I. Ordnung fort. Bei der 1. Reifeteilung entstehen dabei zwei sehr ungleich große Zellen, die Oozyte II. Ordnung (Oocytus secundarius), die fast das gesamte Zytoplasma der Oozyte I. Ordnung enthält, und ein kleiner Polkörper (1. Polkörper, Polocytus primarius). Das Chromsomenmaterial dagegen wird bei diesem Teilungsschritt gleichmäßig auf die beiden Zellen (Oozyte II. Ordnung und Polkörper) aufgeteilt. Der erste Polkörper kann sich nochmals teilen, geht aber häufig bald zugrunde.

Schon während der Ovulation beginnt die 2. Reifeteilung, die bei den meisten Haussäugetieren in der Metaphase vorübergehend kurz arretiert und dann bei der Befruchtung beendet wird. Auch sie liefert zwei ungleich große Zellen, das große Ovum (Eizelle) und einen kleinen Polkörper (Polocytus secundarius). Im Unterschied zum weiblichen Geschlecht beginnt bei männlichen Tieren die Meiose erst in der Pubertät und läuft in allen Tubuli seminiferi des Hodens ab.

3.2.4 Endomitose

Verdoppelung bzw. Vervielfachung des Chromosomensatzes ohne Kern- und Zellteilung. Sie führt zur Polyploidie.

3.2.5 Amitose

Direkte Durchschnürung des Kerns ohne Spiralisierung (Sichtbarwerden) der Chromosomen. Dadurch entstehen zwei- oder mehrkernige Zellen.

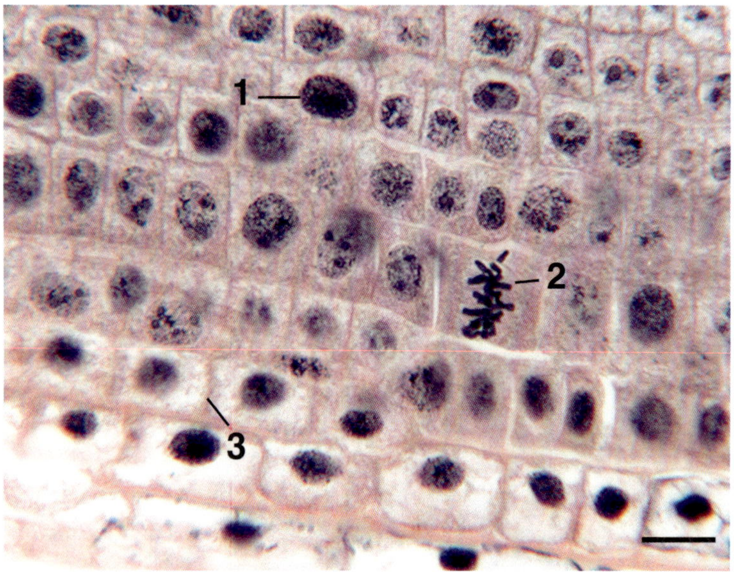

Abb. 3-22 Mitose, Zwiebelwurzel, Hämatoxylin-Eosin (HE-Färbung), SB (Scalebar) 18 µm

Schnitt durch die Spitze einer Zwiebelwurzel. Die Zellgrenzen sind bei Pflanzenzellen durch die gut ausgebildeten Zellwände klar erkennbar. Während der Mitose werden, nach der Verdoppelung des genetischen Materials in der S-Phase, die Chromosomen in der Äquatorialebene geordnet.

1 Kern in der Interphase; 2 Metaphase; 3 Zellwand

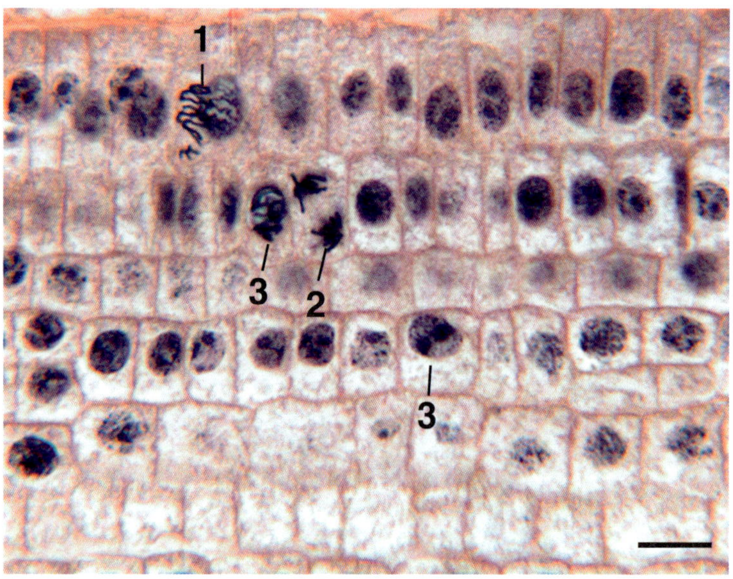

Abb. 3-23 Mitose, Zwiebelwurzel, Hämatoxylin-Eosin, SB 18 µm

Die Mitose verläuft in 4 Schritten:

- Prophase
- Metaphase
- Anaphase
- Telophase

In der Anaphase werden die Chromosomen endgültig in zwei identische Chromatiden getrennt und mittels des Spindelapparates zu den Zellpolen verlagert.

1 Prophase; 2 Anaphase; 3 Interphase

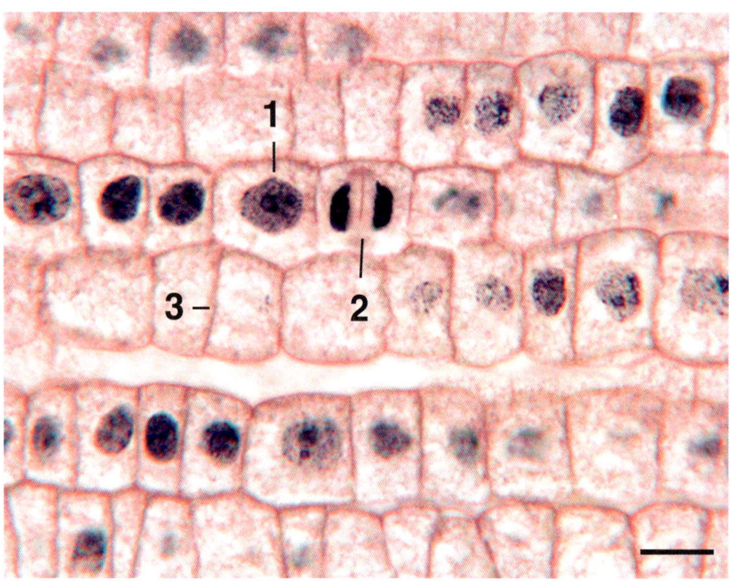

Abb. 3-24 Mitose, Zwiebelwurzel, Hämatoxylin-Eosin, SB 18 µm

Die Telophase setzt erst ein, wenn die Chromatiden die Spindelpole erreicht haben. Aus dem endoplasmatischen Retikulum bildet sich eine neue Kernhülle. Während der späten Anaphase und während der Telophase schnürt sich das Zytoplasma immer mehr ab und zwei getrennte Zellen, deren nukleäre DNA identisch ist, werden gebildet (Zytokinese).

1 Interphase; 2 Telophase; 3 Zellwand

4 Epithelgewebe (Textus epithelialis)

Gewebe sind Verbände gleichartig oder ähnlich differenzierter Zellen samt deren Abkömmlingen, den Interzellularsubstanzen (Definition von Wolfgang Bargmann, 1906–1976). Im Körper der Säugetiere werden dabei vier Grundgewebe unterschieden: Epithelgewebe, Binde- und Stützgewebe, Muskelgewebe und Nervengewebe. Das Epithelgewebe besteht aus Verbänden dicht gelagerter Zellen, die sich zu Schichten anordnen. An der Basis von Epithelien wird eine, nur elektronenmikroskopisch erkennbare (50–100 nm dick), extrazelluläre Basallamina aufgebaut. Diese besteht im Wesentlichen aus Typ-IV-Kollagen und Laminin. Daneben kommen das Glykoprotein Nidogen und das Proteoglykan Perlecan in unterschiedlicher Menge vor. Die Basallamina kann lichtmikroskopisch nicht von der darunter gelegenen feinen Bindegewebsschicht, der Lamina fibroreticularis, getrennt werden. Basallamina und Lamina fibroreticularis werden daher zusammen als Basalmembran bezeichnet. Die Epithelien lassen sich in drei große Gruppen unterteilen:

- Oberflächenepithelien
- Drüsenepithelien
- Sinnesepithelien

4.1 Oberflächenepithel (Epithelium superficiale)

Oberflächenepithelien bestehen aus dicht gepackten Zellverbänden, die innere und äußere Körperoberflächen bedecken. Zwischen den Epithelzellen sind nur schmale Interzellularspalten und sehr wenig Interzellularsubstanz zu finden. Benachbarte Epithelzellen (Epitheliocyti) sind in der Regel seitlich durch gut ausgebildet Haftstrukturen (Zonulae occludentes, Zonulae adhaerentes, Desmosomen) verbunden. Eine Basalmembran (Membrana basalis) verbindet das Epithel mit dem darunter liegenden Bindegewebe. Apikal können die Zellen verschiedene Oberflächendifferenzierungen wie Mikrovilli, Stereozilien oder Kinozilien aufweisen (▶ Abb. 4-1).

Zu den Funktionen der Oberflächenepithelien zählen vor allem mechanischer, thermischer und biologischer Schutz der darunter gelegenen Strukturen, Stoffaufnahme und Sekretion, sowie Reizaufnahme und -vermittlung. Die Nomenklatur der Oberflächenepithelien erfolgt aufgrund ihrer Zellgestalt (flach, isoprismatisch, hochprismatisch) und Zellanordnung (einschichtig, mehrschichtig, mehrreihig).

4.1.1 Einschichtiges Plattenepithel (Epithelium simplex squamosum)

Kennzeichnend für die Plattenepithelien sind flache Epithelzellen, die deutlich breiter als hoch sind.

Vorkommen: Seröse Häute, Alveolarepithel der Lunge, Endokard, Endothel von Blutgefäßen.

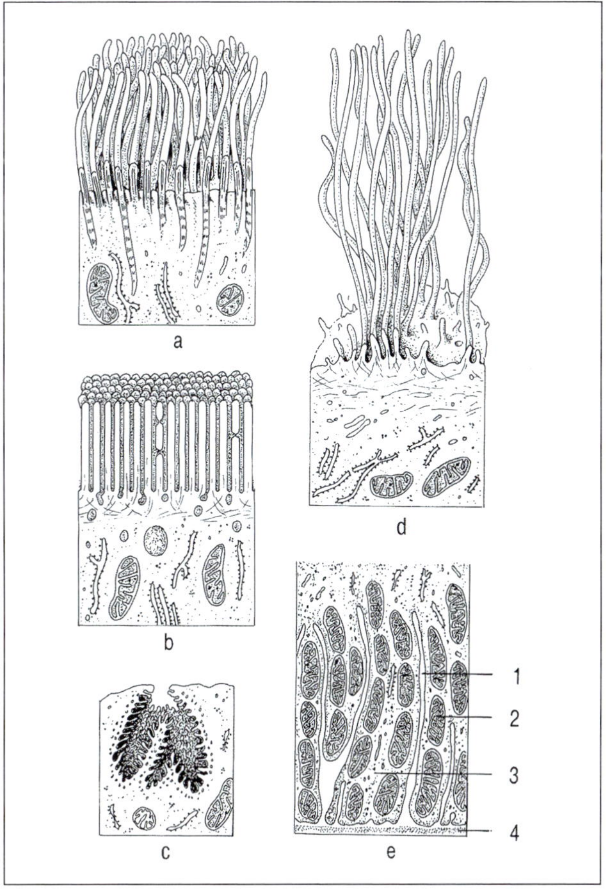

Abb. 4-1 Oberflächendifferenzierungen bei Epithelzellen.
a) Kinozilien; b) Mikrovilli; c) Intrazelluläre Sekretkapillaren; d) Stereozilien; e) Basale Einfaltungen (Invaginationen)
1 Einfaltung zur Vergrößerung der basalen Zelloberfläche; 2 Dicht gepackte Mitochondrien, parallel zu den Einfaltungen liegend; 3 Zytoplasma; 4 Basallamina

4.1.2 Einschichtiges isoprismatisches (kubisches) Epithel (Epithelium simplex cuboideum)

Eine Lage isoprismatischer Zellen, deren Höhe etwa ihrer Breite entspricht. Der Zellkern ist im Anschnitt rundlich.

Vorkommen: Nierenkanälchen, kleine Gallengänge, Ausführungsgänge von Drüsen, Follikelepithel der Schilddrüse (in bestimmten Funktionszuständen), Amnionepithel.

4.1.3 Einschichtiges hochprismatisches (zylindrisches) Epithel (Epithelium simplex columnare)

Eine Lage hochprismatischer Zellen, deren Höhe wesentlich größer ist als ihre Breite. Der Zellkern ist längsoval. Benachbarte Zellen sind oft durch gut ausgebildete Zellkontakte (Zonula occludens, Zonula adhaeren, Desmosomen und Nexus) verknüpft. Oft besitzen sie charakteristische apikale Differenzierungen, wie Bürstensäume oder Kinozilien.

Vorkommen: Verdauungstrakt (Magen bis Anus), Endometrium, Gallenblase, Eileiter.

4.1.4 Mehrreihiges Epithel (Epithelium pseudostratificatum columnare)

Die unterschiedlich großen Zellen sitzen alle der Basallamina auf, aber nur ein Teil erreicht die freie Oberfläche des Epithels. Die Kerne der Epithelzellen liegen daher in verschiedenen Höhen; es ergeben sich zwei oder mehrere Kernreihen.

Vorkommen: Atemwege, Nebenhodengang, Samenleiter.

4.1.5 Mehrschichtige Epithelien

Nur die Zellen der untersten Lage sitzen der Basalmembran auf und nur die Zellen der obersten Lage haben Kontakt zur freien Oberfläche. Die Benennung der mehrschichtigen Epithelien erfolgt nach der Ausbildung der obersten Zellschicht.

Mehrschichtiges unverhorntes Plattenepithel (Epithelium stratificatum squamosum noncornificatum): Dieses weist meist drei gut unterscheidbare Schichten auf. Die unterste Schicht wird Stratum basale, die mittleren Schichten Stratum intermedium und die obersten Schichten Stratum superficiale genannt. Dem mehrschichtigen unverhornten Plattenepithel fehlt das Stratum granulosum. Die Form der Zellkerne verändert sich parallel mit der Veränderung der Zellform, die von basal nach apikal zu beobachten ist. Basal sind die Zellkerne rundlich und euchromatinreich, während sie in den oberen Zellschichten flach und heterochromatisch erscheinen. Das mehrschichtig unverhornte Plattenepithel wird durch Sekrete feucht gehalten.

Vorkommen: Mundhöhle, Pharynx, Speiseröhre (Ösophagus), Vagina.

Mehrschichtiges verhorntes Plattenepithel (Epithelium stratificatum squamosum cornificatum): Seine oberflächliche Schicht (Stratum superficiale) ist im Gegensatz zum unverhornten Plattenepithel weiter differenziert in ein Stratum granulosum, ein Stratum lucidum und ein Stratum corneum (▶ Abb. 4-2). Die Zellen des Stratum basale sitzen der Basallamina auf und sind mittels Hemidesmosomen mit ihr verbunden. Hier befinden sich auch die Stammzellen, von denen die Erneuerung des Epithels ausgeht. Das Stratum basale geht kontinuierlich in das Stratum spinosum über. Stratum basale und Stratum spinosum werden gemeinsam oft als Stratum germinativum bezeichnet. Die Zellen des Stratum spinosum besitzen in großer Menge Keratinfilamente und sind durch zahlreiche Desmosomen miteinander verknüpft, die auf kurzen Zellfortsätzen sitzen („Stachelzellen"). Die Interzellularräume sind erweitert. Auf das Stratum spinosum folgt das Stratum granulosum, eine Schicht flacher, kernhaltiger Zellen, die mit basophilen Einschlüssen, den Keratohyalingranula, gefüllt sind. Diese sind das morphologische Zeichen des beginnenden Verhornungsprozesses. Das Stratum lucidum ist nur in wenigen Bereichen der Haut ausgebildet (z.B. am Sohlenballen der Fleischfresser) und stellt den Übergang von den noch lebenden Zellen des Stratum granulosum zu den verhornten und toten Zellen des Stratum corneum dar. Das Stratum lucidum weist eine deutliche Azidophilie auf, die wahrscheinlich auf seinen Gehalt an Eleidin beruht. Das unterschiedlich dick ausgebildete Stratum corneum besteht aus toten Zellen, die keine Kerne erkennen lassen. Die Interzellularspalten zwischen den Hornzellen sind mit Wasser abweisenden Lipiden gefüllt.

Vorkommen: Epidermis, Mundhöhle und Zunge (je nach Spezies)

Übergangsepithel (Urothel, Urothelium): Dieses mehrschichtige (teilweise, z.B. bei kleinen Säugetieren mehrreihige) Epithel kommt in den ableitenden Harnwegen vor (Nierenbecken, Harnleiter, Harnblase, Anfangsteil der Harnröhre). Das Übergangsepithel kann sich den unterschiedlichen Füllungszuständen dieser Organe anpassen. Im nicht gedehnten Zustand sind die meisten Zellen seiner Zellen prismatisch. Im gedehnten Zustand flachen alle Zellen stark ab, besonders die oberste Zellschicht, die aus Deckzellen besteht. Diese große, zum Teil zweikernigen Zellen bilden in ihrem apikalen Zytoplasmabereich eine Crusta aus, welche das Epithel von der Einwirkung des hypertonen Harns schützt.

4.2 Drüsenepithel (Epithelium glandulare)

Drüsenepithelien sind Verbände besonders differenzierter Epithelzellen, welche Sekrete bilden und absondern. Man unterscheidet nach der Art der Sekretabgabe endokrine und exokrine Drüsen.

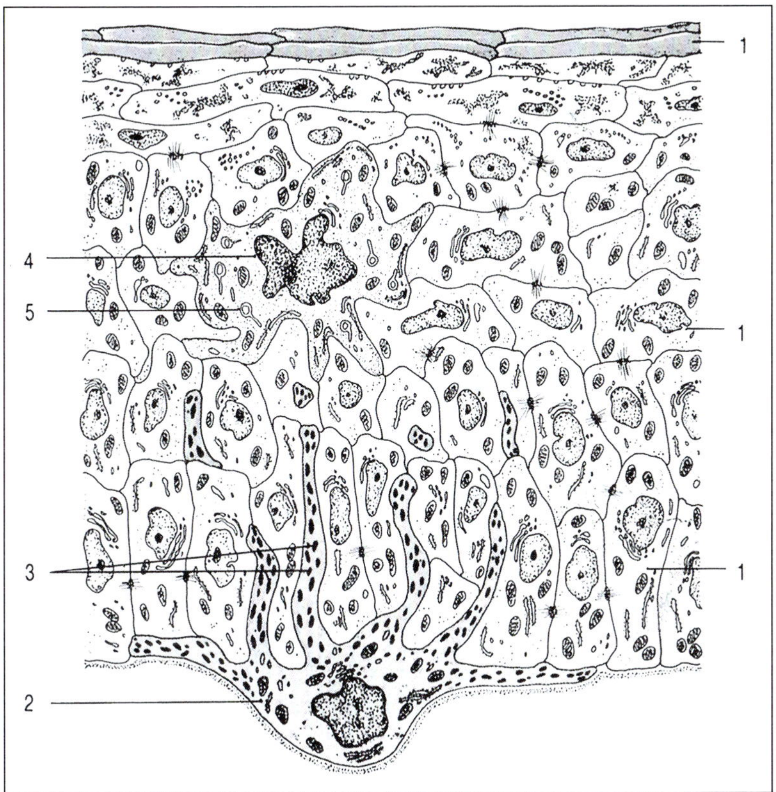

Abb. 4-2 Zellen der Epidermis (Schema). 1 Keratinozyten in verschiedenen Stadien des Verhornungsprozesses; 2 Melanozyt, er schiebt sich mit seinen Fortsätzen zwischen die basalen Keratinozyten und gibt Melanosomen (3) an sie ab; 4 Langerhans-Zelle mit gelapptem Kern und Birbeck-Granula (5).

4.2.1 Endokrine Drüsen (Glandulae endocrinae)

Diese geben ihre Produkte (Hormone) direkt an die Blutbahn ab, sie besitzen keine sekretableitenden Strukturen. Sie werden ausführlich im ▶ Kapitel 11 besprochen.

4.2.2 Exokrine Drüsen (Glandulae exocrinae)

Sie geben ihre Sekrete direkt oder über Ausführungsgänge an eine innere oder äußere Körperoberfläche ab (z.B. Schweißdrüsen der Haut).

Zu den exokrinen Drüsen zählen:

Endoepitheliale Drüsen (Glandulae exocrinae intraepithelialis): Eine oder mehrere sekretproduzierende Zellen liegen innerhalb des Oberflächenepithels (z.B. Becherzellen des Darmepithels, Epithel der Atemwege). Becherzellen besitzen die Gestalt eines Weißbierglases und produzieren vor allem Schleim. In der schmalen Basis der Zelle liegt der dunkle Zellkern, raues endoplasmatisches Retikulum und der recht große Golgi-Apparat. Der bauchige, über den Zellkern gelegene Teil der Zelle ist mit membranbegrenzten Schleimgranula gefüllt, die meist kontinuierlich über Exozytose abgegeben werden. Im Darm werden diese Zellen nur 4–5 Tage alt.

Exoepitheliale Drüsen (Glandulae exocrinae extraepithelialis): Dies sind vielzellige Drüsen, die während der embryonalen Entwicklung aus Platzgründen in das darunter gelegene Bindegewebe verlagert wurden. Sie bestehen aus Sekret produzierenden Endstücken und aus einem Sekret ableitenden Ausführungsgang (oder aus einem ganzen System solcher Gänge), über welchen sie mit der Epitheloberfläche in Verbindung stehen (z.B. die Glandula parotis). Sie können nach verschiedenen Kriterien (Art des Sekrets, nach der Art der Sekretabgabe oder nach der Form der Drüsenendstücke) klassifiziert werden, wobei nicht alle Klassifikationskriterien auf jede Drüse anwendbar sind.

4.2.2.1 Klassifikation nach der Art des Sekrets

Homokrine Drüsen: Diese besitzen nur eine Drüsenzellenart und bilden ein einheitliches Sekret (z.B. Glandula parotis).

Heterokrine Drüsen: Verschiedene Drüsenzellarten bilden ein Mischsekret (z.B. Glandula mandibularis).

4.2.2.2 Klassifikation nach der Sekretabgabe

Ekkrine (Merokrine) Sekretion: Bei dieser Sekretionsform (▶ Abb. 4-3) wird das Sekret im Golgi-Apparat in membranumhüllte Granula und durch exozytotische Ausschleusung kontinuierlich abgegeben. Bei der Abgabe verschmelzen die Membran des Granulums und die Zellmembran. Die ekkrine Sekretion ist die häufigste Form der Sekretabgabe (z.B. Parotis, Glandula submandibularis, Proteinabgabe in der Milchdrüse).

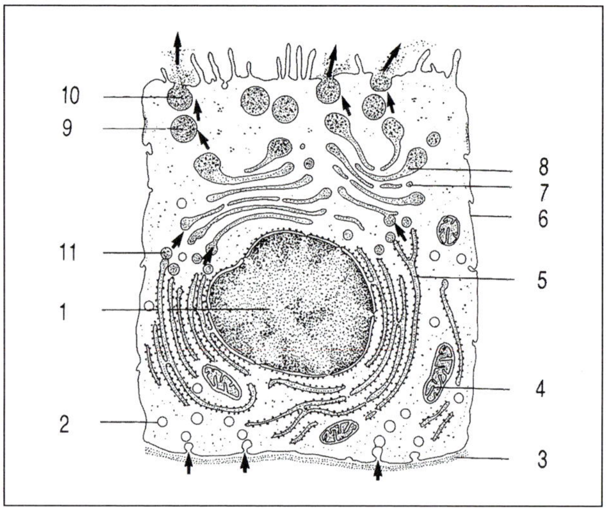

Abb. 4-3 Merokrine (ekkrine) Sekretion.
1 Zellkern; 2 Endozytose-Bläschen; 3 Basallamina; 4 Mitochondrion; 5 Raues endoplamatisches Retikulum; 6 Zellmembran; 7 Golgi-Apparat; 8 Sekretorische Vesikel, die sich vom Golgi-Apparat abschnüren; 9 Sekretorische Vesikel auf dem Weg zur Zellmembran; 10 Exozytose: Das Sekretbläschen entleert seinen Inhalt in den Extrazellularraum; 11 Transportvesikel, wandern vom rauen endoplasmatischen Retikulum zum Golgi-Apparat. Die schwarzen Pfeile bezeichnen die Richtung des Stofftransportes durch die sezernierende Zelle vom basalen zum apikalen Zellpol

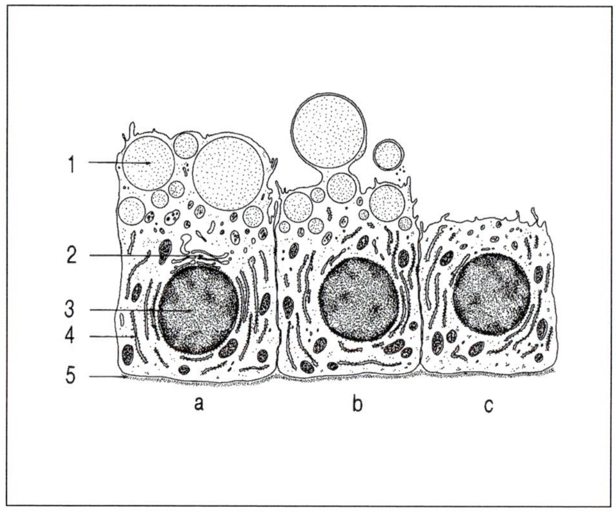

Abb. 4-4 Apokrine Sekretion.
a) Der apikale Zellteil ist angefüllt mit Sekret; b) Abschnürung des gesamten Sekrets von der Zelle, dabei gehen auch Teile des Zytoplasmas verloren, die Zelle wird kleiner; c) Die Zelle ergänzt ihren Zytoplasmabestand und beginnt erneut mit der Sekretbildung.
1 Sekretbläschen; 2 Golgi-Apparat; 3 Zellkern; 4 Raues endoplasmatisches Retikulum; 5 Lamina basalis

Apokrine Sekretion: Beim Sekretionsvorgang (▶ Abb. 4-4) schnürt sich der apikale Zellteil ab, sodass zusammen mit dem Sekret auch Zytoplasmabestandteile abgegeben werden. Apokrine Drüsenzellen bilden aber immer auch eine Anzahl von Produkten, die durch merokrine Sekretion abgegeben werden. So wird beispielsweise bei der Milchbildung das Fett durch Abschnürung des apikalen Zellteils (apokrin) abgegeben, während die Proteine ekkrin sezerniert werden.

Vorkommen: Milchdrüse, Schweiß- und Duftdrüsen bei den Haussäugetieren.

Holokrine Sekretion: Die Drüsenzelle sezerniert nur ein einziges Mal. Während des Sekretionsvorganges geht sie durch Verfettung zugrunde (z. B. Talgdrüsen). Die großen, oft in Gruppen vorkommenden Endstücke besitzen kein freies Lumen, sondern enthalten unterschiedlich weit differenzierte Drüsenzellen. Von außen zum Zentrum der Talgdrüse hin lassen sich zwei deutliche Veränderung der Zellen erkennen: Stetige Zunahme der Lipidtropfen und Schrumpfung (Pyknose) des Zellkerns.

4.2.2.3 Klassifikation nach der chemischen Beschaffenheit des Sekrets

Diese Unterteilung ist vor allem für die Speicheldrüsen des Kopfes wichtig (▶ Abb. 4-5).

Muköse Endstücke: Weites Lumen, flache basal liegende Kerne, deutliche Zellgrenzen, helles wabiges Zytoplasma (Glandula submandibularis; Glandula sublingualis etc.)

Seröse Endstücke: Enges Lumen, kugelförmige Kerne in Zellmitte, undeutliche Zellgrenzen, dichtes granuläres Zytoplasma (z. B. Parotis). Auch der exokrine Anteil der Bauchspeicheldrüse (Pankreas) weist seröse Drüsenendstücke auf.

4.2.2.4 Klassifikation nach der Art des Ausführungsgangsystems

Schaltstücke (Ductus intercalati): Kurze intralobuläre Gänge mit flachen Epithelzellen und engem Lumen führen das Sekret mehrerer Endstücke zusammen.

Streifenstücke (Ductus striati): Intralobulär gelegene, verzweigte Strukturen, hohes Epithel mit basaler Streifung.

Ausführungsgang (Ductus secretorius): Im interlobulären Bindegewebe gelegen, weist ein mehrreihiges oder mehrschichtiges Epithel auf.

Myoepithelzellen (Myoepitheliocyti): Sie haben große Ähnlichkeit mit glatten Muskelzellen, liegen aber unter den Epithelzellen innerhalb einer gemeinsamen Basalmembran. Sie enthalten kontraktile Elemente und fördern durch Zusammenpressen der Endstücke die Sekretabgabe, z. B. in der Milchdrüse.

4.2.2.5 Klassifikation nach der Gestalt der Drüsenendstücke

Der Sekret bildende Teil von vielzelligen Drüsen wird als Drüsenendstück bezeichnet. Diese können deutlich unter-

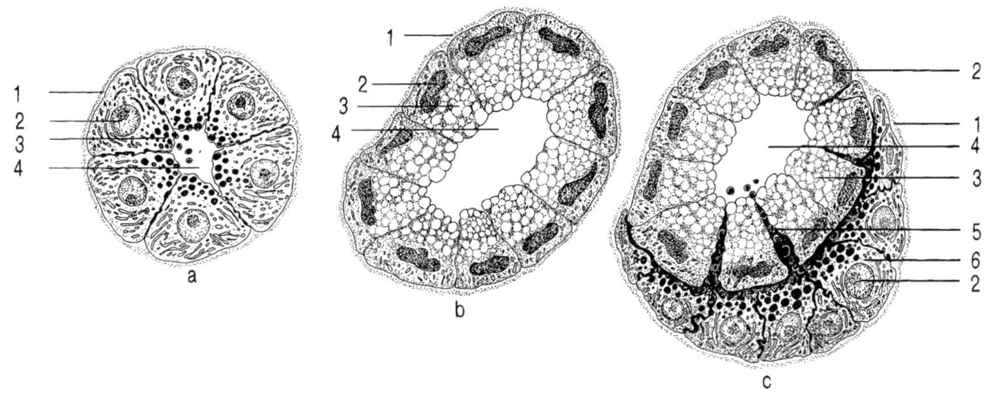

Abb. 4-5 Endstücke von Speicheldrüsen.
a) Seröses Endstück; b) Muköses Endstück; c) Gemischtes Endstück (muköses Endstück mit serösem Halbmond).
1 Lamina basalis; 2 Zellkern der Drüsenzellen; 3 Sekretbläschen; 4 Lumen des Endstückes; 5 Interzelluläre Sekretkanälchen; 6 Seröse Drüsenzelle

schiedliche Form aufweisen. Folgende Formen lassen sich dabei unterscheiden:

- tubulöse (röhrchenförmige Endstücke)
- alveoläre (säckchenförmige Endstücke)
- azinöse (beerenförmige Endstücke)

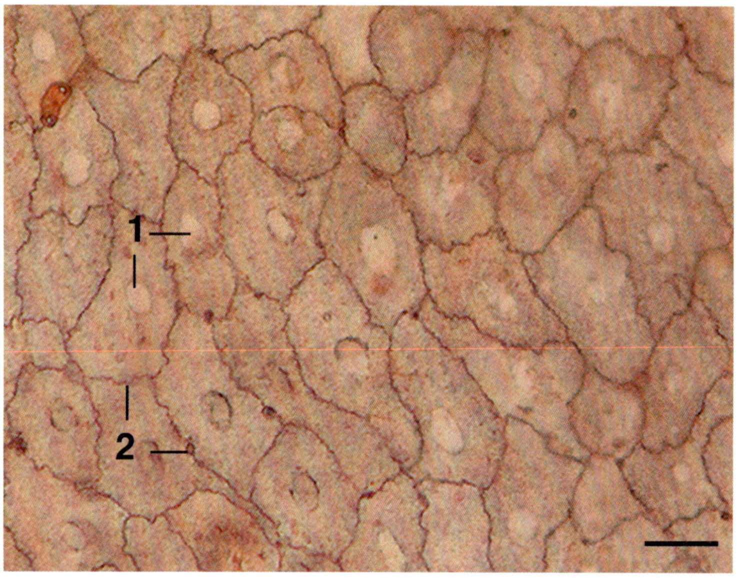

Abb. 4-6 Einschichtiges Plattenepithel, Serosa, Hund, Häutchenpräparat, Versilberung, SB 18 µm

Das Epithel der Serosa besteht aus einer Schicht flacher, plattenförmiger Zellen. Durch die Versilberung werden die Zellgrenzen gut sichtbar. Die Zellkerne erscheinen als ovale, helle Bezirke im Zentrum der Zellen.

1 Zellkern; 2 Zellgrenzen

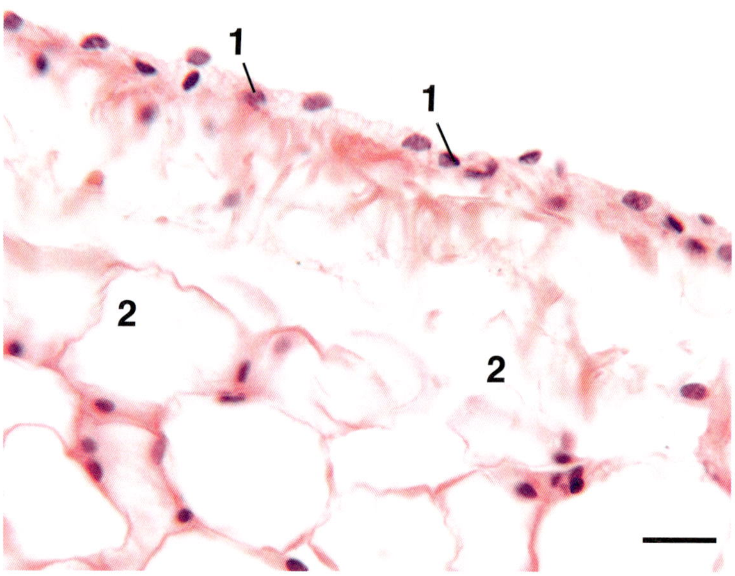

Abb. 4-7 Einschichtiges Plattenepithel, Serosa, Rind, Hämatoxylin-Eosin, SB 20 µm

Am histologischen Schnitt wird deutlich, dass der Bereich der Zellkerne dicker als die Randpartien der Zelle ist. Das Serosaepithel wird aufgrund seiner mesodermalen Herkunft auch als Mesothel bezeichnet. Es kleidet die Innenseite der großen Körperhöhlen aus und geht von hier mit dem Gekröse auf die Organe der Brust- und Bauchhöhle über.

1 Kerne des einschichtigen Serosaepithels; 2 Fettgewebe

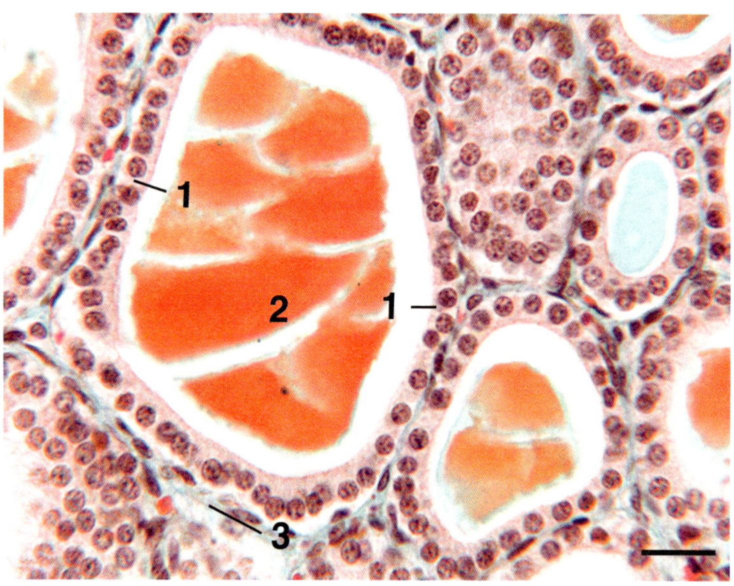

Abb. 4-8 Einschichtiges isoprismatisches Epithel, Schilddrüse, Schwein, Goldner-Färbung, 20 µm

Die Schilddrüse ist eine endokrine (hormonbildende) Drüse. Die Schilddrüsenfollikel (kleine Bläschen) zeigen eine Auskleidung mit Zellen, deren Höhe und Breite annähernd gleich ist. Der Kern ist rund und zentralständig. In der Goldner-Färbung erscheinen das Zytoplasma rötlich, die Kerne dunkelbraun und das Bindegewebe grün.

1 Isoprismatisches Epithel der Schilddrüse; 2 Kolloid; 3 Bindegewebe

Abb. 4-9 Einschichtiges hochprismatisches Epithel, Gallenblase, Rind, Hämatoxylin-Eosin, SB 20 µm

Die Zellen des einschichtigen hochprismatischen Epithels zeichnen sich durch eine beträchtliche Höhe und eine relativ geringe Breite aus. Der in der basalen Hälfte gelegene Zellkern ist längsoval. Auf der freien Oberfläche sind Mikrovilli ausgebildet, durch die die Resorptionsfähigkeit des Epithels erhöht wird.

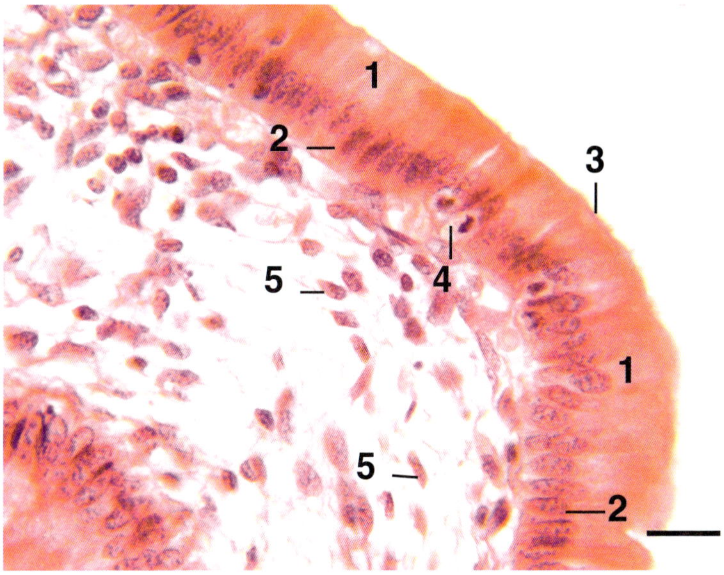

1 Hochprismatische Epithelzellen; 2 Zellkerne der Epithelzellen; 3 Mikrovilli; 4 Mitose; 5 Fibroblasten des Bindegewebes

---

Abb. 4-10 Zweischichtiges isoprismatisches Epithel, Ausführungsgang, Parotis, Rind, Hämatoxylin-Eosin, SB 20 µm

Die Kerne dieses geschichteten Epithels, das einen interlobulär gelegenen Ausführungsgang der Parotis auskleidet, sind rund. Die Zellgrenzen lassen sich nur schwer erkennen.

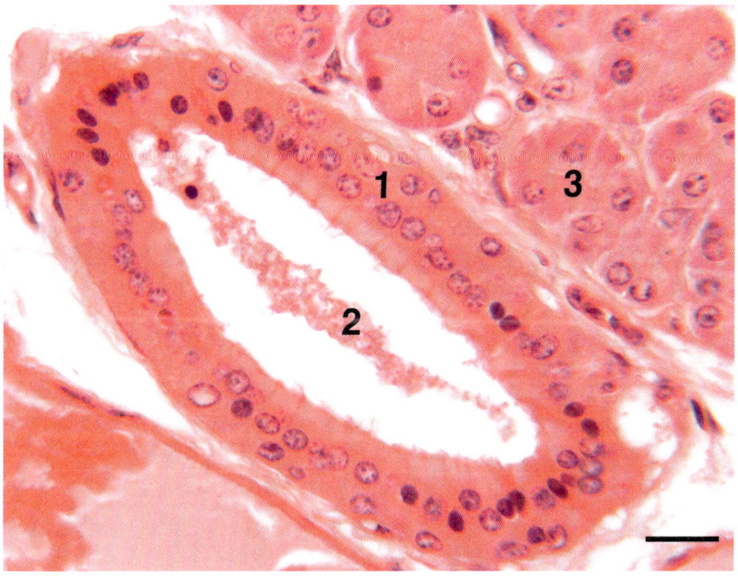

1 Epithel; 2 Sekret; 3 Seröse Endstücke der Parotis

Abb. 4-11 Mehrreihiges hochprismatisches Epithel, Nebenhoden (Epididymis), Rind, Eisenhämatoxylin-Färbung, SB 15 µm

Alle Zellen sitzen der Basalmembran auf, nicht alle erreichen die freie Oberfläche. Die meisten der Zellen sind hochprismatisch (Hauptzellen) und zeigen einen ovalen Kern. Sie besitzen an ihrer freien Oberfläche unbewegliche Oberflächendifferenzierungen, die Stereozilien. Die kleinen Basalzellen sitzen an der Basalmembran und bleiben in ihrer Größe auf das basale Zelldrittel beschränkt.

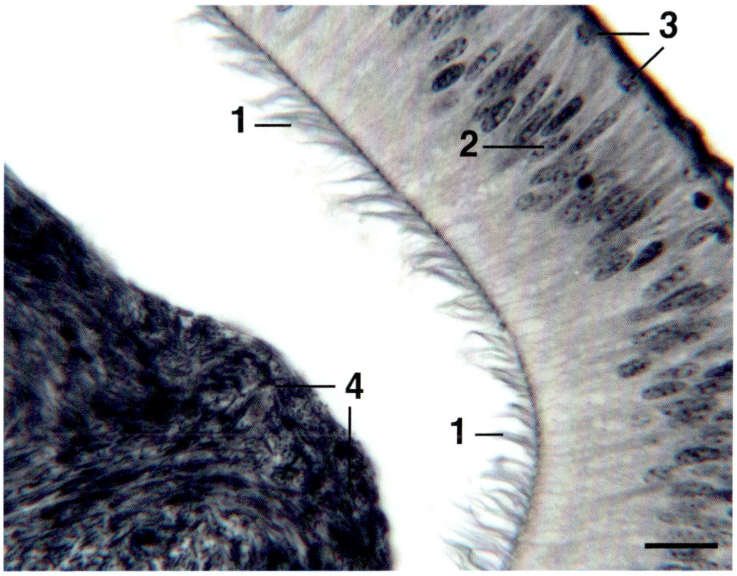

1 Stereozilien; 2 Zellkerne der Hauptzellen; 3 Basalzellen; 4 Spermien

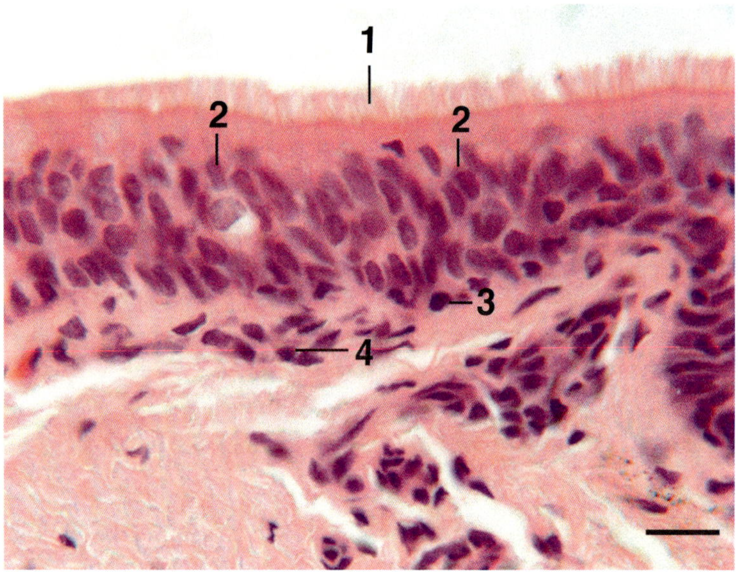

Abb. 4-12 Mehrreihiges Epithel, Trachea, Katze, Hämatoxylin-Eosin, SB 20 µm

Das Epithel wird von Kinozilien-tragenden Zellen, sekretorischen Becherzellen und unmittelbar an der Basalmembran gelegenen Basalzellen, den Reservezellen, von denen die Erneuerung des Epithels ausgeht, gebildet.

1 Kinozilien; 2 Kerne der Kinozilien-tragenden Zellen; 3 Basalzellen; 4 Bindegewebszellen

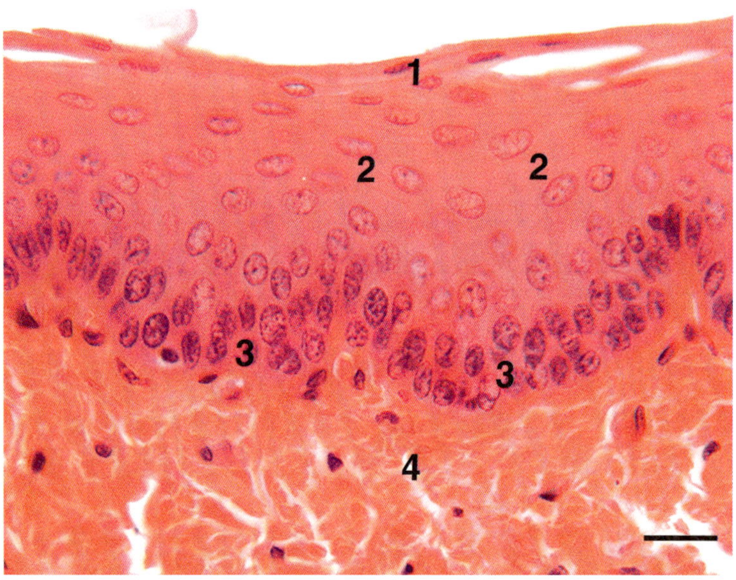

Abb. 4-13 Mehrschichtiges unverhorntes Plattenepithel, Backenschleimhaut, Schaf, Hämatoxylin-Eosin, SB 20 µm

Hier lassen sich drei Schichten, das Stratum basale, das Stratum intermedium und das Stratum superficiale unterscheiden. Vorspringende Bindegewebspapillen vermitteln den Kontakt des Bindegewebes mit dem Epithel.

1 Stratum superficiale; 2 Stratum intermedium; 3 Stratum basale; 4 Bindegewebe der Lamina propria

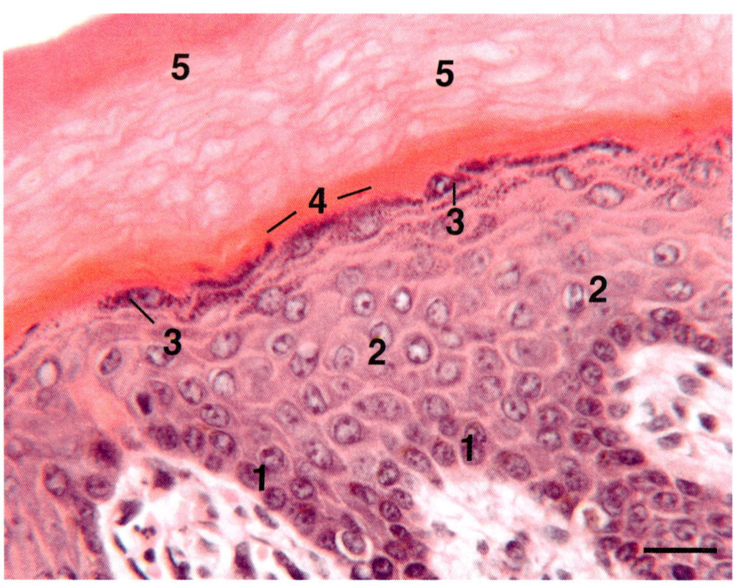

Abb. 4-14 Mehrschichtiges verhorntes Plattenepithel, Sohlenballen der Katze, Hämatoxylin-Eosin, SB 20 µm

Im **Stratum basale** (1) und **Stratum spinosum** (2) sind Mitosen zu finden (bilden zusammen das Stratum germinativum). Im **Stratum granulosum** (3) erscheinen die Zellen stark abgeflacht und besitzen kleine, sich basophil (blau) anfärbende Körnchen (Keratohyalingranula) im Zytoplasma. Im **Stratum lucidum** (4) sind die Kerne nicht mehr erkennbar. Die Schicht ist homogen rot und stärker lichtbrechend. Das **Stratum corneum** (5) ist die an der Oberfläche liegende, kernlose Hornschicht. Sie zeigt eine schuppige, oberflächenparallele Struktur mit Abschilferungen.

Abb. 4-15 Mehrschichtiges verhorntes Plattenepithel, Haut, Pferd, Hämatoxylin-Eosin, SB 20 µm

Die basalen Zellschichten dieses mehrschichtigen Plattenepithels enthalten das braune Pigment Melanin, das für die Farbe der Haut und der Haare verantwortlich ist. Es wird von Melanozyten gebildet, die aus der Neuralleiste eingewandert sind, und das Melanin an benachbarte Keratinozyten abgegeben.

1 Stratum corneum; 2 Stratum granulosum; 3 Stratum spinosum; 4 Stratum basale; 5 Melaningranula; 6 Bindegewebe der Lederhaut

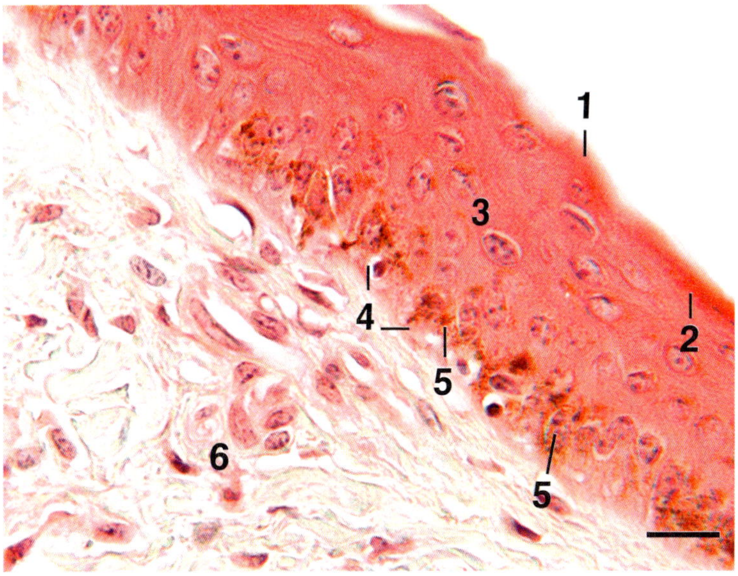

Abb. 4-16 Harnblase, kontrahiert, Ziege, Goldner-Färbung, SB 20 µm

Das Epithel der Harnblase ist, wie in allen harnableitenden Organen, ein Übergangsepithel. Es besteht aus Basal-, Intermediär- und Superfizialzellen. Die oberste Zellschicht wird von großen breitflächigen, oft zweikernigen Deckzellen gebildet. Ihr apikales Zytoplasma ist durch submembranöse Filamentbündel verdichtet (Crusta).

1 Crusta; 2 Deckzellen; 3 Intermediärzellen; 4 Basalzellen; 5 Bindegewebe

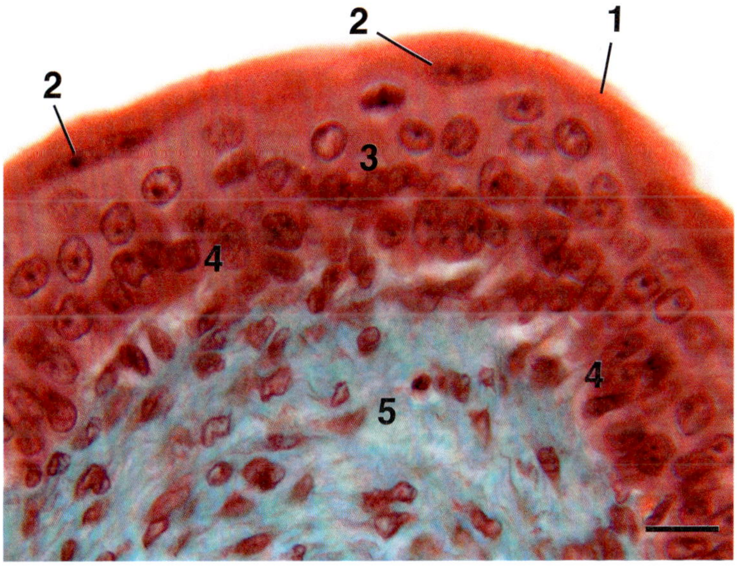

Abb. 4-17 Harnblase, dilatiert, Ziege, Goldner-Färbung, SB 20 µm

Das Übergangsepithel kann sich einer Dehnung der harnableitenden Organe (Harnleiter, Harnblase, Harnröhre) gut anpassen. Dabei erscheint das Epithel auf zwei bis drei Schichten reduziert und die Kerne nehmen ein querovale Form an.

1 Übergangsepithel; 2 Bindegewebe; 3 Glatte Muskulatur der Blasenwand; 4 Vene

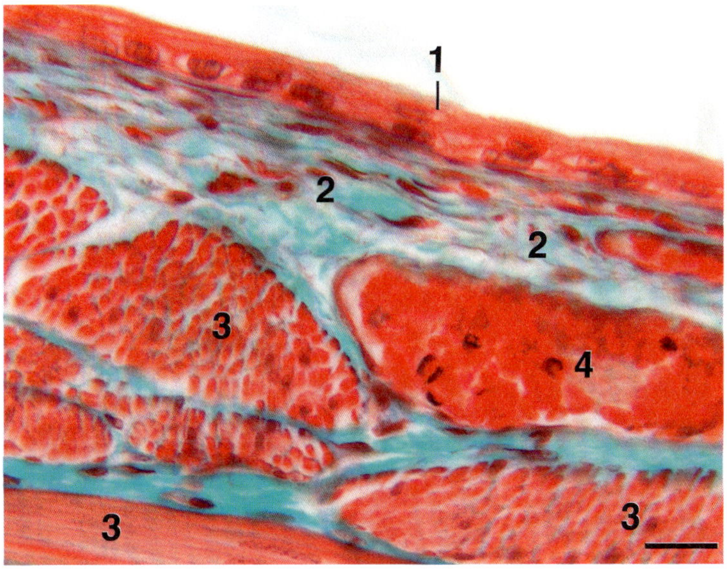

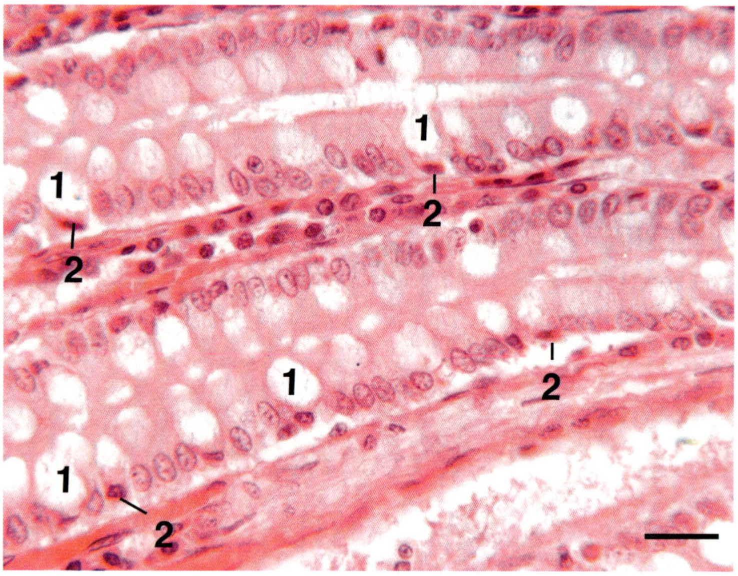

Abb. 4-18 Einzellige Drüsen, Becherzellen, Kolon, Hund, Hämatoxylin-Eosin, SB 20 µm

Becherzellen sind endoepitheliale Drüsenzellen, die ihr Sekret auf die Schleimhautoberläche abgeben. Das Zytoplasma der Becherzellen ist weitgehend mit Schleim ausgefüllt, wodurch der abgeplatte Zellkern basal zu liegen kommt.

1 Becherzellen; 2 Zellkern der Becherzellen

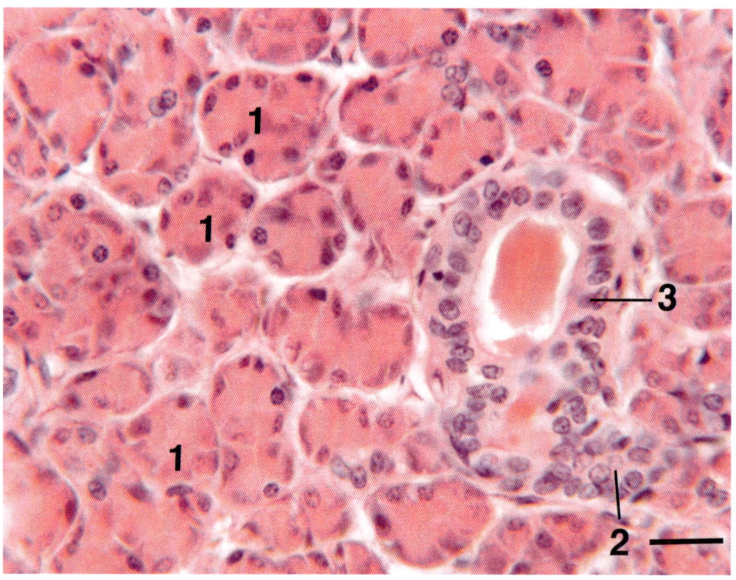

Abb. 4-19 Seröse Drüsenendstücke, Parotis, Pferd, Hämatoxylin-Eosin, SB 20 µm

Die serösen Endstücke weisen ein enges Lumen auf. Das Zytoplasma ihrer Zellen färbt sich bei der HE-Färbung eosinophil an. Die Kerne der Drüsenzellen sind rund und liegen im basalen Drittel der Zellen. Das Ausführungsgangsystem beginnt mit dem Schaltstück, das ein flach isoprismatisches Epithel trägt. Es mündet in die Streifenstrücke, die aufgrund der Anordnung der Mitochondrien eine basale Streifung erkennen lassen. Diese beiden Anteile des Ausführungsgangsystems liegen im Drüsenläppchen (intralobulär).

1 Seröse Endstücke; 2 Schaltstück; 3 Streifenstück

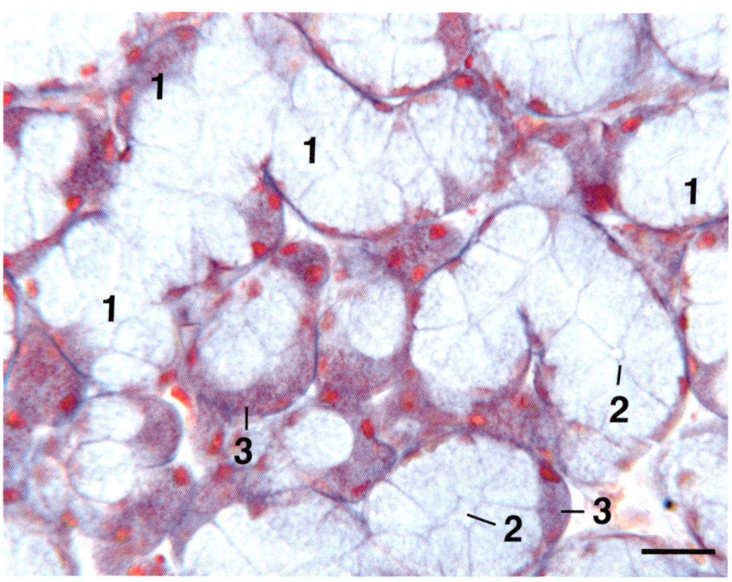

Abb. 4-20 Gemischte Drüsenendstücke, Glandula mandibularis, Azan-Färbung, SB 20 µm

Die Glandula mandibularis ist eine gemischte Drüse, die sowohl seröse als auch muköse Anteile enthält. Die serösen Endstücke (seröse Halbmonde) haben runde, mittig liegende Kerne und ordnen sich kugelschalenförmig um die Enden der mukösen Drüsenepithelien an. Das Zytoplasma der mukösen Endstücke erscheint wabig, schaumig und nahezu weiß. Die Kerne sind abgeplattet und liegen an der Basis der Zellen. Das Lumen der Endstücke ist relativ weit.

1 Muköses Drüsenendstück; 2 Lumen; 3 Seröser Halbmond

Abb. 4-21 Ekkrine Sekretion, Schweißdrüsen, Sohlenballen der Katze, Hämatoxylin-Eosin, SB 20 µm

Bei der ekkrinen (merokrinen) Sekretion bleibt die Höhe der Drüsenepithelzellen weitgehend unverändert. Die Sekretgranula werden also ohne Änderung der Zellhöhe durch Exozytose abgegeben. Ekkrine Schweißdrüsen, die beim Menschen den Hauptanteil der Schweißdrüsen bilden, kommen bei den Haussäugetieren nur in besonderen Lokalisationen vor, z. B. im Sohlenballen.

1 Ekkrine Schweißdrüsen; 2 Bindegewebe

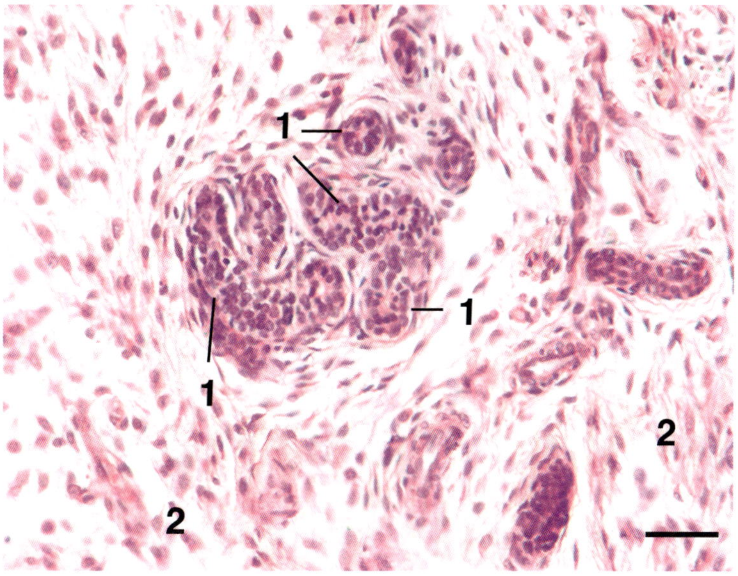

Abb. 4-22 Apokrine Sekretion, Schweißdrüsen, Haut, Pferd, Hämatoxylin-Eosin, SB 18 µm

Bei der apokrinen Sekretion sammelt sich das Sekret im apikalen Zellbereich an, der dann zusammen mit dem Sekret abgeschnürt wird. Nach der Sekretion ist die Drüsenzelle durch den Substanzverlust kleiner.

1 Apokrine Drüsen; 2 Myoepithelzellen; 3 Bindegewebe

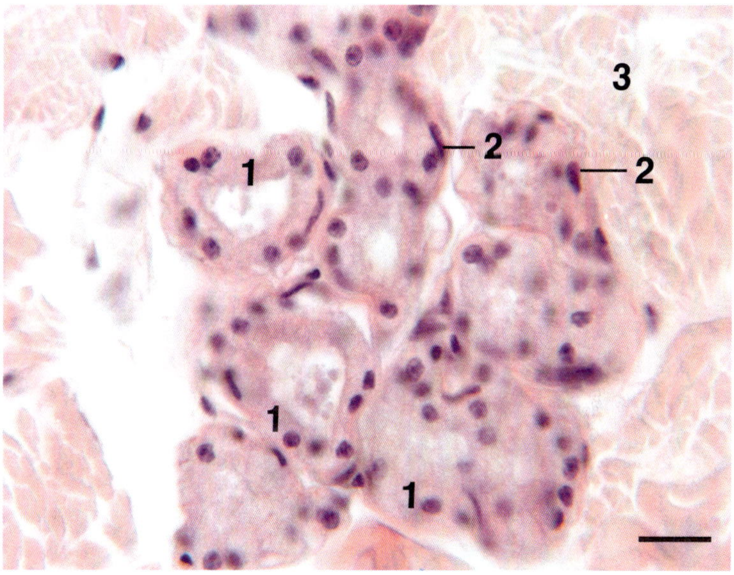

Abb. 4-23 Holokrine Sekretion, Talgdrüsen, Haut, Pferd, Hämatoxylin-Eosin, SB 18 µm

Bei der holokrinen Sekretion erfolgt die Sekretbildung durch den Zerfall der Drüsenzellen. Das mehrschichtige (polyptyche) Drüsenepithel wird daher ständig nachgebildet. Während ihrer Differenzierung bilden die Talgzellen zunehmend lipidreiche Sekretgranula und gehen schließlich zugrunde. Über einen kleinen Ausführungsgang wird der Talg an die Oberfläche des angelagerten Haares abgegeben.

1 Neugebildete Talgdrüsenzellen in der Peripherie der Talgdrüsen; 2 Zunehmende Lipideinlagerung in den Zellen; 3 Haar

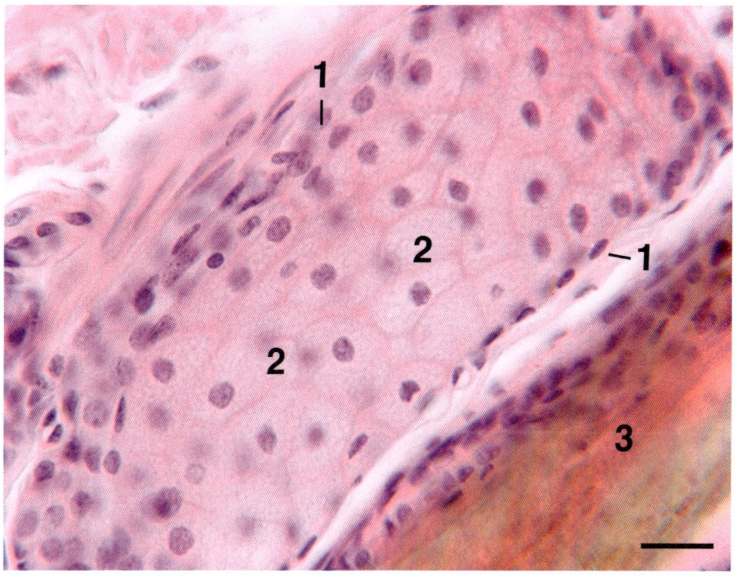

5 Binde- und Stützgewebe (Textus connectivus)

5.1 Grundstruktur

Binde- und Stützgewebe verleihen dem Körper seine Eigenform. Sie bilden Stütz- und Grundgerüste sowie Schutz- und Hüllenschichten für Organe. Neben diesen vorwiegend mechanischen Funktionen erfüllen sie weitere wichtige Aufgaben im Stoffwechsel, im Stofftransport, im Flüssigkeitshaushalt, bei Abwehrprozessen und bei der Regeneration.

Das Bindegewebe enthält relativ weitmaschige Zellverbände aus Fibroblasten, die untereinander nicht oder nur durch ihre Fortsätze in Verbindung stehen. Große Bedeutung hat die Interzellularsubstanz, die aus verschiedenen Fasersystemen und ungeformter (amorpher) Grundsubstanz besteht. Als freie, mobile Zellen kommen Makrophagen, Mastzellen, Lymphozyten, Plasmazellen, und Granulozyten vor.

5.2 Bauelemente der Binde- und Stützgewebe

5.2.1 Zelluläre Elemente

5.2.1.2 Ortsfeste Zellen: Fibrozyten/Fibroblasten

Die ortständigen Fibrozyten/Fibroblasten sind langlebige Zellen. Sie bilden die extrazelluäre Substanz und regulieren ihre Menge und Zusammensetzung. Die Begriffe „Fibrozyt" und „Fibroblast" werden heute meist synonym verwendet. Früher wurden besonders aktive ortständige Bindegewebszellen als Fibroblasten, ruhende als Fibrozyten bezeichnet. Fibroblast und Fibrozyt sind eigentlich nur Namen für verschiedene Funktionszustände derselben Zellen.

Die Gestalt der Fibroblasten/Fibrozyten hängt zum Teil auch von der Zusammensetzung und der Architektur der extrazellulären Matrix des Organs ab, in der sie liegen (▶ Abb. 5-1). Die Fortsätze, die ihr Zytoplasma ausbildet, sind veränderlich. Auch ihre Stoffwechselaktivität nimmt Einfluss auf ihre Morphologie. Während die schlanken Fibrozyten einen heterochromatischen, schmalen und oft leicht gewellt erscheinenden Kern besitzen und nur einen Erhaltungsstoffwechsel haben, produzieren die aktiven Fibroblasten vermehrt Grundsubstanz und Bindegewebsfasern. Sie haben einen längsovalen, relativ euchromatischen Zellkern und eine reiche Ausstattung an den Organellen, die in der Proteinsynthese eine Rolle spielen (raues endoplasmatisches Retikulum, Ribosomen, Golgi-Apparat).

Eine Sonderform sind die Myofibroblasten, welche die Eigenschaften von glatten Muskelzellen und ortsfesten Bindegewebszellen besitzen. Sie sind spindelförmig und haben mehrere lange Fortsätze. Zusammen mit den zugeordneten Fasern bilden sie kontraktil-elastische Systeme.

5.2.1.2 Freie (mobile) Bindegewebszellen

Im Bindegewebe sind zahlreiche freie Zellen vorhanden. Die Zahl von freien Bindegewebszellen variiert von Organ zu Organ aber auch innerhalb eines Organs erheblich. Sie sind in die Grundsubstanz eingebettet und können sich amöboid in den weiten Interzellularräumen und durch die Maschen der Fasernetzwerke fortbewegen. Die freien Zellen haben vorwiegend Abwehraufgaben.

Makrophagen (Macrophagocyti): Dies sind vielgestaltige (polymorphe) Zellen die auch im gesunden Organismus

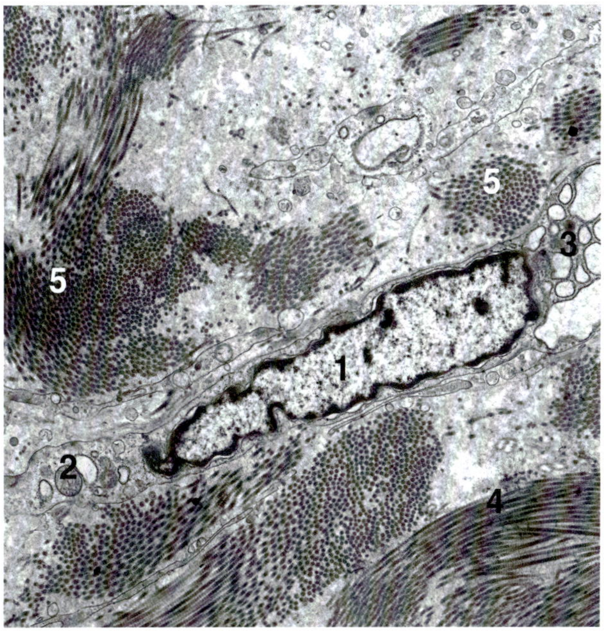

Abb. 5-1 Hoden, Schwein.
1 Fibroblast; 2 Mitochondrium; 3 Raues endoplasmatisches Retikulum; Kollagene Fibrillen, 4 längs und 5 quer geschnitten

als „Fresszellen" fungieren. Sie leiten sich von Monozyten ab und phagozytieren die Reste abgestorbener Zellen und gealterten Matrixkomponenten, aber auch Fremdkörper, Bakterien und Tumorzellen. Sie haben einem Durchmesser von 10–20 µm und sind im Routine-Hämatoxylin-Eosin-Präparat nicht leicht zu identifizieren. Sie sind häufig gelappt und sehen etwas plumper aus als Fibrozyten. Die Kerne sind kleiner als bei Fibrozyten, dunkler und gelegentlich eingebuchtet. Die Zellgrenzen sind gut erkennbar. Das Zytoplasma hat eine wabig-körnige Struktur und ist meist basophil. Im Elektronenmikroskop kann man zahlreiche primäre und sekundäre Lysosomen und mikropinozytotische Vesikel beobachten.

Mastzellen (Mastocyti): Sie werden im Knochenmark gebildet und gelangen auf dem Blutweg in das Bindegewebe. In ausgereifter Form sind sie in der Haut und in den Schleimäuten von Darm und Atemwegen relativ häufig anzutreffen. Mastzellen sind groß und oft von ovaler Form. Ihr größter Durchmesser beträgt 20 µm. Der rundliche Kern liegt oft exzentrisch und weist ein feines Heterochromatinmuster auf. Das Zytoplasma enthält zahlreiche basophile, metachromatische Granula, die von einer Membran umhüllt und ca. 2 µm groß sind. Sie enthalten Heparin, Serotonin und Histamin. Diese Granula überdeckt oft größer Teile des Zellkerns. Die Zellmembran der Mastzellen trägt Rezeptoren für das Immunglobulin E. In gewöhnlichen histologischen Färbungen fallen die Mastzellen nicht besonders auf, wohl aber in Spezialfärbungen (z. B mit Toluidinblau, Methylenblau oder Azur II).

Plasmazellen (Plasmacyti): Plasmazellen sind ausdifferenzierte B-Lymphozyten. Sie haben eine ovale Form und einen exzentrisch lokalisierten Zellkern, der ein charakteristischen Chromatinmuster aufweist („Radspeichenkern"). Die Größe der Plasmazellen liegt bei ca. 10–20 µm. Das Zytoplasma enthält zahlreiche Zisternen des rauen endoplasmatischen Retikulums und erscheint daher basophil. Der große Golgi-Apparat ist neben dem Kern als Aufhellung auch lichtmikroskopisch erkennbar. Die Aufgabe der Plasmazellen besteht in der Synthese von Immunglobulinen. Plasmazellen kommen in größerer Zahl in lymphatischen Organen, der Darmschleimhaut, der Schleimhaut der Atemwege, aber auch in der Milchdrüse, den Speicheldrüsen und der Tränendrüse vor.

Lymphozyten (Lymphocyti) und eosinophile Granulozyten (Granulocyti eosinophilici): Diese sind regelmäßige und normale Bestandteile des Bindegewebes. Sie stehen im Dienst der Immunabwehr und werden in den ▶ Kapiteln 9 und 10 näher besprochen.

5.2.2 Bindegewebsfasern (Fibrae textus connectivi)

Kollagene Fasern: Diese werden von Fibroblasten gebildet. Sie sind zugfest, kaum dehnbar und ca. 1–10 µm dick. Sie kommen in Bändern, Faszien, Sehnen, Organkapseln und im Stroma der Organe vor. Weiterhin sind sie wichtige Komponenten des Knorpel- und Knochengewebes. Kollagen, das die kollagenen Fasern aufbaut, ist quantitativ das häufigste Protein des Körpers (ca. 25 % der Gesamtproteinmasse). Im Elektronenmikroskop ist erkennbar, dass die kollagenen Fasern aus zahlreichen, 20–40 nm dicken, quergestreiften Kollagenfibrillen aufgebaut sind. Diese bestehen aus Kollagenmolekülen, die aus jeweils aus drei α-Polypeptidketten bestehen. Kollagene Fasern erfüllen vorwiegend mechanische Aufgaben und sind, wie erwähnt, nahezu undehnbar. Eine begrenzte Dehnungsmöglichkeit in der Gesamtstruktur wird dadurch erreicht, dass die kollagenen Faserbündel im Ruhezustand leicht gewellt sind.

Es existieren verschiedene Kollagen-Typen. Vorkommen besonders wichtiger Kollagenformen:
- Typ I: Knochen, Sehnen, Dentin, Haut, Faserknorpel
- Typ II: Hyaliner Knorpel, Nucleus pulposus, Corpus vitreum
- Typ III: Retikuläre Fasern: Feine Stützgerüste in vielen Organen, z. B. Leber, Milz
- Typ IV: Basalmembranen

Elastische Fasern: Die verzweigten Fasern sind reversibel dehnbar (bis zu 150 % der Ausgangslänge). Sie enthalten zwei molekulare Komponenten, nämlich Fibrillin und Elastin. Elastische Fasern bilden Netze und gefensterte Membranen in den Wänden von Blutgefäßen und kommen auch in Organkapseln, im elastischen Knorpel oder als elastische Bänder (z. B. Ligamentum nuchae, Ligamenta flava zwischen den Wirbelbögen) vor. Sie können mit speziellen Färbungen (z. B. Resorcinfuchsin, Orcein) selektiv dargestellt werden.

Grundsubstanz (Matrix extracellularis textus connectivi): Die Grundsubstanz ist ein stark hydratisiertes Gel, über das der Transport von Metaboliten, Gasen, Nährstoffen und Abbauprodukten erfolgt. Mikroskopisch erscheint es homogen und unstrukturiert (amorph). Wichtige Komponenten sind Hyaluronsäure, Proteoglykane und verschieden Glykoproteine.

5.3 Formen der Binde- und Stützgewebe

Embryonales Bindegewebe besteht aus unregelmäßig geformten Mesenchymzellen, die häufig gut ausgebildete Zytoplasmaausläufer aufweisen. Durch diese stehen sie mit den benachbarten Mesenchymzellen in Kontakt und bilden ein dreidimensionales Netzwerk, das von amorpher, wenig differenzierter Grundsubstanz gefüllt wird. Die zahlreichen Mitosen erlauben ein rasches Wachstum. Mesenchym bildet während der Embryonalentwicklung den Vorläufer vieler Gewebearten, vor allem der Binde- und Stützgewebe.

Gallertiges Bindegewebe zeigt strukturell viele Ähnlichkeiten mit dem Mesenchym. Es findet sich in der Nabelschnur (als Wharton-Sulze). Ähnlich strukturiertes Gewebe findet sich postnatal im Hahnenkamm und im Penis von Wiederkäuern. Fibroblasten-ähnliche Zellen bilden die Grundstruktur. Sie sind in der Lage, kleine Bündel von kollagenen Fasern zu bilden, die in eine gallertige Grundstruktur eingelagert sind und zur Stabilisierung des Gewebes beitragen.

Retikuläres Bindegewebe (Textus connectivus reticularis) besteht aus verzweigten Retikulumzellen mit großen, rundlich-ovalen hellen Kernen. Sie bilden ein schwammartiges Netzwerk, das durch feine Retikulinfasern verstärkt wird. Die Retikulinfasern lassen sich mit Silbersalzen darstellen oder immunhistochemisch mit Antikörpern gegen Kollagen III nachweisen. In dem Netzwerk aus Retikulumzellen sind zahlreiche Zellen, vorwiegend des hämo- oder lymphopoetischen Systems eingelagert. Neben lymphatischen Zellen kommen Makrophagen und interdigitierende Zellen vor. Retikuläres Bindegewebe findet sich unter anderem im Knochenmark und in verschiedenen lymphatischen Organen (Milz, Lymphknoten, Tonsillen) sowie in der Lamina propria des Darmes.

Lockeres Bindegewebe (Textus connectivus collagenosus laxus) ist im Körper weitverbreitet zu finden und weist keine anatomisch darstellbare Eigenform auf. Als weiträumige Maschengeflechte aus kollagenen, retikulären und elastischen Fasern bildet es unter anderem die Umhüllung von Gefäßen und Nerven, die submuköse Verschiebeschicht in der Wand von Hohlorganen, das Stroma vieler parenchymatöser Organe, sowie das Füllgewebe zwischen Organen und Organteilen. Fibroblasten bilden mit bis zu 70 % der Gesamtzellzahl die größte Zellpopulation des lockeren Bindegewebes. Sie sind für die Bildung der Bindegewebsfasern und der interzellulären Grundsubstanz zuständig, die in größerer Menge Glykosaminoglykane und Proteoglykane enthält, welche den Wassergehalt und damit die Transportprozesse im lockeren Bindegewebe wesentlich beeinflussen. Freie Zellen, wie Makrophagen und Lymphozyten, stehen im Dienst von immunologischen Abwehrprozessen. Mastzellen beeinflussen über ihre Sekretionsprodukte Histamin und Heparin die Permeabilität und Blutgerinnung in den kleinen Gefäßen des lockeren Bindegewebes.

Straffes Bindegewebe (Textus connectivus collagenosus compactus) zeichnet sich aufgrund des hohen Gehaltes an nahezu dehnungsfesten Kollagenfasern durch eine besondere Zugfestigkeit aus. Zellen und Grundsubstanz treten dagegen im Vergleich zu lockerem Bindegewebe stark zurück.

Geflechtartiges straffes Bindegewebe enthält sich überkreuzende, dicke Kollagenfaserbündel, zwischen denen wenige flache Fibrozyten liegen, die nur eine geringe faserbildende Aktivität zeigen (gewellter, heterochromatischer Zellkern, schwach ausgebildeter Syntheseapparat).

Vorkommen: Organkapsel, Gelenkkapsel, harte Hirnhaut, Faszien, Aponeurosen, Periost, Perichondrium. Eine Sonderform des geflechtartigen straffen Bindegewebes ist das Stroma der Hornhaut.

Parallelfaseriges straffes Bindegewebe enthält durch eine bevorzugte Zugbeanspruchung in einer Richtung weitgehend parallel angeordnete Kollagenfasern. Die zwischen diesen Sehnenfasern liegenden Fibroblasten (Tendinozyten) passen sich in ihrer Form dem Faserverlauf stark an und werden auch als Flügelzellen bezeichnet. Mehrere Sehnenfasern bilden ein Primärbündel, das von lockerem Bindegewebe (Peritendineum internum) umhüllt wird. Eine Sehne besteht aus mehreren Primärbündeln und ist von Peritendineum externum und Paratendineum umgeben. Die Versorgungsbahnen (Gefäße, Nervenfasern) der Sehnen liegen im spärlich ausgebildeten lockeren Bindegewebe zwischen den im Ruhezustand leicht gewellten Kollagenfaserbündeln. Sehnenscheiden finden sich an Stellen starker Beanspruchung.

Elastische Bänder sind dicht gelagerte, verzweigte elastische Fasern mit Gitterwerken aus kollagenen und retikulären Fasern.

Vorkommen: Nackenband, Ligamenta flava zwischen den Wirbelbögen, Stimmband.

5.4 Fettgewebe (Textus adiposus)

Weißes Fettgewebe (Textus adiposus albus) ist im ausdifferenzierten Zustand univakuolär, d.h. die polygonalen oder kugeligen Zellen werden von einem großen Fetttropfen (Paraplasma) nahezu vollständig ausgefüllt. Nur ein schmaler Zytoplasmasaum bleibt ausgespart, in dem der randständige Kern lokalisiert ist („Siegelringform der Fettzellen“). Einzelne Fettzellen sind überall im lockeren Bindegewebe zu finden, größere Gruppen von Fettzellen sind in Läppchen gegliedert. Als Speicherfett (Depotfett) findet sich weißes Fettgewebe v. a. subkutan. Als Strukturfett (Baufett) kommt es z. B. in der Fettkapsel der Nieren oder als Fettkörper in der Augenhöhle vor.

Braunes Fettgewebe (Textus adiposus fuscus) enthält zahlreiche Fettvakuolen im Zytoplasma und wird daher als plurivakuolär bezeichnet. Der Kern liegt zentral, im Zytoplasma lassen sich elektronenmikroskopisch zahlreiche Mitochondrien beobachten. Der hohe Gehalt an Zytochromen bedingt den bräunlichen Farbton. Es ist gut mit Blutgefäßen versorgt und enthält zudem vegetative (sympathische) Nervenfasern in größerer Zahl. Braunes Fettgewebe kommt bei Winterschläfern, aber auch bei neugeborenen Haussäugetieren sowie Vögeln vor und spielt dort eine wichtige Funktion bei der Wärmeproduktion.

5.5 Knorpel (Textus cartilagineus)

Außen wird der Knorpel in vielen Fällen von einer Knorpelhaut (Perichondrium) aus kollagenen und elastischen Fasern, welche Gefäße und Nerven führen, umgeben. Reifes Knorpelgewebe ist gefäßlos.

Hyaliner Knorpel (Cartilago hyalina) ist bläulich und milchig durchscheinend. Die Knorpelzellen sind zu Chondronen (Knorpelzellgruppen) angeordnet (▶ Abb. 5-2). Die Knorpelzellen (Chondrozyten, Chondrocyti) liegen in kleinen Hohlräumen (Lakunen), die durch eine Knorpelkapsel begrenzt werden. Letztere geht in einen Zellhof über, der alle Zellen eines Chondrons umschließt. Zwischen den Chondronen liegt die Interterritorialsubstanz. Sie enthält vor allem Chondroitinsulftat, große Proteoglykan-Aggregate und kollagene Mikrofibrillen (Kollagen II), welche nur im Elektronenmikroskop oder Polarisationsmikroskop sichtbar sind. Hyalinknorpel zeichnet sich durch eine relativ hohe Druckfestigkeit, verbunden mit einer guten Druckelastizität aus.

Vorkommen: Embryonales Skelett, Nasenknorpel, Rippenknorpel, Schild- und Ringknorpel des Kehlkopfes, Knorpelspangen und -stücke in der Luftröhre und in den größeren Bronchien, Gelenkknorpel (trägt kein Perichondrium).

Elastischer Knorpel (Cartilago elastica) hat eine gelbliche Farbe, ist weich und biegsam. Stark ausgebildete elastische Fasernetze liegen in der Interterritorialsubstanz. Daneben kommen „maskierte" Kollagenfasern vor. „Maskiert" bedeutet, die Struktur ist vorhanden, aber im normalen Lichtmikroskop nicht erkennbar. Sie können jedoch im Polarisationsmikroskop nachgewiesen werden. Der Gehalt an Grundsubstanz ist geringer als beim hyalinen Knorpel. Chondrozyten liegen meist einzeln vor, mehrzellige Chondrone sind selten. Elastische Fasern können mit Resorcin-Fuchsin oder Orcein selektiv angefärbt werden.

Vorkommen: Kehlkopf (z.B. Epiglottis), Ohrknorpel, Knorpelstückchen in der Wand der kleinsten Bronchien.

Faserknorpel (kollagenfaseriger Knorpel, Cartilago fibrosa) weist relativ wenige, einzeln liegende Chondrozyten auf. Im Vordergrund stehen stark verflochtene Kollagenfaserbündel, die in einer nur schwach ausgebildeten Grundsubstanz liegen. Die Knorpelfasern sind daher meist nicht „maskiert". Der Faserknorpel ist sehr widerstandsfähig.

Vorkommen: Symphyse, Bandscheiben, Gelenkknorpel des Kiefergelenks.

5.6 Knochengewebe (Textus osseus)

Das Knochengewebe ist das Stützgerüst des Körpers und ein großer Mineralspeicher.

5.6.1 Zellen des Knochengewebes

Osteoblasten (Osteoblastocyti) produzieren Knochengrundsubstanz. Sind sie vollständig von Matrix umschlossen, werden sie als Osteozyten (Osteocyti) bezeichnet, verzweigte Zellen, die in kleinen Knochenhöhlen liegen (Lacunae osteocyti). Die Fortsätze der Osteozyten sind in kleinen Kanälen (Canaliculi ossei) lokalisiert, durch welche die Osteozyten benachbarter Lakunen in Verbindung stehen. Als Osteoklasten (Osteoclastocyti) bezeichnet man mehrkernige Riesenzellen, welche Knochensubstanz

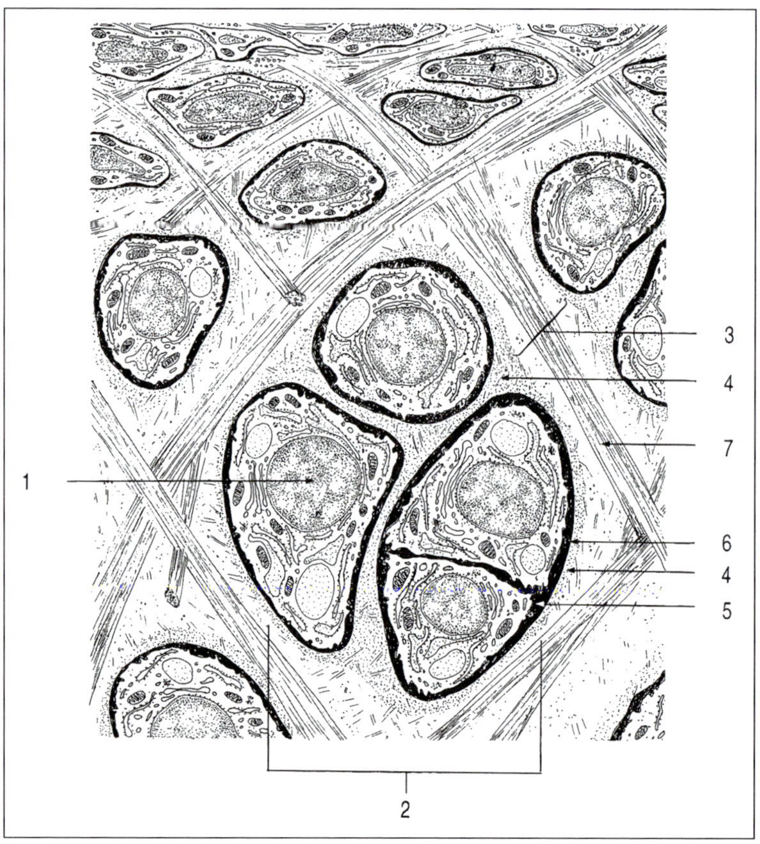

Abb. 5-2 Struktur des hyalinen Knorpels (Schema).
1 Chondrozyt (Knorpelzelle); 2 Chondron (Territorium); 3 Interterritorialsubstanz; 4 Zellhof; 5 Lakune; 6 Knorpelkapsel; 7 Sich kreuzende und durchflechtende kollagene Mikrofibrillen in der Interterritorialsubstanz

abbauen. Sie liegen in Howship-Lakunen, tiefen Einbuchtungen im Knochengewebe, die durch die resorptive Aktivität der Osteoklasten entstehen („Fraßstellen").

5.6.2 Interzellularsubstanz des Knochengewebes

Diese besteht aus Grundsubstanz mit Kollagengeflechten. Sie durch Einlagerung von Kalksalzen (Hydroxylapatitkristalle) verfestigt. Im Faserknochen (Geflechtknochen, Os membranaceum reticulofibrosum) sind die Kollagenfasern zu Geflechten, im Lamellenknochen (Os membranaceum lamellosum) zu lamellären Systemen orientiert (▶ Abb. 5-3). Mit bloßem Auge unterscheidet man am Knochen außen eine homogen erscheinende Randschicht, die Substantia compacta (Corticalis), und ein inneres, aus Knochenbälkchen bestehendes Schwammwerk (Substantia spongiosa).

Struktur der Substantia compacta eines Röhrenknochens (Schichtenfolge von außen nach innen):

- **Periost (Knochenhaut):** Gefäß- und nervenführendes Bindegewebe, das mit dem Knochen durch Sharpey-Fasern (Fibrae perforantes) verbunden ist.
- **Äußere Grundlamellen:** Parallel zum Periost verlaufend.
- Ein **Osteon (Osteonum)** ist die strukturelle Grundeinheit des Lamellenknochens. Dabei umgeben etwa 15–20 Speziallamellen (Lamellae osseae, 4–10 µm dick) einen zentralen Kanal (Canalis centralis, Havers-Kanal) in dem die Versorgungsbahnen des Knochengewebes (Blut- und Lymphgefäße, Nerven) verlaufen. Volkmann-Kanäle verlaufen als Querverbindungen zwischen den Havers-Kanälen und zwischen diesen und dem Periost. Zwischen den Lamellen liegen Osteozyten. Nach außen sind die Osteone durch Kittlinien begrenzt.

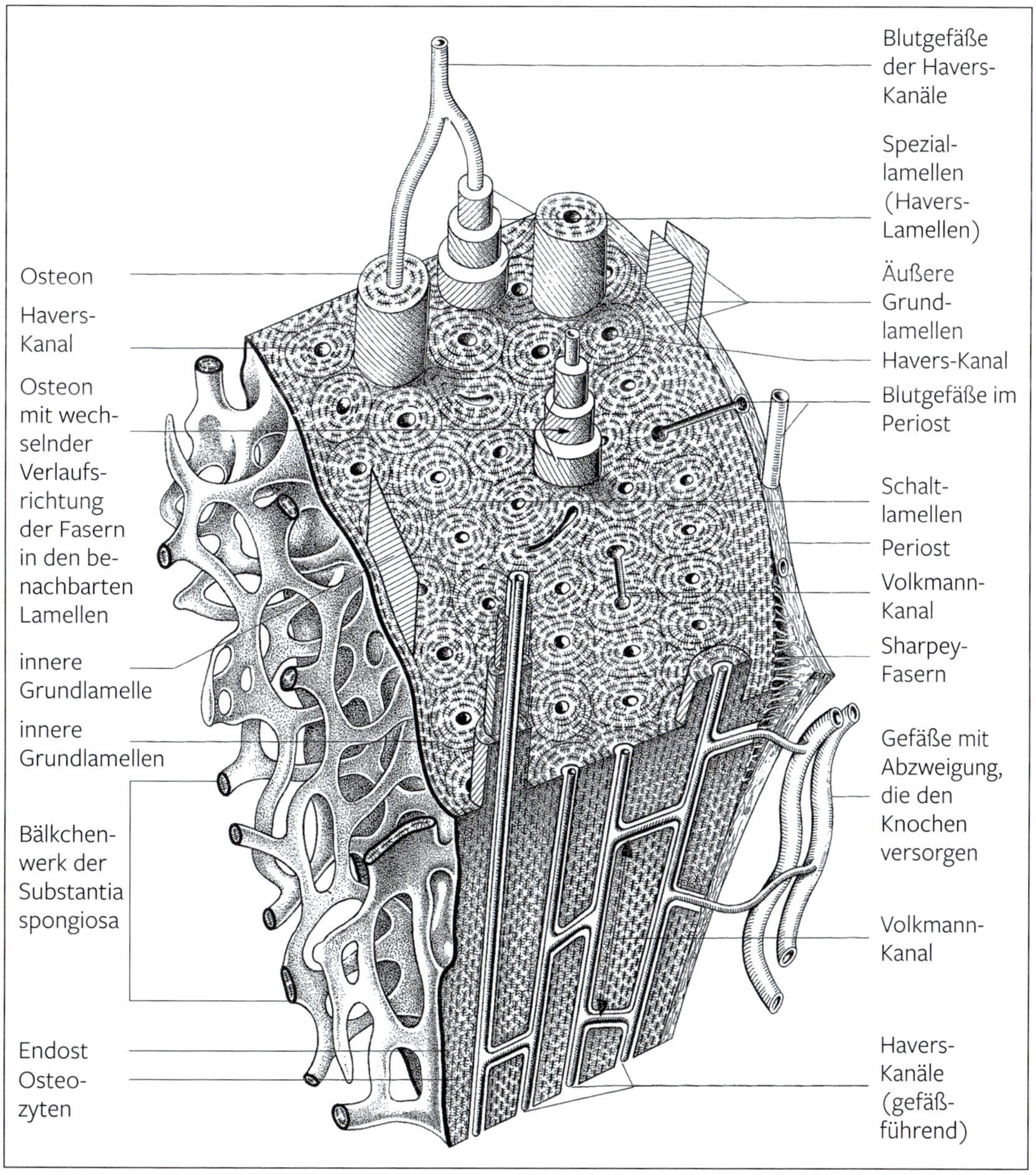

Abb. 5-3 Lamellenknochen (Strukturschema; nach Benninghof und Krstic 1985).

- **Schaltlamellen:** Sie liegen in den Zwischenräumen zwischen den Osteonen als Reste älterer, zum großen Teil abgebauter Osteone.
- Der innere Abschluss wird von der geschichteten **inneren Grundlamelle** gebildet, an die sich zur Markhöhle (Cavum medullare) das Endost anschließt.

5.6.3 Knochenbildung (Osteohistogenesis)

Bei der direkten oder **desmalen Ossifikation** entsteht der Knochen direkt aus dem Bindegewebe. Mesenchymzellen wandeln sich zu Osteoblasten und beginnen mit der Bildung von Grundsubstanz. Auf diese Weise entstehen unter anderem die platten Schädelknochen, die Teile der meisten Gesichtsknochen und der Schulterblätter.

Die **chondrale Ossifikation** (Osteogenesis cartilaginea) ist Knochenbildung auf knorpeliger Grundlage. Sie erfolgt in mehreren Schritten. Dabei wird ein hyalines Knorpelmodell durch Knochengewebe ersetzt (Ersatzknochen). Sie soll am Beispiel eines Röhrenknochens kurz dargestellt werden: Die im Bereich der Diaphyse beginnende, vom Perichondrium ausgehende Knochenbildung (perichondrale Ossifikation) zwingt die Knorpelzellen zu längs orientiertem Wachstum und sorgt auch für die Dickenzunahme des Knochens. Die sich zu Osteoblasten differenzierten Mesenchymzellen produzieren Osteoid (Proteoglykane und Glykosaminoglykane) sowie Kollagenfibrillen. Nach Mineralisierung entsteht die perichondrale Knochenmanschette.

Aus dem Perichondrium wandern Chondroklasten (Osteoclastocyti) in den hyalinen Knorpel ein und bauen ihn ab. Mit ihnen gelangen Gefäße und Osteoblasten in die freiwerdenden Räume (primäre Markräume) im Knorpel. Osteoblasten bilden Knochengrundsubstanz und lagern sich an die nicht abgebauten Reste der verkalkten Knorpelgrundsubstanz an.

Von der Epiphyse zur Diaphyse kann man an beiden Enden des Knochens folgende Zonen unterscheiden:

- **Proliferationszone:** Durch lebhafte Zellteilungen kommt es zur deutlichen Vermehrung der Knorpelzellen.
- **Säulenknorpel:** Die Knorpelzellen ordnen sich säulenförmig zur Längsachse des späteren Knochens in parallele Zellgruppen an.
- **Zone des großblasigen Knorpels:** Die Chondrozyten hypertrophieren und werden reich an Glykogen. Infolge der fortschreitenden Mineralisierung der Interzellularsubstanz beginnen sie zu degenerieren.
- **Zone des Knorpelabbaues (Erosions- oder Eröffnungszone):** Zahlreiche Chondroklasten lösen die Knorpelsubstanz auf. Dabei bleiben zwischen den Knorpelzellsäulen längs gerichteter Reste verkalkten Knorpels bestehen.
- **Zone der enchondralen Ossifikation:** Die Chondroklasten wirken als Wegbereiter für aussprossende Kapillaren und Osteoblasten. Letztere lagern sich an die stehen gebliebenen verkalkten Knorpelreste an und scheiden Osteoid ab, das später verkalkt: Die ersten enchondralen Knochenlamellen sind entstanden.

In den späteren Epiphysen kommt es ebenfalls zu einer Hypertrophie der Chondrozyten mit Verkalkung der Interzellularsubstanz: Die Epiphysenkerne entstehen. Blutgefäße sprossen ein und die enchondrale Ossifikation verläuft hier ähnlich wie im Diaphysenbereich; es bildet sich nur kein Säulenknorpel. Die Verknöcherung breitet sich zentrifugal aus, erreicht aber nie die periostfreie Oberfläche, die später den Gelenksknorpel tragen wird.

5.7 Zahnhartgewebe

Am Zahn (▶ Abb. 5-4) kann man die Zahnkrone (Corona dentis), den Zahnhals (Cervix dentis) und die Zahnwurzel unterscheiden. Nachfolgend beschriebene Hartsubstanzen bauen den Zahn auf.

Schmelz (Enamelum dentis) wird schon vor dem Durchbruch der Zähne durch Ameloblasten (Ameloblasti, Anemaloblasti) gebildet. Er ist die härteste Substanz im Körper. Bestandteile: 95 % Mineral (Hydroxylapatitkristalle), 1 % organische Substanz, 4 % Wasser.

Dentin (Dentinum, Zahnbein, Substantia eburnea) umgibt als Hauptmasse des Zahnes die Pulpahöhle. Es wird von Odontoblasten (Dentinoblasti, Odontoblasti) gebildet, welche an der inneren Dentinoberfläche liegen. Die Fortsätze dieser Zellen befinden sich in Dentinkanälchen, die das Dentin bis zu seiner äußeren Oberfläche (Schmelz-Dentin-Grenze oder Dentin-Zement-Grenze) durchziehen. Das Prädentin befindet sich in Odontoblastennähe und ist noch nicht oder nur unvollständig verkalkt.

Zement (Cementum) bedeckt die Oberfläche der Zahnwurzel und wird von Zementoblasten gebildet. Es dient zur Befestigung des Zahnes in der Alveole. Zahnzement ist in Zusammensetzung und Struktur die knochenähnlichste der drei Zahnhartsubstanzen.

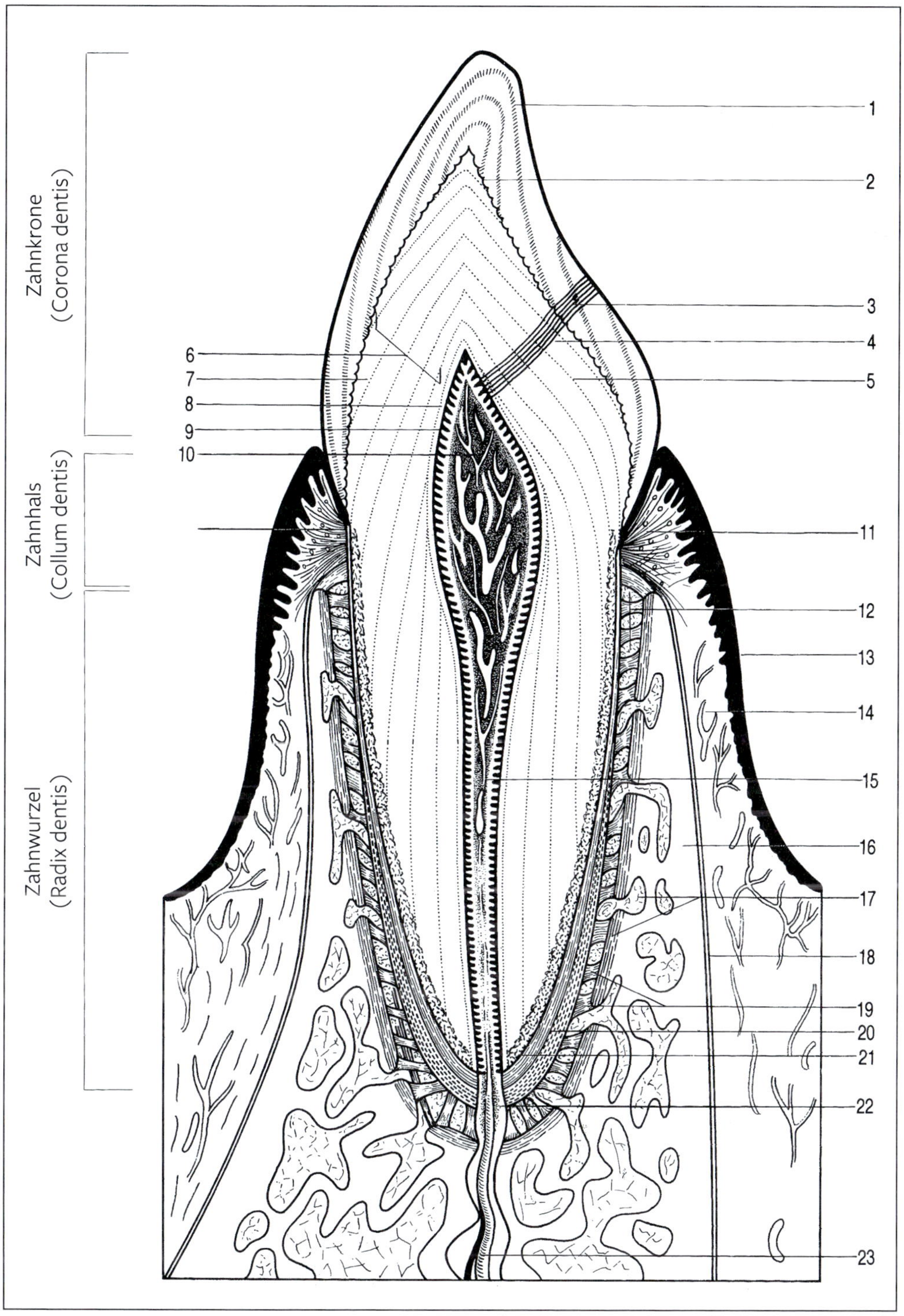

Abb. 5-4 Zahn, Schema.
1 Retzius-Linien; 2 Girlandenförmig verlaufende Schmelz-Dentin-Grenze; 3 Verlauf der Schmelzprismen; 4 Verlauf der Dentinkanälchen; 5 von-Ebner-Linien; 6 zirkumpulpales Dentin; 7 Manteldentin; 8 Prädentin; 9 Reihe von Odontoblasten an der Peripherie der Pulpahöhle; 10 Pulpahöhle (enthält lockeres Bindegewebe, Nerven und Gefäße); 11 Gingivale Faserbündel; 12 Desmodontspalt; 13 Gingivaepithel; 14 Gingivales Bindegewebe; 15 Wurzelkanal (gefäß- und nervenführend); 16 Alveolarknochen; 17 Lamina cribrosa des Alveolarknochens mit Öffnungen für die durchtretenden Gefäße; 18 Periost des Alveolarknochens; 19 Zementalveoläre (desmodontale) Faserbündel; 20 Zement (Wurzelzement); 21 Dentin-Zement-Grenze; 22 Foramen apicis dentis (Eintrittsstelle von Gefäßen und Nerven in den Wurzelkanal und die Pulpahöhle); 23 Gefäße und Nerven ziehen durch den Alveolarknochen zum Wurzelkanal

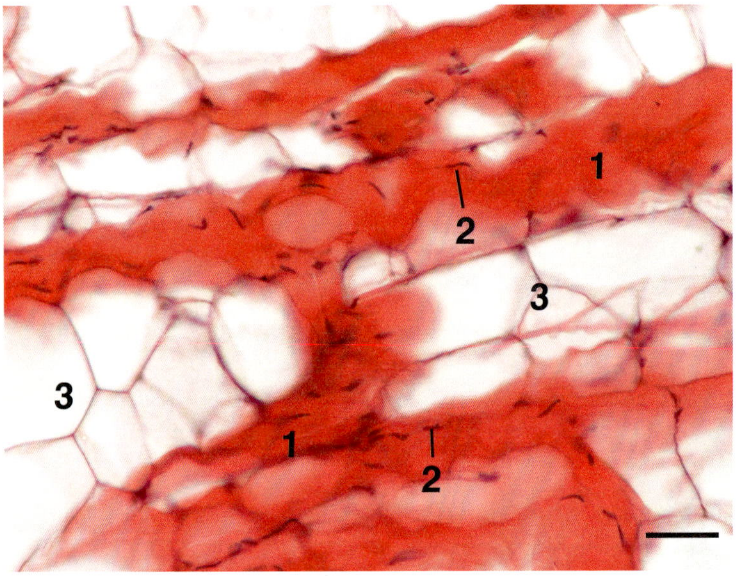

Abb. 5-5 Kollagene Fasern Typ 1, Lockeres Bindegewebe, Hund, Hämatoxylin-Eosin, SB 20 µm

Die kollagenen Fasern verlaufen unverzweigt und ordnen sich im lockeren Bindegewebe teilweise parallel an. Die Kerne der Fibrozyten erscheinen abgeflacht. Zwischen den kollagenen Faserbündeln liegt reichlich Fettgewebe.

1 Bündel von kollagenen Fasern; 2 Kern eines Fibrozyten; 3 Fettgewebe

---

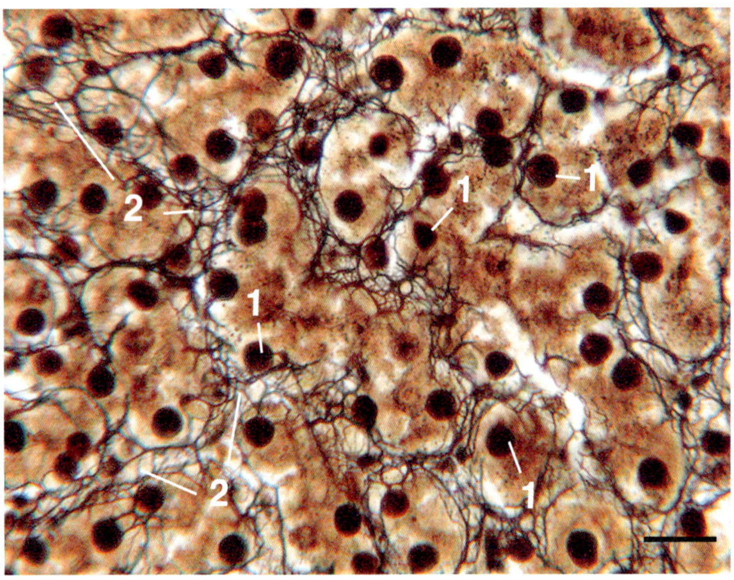

Abb. 5-6 Retikuläre Fasern (Kollagen-Typ-III-Fasern), Leber, Hund, Färbung nach Achúcarro, SB 18 µm

Die hier dargestellten feinen retikulären Fasern bilden Netze und werden daher auch als Gitter- oder Retikulinfasern bezeichnet. Da sie Silbersalze binden, nennt man sie auch argyrophile (silberliebende) Fasern. Biochemische Untersuchungen haben ergeben, dass sie aus Kollagen Typ III bestehen.

1 Kern einer Leberzelle; 2 Retikuläre Fasern

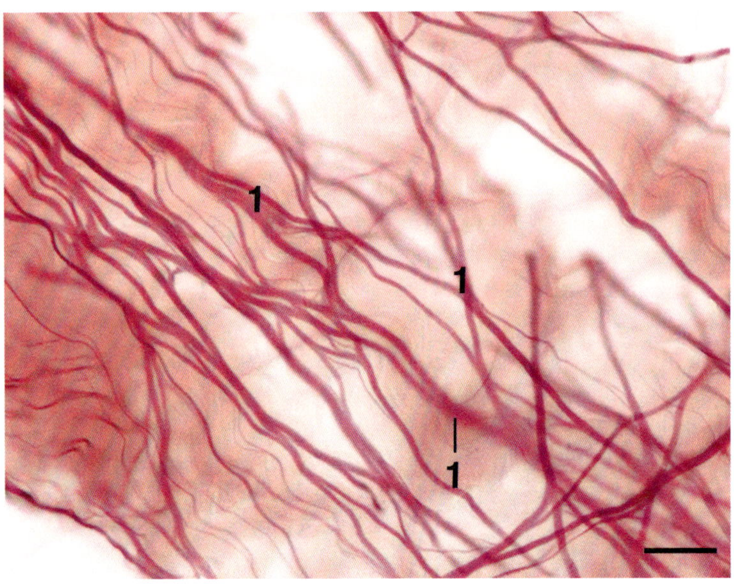

Abb. 5-7 Elastische Fasern, Subkutis, Hund, Elastica-Färbung mit Resorcin-Fuchsin, SB 20 µm

Durch die Resorcin-Fuchsin-Färbung werden selektiv die elastischen Fasern in der Unterhaut dargestellt. Sie sind unterschiedlich dick und zeigen echte Verzweigungen, wobei der Aufzweigungswinkel meist nicht spitzwinklig, sondern durch die Elastizität bedingt, oft abgerundet erscheint (sogenannte Schwimmhautbildung).

1 Elastische Fasern

Abb. 5-8 Gallertiges Bindegewebe, Nabelstrang, Rind, Hämalaun-Phloxin-Färbung, SB 18 µm

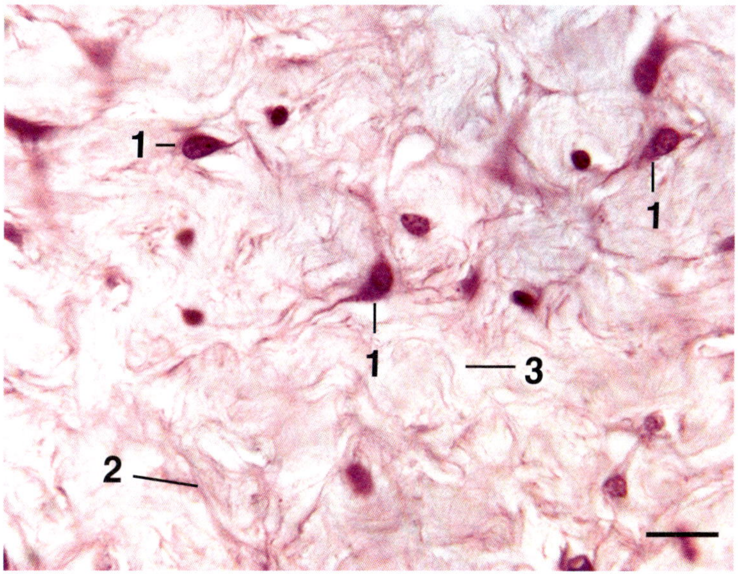

Das Grundgewebe des Nabelstrangs ist gallertiges Bindegewebe, welches die Umbilikalgefäße umhüllt. Bindegewebszellen, die Mesenchymzellen noch sehr ähnlich sind, bilden mit ihren Fortsätzen ein dreidimensionales Netz. In seine Maschen sind wenig Bindegewebsfasern und viel gallertige Grundsubstanz eingelagert. Das Gewebe wird auch als Wharton-Sulze bezeichnet. Die Fasergeflechte und das hohe Wasserbindungsvermögen der Grundsubstanz geben der Nabelschnur ihre Festigkeit.

1 Mesenchymzellen; 2 Feine kollagene Fibrillen; 3 Grundsubstanz

---

Abb. 5-9 Lymphknoten, Lymphoretikuläres Gewebe, Schaf, Hämalaun-Phloxin-Färbung, SB 18 µm

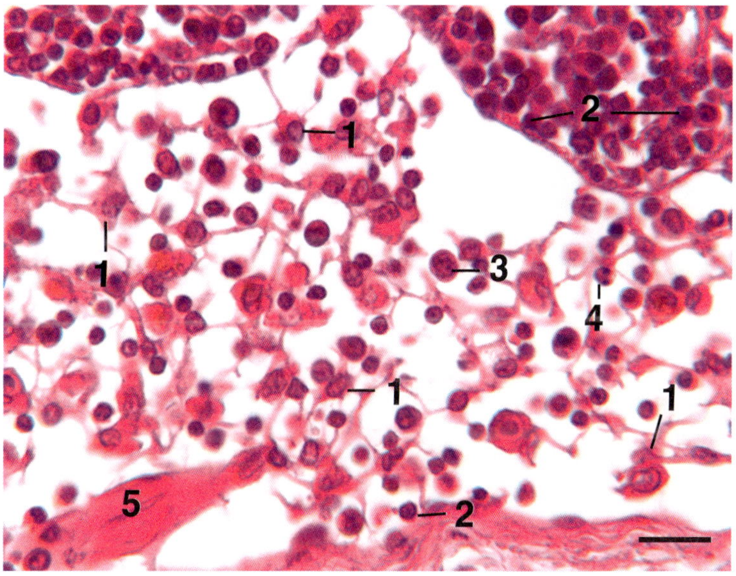

Grundlage des retikulären Bindegewebes sind sternförmig verzweigte Retikulumzellen, deren Fortsätze ein dreidimenionales Netzwerk bilden. Dieses wird durch Retikulinfasern ausgesteift. Durch dieses Schwammwerk fließt die Lymphe mit den darin enthaltenen freien Zellen, den Lymphozyten.

1 Retikulumzellen; 2 Lymphozyten; 3 Plasmazelle; 4 Granulozyt; 5 Trabekel mit kollagenen Fasern

---

Abb. 5-10 Hämoretikuläres Gewebe, Knochenmark, Kalb, Giemsa-Färbung, SB 18 µm

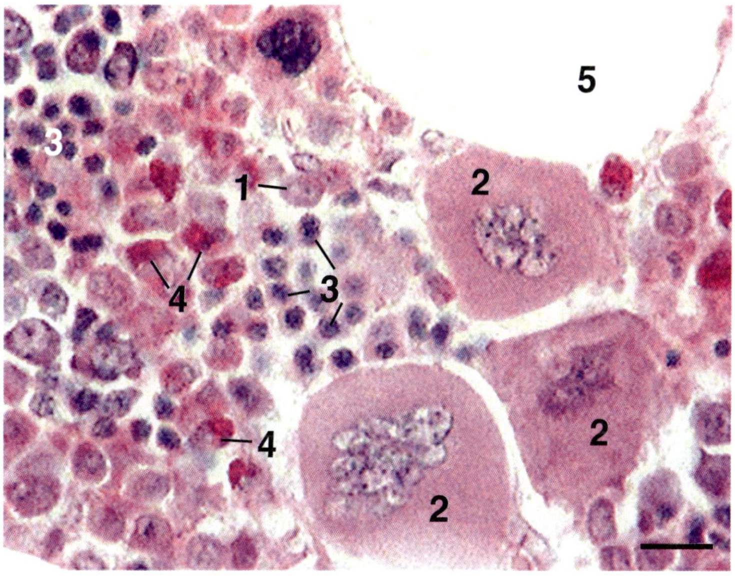

Das Grundgerüst des roten Knochenmarks wird von hämoretikulärem Bindegewebe gebildet, in dessen Maschen die verschiedenen Differenzierungsreihen der Blutzellbildung (Erythropoese, Myelopoese, Thrombopoese) eingelagert sind.

1 Retikulumzelle; 2 Megakaryozyten; 3 Erythroblastennester; 4 Eosinophile Metamyelozyten; 5 Sinusoid

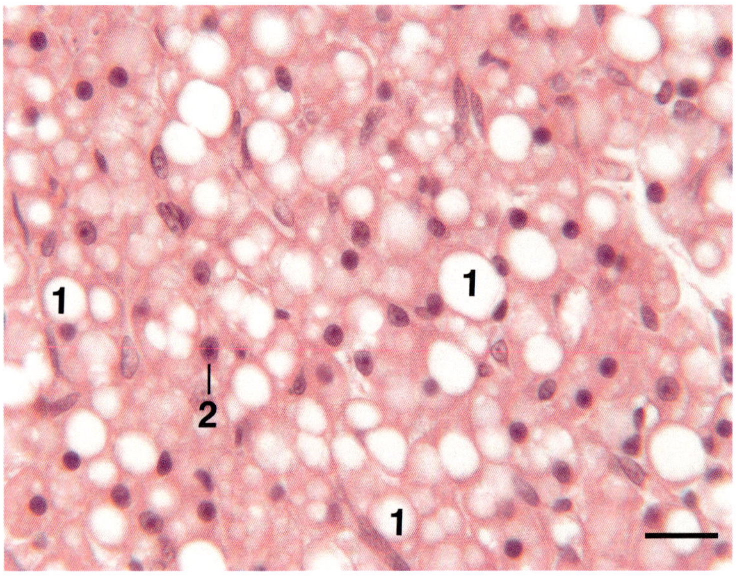

Abb. 5-11 Braunes Fettgewebe, Nierenkapsel, junger Hund, Hämatoxylin-Eosin, SB 20 µm

Beim braunen (plurivakuolären) Fettgewebe treten unterschiedlich große Fetttröpfchen innerhalb einer Fettzelle auf. Diese Art von Fettgewebe findet man bei Neugeborenen und kann bis zu 5 % des Fettgewebes ausmachen.

1 Fettvakuolen;
2 Kerne der plurivakuolären Fettzellen

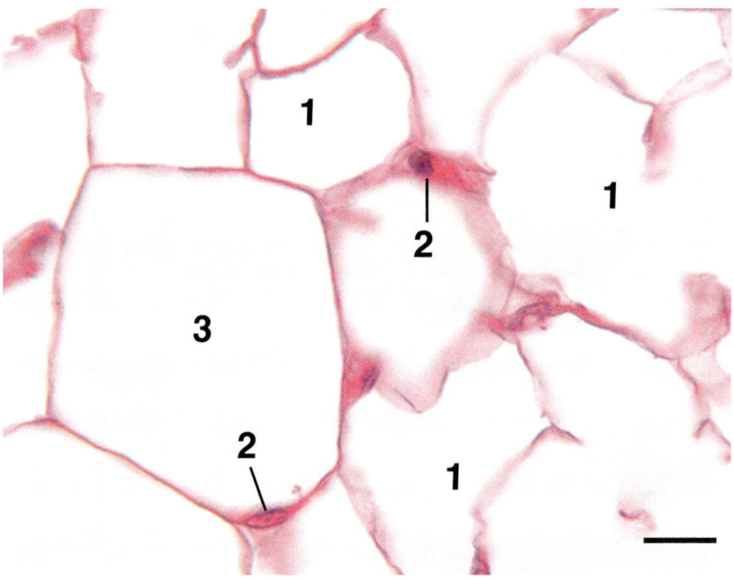

Abb. 5-12 Weißes Fettgewebe, Subkutis, Hund, Hämatoxylin-Eosin, SB 18 µm

In der Subkutis der Haut findet man gut ausgebildetes monovakuoläres Fettgewebe (weißes Fettgewebe). Im Zytoplasma der Fettzelle befindet sich eine große Fettvakuole, die Zytoplasma und Kern an den Rand verdrängt. Im Schnitt erscheint die Zelle, wenn der Kern angeschnitten ist, als Siegelringzelle. Durch die routinemäßige histologische Präparation wurde das Fett herausgelöst.

1 Fettzelle; 2 Kern der Fettzelle;
3 Siegelringzelle

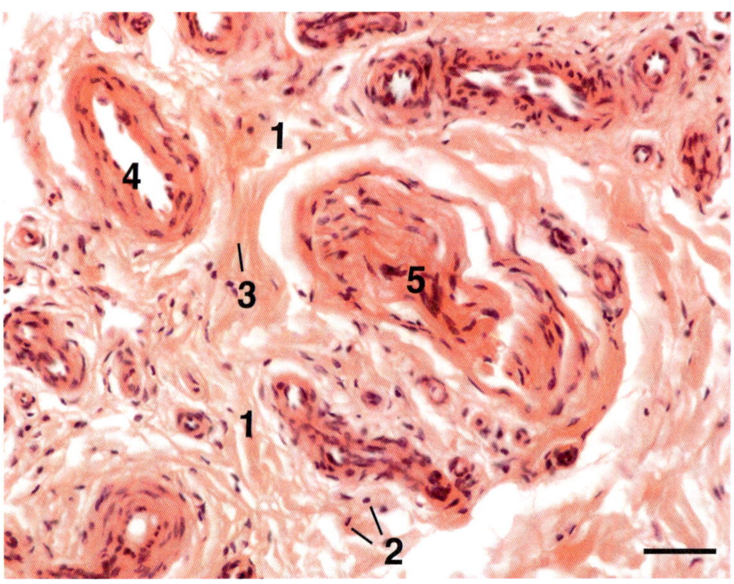

Abb. 5-13 Lockeres Bindegewebe, Subkutis, Ziege, Hämatoxylin-Eosin, SB 30 µm

Lockeres Bindegewebe füllt als lockere Hüll- und Verschiebeschicht die Räume zwischen den Parenchymzellen der Organe aus. Es enthält die Versorgungsbahnen (Gefäße und Nerven) und spielt eine entscheidende Rolle beim Stoffaustausch zwischen den Kapillaren und den Parenchymzellen. Neben der gut ausgebildeten Grundsubstanz kommen kollagene und elastische Fasern sowie zahlreiche freie Zellen (Mastzellen, Plasmazellen, Lymphozyten, Granulozyten) vor.

1 Grundsubstanz; 2 Fibroblasten;
3 Kollagene Fasern; 4 Arterie; 5 Nerv

Abb. 5-14 Parallelfaseriges, straffes Bindegewebe, längs, Kalb, Hämatoxylin-Eosin, SB 40 µm

Dieser Längsschnitt durch eine Sehne zeigt, dass sie überwiegend aus Bündeln kollagener Fasern besteht. Die Fibrozyten (Tendinozyten, Flügelzellen), welche die kollagenen Fasern gebildet haben, liegen parallel zu den Fasern. Im Längsschnitt erkennt man eine leichte Wellung der Kollagenfasern, durch die eine gewisse Längsdehnung bei Anspannung möglich wird.

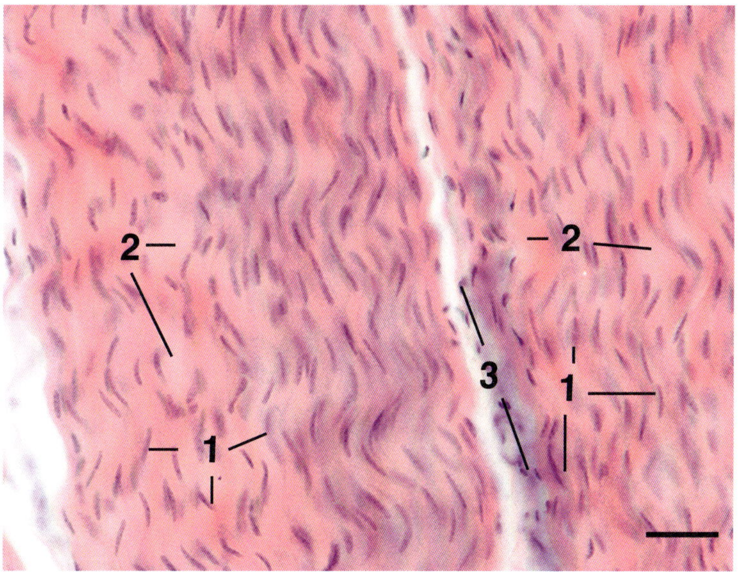

1 Tendinozyten; 2 Kollagenfasern;
3 Peritendineum internum

Abb. 5-15 Parallelfaseriges, straffes Bindegewebe, quer, Kalb, Hämatoxylin-Eosin, SB 18 µm

Mehrere Sehnenfasern bilden ein Primärbündel, welches vom Peritendineum internum umhüllt wird. Dies ist ein lockeres, gefäß- und nervenführendes Bindegewebe. Die Sehne ist (abhängig von ihrer Größe) aus einer unterschiedlichen Zahl von Primärbündeln zusammen gesetzt und außen vom Peritendineum externum, einem geflechtartigen Bindegewebe, umgeben.

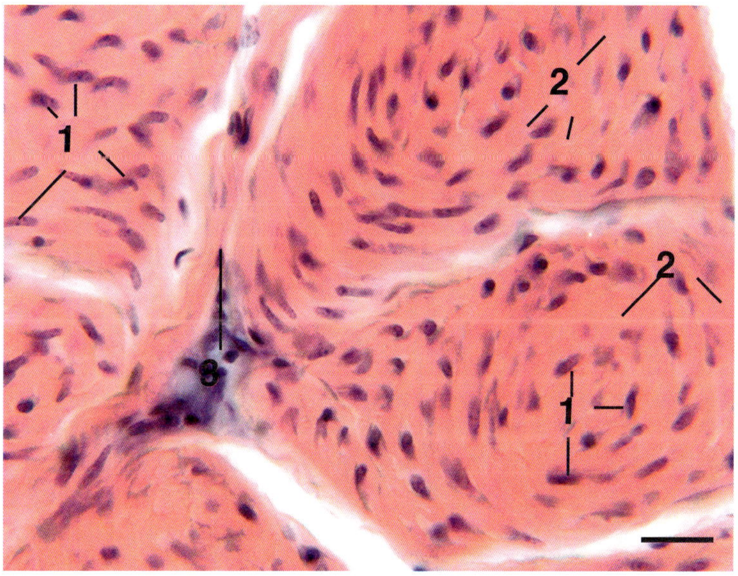

1 Tendinozyten; 2 Kollagenfasern;
3 Peritendineum internum

Abb. 5-16 Elastische Fasern, Nackenband, Kalb, van-Gieson-Färbung, SB 40 µm

Im Nackenband (Ligamentum nuchae) treten die elastischen Fasern in gebündelter Form auf. Sie färben sich bei der van-Gieson-Färbung gelb. Sie werden von feinen Bündeln kollagener Fasern, die hier rot angefärbt erscheinen, umgeben. Die Kerne der Fibrozyten, die in relativ geringer Anzahl zu sehen sind, färben sich dunkelbraun bis schwarz.

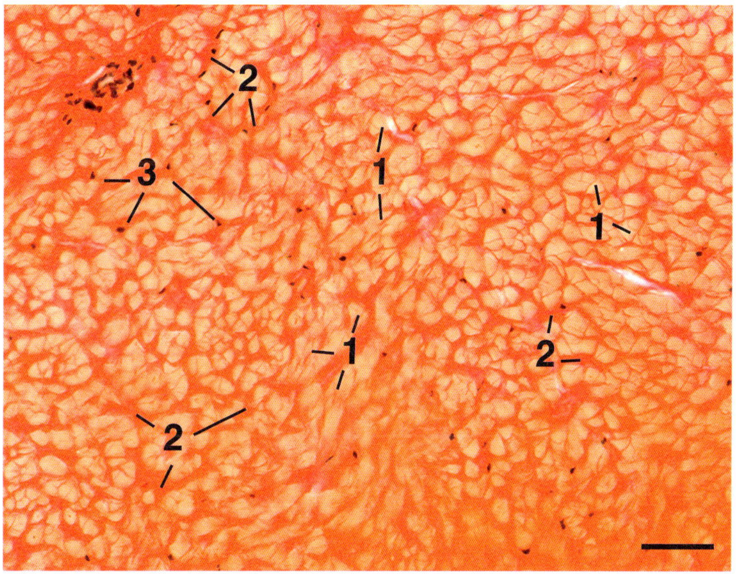

1 Elastische Fasern; 2 Kollagene Fasern;
3 Kerne der Fibrozyten

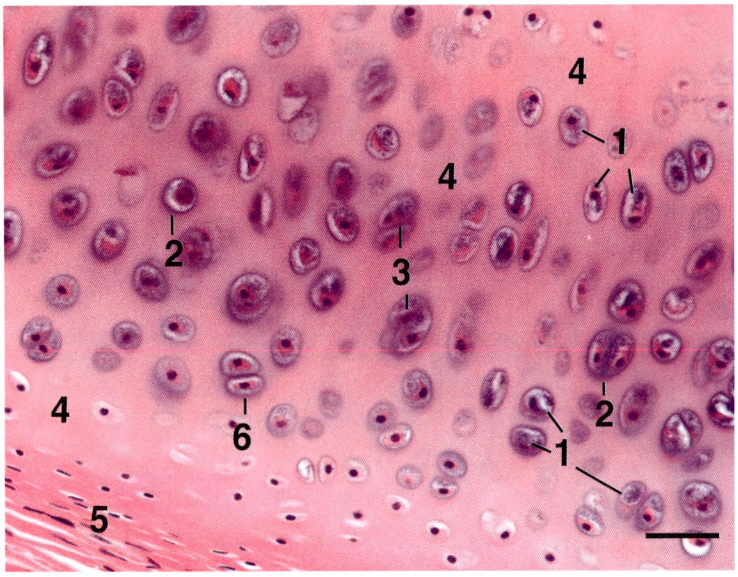

Abb. 5-17 Hyaliner Knorpel, Drittes Augenlid, Pferd, Hämatoxylin-Eosin, SB 40 µm

Die Chondrozyten sind in einer homogenen Interzellularsubstanz eingebettet. Sie liegen in den Knorpellakunen. Die sie direkt umgebende Grundsubstanz färbt sich meist ein wenig stärker an und wird als der Knorpelhof bezeichnet. Liegen zwei Chondrozyten in einer Lakune, spricht man von isogenen Zellgruppen. In der Knorpelgrundsubstanz sind Kollagenfasern vom Typ II vorhanden, die durch die Grundsubstanz maskiert werden.

1 Knorpelzellen (Chondrozyten); 2 Knorpelhof; 3 Isogene Gruppe; 4 Interzellularsubstanz; 5 Perichondrium; 6 Knorpelkapsel

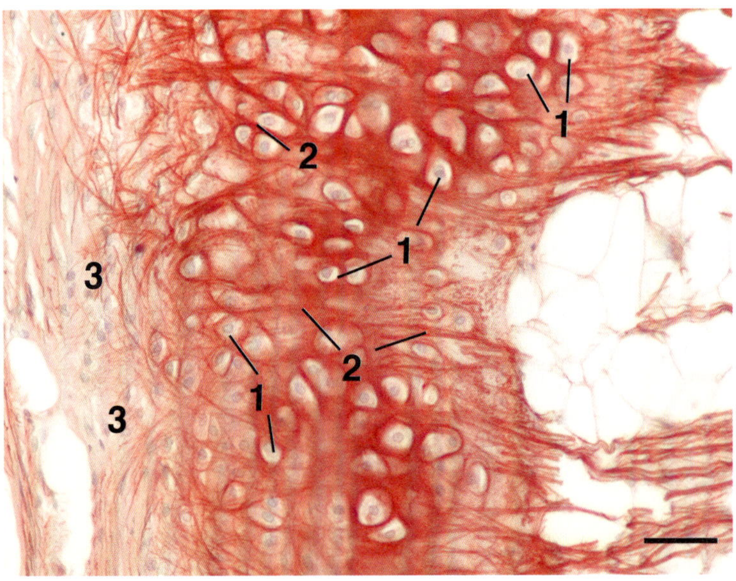

Abb. 5-18 Elastischer Knorpel, Epiglottis (Kehldeckel), Hund, Hämalaun-Orcein-Färbung, SB 40 µm

Beim elastischen Knorpel sind in die Knorpelgrundsubstanz starke elastische Fasernetze eingebaut, die sich mit Elastica-Färbungen (Orcein) darstellen lassen. Er besitzt weniger Grundsubstanz als der hyaline Knorpel und ist daher etwas weicher. Die Chondrozyten liegen eher einzeln als in Gruppen.

1 Knorpelzellen (Chondrozyten); 2 Elastische Fasern; 3 Perichondrium

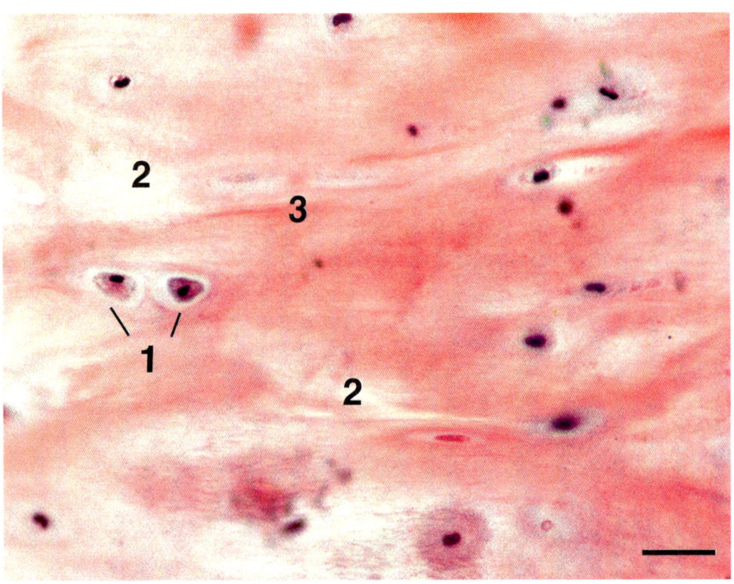

Abb. 5-19 Kollagenfaseriger Knorpel, Bandscheibe (Meniscus intercalaris), Hund, Hämatoxylin-Eosin, SB 40 µm

Kollagenfaseriger Knorpel wird auch Bindegewebsknorpel genannt. Er ist eine sehr stabile und widerstandsfähige Knorpelart. Die Chondrozyten, aber auch die Grundsubstanz treten zugunsten von Kollagen-Typ I-Fasern in den Hintergrund. Nur in unmittelbarer Nachbarschaft zu den Knorpelzellen ist Grundsubstanz in ausreichender Menge vorhanden, um die kollagenen Fasern zu maskieren. Die Knorpelzellen kommen einzeln oder in isogenen Gruppen von zwei Zellen vor.

1 Knorpelzellen; 2 Grundsubstanz; 3 Kollagene Fasern

Abb. 5-20 Desmale Ossifikation, Scheitelbein, Hund, Hämatoxylin-Eosin, SB 80 µm

Bei der desmalen oder primären Ossifikation entsteht Knochen direkt aus dem Bindegewebe. Das vorliegende Präparat zeigt einen konvex-konkaven Knochenschnitt. Der äußere Überzug ist das Periost. Die Zellen in den roten Knochenbälkchen sind Osteozyten. Tapetenartig aufgereiht liegen auf den Knochenbälkchen die Osteoblasten, die Osteoid produzieren. Zwischen den Knochbälkchen liegt retikuläres Bindegewebe mit weiten Kapillaren.

1 Periost; 2 Knochenbälkchen; 3 Retikuläres Bindegewebe; 4 Blutgefäße

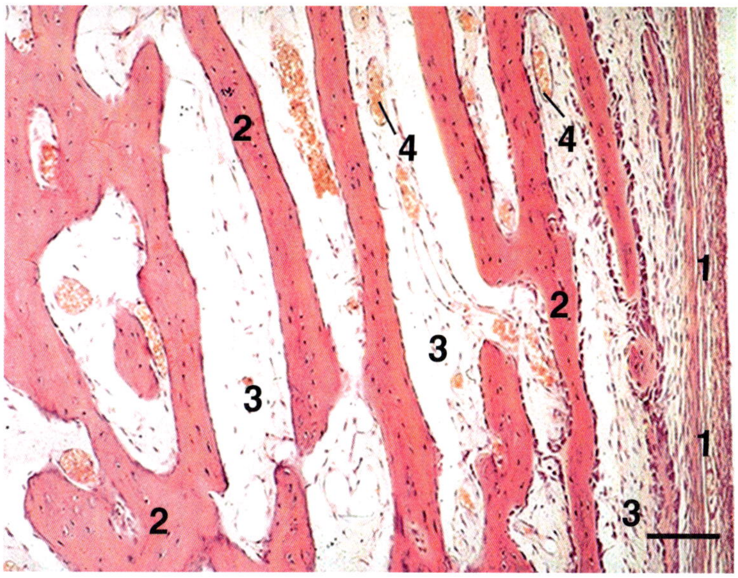

Abb. 5-21 Desmale Ossifikation, Scheitelbein, Hund, Hämatoxylin-Eosin, SB 40 µm

Die Knochenbälkchen wachsen durch Apposition. An ihrer Oberfläche liegen Osteoblasten. Zwischen den Knochenbälkchen, in denen sich die Osteozyten befinden, liegt das zell- und gefäßreiche primäre Knochenmark.

1 Knochenbälkchen; 2 Osteoblasten; 3 Osteozyten; 4 Retikuläres Bindegewebe mit weiten Kapillaren (5)

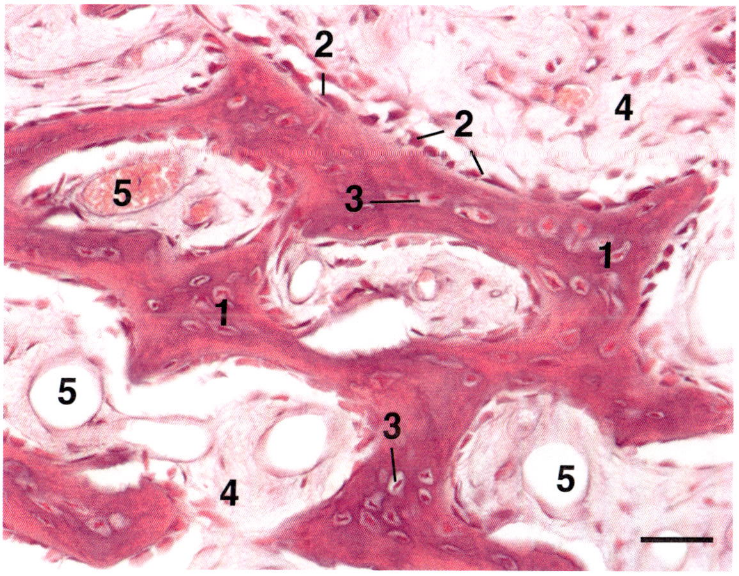

Abb. 5-22 Desmale Ossifikation, Scheitelbein, Hund, Hämatoxylin-Eosin, SB 20 µm

Auf der Innenseite (konkave Seite) findet man Osteoklasten (mehrkernige Riesenzellen), die für die Knochenresorption verantwortlich sind. Sie liegen in Howship-Lakunen, Einbuchtungen an der Oberfläche der Knochenbälkchen, die durch die resorptive Tätigkeit der Osteoklasten entstehen („Fraßstellen“).

1 Knochenbälkchen; 2 Osteozyten; 3 Osteoklasten; 4 Howship-Lakunen; 5 Artifizieller Spaltraum; 6 Retikuläres Bindegewebe; 7 Periost; 8 Blutgefäß

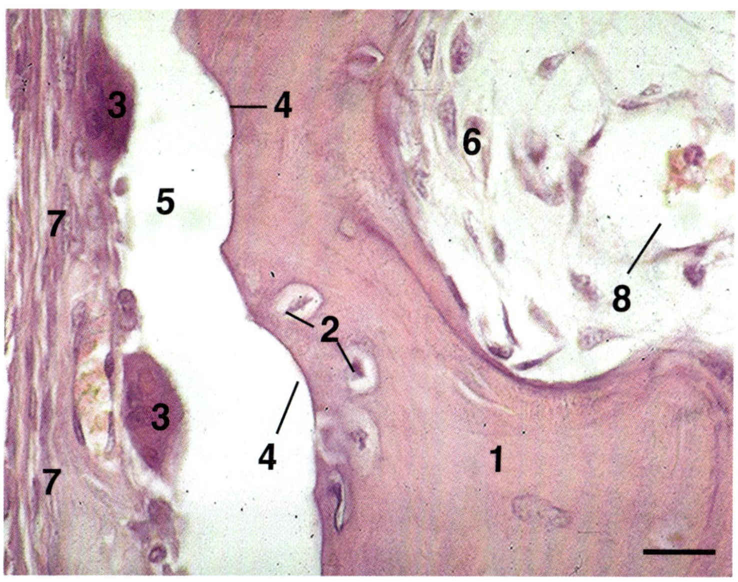

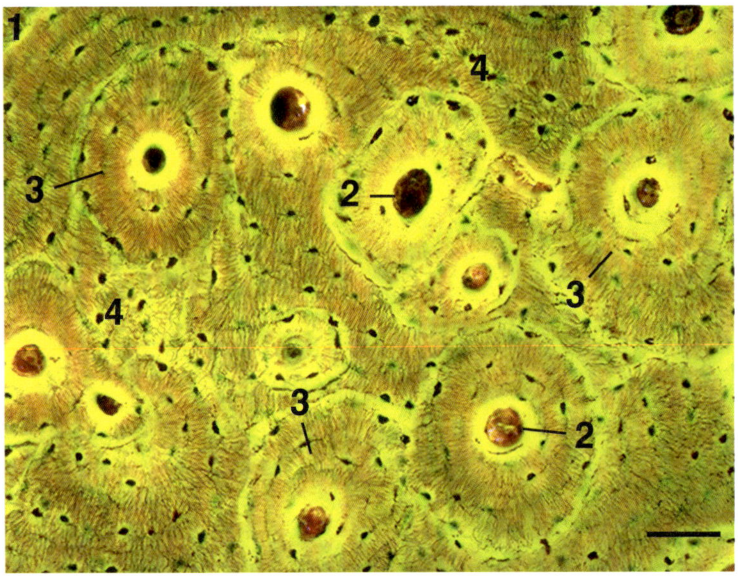

Abb. 5-23 Kompakter Knochen, Hund, Schmorl-Färbung, SB 80 µm

Unter dem Periost liegen die äußeren Grundlamellen. Speziallamellen oder Havers-Lamellen sind um die in Längsrichtung verlaufenden Blutgefäße (Havers-Kanäle) angeordnet. Zwischen ihnen liegen Reste unvollständig abgebauter Osteone, die Schaltlamellen. Zum Markraum hin liegen die inneren Grundlamellen. Die Osteozyten innerhalb der Lamellen sind über feine Fortsätze miteinander verbunden, die in den Canaliculi ossei verlaufen.

1 Äußere Grundlamellen; 2 Havers-Kanal; 3 Speziallamellen; 4 Schaltlamellen

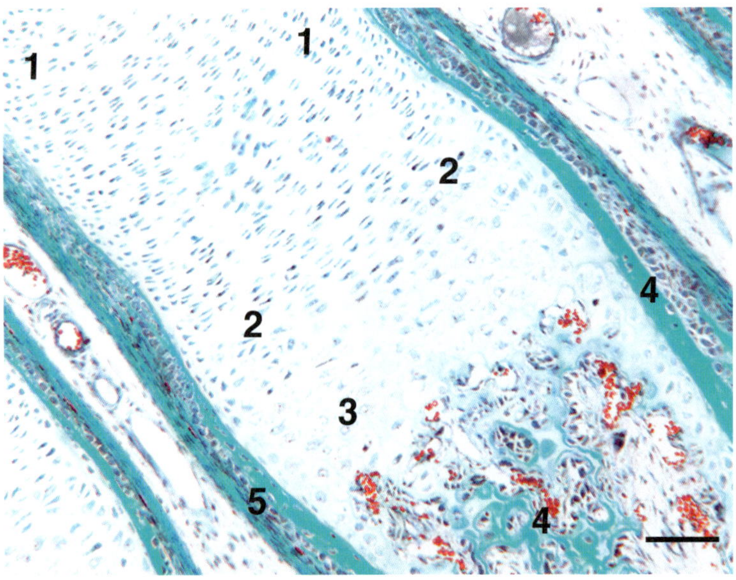

Abb. 5-24 Chondrale Ossifikation, Pfote, Katzenfetus, Goldner-Färbung, SB 80 µm

Ausschnitt aus dem Bereich des Übergangs der Epiphyse zur Diaphyse eines Röhrenknochens.

1 Proliferationszone; 2 Säulenknorpel; 3 Blasenknorpel; 4 Eröffnungszone; 5 Perichondrium

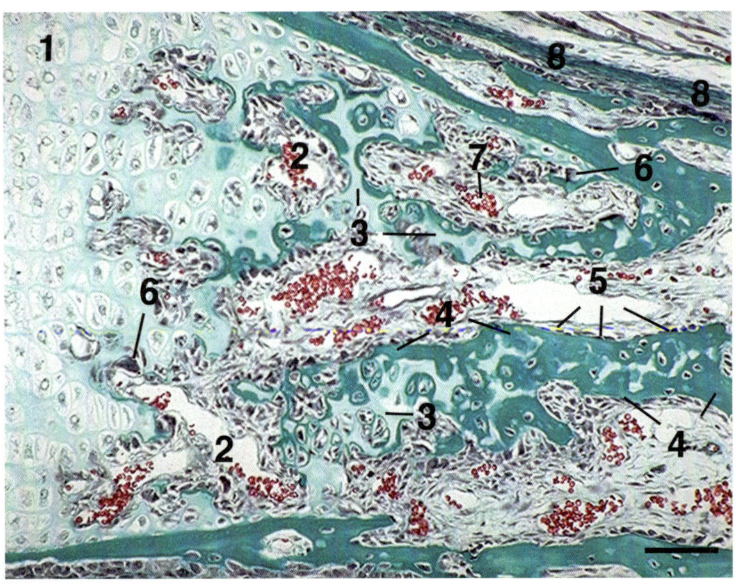

Abb. 5-25 Chondrale Ossifikation, Pfote, Katzenfetus, Goldner-Färbung, SB 40 µm

Stärkere Vergrößerung der Ossifikationsgrenze.

1 Blasenknorpel; 2 Eröffnungszone; 3 Verkalkter Knorpel; 4 Osteoid; 5 Osteoblasten; 6 Chondroklast; 7 Blutgefäß; 8 Periost

6 Muskelgewebe (Textus muscularis)

6.1 Muskulatur

Kontraktilität ist eine allgemeine Eigenschaft von Zellen. Im Muskelgewebe hat sie ihren höchsten Entfaltungsgrad erreicht. Muskelzellen sind die Träger aller Bewegungsvorgänge in vielzelligen Organismen. Ihr hoher Gehalt an den kontraktilen Proteinen Aktin und Myosin befähigt sie zu dieser Aufgabe. Eine sinnvolle Muskelaktion setzt eine koordinierte und abgestufte Kontraktion der Muskulatur voraus. Muskelzellen werden durch bioelektrische Impulse veranlasst, sich zu kontrahieren.

Nach histologischen und funktionellen Merkmalen unterscheidet man drei Arten des Muskelgewebes: Glatte Muskulatur, Skelettmuskulatur und Herzmuskulatur.

6.1.1 Glattes Muskelgewebe (Textus muscularis nonstriatus)

Das glatte Muskelgewebe besteht aus länglichen, vorwiegend spindelförmigen Zellen. Diese glatten Muskelzellen (Myocyti leves, ▶ Abb. 6-1) sind organabhängig zwischen 15 und 100 µm lang und 4–7 µm dick. Im graviden Uterus hypertrophieren sie und können bis zu 500 µm lang werden. Der Ausdruck „glatte Muskulatur" bedeutet, dass die Zellen dieses Gewebes im Lichtmikroskop keine Querstreifung erkennen lassen, also glatt sind. Es fehlt ihnen nämlich die für die Skelettmuskulatur typische, streng parallele und regelmäßige Anordnung der Myofibrillen.

Die stäbchenförmigen, fein strukturierten Zellkerne haben stumpfe Enden. Jede Muskelzelle hat in der Regel nur einen Zellkern, der in der Mitte der Zelle liegt. Wenn die Muskelzelle sich stark kontrahiert, nimmt der Kern eine geschlängelte Gestalt an. Die Kerne haben eine Länge von etwa 10–25 µm. Das Zytoplasma der glatten Muskelzellen wird von Myofibrillen durchzogen. Diese sind an sogenannten Haftplatten befestigt. Außen werden die glatten Muskelzellen von einer Basalmembran umgeben.

Glatte Muskelzellen findet man vor allem in der Wand von Hohlorganen, deren Weite verändert (reguliert) werden muss oder deren Inhalt durch rhythmische Kontraktionen der Wand (Peristaltik) weiterbefördert werden soll.

Vorkommen: Speiseröhre (unterer Teil), Magen- und Darmwand, Blut- und Lymphgefäße, Gallenblase, Harnleiter, Harnblase, Ductus deferens, Penis, Nebenhodengang, Vagina, Uterus, Eileiter, Haut (Musculi erectores pilorum zur Aufrichtung der Haarbälge) und in der Iris zur Regulierung der Pupillenweite.

6.1.2 Skelettmuskulatur (Textus muscularis striatus skeletalis)

Die quergestreifte Skelettmuskulatur stellt mengenmäßig den größten Teil des Muskelgewebes dar. Sie bildet den aktiven Bewegungsapparat (Extremitäten- und Körperwandmuskulatur). Auch die mimische Muskulatur des Gesichtes, die Zungen-, Schlund- und Kehlkopfmuskulatur, das Zwerchfell, die Beckenbodenmuskulatur sowie äußere Augenmuskeln und die Mittelohrmuskeln gehören zum Typ der quergestreiften Skelettmuskulatur.

Die Baueinheiten der Skelettmuskulatur ist die Skelettmuskelzelle (Myocytus skeletalis), eine ungewöhnlich lange, vielkernige Zelle, die während der Embryonalentwicklung durch die Verschmelzung aus einkernigen Vorläuferzellen, den Myoblasten, entsteht (▶ Abb. 6-2). Ihre Länge kann, je nach dem Muskel, in dem sie vorkommen, bis zu 20 cm betragen. Sie sind 10–100 µm dick. Jede Muskelzelle

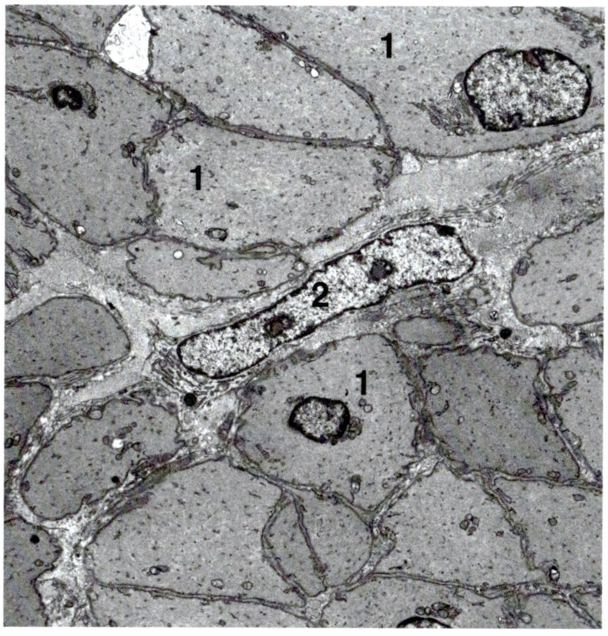

Abb. 6-1 Prostata, Hund, elektronenmikroskopische Aufnahme. 1 Glatte Muskelzellen; 2 Fibroblast

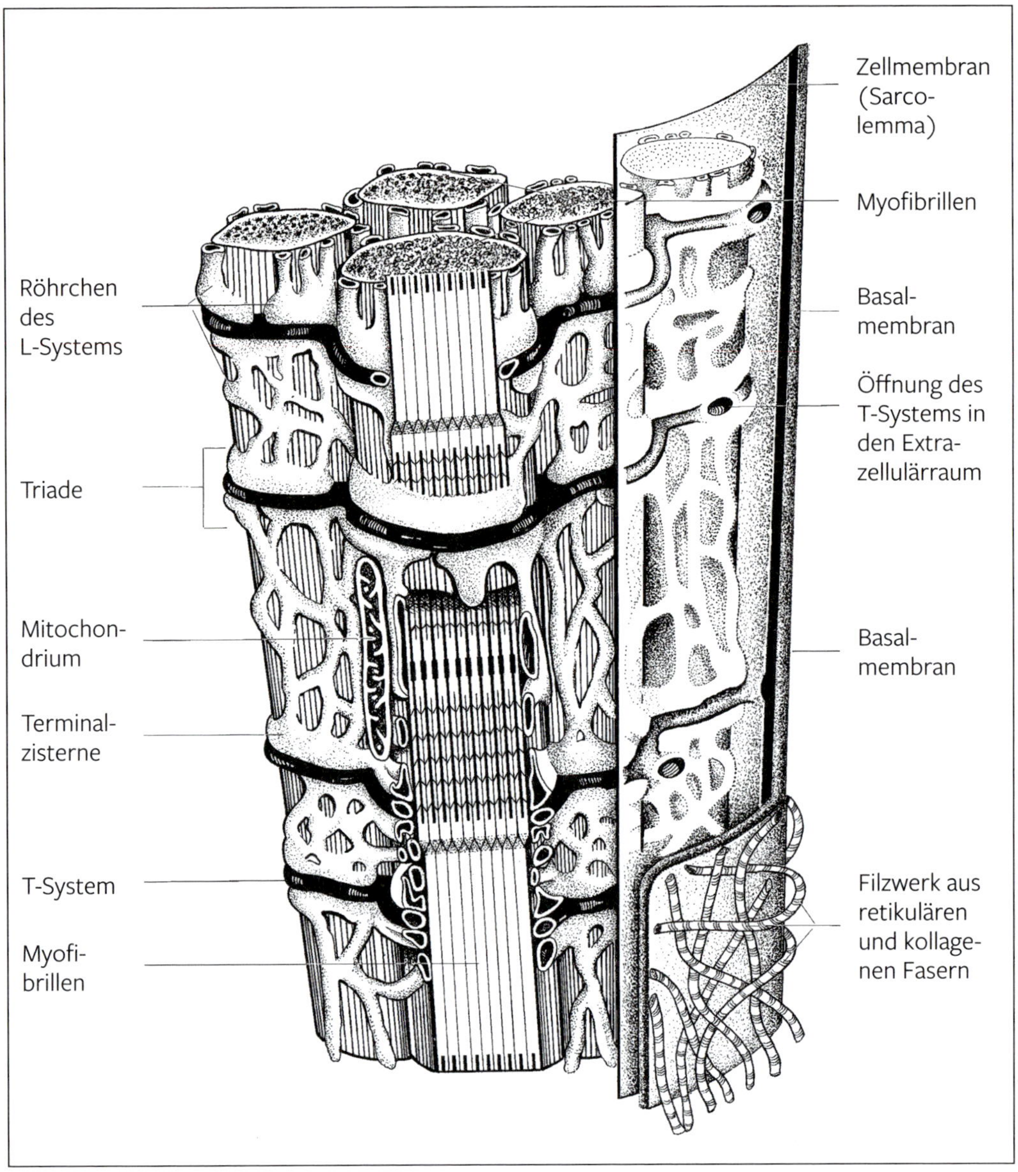

Abb. 6-2
Skelettmuskelzelle, Strukturschema.

(auch Muskelfaser genannt) enthält viele Hunderte von Zellkernen, die alle randständig liegen, d.h. dicht unter der Zellmembran. Die Kerne sind 8–10 µm lang und von elliptischer Form. Sie ordnen sich parallel zur Faserlängsachse an. Im Vergleich zu den Kernen des angrenzenden Bindegewebes erscheinen sie verhältnismäßig euchromatinreich.

Die Myofibrillen durchziehen als kontraktile Elemente der Skelettmuskulatur die gesamte Länge der Muskelfaser. Ihnen entspricht die auf Querschnitten durch die Skelettmuskelzelle sichtbare Felderzeichnung (Cohnheim-Felderung). Alle Strukturelemente der Myofibrillen liegen jeweils auf gleicher Höhe. Da sie Unterschiede in der Anfärbbarkeit und der Lichtbrechung aufweisen, ergibt sich so die Querstreifung, das auffallendste Merkmal der Skelettmuskelzelle. Jede der 0,5–2 µm dicken Myofibrillen besteht aus Hunderten bis Tausenden von Sarkomeren (Sarcomera), den funktionelle Einheiten der Muskelfibrillen.

Die Querstreifung der Skelettmuskelfasern kommt durch einen Wechsel anisotroper (doppelbrechender) A-Streifen (Disci anisotropici) und isotroper (einfachbrechender) I-Streifen (Disci isotropici) zustande, die bei Betrachtung im Polarisationsmikroskop beobachtet werden kann. Im konventionell Hämatoxylin-Eosin (HE)-gefärbtem Präparat erscheinen die A-Streifen deutlich stärker angefärbt als die dazwischen liegenden I-Streifen.

Erst im Elektronenmikroskop lässt sich die Feinstruktur eines Sarkomers erkennen (▶ Abb. 6-3), das im Ruhezustand ca. 2,2 µm lang ist. An den schon lichtmikroskopisch als feine Linien erkennbaren Z-Streifen (dreidimensional: Z-Scheibe, Telophragma) sind die dünnen (6 nm dick, 1 µm lang) Aktinfilamente verankert. Die lichtmikroskopisch stärker angefärbten A-Segmente enthalten sowohl Aktin- als auch dickere (15 nm dick, 1,5 µm lang) Myosinfilamente. In der Mitte des A-Streifen befindet sich die H-Zone (Hensen-Zone), ein auch lichtmikroskopisch etwas hellerer Bereich, der frei von Aktinfilamenten ist. In der Mitte der H-Zone verläuft eine schmale, dunkle Linie, die M-Linie (Mittelli-

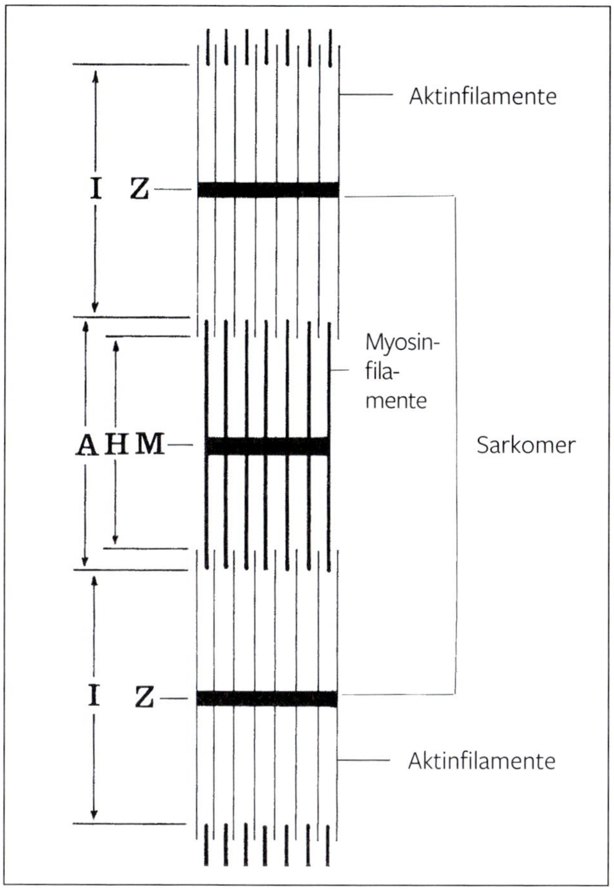

Abb. 6-3 Anordnung der kontraktilen Proteine in quergestreiften Muskelzellen.

nie, Mesophragma). Sie besteht aus Proteinen, welche die Myosinfilamente in der Mitte des Sarkomers verbindet.

Die beschriebene Aufeinanderfolge von Aktin- und Myosinfilamenten wiederholt sich über die gesamte Länge der Myofibrillen in der Muskelzelle. Innerhalb eines Sarkomers folgen somit aufeinander: die Zonen bzw. Streifen Z-I-A-H-M-H-A-I-Z. Die Abfolge ist symmetrisch und verhält sich spiegelbildlich zum M-Streifen. Im Elektronenmikroskop wird auch ersichtlich, dass die Myofibrillen eine enge räumliche und funktionelle Beziehung zum glatten endoplasmatischen Retikulum der Myozyten aufweisen, welches Kalziumionen, die für die Kontraktionsauslösung wichtig sind, enthält. Es wird sarkoplasmatisches Retikulum genannt, oder auch als L-System bezeichnet. Es ist hoch differenziert und weist eine enge topografische und funktionelle Beziehung zu Einstülpungen der Transversaltubuli (Tubuli transversi) auf. An der Grenze zwischen A- und I-Segment mündet das vorwiegend longitudinal verlaufende L-System in die Terminalzisterne (Cisterna terminalis) ein. Dies sind ringförmige Hohlräume, die einen größeren Durchmesser besitzen als die längsverlaufenden Tubuli und rechtwinklig zur Myofibrille angeordnet sind. Einstülpungen der Zellmembran des Myozyten zur schnellen Impulsübertragung an die Myofibrillen werden als T-System bezeichnet.

Durch Bindegewebe werden die von einer Basalmembran umgebenen quergestreiften Muskelzellen hierarchisch gegliedert. Eine Reihe von parallel verlaufenden Muskelfasern (ca. 50 bis 100) formen die Funktionseinheit des Muskels, das Primärbündel. Die Einzelfasern des Primärbündels werden von feinen retikulären Bindegewebsfasern umsponnen. Sie bilden insgesamt das Endomysium. Mehrere, jeweils von einem zarten Endomysium umgebene, Muskelfasern werden durch das Perimysium internum zu einem Primärbündel zusammengefasst. Ein Perimysium externum vereinigt wiederum mehrere Primärbündel zu einem Sekundärbündel. Der Abschluss des Muskelbündels wird vom Epimysium gebildet.

6.1.3 Herzmuskulatur (Textus muscularis striatus cardiacus)

Die Myokardschicht (Arbeitsmuskulatur) des Herzens besteht aus quergestreiften Herzmuskelzellen (Myocyti cardiaci). Diese Zellen zeigen einerseits Gemeinsamkeiten mit der glatten Muskulatur (Zahl und Lage der Kerne) und andererseits mit der Skelettmuskulatur (Querstreifung). Herzmuskelzellen sind verzweigt (▶ Abb. 6-4) und über Disci intercalares (Glanzstreifen) miteinander verbunden, sodass ein kontraktiles muskuläres Netzwerk entsteht. Die Glanzstreifen liegen an den Verzweigungsstellen. Im ungefärbten Zupfpräparat fallen sie durch ihren starken Glanz auf, im gefärbten Präparat (z.B. Hämatoxylin-Eosin) durch ihre stärkere Anfärbbarkeit. Elektronenmikroskopisch erscheinen die Glanzstreifen als stufenförmige Zellverbindungen, die im Bereich der Z-Linie liegen. Sie bestehen aus longitudinalen Anteilen mit Gap junctions über die Ionen und niedermolekulare Substanzen von Zelle zu Zelle gelangen können, und quer zu den Myofibrillen verlaufenden Anteilen mit Desmosomen und Zonulae adhaerentes, welche für den mechanischen Zusammenhalt der Zellen wichtig sind.

Der stäbchenförmige Kern liegt im Zentrum der Zelle. Er ist etwa 10–20 µm lang. Im Elektronenmikroskop ist erkennbar, dass an seinen Polen die Myofibrillen auseinander gedrängt werden. In den so entstandenen Zwischenräumen herrscht eine große Organellendichte: Mitochondrien, Golgi-Felder, endoplasmatisches Retikulum und Ribosomen. In den Herzmuskelzellen der Vorhöfe findet man hier zusätzlich sogenannte Atrialgranula, membranumhüllte Partikel von ca. 40 nm Durchmesser, welche das atriale natriuretische Peptid (ANP) enthalten. Die Myofibrillen entsprechen in Aufbau und Funktion denen der Skelettmuskulatur. Das T- und L-System ist auch in der Herzmuskelzelle vorhanden. Es bestehen aber Unterschiede: Der Durchmesser der T-Röhrchen ist größer (100–200 nm), sie liegen nur in Höhe der Z-Streifen, sodass pro Sarkomer nur ein einziges T-System besteht. Die Tubuli des L-Systems sind weniger regelmäßig angeordnet als in der Skelettmuskelzelle, Terminalzisternen fehlen.

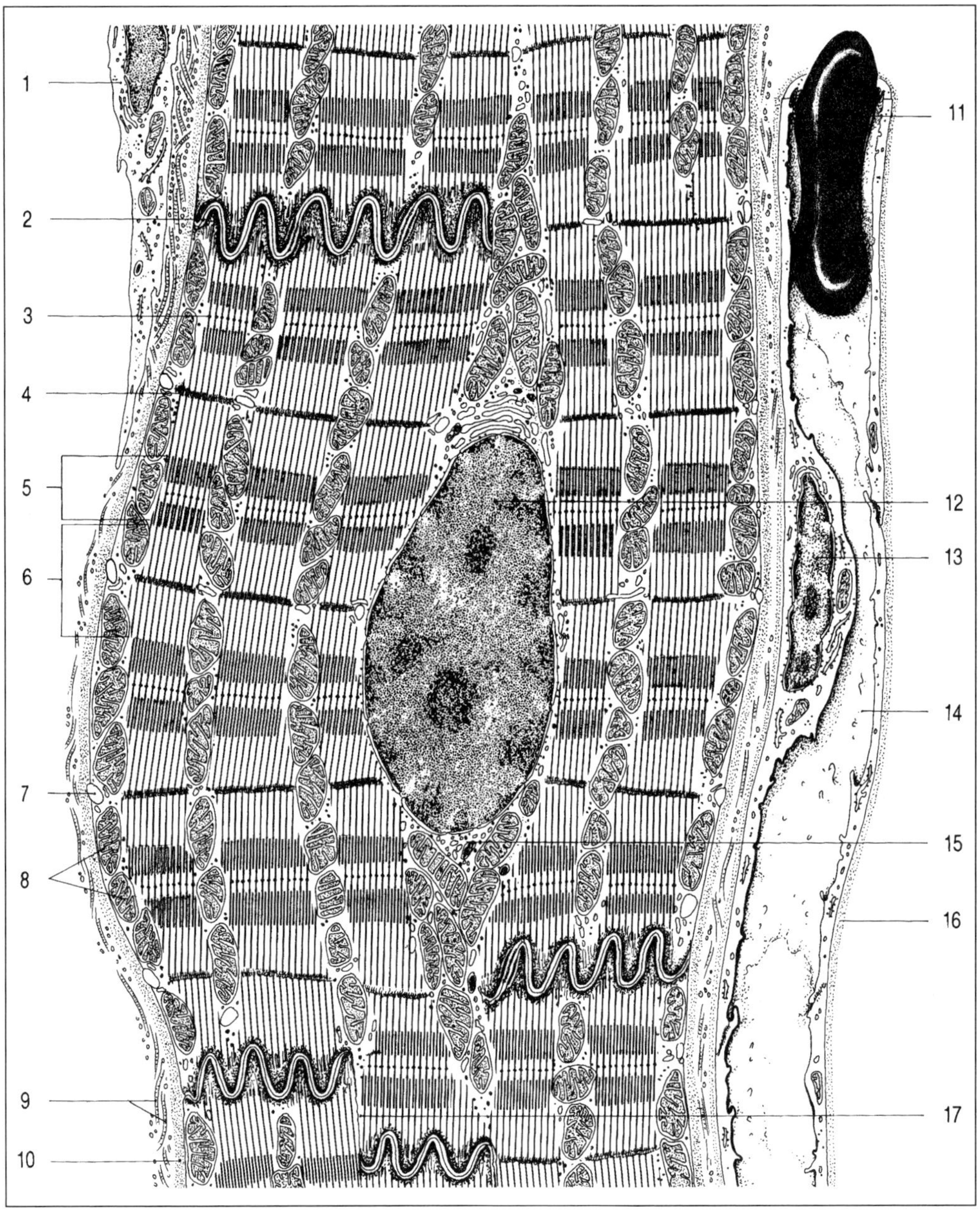

Abb. 6-4
Herzmuskelzellen (Strukturschema).
1 Bindegewebszelle im Interstitium; 2 Glanzstreifen; 3 M-Streifen; 4 Z-Streifen; 5 I-Zone; 6 A-Zone; 7 Tubulus des T-Systems (Querschnitt); 8 Mitochondrien; 9 Kollagenfasern im Interstitium; 10 Lamina basalis der Herzmuskelzelle; 11 Erythrozyt im Kapillarlumen; 12 Kern der Herzmuskelzelle; 13 Endothelzelle; 14 Kapillarlumen; 15 Endoplasma; 16 Lamina basalis der Kapillare; 17 Nexus

Eine Besonderheit der Herzmuskulatur ist das Impulsleitungssystem (ILS). Diese besonders differenzierten Herzmuskelzellen enthalten weder ein T- noch ein L-System. Glanzstreifen kommen ebenfalls nicht vor. In den ILS-Zellen sind zwar Myofibrillen vorhanden, aber ihre Zahl ist wesentlich geringer als in Arbeitsmuskelzellen. Sie dienen der koordinierten Erregungsbildung und -ausbreitung. Lichtmikroskopisch lassen sich von den verschiedenen Anteilen des ILS (Sinusknoten, Atrioventrikularknoten, His-Bündel, Purkinje-Fasern) nur die Purkinje-Fasern gut identifizieren. Sie liegen meist direkt unter dem Endokard. Sie sind groß, haben ein helles Zytoplasma, das viel Glykogen und wenige Myofibrillen enthält, und kontrahieren sich weniger aktiv, sondern passen sich eher passiv einer Kontraktion an.

Abb. 6-5 Glatte Muskulatur, längs, Harnblase, Ziege, Goldner-Färbung, SB 40 µm

Die in Bündeln angeordneten glatten Muskelzellen erscheinen im Längsschnitt spindelförmig mit einem zentralständigen länglichen Kern, der bei bestimmten Kontraktionszuständen oft korkenzieherartig gewunden erscheint.

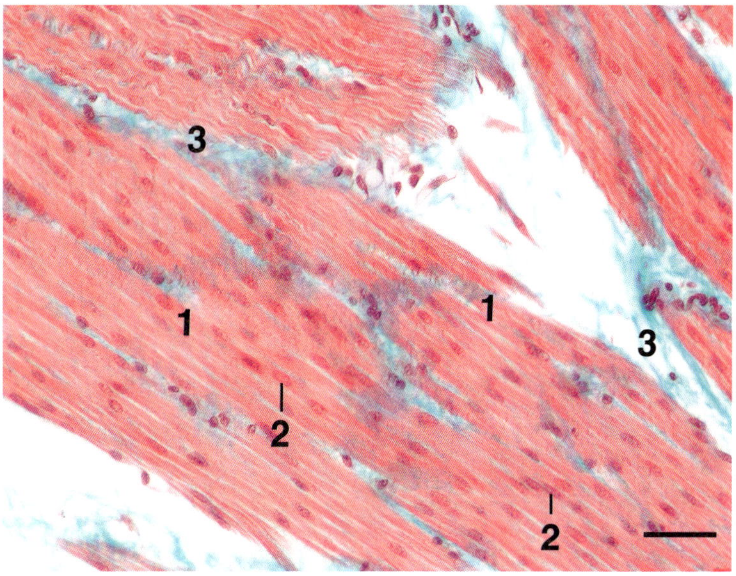

1 Glatte Muskelzellen; 2 Kern einer glatten Muskelzelle; 3 Bindegewebe (grün)

Abb. 6-6 Glatte Muskulatur, quer, Harnblase, Ziege, Goldner-Färbung, SB 40 µm

Im Querschnitt zeigt nicht jede glatte Muskelzelle einen Kernanschnitt, da die Zelle auf Grund ihrer Länge (bis 200 µm) auch ober- oder unterhalb des Kernbezirkes getroffen sein kann.

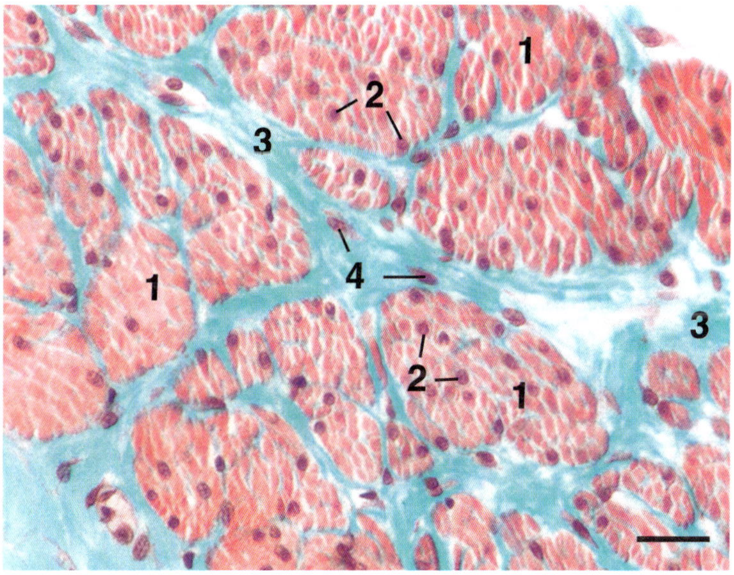

1 Glatte Muskelzellen; 2 Kerne glatter Muskelzellen; 3 Bindegewebe (grün); 4 Kern eines Fibroblasten

Abb. 6-7 Glatte Muskulatur, längs, Ileum, Ziege, Goldner-Färbung, SB 18 µm

Bei starker Vergrößerung ist in den glatten Muskelzellen eine feine, zur Längsachse der Zelle parallel verlaufende Streifung zu beobachten. Sie wird durch zusammengelagerte Myofibrillen bedingt. Der fein strukturierte stäbchenförmige Zellkern ist zentral in der Zelle gelegen. Seine Länge beträgt 15–25 µm.

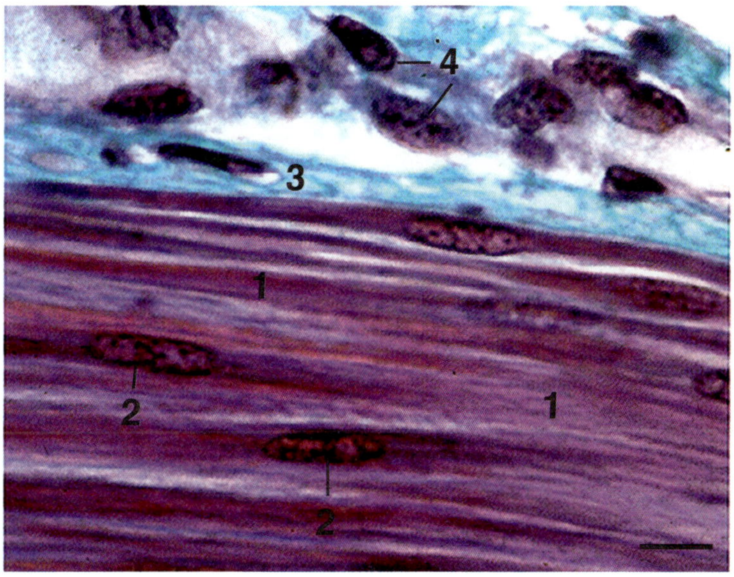

1 Glatte Muskelzelle; 2 Kerne glatter Muskelzellen; 3 Tela submucosa; 4 Fibroblasten

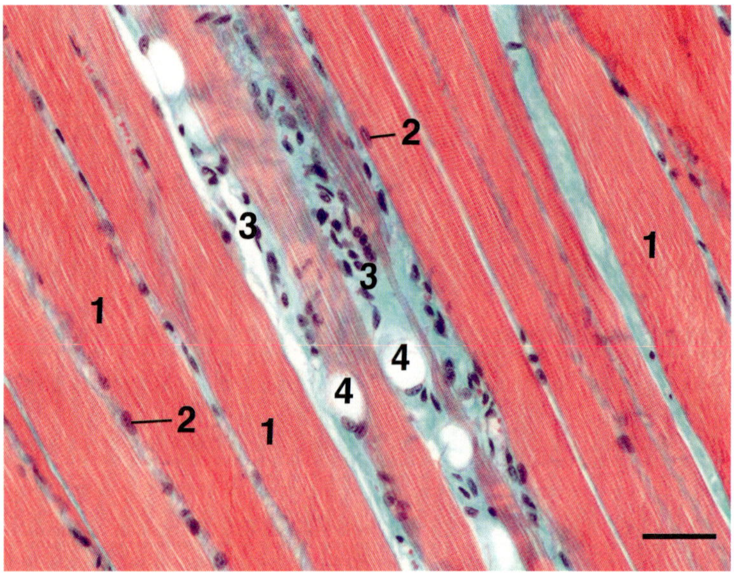

Abb. 6-8 Skelettmuskulatur, längs, Schaf, Goldner-Färbung, SB 40 µm

Die Skelettmuskulatur erscheint im Längsschnitt bandförmig. Jede Muskelzelle (Muskelfaser) enthält mehrere hundert Zellkerne, die direkt unter dem Plasmalemm (Sarkolemm) liegen.

1 Skelettmuskelfaser;
2 Kern einer quergestreiften Muskelfaser;
3 Bindegewebe zwischen den Muskelfasern;
4 Kapillaren im Bindegewebe

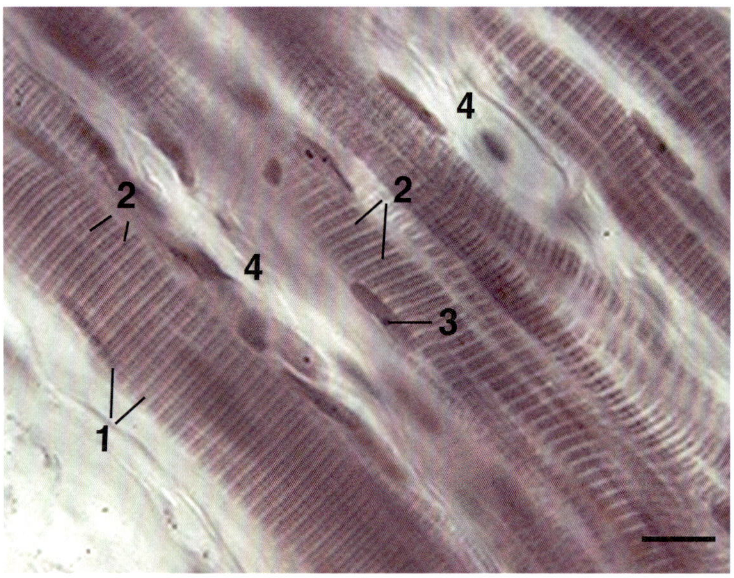

Abb. 6-9 Quergestreifte Skelettmuskulatur, längs, Zunge, Hund, Eisenhämatoxylin-Färbung, SB 18 µm

Bei starker Vergrößerung sieht man eine feine Querstreifung, die A- (anisotropen, dunklen) und I- (isotropen, hellen) Zonen, die aus der periodischen Anordnung der Aktin- und Myosinfilamente resultiert. Die einzelne Muskelfaser ist vom Endomysium, einem zarten Bindegewebe, umhüllt.

1 A-Zone; 2 I-Zone; 3 Zellkern der Skelettmuskelfaser; 4 Endomysium

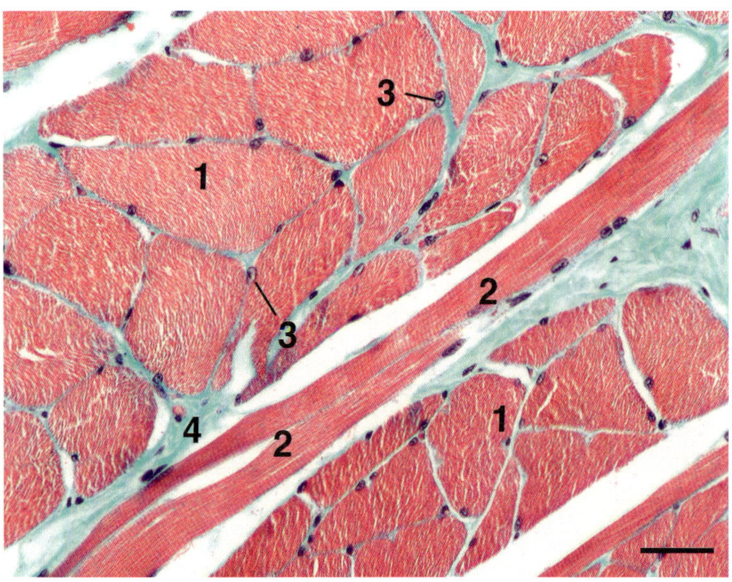

Abb. 6-10 Skelettmuskulatur, quer und längs, Hund, Goldner-Färbung, SB 40 µm

Auch hier erkennt man gut die hypolemmale Lage (unter dem Sarkolemm) der Zellkerne. Die mehr oder weniger zufällige Bündelung der Myofibrillen erzeugt die sogenannte Cohnheimsche Felderung. Sie ist ein Fixierungsartefakt.

1 Skelettmuskelfaser, quer; 2 Skelettmuskelfaser, längs; 3 Zellkern der Skelettmuskelfaser; 4 Endomysium

Abb. 6-11 Herzmuskulatur, längs, Herz, Hund, Hämatoxylin-Eosin, SB 40 µm

Das Herzmuskelgewebe besteht aus verzweigten Einzelzellen, die im Bereich der Disci intercalares (Glanzstreifen) fest miteinander verbunden sind. Sie bilden funktionell ein „synzytiales Netz". Durch die Anordnung der Myofilamente weisen auch die Herzmuskelzellen eine Querstreifung auf. Die Zellkerne sind stäbchenförmig und zentral in der Zelle gelegen.

1 Herzmuskelszelle; 2 Kern einer Herzmuskelzelle; 3 Glanzstreifen; 4 Bindegewebe

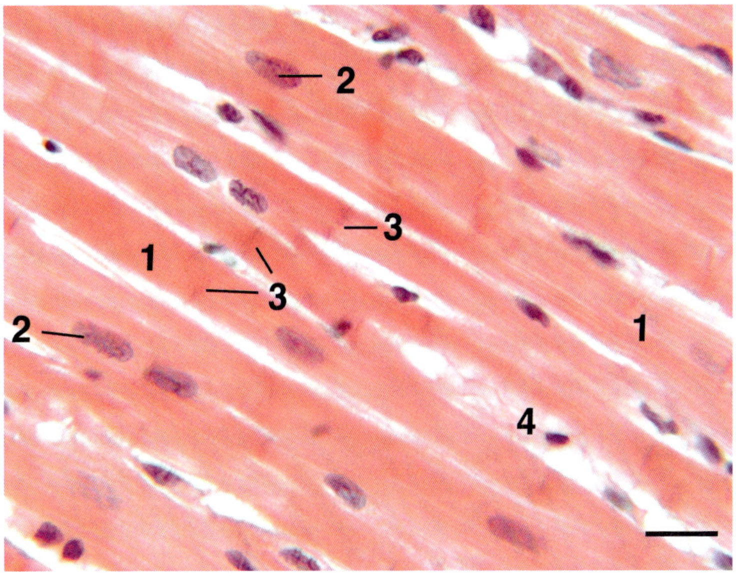

Abb. 6-12 Herzmuskulatur, quer, Rind, Azan-Färbung, SB 18 µm

Im Querschnitt ist die zentrale Lage des Zellkerns in den Herzmuskelzellen gut erkennbar. Die einzelnen Muskelzellen werden von einem bindegewebigen Endomysium umhüllt.

1 Herzmuskelzellen; 2 Kern der Herzmuskelzelle; 3 Verklumpte Myofilamente; 4 Fibroblast

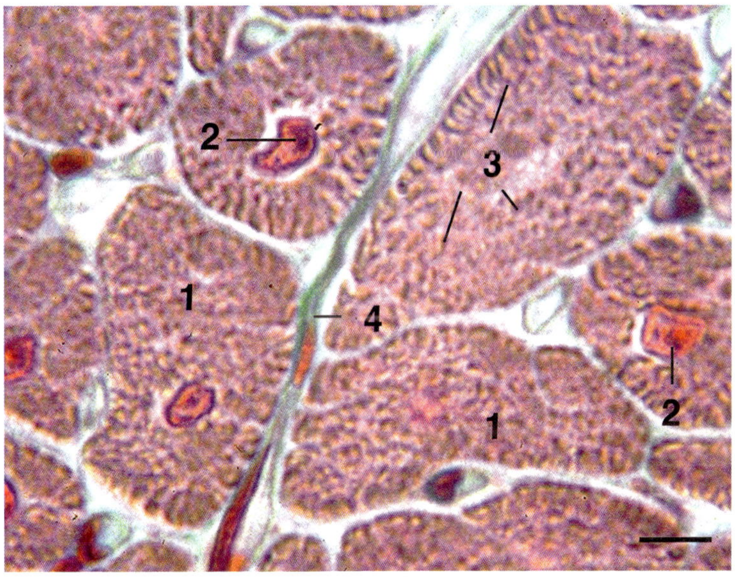

Abb. 6-13 Purkinje-Fasern, Herz, Rind, Hämatoxylin-Eosin, SB 40 µm

Die Purkinje-Fasern gehören zum Erregungsbildungs- und Reizleitungssystem des Herzens. Sie sind modifizierte Herzmuskelzellen. Ihr Zytoplasma ist hell und enthält nur wenige Myofilamente, dafür eine größere Menge an Glykogen. Die Kerne sind randständig.

1 Purkinje-Fasern; 2 Kern einer Purkinje-Faser; 3 Fettzellen; 4 Endokard

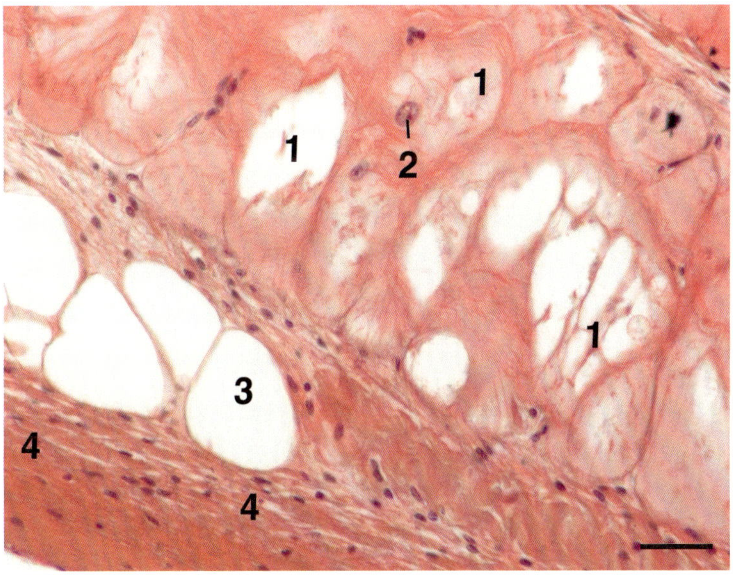

7 Nervengewebe (Textus nervosus)

Das Nervensystem ist das wichtigste Koordinations- und Kontrollsystem im Körper. Es besteht aus Nervengewebe (Textus nervosus), bei dem die Fähigkeiten der Erregungsbildung, der Weiterleitung bioelektrischer Impulse (die im Prinzip auch bei vielen anderen Zelltypen vorhanden ist) und der Informationsverarbeitung besonders ausgeprägt ist. Das Nervengewebe vermittelt sensorische Wahrnehmungen, kontrolliert motorische Bewegungen und bildet die Grundlage für alle höheren geistigen Leistungen des Nervensystems der Haustiere.

7.1 Nervenzellen (Neurone)

Die Nervenzellen (Neurona, Neurocyti, Ganglienzellen) stammen vom embryonalen Ektoderm ab. Sie zeigen außerordentliche morphologische Vielfalt in ihrer Größe und Form. Bis auf wenige Ausnahmen besitzt jedes Neuron einen oder mehrere Fortsätze (▶ Abb. 7-1). Diese gehen vom Zytoplasma-Areal der Nervenzelle um den Zellkern aus, das als Perikaryon oder Soma bezeichnet wird. Die Größe der Perikaryen reicht von 4–150 µm. Das Perikaryon ist das

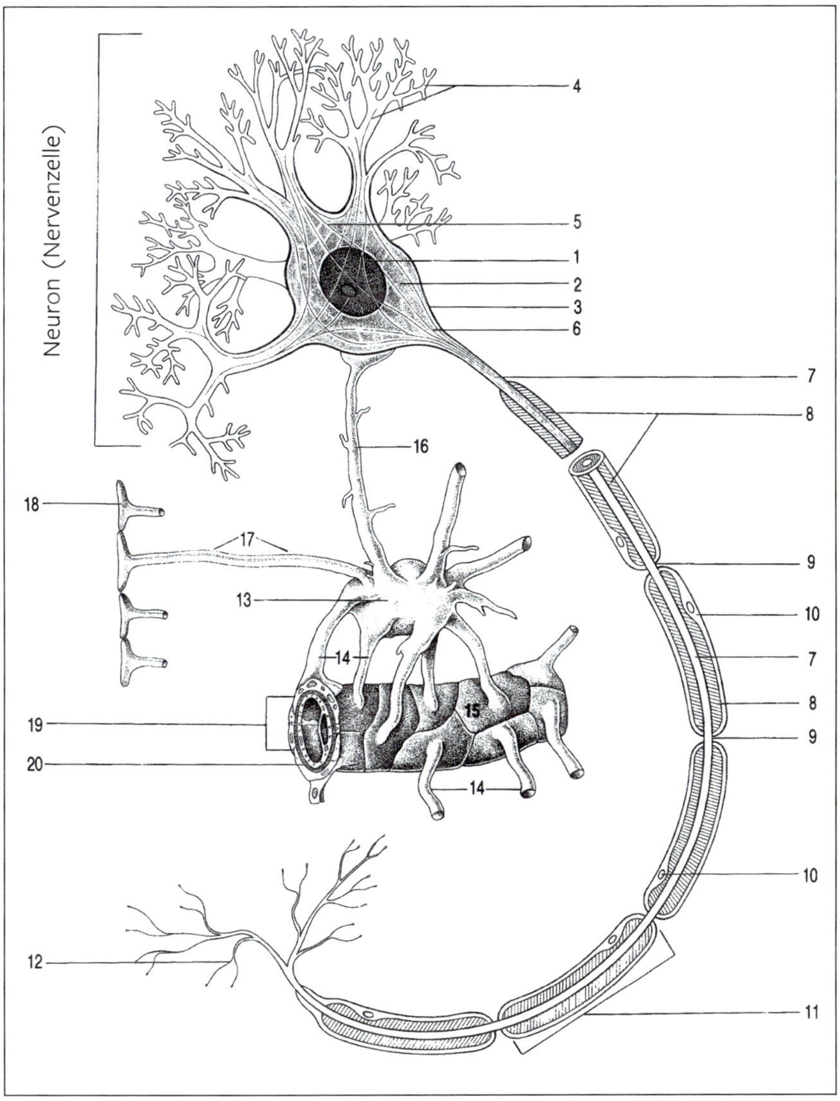

Abb. 7-1 Multipolare Nervenzelle und Astrozyten (Schemazeichnung).
1 Zellkern der Nervenzelle; 2 Perikaryon; 3 Zellmembran; 4 Dendriten; 5 Neurofibrillen; 6 Axonhügel (Ursprungskegel), 7 Axon; 8 Markscheide (Myelinschicht); 9 Ranvier-Schnürring; 10 Schwann-Zelle; 11 Internodium; 12 Endausbreitung des Axons; 13 Astrozyt; 14 Astrozytenfortsätze, die zu Blutgefäßen ziehen; 15 Plattenförmig verbreiterte Enden der Astrozytenfortsätze bilden die Membrana limitans gliae perivascularis; 16 Astrozytenfortsätze, die eine Nervenzelle berühren; 17 Astrozytenfortsätze, die zur Oberfläche des ZNS ziehen; 18 Die plattenförmigen Enden der Astrozytenfortsätze bilden an der Oberfläche des ZNS (unterhalb der Pia mater) die Membrana limitans glialis superficialis; 19 Kapillare; 20 Basallamina

Stoffwechselzentrum der Nervenzelle und enthält neben Mitochondrien, zahlreiche Zisternen des rauen endoplasmatischen Retikulums (lichtmikroskopisch: Nissl-Schollen) häufig auch ausgedehnte Golgi-Felder sowie Zellpigmente (Lipofuszin, Melanin).

Die Gestalt der Nervenzellen wird sehr stark durch Anzahl und Form ihrer Fortsätze bestimmt (▶ Abb. 7-2). Man kann dabei einen oder mehrere afferente (zentripetal), d.h. zum Perikaryon der Nervenzelle hinleitende Fortsätze, die Dendriten, und einen, vom Perikaryon efferent (zentrifugal) leitenden Fortsatz, der als Neurit oder Axon bezeichnet wird, unterscheiden. Nach der Zahl der Nervenzellfortsätze kann man eine Einteilung in apolare (keine Fortsätze, embryonal), unipolare (z.B. Stäbchen- und Zapfenzellen der Netzhaut), pseudounipolare (z.B. Spinalganglien, Nervenzellen von Hirnnerven), bipolare (z.B. 2. Neuron der Netzhaut, Ganglion spirale und Ganglion vestibulare des Innenohrs) und multipolare (die meisten Nervenzellen, z.B. Nervenzellen der Großhirn- und Kleinhirnrinde) Nervenzellen vornehmen.

7.1.1 Dendrit (Dendritum)

Dendriten sind bäumchenartig verzweigte Fortsätze, die vom Perikaryon der meisten Nervenzellen ausgehen. Die Membran der meisten Dendriten von erregenden Nervenzellen wird durch sogenannte „Dornen“, kleinen Membranausstülpungen, vergrößert, die an der Bildung von Dornensynapsen beteiligt sind. Dendriten besitzen keine Myelinscheide und leiten nervale Impulse, die sie über ihre zahlreichen Synapsen erreichen, zum Perikaryon (zentripetale Leitung). Der innere Aufbau der Dendriten ändert sich mit der Entfernung vom Perikaryon. Proximal sind noch, wie auch im Perikaryon der Nervenzelle selbst, viele Mikrotubuli und Mikrofilamente vorhanden. Ihre Zahl nimmt in der Peripherie des Dendritenbaums ab. Darüber hinaus enthalten die Dendriten Organellen zur Proteinsynthese, wie Ribosomen und raues endoplasmatisches Retikulum.

7.1.2 Axon

Jede Nervenzelle besitzt einen zentrifugal (d.h. vom Perikaryon wegleitenden) Fortsatz, das Axon. Die Axone enthalten Neurotubuli und Neurofilamente. Ihre Zellmembran wird als Axolemm bezeichnet. Am Abgang des Axons vom Perikaryon fehlen die Nissl-Schollen (Zisternen des rauen endoplasmatischen Retikulums). Damit kann man schon lichtmikroskopisch die Axone von Dendriten unterscheiden. Axone werden entweder im peripheren Nervensystem in eine Schwann-Zelle (Neurolemnocytus) eingelagert und

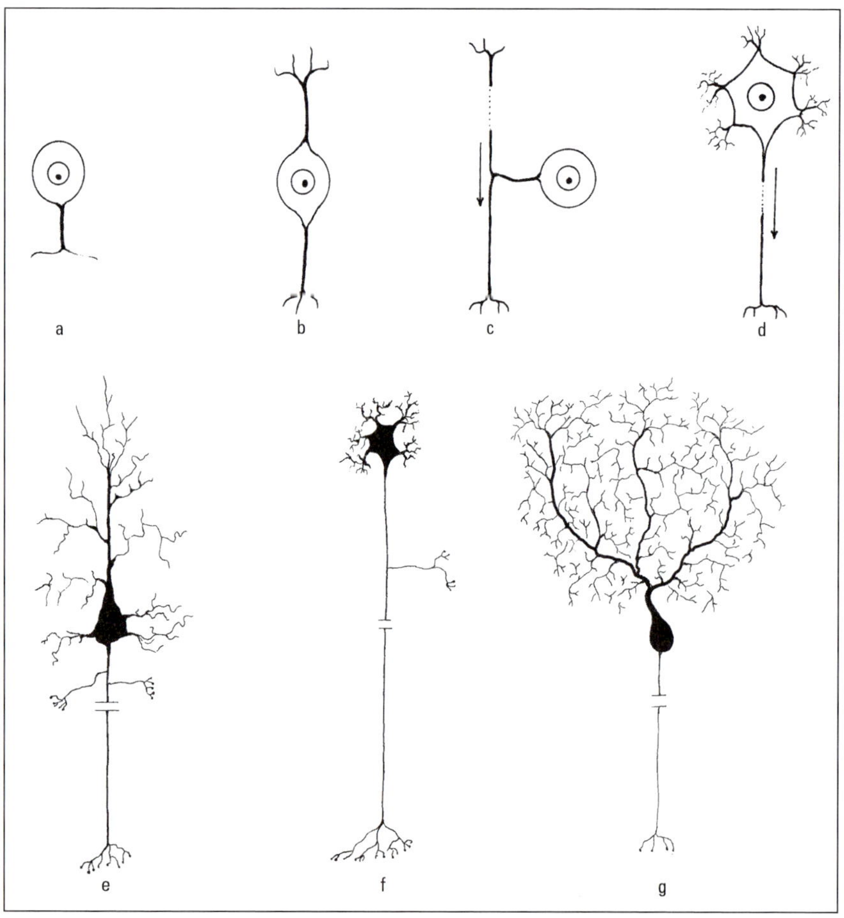

Abb. 7-2 Nervenzellformen.
a) Unipolare Nervenzelle mit Verzweigung des Axons; b) Bipolare Nervenzelle; c) Pseudounipolare Nervenzelle (der Pfeil bezeichnet die Ausbreitungsrichtung des bioelektrischen Impulses; d–g) Multipolare Nervenzellen; d) Schema einer multipolaren Nervenzelle; e) Pyramidenzelle aus der Großhirnrinde; f) Ganglienzellen des sympathischen Systems; g) Purkinjezelle aus der Kleinhirnrinde

bilden dann eine marklose Nervenfaser (Neurofibra nonmyelinata) oder ein Axon wird von einer unterschiedlich stark entwickelten Myelinscheide umzogen. Sie werden dann als markhaltige Nervenfasern (Neurofibra myelinata) bezeichnet. Im Zentralnervensystem werden jeweils mehrere Axone von speziellen Gliazellen, den Oligodendrozyten umschlossen. In ihrem Verlauf entlassen Axone rückläufige Äste, die als Kollateralen bezeichnet werden.

Die Leitungsgeschwindigkeit markhaltiger Axone hängt von der Dicke der Myelinschicht, der Länge der Internodien und vom Durchmesser des Axons ab. Am schnellsten leiten myelinreiche, dicke Axone mit langen Internodien. Das Ende des Axons zweigt sich bäumchenartig auf und bildet zu anderen Zellen (Nervenzellen, Muskelzellen, Drüsenzellen) Synapsen aus.

7.1.3 Synapse (Synapsis)

Synapsen sind Kontaktstellen zwischen Nervenzellen zur Überleitung chemischer Signale oder elektrischer Impulse. Elektrische Synapsen bewirken als Nexus die elektrische Kopplung benachbarter Zellen. Die elektrische Erregung kann in beiden Richtungen verzögerungsfrei von einer Zelle auf die andere übergehen. Bei chemischen Synapsen (▶ Abb. 7-3) erfolgt die Erregungsübertragung mittels chemischer Transmittersubstanzen. Sie haben eine Ventilfunktion, d.h. die Erregungsübertragung erfolgt nur in einer Richtung.

Eine chemische Synapse (meist nur als „Synapse“ bezeichnet) zeigt folgenden Aufbau: Am Ende des Axons findet sich eine kleine Auftreibung („Endknöpfchen“), das die Transmittersubstanzen enthält, die bei Erregung in den synaptischen Spalt, der prä- und postsynaptische Membran trennt und der mit elekronendichtem Material gefüllt ist, freigesetzt werden. Synapsen besitzen einen großen Formenreichtum, der allerdings nur elektronenmikroskopisch erkennbar ist: Einfache, invaginierte, verzweigte, verzahnte oder cristaeförmige Synapsen, polysynaptische Komplexe und En-passant-Synapsen. Nach den an einer Synapse beteiligten Anteilen der Nervenzellen kann man axodendritische, axosomatische, axoaxonische und somatosomatische Synapsen unterscheiden. Synapsen zwischen Axonen und Skelettmuskelzellen werden als Motorische Endplatten, Synapsen zwischen Axonen und Drüsenzellen als neuroglanduläre Synapsen bezeichnet.

7.1.4 Nerven (Nervi)

Nerven setzen sich aus Nervenfaserbündeln zusammen. Durch lockeres Bindegewebe werden sie zu größeren Einheiten zusammengefasst. Das Endoneurium umgibt als zartes Bindegewebe die einzelnen Nervenfasern und ihre Basalmembran. Basalmembran und Endoneurium zusammen bilden die Endoneuralscheide. Unterschiedlich viele (ca. 10 bis 100) von einem Endoneurium umgebene Nervenfasern

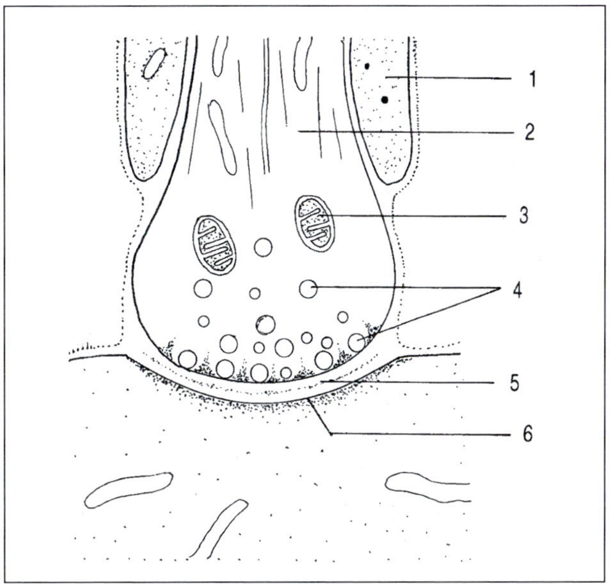

Abb. 7-3 Synapse zwischen zwei Nervenzellen (Interneuronale Synapse).
1 Myelinscheide; 2 Axoplasma; 3 Mitochondrium im Endknöpfchen; 4 Synaptische Bläschen, zum Teil der präsynaptischen Membran angelagert; 5 Synaptischer Spalt; 6 Postsynaptische Membran

werden vom Perineurium zusammengefasst. Dieses besteht aus einer Pars epitheloidea (innen gelegen) und einer äußeren Pars fibrosa. Die Pars epitheloidea ist aus wenigen abgeflachten fibroblastenähnlichen Zellen aufgebaut, die über Zonulae occludentes verbunden sind. Das Perineuralepithel bildet damit eine Barriere, die Perineuralscheide, die den Durchtritt von größeren Molekülen und Toxinen in den Endoneuralraum unterbindet. Die Pars fibrosa ist aus straffem Bindegewebe aufgebaut, das auch in größerer Zahl elastische Fasern enthalten kann. Das Epineurium (faseriges Bindegewebe) fasst eine unterschiedliche Zahl von Primärbündeln zu einem peripheren Nerven zusammen und bildet auch dessen Hülle. Es ist gefäßführend.

7.2 Gliazellen (Neuroglia, Gliocyti)

Im Nervensystem kommen im Vergleich zu Nervenzellen etwa zehnmal mehr Gliazellen vor. Sie sind aber meistens kleiner als Nervenzellen und im Unterschied zu diesen behalten sie ihre Fähigkeit zur mitotischen Teilung auch postnatal bei. Gliazellen tragen zur Ernährung der Nervenzellen bei, gewährleisten ihre Erregbarkeit und unterstützen die synaptische Übertragung (z.B. durch Aufnahme von Glutamat aus dem synaptischen Spalt). Sie sind weiter wichtig für die Bildung der Markscheiden, für die Etablierung der Blut-Hirn-Schranke und als Abwehrzellen (Mikrogliazellen). Gliazellen ähneln durch ihre Zytoplasmafortsätze morphologisch dem Aussehen der Nervenzellen, sie besitzen jedoch nicht die funktionellen Eigenschaften der Dendriten und Axone.

7.2.1 Gliazellen des Zentralen Nervensystems (ZNS)

Im ZNS sind Nerven- und Gliazellen sehr dicht gelagert. Zwischen den einzelnen Gliazellen (Gliocyti) und den Nervenzellen befinden sich nur schmale Interzellularräume (ca. 20 nm). Die Neuroglia füllt die Räume zwischen den Nervenzellen weitgehend aus und hat neben ihrer Stütz- und Ernährungsfunktion für die Nervenzellen auch wichtige Funktionen bei pathologischen Veränderungen im ZNS (Phagozytose von Material aus zugrunde gegangenen Neuronen, Ausgleich von Gewebedefekten durch Narbenbildung).

Bei den Gliazellen des ZNS kann man Astrozyten, Oligodendrogliazellen, Mesogliazellen (Hortega-Glia, Mikrogliazellen) und Ependymzellen unterscheiden (▶ Abb. 7-4).

Astrozyten (Astrocyti) sind sternförmig verzweigte Zellen. Sie bilden ein dreidimensionales Gerüstwerk und umhüllen mit ihren Fortsätzen Kapillaren. Dies ist ein zentraler Bestandteil der Blut-Hirn-Schranke (Membrana limitans glialis perivascularis). Weiter grenzen sie das ZNS gegen die Hirnhäute ab (Membrana limitans glialis superficialis). Man unterscheidet protoplasmatische Astrozyten (Kurzstrahler, Astrocytus protoplasmaticus, vorwiegend in der grauen Substanz) von faserigen Astrozyten (Langstrahler, Astrocytus fibrosus, vorwiegend in der weißen Substanz) sowie flügelartige Astrozyten im Kleinhirn.

Oligodendrogliazellen (Oligodendrocyti) haben nur wenige, kaum verzweigte Fortsätze und ähneln in ihrer Zellform einer Zitrone. Die Größe ihres Zellkörpers beträgt 6–8 µm. Sie bilden die Myelinscheiden im ZNS. Ein Oligodendrozyt kann dabei 10 bis 50 internodale Abschnitte verschiedener Axone mit einer Myelinscheide umgeben.

Mesogliazellen (Hortega-Zellen, Mikrogliazellen, Mikrogliocyti) sind vielgestaltige, amöboid bewegliche Zellen mit unterschiedlich geformten Fortsätzen. Sie liegen meist neben Gefäßen. Bei Schäden im ZNS können sie mobil werden und werden chemotaktisch in Richtung des Defektes geleitet. Sie können Zelldetritus phagozytieren und diese mittels ihrer lysosomalen Enzyme abbauen.

Ependymzellen (Ependymocyti) gehen aus den verbleibenden innersten Zellen des Neuralrohrs nach Bildung des ZNS hervor. Sie formen als einschichtige Lage hochprismatischer Zellen die epitheliale Auskleidung der Liquorräume des ZNS (Gehirnventrikel, Rückenmarkskanal). Ependymzellen können Liquor resorbieren und den Flüssigkeitsaustausch zwischen Ventrikellumen und Hirngewebe regulieren. Manche Ependymzellen berühren mit einem Fortsatz tiefer im ZNS liegende Kapillaren. Sie werden als Tanyzyten bezeichnet. Liquorkontaktneurone ragen zwischen den Ependymzellen in die Liquorräume hinein.

Radialglia und Pituizyten kommen im ZNS etwas weniger häufig vor. Die Radialgliazellen spielen bei der Entwicklung des Nervensystems eine wichtige Rolle. Sie erstrecken sich im Neuralrohr des Embryos von der ventrikulären Zone bis zur pialen Oberfläche. An ihnen klettern die jungen Neurone entlang, bis sie den Ort erreicht haben, an dem sie dann später zu liegen kommen. Die Müller-Zellen der Retina und die Bergmann-Glia des Kleinhirns sind Abkömmlinge der Radialglia. Pituizyten sind spezialisierte Gliazellen der Neurohypophyse. Sie nehmen Einfluss auf den Transport, die Speicherung und die Freisetzung von Hormonen aus der Neurohypophyse.

7.2.2 Gliazellen des Peripheren Nervensystems (PNS)

Schwann-Zellen (▶ Abb. 7-5) umhüllen die Axone peripherer Nerven. Marklose (nicht myelinisierte) Fasern senken sich in das Zytoplasma einer Schwann-Zelle ein und werden von ihm umhüllt. Diese marklosen Nervenfasern sind durch eine kontinuierliche Impulsleitung und geringe Leitungsgeschwindigkeit gekennzeichnet. Bei markhaltigen (myelinisierten) Fasern umhüllt die Schwann-Zelle nur ein einzelnes Axon. Bei der Bildung der Markscheiden lagert sich zunächst die Schwann-Zelle dem Axon einseitig an. Dann sinkt das Axon in die Zelle ein und wird bald völlig von ihr umhüllt. Dabei bildet sich eine Duplikatur der Schwann-Zellmembran, das Mesaxon. An mehreren Stellen verklebt jetzt die Axonmembran mit der Zellmembran

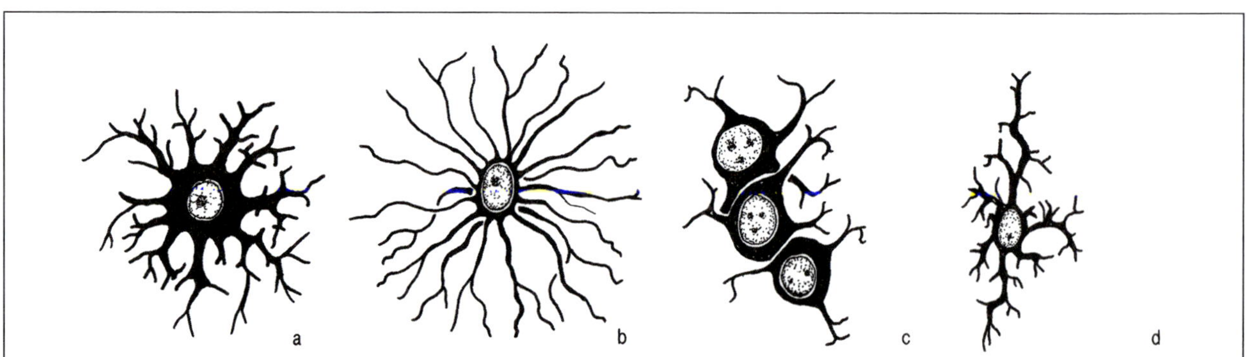

Abb. 7-4 Gliazellen im zentralen Nervensystem (Darstellung durch Metallimprägnation).
a) Protoplasmatischer Astrozyt; b) Fibrillärer Astrozyt; c) Oligodendrozyt; d) Mesogliazelle (Hortega-Zelle)

der Schwann-Zelle. Dann beginnt die Rotation des Axons um seine Längsachse. Dabei wickelt sich das Mesaxon um den Nervenzellfortsatz herum, bis dieser schließlich von einer größeren Zahl spiralig verlaufender Myelinlamellen umgeben ist. Je nach Länge des Axons sind teilweise sehr viele Schwann-Zellen an dessen Myelinisierung beteiligt. Jede Schwann-Zelle versorgt dabei nur eine Teilstrecke von 0,2–1,5 mm. Zwischen dem Ende der einen und dem Beginn der nächsten Schwann-Zelle ist die Myelinhülle unterbrochen. Diese Stellen erscheinen auch auf lichtmikroskopischen Längsschnitten durch Nerven aufgrund der Einschnürungen der Myelinschicht als Ranvier-Schnürringe oder Nodien. Der Abstand zweier Nodien wird als Internodium bezeichnet und entspricht also der Länge einer Schwann-Zelle. Myelin isoliert die Axone und ermöglicht eine saltatorische (scheinbar von Schnürring zu Schnürring) springende Erregungsleitung. Bei histologischen Routinefärbungen (z. B. Hämatoxylin-Eosin) werden die Lipide aus der Myelinschicht herausgelöst. Es bleibt nur das Proteingerüst der Markscheiden (Neurokeratingerüst) übrig.

Amphizyten (Mantelzellen, Satellitenzellen, Gliocyti ganglionares) umgeben als einschichtige Lage platter Zellen epithelartig die Zellkörper in den sensorischen und vegetativen Ganglienzellen. Sie sind spezialisierte Schwann-Zellen und dienen wahrscheinlich dem Schutz und der Ernährung der Nervenzellen.

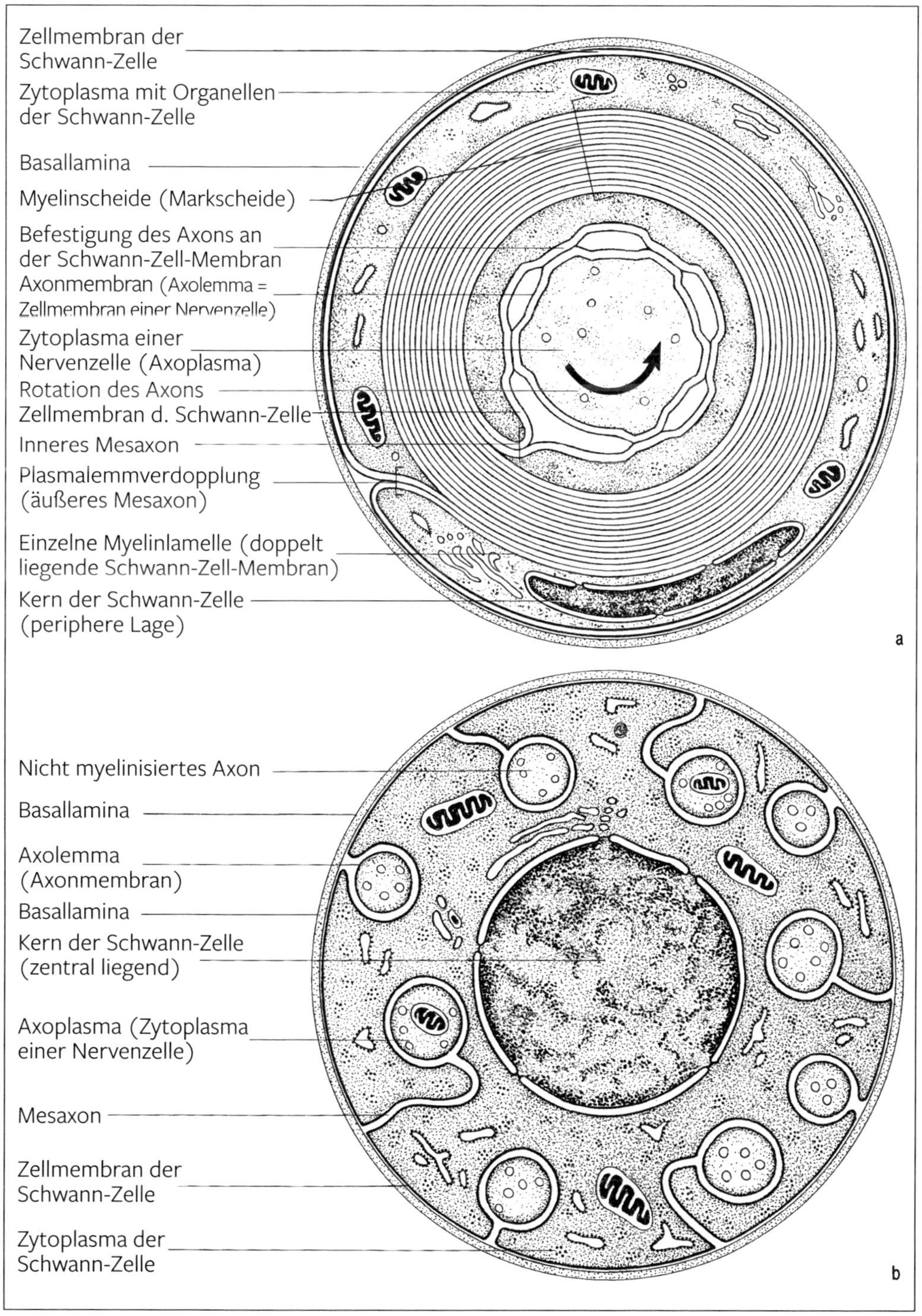

Abb. 7-5 Schwann-Zelle. a) Markhaltige Nervenfaser; b) Markarme Nervenfaser

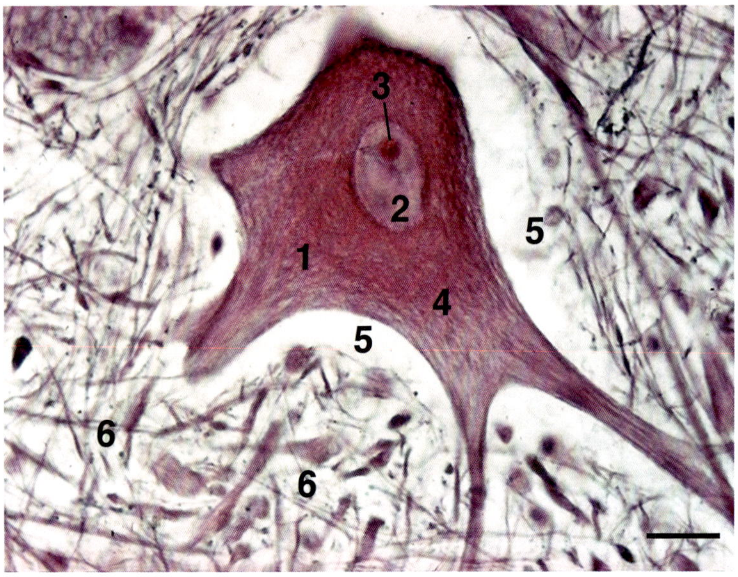

Abb. 7-6 Multipolare Nervenzelle, Rückenmark, Hund, Bodian-Färbung, SB 20 µm

Multipolare Nervenzellen sind die häufigsten Neurone des Nervengewebes. Sie besitzen mehrere Dendriten (zentripetal, afferent leitend) und ein Axon (zentrifugal, efferent leitend). Bei der Bodian-Färbung lassen sich Anteile des Zytoskeletts (Neurofilamente und Neurotubuli) erkennen. Um die Nervenzelle liegt ein dichtes Geflecht von Axonen und Dendriten, das man als Neuropil bezeichnet.

1 Multipolare Nervenzelle; 2 Kern der multipolaren Nervenzelle; 3 Nucleolus; 4 Zytoskelett; 5 Artifizieller Spaltraum; 6 Neuropil

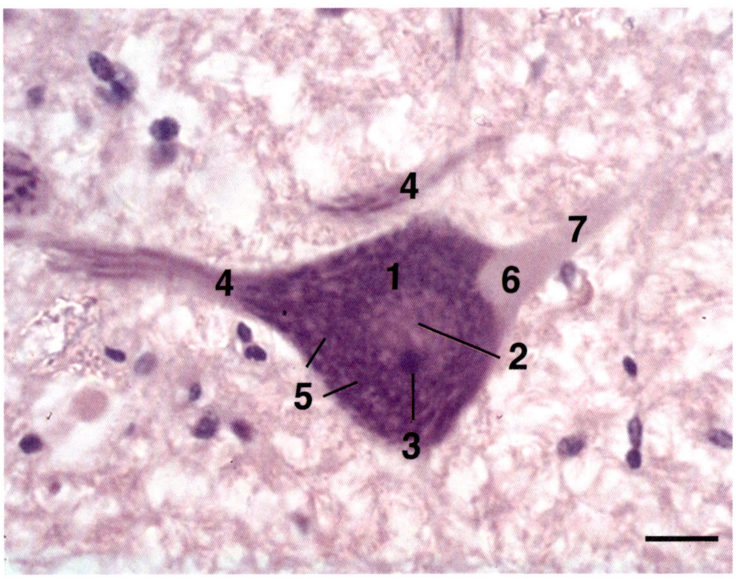

Abb. 7-7 Multipolare Nervenzelle, Rückenmark, Rind, Nissl-Färbung, SB 20 µm

Bei den multipolaren Nervenzellen lassen sich Golgi-Typ-1-Neurone (Beispiele: α-Motoneurone des Rückenmarks; Pyramidenzellen der Großhirnrinde; Purkinje-Zellen der Kleinhirnrinde) deren Axon zu weiter entfernt gelegenen Anteilen des ZNS bzw. zu Endorganen (Muskulatur) ziehen und Golgi-Typ-II-Neurone (Beispiel: die meisten Interneurone), deren Axon sich in unmittelbarer Nähe des Zellkörpers verzweigt, unterscheiden.

1 α-Motoneuron; 2 Zellkern; 3 Nucleolus; 4 Dendrit; 5 Nissl-Schollen (raues ER); 6 Axonhügel (Nissl-Schollen fehlen); 7 Axon

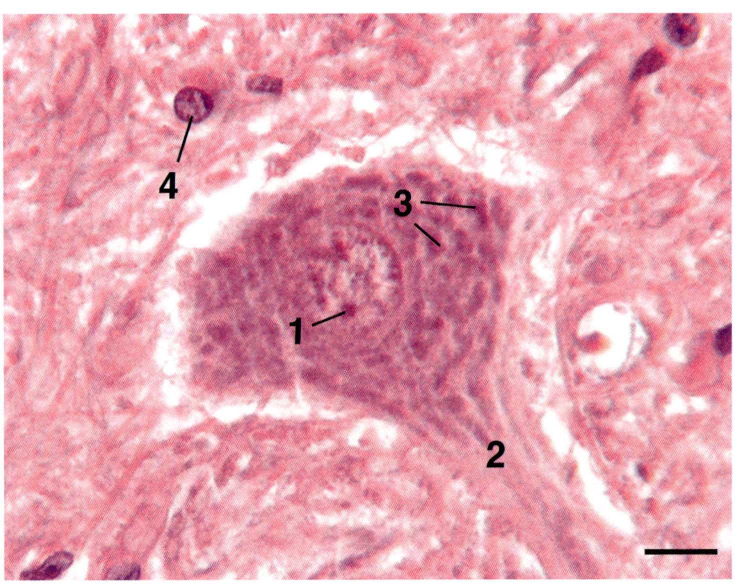

Abb. 7-8 Multipolare Nervenzelle, Rückenmark, Rind, Hämatoxylin-Eosin, SB 18 µm

Besonders nach Fixierung mit alkoholischem Fixierungsmittel findet man chromophile Schollen, die Nissl-Schollen, die aufgrund ihres streifigen Aussehens auch Tigroidschollen genannt wurden. Sie entsprechen den durch die Fixierung zusammen gelagerten Zisternen des rauen endoplasmatischen Retikulums.

1 Nucleolus im Zellkern; 2 Dendrit; 3 Nissl-Schollen; 4 Astrozyt

Abb. 7-9 Riesenpyramidenzelle, Großhirnrinde, Katze, Hämatoxylin-Eosin, SB 40 µm

Die großen Pyramidenzellen (Betz-Riesenpyramidenzellen) sind ca. 80–120 µm groß und liegen vor allem in der inneren Pyramidenschicht (Stratum neuronorum pyramidalium internum) der Großhirnrinde. Diese Schicht ist besonders in den motorischen Rindenbezirken ausgeprägt.

1 Zellkern der Riesenpyramidenzelle; 2 Spitzendendrit; 3 Gliazellen; 4 Neuropil

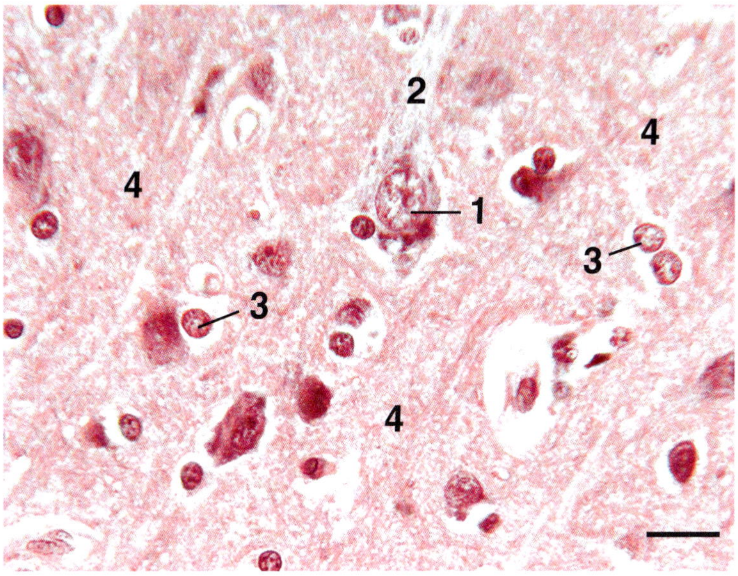

Abb. 7-10 Purkinje-Zellen, Kleinhirn, Katze, Bodian-Färbung, SB 18 µm

Im Stratum moleculare der Kleinhirnrinde befinden sich kleine Sternzellen und größere Korbzellen. Das Stratum ganglionare enthält multipolare Nervenzellen (Purkinje-Zellen) und dazwischen liegende Gliazellen (Bergmann-Stützzellen). Im Stratum granulosum liegen Körnerzellen, Golgi-Zellen und Horizontalzellen. Die Purkinje-Zellen fallen durch ihre Größe und die Birnenform ihres Zellkörpers auf. Zwei oder mehrere kräftige Dendriten verzweigen sich im Stratum moleculare.

1 Stratum moleculare; 2 Stratum ganglionare mit Purkinje-Zellen; 3 Stratum granulosum

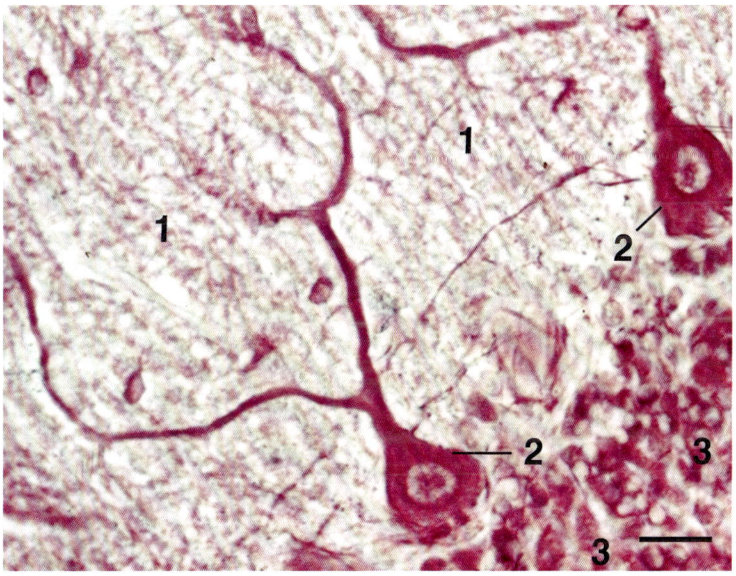

Abb. 7-11 Protoplasmatische Astrozyten, Großhirn, Kalb, Bodian-Versilberung, SB 80 µm

Die Gliazellen werden in Astrozyten, Oligodendrogliazellen und Mesogliazellen (Hortega-Zellen) und Ependymzellen unterschieden. Die hier bevorzugt zu sehenden Zellen gehören zu den Astrozyten und werden aufgrund ihrerer kurzen Fortsätze als „Kurzstrahler" (protoplasmatische Astrozyten) bezeichnet. Sie kommen vorwiegend in der grauen Substanz des ZNS vor.

1 Protoplasmatische Astrozyten (Kurzstrahler); 2 Kapillaren

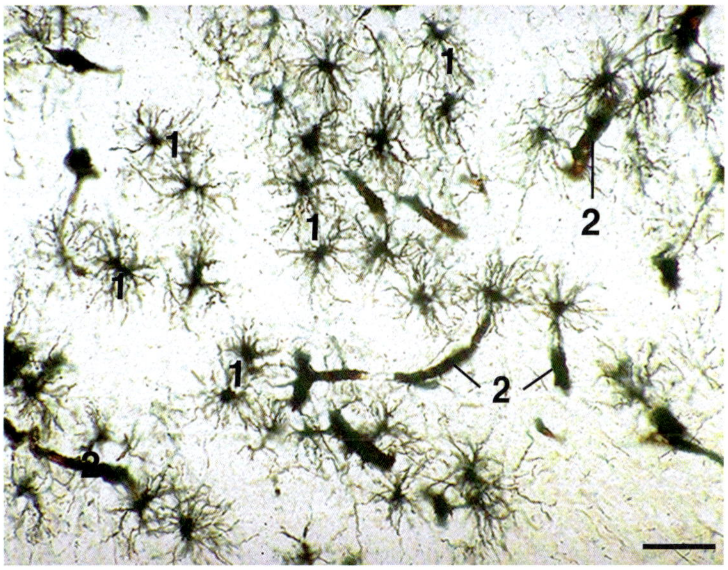

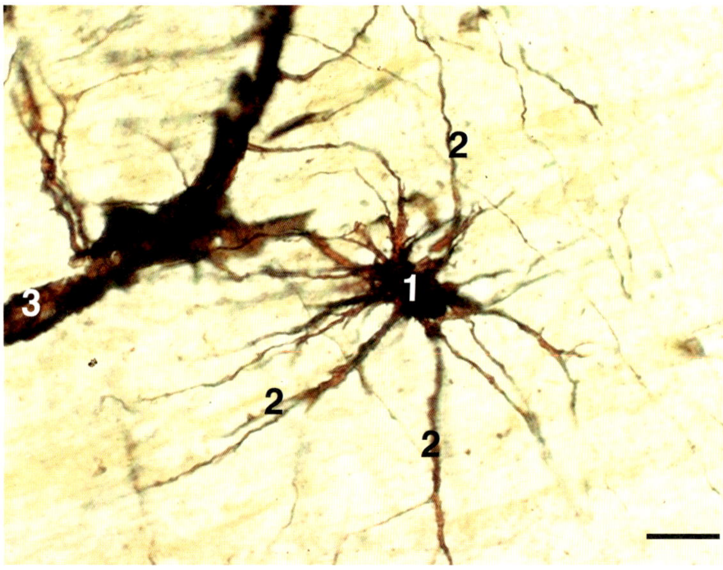

Abb. 7-12 Fibrillärer Astrozyt, Rückenmark, Katze, Golgi-Imprägnation, SB 18 µm

Fibrilläre (Faserige) Astrozyten („Langstrahler") besitzen relativ wenige (20 bis 40) längere und kürzere Fortsätze, die auch verzweigt sein können. Sie kommen vorwiegend in der weißen Substanz des ZNS vor.

1 Zellkörper des fibrillären Astrozyten; 2 Fortsätze des fibrillären Astrozyten; 3 Blutgefäß

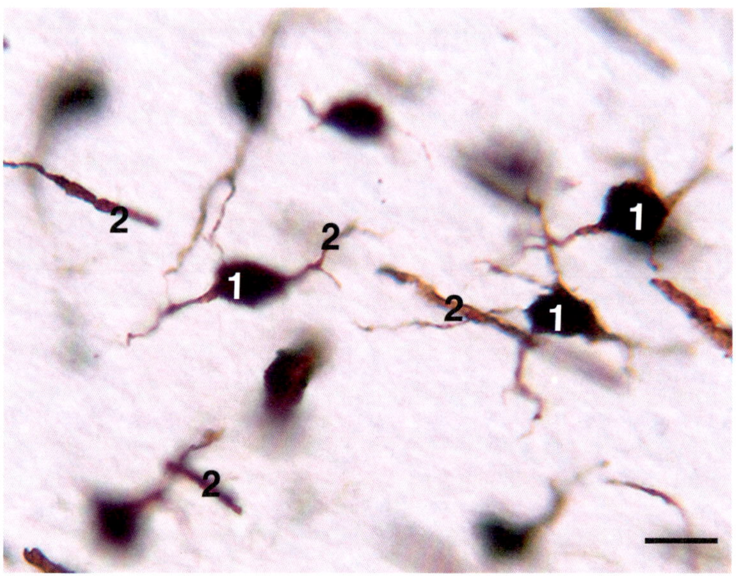

Abb. 7-13 Oligodendrogliazelle, Kleinhirn, Rind, Golgi-Imprägnation, SB 18 µm

Oligodendrozyten kommen sowohl in der weißen Substanz (interfaszikuläre Oligodendrozyten) als auch in der grauen Substanz (perineurale und perivaskuläre Oligodendrozyten) vor. Sie sind von ovaler Form und besitzen einen großen Kern. Sie zeigen nur wenige kegel- oder plattenförmige Ausläufer, mit denen sie die Myelinscheiden der Axone im ZNS bilden. Ein Oligodendrozyt kann – im Gegensatz zur Schwann-Zelle im Peripheren Nervensystem- die Markscheiden für mehrere Axone liefern.

1 Zellkörper der Oligodendrogzyten; 2 Fortsätze der Oligodendrozyten

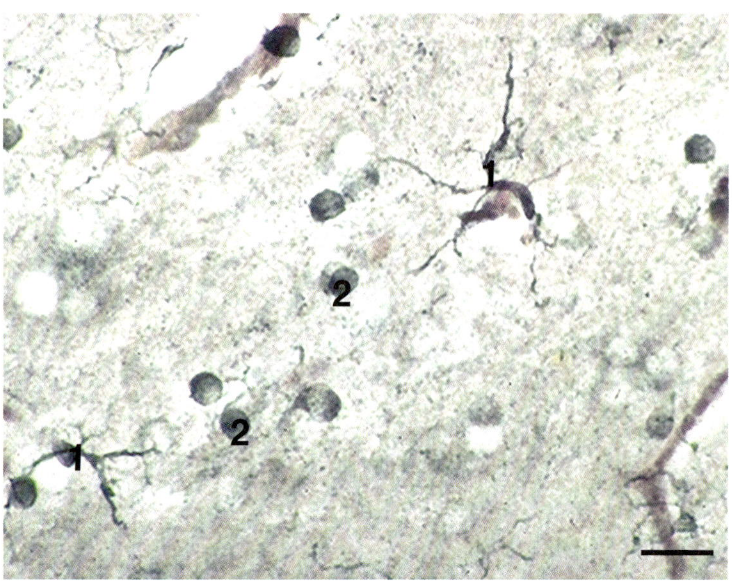

Abb. 7-14 Mesogliazellen (Hortega-Zellen oder Mikrogliazellen), Gehirn, Huhn, Versilberung, SB 18 µm

Mesogliazellen sind überall im ZNS zu finden. Bevorzugt treten sie in der Nähe von Kapillaren auf. Sie haben eine variable, langgestreckte Form („Kommaform") und besitzen ungleichmäßige, manchmal büschelförmig gestaltete Fortsätze. Sie sind amöboid beweglich und können phagozytieren.

1 Mesogliazellen; 2 Oligodendrogliazellen

Abb. 7-15 Multipolare Ganglienzelle, Ganglion stellatum, Rind, Versilberung, SB 18 µm

Die Ganglien des vegetativen Nervensystems enthalten multipolare Nervenzellen, die von Mantelzellen (Amphizyten) umgeben werden. Ihre Nervenfortsätze werden von Schwann-Zellen myelinisiert. In den Zwischenräumen kann man bindegewebige Septen finden. Retikuläre Bindegewebsfasern stellen sich in der Versilberung schwarz dar.

1 Multipolare Nervenzellen; 2 Nervenzellkerne; 3 Nervenzellfortsatz; 4 Retikuläre Bindegewebsfasern

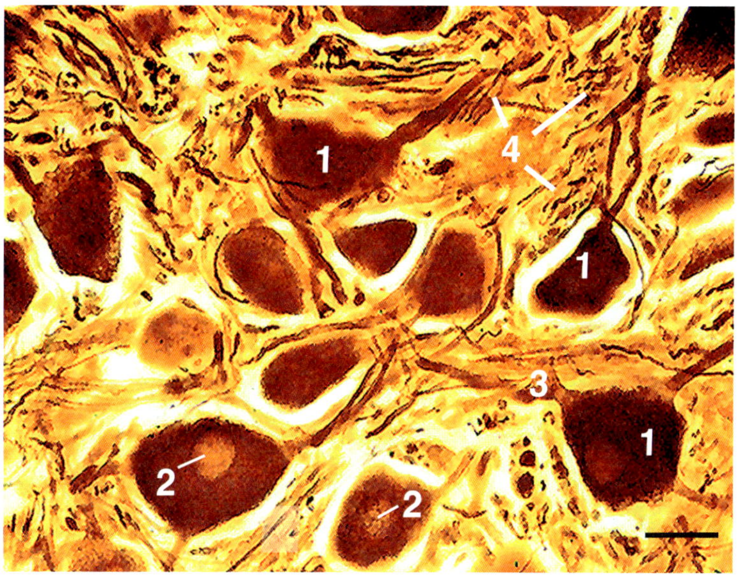

Abb. 7-16 Pseudounipolare Ganglienzellen, Ganglion spinale, Rind, Hämalaun-Eosin-Färbung, SB 18 µm

Bei den pseudounipolaren sensiblen Nervenzellen im Spinalganglion verläßt ein Fortsatz das Perikaryon, der sich nach kurzem Verlauf in Dendrit und Axon aufgabelt. Das recht große Perikaryon der Nervenzellen ist von vielen kleinen Zellen umgeben, den Mantelzellen (auch als Satellitenzellen oder Amphizyten bezeichnet). Diese sind periphere Gliazellen.

1 Pseudounipolare Ganglienzellen; 2 Amphizyten

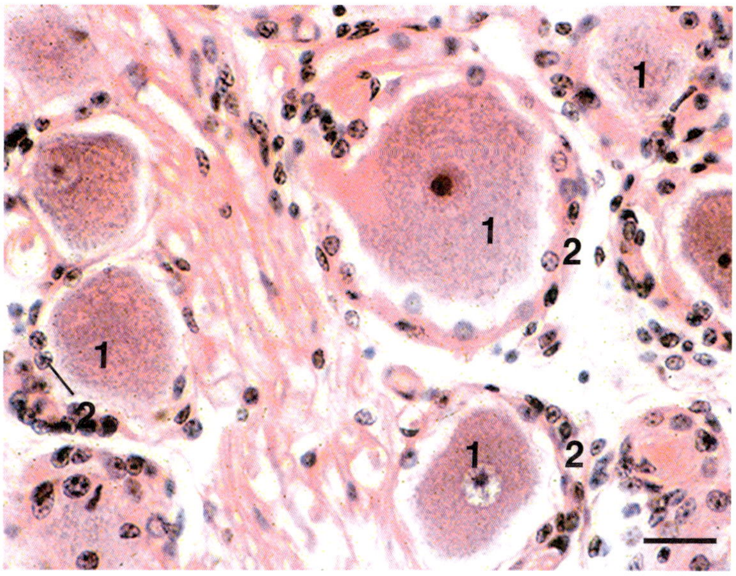

Abb. 7-17 Gemischter Nerv, Schaf, Hämatoxylin-Eosin, SB 300 µm

Im peripheren Nervensystem sind die Axone durch Bindegewebe zu Nervenfaserbündeln zusammengefasst. Der Querschnitt durch den gemischten Nerven zeigt, dass jedes einzelne Axon vom Endoneurium umhüllt wird. Ein Bündel von Axonen wird durch das bindegewebige Perineurium zusammengefasst. Mehrere solcher Faserbündel (Primärbündel) werden durch das Epineurium zu einem peripheren Nerven, wie er aus der makroskopischen Anatomie bekannt ist, zusammengefasst.

1 Axone; 2 Perineurium; 3 Arterie; 4 Fettzellen

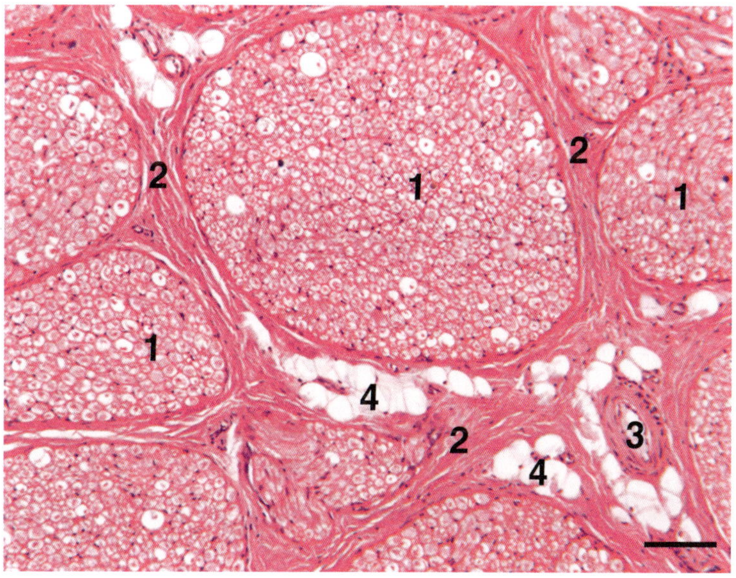

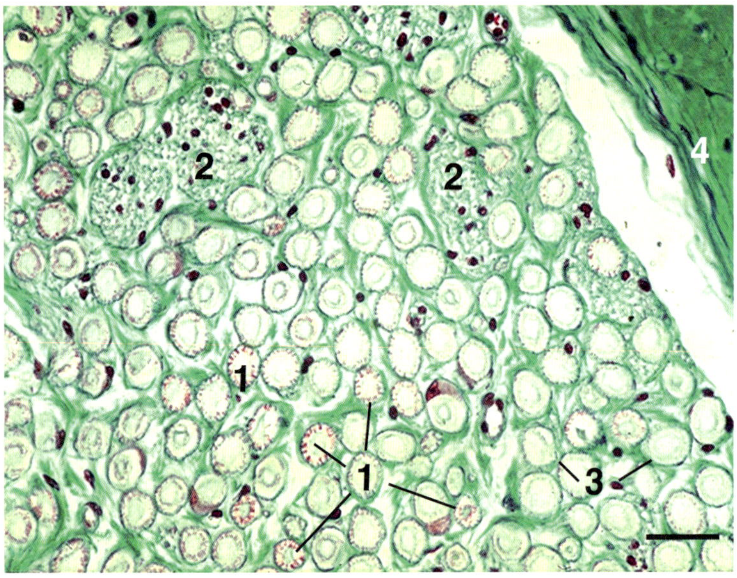

Abb. 7-18 Gemischter Nerv im Querschnitt, Plexus brachialis, Rind, Goldner-Färbung, SB 40 μm

In gemischten Nerven kommen sowohl markhaltige als auch marklose Nervenfasern vor. Jede Nervenfaser enthält ein Axon, das von einer isolierenden Gliascheide (Schwann-Zelle) umgeben wird. Die Myelinscheide der markhaltigen Nervenfasern wurde durch die Präparation teilweise herausgelöst. Nach außen folgt eine Basalmembran, die ihrerseits vom Endoneurium (lockeres Bindegewebe) umfasst wird.

1 Markhaltige Nervenfasern; 2 Marklose Nervenfasern ; 3 Endoneurium (um einzelne Nervenfaser); 4 Perineurium

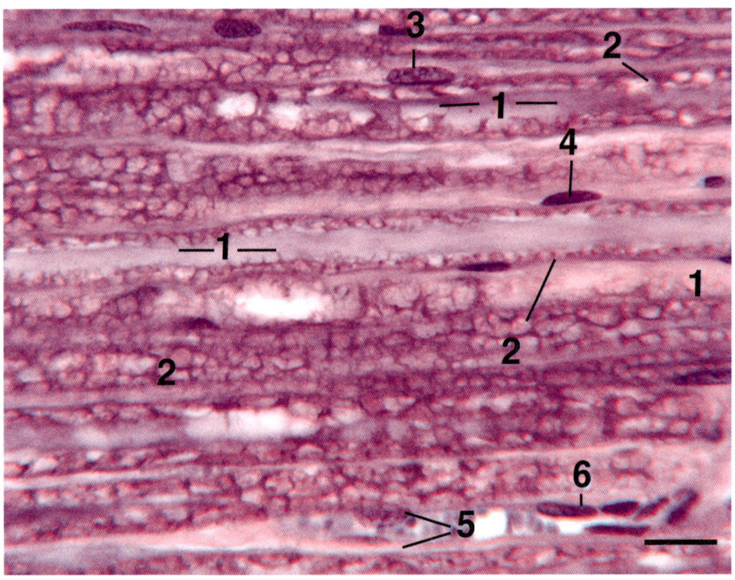

Abb. 7-19 Gemischter Nerv im Längsschnitt, Plexus brachialis, Rind, Toluidin-blau-Färbung, SB 18 μm

Bei markhaltigen Nervenfasern wird das Axon von einer isolierenden Gliascheide umgeben, die von den Schwann-Zellen gebildet wird und sich in mehreren bis zahlreichen Lagen um das Axon windet. Die Lipide der Markscheide wurden durch die histologische Präparation teilweise herausgelöst.

1 Axon; 2 Myelinscheide; 3 Kern einer Schwann-Zelle; 4 Bindegewebszelle des Endoneuriums; 5 Kapillarendothel; 6 Kern einer Endothelzelle

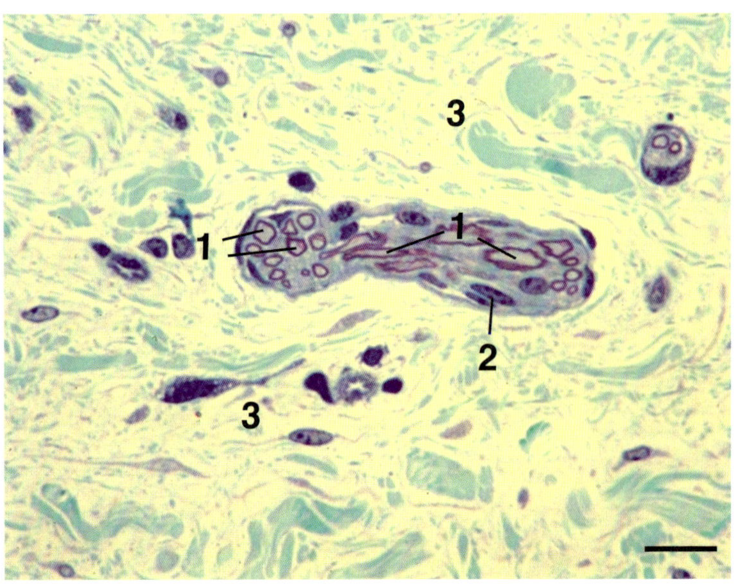

Abb. 7-20 Markloser Nerv, Lockeres Bindegewebe, Hund, Toluidinblau-Färbung, SB 18 μm

Die Axone markloser Nerven senken sich meist parallel nebeneinander ins Zytoplasma einer Schwann-Zelle ein, und werden jeweils in einer einzelnen Wicklung umgeben. Es handelt sich bei dieser Form um postganglionäre vegetative Nervenfasern, die nicht zur saltatorischen Erregungsleitung fähig sind.

1 Nervenfasern (Axone); 2 Zellkern einer Schwann-Zelle; 3 Lockeres Bindegewebe

8 Kreislaufsystem (Systema cardiovasculare et lymphaticum)

Das Kreislaufsystem besteht aus dem Herzen, den Blutgefäßen und dem Lymphgefäßsystem. Das Herz fungiert als Doppelpumpe, die das Blut sowohl in den großen Körperkreislauf, als auch in den kleinen Lungenkreislauf befördert. Alle Gefäße, die das Blut vom Herzen weg in die verschiedenen Organe leiten, werden als Arterien bezeichnet, unabhängig von dem Sauerstoffgehalt des Blutes, das sie transportieren. Venen führen das Blut wieder zum Herz zurück. Durch das Kreislaufsystem werden alle Zellen und Gewebe mit Sauerstoff, den notwendigen Nährstoffen und vielfältigen molekularen Signalstoffen versorgt. Über das Lymphgefäßsystem nimmt der Kreislauf auch die im Interstitium der Organe entstehende Lymphe auf.

8.1 Herz (Cor)

Das Herz ist ein in den Blutkreislauf eingeschaltetes muskulöses Hohlorgan, das als zentrale Pumpe die ständige Fortbewegung des Blutes im Kreislauf gewährleistet.

Die Herzwand ist aus drei Schichten aufgebaut:

- Endokard (Innenschicht)
- Myokard (Muskelschicht)
- Epikard (Außenschicht)

Endokard (Endocardium): Das Endokard wird von einem einschichtiges Plattenepithel und einer darunter gelegenen Lamina propria (kollagene und elastische Fasern, glatte Muskelzellen) gebildet.

Myokard (Myocardium): Der Aufbau des quergestreiften Herzmuskelgewebes wurde in ▶ Kapitel 6 besprochen. Auffällig ist die große Zahl von Kapillaren zwischen den verzweigten, über Glanzstreifen fest zu einem dreidimensionalen Netzwerk verbundenen quergestreiften Herzmuskelzellen.

Epikard (Epicardium): Die Außenfläche des Myokards wird vom glatten Epikard, dem viszeralen Blatt des Herzbeutels, überzogen. Es besteht aus einem einschichtigen Plattenepithel mit darunter liegender Lamina propria (bestehend aus kollagenem und elastischem Bindegewebe, reiche Versorgung mit Gefäßen und Nerven, Fettgewebe).

Perikard (Pericardium): Das Perikard wird von einem einschichtigen Plattenepithel mit straffer bindegewebiger Tunica fibrosa gebildet. Zwischen Perikard und Epikard liegt ein kapillärer Spaltraum, der den Liquor pericardii enthält.

8.2 Blutgefäße

Die Wand der Blutgefäße ist je nach ihrer Beanspruchung durch den im Gefäß herrschenden Druck sowie nach funktionellen Besonderheiten in den verschiedenen Organen unterschiedlich gestaltet. Dennoch gibt es wichtige Gemeinsamkeiten. So haben Arterien und Venen einen dreischichtigen Aufbau der Gefäßwand (▶ Abb. 8-1):

- Tunica intima (Tunica interna): Glattwandige Innenauskleidung.
- Tunica media (Muskelschicht): Sie wirkt der Dehnung des Gefäßes durch den Blutdruck entgegen und kann die Lumenweite aktiv verändern.
- Tunica adventitia (Tunica externa): Sie dient dem Einbau des Gefäßes in das umgebende Gewebe und schützt vor äußeren Einwirkungen, insbesondere bei Längsdehnungen.

Die Ernährung großer Gefäße mit Sauerstoff und Nährstoffen erfolgt an ihrer Innenschicht durch Diffusion aus dem strömenden Blut und an der Außenschicht durch besondere kleine Gefäße in der Gefäßwand (Vasa vasorum).

8.2.1 Blutgefäßtypen

Arterien: Als Arterien werden Gefäße bezeichnet, in denen das Blut vom Herzen wegströmt. Im kleinen Kreislauf (Lungenkreislauf) enthalten sie sauerstoffarmes Blut, im großen Kreislauf oxygeniertes (sauerstoffreiches Blut). Die Arterien gehören zum Hochdruckteil des Kreislaufes.

Arterien vom elastischen Typ (Arteriae elastotypicae), z.B. die Aorta und von ihr abzweigende großen Arterien (z.B. Truncus coelicacus, Arteria [A.] mesenterica cranialis, A. mesenterica caudalis, sowie die Lungenarterien). Ihre Tunica intima besteht aus einem Endothel und dem bindegewebigen Stratum subendotheliale. Die Tunica media ist gegen die benachbarten Schichten nicht scharf abgegrenzt und enthält elastische Fasern in großer Zahl, die zu fenestrierten Lamellen angeordnet sind. Dazwischen liegen glatte Muskelzellen, welche die Spannung des elastischen Netzwerks regulieren. Den äußeren Abschluss der Arterienwand bildet die Tunica adventitia, eine dichte Schicht aus Kollagenfasern, die einer Überdehnung der Gefäßwand entgegenwirkt.

Arterien vom muskulären Typ (Arteriae myotypicae), die mittleren und kleineren Arterien des großen Kreislaufes, zeigen einen klaren Schichtenbau. Zwischen der Tunica interna, die aus Endothel und Lamina propria besteht, und der Tunica media, liegt eine deutliche Lamina elastica interna. In der nach außen folgenden Tunica media sind glatte Muskelzellen spiralig angeordnet mit dazwischen gelegenen, relativ spärlich ausgebildeten Bindegewebszellen. Zwischen Tunica media und Tunica adventitia findet sich eine Lamina elastica externa von unterschiedlich starker Ausbildung. Die Adventitia wird von einer dichten Schicht aus kollagenen und elastischen Fasern aufgebaut. Sie geht nach außen in lockeres Bindegewebe über.

Arteriolen (Arteriolae): Die kleinsten Äste des arteriellen Systems heißen Arteriolen. Sie haben einen Durchmesser von 15–60 µm. Das Endothel ist der feinen Lamina elastica interna direkt aufgelagert. Die Tunica media umfasst wenige glatte Muskelzellen, die meist nur in einer Lage angeordnet sind. Durch die glatten Muskelzellen kann das kleine Lumen der Arteriolen stark verengt werden, wodurch es zu einem steilen Druckabfall kommt. Über die Kontraktion von Arteriolen kann somit die Durchblutung des anschließenden Kapillarnetzes fein gesteuert werden.

Kapillaren (Vasa haemocapillaria): Die Arteriolen gehen unter Verlust ihrer Wandmuskulatur in Kapillaren über. Diese kleinsten Gefäße des Kreislaufs bilden ein reich verzweigtes Maschenwerk (terminale Strombahn). Hier erfüllt sich die wichtigste biologische Aufgabe des Kreislaufes, nämlich der Stoff- und Gasaustausch mit dem umgebenden Gewebe. Die kleinsten Kapillaren haben einen Durchmesser von ca. 6 µm, sodass die Erythrozyten sie nur in verformtem Zustand passieren können. Das Lumen der größeren Kapillaren beträgt 20–30 µm. Die Wand der Kapillaren besteht (je nach Organ) aus einer geschlossenen oder gefensterten Endothelschicht, einer Basalmembran, sowie kontraktilen, von der Basalmembran umschlossenen Perizyten (Pericyti). Über arteriovenöse Anastomosen können Kapillargebiete umgangen werden. Nur wenige Gewebe sind kapillarfrei: Epithel, Zahnhartsubstanzen, hyaliner Knorpel, Hornhaut, Glaskörper und Linse.

Aufgrund ihrer Ultrastruktur können verschieden Typen von Kapillaren unterschieden werden (▶ Abb. 8-2):

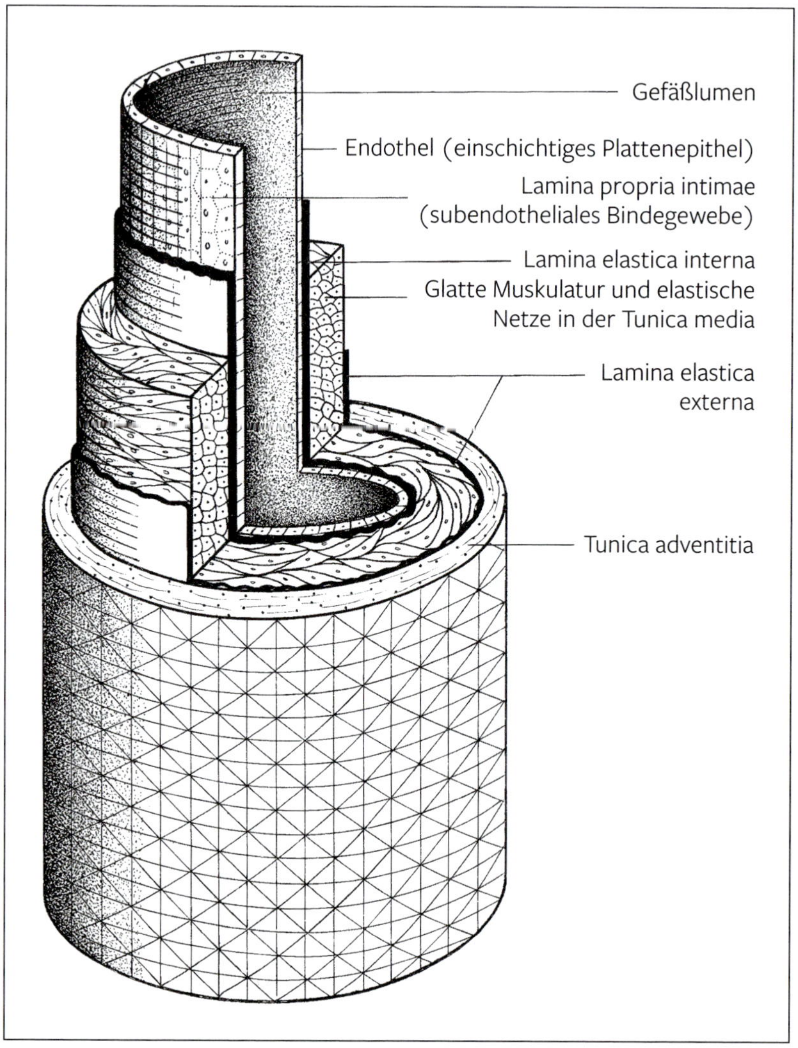

Abb. 8-1 Bauplan der Blutgefäße.

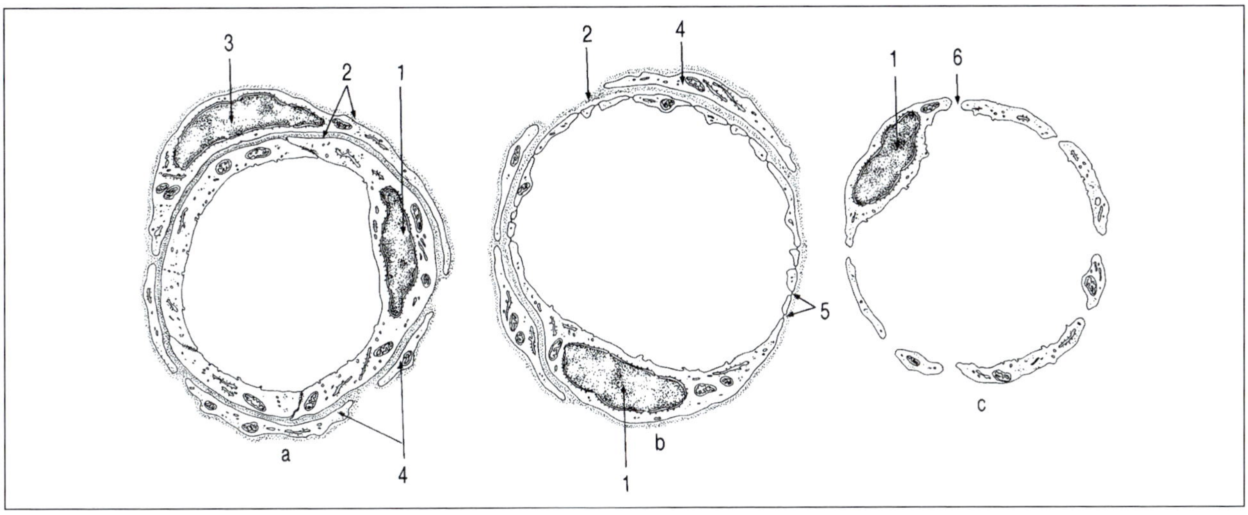

Abb. 8-2 Kapillartypen (Ultrastruktur).
a) Kapillare mit kontinuierlicher Endothelauskleidung und vollständiger Basallamina; b) Kapillare mit Endothelporen (Fenestrationen) und vollständiger Basallamina; c) Kapillare mit unterbrochener Endothelauskleidung und großen Lücken zwischen den Endothelzellen, Basallamina fehlt
1 Endothelzelle; 2 Lamina basalis; 3 Perizyt; 4 Perizytenfortsatz; 5 Intrazelluläre Pore (Fenestration) mit Diaphragma; 6 Weite Endothelporen (ohne Diaphragma)

- **Nichtfenestrierte Kapillaren** (mit Endotheliocyti nonfenestrati), d.h. Kapillaren mit ununterbrochener Endothelauskleidung (0,1–0,2 µm dick) ▶ Abb. 8-3. Sie zeigen eine Überlappung der Zellränder an den Kontaktstellen. Zonulae occludentes sind zwischen den Endothelzellen ausgebildet. Im Endothel finden sich zahlreiche mikropinozytotische Vesikel. Nichtfenestrierte Kapillaren kommen beispielsweise im Muskelgewebe, Hoden, Ovar und im Gehirn vor.
- **Fenestrierte Kapillaren** (mit Endotheliocyti fenestrati, Endothel mit intrazellulären Poren). Die Poren haben einen Durchmesser von 70–80 nm und können offen oder durch ein ca. 40 nm dickes Diaphragma verschlossen sein. Die Basalmembran ist kontinuierlich vorhanden, auch im Bereich der Poren. Fenestrierte Kapillaren finden sich in Geweben mit intensivem Stoffaustausch und kommen in den Glomerula der Nieren, dem Magen-Darm-Trakt und den endokrinen Organen vor.
- **Sinusoide Kapillaren** (Vasa capillaria sinusoidea, Sinusoide). Diese sind großlumig und zeigen eine diskontinuierliche Endothelauskleidung mit Poren von 100–500 nm zwischen den Endothelzellen. In der Regel fehlt eine Basalmembran. Durch den speziellen Aufbau wird der Stoffaustausch besonders gefördert. Dieser Kapillartyp kommt vor allem in den Lebersinusoiden vor. In der Kapillarwand sind nur wenige Perizyten zu finden, jedoch kommen dort regelmäßig phagozytierende Zellen (Kupffer-Sternzellen) vor. Sinusoide Kapillaren finden sich weiter in der Milz, dem Knochenmark, den Nebennieren und der Adenohypophyse.

Venolen (Venulae) weisen einen Durchmesser von 50–100 µm auf. Diese kleinen venösen Gefäße sammeln das aus den Kapillaren kommende Blut. Unter dem Endothel liegen sowohl schwach ausgebildetes subendotheliales Bindegewebe als auch einige glatte Muskelzellen.

Venen (Venae) sind Gefäße, in denen das Blut zum Herzen geleitet wird. Sie haben im Prinzip den gleichen Wandbau wie Arterien, aber (blutdruckbedingt) zeigen sie eine geringere Wandstärke und einen eher lockeren Wandbau. Die Gliederung der Venenwand in drei Schichten (Tunica interna, Tunica media, Tunica adventitia) ist im Vergleich zu den Arterien relativ undeutlich ausgeprägt. Mittlere und größere Venen können Venenklappen (Valvulae venosae) besitzen. Diese meist zweiteiligen (selten dreiteiligen) Taschenklappen gehen aus der Tunica intima hervor. Sie sind Endothelfalten (Duplikaturen) mit eingelagerten kollagenen Geflechten.

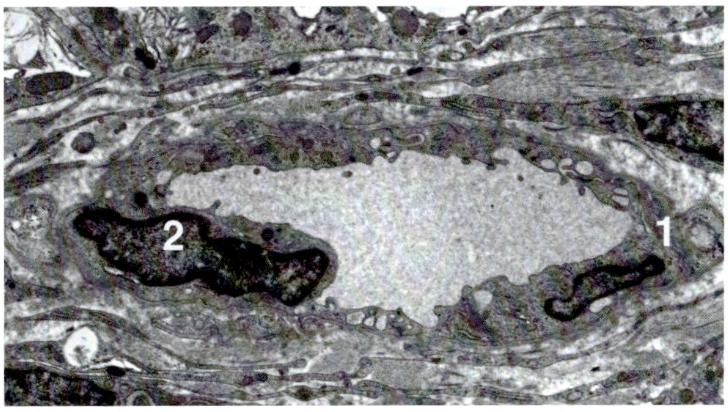

Abb. 8-3 Elektronenmikroskopische Aufnahme einer Kapillare, Ovar, Katze.
1 Zytoplasma einer Endothelzelle; 2 Kern einer Endothelzelle

8.3 Lymphgefäße (Vasa lymphatica)

Das Lymphgefäßsystem ist eine Drainagevorrichtung für den interstitiellen Raum. Es verläuft weitgehend parallel zum venösen System. Die Lymphe (Gewebewasser) wird von Lymphkapillaren (Vasa lymphocapillaria) gesammelt und mündet über Sammelgefäße (Kollektoren) in die Venen des großen Kreislaufes. Lymphgefäße sind in fast allen Geweben des Körpers vorhanden. Die Ausnahmen sind Epithelien, Knorpelgewebe, Knochen und Knochenmark, Zahnhartsubstanzen, Nervengewebe und die Plazenta.

Lymphkapillaren beginnen mit einem blinden Ende im Gewebe. Sie zeigen ein stark wechselndes Kaliber. Im histologischen Präparat ist das Lumen oft kollabiert. Das Endothel der Lymphkapillaren ist dünn und unvollständig, die Basalmembran ist lückenhaft oder fehlt ganz.

Die Lymphkapillaren münden in größere Sammelgefäße ein, die Kollektoren. Diese haben eine ähnliche Struktur wie die Venen, die Wandschichten sind jedoch nicht deutlich voneinander abgrenzbar. Eine Basalmembran unter dem Endothel ist stets vorhanden.

Um einen zentripetalen Lymphstrom aufrechtzuerhalten, besitzen die größeren Lymphgefäße Klappen (Valvulae lymphaticae), die ähnlich wie Venenklappen gebaut und meist zweiteilig sind. Beim größten Lymphgefäß, dem Ductus thoracicus, ist der dreischichtige Wandaufbau (Tunica intima, media und adventitia) gut erkennbar.

Abb. 8-4 Lungenarterie, Hund, Elastica-Färbung mit Resorcin-Fuchsin, SB 40 µm

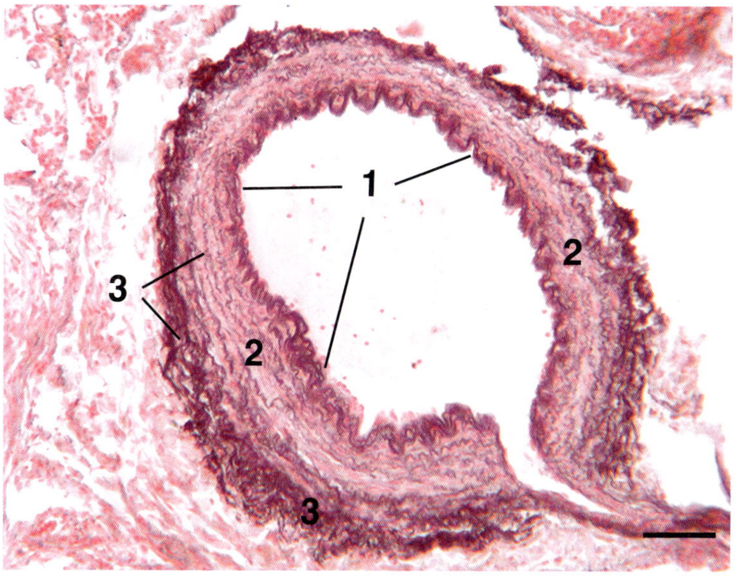

Zu den Arterien vom elastischen Typ zählen die Aorta, die von ihr abzweigenden großen Arterien sowie die Lungenarterien. Die Tunica media enthält zahlreiche elastische Membranen, die untereinander durch Verzweigungen in Verbindung stehen. Dazwischen liegen glatte Muskelzellen, welche die Spannung des elastischen Netzwerkes regulieren.

1 Tunica intima; 2 Tunica media; 3 Elastische Fasernetze

Abb. 8-5 Arterie vom muskulären Typ, Hund, Hämatoxylin-Eosin, SB 80 µm

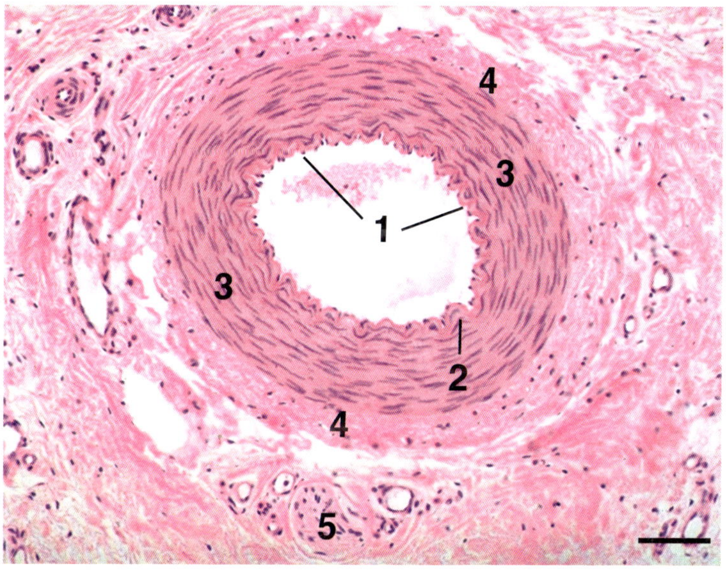

Arterien sind Gefäße, in denen das Blut vom Herzen wegströmt. Die mittleren und kleineren Arterien sind im Querschnitt meist rund und zeigen einen klaren Schichtenbau bestehend aus Tunica intima, media und externa (adventitia). Zwischen der Tunica intima und media ist eine deutliche Lamina elastica interna ausgebildet. Die Tunica media, bestehend aus spiralig verlaufenden glatten Muskelzellen, ist wesentlich dicker als die von Venen vergleichbarer Größe.

1 Tunica intima; 2 Lamina elastica interna; 3 Tunica media; 4 Tunica adventitia (externa); 5 Nerv

---

Abb. 8-6 Arterie vom muskulären Typ, Hund, Elastica-Färbung mit Resorcin-Fuchsin, SB 80 µm

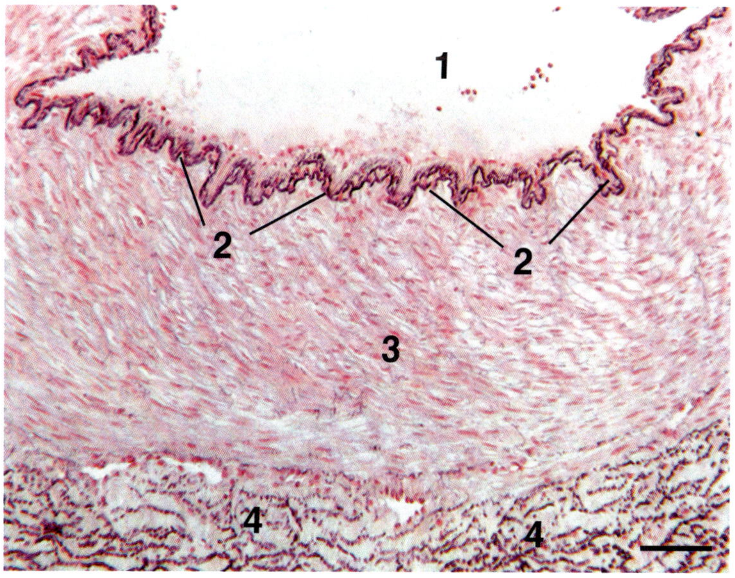

Die elastischen Fasernetze sind mit der Resorcin-Färbung sehr gut darstellbar. In den Arterien befindet sich zwischen Tunica intima und Tunica media eine wellenförmig-elastische Faserschicht, die Lamina elastica interna. Eine schwächere Lamina elastica externa an der Grenze zur Tunica adventitia kann bei größeren Arterien dieses Typs ebenfalls vorhanden sein.

1 Lumen; 2 Lamina elastica interna; 3 Tunica media; 4 Tunica adventitia (externa)

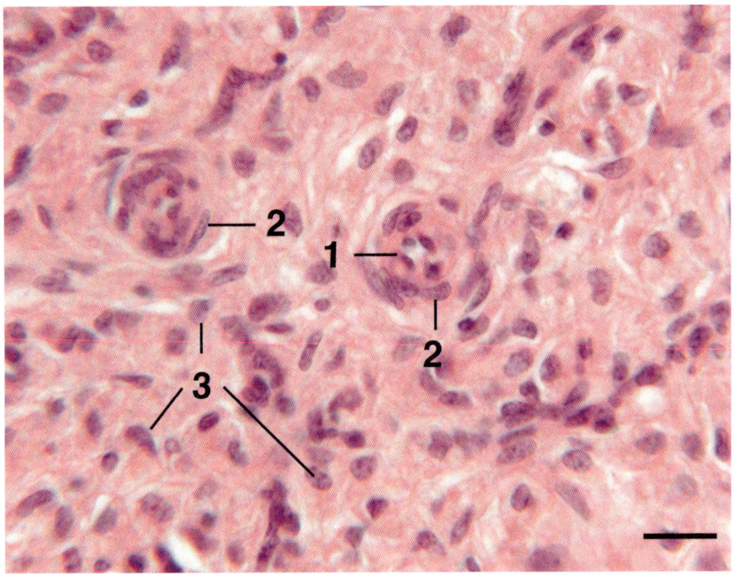

Abb. 8-7 Arteriole, Corpus rubrum, Rind, Hämatoxylin-Eosin, SB 40 µm

Die kleinsten Äste des arteriellen Systems werden Arteriolen genannt. Sie haben einen Durchmesser von 15–60 µm. Die Tunica media umfasst nur eine bis wenige Lagen glatter Muskelzellen. Arteriolen, Kapillaren und Venolen werden oft unter dem Begriff Mikrostrombahn zusammen gefasst.

1 Endothel der Arteriole; 2 Glatte Muskelzellen der Tunica media; 3 Fibroblasten

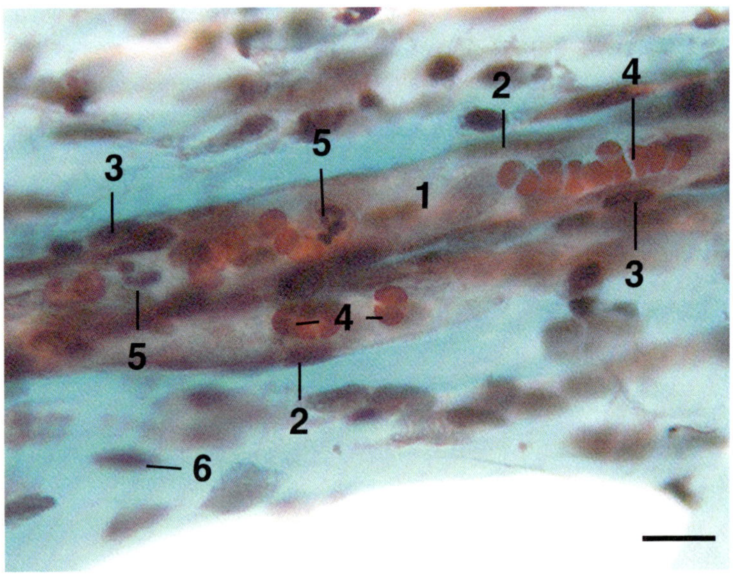

Abb. 8-8 Kapillare, Omentum maius, Goldner-Färbung, SB 18 µm

Kapillaren sind die kleinsten Gefäße und bilden die terminale Strombahn. Sie besitzen keine Wandmuskulatur. Endothelzellen sind an ihren flachovalen Zellkernen zu erkennen. Perizyten liegen der Basalmembran außen auf. Im Lumen der Kapillaren sind zahlreiche Erythrozyten und einige Granulozyten erkennbar.

1 Kapillare; 2 Endothelzelle; 3 Perizyten; 4 Erythrozyten; 5 Granulozyten; 6 Fibroblasten des Bindegewebes

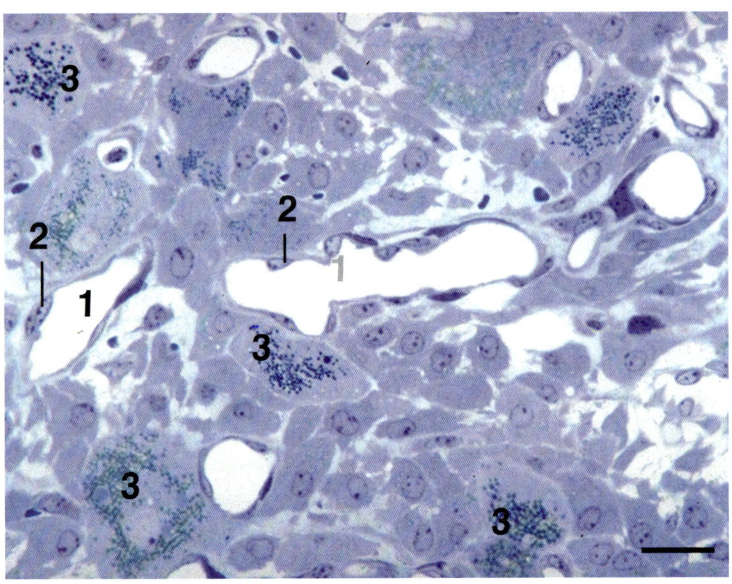

Abb. 8-9 Sinusoide im Knochenmark, Ratte, Semidünnschnitt, Toluidinblau-Färbung, SB 40 µm

Sinusoide sind großlumige Kapillaren, die ein diskontinuierliches Endothel und eine unterbrochene Basalmembran besitzen. Dies erleichtert und beschleunigt den Stoffaustausch und das Durchtreten von neugebildeten Blutzellen.

1 Sinusoid; 2 Endothelzellen; 3 Megakaryozyten

Abb. 8-10 Vene, Rind, Hämatoxylin-Eosin, SB 40 µm

Venen sind Gefäße, in denen das Blut zum Herzen strömt. Das Lumen stellt sich im Querschnitt meist flach-oval dar. Die Gliederung der Venenwand in drei Schichten (Tunica intima, media und adventitia) ist im Vergleich zu den Arterien eher undeutlich ausgeprägt. Die Lamina elastica interna erscheint eher unregelmäßig. Die Tunica media weist eine geringere Wandstärke auf als die einer Arterie vergleichbarer Größe.

1 Tunica intima; 2 Tunica media; 3 Tunica adventitia; 4 Blut in der Vene

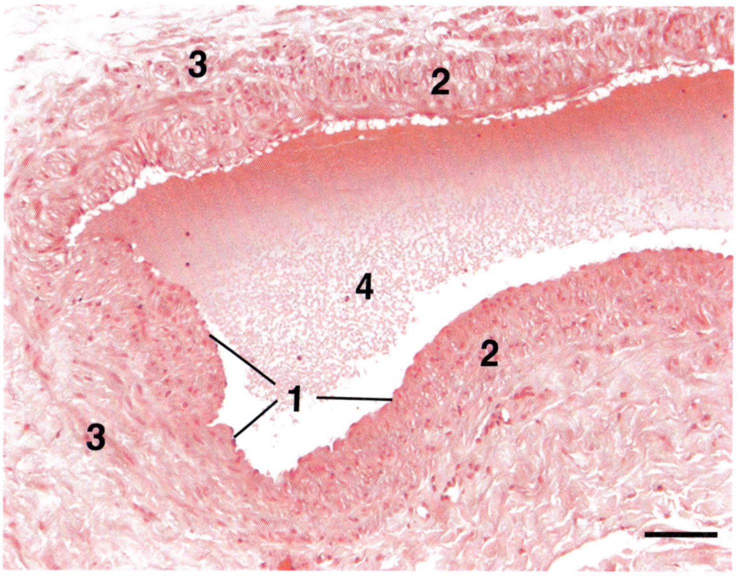

Abb. 8-11 Vene mit Venenklappen, Hund, Hämatoxylin-Eosin, SB 40 µm

Mittlere und größere Venen können Venenklappen (Valvulae venosae) besitzen. Diese aus der Tunica intima hervorgehenden, meist zweiteiligen Taschenklappen sind mit kollagenen Geflechten zur Verstärkung ausgestattet.

1 Endothel der Tunica intima; 2 Venenklappen; 3 Tunica media; 4 Tunica adventitia

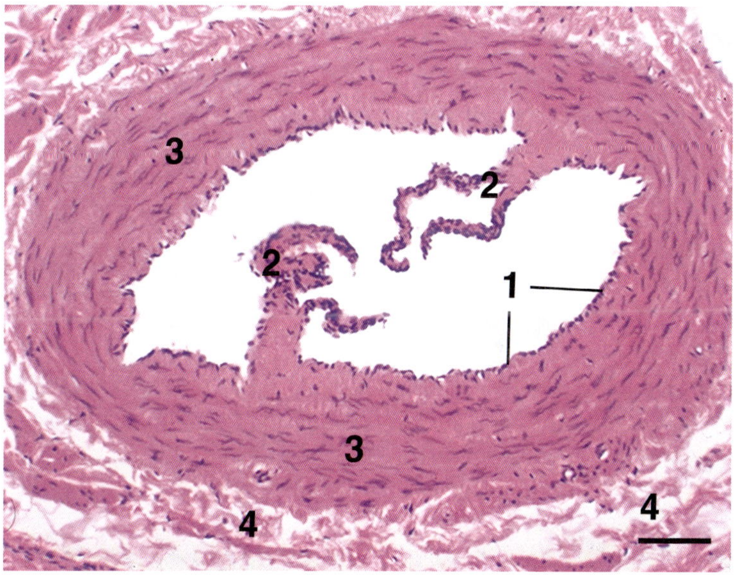

Abb. 8-12 Vene, Hund, Elastica-Färbung mit Resorcin-Fuchsin, SB 40 µm

Die Lamina elastica interna ist bei Venen nur schwach ausgebildet und kann mit der Resorcin-Färbung dargestellt werden. Venen weisen in ihrer Tunica media deutlich mehr elastische Fasernetze auf als Arterien. Zwischen den ringförmig angeordneten Muskelfasergruppen befinden sich neben den elastischen Netzen auch größere kollagene Faserbündel.

1 Lumen; 2 Endothel; 3 Lamina elastica interna; 4 Elastische Fasern in der Tunica media

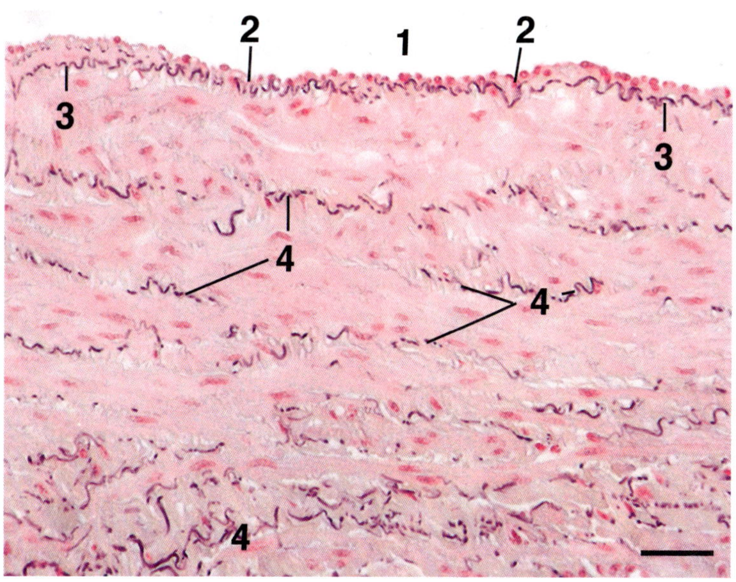

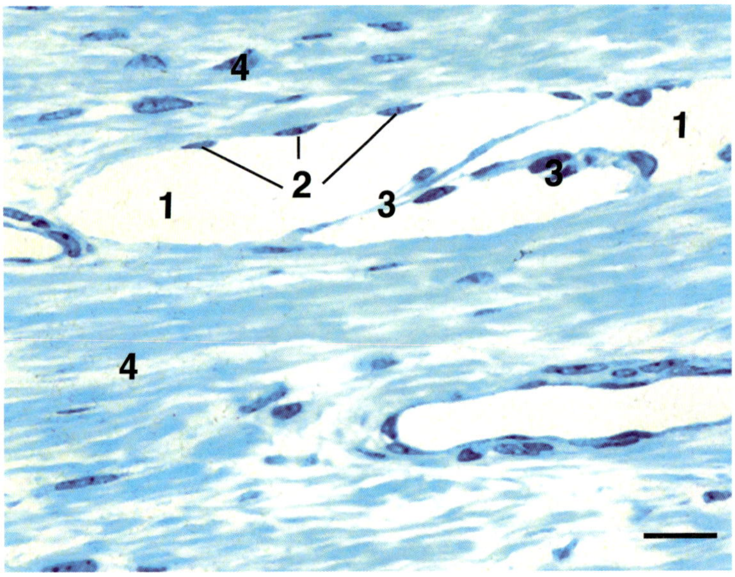

Abb. 8-13 Lymphgefäß, Schaf, Masson-Goldner-Färbung, SB 18 µm

Lymphgefäße entsprechen einem venenparallelen Drainagesystem, das dem interstitiellen Raum Lymphe entzieht und es den Venen des großen Kreislaufs zuführt. Die klappenlosen Lymphkapillaren münden in größere Sammelgefäße, die Klappen aufweisen können. Unter dem Endothel dieser Gefäße, das einer Basalmembran aufsitzt, liegen ein oder zwei Lagen glatter Muskelzellen.

1 Lymphgefäß; 2 Endothelzelle; 3 Klappe; 4 Bindegewebe

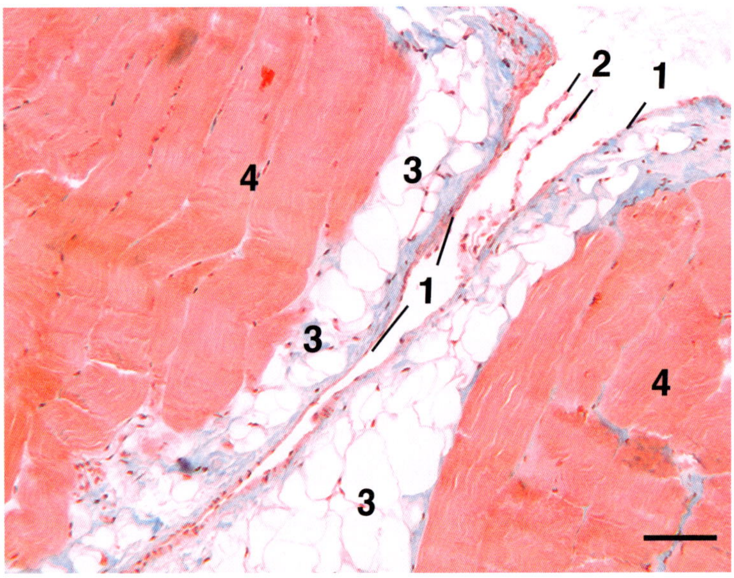

Abb. 8-14 Lymphgefäß mit Klappen, Schaf, Azan-Färbung, SB 80 µm

Lymphgefäße sind in fast allen Geweben des Körpers vorhanden. Keine Lymphgefäße besitzen Epithelien, Knorpel, Knochen und Knochenmark, Zahnhartsubstanzen, Nervengewebe und die Plazenta.

1 Endothel des Lymphgefäßes; 2 Klappen; 3 Fettzellen; 4 Skelettmuskulatur

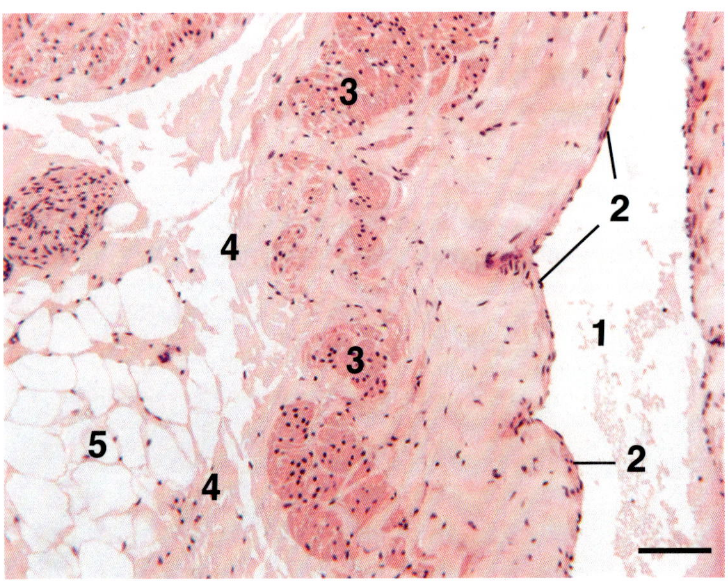

Abb. 8-15 Ductus thoracicus, Schaf, Hämalaun-Eosin-Färbung, SB 80 µm

Der Ductus thoracicus ist das größte Lymphgefäß. Er weist einen deutlichen, dreischichtigen Wandbau auf. Eine Lamina elastica interna kann vorhanden sein. Eine Lamina elastica externa fehlt. Die Tunica adventitia ist nur schwach ausgebildet.

1 Lumen; 2 Tunica intima; 3 Tunica media; 4 Tunica adventitia; 5 Fettzellen

9 Blut und Knochenmark (Sanguis et Medulla ossium)

Das Blut kann als flüssiges Gewebe aufgefasst werden, das die verschiedenen Teile des Körpers verbindet. Seine Menge macht etwa 6–8 % des Körpergewichts aus. Das Blut besteht aus einem flüssigen Anteil, dem Blutplasma (Plasma sanguinis), und den darin suspendierten Zellen, den Blutkörperchen oder Blutzellen (Haemocyti). Normalerweise beträgt der Anteil des Plasmas ca. 55–60 % und jener der Blutkörperchen 45 % des gesamten Volumens. Das Blutplasma besteht zu 90 % aus Wasser. Sein Gesamteiweißgehalt beträgt 7–8 %, wobei über 200 verschiedene Proteinarten unterschieden werden können. Den Hauptanteil der Plasmaproteine bilden mit 60 % die Albumine. Sie spielen eine wichtige Rolle als Transportproteine. Hinzu kommen α-, β- und γ-Globuline (γ-Globuline als Antikörper des Blutes) sowie Fibrinogen, die Vorstufe des Fibrins bei der Blutgerinnung.

Die Aufgaben des Blutes sind außerordentlich vielseitig und können hier nur kurz angedeutet werden: Blut vermittelt den Transport von Atemgasen (Sauerstoff, Kohlendioxid), Nährstoffen, Stoffwechselprodukten, Hormonen, Vitaminen, Mineralstoffen, Wasser etc. Es dient der Regulation des Ionenhaushaltes und damit der Aufrechterhaltung des Säure-Basen-Gleichgewichts im Körper. Durch Abwehrstoffe (Antikörper = Immunglobuline = IgG) und durch die auf verschiedene Aufgaben spezialisierten Blutzellen ist es an den Abwehrprozessen des Körpers entscheidend beteiligt. Seine Fähigkeit zu gerinnen dient als Schutz gegen Verbluten. Ferner spielt Blut eine wichtige Rolle bei der Aufrechterhaltung einer konstanten Körpertemperatur.

9.1 Zelluläre Bestandteile des Blutes

Die Blutzellen lassen sich unterteilen in:

- rote Blutzellen (rote Blutkörperchen, Erythrozyten, Erythrocyti)
- weiße Blutzellen (weiße Blutkörperchen, Leukozyten, Leucocyti)
- Blutplättchen (Thrombozyten, Thrombocyti)

9.1.1 Rote Blutzellen (Erythrozyten)

Erythrozyten sind kernlose (beim Säugetier), bikonkave Scheibchen, die je nach Spezies unterschiedliche Größe haben (z. B. 4,2 µm bei der Ziege, bis 7,5 µm beim Hund) Sie enthalten den roten Blutfarbstoff Hämoglobin, der für den Gastransport verantwortlich ist. Die Lebensdauer beträgt abhängig von der Tierart etwa 70–120 Tage. Die Bildung der Erythrozyten erfolgt nach der Geburt im Knochenmark, der Abbau vor allem durch Makrophagen in der Milz.

9.1.2 Weiße Blutzellen (Leukozyten)

- Granulozyten (Granulocyti)
- Monozyten (Monocyti)
- Lymphozyten (Lymphocyti)

Neutrophile Granulozyten (▶ Abb. 9-1) bilden beim Pferd und den Fleischfressern den größten Teil der weißen Blutzellen (ca. 50–60 %). Ihr Durchmesser beträgt ca. 8–12 µm. Der Kern der reifen neutrophilen Granulozyten ist segmentiert, derjenige der jugendlichen ist stabförmig. Im Zytoplasma liegen feine neutrophile (färben sich mit basischen oder eosinophilen Farbstoffen kaum an) Granula. Diese entspricht überwiegend den primären Lysosomen. Die Bildung der neutrophilen Granulozyten erfolgt im Knochenmark, ihre Lebensdauer im Blut beträgt nur einige Tage. Sie sind amöboid beweglich und können kleine Fremdpartikel phagozytieren. Sie werden deshalb auch Mikrophagen genannt. Neutrophile Granulozyten sind wichtig bei der Infektionsabwehr. Nach ihrem Zugrundegehen werden sie in Eiterkörperchen umgewandelt.

Eosinophile Granulozyten (▶ Abb. 9-2) haben einen Durchmesser von ca. 10–20 µm und machen 1–4 % aller zirkulierenden weißen Blutzellen aus. Ihr Kern ist hantelförmig und wird häufig von den dichten, beim Pferd kugelförmigen, eosinophilen Granula (Größe 0,5–2 µm) teilweise überlagert. Sie phagozytieren Antigen-Antikörper-Komplexe und kommen vermehrt bei allergischen Entzündungen und bei Parasitenbefall vor.

Basophile Granulozyten sind die seltenste Form (0,3–1 %) der Granulozyten. Ihre Größe beträgt ca. 8–14 µm. Sie enthalten in großer Zahl basophile, blauschwarze Granula (Ø 0,5–1,5 µm), die oft den gelappten Zellkern weitgehend überdecken können. In den Granula sind Heparin (hemmt die Blutgerinnung), Histamin (erhöht die Gefäßpermeabilität), Leukotriene, Hyaluronsäure, Serotonin, chemotaktische Faktoren und verschiedene zinkhaltige Proteine enthalten. Die basophilen Granulozyten besitzen membranständige Rezeptoren für Immunglobulin E (IgE). Seine Anwesenheit, z.B. bei allergischen Erkrankungen, führt nach Bindung an die IgE-Rezeptoren zur massiven Freisetzung der Granula. Durch die Wirkung des darin gespeicherten Histamins kommt es zur Quaddelbildung und zum Juckreiz. Die basophilen Granulozyten phagozytieren kaum. Ihre Verweildauer im Blut ist kurz und beträgt weniger als 6 Stunden. Im Gewebe halten sie sich ca. 24 Stunden auf.

Monozyten (▶ Abb. 9-3) machen ca. 2–6% aller Leukozyten aus. Sie sind die größten weißen Blutzellen (15–20 µm). Ihr Kern ist nierenförmig eingebuchtet und liegt gewöhnlich exzentrisch in der Zelle. Das Zytoplasma erscheint bei der Pappenheim-Färbung blaugrau und enthält größere Vakuolen. Im Blut halten sich die Monozyten 1–2 Tage auf, um dann in das Bindegewebe auszuwandern. Dort differenzieren sie sich zu Makrophagen und können mehrere Monate aktiv bleiben. Die Monozyten des Blutes sind also, ähnlich wie die Lymphozyten, keine Endstufen ihrer Differenzierungsreihe. Sie können als prospektive Makrophagen angesehen werden, die unter dem Einfluss spezifischer Milieubedingungen in andere Zellen des **mononukleären Phagozytensystems (MPS)** transformiert werden können.

Zum MPS werden folgende Zellen gerechnet:

- Monozyten des Blutes,
- Monozytenvorstufen im Knochenmark,
- Makrophagen im Gewebe, wie Alveolar- Pleura- und Peritonealmakrophagen,
- verschiedene Zelltypen, die sich von Monozyten ableiten, z.B. die Kupffer-Sternzellen in der Leber, die Osteoklasten und die Mesogliazellen im Zentralnervensystem.

Lymphozyten werden wie die Monozyten als Agranulozyten (Agranulocyti) bezeichnet, weil sie keine spezifischen Granula enthalten. Die Zahl der Lymphozyten im Blut ist bei den Wiederkäuern besonders groß (50–70% der Leukozyten). Bei Pferd und Katze liegt ihre Zahl bei 30–35%, beim Hund nur zwischen 20–25%. Weiter muss erwähnt werden, dass sich nur ein kleiner Teil der Lymphozyten (ca. 2%) im Blut befindet. Der größte Teil der Lymphozyten ist in den lymphatischen Organen lokalisiert. Die übrigen befinden sich im Knochenmark oder als freie Zellen im lockeren Bindegewebe. Lymphozyten besitzen eine geringe amöboide Beweglichkeit. Sie phagozytieren nicht und besitzen kaum Lysosomen. Lymphozyten sind keine „Endzellen", sie können nach Stimulation weiter transformiert werden. Morphologisch können nach der Größe zwei Gruppen von Lymphozyten unterschieden werden, nämlich kleine Lymphozyten (4–10 µm groß), welche den größten Anteil der Lymphozyten im Blut ausmachen, und große Lymphozyten (>11 µm). Zu den kleinen Lymphozyten mit annähernd gleichem Aussehen gehören unter anderem noch nicht immunkompetente Lymphozyten aus dem Knochenmark, immunologisch kompetente T-Lymphozyten und B-Lymphozyten. Die exakte Unterscheidung von B- und T-Lymphozyten ist durch immunhistochemische Methoden möglich, mit denen die Antigene der Zellmembran, vor allem die CD-Antigene (CD = Cluster of Differentiation), bestimmt werden. So tragen die T-Helferzellen das CD-4-Antigen, T-Suppressor- und T-Killerzellen das CD-8-Antigen.

Kleine Lymphozyten sind die weitaus überwiegende Lymphozytenform (80–90%) im Blut. Ihr runder, chromatinreicher Kern enthält stark kondensiertes Chromatin, das die Nucleoli (die im Elektronenmikroskop gut sichtbar sind) maskiert. Der Kern wird von einem schmalen, lichtmikroskopisch oft kaum wahrnehmbaren, basophilen Zytoplasmasaum umgeben. Hinter dem morphologisch einförmigen Bild der kleinen Lymphozyten verstecken sich funktionell unterschiedliche Zellen des Immunsystems, die wie erwähnt, mit weiterführenden immunologischen und immunhistochemischen Methoden differenziert werden können.

Große Lymphozyten haben eine Größe von 11–18 µm. Der Kern ist weniger kompakt als bei den kleinen Lymphozyten, rund oder etwas eingebuchtet. Im Zytoplasma finden sich oft einzelne Azurgranula. Aufgrund ihres größeren Gehaltes an Zytoplasma können sie mit Monozyten verwechselt werden.

9.1.3 Blutplättchen (Thrombozyten)

Blutplättchen sind farblose, meist spindelförmige Gebilde von 1–4 µm Länge. Sie besitzen keinen Zellkern. Im Blut kommen 150.000–300.000/mm^3 vor. Sie entstehen durch Abschnürung aus Megakaryozyten (Knochenmarkriesenzellen). Die Lebensdauer beträgt 1–2 Wochen. Gealterte Blutplättchen werden dann vor allem in der Milz phagozytiert und abgebaut.

Im Blutausstrich erkennt man an den Thrombozyten eine zentrale Zone, die basophile Körnchen enthält (Granulomer) und die von einer hellen Zone (Hyalomer) umgeben wird. Im Granulomer liegen α-Granula, die Gerinnungsproteine (Fibrinogen, Fibronektin und β-Thromboglobulin) enthalten. Die Thrombozyten dienen der Blutgerinnung. Bei Verletzungen des Endothels stülpen sie Fortsätze (Pseudopodien) aus, haften im veränderten Bereich an und agglutinieren (Bildung von Blutplättchenthromben). Beim Zerfall der Thrombozyten wird unter anderem Thrombokinase freigesetzt, wodurch die Blutgerinnung eingeleitet wird. Das Serotonin der Thrombozyten wirkt lokal gefäßverengend und unterstützt die Aggregation der Blutplättchen.

9.2 Knochenmark (Medulla ossium)

Knochenmark (Medulla ossium) ist in der Substantia spongiosa der Knochen als rotes oder gelbes Knochenmark lokalisiert. Die Grundlage des Knochenmarks wird von stark vaskularisiertem retikulären Bindegewebe gebildet, in dessen Maschenwerk beim roten Knochenmark (Medulla ossium rubra) zahlreiche Zellen der Granulopoese (Bildung der Granulozyten), der Erythropoese (Bildung der Erythrozyten), der Thrombopoese (Bildung von Blutplättchen) und der Lymphopoese (Bildung von Lymphozyten, pränatal) eingelagert sind (▶ Abb. 9-4). Gemeinsame Stammzelle aller roten und weißen Blutzellen ist der Hämozytoblast.

Die weiten Sinus (50–80 µm) des Knochenmarks werden von einem nichtfenestrierten Endothel ausgekleidet. Im Knochenmark sind keine Lymphgefäße vorhanden.Mit zunehmendem Alter lagern die Zellen des retikulären Bindegewebes des roten Knochenmarks vermehrt Fett ein. Es wird so zum gelben Knochenmark (Medulla ossium flava, Fettmark). Bei Bedarf (z.B. hohen Blutverlusten) kann das gelbe Mark wieder in blutbildendes Knochenmark umgewandelt werden. Das Gallertmark (Medulla ossium gelatinosum) ist dagegen eine irreversible Altersform.Pränatal erfolgt die Blutbildung im Mesenchym des Dottersacks (megaloblastische Periode), in Leber und Milz (hepatolienale Periode) und in späteren Entwicklungsstadien im Knochenmark (medulläre Periode). Nach der Geburt entstehen Granulozyten und Erythrozyten nur noch im Knochenmark. Lymphozyten werden hauptsächlich in den lymphatischen Organen gebildet.

9.2.1 Grundlagen der Hämopoese

Es gibt drei Kompartimente:

- pluripotente Stammzellen
- Progenitoren
- Effektorzellen

9.2.1.1 Pluripotente Stammzellen (Hämozytoblast)

Die verschiedenen Arten von Blutzellen gehen alle auf eine gemeinsame pluripotente Stammzelle, den Hämozytoblasten, zurück. Unter den Bedingungen der Homöostase wird bei jeder Teilung eine der Tochterzellen wieder zur Stammzelle, während die andere Zelle den untergeordneten Kompartimenten zugeführt wird. Morphologisch ist die Stammzelle (Hämozytoblast) durch einen dichten, runden Kern und ein schmales, basophiles Zytoplasma charakterisiert und zeigt in ihrem Aussehen damit Ähnlichkeiten zu kleinen Lymphozyten.

9.2.1.2 Progenitoren: Determinierte hämopoetische Vorläuferzellen

Hämozytoblasten können sich durch differentielle Zellteilung und Differenzierung zu den Vorläuferzellen der einzelnen Bildungsreihen (erythropoetisch, myeloisch und megakaryoblastisch determiniert) entwickeln. Diese Zellen sind meist nur mehr uni- oder bipotent, d.h. sie sind auf eine oder zwei Differenzierungsrichtungen determiniert und haben die Fähigkeit zur extensiven Selbsterneuerung verloren.

9.2.1.3 Effektorzellen: Erythrozyten, Granulozyten und Monozyten

Erythropoese (Erythrocytopoesis, Bildung der roten Blutkörperchen): Ausgehend vom einer pluripotenten Stammzelle, durchlaufen die Zellen die Stadien des Proerythroblasten, basophilen Erythroblasten, polychromatischen Erythroblasten, azidophilen Erythroblasten (Normoblast), Retikulozyten, um schließlich zum Erythrozyten zu werden. Durch den steigenden Hämoglobingehalt und die abnehmende Ribosomenzahl wird das ursprünglich basophile Zytoplasma polychromatisch und schließlich azidophil. Weiter verkleinert sich der rundliche Zellkern im Lauf der Entwicklungsreihe und wandert an die Zellperipherie. Der azidophile Erythroblast stößt beim Säugetier schließlich während der Passage des Sinusendothels den pyknotisch gewordenen Zellkern aus und wird zunächst zum Retikulozyten, dann zum reifen Erythrozyten.

Granulopoese (Granulocytopoesis, Bildung der Granulozyten): Die gemeinsame Stammform aller Granulozyten ist der Myeloblast (Myeloblastus). Diese etwa 10–15 µm große Zelle weist einen großen, ovalen, hellen Zellkern mit zwei oder mehreren Nucleoli auf. Im spärlich ausgebildeten, basophilen Zytoplasma finden sich Azurgranula (unspezifische oder primäre Granula), die lysosomale Enzyme enthalten. Aus den Myeloblasten gehen die Promyelozyten (Promyelocyti) hervor. Dies sind große (20 µm) basophile Zellen. Sie enthalten noch unspezifische Granula. Die nächste Reifungsstufe sind die Myelozyten (Myelocyti). Sie sind die letzten Zellen der Granulozytenreihe, die sich noch mitotisch teilen. Ihr anfangs basophiles Zytoplasma wird durch den Verlust von Ribosomen zunehmend azidophil. Gleichzeitig bilden sich die spezifischen, neutrophilen, eosinophilen oder basophilen Granula aus, die für die verschiedenen reifen Granulozytenformen charakteristisch sind. Parallel dazu verkleinert sich der Zellkern und erscheint zunehmend abgeflacht. Schließlich wird er nierenförmig oder stabförmig gebogen. Die Zelle wird dann als Metamyelozyt klassifiziert. Dieser leitet zu den jungen stabkernigen Granulozyten über. Während der weiteren Entwicklung wird der Kern durch Einschnürungen untergliedert (segmentkerniger Granulozyt). Erst die reifen Granulozyten sind amöboid beweglich.

Thrombopoese (Thrombocytopoesis, Bildung von Blutplättchen): Die Bildung der Blutplättchen erfolgt durch die Knochenmarkriesenzellen, die Megakaryozyten. Infolge ihrer Größe (Durchmesser 50–100 µm) sind sie im Knochenmark leicht zu identifizieren. Meist liegen sie in unmittelbarer Nähe zu Gefäßen. Gelegentlich werden sie auch im Blut selbst beobachtet. Sie haben einen gelapp-

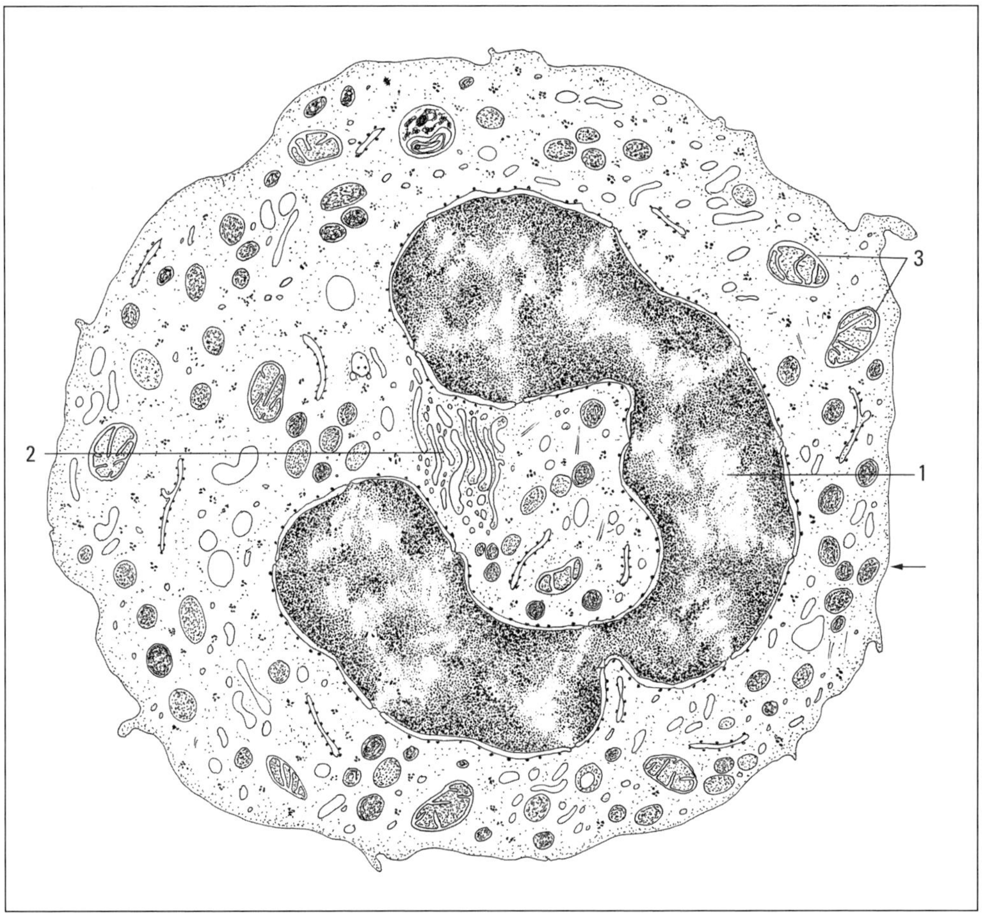

Abb. 9-1 Ultrastruktur eines neutrophilen Granulozyten.
1 Segmentierter Zellkern; 2 Golgi-Apparat; 3 Mitochondrien; Pfeil: spezifische neutrophile Granula

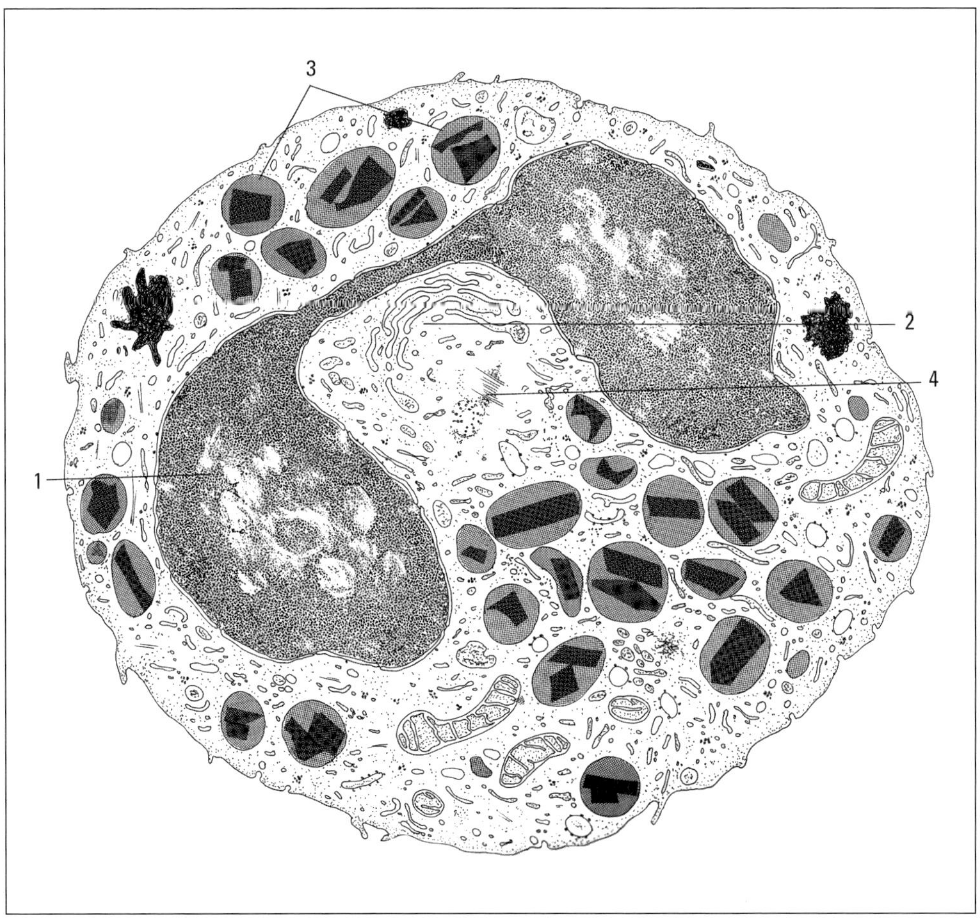

Abb. 9-2 Ultrastruktur eines eosinophilen Granulozyten.
1 Zellkern; 2 Golgi-Apparat; 3 Spezifische eosinophile Granula. Wie im Elektronenmikroskop erkennbar ist, enthalten diese membranbegrenzten, bis zu 1,5 µm großen Granula jeweils ein bis zwei, in eine osmiophile, elektronendichte Matrix eingebettete Eiweißkristalle, die allerdings nur bei einigen Haussäugetieren vorhanden sind; 4 Zentriol

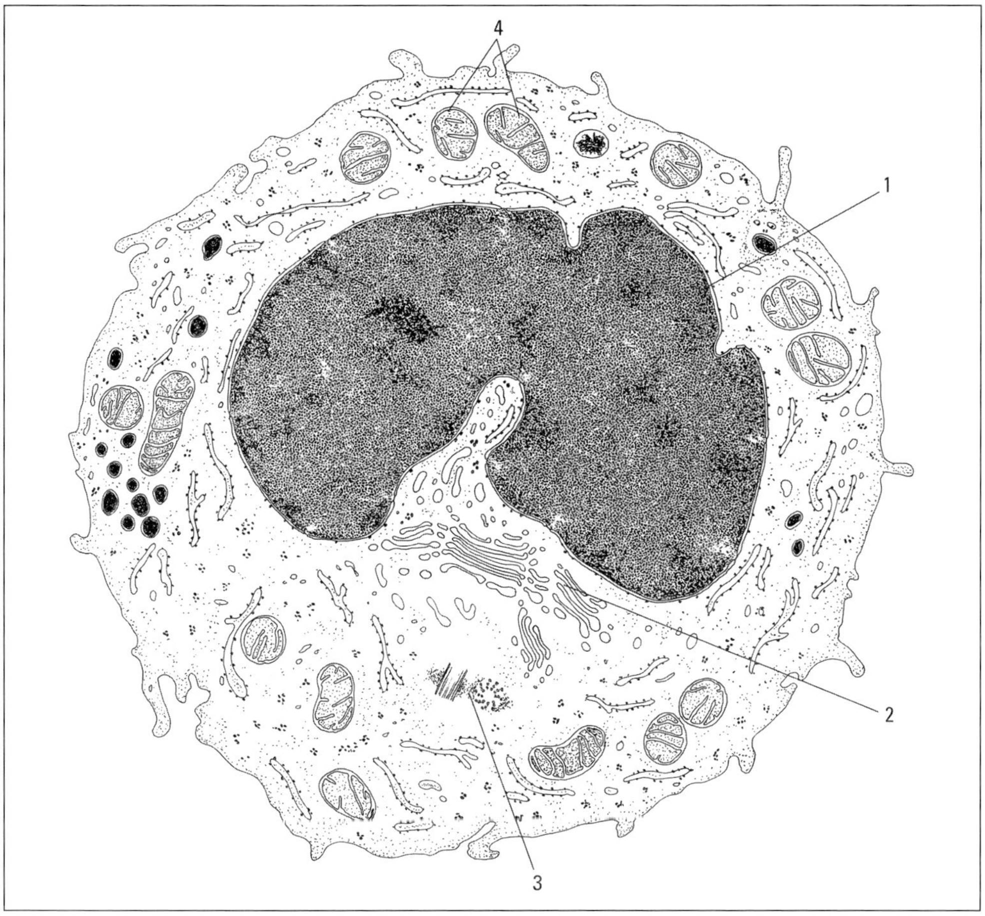

Abb. 9-3 Ultrastruktur eines Monozyten. Die Monozyten sind ca. 12–20 µm große, kugelige Zellen. Die äußere Oberfläche erscheint bei inaktiven Monozyten glatt. Bei Phagozytose bildet das Plasmalemm zahlreiche kugelige und fingerförmige Ausstülpungen aus.
1 Nierenförmiger Kern; 2 Golgi-Apparat; 3 Zentriol; 4 Mitochondrien

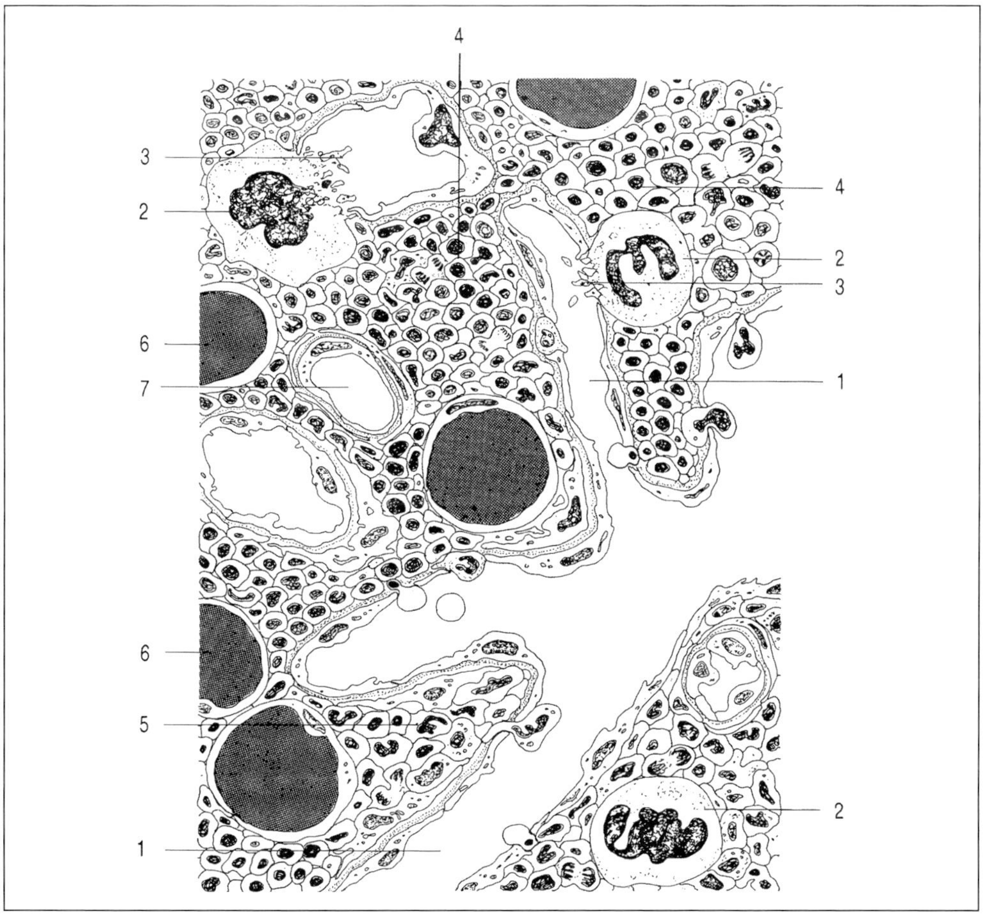

Abb. 9-4 Schematische Darstellung des Knochenmarks.
1 Sinusoide; 2 Megakaryozyt; 3 Thrombozyten; 4 Erythroblasten; 5 Granulozyt; 6 Fettzelle; 7 Arteriole

ten, hochpolyploiden Kern (bis zu 64n). Das ausgedehnte, schwach eosinophile Zytoplasma enthält zahlreiche Azurgranula.Megakaryozyten (Megakaryocyti) entwickeln sich aus Megakaryoblasten (Megakaryoblasti), die über eine Vorläuferzelle aus Hämozytoblasten entstehen. Die Megakaryoblasten sind dabei die erste morphologisch identifizierbare Stufe der Thrombozytenentwicklungsreihe. Sie haben einen Durchmesser von 15–50 µm. Ihr Zellkern ist groß, oval oder nierenförmig und weist zahlreiche Nukleolen auf. Das Zytoplasma enthält viele freie Ribosomen und erscheint deswegen basophil. Blutplättchen entstehen dadurch, dass die Plasmamembran der Megakaryozyten zisternenartige Einstülpungen („Demarkationsmembranen") ausbildet. Diese grenzen zylinderförmige Territorien voneinander ab, die dann weiter in etwa 3 µm große Fragmente, die Blutplättchen, zerlegt werden.

9.3 Blutzellen der Vögel

Folgende Blutzellen kommen beim Vogel vor (als echte kernhaltige Zellen):

- Rote Blutzellen (Erythrozyten)
- Weiße Blutzellen (Leukozyten)
- Spindelzellen (Thrombozyten)

Erythrozyten der Vögel sind kernhaltige, ovale Zellen. In der Regel sind sie deutlich größer als die Erythrozyten der Säugetiere (Huhn ca. 12 µm, Truthahn ca. 15,5 µm, Pinguin ca. 22 µm). Die Sauerstoffaffinität des Hämoglobins der Vögel ist allerdings meist geringer als das der Säuger. Die größere Bereitschaft des Vogelhämoglobins, den Sauerstoff an die Gewebe abzugeben, wird oft mit dem gesteigerten Sauerstoffbedarf beim Fliegen in Verbindung gebracht. Der ovale, heterochromatinreiche Kern wird durch einen deutlichen Spalt vom Zytoplasma, das dicht mit Hämoglobin gefüllt ist, getrennt. Die Lebensdauer der Vogelerythrozyten liegt bei etwa 4–6 Wochen.

Thrombozyten der Vögel sind ovale, kernhaltige Zellen, die bei oberflächlicher Betrachtung mit den Erythrozyten verwechselt werden können. Sie sind aber meist deutlich kleiner und ihr Kern erscheint runder. Das Zytoplasma hat eine feinnetzige Struktur mit gelegentlichen granulären Einschlüssen. Die Zahl der Thrombozyten der Vögel ist deutlich geringer als die der Säugetiere und liegt bei den meisten Vogelarten zwischen 20.000 und 30.000/ml.

Monozyten sind oft nur schwer von den großen Lymphozyten zu unterscheiden. Wenn sie die Blutbahn verlassen, wandeln sie sich in Makrophagen um. Der Durchmesser der Monozyten liegt zwischen 8–17 µm (Huhn 10–15 µm). Der Kern ist meist nierenförmig und liegt oft exzentrisch im Zytoplasma. Letzteres zeigt bei den konventionellen Blutfärbungen eine graublaue Farbe und zahlreiche Vakuolen.

Granulozyten können in heterophile (pseudoeosinophile), eosinophile und basophile Granulozyten unterteilt werden. Die **heterophilen Granulozyten** sind mit durchschnittlich 25–40 % aller weißen Blutkörperchen die bei weitem häufigste Granulozytenform. Ihre Größe liegt bei ca. 8–10 µm. Funktionell sind sie den neutrophilen Granulozyten der Säugetiere äquivalent. Sie besitzen einen polymorphen Kern, der meist aus mehreren, dicht kondensierten Chromatinaggregaten besteht. Charakteristisch sind die zahlreichen, stäbchenförmigen Granula, die sich bei den Routinefärbungen für Blutausstriche leuchtend rot anfärben. Bei der eosinophilen Granula dürfte es sich um Lysosomen handeln. **Eosinophile Granulozyten** kommen im Blut der Vögel in relativ geringer Zahl (2–4 % der gesamten Leukozyten) vor. Ihre Größe variiert und liegt meist zwischen 7–12 µm. Der Kern ist weniger segmentiert als der der heterophilen Granulozyten und erscheint häufig zweilappig. Charakteristisch sind die dunkelroten runden Granula, die in einem schwach gefärbten, bläulich-grauen Zytoplasma liegen. **Basophile Granulozyten** kommen im Blut der Vögel etwas häufiger (2–5 % der gesamten Leukozyten) als bei Säugetieren vor. Ihre Größe liegt bei etwa 8–12 µm. Der etwas exzentrisch gelegene Zellkern ist häufig zweilappig. Bei intakten basophilen Granulozyten wird der Kern teilweise durch runde, intensiv basophile Granula überdeckt, die auch den größten Teil des Zytoplasmas einnehmen. Die basophilen Granula sind gut wasserlöslich und enthalten unter anderem Heparin und Histamin. Sie gehen häufig bei der Anfertigung eines Blutausstrichs verloren, sodass die Identifizierung der basophilen Granulozyten relativ schwierig werden kann.

Lymphozyten übertreffen an Zahl die übrigen weißen Blutkörperchen bei weitem. Bis zu 75 % der weißen Blutkörperchen können Lymphozyten sein. Sie weisen eine runde Form auf und besitzen einen gleichfalls runden Kern. Die Größe der Lymphozyten variiert zwischen 12–15 µm (große Lymphozyten) über mittelgroße Lymphozyten (8–10 µm) bis zu den nur 4–6 µm Durchmesser aufweisenden kleinen Lymphozyten. Große Lymphozyten kommen im Blut nur relativ selten vor. Neben dieser rein deskriptiven Einteilung können nach Herkunft und immunologischer Funktion T- und B-Lymphozyten unterschieden werden. T-Lymphozyten sind in ihrer Entwicklung Thymus-abhängig, B-Lymphozyten erfahren ihre Prägung in der Bursa fabricii. Im Blut kommen sehr viel mehr T- als B-Lymphozyten vor.

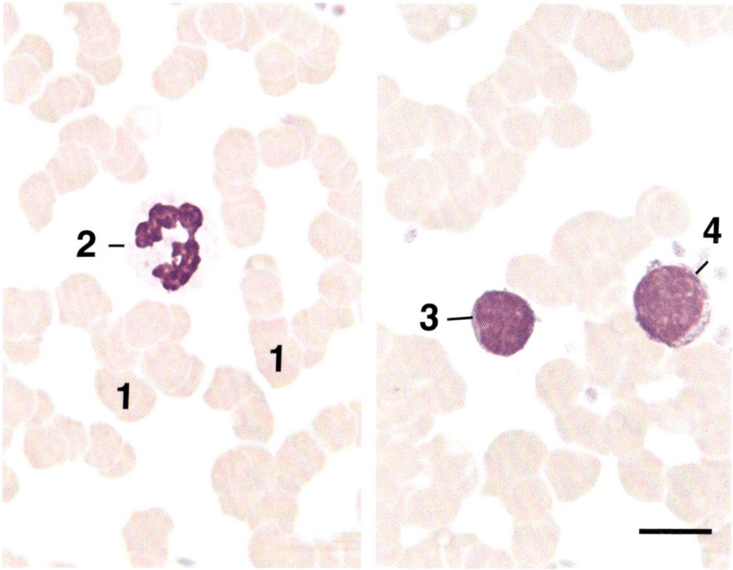

Abb. 9-5 Blut, Pferd, Links: Neutrophiler Granulozyt, Rechts: Kleiner und großer Lymphozyt, Diff-Quick-Färbung, SB 12 µm

Bei Pferden beträgt der Anteil der Neutrophilen an der Gesamtgranulozytenzahl über 50 %. Ihr Kern ist mehrfach gelappt. Das Zytoplasma enthält zwei Typen von feiner, farbneutraler Granula, die azurophile oder primäre Granula und die sekundäre (Peroxidase-negative) Granula. Die Lymphozyten sind kugelförmig. Der Durchmesser der großen Lymphozyten beträgt 11–18 µm, jener der kleinen 4–10 µm.

1 Erythrozyten; 2 Neutrophiler Granulozyt; 3 Kleiner Lymphozyt; 4 Großer Lymphozyt

---

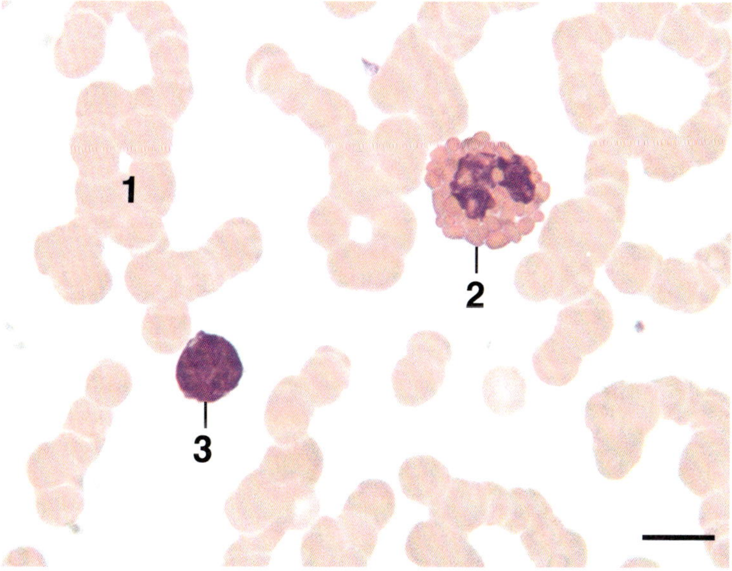

Abb. 9-6 Blut, Pferd, Eosinophiler Granulozyt und Lymphozyt, Diff-Quick-Färbung, SB 12 µm

Die eosinophilen Granulozyten sind mit einer Größe von 10–20 µm die größten Granulozyten beim Pferd. Ihre Lebensdauer liegt bei 8–12 Tagen und ihre intravasale Verweildauer bei 4–12 Stunden. Der brillen- oder hantelförmige Kern ist reich an Heterochromatin und besitzt ein bis zwei Nukleoli. Die Granula der equinen eosinophilen Granulozyten sind groß (1–2 µm), rund und zahlreich.

1 Erythrozyten; 2 Eosinophiler Granulozyt; 3 Kleiner Lymphozyt

---

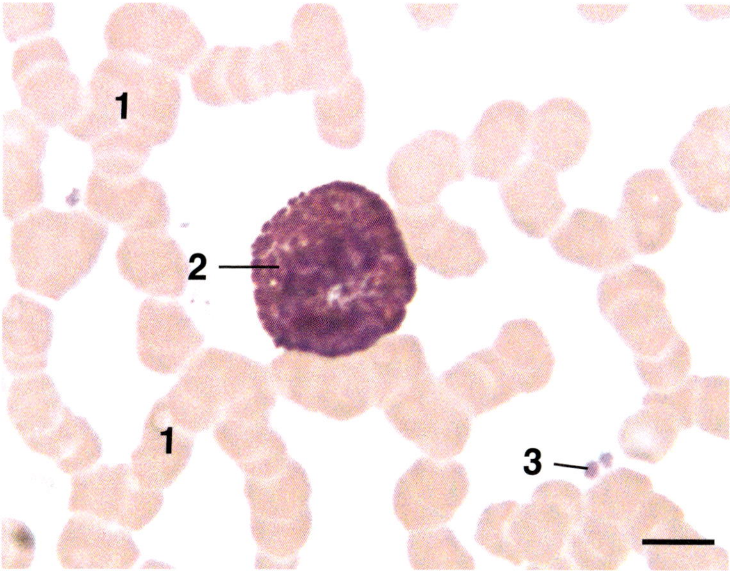

Abb. 9-7 Blut, Pferd, Basophiler Granulozyt, Diff-Quick-Färbung, SB 10 µm

Basophile Granulozyten haben einen Durchmesser von 8–14 µm. Der Zellkern der basophilen Granulozyten ist leicht gelappt und besitzt stark verdichtetes Chromatin. Er wird aber oft von den dunklen Granula im Zytoplasma verdeckt Die Granula, welche eine Durchmesser von 0,5–1,5 µm besitzen und stark basophil reagieren, enthalten Heparin und Histamin, sowie Hyaluronsäure, Chondroitinsulfat, Serotonin und verschiedene chemotaktische Faktoren.

1 Erythrozyten; 2 Basophiler Granulozyt; 3 Thrombozyten

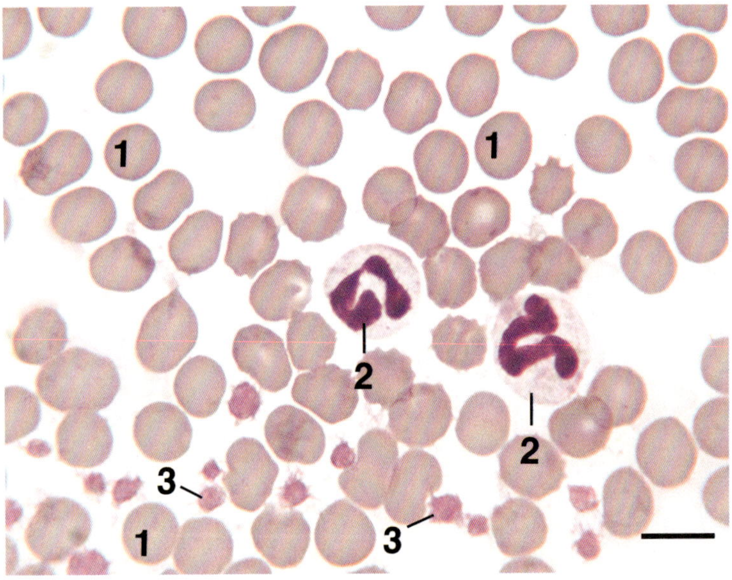

Abb. 9-8 Blut, Hund, Neutrophile Granulozyten, Diff-Quick-Färbung, SB 12 µm

Neutrophile Granulozyten haben einen stark gelappten Kern. Man unterscheidet je nach Anzahl der Kernsegmente stabkernige (unreife Form) von den segmentkernigen Neutrophilen. Beim gesunden Hund kommen die stabkernigen Neutrophilen nur in kleiner Anzahl vor. Im Zytoplasma finden sich zahlreiche feine Granula, die neutrophil sind, sich also sowohl mit basischen als auch mit sauren Farbstoffen schwach anfärben lassen.

1 Erythrozyten; 2 Segmentkernige neutrophile Granulozyten; 3 Thrombozyten

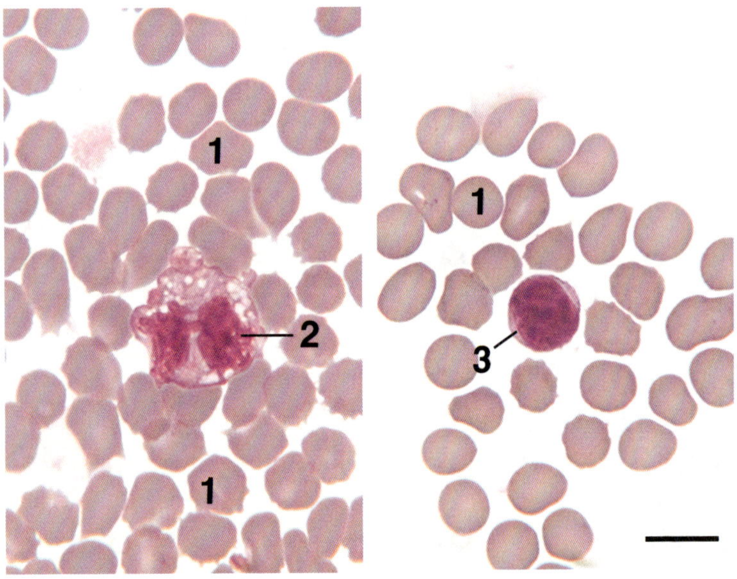

Abb. 9-9 Blut, Hund, Links: Monozyt, Rechts: Lymphozyt, Diff-Quick-Färbung, SB 12 µm

Der kanine Monozyt ist durch seine Größe (15–20 µm) und das blau-graue Zytoplasma charakterisiert. Dieses enthält unterschiedlich große Vakuolen. Die Kernform ist sehr variabel, häufig ist sie nierenförmig.

Kanine Lymphozyten haben eine Größe von 9–12 µm. Charakteristisch ist der runde, heterochromatinreiche Kern, welcher von einem schmalen Zytoplasmasaum umgeben ist.

1 Erythrozyten; 2 Monozyt; 3 Lymphozyt

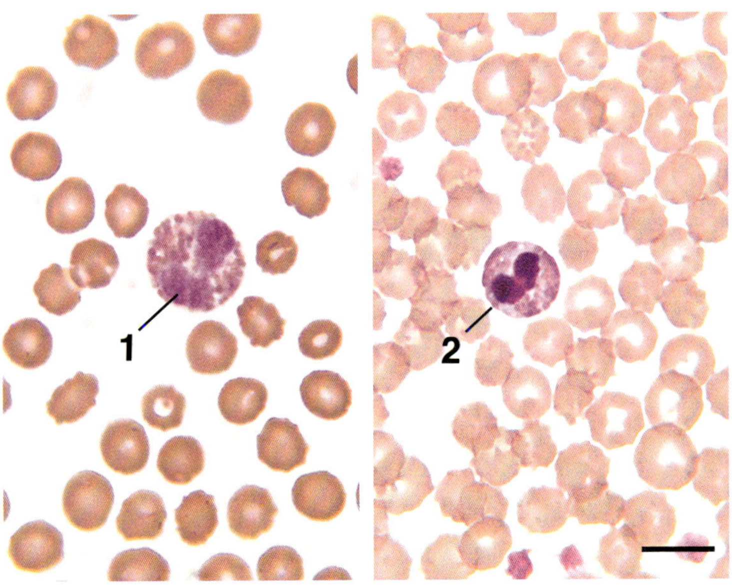

Abb. 9-10 Blut, Hund, Links: Eosinophiler Granulozyt, Rechts: Basophiler Granulozyt, Diff-Quick-Färbung, SB 12 µm

Der Durchmesser der kaninen eosinophilen Granulozyten beträgt 12–20 µm. Der Kern ist gelappt oder segmentiert, mit dichtem Chromatin. Das Zytoplasma enthält zahlreiche eosinophile Granula unterschiedlicher Größe. Basophile Granulozyten stellen sich als runde Zellen mit einer Größe von 12–20 µm dar. In den Granula findet man neben Histamin und Heparin auch Hyaluronsäure, Chondroitinsulfat, Serotonin und verschiedene chemotaktische Faktoren.

1 Eosinophiler Granulozyt; 2 Basophiler Granulozyt

Sophia A. Yin | Ingo Nolte

Praxisleitfaden Hund und Katze

Ins Deutsche übertragen von Elinor Switzer

3., überarbeitete und ergänzte Auflage

- Erleichtert den Einstieg in den Praxisalltag
- Wertvolle Hilfe zur Prüfungsvorbereitung
- Das praktische „Kitteltaschenbuch"
- Kompakter Leitfaden zu allen wichtigen klinischen Bereichen in der Kleintierpraxis

944 Seiten, zahlreiche Tabellen, Broschur
ISBN 978-3-89993-675-9
€ 59,95 [D] · € 61,70 [A]

Horst Wissdorf (Hrsg.) | Hartmut Gerhards | Bernhard Huskamp | Eckehard Deegen

Praxisorientierte Anatomie und Propädeutik des Pferdes

3., völlig neu bearbeitete und ergänzte Auflage

- Das Standardwerk zur Pferde-Anatomie für Studium und Praxis
- Komplett neue Gestaltung: modern und didaktisch durchdacht
- Rund 30 namhafte Spezialisten aus Lehre und Klinik
- Aktuelle Untersuchungsergebnisse und Praxiserfahrungen

M. & H. Schaper Verlag
im Vertrieb Schlütersche
1088 Seiten, ca. 1000 Abbildungen, mit Literaturverzeichnis auf CD-ROM, Hardcover
ISBN 978-3-7944-0216-8
€ 169,00 [D] · € 173,70 [A]

Prof. Dr. Josef Kamphues (Hrsg.)

Supplemente zur Tierernährung für Studium und Praxis

12., überarbeitete Auflage

- Der Begleiter im Studium: als Vorlesungsgrundlage und zur Prüfungsvorbereitung
- Der Ratgeber in der Praxis: konkrete Angaben zur Fütterung und Diätetik von Nutz- und Liebhabertieren
- Wichtige Fütterungsdaten zu mehr als 15 Tierarten und -gruppen: Pferd, Rind, Schaf, Ziege, Hund, Katze,
- Heim- und Versuchstiere, Nutzgeflügel, Tauben, Ziervögel, Reptilien, Fische
- Neue Gestaltung für einen noch besseren Überblick

M. & H. Schaper Verlag
im Vertrieb Schlütersche
536 Seiten, Hardcover
ISBN 978-3-7944-0240-3
€ 44,95 [D] · € 46,30 [A]

Abb. 9-11 Blut, Katze, Neutrophiler Granulozyt und Lymphozyt, Diff-Quick-Färbung, SB 12 µm

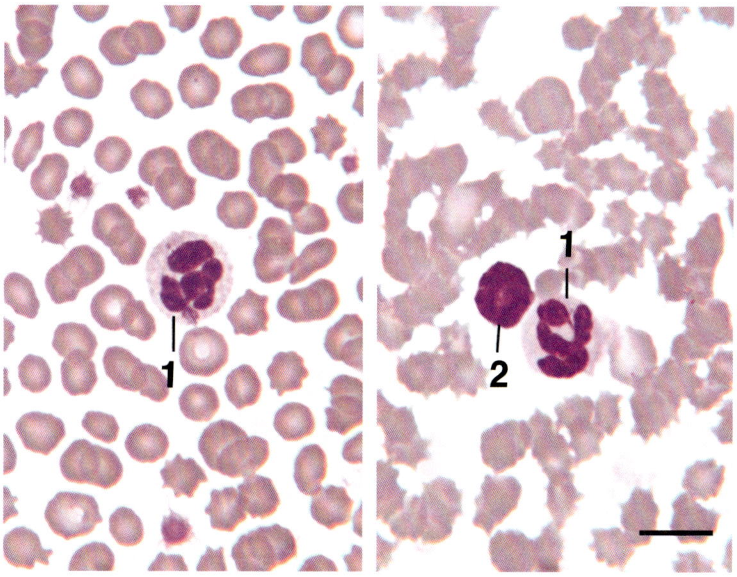

Neutrophile Granulozyten machen ca. 55–60 % der Gesamtleukozyten bei der Katze aus. Reife neutrophile Granulozyten sind rund und haben einen mehrfach segmentierten Zellkern. Die kleinen Lymphozyten haben einen durchschnittlichen Durchmesser von 4–7 µm. Große Lymphozyten der Katze sind 7–12 µm groß. Die Kerne der Lymphozyten sind rund, manchmal auch leicht eingedellt. Meist ist nur ein schmaler Zytoplasmasaum sichtbar, bei größeren Lymphozyten kann er auch etwas breiter sein.

1 Neutrophiler Granulozyt; 2 Lymphozyt

Abb. 9-12 Blut, Katze, Monozyten, Diff-Quick-Färbung, SB 10 µm

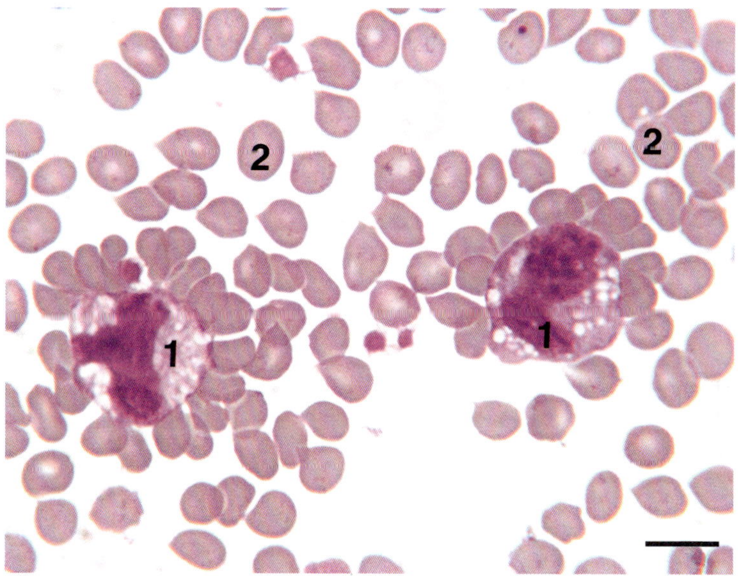

Charakteristisch für die Monozyten ist der vielgestaltige Zellkern. Er relativ groß, hat eine unregelmäßige Kontur, ist bohnenförmig, oval oder leicht gelappt, und kann gefaltet erscheinen. Meist liegt er exzentrisch in der Zelle. Häufig treten im grau-blauen Zytoplasma des Monozyten große, gut sichtbare Vakuolen auf.

1 Monozyten; 2 Erythrozyten

Abb. 9-13 Blut, Katze, Aktivierte Trombozyten, Diff-Quick-Färbung, SB 12 µm

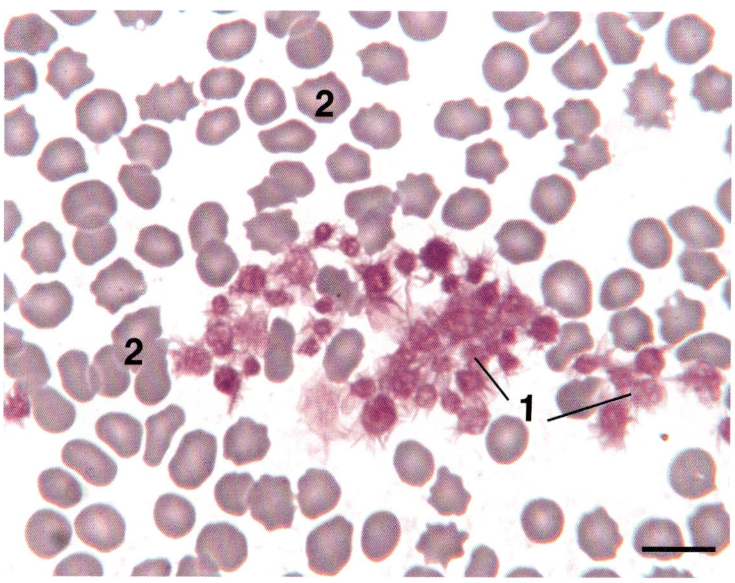

Die Thrombozyten (Bluttplättchen) sind platte, spindelförmige oder runde Körperchen von 1–4 µm Durchmesser. In Blutpräparaten liegen sie meist in kleinen Gruppen zusammen. Da sie sehr empfindlich sind, zeigen sie außerhalb der Blutgefäße häufig dünne, ausgezogene Fortsätze. Die Zahl der Thrombozyten beträgt im Milliliter Blut ca. 150.000 bis 300.000.

1 Aktivierte Trombozyten; 2 Erythrozyten

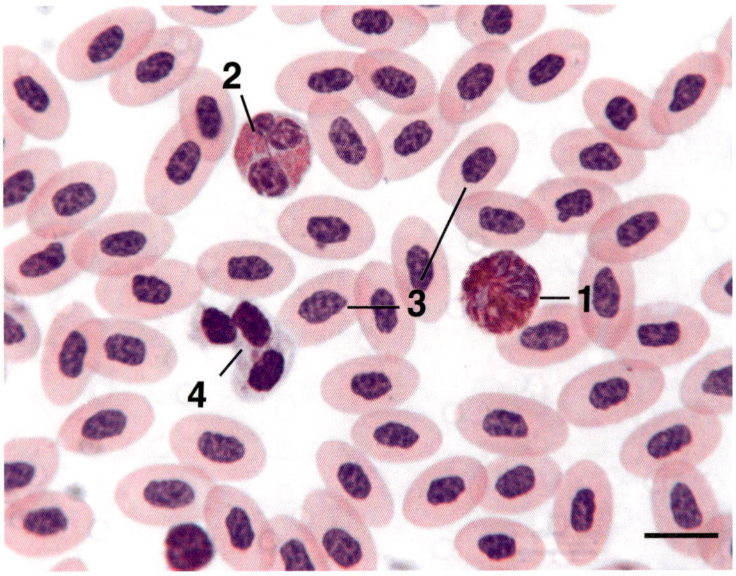

Abb. 9-14 Blut, Huhn, Heterophile Granulozyten, Pappenheim-Färbung, SB 9 µm

Die Erythrozyten des Huhns sind mit 12 µm deutlich größer als die Säugererythrozyten. Sie sind bikonvex und enthalten einen Zellkern, dessen Chromatin stark kondensiert erscheint. Die heterophilen Granulozyten entsprechen den neutrophilen Granulozyten der Säuger. Ihre Granula ist stäbchenförmig und zeigt eine große Affinität zu sauren Farbstoffen (pseudoeosinophile Granulozyten). Die eosinophilen Granulozyten sind durch eine runde, ziegelrote Granula gekennzeichnet.

1 Heterophiler Granulozyt; 2 Eosinophiler Granulozyt; 3 Erythrozyten; 4 Thrombozyt Erythrozyt

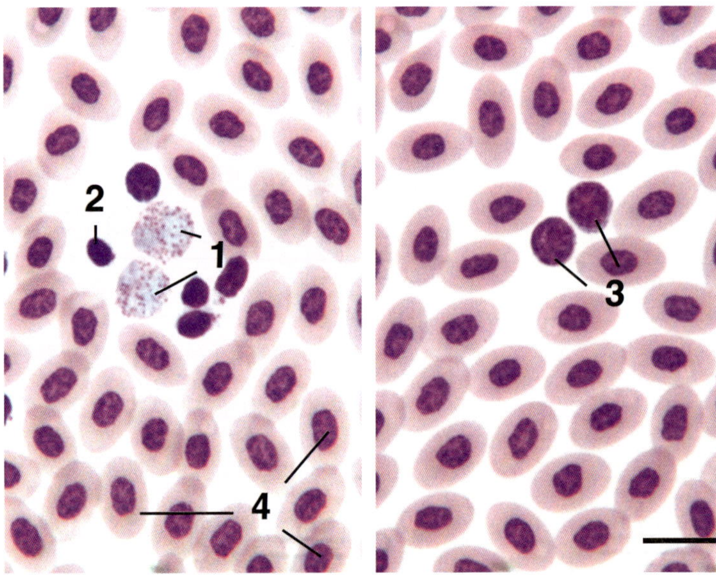

Abb. 9-15 Blut, Huhn, Links: Eosinophile Granulozyten und Spindelzellen, Rechts: Lymphozyten, Pappenheim-Färbung, SB 12 µm

Die eosinophilen Granulozyten kommen verhältnismäßig selten (2–8 % der Granulozyten) vor und sind durch eine runde, azidophile Granula gekennzeichnet. Die Thrombozyten (Spindelzellen) sind kernhaltig. Ihre Zahl ist deutlich geringer (ca 10 %) als beim Säugetier. Lymphozyten (kleine und große) können bis zu 75 % der weißen Blutkörperchen ausmachen.

1 Eosinophiler Granulozyt (entspeicherte Form); 2 Thrombozyt (Spindelzelle); 3 Lymphozyt; 4 Erythrozyt

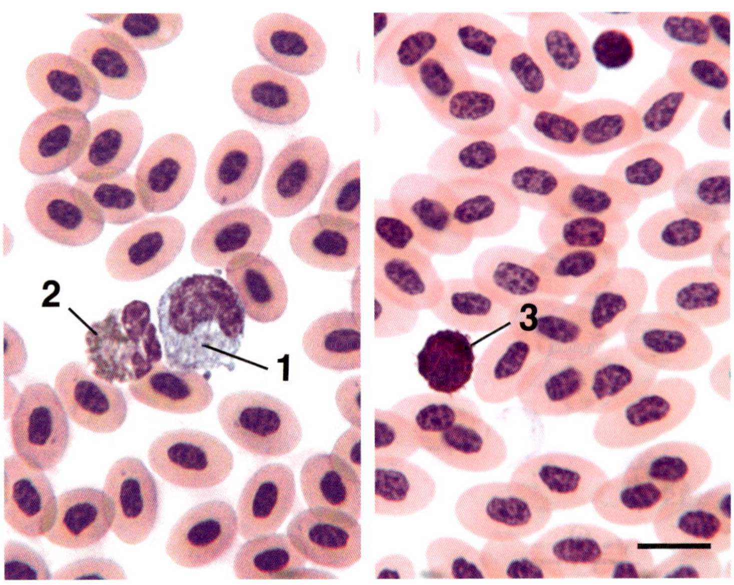

Abb. 9-16 Blut, Huhn, Links: Heterophiler Granulozyt und Monozyt, Rechts: Basophiler Granulozyt, Pappenheim, SB 11 µm

Die Monozyten sind ca. 10–15 µm groß. Ihr großer, bohnenförmiger Zellkern liegt exzentrisch im grau-blauen Zytoplasma, das zahlreiche Vakuolen enthält.

1 Monozyt; 2 Heterophiler (Pseudoeosinophiler) Granulozyt; 3 Basophiler Granulozyt

Abb. 9-17 Knochenmark, Kalb, Toluidinblau-Eosin-Färbung, SB 18 µm

Bei der Erythropoese (Bildung der roten Blutkörperchen) liegen mehrere Erythroblasten um eine zentral gelegene modifizierte Retikulumzelle (Ammenzelle). Bei den Myelozyten können an Hand der Granula bereits neutrophile, eosinophile und basophile Formen unterschieden werden, die sich dann unter Abnahme des Zytoplasmas und Zunahme der jeweilig spezifischen Granula zu den verschiedenen Granulozytenarten weiter entwickleln.

1 Proerythroblast; 2 Erythroblasten; 3 Ammenzelle; 4 Eosinophile Metamyelozyten; 5 Megakaryozyten

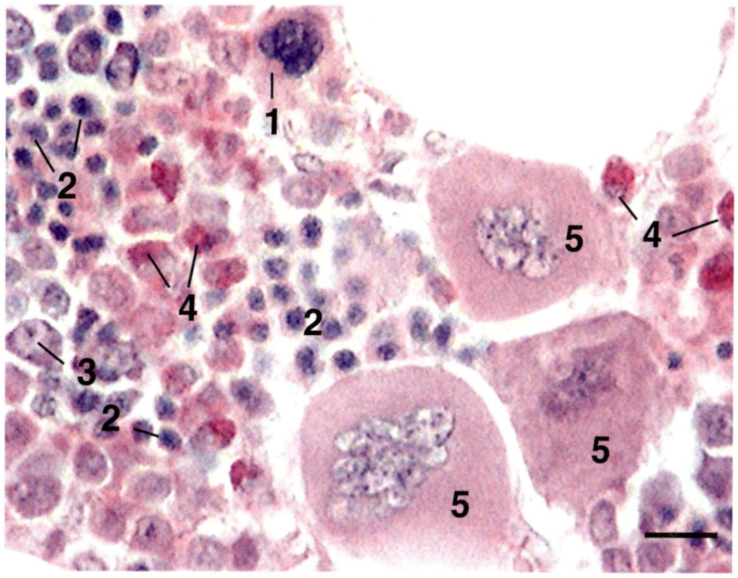

Abb. 9-18 Knochenmark, Ratte, Semidünnschnitt, Toluidinblau-Färbung, SB 350 µm

Das hämoretikuläre Bindegewebe enthält zahlreiche, ca. 20–50 µm weite Blutsinus. Ihre Auskleidung besteht aus nichtfenestrierten Endothelzellen, die einer lückenhaften Basalmembran aufsitzen. Dazwischen liegen Blutinseln, Ansammlungen von Zellen der Erythropoese und Granulopoese.

1 Fettzellen; 2 Blutinseln; 3 Megakaryozyt; 4 Mastzellen

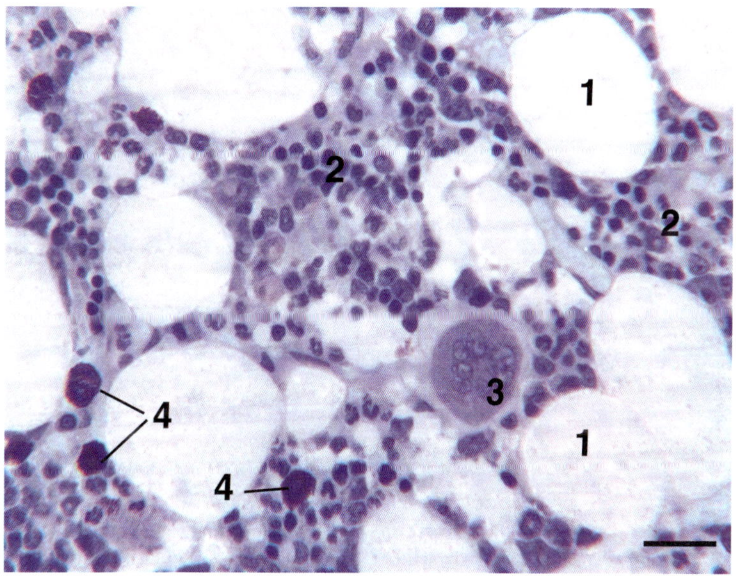

Abb. 9-19 Knochenmark, Mensch, Toluidinblau-Eosin-Färbung, SB 80 µm

Das blutbildende rote Knochenmark (Medulla ossium rubra) ist eine Sonderform des retikulären Bindegewebes (hämoretikuläres Bindegewebe). Es ist in dem Maschenwerk der Substantia spongiosa der Knochen gelegen. Durch Fetteinlagerung wandelt es sich in vielen Bereichen im Lauf des Lebens in gelbes Knochenmark (Medulla ossium flava, Fettmark) um, das aber bei Bedarf wieder die Fähigkeit zur Blutzellbildung erlangt.

1 Knochengewebe; 2 Rotes Knochenmark mit hämopoetischen Blutinseln; 3 Fettzellen; 4 Megakaryozyt

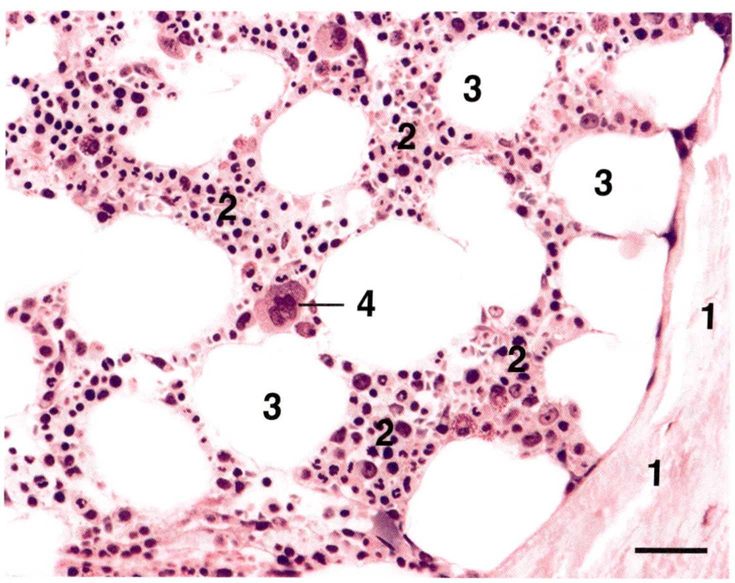

10 Lymphatische Organe (Organa lymphopoetica)

10.1 Immunsystem

Neben einem relativ einfachen und phylogenetisch alten, unspezifischen Abwehrsystem besitzen die Säugetiere und Vögel ein kompliziertes spezifisches Abwehrsystem, das auch als Immunsystem bezeichnet wird. Das unspezifische Abwehrsystem wird von Granulozyten, Monozyten und Gewebsmakrophagen gebildet.

Das spezifische Abwehrsystem (Immunsystem) beruht auf den spezifischen Aktionen von Lymphozyten, die aber mit Unterstützung von „akzessorischen Zellen“, den Antigen-präsentierenden Zellen, ablaufen. Mit Hilfe des Immunsystems kann der Organismus zwischen „selbst“ und „fremd“ unterscheiden und seine biologische Identität wahren. Substanzen, die eine spezifische Immunantwort auslösen können, werden als Antigene bezeichnet. Bei den meisten Antigenen handelt es sich um Makromoleküle, deren Molekulargewicht über 3000 Dalton liegt (z.B. körperfremden Proteine, Polysaccharide und Lipoproteine von Bakterien etc.). Niedermolekulare Verbindungen können durch Kopplung an ein Trägerprotein antigene Wirkung bekommen (Haptene). Neben körperfremdem Antigen kann unter bestimmten Umständen auch körpereigenes Material eine Immunantwort bewirken (Autoimmunkrankheiten).

10.1.1 Humorale Immunität

B-Lymphozyten sind Vorstufen der Plasmazellen, die Antikörper sezernieren. Plasmazellen sind die Endzellen der B-Lymphozyten-Reihe. Sie besitzen ein stark entwickeltes raues endoplasmatisches Retikulum und einen Zellkern, dessen Chromatin eine „radspeichenartige“ Anordnung aufweist. Die Plasmazellen produzieren spezifische Antikörper, die in Gewebe und Blut gelangen (humorale Immunität) und dort die Antigene in Form von Antigen-Antikörper-Komplexen binden und unschädlich machen. Diese Komplexe werden dann von phagozytierenden Zellen (Makrophagen; eosinophilen Granulozyten) abgebaut. Voraussetzung einer Aktivierung von B-Zellen ist eine Interaktion mit T-Helferzellen oder die Bindung von Wachstums- und Differenzierungsfaktoren aus T-Lymphozyten.

B-Zell-Areale: Die Immunreaktion der B-Lymphozyten erfolgt vorwiegend in den B-Zell-Arealen (Lymphfollikel der Lymphknoten, Milzfollikel etc.) der peripheren lymphatischen Organe. Beim erstmaligen Kontakt mit einem Antigen werden die Lymphozyten zu B-Immunoblasten transformiert. Sie machen eine klonale Proliferation durch und bilden dann als Plasmazellen Antikörper vom IgM-Typ (primäre Plasmazellreaktion). Auf diese erste Phase folgt eine Reaktion des Lymphfollikels, die zur Ausbildung eines Reaktionszentrums (Keimzentrums) führt. Diese erfolgt im konzertierten Zusammenwirken von B-Lymphozyten mit Retikulumzellen, Makrophagen und T-Helferzellen. Die B-Lymphozyten werden dabei zu großen blastischen Zellen, die im Keimzentrum liegen (Zentroblasten), transformiert. Durch klonale Proliferation entsteht aus dem Zentroblasten eine große Zahl kleiner Zentrozyten. Nach Verlassen des Keimzentrums übernehmen sie als determinierte Lymphozyten u.a. die Rolle von Gedächtniszellen. Beim erneuten Kontakt mit dem gleichen Antigen kommt es dann zur sekundären Immunreaktion des B-Zell-Systems (sekundäre Plasmazellreaktion). Sie führt zur Bildung der typischen Plasmazellen, die Antikörper vom IgG-Typ sezernieren.

10.1.2 Zellgebundene Immunität

Der Thymus nimmt wesentlichen Anteil bei der Ausbildung der zellulären Immunität. Die Lymphozyten bekommen dort eine spezifische Prägung. Sie verlassen das Organ als T-Lymphozyten, die dann bestimmte Bereiche der Lymphknoten (Paracortex) und der Milz (periarterielle lymphoretikuläre Scheiden, PALS) besiedeln.

Im Blut überwiegen die T-Lymphozyten gegenüber den B-Lymphozyten bei Weitem. Im Unterschied zu den B-Lymphozyten sind die T-Lymphozyten in ständiger Bewegung und zirkulieren zwischen dem Blut und den lymphatischen Organen bzw. dem Bindegewebe. Durch Kontakt mit dem Antigen, das entweder von Makrophagen präsentiert wird oder als Gewebstransplantat oder Tumor vorliegt, wird die zelluläre Immunreaktion ausgelöst.

Dabei übernehmen verschiedene Subpopulationen von T-Lymphozyten bestimmte Aufgaben.

Die zytotoxischen T-Lymphozyten sind die Effektorzellen der zellulären Immunantwort. Sie können Zielzellen (z.B. Zellen eines Transplantates, Tumorzellen), die für sie spezifische Antigene besitzen, auflösen.

Die T-Helferzellen stimulieren B-Lymphozyten in den Reaktionszentren zur Proliferation und fördern deren Differenzierung zu Antikörper-bildenden Plasmazellen. Die humorale Immunantwort auf die meisten Antigene hängt von dieser Unterstützung durch T-Helferzellen ab. Durch direkten Kontakt und die Bildung von löslichen Faktoren, den Lymphokinen, können T-Helferzellen die B-Zelldifferenzierung fördern.

T-Suppressorzellen unterdrücken eine überschießende Immunreaktion. Die suppressive Wirkung dieser Lymphozyten richtet sich sowohl gegen die B-Zellen als auch auf andere Populationen von T-Lymphozyten, wie T-Helferzellen und zytotoxische Effektorzellen.

Ein Teil der T-Zellklone fungiert als Gedächtniszellen (T-Memory Cells). Sie können auch noch nach langer Zeit das auslösende Antigen wiedererkennen und mit ihm reagieren. Die Reaktion erfolgt, verglichen mit den B-Gedächtniszellen, mit einiger Verzögerung.

10.2 Lymphatische Organe

Die lymphatischen Organe lassen sich in primäre (zentrale) und sekundäre (periphere) unterteilen. Ihre Grundstruktur wird von lymphoretikulärem Bindegewebe gebildet, das Retikulumzellen und Retikulinfasern enthält (Ausnahme Thymus: epitheliale Retikulumzellen, keine Retikulinfasern). Zu den primären lymphatischen Organen zählen der Thymus und bei den Vögeln die Bursa fabricii, die im dorsalen Bereich der Kloake gelegen ist. Die Funktion der Bursa (Prägung der B-Zellen) wird beim Säuger wahrscheinlich von lymphatischem Gewebe im Knochenmark und beim Rind von den Peyer-Platten im Dünndarm übernommen. In den primären lymphatischen Organen erfolgt eine genetisch festgelegte Prägung der Lymphozyten in T-Lymphozyten (im Thymus) bzw. B-Lymphozyten (in der Bursa, bzw. im Knochenmark).

Als Lymphfollikel (Folliculi lymphatici) bezeichnet man kugelförmige Ansammlung von lymphatischem Gewebe in den Schleimhäuten, den Lymphknoten, der Milz, im Magen-Darm-Trakt, im Atmungstrakt etc.

Bei Primärfollikeln sind Lymphozyten gleichförmig verteilt. Sekundärfollikel entstehen aus Primärfollikeln als Reaktion auf einen Antigenkontakt. Sie besitzen ein helles Zentrum (Reaktions- oder Keimzentrum), das außen von einem dichten Lymphozytenwall umgeben wird. Das hellere Zentrum wird als morphologisches Anzeichen für eine Abwehrreaktion gegen ein Antigen gedeutet. Da in diesem zentralen Bereich eine lebhafte Bildung von Lymphozyten stattfindet, wird er auch „Keimzentrum“ genannt. Im Reaktions- oder Keimzentrum liegen neben großen basophilen Lymphoblasten, die eine rege mitotische Aktivität erkennen lassen, des Weiteren noch Makrophagen und Vorstufen von Plasmazellen. Da die Zellen locker gepackt vorliegen, sind die dendritischen Retikulumzellen hier deutlicher zu erkennen als im dunklen Lymphozytenwall.

Das lymphatische Gewebe von Schleimhäuten (Mukosaassoziiertes lymphatische Gewebe (mucosa associated lymphoid tissue, MALT) wird folgendermaßen unterteilt:

Das lymphatische Gewebe in den Schleimhäuten des Verdauungstraktes (GALT = gut associated lymphoid tissues, wie die Peyer-Platten im Ileum), des Respirationstraktes (BALT = bronchus associated lymphoid tissue) und des Urogenitalraktes (UTALT = urinary associated lymphoid tissue). Die Lymphfollikel kommen dabei in zwei Formen vor, nämlich als Einzellymphfollikel (Folliculi lymphatici solitarii) und als aggregierte Lymphfollikel (Folliculi lymphatici aggregati).

10.2.1 Thymus (Bries)

Der Thymus, der eine zentrale Stellung beim Aufbau des Immunsystems einnimmt, ist nur bis zur Pubertät voll ausgebildet. Unter dem Einfluss der Geschlechtshormone erfolgt die Rückbildung des Thymusparenchyms zum retrosternalen Fettkörper.

Der Thymus weist eine dünne Bindegewebskapsel auf, von der zahlreiche Trabekel und Septen nach innen ziehen. Am histologischen Schnitt ist ein Pseudo-Läppchenbau erkennbar, bei dem sich eine lymphozytenreichere und daher dunkle Rinde von dem lymphozytenärmeren Mark deutlich abhebt.

Das Grundgerüst des Thymus wird von netzartig miteinander in Verbindung stehenden Retikulumzellen gebildet, die einen hellen, großen, rundovalen Kern aufweisen. Da die Retikulumzellen des Thymus vom Entoderm der 3. und 4. Schlundtasche während der Embryonalentwicklung hervorgehen, werden sie auch als „epitheliale Retikulumzellen“ bezeichnet. Im Unterschied zu Lymphknoten und Milz fehlen im Thymus daher auch die Retikulinfasern.

Im dreidimensionalen Maschenwerk der Retikulumzellen liegen viele kleine Lymphozyten (Thymozyten) und eine kleinere Zahl von Makrophagen, eosinophilen Granulozyten und Plasmazellen. Die kleinen Lymphozyten sind, wie schon erwähnt, besonders dicht in der dadurch dunkel erscheinenden Rinde gelagert. Im Unterschied zu Lymphknoten und Milz werden im Thymus keine Lymphfollikel ausgebildet. Der Thymus besitzt keine zuführenden Lymphgefäße. Sie fehlen auch im Parenchym. Ableitende Lymphgefäße ziehen in den bindegewebigen Septen zur Organkapsel und entleeren sich in die Lymphknoten des Mediastinums.

Wie bereits erwähnt enthält das Mark deutlich weniger Lymphozyten als die Rinde. Dadurch sind die Retikulumzellen und ihre Ausläufer wesentlich besser erkennbar. Die Markanteile aller Läppchen stehen über schmale Brücken in Verbindung. Im Mark treten charakteristisch aufgebaute Körperchen, die sog. Hassall-Körperchen auf. Sie bestehen aus abgeflachten, scheibenförmig zusammengelagerten Retikulumzellen.

Blut-Thymus-Schranke: Von der Kapsel ziehen kleine Arterien und Arteriolen über bindegewebige Septen in die

Läppchen und entsenden Kapillaren in das Rindenparenchym. Diese bilden dort ein vielfältiges Geflecht und wenden sich in Richtung Mark. Die Kapillaren des Marks vereinigen zu postkapillären Venolen, deren kubisches Epithel von Lymphozyten gut passiert werden kann. Die Kapillaren und Venolen weisen ein ungefenstertes Endothel auf. An ihre dicke Basalmembran legt sich eine Schicht von Retikulumzellen an. Im Bereich der Thymusrinde sind die Gefäße für Antigene praktisch unpassierbar. Man spricht daher von einer Blut-Thymus-Schranke. Sie soll wahrscheinlich das Aufeinandertreffen von sich teilenden und reifenden Lymphozyten mit Antigenen unterbinden. Das Endothel der Blutgefäße im Thymusmark ist dagegen für Makromoleküle und Zellen durchlässig. Antigene können dort mit den Thymozyten in Kontakt treten.

10.2.2 Mandeln (Tonsillae)

Die wichtigste Funktion der Tonsillen liegt in der immunologischen Abwehr von Infektionen im Bereich des Nasenrachenraums. Nach ihrer Lage unterscheidet man Gaumenmandeln (Tonsillae palatinae), Rachenmandeln (Tonsillae pharyngeae), Zungenmandeln (Tonsillae linguales) sowie Tuben- und Choanenmandeln. Prinzipiell zeigen sie einen gleichartigen Aufbau: Unter Einsenkungen des Epithels liegen Lymphknötchen (Noduli lymphatici) und dazwischen diffuses lymphoretikuläres Gewebe. Zahlreiche Lymphozyten wandern in großer Zahl in das darüber gelegene Epithel. Mandeln besitzen nur ableitende (efferente) Lymphgefäße. Gegenüber ihrer Umgebung sind die Tonsillen durch eine bindegewebige Kapsel abgegrenzt und teilweise durch sie untergliedert. In der Nachbarschaft der Mandeln finden sich muköse Drüsen (Fleischfresser: seromuköse Drüsen).

10.2.3 Lymphknoten (Nodus lymphaticus)

Lymphknoten sind bohnenförmige Organe von unterschiedlicher Größe (einige mm bis mehrere cm groß). Im Lymphknoten wird die Lymphe gefiltert und mit Lymphozyten angereichert. Die Filtrations- und Abwehrtätigkeit der Lymphknoten führt bei Infektionskrankheiten und Tumorerkrankungen zu ihrer Vergrößerung. Die Beurteilung der Größe und der Konsistenz der Lymphknoten ist ein wichtiger Bestandteil des klinischen Untersuchungsganges.

Außen wird der Lymphknoten von einer bindegewebigen Kapsel umgeben. Bindegewebstrabekel (Trabeculae) strahlen von dort in das Parenchym des Lymphknotens ein.

Das **Grundgewebe** des Lymphknotens wird von retikulärem Bindegewebe gebildet, in dessen Maschen zahlreiche Lymphozyten, Plasmazellen und auch Makrophagen liegen. An einem Schnitt durch einen Lymphknoten (▶ Abb. 10-1) lassen sich eine peripher gelegene Rinde (Cortex), in der Primär- und Sekundärknötchen (Primär- und Sekundärfollikel) liegen, und ein zentral gelegenes Mark (Medulla) unterscheiden. Dazwischen erstreckt sich diffuses lymphatisches Gewebe, der Paracortex.

Der **Hilus** ist die Ein- und Austrittspforte der Blutgefäße. Dort verlässt auch das efferente Lymphgefäß (Vas lymphaticum efferens) den Lymphknoten. Die afferenten Lymphgefäße (Vasa lymphatica afferentia) treten entlang der nahezu gesamten Zirkumferenz in den Lymphknoten ein.

Die **Lymphfollikel** der Rinde sind kugelige Ansammlungen lymphatischen Gewebes. Bei den meisten dieser Follikel handelt es sich um Sekundärfollikel, die in ihrer Gesamtheit das B-Zell-Kompartiment des Lymphknotens bilden. Im Bereich der Keimzentren der Sekundärfollikel sind auch besondere Retikulumzellen (dendritische Retikulumzellen) zu finden. Diese besitzen lange Fortsätze, die mit den benachbarten Retikulumzellen mittels Desmosomen verknüpft sind.

Im **Paracortex** liegen vorwiegend T-Lymphozyten. Die Retikulumzellen des Paracortex sind fingerartig miteinander verzahnt und werden daher „interdigitierende Retikulumzellen" genannt.

Das **Mark** des Lymphknotens setzt sich aus vielfach verzweigten Marksträngen zusammen, die durch ausgedehnte Lymphsinus getrennt werden. Die Retikulumzellen der Markstränge beherbergen neben kleinen Lymphozyten zahlreiche reife Plasmazellen und Makrophagen.

Sinussystem des Lymphknotens: Die zahlreichen zuführende Lymphgefäße (Vasa afferentia) durchbrechen die Kapsel an der konvexen Seite des Lymphknotens und münden in den zwischen Kapsel und Rinde gelegenen Randsinus (Marginalsinus, Sinus subcapsularis). Aus dem Randsinus wird die Lymphe über die Intermediärsinus (Sinus corticales perinodulares) durch das Rindengebiet zu den weiten und reichlich verzweigten Marksinus (Sinus medullaris) geleitet. Die in den Sinus des Hilusgebietes gesammelte Lymphe verlässt über ein oder mehrere abführende Lymphgefäße (Vasa efferentia) den Lymphknoten. Die Auskleidung des Sinussystems besteht aus einem lockeren Verband von flachen Endothelzellen. Die Sinuswand besitzt keine Basallamina, wird aber durch angelagerte Retikulumzellen und Retikulinfasern gestützt. Fortsätze der Retikulumzellen verlaufen quer durch die Lymphsinus und bilden eine Art von Reusensystem, das zur Filterwirkung des Lymphknotens („Biofilter") beiträgt.

Lymphknoten des Schweines: Im Unterschied zu den meisten Säugerspezies zeigt der Lymphknoten des Schweines einen anderen Aufbau seines Parenchyms. Die meisten Lymphknötchen liegen mehr im Zentrum des Organs. Die afferenten Lymphgefäße erreichen über den Hilus den Lymphknoten und verlassen ihn peripher über seine konvexe Oberfläche. Das Schwein hat daher einen Lymphknoten vom „umgekehrten Typ" (Typus inversus).

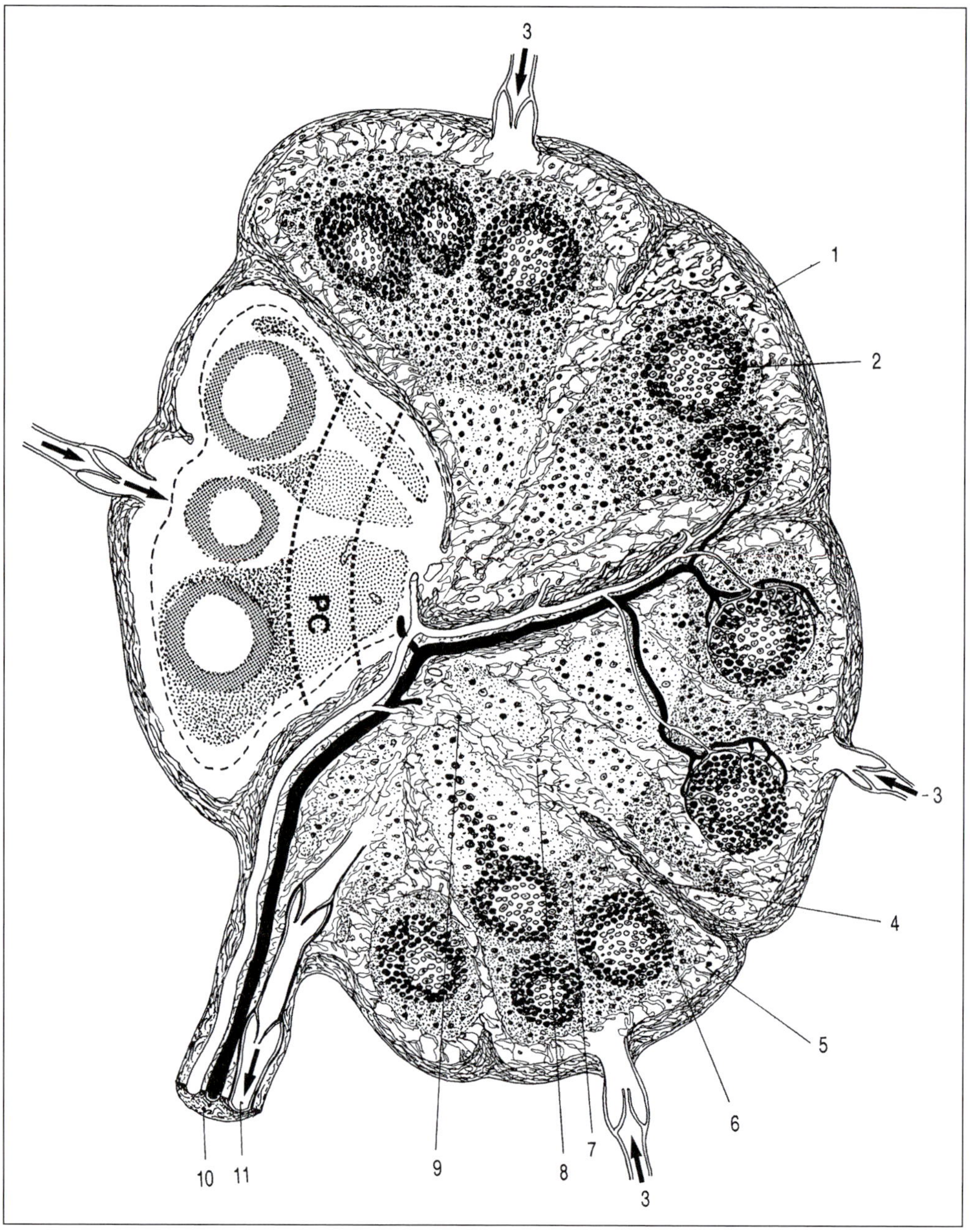

Abb. 10-1 Schematische Darstellung des mikroskopischen Aufbaus eines Lymphknotens.
1 Bindegewebskapsel; 2 Rinde mit Sekundärfollikeln; 3 Vas afferens; 4 Trabekel; 5 Randsinus; 6 Intermediärsinus; 7 Parakortikale Zone; 8 Mark; 9 Marksinus; 10 Hilus; 11 Vas efferens; PC = Paracortex

10.2.4 Milz (Lien, Splen)

Die Milz ist ein lymphoretikuläres Organ, das in den Blutkreislauf eingeschaltet ist. Sie ist zeitlebens eine wichtige Bildungsstätte für Lymphozyten. Während der Fetalzeit (in der hepato-lienalen Phase) werden auch die übrigen Blutzellen in der Milz gebildet. Ferner dient die Milz dem Abbau alter Erythrozyten und Thrombozyten. Bei der intrazellulären Verdauung der phagozytierten roten Blutzellen durch die Makrophagen der roten Pulpa entstehen Bilirubin und Eisen. Bei einigen Tierarten (Hund, Katze, Pferd) dient die Milz auch als temporärer Blutspeicher („Speichermilz"). Die Milz ist kein unbedingt lebensnotwendiges Organ, da ihre Leistungen auch von anderen Organen übernommen werden können. So kann nach Unfällen, bei denen die Milz beschädigt wurde, diese operativ entfernt werden. Allerdings führt die Milzexstirpation oft zu einer gesteigerten Infektanfälligkeit, da die Milz normalerweise eine wichtige Rolle im Immunhaushalt wahrnimmt.

Die Milz wird von einer dehnbaren, bindegewebigen Kapsel (Tunica fibrosa) umgeben, die eingelagerte elastische Fasern und glatte Muskelzellen enthält. Die äußere Begrenzung (mit Ausnahme des Milzhilus) wird von einem einschichtigen Peritonealepithel (Mesothel) gebildet. Vom Hilus aus ziehen kräftige Bindegewebsbalken (Trabekel) fächerartig in das Innere des Organs. Diese Trabekel, in denen zunächst die größeren Äste der Milzgefäße (A. und V. splenica) liegen, verzweigen sich und werden dabei immer dünner.

In das bindegewebige Gerüstwerk der Milz ist eine weiche Zellmasse, die Milzpulpa, eingelagert. An der Milzpulpa

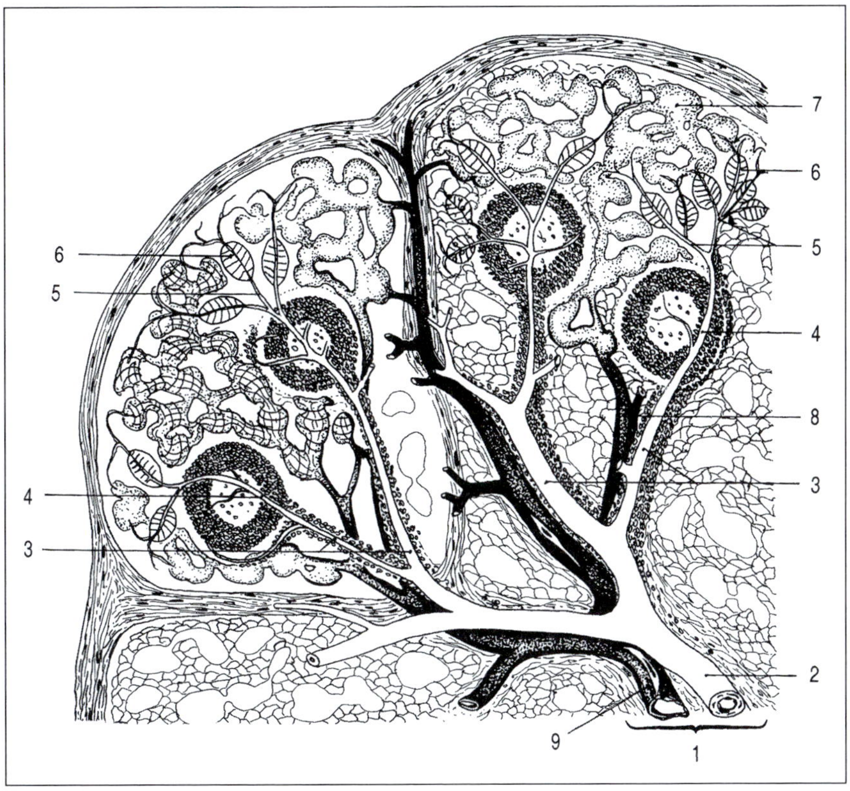

Abb. 10-2 Blutweg durch die Milz (Schema)
1 Trabekel mit Gefäßen; 2 Trabekelarterie; 3 Pulpaarterie mit periarterieller lymphoretikulärer Scheide; 4 Follikelarterie; 5 Pinselarteriolen; 6 Hülsenkapillaren; 7 Milzsinus; 8 Pulpavene; 9 Trabekelvene

kann man eine weiße (Pulpa alba) und eine rote Pulpa (Pulpa rubra) unterscheiden (▶ Abb. 10-2).

Die **weiße Pulpa** umfasst das lymphoretikuläre Gewebe der Milz. Sie besteht aus den Milzfollikeln (Folliculi lienales, Malpighi-Körperchen) und den strangförmigen, lymphatischen Mänteln um die Arterien (periarterielle lymphoretikuläre Scheide, PALS, Vaginae periarteriales lymphaticae) der Pulpa. Die Milzknötchen gleichen in ihrem Aufbau den Primär- bzw. Sekundärfollikeln anderer lymphatischer Organe und enthalten vorwiegend B-Lymphozyten. In den periarteriellen Scheiden um die Pulpaarterien kommen vor allem T-Lymphozyten vor.

Die **rote Pulpa** füllt die verbleibenden Räume zwischen den Trabekeln und der weißen Milzpulpa und macht etwa 80 % der Gesamtmasse der Milz aus. Sie besteht aus den Milzsinus und dem intersinuösen retikulären Maschenwerk mit den eingelagerten Zellen. Bei letzteren handelt es sich vor allem um Erythrozyten, welche die rote Farbe bedingen.

Blutgefäßsystem der Milz: Die Milz ist in den Blutstrom eingeschaltet. Schon vor dem Milzhilus zweigt sich die Milzarterie (Arteria lienalis) in mehrere große Äste auf, die dann in der Milz innerhalb von großen Bindegewebsbalken (Trabeculae splenicae) ziehen und deshalb auch als Trabekelarterien bezeichnet werden. Aus den Balken gelangen sie als Pulpaarterien in das Milzparenchym. Hier werden die Arterien von lymphatischem Gewebe, das strangförmig (periarterielle lymphatische Scheiden, PALS) oder follikulär (Lymphfollikel, Lymphonoduli splenici) angeordnet ist, umhüllt. Die Gefäßstrecke innerhalb des Milzfollikels heißt Follikelarterie. Die Follikelarterien werden manchmal auch als Zentralarterien bezeichnet, obwohl sie eher selten durch die Mitte eines Follikels ziehen.

Am Rand des Follikels teilt sich die Follikelarterie pinselförmig in lange dünne Arterien (Pinselarterien, Arteriae penicillares) auf, die in der roten Pulpa verlaufen und unter weiterer Aufteilung in Kapillaren übergehen. Die Kapillaren enthalten eine dichte Hülle (Vagina pericapillaris macrophagiosa) aus Retikulumzellen und Makrophagen und werden deshalb als Hülsenkapillaren bezeichnet. Die Hülsenkapillaren münden entweder in das Maschenwerk der Retikulumzellen und dann erst in die Milzsinus (offener Kreislauf) oder seltener direkt in die Sinus (geschlossener Kreislauf). Die Milzsinus sind lange anastomosierende Kanäle in der roten Pulpa. Ihre Endothelien weisen größere Lücken auf und eine Basalmembran fehlt. Dies ermöglicht einen relativ freien Durchtritt von Blutzellen in beide Richtungen (vom Sinus in das retikuläre Bindegewebe und umgekehrt). Außen werden die Sinus bei verschiedenen Spezies, z. B. beim Rind, durch retikuläre Ringfasern stabilisiert. Der weitaus größte Teil des durch die Milz strömenden Blutes (90 %) fließt langsam über das ausgedehnte Milzretikulum in die Sinus (Sinus venulares). Dabei werden überalterte Erythrozyten und Thrombozyten aus dem Blut entfernt. Nur etwa 10 % des Blutes gelangt über das Kapillarbett direkt in die Sinus.

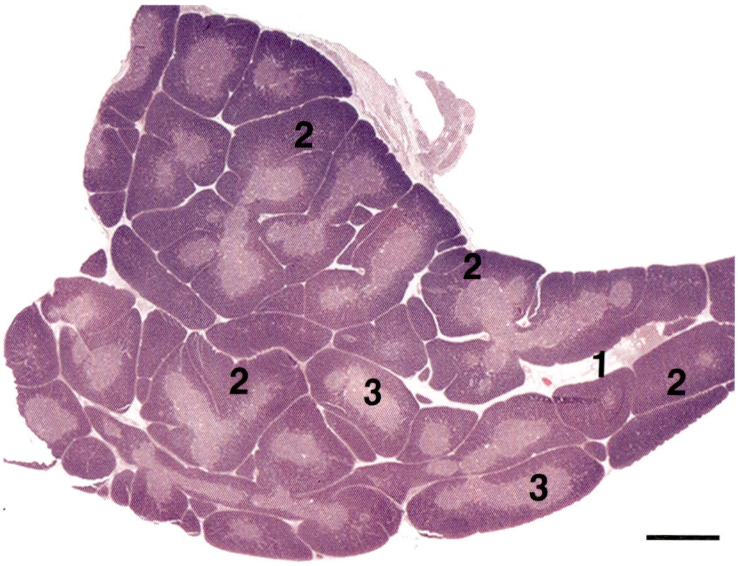

Abb. 10-3 Thymus, Katze, Übersicht, Hämatoxylin-Eosin, SB 825 µm

Der Thymus weist eine dünne Bindegewebskapsel auf, von der bindegewebige Trabekel und Septen nach innen ziehen. Der präpubertäre Thymus zeigt einen Pseudo-Läppchenbau, bei dem sich eine lymphozytenreiche Rinde von dem relativ lymphozytenärmeren Mark unterscheiden lässt.

1 Bindegewebsseptum; 2 Rindenzone; 3 Markzone

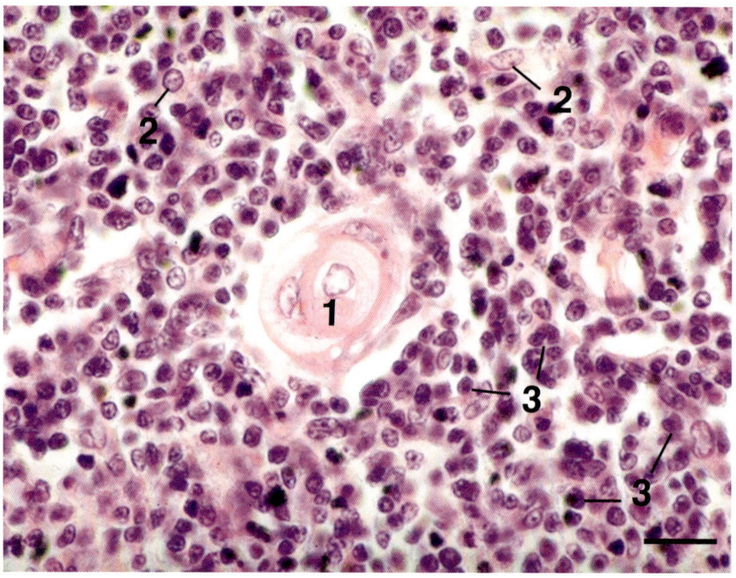

Abb. 10-4 Thymus, Katze, Hassall-Körperchen, Hämatoxylin-Eosin, SB 45 µm

Im Thymusmark befinden sich konzentrisch geschichete Strukturen (Hassall-Körperchen), die aus veränderten und teilweise degenerierenden Retikulumzellen bestehen. Die Degeneration ist mit Karyolysis, Karyorrhexis, Keratinisierung oder Verkalkung verbunden. Die Funktion der Hassall-Körperchen ist nicht bekannt, doch könnten sie mit der Prägung der T-Lymphozyten in Verbindung stehen.

1 Hassall-Körperchen; 2 Retikulumzelle; 3 T-Lymphozyten

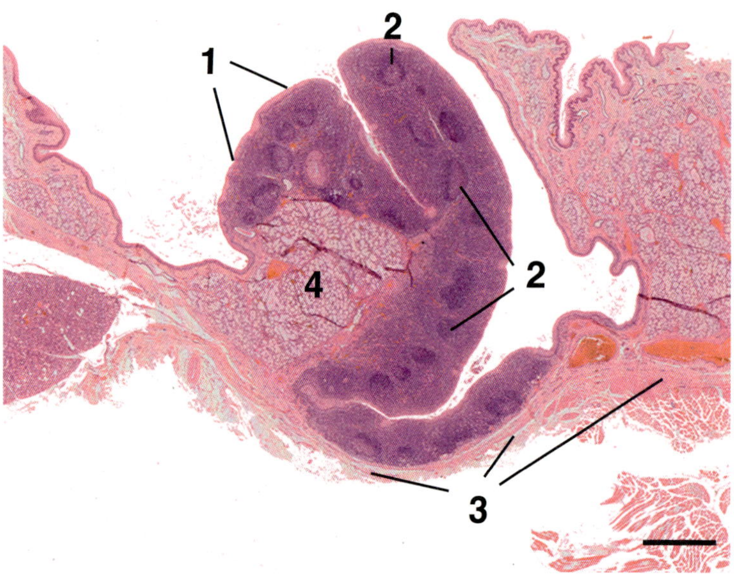

Abb. 10-5 Gaumenmandel, Hund, Hämatoxylin-Eosin, SB 825 µm

Die Tonsille ist durch eine lokale Verdickung der Schleimhaut und einer Vergrößerung der Schleimhautoberfläche durch Krypten gekennzeichnet. Zuführende Lymphgefäße fehlen. Das Tonsillarepithel ist häufig mit Lymphozyten dicht infiltriert. In der Nachbarschaft der Tonsille liegen die bei den meisten Haussäugern mukösen, beim Hund seromukösen Drüsen.

1 Tonsillarepithel; 2 Lymphfollikel; 3 Bindegewebige Abgrenzung; 4 Seromuköse Drüsen

Abb. 10-6 Lymphknoten, Ziege, Übersicht, Hämatoxylin-Eosin, SB 1000 μm

Am Lympknoten lassen sich die unter der Kapsel gelegene Rinde, die parakortikale Zone und das Mark unterscheiden. Von der Kapsel ziehen Trabekel (Bindegewebssepten) nach zentral. Der Lymphknoten wird von einem Sinussystem durchzogen (Randsinus, Intermediärsinus, Marksinus), in dem die Lymphe von der Rinde zum Hilus fließt. Zwischen den Trabekeln liegt ein Maschenwerk aus Retikulumzellen und retikulären Fasern, in das Lymphozyten, Plasmazellen und Makrophagen eingelagert sind.

1 Rinde; 2 Paracortex; 3 Mark; 4 Trabekel; 5 Kapsel; 6 Hilus

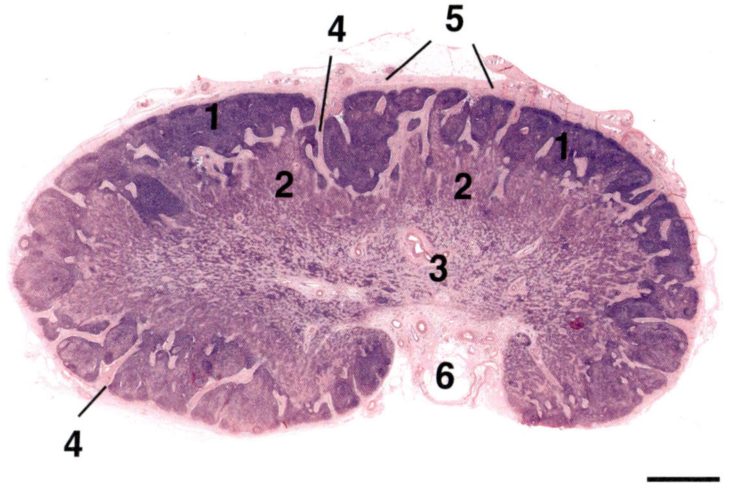

Abb. 10-7 Lymphknoten, Rinde, Ziege, Hämatoxylin-Eosin, SB 80 μm

In der Rinde (Cortex) des Lymphknotens befinden sich die kugeligen Lymphfollikel (Noduli lymphatici), die das B-Lymphozytenareal darstellen. Sie werden von diffusem lymphatischem Gewebe unterlagert, dem Paracortex, der das T-Lymphozytenareal bildet und ohne deutliche Grenze in den Markbereich übergeht. Der Paracortex enthält postkapilläre Venolen mit einem isoprismatischen Epithel, durch das die Lymphozyten das Blutgefäßsystem verlassen können.

1 Bindegewebskapsel; 2 Randsinus; 3 Sekundärfollikel mit Reaktionszentrum (4); 5 Paracortex

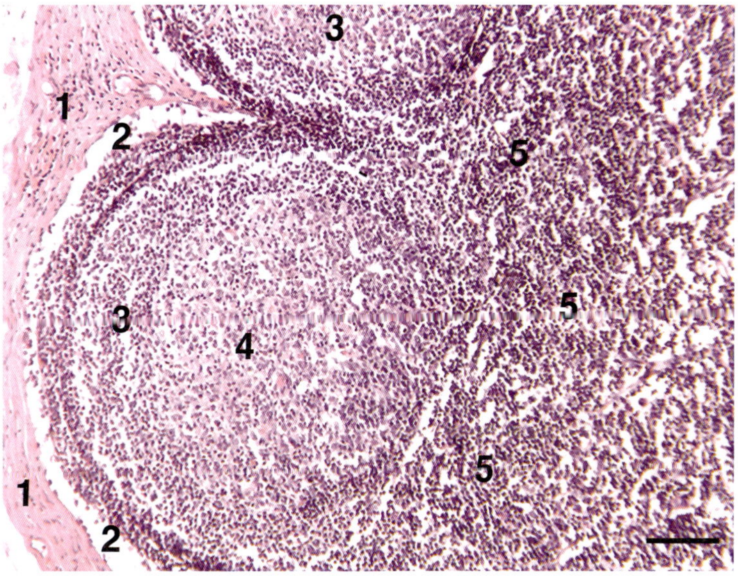

Abb. 10-8 Lymphknoten, Mark, Ziege, Hämatoxylin-Eosin, SB 40 μm

Im Mark (Medulla) des Lymphknotens befinden sich verzweigte Marksinus (Sinus medullares), die zwischen den Chordae medullares liegen. Die Sinus besitzen eine spezielle Endothelauskleidung, die aus modifizierten Retikulumzellen besteht und offene Spalten aufweist. In den Lumina der Sinus findet sich als Filterfunktion für die Lymphe ein dichtes Maschenwerk aus Retikulumzellen, in das freie Makrophagen, Lymphozyten und Plasmazellen eingelagert sind.

1 Marksinus; 2 Chordae medullares; 3 Lymphgefäß; 4 Vene

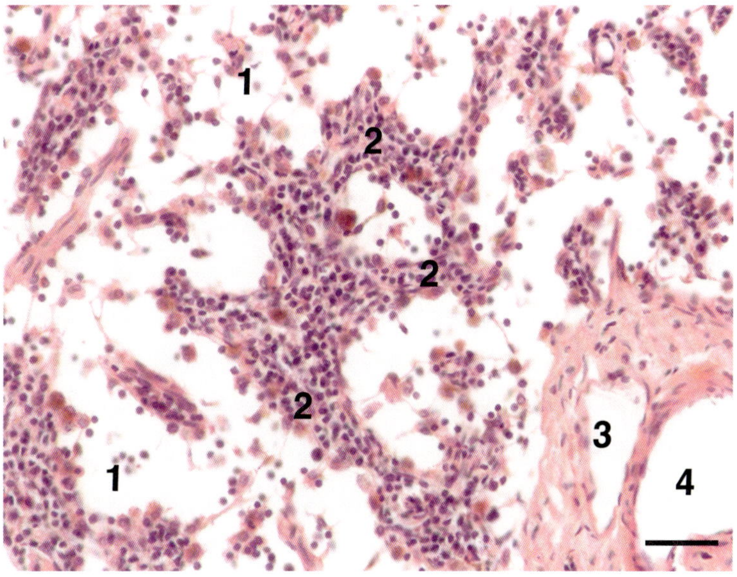

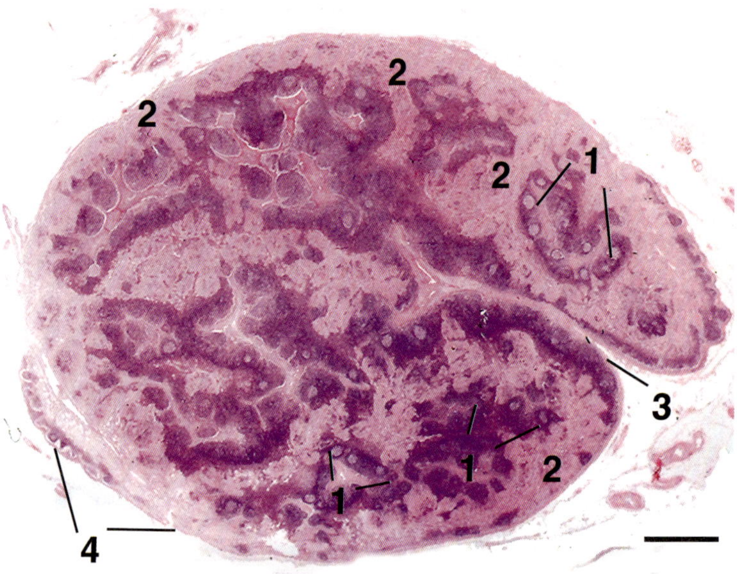

Abb. 10-9 Lymphknoten, Schwein, Hämatoxylin-Eosin, SB 1000 µm

Beim Schwein spricht man von einem umgekehrten Lymphknoten (Typus inversus) mit umgekehrtem Lymphfluss. Die Lymphfollikel befinden sich in der Tiefe des Organs, vergesellschaftet mit dem Paracortex. Im Bereich unter der Lymphknotenkapsel befinden sich Makrophagen und Plasmazellen. Afferente Lymphgefäße gelangen durch den Hilus in den Lymphknoten, die efferenten Lymphgefäße ziehen über die Randsinus nach außen.

1 Rindenzone mit Lymphfollikeln; 2 Markzone; 3 Hilus; 4 Kapsel

---

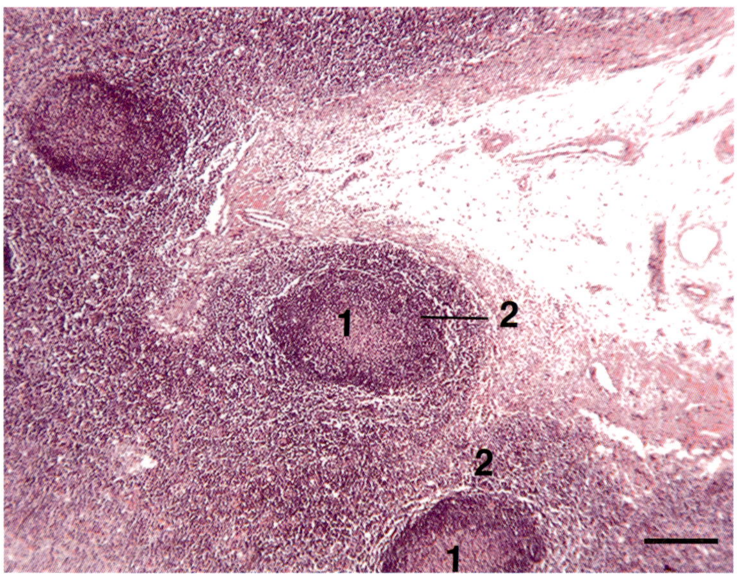

Abb. 10-10 Lymphknoten, Schwein, Hämatoxylin-Eosin, SB 185 µm

Das der Rinde anderer Haussäugerspezies entsprechende Areal, das die Lymphfollikel enthält, ist beim Schwein teilweise oder weitgehend in die Tiefe des Organs verlagert. Das dem Mark entprechende Lymphknotenparenchym befindet sich dagegen in umschriebenden Bezirken oder ist vorzugsweise subkapsulär gelegen.

1 Reaktionszentrum und 2 Randwall eines sekundären Lymphfollikels

---

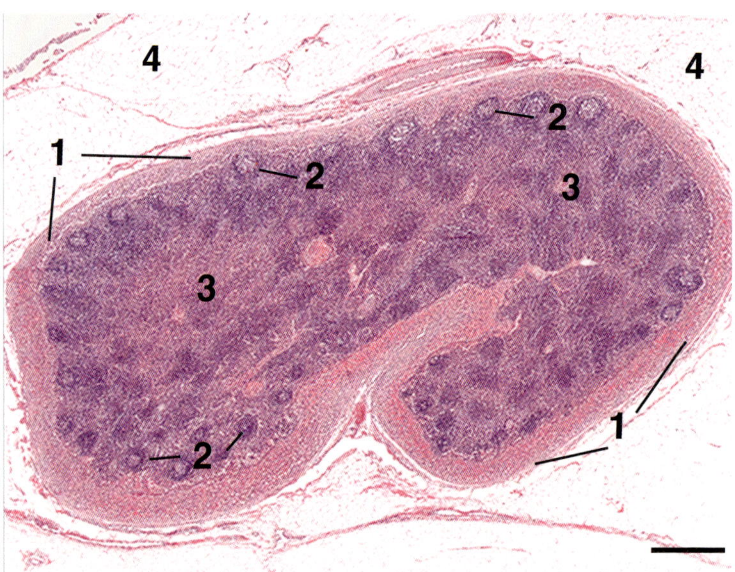

Abb. 10-11 Blutymphknoten, Rind, Hämatoxylin-Eosin, SB 1000 µm

Blutlymphknoten (Splenoide Knoten, Hämolymphknoten) kommen bei Wiederkäuern vor. Sie treten als dunkelrote, teilweise bis bohnengroße Gebilde in der Nähe von größeren Gefäßen des Brust- und Bauchraumes auf. Sie besitzen eine subkapsulär gelegene Rinde, ein zentral gelegenes Mark sowie ein Sinussystem. Es besteht eine offene Verbindung zwischen dem Sinussystem des Lymphknotens und dem Blutgefäßsystem, wodurch häufig Erythrozyten in den Sinus zu finden sind.

1 Bindegewebige Kapsel; 2 Lymphfollikel; 3 Mark; 4 Fettgewebe

Abb. 10-12 Milz, Übersicht, Katze, Hämatoxylin-Eosin, SB 660 µm

Das Parenchym der Milz ist nach außen von einer bindegewebigen Kapsel überzogen. Die weiße Milzpulpa umfasst das lymphoretikuläre Gewebe der Milz, das aus den Milzfollikeln und den PALS besteht. Die rote Milzpulpa umfasst die Milzsinus und das intersinusoidale retikuläre Maschenwerk, in das Blutzellen eingelagert sind. Es handelt sich vor allem um Erythrozyten, die hier abgebaut werden.

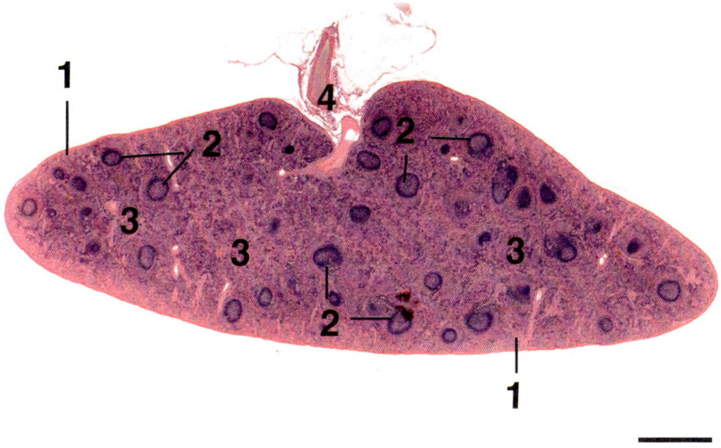

1 Milzkapsel; 2 Weiße Milzpulpa; 3 Rote Milzpulpa; 4 Hilus

Abb. 10-13 Milz, Weiße Pulpa, Hund, Hämatoxylin-Eosin, SB 40 µm

Die Milzfollikel (Malpighi-Körperchen) der weißen Pulpa (Pulpa alba) enthalten vorwiegend B-Lymphozyten. Sie werden von der Zentralarterie (Follikelarterie) durchzogen, die Knötchenkapillaren abgibt und sich nach Verlassen des Follikels in lange Arteriolen (Pinselarteriolen, Arteriolae penicillares) aufspaltet. Diese teilen sich in Kapillaren (Hülsenkapillaren) auf, die dann in die Milzsinus münden. Zur weißen Pulpa zählen auch die periarteriellen lymphoretikulären Scheiden (PALS) um die Pulpaarterien, die vorwiegend T-Lymphozyten aufweisen.

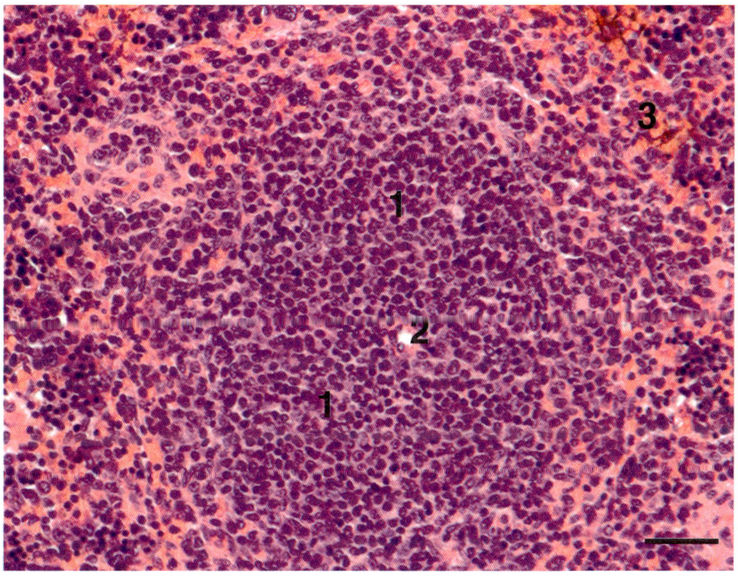

1 Milzfollikel; 2 Zentralarterie; 3 Rote Pulpa

Abb. 10-14 Milz, Rote Pulpa, Katze, Hämatoxylin-Eosin, SB 40 µm

Die dunkelrote Farbe der roten Pulpa (Pulpa rubra) wird durch ihren hohen Blutgehalt bedingt. Hier finden sich auch zahlreiche, aus Monozyten hervorgegangene Makrophagen, die teilweise phagozytierte Blutzellen enthalten.

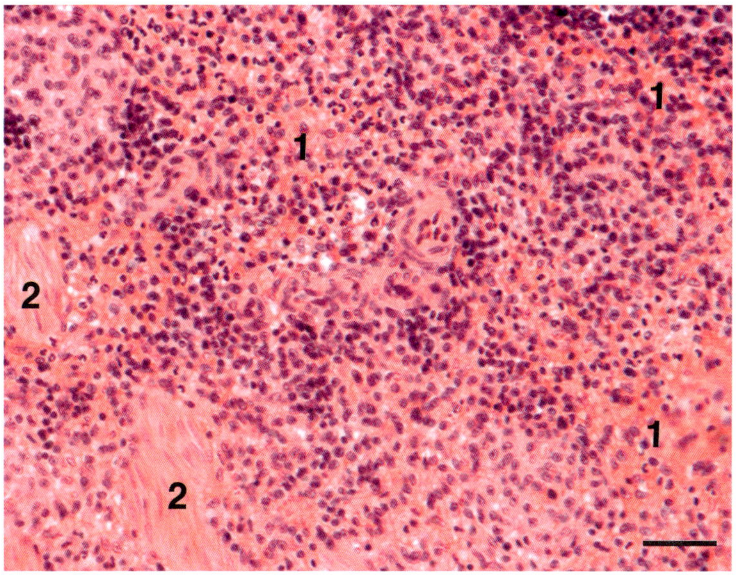

1 Rote Pulpa; 2 Trabekel

11 Endokrines System (Systema endocrinum)

Zum endokrinen System werden alle Zellen und Organe gezählt, die als Sekrete Hormone (Inkrete) produzieren. Das endokrine System dient zusammen mit dem vegetativen Nervensystem der Konstanterhaltung (Homöostase) des inneren Milieus (z.B. Wasser- und Elektrolythaushalt, Blutzuckerkonzentration) und dem geordneten Zusammenwirken der Organe (z.B. Verdauungstätigkeit, Kreislauftätigkeit, Fortpflanzung).

Hormone stellen lebensnotwendige körpereigene Botenstoffe dar, die in sehr niedriger Konzentration (Nanogramm-Bereich) wirksam sind. Da Hormondrüsen keine eigenen Ausführungsgänge besitzen, werden die Hormone an die interstitielle Flüssigkeit abgegeben, von wo sie auf dem Blut- und Lymphweg ihre Wirkungsorte (Zielzellen = Target cells) erreichen. Glandotrope Hormone wirken auf eine untergeordnete zweite Hormondrüse, effektorische Hormone auf Zellen und Gewebe.

Nach ihrem chemischen Aufbau unterscheidet man Lipidhormone (Steroide und Fettsäuren), Peptidhormone (Eiweiße und kleine Polypeptide) und kleinmolekulare Hormone, die sich von einzelnen Aminosäuren ableiten (Amine). Hormone üben ihre spezifische Wirkung nur an solchen Zellen aus, die den passenden Rezeptor für entsprechendes Hormon besitzen. Peptidhormone binden primär an einen Rezeptor der Zellmembran und aktivieren bzw. inhibieren die Bildung eines zweiten Botenstoffes (Second messenger), der die Zellfunktion beeinflusst (z.B. zyklisches Adenosin-Mono-Phosphat = cAMP). Für die Wirkung der fettlöslichen Steroidhormone, die ohne Schwierigkeiten die Zellmembran passieren können, sind zytoplasmatische und nukleäre Rezeptorproteine wichtig, die das Hormon binden und an seine Wirkungsstelle an der DNA des Zellkerns bringen. Dort beeinflusst der Hormonrezeptor-Komplex die Transkription der DNA.

11.1 Hypothalamus-Hypophysen-System

Der Hypothalamus ist ein Teil des Zwischenhirns. Er bildet unterhalb des Sulcus hypothalamicus die Seitenwand und den Boden des III. Ventrikels und ist das übergeordnete Steuerorgan zahlreicher vegetativer Funktionen und der endokrinen Drüsen. Der Hypothalamus reguliert grundlegend wichtige Lebensfunktionen, wie Blutkreislauf, Atmung, Wasser- und Nahrungsaufnahme, Körpertemperatur, Verdauung und Stoffwechsel. Bei der Steuerung dieser essenziellen Körperfunktionen verarbeitet der Hypothalamus Informationen, die ihm von zahlreichen Feldern der Großhirnrinde und von subkortikalen Hirnabschnitten zufließen und die vegetativen Funktionen modulieren. Freisetzungshormone (Liberine) und hemmende Hormone (Statine) beeinflussen die Freisetzung von glandotropen Hormonen aus der Adenohypophyse. Diese Hormone, die von kleinzelligen Hypothalamusneuronen produziert werden, werden über ein Pfortadersystem vom Hypothalamus in die Hypophyse transportiert.

Effektorhormone (Oxytozin und Adiuretin) werden im Hypothalamus (Nucleus supraopticus und Nucleus paraventricularis) gebildet und über Axone (Neurosekretion) in die Neurohypophyse transportiert, wo sie bis zu ihrer Freisetzung gespeichert werden (▶ Abb. 11-1).

11.2 Hypophyse (Hirnanhangdrüse, Glandula pituitaria)

Die bohnenförmige Hypophyse liegt im Türkensattel (Sella turcica) des Keilbeins. Außen wird sie von einer meningealen Organkapsel umkleidet. Sie ist über den Hypophysenstiel mit dem Hypothalamus verbunden. Die Hirnanhangdrüse besteht aus zwei Anteilen, die sich sowohl in ihrem Aufbau als auch in ihrer entwicklungsgeschichtlichen Herkunft unterscheiden, nämlich aus der Adenohypophyse und der Neurohypophyse. Die Adenohypophyse entwickelt sich aus einer ektodermalen Ausstülpung der primären Mundhöhle, die als Rathke-Tasche bezeichnet wird. Als Rest des Lumens der Rathke-Tasche bleibt postnatal die Hypophysenhöhle (Cavum hypophysis) bestehen, die zwischen Vorderlappen und Mittellappen gelegen ist. Die Neurohypophyse geht aus der Bodenplatte des Zwischenhirns hervor.

Adenohypophyse: Die Adenohypophyse bildet ca. drei Viertel der gesamten Hypophyse. An der Adenohypophyse lassen sich die Pars distalis (Vorderlappen, Lobus anterior), die Pars intermedia (Zwischenlappen) und die Pars tuberalis (Trichterlappen, Pars infundibularis) unterscheiden.

Das Parenchym des **Hypophysenvorderlappens** besteht aus unregelmäßig geformten Zellsträngen, die durch weitlumige Kapillaren (Sinusoide) getrennt sind. Die Parenchym-

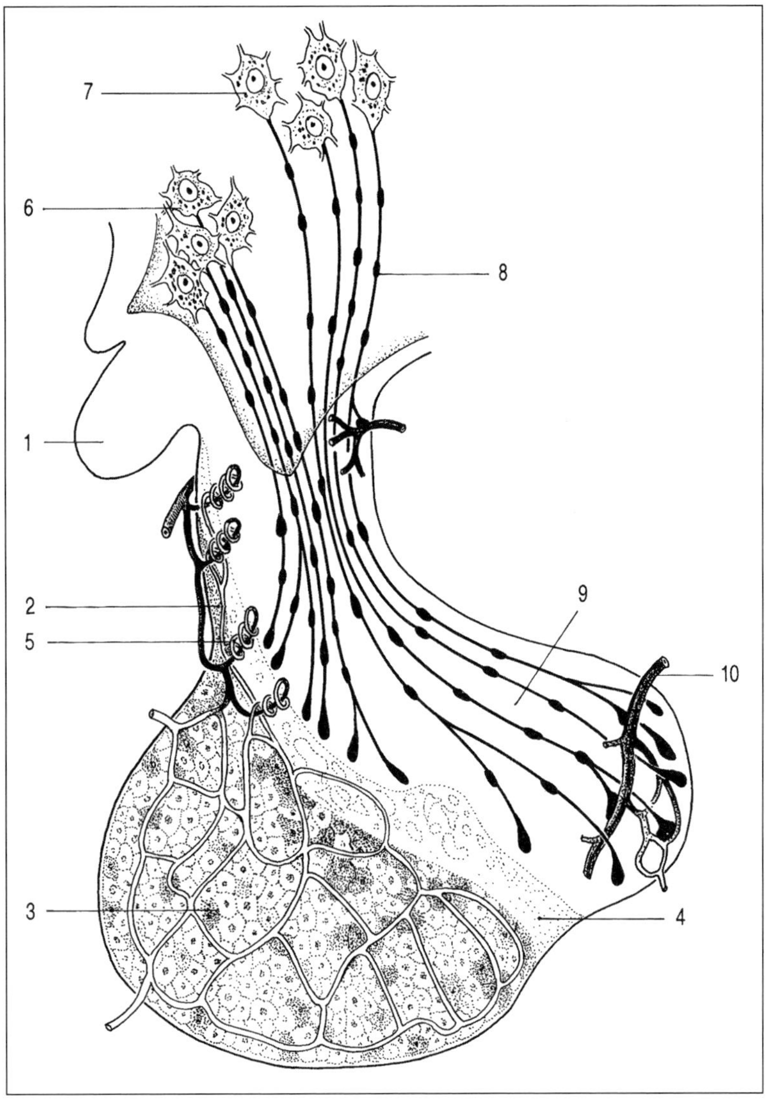

Abb. 11-1 Hypothalamus-Hypophysen-System (Schema).
1 Chiasma opticum; 2 Trichterlappen der Adenohypophyse; 3 Vorderlappen der Adenohypophyse; 4 Mittellappen der Adenohypophyse; 5 Pfortadersystem; 6 Neurone des Nucleus supraopticus; 7 Neurone des Nucleus paraventricularis; 8 Axone, die Neurosekret transportieren; 9 Neurohypophyse; 10 A. hypophysealis inferior.

zellen weisen ein unterschiedliches Färbeverhalten auf. Entsprechend ihrer Anfärbbarkeit können sie in chromophobe (farbscheue) und chromophile, nämlich azidophile und basophile, Zellen unterteilt werden. Die chromophoben Zellen bilden keine einheitliche Population, sondern umfassen undifferenzierte Stammzellen und degranulierte chromophile Zellen. Durch immunhistochemische Färbemethoden lassen sich die basophilen Zellen in β-Zellen und δ-Zellen, die azidophilen in α-Zellen und ε-Zellen differenzieren. Weiter ist damit eine Zuordnung des jeweiligen Zelltyps zu bestimmten Hormonen möglich. Die azidophilen α-Zellen binden demnach Wachstumshormon, die azidophilen ε-Zellen Prolactin und Luteinisierendes Hormon (LH), die basophilen δ-Zellen Thyreotropes Hormon (TSH) und Adrenokortikotropes Hormon (ACTH), und die basophilen β-Zellen Follikelstimulierendes Hormon (FSH) und Luteinisierendes Hormon (LH). Alle Hormone der Adenohypophyse sind Proteine bzw. Glykoproteinhormone, die in Form membranbegrenzter Granula gespeichert werden. Bei Bedarf werden sie über Exozytose freigesetzt. Größe und Form der Granula sind dabei für die verschiedenen hormonbildenden Zellen recht charakteristisch. Die großen Unterschiede im Hormongehalt, die zwischen einzelnen Drüsenzellen des gleichen Zelltyps beobachtet werden können, zeigen das funktionell bedingte wechselnde Verhältnis zwischen Hormonbildung und -abgabe an.

Der **Zwischenlappen** liegt zwischen dem Vorderlappen der Adenohypophyse und der Neurohypophyse. Es herrschen basophile Zellen vor. Bei verschiedenen Wirbeltieren (Fische, Amphibien) sezernieren die Zellen des Mittellappens das Melanotropin (Melanozyten-stimulierendes Hormon [MSH]), welches die Melaninbildung in der Haut stimuliert.

Der **Trichterlappen** legt sich der vorderen Fläche des Hypophysenstiels an. Er besteht aus mehreren parallel angeordneten Strängen aus vorwiegend chromophoben Zellen.

Neurohypophyse: Die Neurohypophyse umfasst anatomisch gesehen den Lobus posterior (Hinterlappen, Lobus nervosus) und das Infundibulum (Hypophysenstiel), durch den ersterer mit dem Hypothalamus verbunden ist. Im Hypophysenstiel verlaufen die Axone des Tractus hypothalamo-hypophyseus. Der Hypophysenhinterlappen besteht aus einem Geflecht von speziellen protoplasmatischen Gliazellen, den Pituizyten und marklosen Nervenfasern. Die Neurohypophyse enthält aber keine Perikaryen von Nervenzellen.

Die beiden in der Neurohypophyse gespeicherten Effektorhormone Oxytozin und Adiuretin, (Vasopressin), die wie erwähnt in Kernen des Hypothalamus gebildet werden und sich chemisch nur in zwei Aminosäuren unterscheiden, haben unterschiedliche Zielorgane und Wirkungen. Adiuretin spielt eine wichtige Rolle bei der Regulation des Wasserhaushalts. Den wichtigsten Reiz für die Adiuretin-Ausschüttung stellt die Zunahme der Osmolarität des Blutes dar (Durstzustand), die von Osmorezeptoren im Hypothalamus und in der Leber registriert wird. Außerdem steigt die Adiuretin-Ausschüttung bei einer Abnahme des Blutvolumens, die von Volumenrezeptoren der Vorhöfe des Herzens registriert wird. Adiuretin fördert die Rückresorption von Wasser in den Sammelrohren der Niere und verringert damit den Wasserverlust. Mangel an Adiuretin bewirkt eine krankhaft gesteigerte Harnausscheidung. Dieses Krankheitsbild heißt Diabetes insipidus (starke Polyurie, jedoch keine Glukosurie). In hoher Konzentration verengt Adiuretin die Blutgefäße. Oxytozin stimuliert am Ende der Schwangerschaft die Kontraktion der glatten Muskelzellen im Uterus. Nach der Geburt fördert Oxytozin die Milchabgabe aus der Milchdrüse durch Kontraktion der Myoepithelzellen, welche um die Drüsenendstücke der Mamma gelagert sind.

11.3 Epiphyse (Zirbeldrüse, Corpus pineale)

Die Epiphyse ist eine kleine, zapfenförmige Bildung des Zwischenhirns, die über die Habenulae (Zirbelstiele) mit diesem in Verbindung steht. Die Epiphyse wird von einer zarten Bindegewebshülle umgeben, die sich von der Pia mater ableitet. Von ihr strahlen feine Septen in das Parenchym und unterteilen es in unvollständig voneinander getrennte Läppchen. Die Hauptmasse des Parenchyms besteht aus vielgestaltigen Pinealozyten, die in ein dichtes Gliagerüst eingebaut sind, das sich aus faserigen Astrozyten aufbaut. Ferner kommen markhaltige und marklose Nervenfasern und vereinzelte Mastzellen vor.

Von der Epiphyse werden verschiedene biogene Amine und Peptidhormone produziert und abgegeben. Am besten untersucht ist dabei das Melatonin, das aus Tryptophan über die Zwischenstufe Serotonin gebildet wird und unter anderem bei der Steuerung der zirkadianen Rhythmik eine wichtige Rolle spielt. Die Melatoninbildung ist lichtabhängig. Sie wird durch Dunkelheit stimuliert, wodurch auch die Sekretion nachts ihr Maximum erreicht. Melatonin wirkt inhibitorisch auf die Abgabe von Releasing-Hormonen aus dem Hypothalamus. Dadurch wirkt es hemmend auf die Gonadenentwicklung bzw. die Funktion von Hoden und Ovar.

11.4 Schilddrüse (Glandula thyreoidea)

Die Schilddrüse wird von einer bindegewebigen Kapsel (Capsula fibrosa) umgeben. Von ihr dringen gefäß- und nervenhaltige Bindegewebstrabekel in das Innere vor und unterteilen die Schilddrüse in Läppchen. Das interstitielle Bindegewebe ist bei den einzelnen Tierarten unterschiedlich stark ausgebildet. Die Lobuli enthalten zahlreiche Schilddrüsenfollikel, parafollikuläre Zellen, Blut- und Lymphgefäße sowie Nervenfasern. Der Durchmesser der Schilddrüsenfollikel ist variabel und liegt etwa zwischen 50 und 500 µm. Die Follikel werden von einem einschichtigen Epithel ausgekleidet, das einer feinen Basalmembran aufsitzt. Die einzelnen Follikel werden von einem gut ausgebildeten Netz fenestrierter Kapillaren und sympathischer Nervenfasern umsponnen. Bei einer aktiven, hormonbildenden Schilddrüse sind die Follikel relativ klein und das Epithel ist hochprismatisch. Das Iod, das für die Synthese von Thyroxin und Trijodthyronin notwendig ist, stammt aus der Nahrung. Auch wenn das in den Follikeln gespeicherte Hormon wieder resorbiert wird, ist das Follikelepithel hochprismatisch. Eine inaktive Schilddrüse zeichnet sich durch große Follikel mit flachem bis isoprismatischem Epithel aus (Stapelform).

Die **Hormone der Schilddrüse** sind Thyroxin, Trijodthyronin sowie Kalzitonin. Thyroxin und Trijodthyronin sind Glykoproteine, die nach ihrer Synthese im Follikelepithel an ein Protein Thyreoglobulin gebunden und in den Follikeln als sog. Kolloid gespeichert werden. Da die Schilddrüse große Hormonmengen extrazellulär lagern kann, wird sie auch als eine Stapel- bzw. Speicherdrüse bezeichnet. Es gibt eine Reihe von Erkrankungen, die sich auf Überfunktion (Hyperthyreose) oder Unterfunktion (Hypothyreose) der Schilddrüse zurückführen lassen. In beiden Fällen kann es zu einer Vergrößerung der Schilddrüse (Kropf, Struma) kommen. Bei einer Überfunktion der Schilddrüse, wie bei der Basedow-Krankheit, lässt sich eine Erhöhung des Grundumsatzes und der Körpertemperatur, Steigerung der Herz- und Atemtätigkeit sowie eine Gewichtsabnahme beobachten.

Im zarten Bindegewebe zwischen den Follikeln und basal in das Epithel der Follikel eingestreut liegen die **C-Zellen** (parafollikuläre Zellen). Diese Zellen leiten sich von der Neuralleiste ab und sind in die Schilddrüse eingewandert. Die C-Zellen sind größer und heller als die Thyroxin-bildenden Zellen des Follikelepithels und erreichen nicht das Lumen der Follikel. Um diese Zellen lichtmikroskopisch sicher erkennen zu können, sind Spezialmethoden (Silberimprägnation; immunhistochemischer Nachweis) notwendig. Das von den C-Zellen gebildete Kalzitonin ist ein phylogenetisch altes Hormon, das an der Steuerung des Mineralstoffwechsels beteiligt ist. Es wirkt antagonistisch zum Parathormon. Das Polypeptid Kalzitonin wird in die Blutbahn abgegeben, wenn der Kalziumspiegel im Blutplasma erhöht ist. Es hat eine hypokalzämische Wirkung, d.h. es senkt die Kalziumkonzentration im Blut, in dem es die Osteoklasten inaktiviert, die Einlagerung von Ca^{++} in das Knochengewebe fördert und die Ca^{++}-Resorption aus dem Darm einschränkt. Die Sekretion von Kalzitonin aus den C-Zellen wird ausschließlich über die Höhe des Blutkalziumspiegels geregelt und ist unabhängig von der Funktion der Schilddrüse.

11.5 Epithelkörperchen (Nebenschilddrüse, Glandulae parathyreoideae)

Die (meist vier) Epithelkörperchen sind kleine endokrine Organe, die während der Embryonalentwicklung aus der 3. und 4. Schlundtasche entstehen. Nicht selten kommen auch noch weitere, akzessorische Epithelkörperchen vor.

Die Epithelkörperchen werden von einer dünnen Bindegewebskapsel umgeben, von der aus feine Septen aus retikulären Fasern und Blutgefäßen in das Organ ziehen. Beim Rind und Schwein wird dadurch eine Läppchengliederung erkennbar, während bei den Fleischfressern der Bindegewebsanteil sehr gering ist, sodass die Epithelkörperchen praktisch nur aus Parenchym und Kapillaren zu bestehen scheinen. Das Parenchym wird von relativ kleinen, polygonalen Epithelzellen gebildet, die in enger Beziehung zum dichten Kapillarnetz der Epithelkörperchen stehen. Dabei lassen sich zwei Zelltypen unterscheiden, die Hauptzellen (Endocrinocyti principales) und die oxyphilen Zellen (Endocrinocyti oxyphilici). Die Hauptzellen wiederum kommen als helle (Endocrinocyti principales lucidi) und dunkle Zellen (Endocrinocyti prinicpales densi) vor, die wahrscheinlich zwei verschiedene Aktivitätsstadien des gleichen Zelltyps repräsentieren. Die hellen Hauptzellen werden für inaktiv gehalten. Die Hauptzellen bilden das Parathormon (Parathyrin), das an der Regulation des Kalzium- und Phosphatstoffwechsels maßgeblich beteiligt ist. Durch das Parathormon wird die Aktivität der Osteoklasten gesteigert. Der vermehrte Knochenabbau führt zum Ansteigen des Blutkalziumspiegels. Eine Entfernung der Epithelkörperchen führt zu Hypokalzämie und Hyperphosphatämie. Durch das starke Absinken des Blutkalziumspiegels kommt es über eine erhöhte neuromuskuläre Erregbarkeit zu Krämpfen der Skelettmuskulatur (Tetanie), die tödlich verlaufen können.

Die oxyphilen Zellen sind größer als die Hauptzellen. Ihre genaue Funktion ist unklar. Da Übergangsformen zwischen den Hauptzellen und oxyphilen Zellen vorkommen, nimmt man heute an, dass es sich bei oxyphilen Zellen und Hauptzellen um verschiedene Funktionszustände der gleichen Zellart handeln dürfte. Möglicherweise handelt es sich auch um Degenerationsstadien der Hauptzellen.

11.6 Nebennieren (Glandulae suprarenales)

Die Nebennieren bestehen aus zwei funktionell und entwicklungsgeschichtlich unterschiedlichen Anteilen, der Nebennierenrinde (Cortex glandulae suprarenalis) und dem Nebennierenmark (Medulla glandulae suprarenalis). Die Rinde entwickelt sich aus dem Zölomepithel und ist damit mesodermaler Herkunft. Die Zellen des Marks sind Abkömmlinge von Sympathikoblasten, die während der Embryonalentwicklung von der Neuralleiste her einwandern. Das Nebennierenmark leitet sich somit vom Ektoderm ab. Es kann als ein modifiziertes sympathisches Ganglion aufgefasst werden.

Nebennierenmark und Rinde lassen sich bereits makroskopisch unterscheiden. Am Schnitt durch das unfixierte Organ lässt sich unmittelbar nach dem Tod die intensiv gelb gefärbte Rinde, die 80–90 % des Organs ausmacht, vom graurötlichen Mark deutlich abgrenzen. Schon kurze Zeit nach dem Tod beginnt sich das Mark zu verflüssigen, wodurch die Nebenniere den Eindruck erweckt, hohl zu sein.

Außen ist das Organ von einer starken bindegewebigen Kapsel umgeben, von der aus Gefäßen und Nerven enthaltende Septen radiär in die Rindensubstanz ziehen. An der Mark-Rinden-Grenze lösen sich die Septen in feine, in die Marksubstanz ziehende Fasern auf.

11.6.1 Nebennierenrinde (Cortex glandulae suprarenalis)

An der Nebennierenrinde lassen sich schon bei schwacher Vergrößerung drei Zonen unterscheiden. Von außen nach innen sind dies die Zona glomerulosa (bzw. Zona arcuata, Zona multiformis), die Zona fasciculata und die Zona reticularis.

Zona glomerulosa (Wiederkäuer): Diese liegt direkt unter der Kapsel und setzt sich aus knäuelartig gewundenen Zellsträngen zusammen. Die Zellen sind klein, besitzen jedoch einen relativ großen kugelförmigen Kern. Dadurch erscheint diese Zone besonders kernreich. Das azidophile Zytoplasma dieser Zellen enthält keine oder nur wenige Lipidtröpfchen. Zwischen den Zellsträngen liegen zahlreiche Kapillaren. Von den äußersten Zellen der Zona glomerulosa (subkapsuläres Blastem) soll die Regeneration des Rindenparenchyms ausgehen.

Bei Pferd, Schwein und Fleischfressern wird die äußerte Schicht der Nebennierenrinde von vorwiegend bogenförmig angeordneten Parenchymzellen gebildet. Die endokrinen Zellen der äußersten Rindenzone bilden Aldosteron und einige weitere Mineralkortikoide. Diese Hormone fördern die Aufnahme von Natrium und Wasser in den distalen Tubuli der Niere.

Zona fasciculata: Sie bildet die breiteste Zone der Nebennierenrinde. Sie besteht aus weitgehend parallel angeordneten Zellsträngen, die radiär zum Mark verlaufen. Aufgrund der zahlreichen Lipidtröpfchen in ihren endokrinen Zellen (die hauptsächlich Cholesterol enthalten) tritt die Zona fasciculata bei Fettfärbungen von Gefrierschnitten (z.B. mit Sudanrot) besonders auffällig hervor. Bei normalen Routinepräparaten, die mit fettlösenden Alkoholen und Intermedien vorbehandelt wurden, erscheinen die Zellen der Zona fasciculata durch Herauslösen der Lipidtropfen wabenartig und werden auch als Spongiozyten bezeichnet. Im Elektronenmikroskop fällt der hohe Gehalt an glattem endoplasmatischen Retikulum und zahlreiche Mitochondrien vom Tubulustyp (Organellen die für Steroidhormonsynthetisierende Zellen typisch sind) auf.

Die Zellstränge werden von feinen Bindegewebszügen und fenestrierten Kapillaren begleitet. In der Zona fasciculata werden vor allem Glukokortikoide gebildet. Etwa 95 % der gesamten Glukokortikoidaktivität entfallen dabei auf Kortisol. Die wichtigsten Wirkungen von Kortisol sind Erhöhung des Blutzuckerspiegels durch vermehrten Abbau von Glykogen und gesteigerte Glukoseneubildung (Glukoneogenese) aus Aminosäuren, Beschleunigung des Eiweißabbaus in den Zellen, Steigerung der Salzsäure und Pepsinfreisetzung im Magen. Die Synthese und Freisetzung der Glukokortikoide wird durch das ACTH der Hypophyse reguliert. Gesteigerte Belastung des Organismus („Stress", z.B. durch Temperaturveränderungen, Infektionen, Hunger, Durst, Operationen) führt zu einem raschen Ansteigen der ACTH-Ausschüttung aus dem Hypophysenvorderlappen und daher der Kortisolsekretion aus der Nebennierenrinde. Insgesamt spielen die Glukokortikoide und die Mineralkortikoide eine wichtige Rolle bei der schnellen Anpassung des Körpers an gesteigerte Belastungen.

Synthetische Glukortikoide werden wegen ihrer antientzündlichen, antiallergischen, antirheumatischen und fiebersenkenden Wirkung häufig therapeutisch verabreicht. Ihre Anwendung ist dann sinnvoll, wenn die Abwehrreaktion des Körpers schädlicher für den Organismus ist als die abzuwehrende Noxe (z.B. nach Transplantation zur Unterdrückung der Abstoßungsreaktion oder bei Autoimmunerkrankungen wie der chronischen Polyarthritis). Bei längerfristiger Therapie mit Glukokortikoiden treten vielfältige Nebenwirkungen auf.

Zona reticularis: Dies ist die innerste Schicht der Nebennierenrinde und grenzt direkt an das Mark. Sie besteht aus netzartig angeordneten, relativ kleinen Zellen, die in ihrem intensiv azidophilen Zytoplasma nur wenige Lipidtröpfchen enthalten. Im Alter ist häufig ein zunehmender Gehalt des Pigments Lipofuszin zu beobachten. In der Zona reticularis werden Geschlechtshormone, vor allem androgen wirksame Hormone, gebildet. Die wichtigsten Androgene sind dabei das Dehydroepiandrosteron und das Androstendion. Dehydroepianrosteron wird in physiologisch wirksamen Mengen in das Blut abgegeben. Es hat einen schwach maskulinisierenden und anabolisierenden Effekt. Auch geringe Mengen von Östrogenen kommen vor.

11.6.2 Nebennierenmark (Medulla glandulae suprarenalis)

Das Nebennierenmark ist ein Abkömmling von Sympathikoblasten, die aus der Neuralleiste eingewandert sind. Histologisch erscheint das Mark als ein Schwammwerk aus polygonalen, feingranulierten Zellen mit verschieden großen, chromatinarmen Kernen. Zwischen ihnen liegen sinusoide Kapillaren mit gefenstertem Endothel, sowie kleinere und größere Venen. Die großen Venen besitzen in ihrer Intima Längsmuskelwülste (Polstervenen). Dadurch kann der Abfluss von hormonhaltigem venösem Blut gedrosselt werden. Außer den chromaffinen Zellen kommen im Nebennierenmark noch vegetative Ganglienzellen vor, die an ihren großen, runden Kernen identifizierbar sind, sowie kleine undifferenzierte Sympathikoblasten von lymphozytenähnlichem Aussehen, die in kleinen Gruppen zusammenliegen können. Die chromaffinen Zellen (d.h. mit Chromsalzen anfärbbar) des Nebennierenmarks bilden zwei unterschiedliche Populationen. Das Verhältnis von adrenalinhaltigen (A-Zellen) zu noradrenalinhaltigen Zellen (NA-Zellen) ist bei den einzelnen Tierarten unterschiedlich. So weisen Katzen nahezu ausschließlich NA-positive Zellen, Wiederkäuer und Schwein überwiegend A-Zellen auf. Die Katecholamine Adrenalin und Noradrenalin sind dabei an Matrixproteine, die Chromogranine, gebunden.

Sympathische Paraganglien sind unauffällige, meist etwa erbsgroße Epithelzellgruppen, die in der Nähe von sympathischen Nerven gefunden werden. Das größte sympathische Ganglion ist das Paraganglion aorticum abdominale, das am Ursprung der A. mesenterica caudalis aus der Aorta gelegen ist. Entwicklungsgeschichtlich entstehen sie, wie das Nebennierenmark, aus Sympathikoblasten, die aus der Neuralleiste ausgewandert sind. Ihr Aufbau und ihr färberisches Verhalten (chromaffine Reaktion) gleichen daher dem des Nebennierenmarks und sie produzieren wie dieses Adrenalin und Noradrenalin.

11.7 Inselorgan des Pankreas (Insulae pancreaticae, Langerhans-Inseln)

Neben exokrinem Drüsengewebe, das den Bauchspeichel mit seinen Enzymen produziert, weist die Bauchspeicheldrüse (Pankreas) endokrine Zellen auf, die etwa 1–2 % des Gesamtparenchyms ausmachen. Letztere bilden zusammen den endokrinen Anteil der Bauchspeicheldrüse, das sog. Inselorgan (Langerhans-Inseln). Bei den Langerhans-Inseln handelt es sich um helle ovale bis runde Zellhaufen, die verstreut im exokrinen Pankreasgewebe eingebettet liegen. Die Zahl der Inseln ist im Pankreasschwanz und Pankreaskörper deutlich höher als im Pankreaskopf. Ihre Größe beträgt ca. 75–300 µm. Sie bestehen aus einem Netzwerk von Epithelzellen, zwischen dem verhältnismäßig weite, gefensterte Kapillaren verlaufen. Mit speziellen lichtmikroskopischen Färbetechniken (z. B. Mallory-Azan-Färbung) oder mit dem Elektronenmikroskop können innerhalb der Inseln verschiedene Zelltypen lokalisiert werden, die unterschiedliche Hormone bilden und die sich auch immunhistochemisch identifizieren lassen.

A-Zellen (Endocrinocyti alpha, Glucogenocyti): Diese Zellen kommen bevorzugt in der Peripherie der Inseln vor und machen insgesamt etwa 20 % der Inselzellen aus. A-Zellen produzieren das Peptidhormon Glukagon. Dieses wirkt in vieler Hinsicht antagonistisch zum Insulin, da es durch verstärkte Glykogenolyse und Glukoneogenese ein Ansteigen des Blutzuckerspiegels bewirkt. Bei Erniedrigung des Blutzuckerspiegels wird es daher vermehrt ausgeschüttet.

B-Zellen (Endocrinocyti beta, Insulinocyti): Diese machen mit 60–80 % den größten Teil der gesamten Zellpopulation der Inseln aus. Sie liegen mehr im Inselzentrum und bilden das Proteohormon Insulin. Insulin wird bei einem Ansteigen der Glukose- oder Aminosäurekonzentration im Blut vermehrt ausgeschüttet und hat unter anderem folgende Wirkungen: Steigerung der Glukoseaufnahme in Muskel- und Fettzellen, Steigerung des Aufbaus von Glykogen und von Fett im Muskel, in den Fettzellen und in der Leber sowie Hemmung der Fettspaltung (Lipolyse). Durch diese Effekte vermindert Insulin die Konzentration von Glukose, Fettsäuren und Aminosäuren im Blut. Wird zu wenig Insulin gebildet, kommt es zu Diabetes mellitus, der Zuckerkrankheit. Die typischen Symptome dabei sind hoher Blutzucker, Harnzucker, vermehrte Harnausscheidung, gesteigerter Durst und ein Anstieg der Fettsäuren im Blut.

D-Zellen (Endocrinocyti delta): Eine weitere Zellart, die etwa 5 % der Inselzellen ausmacht, sind die D-Zellen. Sie bilden das Hormon Somatostatin, das in der Bauchspeicheldrüse auf parakrinem Weg die Freisetzung von Insulin und Glukagon aus den benachbarten Zellen hemmt. Außer im Pankreas wird Somatostatin auch in anderen Organen, z. B. in der Schleimhaut des Magen-Darm-Trakts und in bestimmten Neuronen des Hypothalamus, angetroffen.

PP-Zellen: Weitere Zellen der Langerhans-Inseln bilden das pankreatische Polypeptid und werden daher als PP-Zellen oder F-Zellen bezeichnet. Diese Zellart kann auch verstreut im exokrinen Pankreasanteil gefunden werden. Pankreatisches Polypeptid hemmt die Sekretionsleistung des exokrinen Pankreas und die durch Gastrin stimulierte Magensaftsekretion. Auf die glatte Muskulatur der Gallenblase hat es eine erschlaffende Wirkung.

C-Zellen: Bei den seltenen C-Zellen, die keine Granula enthalten, dürfte es sich um B-Zellen handeln, die ihr Insulin vollständig abgegeben haben. Zudem wurden im endokrinen Pankreas bei verschiedenen Spezies enterochromaffine, Serotonin-haltige Zellen und vasoaktives intestinales Polypeptid (VIP) bildende Zellen beschrieben.

11.8 Disseminiertes endokrines System des Verdauungsapparates

Unter dem Begriff „disseminiertes endokrines System des Verdauungsapparates" oder „enteroendokrines System" werden eine Vielzahl unterschiedlicher Zellformen zusammengefasst, die verstreut in der Schleimhaut des Magen-Darm-Trakts vorkommen und mit ihren Hormonen die Magen-Darm-Funktionen (Motilität, Sekretion) beeinflussen. Gemeinsam mit den Inselzellen des Pankreas, die teilweise gleichartige Funktionen besitzen, werden sie auch als System der gastro-entero-pankreatischen (GEP) endokrinen Zellen zusammengefasst.

Nach der chemischen Beschaffenheit der Wirkstoffe, die von diesen Zellen gebildet werden, kann man unterscheiden:

1. Zellen, die **Serotonin** (5-Hydroxytryptamin = 5-HT) produzieren. Sie sind „chromaffin", d. h. sie bilden bei Fixierung mit Kaliumbichromat ein braunes Reaktionsprodukt und sind schon seit langer Zeit als enterochromaffine Zellen (EC-Zellen) bekannt.
2. Zellen, die verschiedene **Peptid-Hormone** bilden. Mit immunhistochemischen und biochemischen Methoden konnte man bisher über 30 verschiedene Peptide im Gastrointestinaltrakt nachweisen.

Abb. 11-2 Hypophyse, Übersicht, Rind, Azan-Färbung, SB 80 µm

Die Hypophyse (Glandula pituitaria) besteht aus der Adenohypophyse und der Neurohypophyse. In der Adenohypophyse lassen sich durch die Azanfärbung chromphile und chromophobe Zellen unterscheiden. Im Zwischenlappen der Adenohypophyse befinden sich chromophobe und chromophile basophile Zellen (bilden MSH und β-Endorphine). In der Neurohypophyse befinden sich marklose Nervenfasern, die den entsprechenden Kerngebieten des Hypothalamus entstammen, und Gliazellen.

1 Vorderlappen; 2 Hypophysenhöhle; 3 Zwischenlappen; 4 Hinterlappen

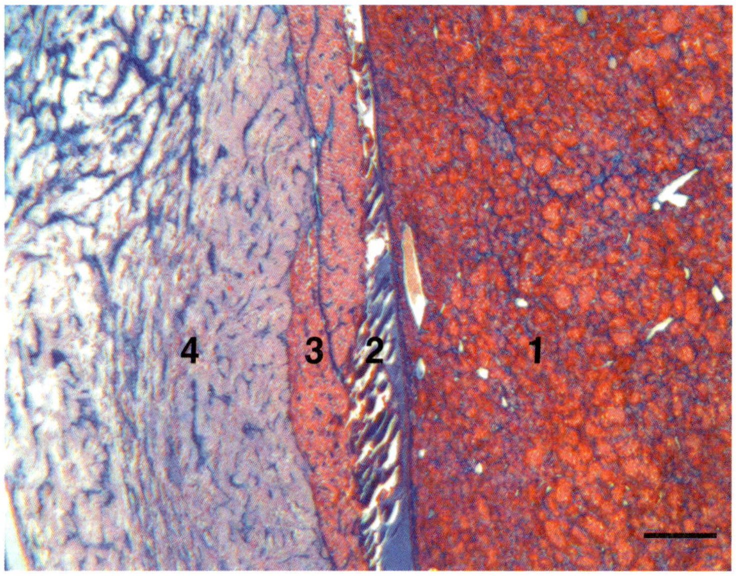

Abb. 11-3 Adenohypophyse, Rind, Azan-Färbung, SB 40 µm

Die Adenohypophyse besteht aus der Pars distalis (Vorderlappen), der Pars intermedia (Zwischenlappen) und der Pars tuberalis (Trichterlappen). Ihre Zellen lassen sich aufgrund ihres Zytoplasmas und ihrer Granula in azidophile (α- und ε-Zellen) und basophile Zellen (β- und δ-Zellen) unterteilen. Azidophile Zellen produzieren GH und Prolaktin, basophile Zellen TSH, FSH und LH. Chromophobe Zellen sind undifferenzierte, nichtsekretorische Stammzellen.

1 Azidophile Zelle; 2 Basophile Zelle; 3 Chromophobe Zelle; 4 Bindegewebe

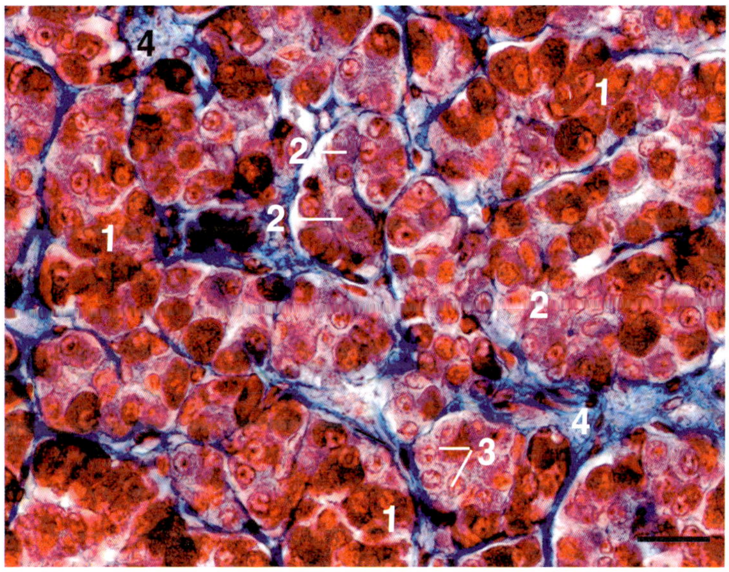

Abb. 11-4 Neurohypophyse, Rind, Azan-Färbung, SB 80 µm

Die Neurohypophyse besteht aus dem Lobus posterior (Hinterlappen) und dem Infundibulum (Hypophysenstiel). Marklose Nervenfasern transportieren in ihrem Axoplasma die im Hypothalamus produzierten Effektorhormone ADH und Oxytozin (Neurosekret) in den Hinterlappen, wo sie gespeichert werden. Diese werden bei Bedarf in angrenzende Kapillaren abgegeben. Ein Geflecht aus protoplasmatischen Gliazellen, Pituizyten, die Stütz- und Stoffwechselaufgaben übernehmen, umgibt die Nervenfasern.

1 Hinterlappen; 2 Zwischenlappen; 3 Pituizyten; 4 Bindegewebe; 5 Blutgefäß

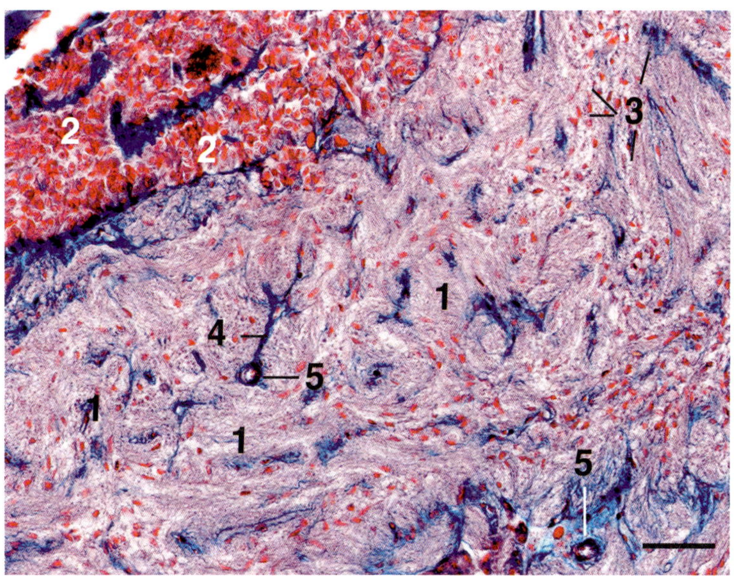

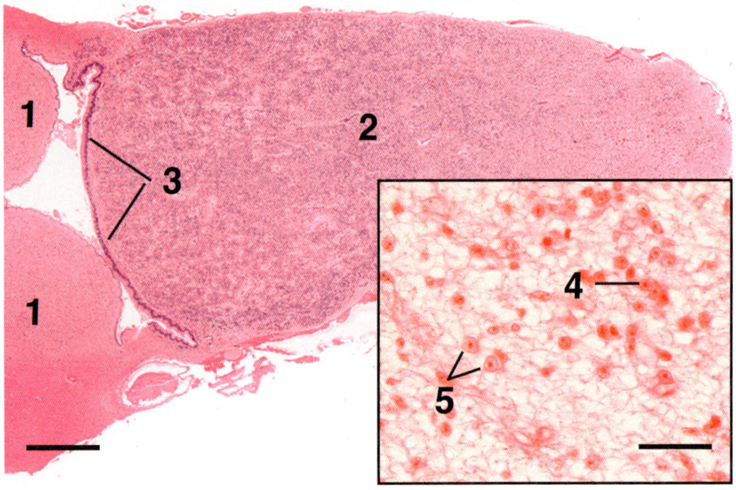

Abb. 11-5 Epiphyse, Pferd, Hämatoxylin-Eosin, SB 660 µm

Die Epiphyse (Corpus pineale) steht über die Habenulae (Zirbelstiele) mit dem Zwischenhirn in Verbindung und regelt unter anderem den zirkadianen Rhythmus. Ihr Parenchym besteht aus Pinealzellen, Astrozyten, Mastzellen und Nervenfasern. Die polygonalen Pinealzellen, die einen großen, unregelmäßigen Zellkern besitzen, produzieren Melatonin. Der basale Bereich der Epiphyse, der an den III. Ventrikel grenzt, ist von Ependymzellen bedeckt.

1 Zwischenhirn; 2 Epiphyse; 3 Ependym des III. Ventrikels; Inset: 4 Pinealzellen; 5 Astrozyten, SB 80 µm

---

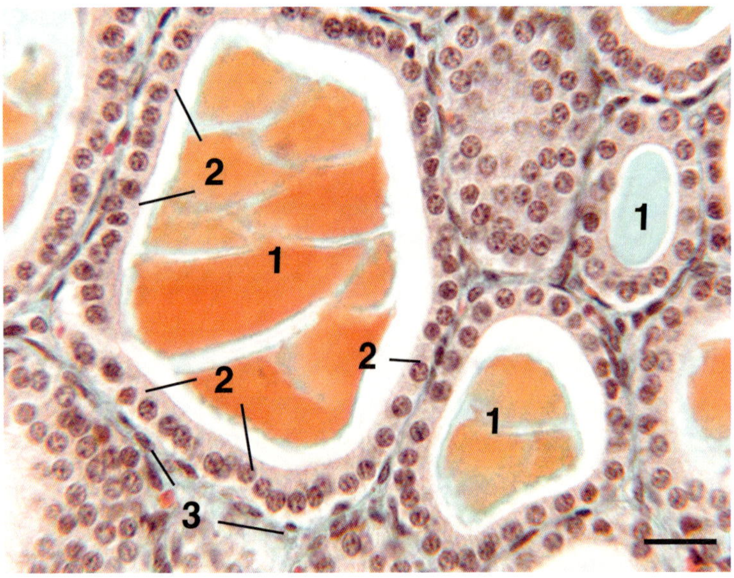

Abb. 11-6 Schilddrüse, Pferd, Goldner-Färbung, SB 40 µm

Die Schilddrüse (Glandula thyreoidea) wird von einer dünnen Bindegewebskapsel umhüllt, die von der Septen in das Organ hineinziehen und es in Läppchen (Lobuli) gliedern. Diese enthalten die Schilddrüsenfollikel, die von einem einschichtigen Epithel ausgekleidet werden. Das Epithel bildet die Hormone Thyroxin und Trijodthyronin, die an ein Protein (Thyreoglobulin) gebunden und als Kolloid gespeichert werden. Zwischen dem Drüsenepithel und der Basalmembran treten große C-Zellen auf, die Kalzitonin sezernieren.

1 Kolloid; 2 Einschichtiges, isoprismatisches Schilddrüsenepithel; 3 Bindegewebe

---

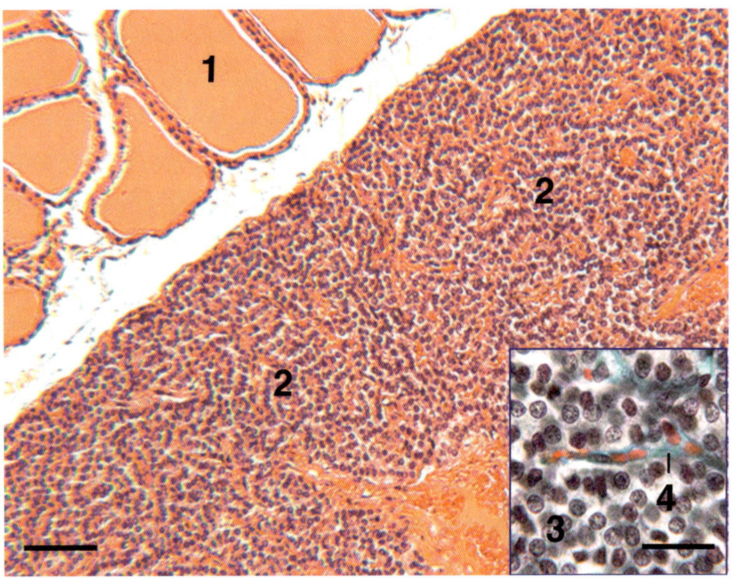

Abb. 11-7 Nebenschilddrüse, Hund, Hämatoxylin-Eosin, SB 100 µm

In die Schilddrüse eingelagert oder in deren Nähe treten die Epithelkörperchen (Glandulae parathyreoideae) auf. Sie bestehen aus kleinen, polygonalen dunklen und hellen Hauptzellen, größeren oxyphilen Zellen, bindegewebigen Septen und einem dichten Kapillarnetz. Die Hauptzellen produzieren das Parathormon, das am Kalzium- und Phosphatstoffwechsel beteiligt ist.

1 Schilddrüsenfollikel; 2 Nebenschilddrüse; Inset (Goldner): 3 Dunkle und helle Hauptzellen; 4 Bindegewebe, SB 40 µm

Abb. 11-8 Nebenniere, Übersicht, Rind, Azan-Färbung, SB 660 µm

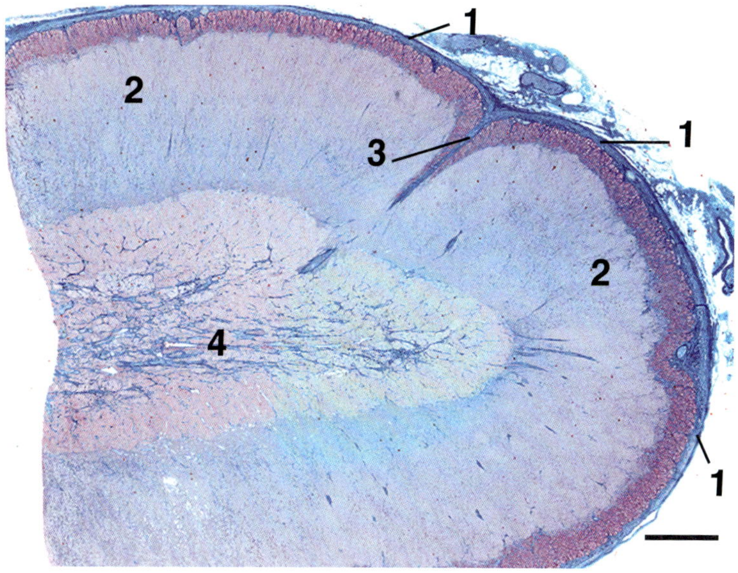

Jede Nebenniere (Glandula suprarenalis) liegt kappenartig dem Pol der Niere auf. Sie besteht aus der Nebennierenrinde (Cortex glandulae suprarenalis) und dem Nebennierenmark (Medulla glandulae suprarenalis). Außen ist das Organ von einer bindegewebigen Kapsel umgeben, von der Septen in die Rinde ziehen. Das Mark besteht aus netzförmig angeordneten Adrenalin- und Noradrenalin-produzierenden Zellen. Deren zytoplasmatische Granula lassen sich mit Chromsalzen selektiv darstellen (chromaffine Zellen).

1 Kapsel; 2 Nebennierenrinde; 3 Bindegewebsseptum; 4 Nebennierenmark

---

Abb. 11-9 Nebenniere, Zona arcuata der Nebennierenrinde, Pferd, Azan-Färbung, SB 80 µm

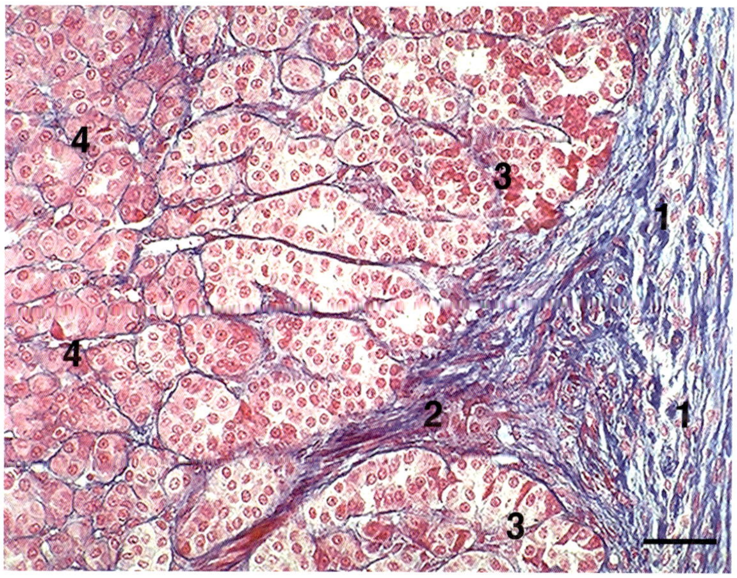

Die Rinde wird mikroskopisch in eine Zona arcuata (bei anderen Spezies: Zona multiformis oder glomerulosa), eine Zona fasciculata und eine Zona reticularis unterteilt. Die Zona arcuata liegt direkt unter der Kapsel und zeigt arkadenartig gewundene Zellstränge mit dazwischen liegenden Kapillaren. Die Zellen besitzen einen großen, kugelförmigen Kern und bilden Mineralkortikoide, vor allem Aldosteron. Diese Hormone regeln den Natrium- und Kaliumionenstoffwechsel des Körpers.

1 Nebennierenkapsel; 2 Bindegewebsseptum; 3 Zona arcuata mit gewundenen Zellsträngen; 4 Zona fasciculata

---

Abb. 11-10 Nebenniere, Zona fasciculata der Nebennierenrinde, Pferd, Azan-Färbung, SB 80 µm

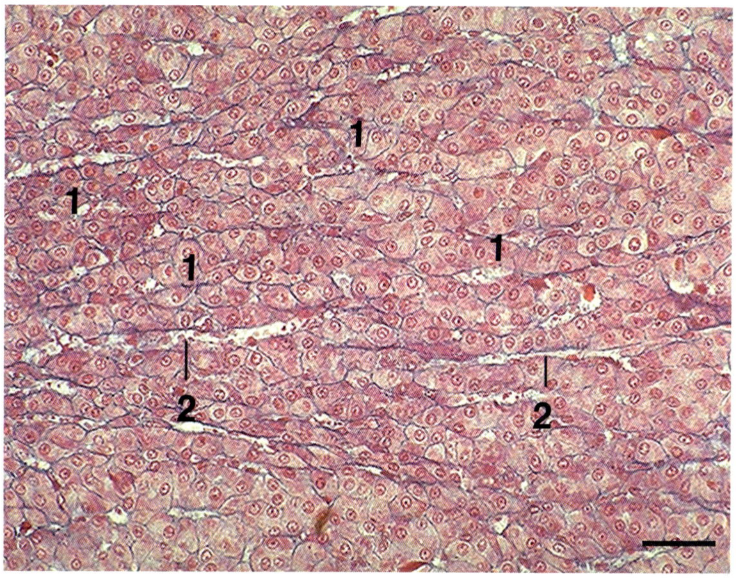

Die Zona fasciculata ist die breiteste Zone der Nebennierenrinde. Sie setzt sich aus parallel angeordneten Zellsträngen zusammen, die radiär und senkrecht zur Kapsel verlaufen. Die Zellstränge werden durch feine Bindegewebsfasern und Kapillaren getrennt. Von der Zona fasciculata werden die Glukokortikoide gebildet.

1 Zellstränge der Zona fasciculata; 2 Kapillaren

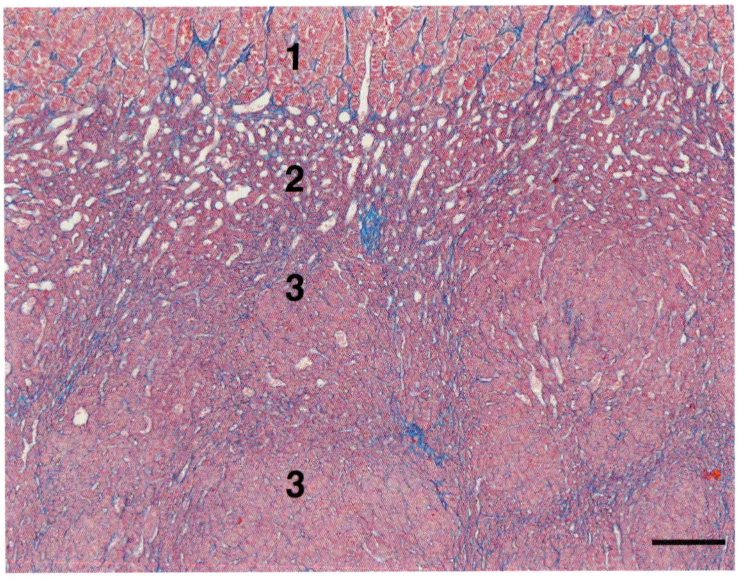

Abb. 11-11 Zona reticularis und Nebennierenmark, Pferd, Hämatoxylin-Eosin, SB 80 µm

Die Zona reticularis besteht aus anastomisierenden azidophilen Zellsträngen. Sie produzieren schwach wirksame Geschlechtshormone. Die chromaffinen (mit Chromsalzen anfärbbaren) Zellen des Nebennierenmarks umfassen zwei unterschiedliche Zellpopulationen: 80 % enthalten Adrenalin, die übrigen 20 % Noradrenalin. Sie sind an Matrixprotein, die Chromogranine gebunden. Weiter kommen noch vegetative Ganglienzellen und Polstervenen (Intima mit Längsmuskelwülsten) im Mark vor.

1 Zona fasciculata; 2 Zona reticularis; 3 Nebennierenmark

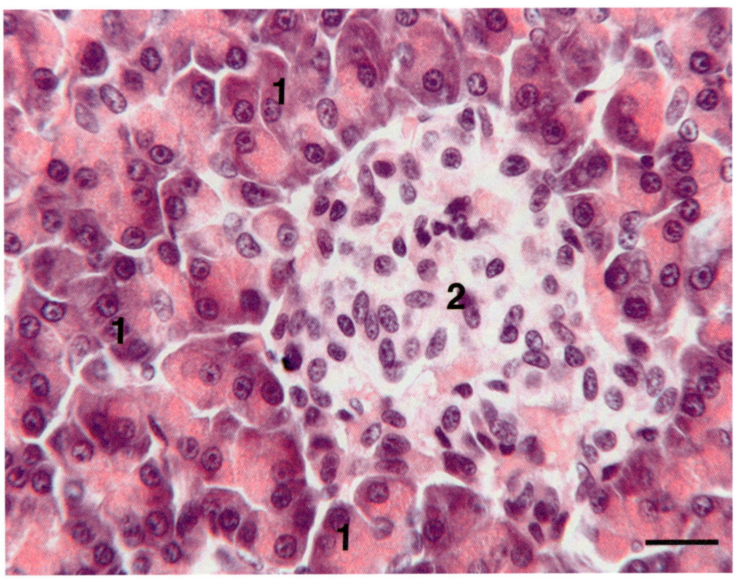

Abb. 11-12 Inselapparat des Pankreas, Katze, Hämatoxylin-Eosin, SB 18 µm

Der endokrine Anteil des Pankreas, der Inselapparat (Pars endocrina pancreatis), besteht aus Gruppen gut vaskularisierter, heller Zellen (Langerhans-Inseln, Pankreasinseln), die in das exokrine Pankreasgewebe eingelagert und durch feine retikuläre Fasern von ihm getrennt sind.

1 Exokrines Pankreasgewebe; 2 Langerhans-Insel

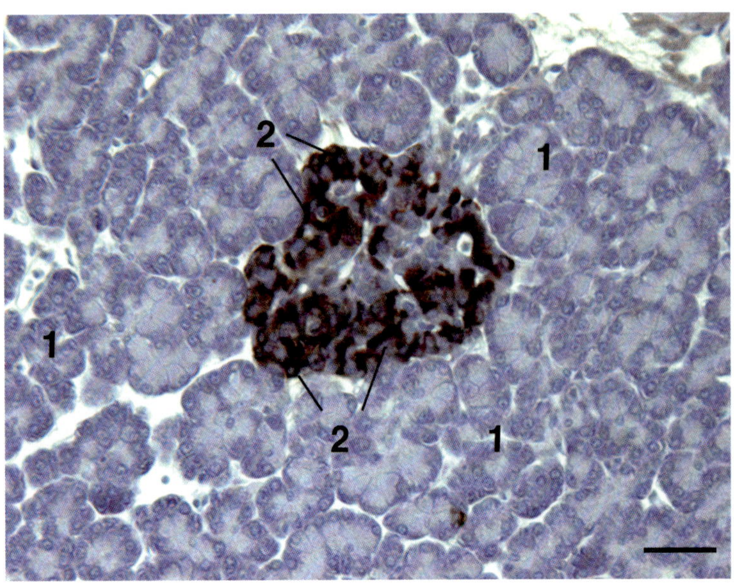

Abb. 11-13 Inselapparat des Pankreas, Ratte, Immunhistochemischer Nachweis von Insulin, SB 40 µm

In den Pankreasinseln lassen sich immunhistochemisch verschiedene Zelltypen unterscheiden: A-Zellen (ca. 20 % der Inselzellen bilden Glukagon), B-Zellen (die Hauptpopulation, produzieren Insulin), D-Zellen (geben Somatostatin und bei einigen Tierarten auch Gastrin ab), und die F-Zellen (PP-Zellen, bilden Pankreatisches Polypeptid). Die beim Hund nachgewiesenen E-Zellen produzieren verschiedene gastrointestinale Hormone, wie z. B. Cholecystokinin.

1 Exokrines Pankreas; 2 Insulin-positive B-Zellen (schwarz)

12 Verdauungsapparat (Systema digestorium)

Das Verdauungssystem dient der Aufnahme, der mechanischen Zerkleinerung, der enzymatischen Aufschließung der Nahrung sowie der Aufnahme der daraus resultierenden Nährstoffe in das Blut. Weiter obliegt ihm der Weitertransport des Darminhalts und schließlich die Ausscheidung der unverdaulichen bzw. unverdauten Nahrungsbestandteile.

12.1 Mundhöhle (Cavum oris)

Die Mundhöhle einschließlich des Mundhöhlenvorhofs (Raum zwischen Wange, Lippen und Zähnen) werden von einem mehrschichtigen, unverhornten Plattenepithel ausgekleidet, das allerdings an bestimmten Stellen (Zahnfleisch, Zungenrücken) teilweise auch verhornen kann. Je nach seiner Beanspruchung ist das Mundhöhlenepithel unterschiedlich stark mit seiner bindegewebigen Unterlage (Lamina propria) verbunden. Diese ist reich an elastischen Fasern und geht kontinuierlich in eine Tela submucosa über, die aus grobfaserigem Bindegewebe besteht. In dieser Schicht liegen auch die zahlreichen kleinen Mundspeicheldrüsen, die zusammen mit den großen Speicheldrüsen die Mundschleimhaut ständig feucht halten.

12.1.1 Lippen und Wangen (Labia oris und Buccae)

Die Lippen (Labia oris) bilden den Eingang in die Mundhöhle. Sie sind innen (Pars mucosa) von Mundschleimhaut und außen (Pars cutanea) von dem mehrschichtigen verhornten Plattenepithel der äußeren Haut überzogen. In der Submukosa liegen die gemischten seromukösen Glandulae labiales. Die Lippen weisen in ihrer Ausbildung große tierartliche Unterschiede auf, die besonders die Oberlippe betreffen (Flotzmaul, Planum nasolabiale) beim Rind, Rüsselscheibe (Rostrum) beim Schwein, Philtrum bei kleinen Wiederkäuern und Fleischfressern). Außerdem kommen an der epidermalen Außenfläche der Oberlippe (Pars cutanea) der Fleischfresser, kleinen Wiederkäuer und Pferden spezielle Tasthaare, die Sinushaare, vor.

Trotz ihres speziesabhängigen unterschiedlichen Aussehens und Funktionsweise (Tast-, Greif- und Saugfunktion), weisen die Lippen ein gemeinsames Strukturprinzip auf. Es lassen sich drei Schichten unterscheiden, die weitgehend nahtlos ineinander übergehen, nämlich die Außenschicht (Pars cutanea), die Mittelschicht (Pars intermedia) und die Innenschicht (Pars mucosa). Die Außenschicht wird von einem modifizierten Hautareal gebildet. Je nach Spezies kann sie Haare aufweisen und drüsenhaltig oder haarlos und drüsenlos sein. Das Lippenepithel enthält zahlreiche freie Nervenendigungen und im Korium liegen viele Tastkörperchen, die besonders gut in der nahezu haarlosen Rüsselscheibe des Schweins ausgebildet sind. Die Mittelschicht enthält Bindegewebe und Muskulatur. Der quergestreifte M. orbicularis oris bildet den Hauptteil der Lippen. Die Innenschicht trägt ein mehrschichtiges Plattenepithel, das bei Wiederkäuern und beim Pferd verhornt ist. In der Tela submucosa der Lippen, die viele Gefäße enthält, liegen die Lippendrüsen (Glandulae labiales), die bei den kleinen Wiederkäuern und bei den Fleischfressern mukös, bei den anderen Haussäugetieren seromukös sind.

Als Fortsetzung der Lippen sind die Wangen (Backen, Buccae) histologisch sehr ähnlich aufgebaut, und zwar aus äußerer Haut (Pars cutanea), mittlerer Muskelschicht (Pars intermedia) und Innenfläche (Pars mucosa). Ihre muskuläre Grundlage ist der quergestreifte Musculus buccinator, dem außen der Wangenfettpfropf aufliegt. Die Submukosa enthält die vorwiegend gemischten seromukösen Glandulae buccales. Sie geben über kurze Ausführungsgänge ihr Sekret in das Vestibulum oris ab.

12.1.2 Gaumen (Palatum)

Im Bereich des **harten Gaumens** (**Palatum durum**) ist die Schleimhaut unverschieblich durch straffe Kollagenbündel mit dem Periost der knöchernen Unterlage (Processus palatini der Oberkiefer und Partes horizontales der Gaumenbeine) verbunden. Die Schleimhaut ist derb und zeigt quergestellte leistenförmige Erhebungen, die Rugae palatinae) Sie trägt ein mehrschichtiges, in der Regel verhorntes Plattenepithel. In den tiefen Schichten der Tela submucosa verlaufen gut ausgebildete Venengeflechte. Im vorderen Teil des harten Gaumens finden sich Fettläppchen in der Submukosa, bei Wiederkäuern ist rostral die widerstandsfähige Dentalplatte (Pulvinus dentale) ausgebildet. im hinteren Teil des harten Gaumens kommen zahlreiche kleine muköse Speicheldrüsen (Glandulae palatinae) vor.

Der aus dem harten Gaumen hervorgehende **weiche Gaumen** (**Palatum molle**) mit dem **Gaumensegel** (**Velum**

palatinum) unterteilt den Rachen (Pharynx) in den ventralen Mundrachen (oral) und den dorsalen Atmungsrachen (pharyngeal). Der weiche Gaumen schließt sich nach hinten an den harten Gaumen an. Die Grundlage des weichen Gaumens wird von einer muskulo-tendinösen Mittelschicht gebildet. Auf der oralen Seite befindet sich eine gut verschiebliche Mundhöhlenschleimhaut (Tunica mucosa oralis). In der oralen Submukosa liegen zahlreiche muköse und seromuköse Speicheldrüsen sowie an verschiedenen Stellen lymphoretikuläres Gewebe in diffuser Verbreitung oder in Form von Lymphknötchen. Das mehrschichtige Plattenepithel der Tunica mucosa oralis schlägt im Bereich des Arcus veli palatini (in tierartlich etwas unterschiedlicher Höhe) in ein mehrreihiges Flimmerepithel um.

12.1.3 Zunge (Lingua)

Die Zunge ist ein sehr beweglicher, mit Schleimhaut bedeckter Muskelkörper. Seine quergestreiften Muskelfaserbündel bilden ein dreidimensionales Fachwerk (longitudinal, transversal, vertikal und schräg verlaufende Muskelbündel, Fibrae longitudinales, Fibrae transversales, Fibrae perpendiculares, Fibrae obliquae). Für Karnivoren (rudimentär auch bei Pferd und Ziege vorkommend) ist die longitudinal verlaufende Lyssa charakteristisch. Dieses strangförmige Gebilde besteht aus einem Fettkörper (Textus adiposus), in dem auch Knorpelgewebe (Textus cartilagineus), Muskelfasern und Gefäße eingebettet sind und der von einer straffen bindegewebigen Hülle umgeben wird. Das Septum linguae unterteilt die Zunge unvollständig in zwei Hälften. Zusammen mit der unter der Schleimhautoberfläche gelegenen Aponeurosis linguae bildet es das kollagenfaserige Grundgerüst der Zunge. In die Aponeurose strahlen von unten her Muskelfaserbündel ein. Die Zungenschleimhaut zeigt regionale Unterschiede. Auf der Oberseite (Dorsum linguae) ist sie unverschieblich mit der Aponeurose verbunden. An der Unterfläche der Zunge ist sie gegenüber der Unterlage verschieblich. Die Submukosa enthält Fettgewebe. Die Oberfläche des mäßig dicken Epithels ist glatt und nicht verhornt. Charakteristisch für den Zungenrücken sind die Zungenpapillen (Papillae linguales). Hierbei bildet die Lamina propria einen bindegewebigen Grundstock, der evtl. mehrfach gegliedert ist und dem eine Epithelkappe aufsitzt.

12.1.3.1 Mechanische Papillen (Papillae mechanicae)

Zu ihnen zählen die fadenförmigen Papillen (Papillae filiformes) und die kegelförmigen Papillen (Papillae conicae). Beide Arten enthalten keine Geschmacksknospen. Die fadenförmigen Papillen sind relativ klein, sehr zahlreich und vor allem über die vorderen zwei Drittel des Zungenrückens verteilt. Besonders stark entwickelt sind sie bei Katze und Rind, wobei sie bei der Katze eine spezielle Form aufweisen. Die einzelne fadenförmige Papille besteht aus einem bindegewebigen Grundstock, der von mehrschichtigem, verhornten Zungenepithel bedeckt wird. Sie erschweren das Abgleiten der Nahrung von der sich bewegenden Zunge. Außerdem stehen sie mit sensiblen Rezeptoren und freien Nervenendigungen in Verbindung. Sie dienen so als Einrichtungen zum räumlichen Erkennen von Gegenständen in der Mundhöhle. Eine etwas modifizierte Bauweise weisen die Papillae filiformis der Feliden auf. Sie sind dornartig gestaltet und weisen mit der Spitze nach kaudal. Das Bindegewebe des Papillengrundstocks ist mehrfach gegliedert und wird von einem stark verhornten Plattenepithel überzogen. Rostral vor der Papille liegt ein polsterartiges Widerlager, dessen Epithel unverhornt bleibt.

12.1.3.2 Geschmackspapillen (Papillae gustatoriae)

Pilzförmige Papillen (Papillae fungiformes) kommen ebenfalls im vorderen Bereich des Zungenrückens vor (besonders an Zungenrand und Zungenspitze), jedoch weitaus weniger zahlreich als die fadenförmigen Papillen. Sie sind etwa 0,5–1,5 mm hoch und an der Basis schmaler als an der Oberseite (pilzähnliches Aussehen). Ihre glatte Oberfläche ist von unverhorntem, mehrschichtigen Plattenepithel bedeckt. Die Papillae fungiformes tragen Mechano- und Thermosensoren, bei Jungtieren auch noch Geschmacksknospen. Der Aufbau der Geschmacksknospen wird in ▶ Kapitel 18 näher besprochen.

Umwallte Papillen (Papillae vallatae) kommen am Übergang von Zungenkörper zum Zungengrund vor. Beim Pferd und Schwein sind sie paarig ausgebildet, beim Fleischfresser finden sich auf jeder Seite zwei bis drei Papillae vallatae. Beim Wiederkäuer sind sie relativ zahlreich (Rind acht bis 16, Schaf mehr als 20 Stück auf jeder Zungenseite). Die Papillae vallatae sind allseits von einem Ringgraben umgeben, der sie von dem zirkulär umlaufenden Wall trennt, der ihnen den Namen gegeben hat. Im Epithel beider Grabenwände liegen Geschmacksknospen.

Am Grund dieses Grabens münden die Ausführungsgänge der rein serösen Spüldrüsen (von-Ebner-Spüldrüsen). Ihr dünnflüssiges Sekret fungiert als Spülflüssigkeit, welche die an die Geschmacksknopen (Caliculi gustatorii) gebundenen Geschmacksstoffe wieder löst.

Blattförmige Papillen (Papillae foliatae), die blatt- oder faltenartig aussehen, sind quer zum hinteren Seitenrand der Zunge orientiert. Sie tragen ebenfalls zahlreiche Geschmacksknospen im Epithel. Sie sind gut beim Pferd und Kaninchen entwickelt, während sie bei den Wiederkäuern fehlen.

12.1.4 Speicheldrüsen (Glandulae salivariae)

Entsprechend ihrer unterschiedlichen Größe und Lokalisation können bei den Speicheldrüsen **kleine Speicheldrüsen**

(**Glandulae salivariae minores**) und **große Speicheldrüsen** (**Glandulae salvariae majores**) unterschieden werden.

Kleine Speicheldrüsen sind an vielen Orten der Mundhöhle in der Submukosa der Mundschleimhaut anzutreffen (Lippendrüsen, Backendrüsen, Zungendrüsen und Gaumendrüsen). Daneben gibt es die paarig vorkommenden großen Speicheldrüsen, die mit der Mundhöhle durch einen oder mehrere große Ausführungsgänge verbunden sind. Dies sind die Ohrspeicheldrüse (Glandula parotis), die Unterkieferspeicheldrüse (Glandula mandibularis) und die Unterzungenspeicheldrüsen (Glandulae sublinguales), bei denen man die Glandula sublingualis monostomatica und die Glandula sublingualis polystomatica unterscheiden kann.

Sämtliche großen Speicheldrüsen sind zusammengesetzte Drüsen mit einem läppchenartigen Bau, die außen von einer bindegewebigen Organkapsel umgeben werden. Ihre Ausführungsgänge münden in die Mundhöhle. In der Nähe der Mündungsstellen findet man an den Zähnen häufig starke Ablagerungen von Zahnstein.

Die Sekretbildung erfolgt in den Endstücken der Speicheldrüsen, die in Form von Acini ausgebildet sind. Nach der Art des abgegebenen Sekrets kann man seröse, muköse und seromuköse Endstücke unterscheiden. Die Drüsenendstücke werden von Myoepithelzellen (Korbzellen) umgeben, die sie bei der Sekretabgabe durch Kontraktionen unterstützen.

An die Drüsenendstücke schließt sich ein differenziertes Ausführungsgangsystem an, bei dem Schaltstücke (Ductus intercalati), Streifenstücke (Sekretröhren, Ductus striati), Sekretgänge (Ductus interlobares) und Ausführungsgänge (Ductus excretorii) unterschieden werden. Die Lumina des Ausführungsgangsystems nehmen vom Schaltstück zu Ausführungsgand kontinuierlich zu. Die Schaltstücke und die Streifenstücke liegen innerhalb der Läppchen (intralobulär), wobei die Schaltstücke ein isoprismatisches Epithel und ein sehr enges Lumen zeigen, während die daran anschließenden Streifenstücke durch ein hochprismatisches Epithel mit basaler Streifung und ein deutliches Lumen gekennzeichnet sind. Die Sekretgänge sind durch ihre interlobuläre Lage (im Bindegewebe zwischen den Drüsenläppchen) und ihr zweischichtiges hochprismatisches Epithel von den Streifenstücken gut unterscheidbar.

12.1.4.1 Ohrspeicheldrüse (Glandula parotis)

Diese Drüse ist bei den meisten Hausäugetieren rein serös. Nur bei juvenilen Fleischfressern und Schafen treten auch muköse Endstücke auf. Die serösen Endstücke besitzen ein sehr schmales Lumen, das an den histologischen Schnitten oft nicht erkennbar ist. Die Zellkerne sind rund und liegen in der Mitte des leicht basophilen Zytoplasmas. Sie besitzen ein gut entwickeltes Ausführungsgangsystem, lange verzweigte isoprismatisch ausgekleidete Schaltstücke und die intralobulär gelegenen typischen Streifenstücke (Ductus striati), in denen durch Wasseraufnahme der Speichel eingedickt und der Gehalt an Elektrolyten reguliert wird. Die interlobulären Ausführungsgänge münden über den Ductus parotideus in das Vestibulum oris. Sie besitzen ein zwei- bis mehrreihiges hochprismatisches Epithel mit eingestreuten Becherzellen.

12.1.4.2 Unterkieferspeicheldrüse (Glandula mandibularis)

Diese Speicheldrüse ist eine gemischte (seromuköse) Drüse, wobei seröse und muköse Endstücke in etwa gleichem Maße vorkommen. In den gemischten Drüsenendstücken liegen die serösen Endstücke den mukösen Drüsenzelle kappenartig auf (seröse Halbmonde, Semilunae serosae, Gianuzzi-Halbmonde). Daneben finden sich in tierartlich unterschiedlicher Zahl auch rein seröse und rein muköse Endstücke.

12.1.4.3 Unterzungenspeicheldrüsen (Glandulae sublinguales)

Die (dem Pferd fehlende) Glandula sublingualis monostomatica ist gemischt, aber vorwiegend mukös. Die serösen Anteile sitzen den Endstücken als Halbmonde auf. Streifenstücke sind nicht vorhanden. Die Schaltstücke zeigen zum großen Teil eine starke Verschleimung. Die Glandula sublingualis polystomatica ist beim Pferd und Wiederkäuer eine weitgehend muköse Speicheldrüse, mit einer größeren Zahl kurzer Ausführungsgänge: bei den anderen Spezies ist sie eine gemischte Drüse, wobei der muköse Anteil deutlich vorherrscht.

12.1.5 Zähne (Dentes)

Am Zahn lassen sich Zahnkrone (Corona dentis), Zahnhals (Cervix dentis) und Zahnwurzel (Radix dentis) unterscheiden. Sie bestehen zum größten Teil aus Dentin (Dentinum, Zahnbein), welches im Kronenbereich vom Schmelz (Enamelum, Adamantin) und im Wurzelbereich vom Zement (Cementum) bedeckt ist. Schmelz und Zement bilden am Zahnhals die Schmelz-Zement-Grenze. An den Kauflächen der Backenzähne der Wiederkäuer und an den Backenzähnen und Schneidezähne der Pferde wird das Dentin nicht (wie sonst an der Zahnkrone anderer Tierarten) von Schmelz bedeckt. Die Histologie der Zahnhartgewebe ist bereits im ▶ Kapitel 5 beschrieben worden und soll hier noch in einigen Punkten ergänzt werden.

Die Bildung von Dentin erfolgt durch die mesenchymalen Odontoblasten der Zahnpulpa, die am Rand der Pulpa tapetenartig angeordnet sind. Ein Zytoplasmafortsatz (Tomes-Faser) zieht von ihnen in das neugebildete Prädentin (Praedentinum), das aus Glykproteinen, Glykosaminoglykanen und Kollagenfibrillen besteht. Durch Sekretion von Kalzium- und Phosphationen kommt es zur Bildung von Apatitkristallen um die Kollagenfibrillen. Aus dem Prädentin wird mineralisiertes Dentin. Die Osteoblastenfortsätze werden von mineralisiertem Dentin (Dentinum peritubulare) umgeben und kommen dadurch in Dentinkanälchen (Tubuli dentinales) zu liegen. In seiner Endform besteht Dentin zu ca. 30 % aus organischem Material (Kollagen und Grundsubstanz) und zu ca. 70 % aus Hydroxylapatit.

Bei der Zahnentwicklung entsteht zunächst für jeden Zahn das glockenförmige Schmelzorgan (Organum enamelum), das sich von Ektoderm der Mundhöhle ableitet. Seine innere Schicht wird zum inneren Schmelzepithel (Epithelium enamelum internum), dessen Enameloblasten den Zahnschmelz bilden. Diese härteste Substanz des Körpers besteht aus 3–6 µm dicken Schmelzprismen (Prismae enameli), die durch mineralisiertes Zwischengewebe miteinander verbunden werden.

Im Dentin liegt die Pulpahöhle (Cavitas pulpae). Sie enthält die Zahnpulpa (Pulpa coronalis), ein lockeres, feinfaseriges Bindegewebe, dessen sternförmig verzweigte Zellen einen netzartigen Verband bilden. An der Pulpaoberfläche, also dem Dentin unmittelbar benachbart, liegt die Odontoblastenschicht (Dentinoblasten). Das Pulpagewebe enthält zahlreiche Blutgefäße sowie viele myelinisierte (sensible) und nichtmyelinisierte (vasomotorische) Nervenfasern. Gefäße und Nerven erreichen die Pulpahöhle über den Wurzelkanal (Canalis radicis dentis).

Jeder Zahn hat ein eigenes knöchernes Zahnfach (Alveole), welches bei mehrwurzeligen Zähnen für jede Wurzel noch einmal durch Trennwände unterteilt ist. In der Alveole ist der Zahn durch die desmodontalen Fasersysteme (Fibrae alveolodentales) verspannt, welche den Wurzelspalt überbrücken und dabei vorzugsweise so angeordnet sind, dass sie die auf den Zahn einwirkenden Druckkräfte in Zugspannungen umwandeln, die von den Kollagenbündeln besser toleriert werden. Die Fasern sind einerseits im Zement, andererseits im Alveolarknochen als Sharpey-Fasern verankert.

12.1.6 Schlund (Pharynx)

Die Rachenhöhle (Cavum pharyngis) verbindet einerseits die Mundhöhle (Cavum oris) mit dem Eingang in die Speiseröhre, andererseits die Nasenhöhle (Cavum nasi) mit dem Eingang in den Kehlkopf (Larynx). Im Pharynx kreuzen sich somit der Nahrungs- und der Luftweg (Oropharynx und Nasopharynx). Der größte Teil des Schlundes ist mit einem mehrschichtigen, unverhornten Plattenepithel bedeckt. Die Lamina propria mucosae besitzt nur schwach entwickelte Papillen. Im mittleren und unteren Teil des Schlundes (Regio digestoria: Mesopharynx und Hypopharynx) finden sich fast rein muköse Drüsen, die Glandulae pharyngeae. Der obere Teil des Pharynx (Regio respiratoria, Epipharynx) trägt ein mehrreihiges Flimmerepithel mit Becherzellen und seromuköse Drüsen wie in der Nasenhöhle. Der Pharynx besitzt keine Lamina muscularis mucosae. Die Tunica muscularis besteht aus quergestreifter Muskulatur. Sie enthält innen vorwiegend längs verlaufende, außen aber hauptsächlich quer verlaufende Muskelzellen. Es besteht hier also eine genau umgekehrte Schichtung, wie sie im sonstigen Rumpfdarm zu finden ist. Eine Tunica adventitia aus lockerem Bindegewebe fügt den Schlund leicht verschieblich in die Umgebung ein.

12.2 Rumpfdarm

12.2.1 Allgemeiner Bauplan des Rumpfdarmes

Man unterscheidet den Kopfdarm (Mundhöhle und Schlund) vom Rumpfdarm. Letzterer besteht aus dem Vorderdarm (Speiseröhre und Magen), dem Mitteldarm (Zwölffingerdarm, Leerdarm und Hüftdarm), den Enddarm (Blinddarm, Grimmdarm und Mastdarm) und den Analkanal. Histologisch lässt sich für den Rumpfdarm ein einheitlicher Bauplan erkennen (▶ Abb. 12-1), der in den einzelnen Abschnitten allerdings durch gewisse Besonderheiten abgeändert ist.

Die Wand des Rumpfdarmes ist aus mehreren Schichten aufgebaut. Von innen nach außen sind dies:

- Tunica mucosa (Schleimhaut)
- Tela submucosa (Unterschleimhautschicht)
- Tunica muscularis (Muskelschicht)
- Tunica adventitia (adventitielle Schicht) oder Tunica serosa (Serosaschicht)

12.2.1.1 Tunica mucosa (Schleimhautschicht)

Ihr innerster Abschnitt ist die Lamina epithelialis, sie grenzt unmittelbar an das Darmlumen. Mit Ausnahme der Speiseröhre (Ösophagus) und den Vormägen der Wiederkäuer ist der Rumpfdarm mit einem einschichtigen hochprismatischen Epithel ausgekleidet, dessen wichtigste Aufgaben Resorption und Sekretion sind. Das Epithel besitzt Mikrovilli als oberflächenvergrößernde Strukturen und trägt ständig einen schleimigen Überzug.

Die Lamina propria mucosae liegt unmittelbar unter dem Epithel und ist von ihm durch eine Basalmembran getrennt. Sie besteht aus einem feinfaserigen, hauptsächlich retikulären Bindegewebe, welches kleinere Blut- und Lymphgefäße sowie zahlreiche freie Zellen enthält.

Die Grenze zur Tela submucosa bildet die Lamina muscularis mucosae. Diese Schicht ist nur im Rumpfdarm zu finden. Daher ist sie ein wichtiges Unterscheidungsmerkmal zwischen dem Rumpfdarm und anderen Hohlstrukturen, die ihm histologisch ähnlich sind. Sie besteht aus glatten Muskelzellen, welche schraubenförmig angeordnet sind. Die Lamina muscularis mucosae gestattet eine gewisse Eigenbeweglichkeit und ermöglicht so, dass die Schleimhaut bei verschluckten spitzen Gegenständen ausweichen kann.

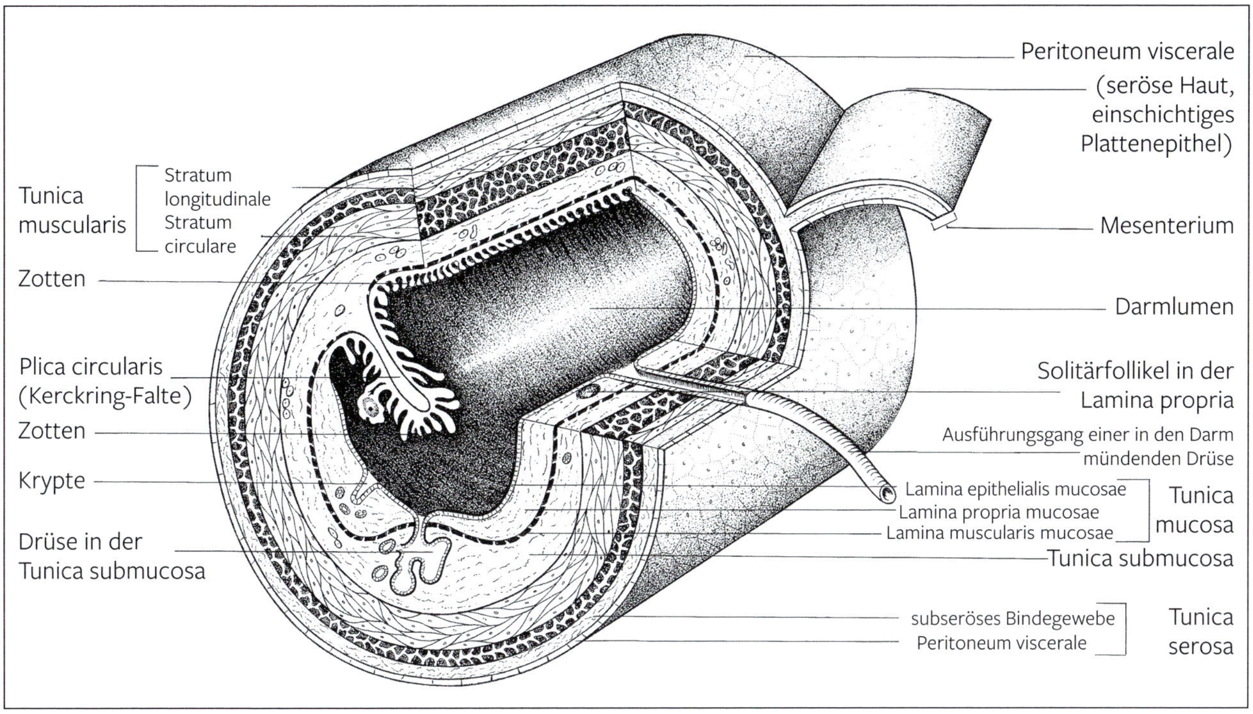

Abb. 12-1 Allgemeiner Bauplan des Rumpfdarms.

12.2.1.2 Tela submucosa (Unterschleimhautgewebe)

Zwischen der Schleimhaut und der Muskelschicht liegt die Tela submucosa. Sie besteht aus locker gefügten kollagenen Faserbündeln und elastischen Netzen. Weiterhin finden sich hier Fettzellen in unterschiedlicher Menge, muköse Drüsen, größere Gefäße und Nervenfaserbündel sowie kleinere Gruppen von vegetativen Ganglienzellen, die insgesamt als Plexus submucosus (Meissner-Plexus) bezeichnet werden.

12.2.1.3 Tunica muscularis (Muskelschicht)

Die Muskelschicht des Rumpfdarmes besteht aus glatten Muskelzellen. Ausnahmen: Im oberen Drittel der Speiseröhre und am Anus ist quergestreifte Muskulatur vorhanden. Die glatte Muskulatur ist in der Regel in zwei Schichten angeordnet, zwischen denen allerdings einzelne Muskelfasern ausgetauscht werden:

- Stratum circulare: innere Ringmuskelschicht,
- Stratum longitudinale: äußere Längsmuskelschicht. Diese ist immer schwächer ausgebildet als die Ringmuskulatur.

Zwischen den beiden Muskelschichten liegt eine Bindegewebszone von unterschiedlicher Breite. Hier befindet sich der Plexus myentericus (Auerbach-Plexus), dessen Ganglienzellen im Allgemeinen in histologischen Präparaten leichter zu finden sind als die des Plexus submucosus (Meissner-Plexus). Er steuert die Motorik des Rumpfdarmes (Durchmischungsbewegungen, Peristaltik).

In Querschnitten durch das Darmrohr sind die inneren (zirkulären) Muskelzellen längs und die äußeren (longitudinalen) quer getroffen. In Längsschnittpräparaten ist es umgekehrt: Die inneren Muskelfasern sind quer, die äußeren längs geschnitten.

12.2.1.4 Tunica adventitia oder Tunica serosa

Je nach der topographischen Lage des jeweiligen Rumpfdarmabschnittes folgt nach außen auf die Muskelschicht entweder eine Tunica adventitia aus lockerem faserigem Bindegewebe, wenn kein Peritonealüberzug (Bauchfell) vorhanden ist, oder eine Tunica serosa, wenn der entsprechende Darmabschnitt außen von Peritoneum überzogen ist. Im letzteren Fall ist das einschichtige Plattenepithel (Peritoneum) durch subseröses Bindegewebe mit der Muskelschicht verbunden.

12.2.2 Speiseröhre (Ösophagus)

Durch den Ösophagus werden die zerkaute, eingespeichelte, feste Nahrung sowie Flüssigkeiten durch peristaltische Kontraktionswellen der Ösophagusmukulatur zum Magen transportiert. Die gut verschiebliche Schleimhaut (Tunica mucosa) bildet mehrere Längsfalten, die beim Durchgang der Nahrung verstreichen können. Auf Querschnitten des leeren Ösophagus sieht man daher ein sternförmiges Lumen. Der Ösophagus besitzt ein mehrschichtiges, teilweise verhorntes Plattenepithel (größere Beanspruchung durch festere Nahrungsbestandteile), das einem gut ausgebildeten Papillarkörper aufsitzt. Die Lamina propria mucosae enthält vereinzelt Lymphfollikel. Die Lamina muscularis mucosae ist bei Katze, Wiederkäuer und Pferd im gesamten Ösophagus ausgebildet, während sie bei Schwein und Hund erst in der unteren Hälfte zu finden ist. In der dicken Tela submucosa liegen rein muköse Drüsen (Glandulae oesophagagea propriae). Im unteren Teil der Speiseröhre kommt ein gut ausgebildetes submuköses Venennetz vor.

Die Muskulatur der Speiseröhre (Tunica muscularis) ist bei einigen Tierarten (Hund, Wiederkäuer) durchgehend aus Skelettmuskulatur aufgebaut, bei den anderen Haustierspezies wird sie im unteren Drittel durch glatte Muskulatur abgelöst. Der Schluckakt kann also willkürlich eingeleitet werden und läuft dann automatisch (reflektorisch) ab.

Der weitaus größte Teil des Ösophagus liegt im Thorax und ist dort durch eine Tunica adventitia in das umgebende Gewebe eingebaut. Der sehr kurze abdominale Teil trägt einen Serosaüberzug.

12.2.3 Magen (Ventriculus, Gaster)

Entsprechend ihrer jeweiligen Nahrung ist der Magen bei den verschiedenen Haussäugetierarten unterschiedlich aufgebaut. So besitzen Fleischfresser, Schwein und Pferd einen einhöhligen Magen, die Wiederkäuer einen mehrhöhligen Magen. Der einfache Magen wird von einer echten Schleimhaut mit Drüsen (Pars glandularis) ausgekleidet, während bei zusammengesetzten Mägen der eine Teil der gastralen Auskleidung von einer drüsenlosen Schleimhaut (Pars nonglandularis), der andere Teil mit einer drüsenhaltigen Schleimhaut (Pars glandularis) gebildet wird. Durch die Kombination von „einhöhlig" und „mehrhöhlig" und „einfachem" und „zusammengesetztem" Magen ergibt sich folgende Einteilung:

- Fleischfresser: Einhöhlig einfacher Magen.
- Pferd und Schwein: Einhöhlig zusammengesetzter Magen. Die Pars proventricularis beim Schwein und der Saccus caecus des Pferdes werden von einer drüsenlosen Schleimhaut mit mehrschichtigem Plattenepithel bedeckt, der restliche größere Teil des Magens von einer drüsenhaltigen Schleimhaut.
- Wiederkäuer: Mehrhöhlig zusammengesetzter Magen. Die Vormägen (Haube, Pansen und Psalter) werden von einer drüsenlosen Schleimhaut (Pars nonglandularis), der Labmagen von einer echten drüsenhaltigen Schleimhaut ausgekleidet.

12.2.3.1 Drüsenmagen (Pars glandularis)

Die Schleimhaut des Magens (Tunica mucosa) ist in Falten gelegt (Plicae gastricae), die in der Längsachse des Magens verlaufen. Die Oberfläche wird durch furchenartige Einsenkungen in kleine Felder (Areae gastricae) aufgeteilt. Über diese Felder sind die Mündungen der Magengrübchen (Foveolae gastricae) verteilt, von deren Grund sich die Magendrüsen in die Lamina propria der Schleimhaut einsenken.

Die Oberfläche des Magens und die Foveolae gastricae sind von einem einschichtigen hochprismatischen Epithel überzogen, dessen Zellen basal liegende Kerne besitzen. Diese Zellen (Epitheliocyti superficiales gastri) produzieren den Magenschleim, ein hochvisköses Sekret, das zum Schutz der Magenwand vor Selbstverdauung dient.

Die Lamina propria wird fast vollständig von Drüsen eingenommen. Sie besteht im Wesentlichen nur aus den schmalen Bindegewebsräumen zwischen den tubulären Magendrüsen (Glandulae gastricae). Die Lamina propria besteht aus retikulärem Bindegewebe mit Gefäßen, vereinzelten Sekundärfollikeln, freien Nervenendigungen von den Ganglien des Plexus submucosus und vielen freien Zellen (Lymphozyten, Plasmazellen). Bei den Fleischfressern schließt sich an die Lamina mucosa ein Stratum subglandulare an, das aus einer zellreichen Schicht (Stratum granulosum) aus Lymphozyten und Plasmazellen besteht. Unterlagert wird dieses vom Stratum compactum, einer dichten Schicht aus kollagenen Fasern.

Die Lamina muscularis mucosae des Magens ist bei den Haussäugetieren gut entwickelt und bildet in ihrer Gesamtheit ein relativ gut entwickeltes kontraktiles System. Glatte Muskelzellen, die sich von der Lamina muscularis mucosae abspalten, ziehen in die Lamina propria mucosae.

Die Tela submucosa des Magens ist relativ breit und bildet die eigentliche Verschiebeschicht der Magenwand. Sie enthält Fettgewebe, Gefäße unterschiedlichen Kalibers, Nerven und lymphatisches Gewebe.

Die Tunica muscularis entspricht nur am Mageneingang (Cardia) und am Magenausgang (Pylorus) dem allgemeinen Bauplan mit einer inneren zirkulären und einer äußeren longitudinalen Schicht glatter Muskelfasern. Ansonsten ist ihr Aufbau sehr kompliziert, es können meist auch schräg verlaufende Fasern (Fibrae obliquae) erkannt werden. Am Magenausgang ist die Ringmuskelschicht beträchtlich verstärkt (Musculus sphincter pylori).

Magendrüsen (Glandulae gastricae)

Bei den Drüsen der Magenschleimhaut lassen sich die Kardiadrüsen (Glandulae cardiacae), die Fundus- oder Eigendrüsen (Glandulae gastricae propriae) und die Pylorusdrüsen (Glandulae pyloricae) unterscheiden.

Kardiadrüsen: Am Mageneingang (Pars cardiaca) kommen die stark verzweigten weitlumigen Kardiadrüsen (Glandulae cardiacae) vor. Bei den Fleischfressern und Wiederkäuern sind sie auf eine schmale, ringförmige Zone am Mageneingang beschränkt. Bei Pferd und Schwein schließt sich den Glandulae cardiacae die mit mehrschichtigem Plattenepithel ausgekleidete Pars nonglandularis an. Das alkalische, mukoide Sekret der Kardiadrüsen enthält unter anderem auch Lysozym.

Fundus- oder Eigendrüsen: Die Schleimhaut des Drüsenmagens besteht aus der Lamina epithelialis, der drüsenreichen Lamina propria mucosae und der Lamina muscularis mucose, die von einer lockeren Tela submucosa unterlagert wird. Im Bereich des Corpus und Fundus ventriculi verlaufen die langen Magendrüsen ziemlich gestreckt. Sie sind wenig verzweigt und lassen sich in drei Abschnitte unterteilen, nämlich in Hauptstück, Halsteil und Isthmus.

Das Hauptstück (Pars principalis) beherbergt die hochprismatischen Hauptzellen (Exocrinocyti principales) und die mehr kegelförmigen Belegzellen (Exocrinocyti parietales). Das Zytoplasma der Hauptzellen enthält ein gut ausgebildetes endoplasmatisches Retikulum und erscheint lichtmikroskopisch daher leicht basophil. Die Kerne der Hauptzellen sind rund und liegen im basalen Teil des Zytoplasmas. Die Hauptzellen bilden Pepsinogen, das dann im Magenlumen zum aktiven Protein-spaltenden Enzym Pepsin aktiviert wird. Daneben sezernieren sie Lipase und Chymosin. Bei den Wiederkäuern bilden die Fundusdrüsen das Labferment.

Die Belegzellen zeigen eine kegelförmige Gestalt und scheinen von außen keilförmig in das Drüsenepithel eingefügt zu sein. Ihre Basis ragt nach außen vor, sodass sie wie ein Belag des Drüsenschlauches wirken. Sie scheiden die zur Bildung der Magensalzsäure notwendigen Bestandteile ab: Cl^- durch aktiven Transport und H^+-Ionen im Austausch gegen K^+ (Sekretion der HCL!) Die Belegzellen sind mit intrazellulär gelegenen ausgedehnten Sekretkapillaren versehen. Es sind zahlreiche Mitochondrien vorhanden (großer Energiebedarf!) sowie viele kleine Vesikel, welche Cl^--Ionen in hoher Konzentration enthalten und diese an die freie Zelloberfläche bzw. in die Sekretkapillaren abgeben können. Außerdem enthalten die Belegzellen das Enzym Carboanhydrase, welches H^+-Ionen freisetzt, die dann ebenfalls aus der Zelle ausgeschleust werden. Außerdem produzieren die Belegzellen den „intrinsic factor“, welcher sich an das Vitamin B12 bindet und dessen Resorption im Ileum ermöglicht.

Im Halsteil (Cervix) kommen neben Belegzellen viele schleimbildende Nebenzellen (Mucocyti cervicales) vor. Ihr Sekret schützt die Magenschleimhaut vor der Wirkung des Pepsinogens und der Salzsäure.

Der Isthmus mündet im Bereich der Magengrübchen. Seine undifferenziert erscheinenden Zellen dienen der Regeneration des Oberflächen- und Drüsenepithels.

Pylorusdrüsen (Glandulae pyloricae): Es handelt sich um kürzere, gewundene Drüsenschläuche mit verzweigten Endteilen und einem weiten Lumen. Sie produzieren ein schleimhaltiges alkalisches Sekret, das Schutzfunktion für die Magenschleimhaut hat. Zusätzlich zu den exokrin sezernierenden Drüsenzellen kommen, bevorzugt in den basalen Abschnitten der Drüsenschläue, auch endokrin aktive Zellen vor, z. B. Gastrin- und Somatostatin-bildende Zellen.

12.2.3.2 Vormägen der Wiederkäuer

Die Vormägen der Wiederkäuer umfassen drei Abteilungen, nämlich Haube (Netzmagen, Reticulum), Pansen (Rumen) und Psalter (Blättermagen, Omasum). In den Vormägen der Wiederkäuer werden das pflanzliche Futter durch Mikroben aufgespalten und vorrangig kurzkettige Fettsäuren gebildet. Diese werden dann gemeinsam mit anderen mikrobiell gebildeten Produkten über die Schleimhaut in das Blut aufgenommen. Letzteres geschieht bevorzugt im Pansen. Sämtliche Vormägen werden von einer drüsenlosen Schleimhaut (Pars nonglandularis) ausgekleidet. Das Epithel der Schleimhaut in den Vormägen ist ein unverhorntes oder teilweise schwach verhorntes mehrschichtiges Plattenepithel, das einem gut ausgebildeten Papillarkörper aufsitzt. In der Tela submucosa liegen die größeren Äste der Gefäße. Von dort ziehen feine Abzweigungen in die Lamina propria mucosae, wo sie ein subepitheliales in den Papillarkörper eindringendes Netz bilden. Von Gefäßen der Tela submucosa aus wird im Wesentlichen auch die zweischichtige Tunica muscularis versorgt. Die Tela submucosa enthält auch die größeren Lymphgefäße, die ihren Zufluss ebenfalls von dem subserösen Netz aus Lymphkapillaren erhalten. Die Nerven bilden in den Vormägen einen Plexus submucosus und einen Plexus myentericus.

Haube (Netzmagen, Reticulum)

Der Netzmagen weist vier- bis sechseckige, wabenförmig angeordnete Haubenleisten (Cristae reticuli) auf, welche abgegrenzte Areale, die Haubenzellen (Cellulae reticuli), begrenzen. Diese werden durch Sekundär- und Tertiärleisten von geringerer Höhe weiter untergliedert. Vor allem an den Primärleisten lassen sich dornenartige Papillen (Papillae reticuli) erkennen. Die Lamina muscularis mucosae kann in den primären und sekundären Leisten beobachtet werden. Sie bildet ein zusammenhängendes Netz, das die einzelnen Haubenzellen umgreift. Nahe dem freien Rand der Primär- und Sekundärleisten kommt es zu einer konzentrierten Ansammlung von glatten Muskelzellen der Lamina muscularis mucosae, die mit der Selektierfunktion für Futterpartikel in Zusammenhang stehen dürfte. Die Tunica muscularis ist stark entwickelt, wobei sich die zwei Schichten (längs angeordnete Innenschicht und gröbere äußere Querschicht) unterscheiden lassen.

Pansen (Rumen)

Die Schleimhaut des Pansens bildet zungen- oder kegelförmigen Pansenzotten, die bis zu 1 cm hoch sind. Die Lamina epithelialis ist ein mehrschichtiges verhorntes Plattenepithel, dessen oberste Zellschichten oft aufgequollen erscheinen. Am Epithel lassen sich folgende Schichten unterscheiden: Stratum basale aus hochprismatischen Basalzellen, die der Basalmembran aufsitzen; Stratum spinosum profundum aus polygonalen Parabasalzellen; Stratum spinosum superficiale aus abgeplatten Intermediärzellen; Stratum granulosum aus Körnerzellen und Stratum corneum. Bei den verhornten Zellen lassen sich drei Typen (Typ A, Typ B und Typ C) unterscheiden, wobei die ballonartig aufgetriebenen Hornzellen vom Typ C besonders auffallend sind. Die Lamina propria mucosae wird von der Tela submucosa durch eine schwach ausgebildete Lamina muscularis mucosae getrennt. Diese wurde früher für eine Bindegewebsschicht gehalten und als Zona compacta bezeichnet. Neuere immunhistochemische Untersuchungen zeigen aber, dass es sich um eine Schicht von modifizierten glatten Muskelzellen handelt und daher der Terminus Lamina muscularis mucosae zutreffender ist. Von der zweischichtigen Tunica muscularis verläuft die innere Schicht annähernd zirkulär, während die äußere im Wesentlichen einen longitudinalen Verlauf aufweist. Unter der Tunica serosa befindet sich eine lockere Lamina subserosa, die reichlich Fettgewebe enthält. Hier liegen auch die größeren Gefäße und Nerven.

Psalter (Blättermagen, Omasum)

Der Blättermagen ist durch ein besonders auffallendes Schleimhautprofil gekennzeichnet, das aus unterschiedlich großen, parallel zueinander angeordneten Psalterblättern (Laminae omasi) besteht. In der Regel werden dabei vier Größenkategorien (I. bis IV. Ordnung) unterschieden. Während sich in den kleinen Blättern nur eine Lamina muscularis mucosae (aufgespalten in zwei dünne Schichten findet), zieht in die größeren Blätter auch eine Abspaltung der Tunica muscularis von der Basis der Psalterblätter bis zu ihrem freien Rand, sodass hier drei Muskellagen erkennbar sind. Die mit einem mehrschichtigen Plattenepithel ausgestattete Schleimhaut der Psalterblätter besitzt zahlreiche kleine Warzen mit einem bindegewebigen Grundstock, der teilweise Einlagerung mit einem sogenannten „Schleimknorpel" aufweist. Die Tunica muscularis besteht aus einer äußeren dünnen Schicht längs verlaufender und einer inneren, stärker ausgebildeten Schicht zirkulär verlaufender glatter Muskelzellen, von denen sich, die mittlere Muskelpartie der großen Psalterblätter abspaltet. Diese Anordnung der glatten Muskulatur gewährleistet die gute Beweglichkeit der Blätter, die für die Absorption von Waser, Elektrolyten und ungesättigten Fettsäuren im Psalter wichtig ist.

Die am Übergang zum Labmagen gelegenen Psaltersegel (Vela abomasica) werden von unverschieblichen Schleimhautfalten gebildet. Sie besitzen beim Rind an der dem Psalter zugewandten Fläche in großen Teilen ein mehrschichtig verhorntes Plattenepithel, an der Labmagenfläche ein Drüsenepithel, das sich zum Teil auch auf die Psalterfläche schlagen kann. Zwischen den beiden Schleimhautblättern liegt lockeres Bindegewebe, das Fetteinlagerungen und ein gut ausgebildetes Gefäßnetz enthält. Am Übergang von verhorntem Plattenepithel zum Drüsenepithel findet sich in der Lamina propria mucosae häufig ein Lymphknötchen. Bei den kleinen Wiederkäuern sind beide Seiten des Psaltersegels mit drüsenhaltiger Schleimhaut ausgestattet.

12.2.4 Dünndarm (Intestinum tenue)

Im Dünndarm werden die in Mundhöhle und Magen begonnenen Verdauungsprozesse weitergeführt, abgeschlossen und die Spaltprodukte durch die Darmschleimhaut resorbiert.

Für die letztere Aufgabe ist eine Vergrößerung der Schleimhautoberfläche wesentlich, damit die pro Zeiteinheit resorbierte Menge (Resorptionskapazität) möglichst groß ist.

Dieses Ziel wird auf drei Wegen erreicht:

1. Mukosa und Submukosa bilden ortsständige, ringförmige Querfalten (Plicae circulares), die nicht verstreichen und vor allem für den Dünndarm charakteristisch sind. Sie nehmen in Richtung auf das Darmende an Dichte und Größe ab. Sie entsprechen den Kerckringschen Falten des Menschen.
2. Die Mukosa bildet mit ihrer Lamina propria blatt- oder fingerförmige Zotten (Villi intestinales) mit einer Höhe von 0,5–1,5 mm.
3. Das Epithel der Schleimhaut (Epithelium mucosae) trägt einen dichten Besatz an Mikrovilli von ca. 10 µm Länge.

Alle Abschnitte des Dünndarms (Duodenum, Jejunum und Ileum) zeigen einen gemeinsamen Aufbau der Darmwand: Tunica mucosa, Tela submucosa, Tunica muscularis und Tunica serosa.

Das Epithel des Dünndarms ist hochprismatisch. Die Zellen sind durch intensive Interzellularkontakte (Schlussleisten, junctional complexes) miteinander verbunden (▶ Abb. 12-2). Zwischen die resorbierenden Epithelzellen (Saumzellen, Epitheliocyti columnares villi) mit ihren zahlreichen Mikrovilli sind Becherzellen (Exocrinocyti caliciformes) eingefügt, deren mukoides Sekret einen Schutzfilm auf der Epitheloberfläche bildet. Antigen-präsentierende M-Zellen nehmen Antigene aus dem Darmlumen auf und schleusen sie durch ihr Zytoplasma hindurch um sie dann den Lymphozyten zu übergeben.

Zwischen den Zotten liegen unverzweigte Epitheleinsenkungen in der Lamina propria, die den Charakter tubulöser Drüsen haben: Glandulae intestinales, Lieberkühn-Krypten, welche analwärts an Tiefe zunehmen. In der Basis und in den Seitenwänden dieser Krypten befinden sich undifferenzierte Zellen, von denen die Regeneration des Darmepithels ausgeht. In dieser Regenerationszone sind häufig Mitosen zu beobachten. Von hier aus wandern die Zellen, während sie sich zu resorbierenden Epithelzellen oder Becherzellen differenzieren, in Richtung auf die Zottenspitze zu, wo sie etwa 3 Tage nach dem Verlassen des Kryptengebietes abgestoßen werden. Innerhalb einiger Tage erneuert sich so das gesamte Darmepithel.

Am Grunde der Krypten erkennt man einige pyramidenförmige Paneth-Zellen: Sie besitzen einen basal liegenden Kern und große azidophile Granula in ihrem Zytoplasma.

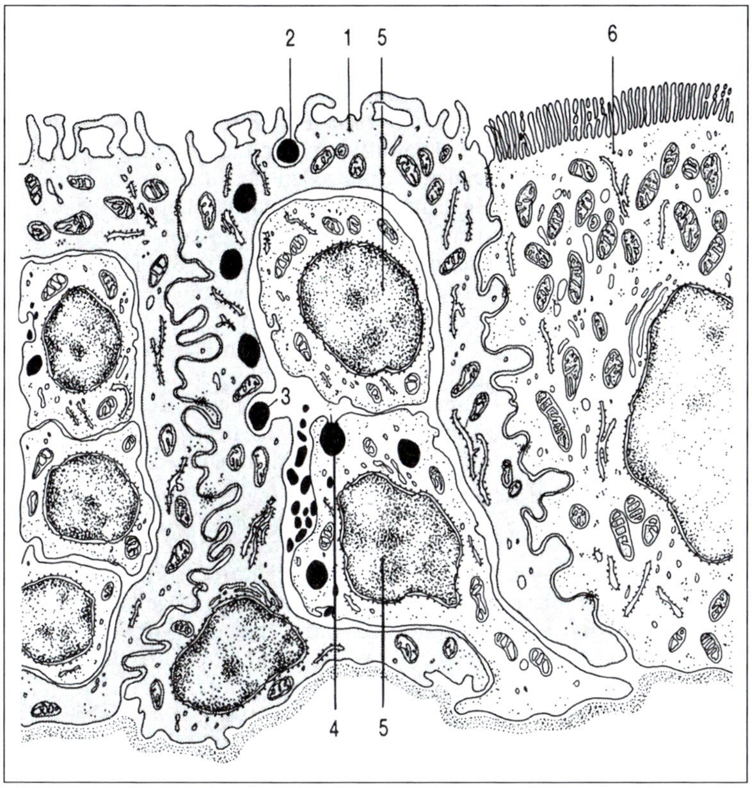

Abb. 12-2 Ausschnitt aus dem Darmepithel. 1 M-Zelle des Darmepithels; 2 Pinozytose von antigenem Material; 3 Abgabe des antigenen Materials an den extrazellulärem Raum; 4 Aufnahme des antigenen Materials durch intraepitheliale Lymphozyten (5); 6 Resorptive Darmepithelzelle

Letztere enthalten Lysozym, welches die Zellwand von Bakterien angreift, und Zink. Paneth-Zellen lassen sich beim Pferd gut nachweisen, bei Wiederkäuer und Schwein kommen sie in kleiner Zahl vor, bei den Fleischfressern fehlen sie.

Vor allem in den Krypten (seltener auch auf den Zotten) können endokrine Zellen mit basaler Körnung nachgewiesen werden. Sämtliche endokrine Zellen liegen intraepithelial in den Glandulae intestinales. Die endokrinen Zellen unterscheiden sich tierartlich im Vorkommen sowie in Größe, Form und in den von ihnen gebildeten Hormonen. Sie produzieren unter anderem Somatostatin (D-Zellen), vasoaktives intestinales Polypeptid, VIP, und Cholezystokinin/Pankreozymin (F-Zellen), Gastrin (G-Zellen in der Pars pylorica des Magens, im Duodenum und Jejunum) und Sekretin (S-Zellen). Enterochromaffine Zellen (EC-Zellen) können durch Imprägnation mit Silbersalzen dargestellt werden. Ihre Granula enthält Serotonin, welches die Darmmotilität erhöht.

In der Lamina propria mucosae sind besonders viele freie Bindegewebszellen vorhanden: Lymphozyten, Plasmazellen, Granulozyten. Die Schleimhaut enthält auch zahlreiche solitäre Lymphfollikel. Das retikuläre Bindegewebe der Lamina propria bildet den Kern der Darmzotten. In diesem Zottenstroma kommen auch Blut- und Lymphgefäße sowie glatte Muskelzellen vor. Zwei Arteriolen steigen bis zur Zottenspitze auf, sie speisen dabei ein Kapillarnetz, das dicht unter dem Epithel liegt. Die Kapillaren münden in eine Venole ein, die in der Mitte der Zotte liegt. Es sind arteriovenöse Anastomosen vorhanden, mit deren Hilfe beim nicht verdauenden Darm der Zottenkreislauf umgangen werden kann. Diese im Zottenstroma enthaltenen glatten Muskelzellen verursachen während der Verdauung rhythmische Bewegungen, um den Abfluss aus den Zottengefäßen zu beschleunigen und den zottennah liegenden Speisebrei besser zu durchmischen (Zottenpumpe).

12.2.4.1 Duodenum (Zwölffingerdarm)

Im Duodenum kommen sehr hohe Plicae circulares mit eng beieinanderstehenden Zotten vor, die teilweise blattförmige Gestalt haben. Ebenso finden sich Lieberkühn-Krypten mit Paneth-Zellen. Kennzeichnend für das Duodenum sind die Brunner-Drüsen (Glandulae duodenales). Es handelt sich dabei um große mukoide Drüsenkomplexe, die vorwiegend in der Submukosa, aber auch in der Lamina propria liegen. Ihr Sekret, dem reichlich Bikarbonat beigemischt ist, schützt die Duodenalwand vor dem sauren Speisebrei, der aus dem Magen übertritt, und trägt zu dessen Neutralisierung bei. Im Endteil des Duodenums werden die Drüsen dann spärlicher.

Der größte Teil des Duodenums liegt retroperitoneal. Dies bedeutet, dass auf die Tunica muscularis außen nur eine Tunica adventitia folgt und ein Serosaüberzug somit fehlt.

12.2.4.2 Jejunum (Leerdarm)

Das Jejunum hat in seinem Anfangsteil hohe und dicht stehende Plicae circulares. In der unteren Hälfte werden sie dann niedriger, und die Abstände zwischen ihnen vergrößern sich zunehmend. Die Zotten sind lang und fingerförmig. In den Krypten sind zahlreiche Paneth-Zellen vorhanden. Die Anzahl der Becherzellen nimmt im Verlauf des Jejunums zu. In der Lamina propria kommen Sekundärfollikel vor.

12.2.4.3 Ileum (Hüftdarm)

Im Anfangsteil sind nur noch wenige Plicae circulares vorhanden, die im Endabschnitt völlig fehlen können. Die Zotten sind kurz, weniger dicht und die Anzahl der Becherzellen im Epithel ist deutlich vermehrt. Kennzeichnend für das Ileum sind die Peyer-Platten (Folliculi lymphatici aggregati). Sie bestehen aus zusammengelagerten Lymphfollikeln (fünf bis mehrere hundert) und befinden sich meist auf der Seite des Darms, die dem Mesenterialansatz gegenüberliegt. Die Lymphfollikel reichen bis in die Tunica submucosa hinein, sie unterbrechen dabei die Lamina muscularis mucosae.

12.2.5 Dickdarm (Intestinum crassum)

Der Dickdarm umfasst das Zäkum (Blinddarm), Kolon (Grimmdarm) und Rektum (Mastdarm). Diese Darmabschnitte sind bei den einzelnen Haustierarten makroskopisch sehr unterschiedlich ausgebildet, während der histologische Wandbau kaum spektakuläre Unterschiede zeigt. Im Dickdarm nimmt die Aktivität der enzymatischen Verdauungssekrete, die aus Dünndarm und Pankreas stammen, rasch ab. Dafür kommt es zu einer intensiven Resorption von Wasser und Elektrolyten. Bei Pflanzenfressern sorgen die Mikroben und Protozoen des Darminhaltes für die weitere Verdauung restlicher Nahrungsstoffe, vor allem auch für die Aufspaltung der Zellulose.

Postnatal fehlen den Haussäugetieren im Unterschied zu Vögeln im Dickdarm die Darmzotten, die noch während der Fetalentwicklung ausgebildet waren. Die Auskleidung des Darms erscheint dadurch glatt. Vom einschichtigen hochprismatischen Oberflächenepithel senken sich im gesamten Dickdarm die gestreckt und unverzweigt verlaufenden Glandulae intestinales in die Lamina propria mucosae (von der sie einen beträchtlichen Teil ausmachen) bis zu Lamina muscularis mucosae vor. Sie werden wie das Oberflächenepithel von hochprismatischen Zellen (Exocrinocyti columnares) und Becherzellen (Exocrinocyti caliciformes) gebildet. Letztere sind vor allem in den mittleren und distalen Drüsenabschnitten besonders zahlreich und produzieren Gleitschleim, um die aboral gerichtete Bewegung des zunehmend eingedickten Dickdarminhalts zu erleichtern. Die Lamina propria mucosae ist wie im Dünndarmbereich aufgebaut, die Lamina muscularis mucosae ist im gesamten Dickdarmbereich gut ausgebildet.

Im Unterschleimhautgewebe (Tela submucosa) finden sich Einzellymphknötchen (Noduli lymphatici solitarii) und aggregierte Lymphfollikel (Noduli lymphatici aggregati).

Bei Pferd und Schwein weist die Anordnung der glatten Muskelzellen der Tunica muscularis eine besondere Anordnung auf. Während die innere Schicht in gleicher Dicke zirkulär verläuft, sind die äußeren Längsmuskellagen zu dicken Bandstreifen (Taeniae) zusammengefasst. Diese Bündel glatter Muskelzellen werden durch reichlich ausgebildete elastische Fasergeflechte verstärkt. Im schwach entwickelten Bindegewebe zwischen beiden Muskelschichten lassen sich, wie im Dünndarm, die Ganglienzellen des Plexus myentericus gut nachweisen.

12.2.5.1 Analkanal (Canalis analis)

Die Schleimhaut des Afters wird von einer drüsenlosen Schleimhaut mit einem dicken, mehrschichtigen, teilweise verhornten Plattenepithel gebildet. Sie schließt sich unmittelbar ohne Übergangszone in der Linea anorectalis an die drüsenhaltige Schleimhaut des Rektums an. Dieser Bereich des Analkanals wird als Zona intermedia bezeichnet. Beim Fleischfresser ist sie in Falten gelegt (Zona columnaris). In ihrer Lamina propria mucosa finden sich ein venöses Schwellgewebe und zahlreiche Lymphfollikel. Nur bei Hund und Schwein kommen die tubuloalveolären Analdrüsen (Glandulae anales) vor, die beim Hund ein fettiges, beim Schwein ein ölig-schleimiges Sekret bilden. An der Linea anocutanea erfolgt dann der Übergang der drüsenlosen Schleimhaut der Zona intermedia in die äußere Haut des Afters, die Haare, Talg- und Schlauchdrüsen aufweist. Beim Hund finden sich hier die Zirkumanaldrüsen (Glandulae circumanales), die wegen ihres leberähnlichen Aussehens auch als „hepatoide" Drüsen bezeichnet werden und ein fettfreies seröses Sekret produzieren, das über dünne Ausführungsgänge in die erweiterten Haarbalgtrichter entleert wird. Seitlich und ventral vom Afterende liegen beim Fleischfresser die Analbeutel, die in ihrer Wand die Analbeuteldrüsen (Glandulae sinus paranales) enthalten. Sie fungieren als Duftdrüsen. Innen werden die Analbeutel von einem mehrschichtigen verhornten Plattenepithel ausgekleidet, außen werden sie von quergestreiften Muskelfasern des M. sphincter ani externus umfasst.

12.2.6 Leber (Hepar)

Die Leber nimmt eine zentrale Stelle im Kohlenhydrat-, Protein- und Fettstoffwechsel des Organismus ein. Sie ist der Syntheseort wichtiger Bluteiweiße (α- und β-Globuline, Fibrinogen, Gerinnungsfaktoren, zahlreichen Zellenzyme) sowie ein wichtiges Abbau- und Entgiftungsorgan. Als exokrine Drüse bildet und sezerniert sie die Galle. Daneben dient die Leber als Speicherorgan, z. B. für Glykogen und fettlösliche Vitamine. Während der Fetalzeit gehört sie zu den blutbildenden Organen (hepato-lienale Phase).

Über die **Pfortader (Vena portae)** wird das aus dem Darm kommende und mit den resorbierten Stoffen beladene Blut zuerst der Leber angeboten. Sie besitzt eine straffe bindegewebige Kapsel (Capsula fibrosa hepatis), welche mit Ausnahme der Verwachsungsfläche mit dem Zwerchfell, vom Peritoneum bedeckt ist.

Die Leber ist in vieleckige **Läppchen** (**Lobuli hepatici classici**) gegliedert (▶ Abb. 12-3), die eine Länge von 1,5–2 mm und eine Breite von etwa 0,8–1,5 mm aufweisen. In der Leber der meisten Haussäugetiere sind diese Läppchen nur sehr unvollkommen durch interlobuläres Bindegewebe begrenzt. Beim Schwein ist die bindegewebige Umrandung dagegen deutlich ausgeprägt. Im Zentrum des Läppchens liegt eine Zentralvene. Die Leberzellen (Hepatocyti) sind in balken- oder plattenartiger Anordnung auf diese Zentralvene ausgerichtet. Ultrastrukturell sind die Leberzellen durch einen (oder zwei) euchromatischen Zellkern mit deutlichem Nucleolus gekennzeichnet, sowie durch ein stark entwickeltes glattes und raues endoplasmatisches Retikulum, einen gut ausgebildeten Golgi-Apparat und zahlreiche Mitochondrien vom Cristae-Typ. Daneben sind zahlreiche paraplasmatische Einschlüsse (Glykogen, Lipidtropfen) zu sehen. Zwischen den einzelnen Leberzellplatten liegen die Lebersinusoide (Vasa sinusoidea), welche die kapilläre Strombahn der Leber darstellen. Sie weisen zahlreiche Anastomosen auf und besitzen eine nur lückenhafte Basalmebran.

Peripher an den Ecken des Leberläppchens befinden sich **Periportalfelder** (**Spatia portalia**), gefäßführende, bindegewebige Zwischenräume. Sie enthalten eine oder mehrere Venae interlobulares (Äste der Pfortader, relativ großes Lumen, Endothelauskleidung), eine oder mehrere Arteriae interlobulares (Zweige der Arteria hepatica, kleinere Lumina, Endothelauskleidung), und (in der Regel) einen Ductus bilifer interlobularis (interlobulärer Gallengang, mit isoprismatischem Epithel). Diese drei Strukturen werden auch als Glisson-Trias (Trias hepatica) bezeichnet. Daneben kommen dort Nervenfasern und Lymphgefäße vor.

Zwischen der Zellmembran der Leberzellen und dem Sinusendothel liegt der **Disse-Raum** (**Spatium perisinusoideum**), in welchen das Blutplasma (nicht aber Zellen) über die Endothelporen treten kann. Seine Breite beträgt ca. 0,5–1 µm. Im Verband des Sinusendothels sitzen an verschiedenen Stellen Kupffer-Sternzellen. Diese residenten Makrophagen können phagozytieren und speichern. Weiter finden sich dort Lipozyten (Perisinuidalzellen, Ito-Zellen), die für die Speicherung von Fett und Vitamin A eine Rolle spielen.

An der Berührungsfläche zweier Leberzellen liegt jeweils ein rundes **Gallenkanälchen** (**Canaliculus bilifer**), das aus den Membranen dieser beiden Zellen gebildet wird. Die Kanälchen sind gegen den Interzellularraum durch Zonulae occludentes und Zonulae adherentes zwischen den benachbarten Leberzellen abgedichtet. Die Gallenkanälchen beginnen im Läppchenzentrum und münden in die Gallengänge der Periportalfelder ein. Größere, intrahepatische Gallengänge besitzen ein isoprismatisches bis hochprismatisches Epithel.

12.2.6.1 Extrahepatische Gallenwege

Außerhalb der Leber erfolgt der Gallentransport über den Ausführungsgang der Leber (Ductus hepaticus) in den Gallenblasengang (Ductus cysticus) und den Gallengang (Ductus choledochus), die beide ein hochprismatisches Epithel aufweisen, das einer relativ breiten Lamina propria mit kollagenen Faserbündeln und elastischen Netzen aufsitzt. In der Wand der extrahepatischen Gallenwege kommen mukoide Drüsen vor: Glandulae mucosae biliosae. Glatte Muskelzellen sind in der Wand der extrahepatischen Gallenwege nur spärlich vorhanden. An der Mündung des Ductus choledochus in das Duodenum (Papilla duodeni) sind sie dagegen sehr zahlreich und bilden dort in zirkulärer Anordnung einen Schließmuskel.

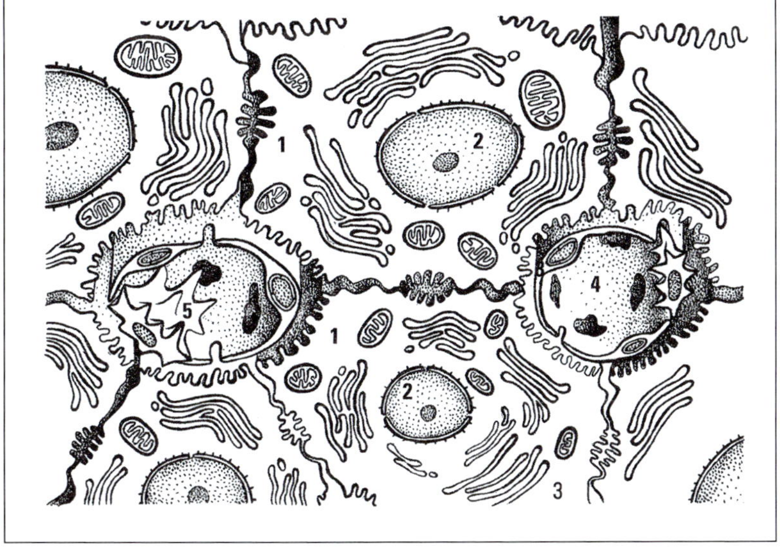

Abb. 12-3 Leberzellen und Gallenkapillaren. 1 Leberzelle; 2 Zellkern der Leberzelle; 3 Gallenkapillare; 4 Lebersinus; 5 Kupffer-Sternzelle

12.2.7 Gallenblase (Vesica biliaris, Vesica fellea)

Die Gallenblase (die beim Pferd fehlt) dient als Speicherorgan für die in der Leber produzierte Galle, welche durch Wasserentzug auf ein Zehntel bis ein Zwanzigstel ihres ursprünglichen Volumens eingedickt wird. Gleichzeitig wird der Galle durch die sekretorischen Aktivitäten des Epithels ein Schutzkolloid beigemengt, das möglicherweise der Ausfällung von Gallebestandteilen und damit der Steinbildung entgegenwirkt. Die Wand der Gallenblase ist ca. 1–2 mm dick und besteht aus drei Schichten, die im leeren Zustand in deutliche Falten (Plicae tunicae mucosae) gelegt sind.

Die Gallenblase zeigt folgenden Wandbau:

Sie wird innen von einer Schleimhaut, der **Tunica mucosa** mit einem einschichtigen, hochprismatischen Epithel, dessen ellipsoidale Kerne im basalen Teil der Zelle liegen, ausgekleidet. Die Epithelzellen besitzen einen gut ausgebildeten Bürstensaum (Mikrovilli) für die in der Gallenblase ablaufenden Resorptionsprozesse.

Die **Lamina propria mucosae** enthält vorwiegend lockeres Bindegewebe, zahlreiche elastische Fasersysteme, ein zartes Gefäßnetz und vegetative Nervengeflechte, die man mit Versilberungsmethoden gut darstellen kann, vor. Weiter kommen mukoide Drüsen vor, die bei Wiederkäuern gut ausgebildet sind.

Auf die Schleimhaut folgt das lockere Gefüge von Bindegewebsfasern und die glatten Muskelzellen der **Tunica muscularis**, welche spiralig und scherengitterartig angeordnet sind. Die erlaubt eine deutliche Vergrößerung der Gallenblase bei ihrer Füllung.

Der Muskelschicht liegt außen eine relativ breite Schicht aus lockerem Bindegewebe auf, die **Tunica adventitia** (**serosa**), die neben Fettzellen und Lymphgefäßen auch größere Blutgefäße enthält. Wo die Gallenblase mit der Leber verwachsen ist, geht die Adventitia in das Lebergewebe über, ansonsten ist die Bindegewebsschicht als Subserosa von Peritoneum überzogen.

12.2.8 Bauchspeicheldrüse (Pancreas)

Das Pankreas besteht aus zwei morphologisch und funktionell unterschiedlichen Anteilen, dem **exokrinen Pankreas** (**Pars exocrina pancreatis**), welches den größten Teil der Verdauungsenzyme (unter anderem Trypsinogen, Chymotrypsinogen, Ribonukleasen) und ein wässeriges bikarbonatreiches Sekret liefert, und das **endokrine Pankraes** (**Pars endocrina pancreatis, Langerhans-Inseln**) das ca. 2 % des Pankreasparenchyms ausmacht und das in ▶ Kapitel 11 besprochen wird.

Das exokrine Pankreas ist eine rein seröse, tubuloazinäre Speicheldrüse, die in ihrer Grundstruktur der Parotis ähnelt. Die Endstücke liegen eng beisammen. Die Drüsenzellen haben eine reiche Organellenausstattung (sehr gut entwickeltes raues endoplasmatisches Retikulum für die Proteinsynthese, großer Golgi-Apparat) und zeigen infolge ihres RNA-Gehaltes besonders in den basalen Abschnitten eine basophile Färbung. Die Kerne der Endstückzellen liegen ebenfalls in der basalen Zellhälfte und besitzen ein bis zwei große Nucleoli. Im apikalen Teil befinden sich zahlreiche azidophile Sekretgranula (Zymogengranula). Die Epithelzellen der langen Schaltstücke (Ductus intercalati) sind meist etwas in die Lumina der Endstücke hineingeschoben: Man sieht daher im lichtmikroskopischen Bild lumenwärts von den Sekret produzierenden Endstückzellen hellere Zellen, welche den Schaltstückepithelien entsprechen. Diese zentroazinären Zellen sind ein wichtiges Merkmal, um exokrines Pankreasgewebe von serösen Kopfspeicheldrüsen zu unterscheiden.

Das Epithel der Schaltstücke ist einschichtig platt bis isoprismatisch. Die Schaltstücke sind relativ lang. Sie münden direkt in die Ausführungsgänge ein, Streifenstücke (Sekretrohre) fehlen im Pankreas. Die Ausführungsgänge beginnen bereits intralobulär (Ductus intralobulares). Sie besitzen eine dichte Lamina propria, in welcher kleine mukoide Gangdrüsen vorkommen können. Das Epithel ist anfangs isoprismatisch und wird dann allmählich hochprismatisch. Im Epithel der größeren Gänge finden sich oft eingestreute Becherzellen.

Über den Ductus pancreaticus major wird das Sekret in das Duodenum eingeleitet.

Die Blutgefäße des Pankreas verlaufen, im Gegensatz zu den Mundspeicheldrüsen, getrennt von den Ausführungsgängen.

12.2.9 Ösophagus der Vögel

Der Ösophagus der Vögel gliedert sich in den langen Halsteil (Pars cervicalis) und den kürzeren Brustteil (Pars thoracica). Bei der Mehrzahl der Vogelarten liegt ein mehrschichtig verhorntes Plattenepithel vor, bei dem man in der Regel vier Schichten unterscheiden kann: 1. Eine Basalzellschicht (Stratum basale) mit isoprismatischen Zellen, 2. eine ausgeprägte Stachelzellschicht (Stratum spinosum) mit polygonalen Zellen, 3. eine Schicht mit stark abgeplatteten, langgestreckten Zellen (Stratum disjunctum) und 4. eine oft stark verhornte Oberflächenzellschicht (Stratum superficiale).

Die Lamina propria mucosae der längsgefalteten Ösophagusschleimhaut enthält zahlreiche muköse Schleimdrüsen. Die Form und Verteilung der Drüsen differieren bei den verschiedenen Arten stark. Die Tunica muscularis besteht bei einigen Arten (z. B. Huhn, Truthahn, Fasan) aus einer inneren zirkulären und einer äußeren longitudinalen Muskelschicht, während bei anderen (z. B. Ente, Gans, Taube, Wellensittich) nur eine Lamina circularis ausgebildet ist.

12.2.10 Drüsenmagen der Vögel (Proventriculus, Pars glandularis)

Der Drüsenmagen der Vögel geht ohne scharfe Grenze aus dem Ösophagus hervor. Gegen den anschließend folgenden Muskelmagen ist er durch eine deutliche Einschnürung (Isthmus gastris) abgegrenzt. Der Drüsenmagen ist eine Durchlaufstation für das Futter. Die Verweildauer hängt vom Füllungsgrad des Muskelmagens ab. Die Wand des Drüsenmagens setzt sich aus vier Schichten zusammen: Schleimhaut (Tunica mucosa gastris), Submukosa (Tela submucosa gastris), Tunica muscularis und Tunica serosa gastris. Die Schleimhaut weist ein einschichtiges hochprismatisches Epithel auf. Es sondert ein mukopolysaccharidhaltiges Sekret ab, das das Epithel vor der Einwirkung des sauren, enzymreichen Magensaftes schützt. Unter dem Epithel liegen in der Lamina propria mucosae gut entwickelte Drüsenlager. Man kann dabei die oberflächlichen Vormagendrüsen (Glandulae proventriculares superficiales) und die tiefen Vormagendrüsen (Glandulae proventriculares profundae) unterscheiden. Letztere nehmen den größten Teil der Lamina propria mucosae ein. Zahl und Verteilung der tiefen Vormagendrüsen sind bei den einzelnen Vogelarten unterschiedlich, wobei keine Korrelation zur Ernährungsart besteht.

12.2.11 Muskelmagen der Vögel (Ventriculus, Pars muscularis)

Der Muskelmagen der Vögel wird auch „Reibemagen" genannt, weil in ihm die eingeweichte Nahrung wie zwischen zwei Mühlsteinen zerkleinert wird. An der Wand des Muskelmagens werden gleichfalls vier Schichten unterschieden, nämlich die Tunica mucosa gastris, die Tela submucosa gastris, die Tunica muscularis gastris und die Tunica serosa gastris. Da die Lamina muscularis mucosae bei den meisten Vogelarten fehlt, können die bindegewebigen Schichten der Lamina propria mucosae und der Tela submucosa nicht eindeutig unterschieden werden. Die Tunica muscularis besteht im Prinzip aus einer inneren zirkulären (Stratum circulare) und einer äußeren longitudinalen Muskelschicht (Stratum longitudinale), wobei nur die zirkuläre Muskelschicht bei allen Vogelarten gut entwickelt ist. Die Oberfläche und das Innenrelief der Schleimhaut werden von einer trüben, höckerigen Keratinoidschicht (Cuticula gastrica) überzogen, die von den Schleimdrüsen der Bindegewebsschicht produziert wird und als Reibeplatte dient.

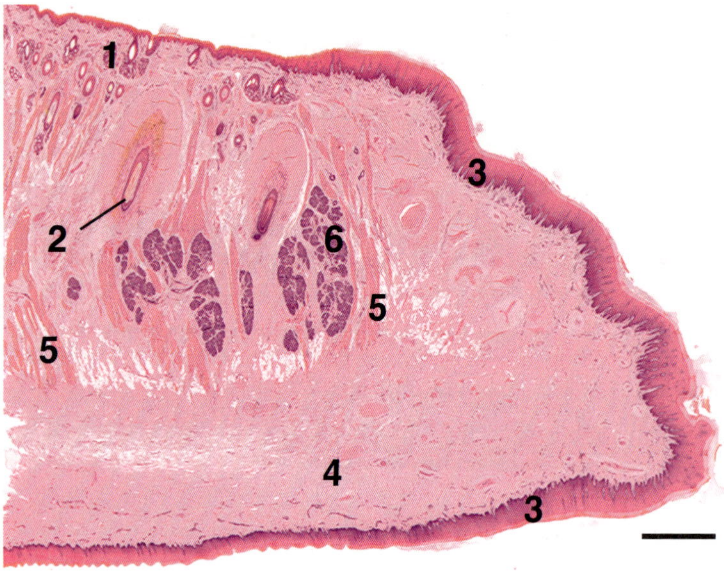

Abb. 12-4 Oberlippe, Pferd, Hämatoxylin-Eosin, SB 825 µm

Die Lippen werden außen von modifizierter äußerer Haut überzogen, die beim Fleischfresser, kleinen Wiederkäuern und beim Pferd Sinushaare enthält. Am freien Lippenrand geht die äußere Haut in die Schleimhaut der Lippe über. Das mehrschichtige Plattenepithel ist hier mit dem Korium durch einen stark ausgeprägten Papillarkörper verzahnt. Die muskuläre Grundlage der Lippe wird vom quergestreiften Musculus orbicularis oris gebildet.

1 Äußere Haut mit Haaren; 2 Sinushaar; 3 Epidermis der Lippenschleimhaut; 4 Korium; 5 M. orbicularis oris; 6 Seröse Drüsen

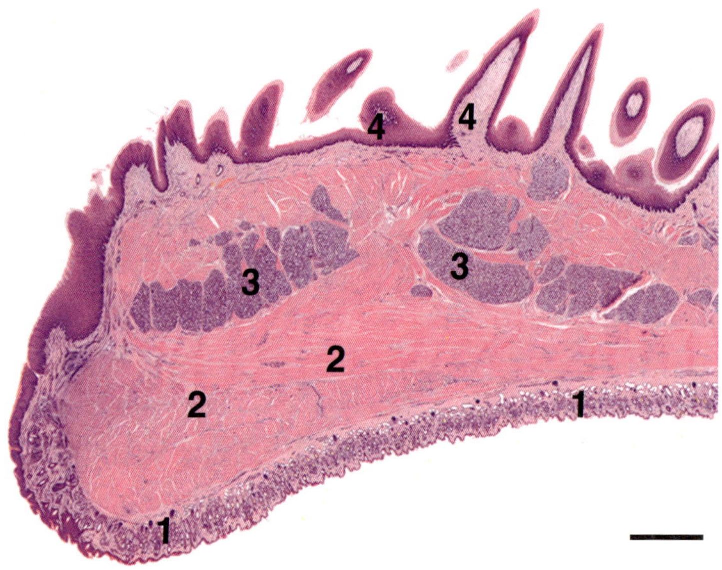

Abb. 12-5 Backe, Rind, Hämatoxylin-Eosin, SB 825 µm

Die muskuläre Grundlage der Backe wird außen von behaarter Haut mit zahlreichen Haaren und Drüsen (Talg- und Schweißdrüsen) bedeckt. Innen liegt die drüsenlose Mundschleimhaut, die Papillen aufweist. Sie weist ein mehrschichtiges, leicht verhorntes Plattenepithel auf.

1 Äußere Haut; 2 Quergetreifte Muskulatur; 3 Seröse Drüsen; 4 Mundschleimhaut mit Papillen

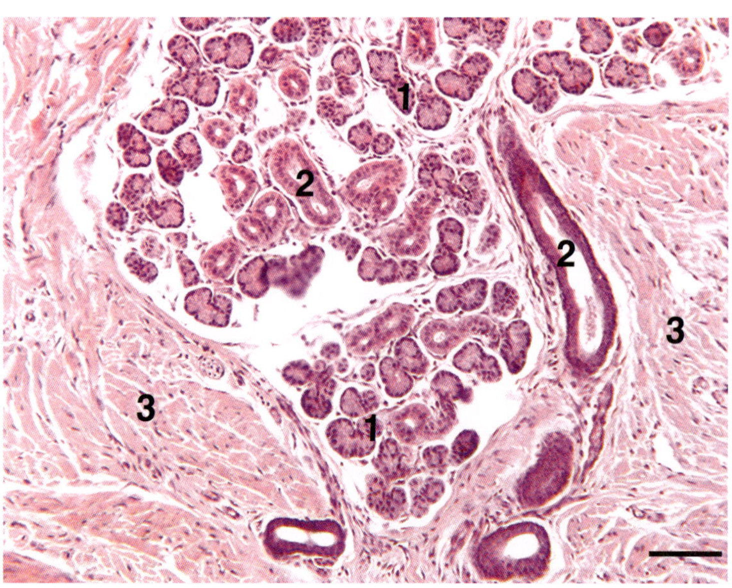

Abb. 12-6 Flotzmauldrüsen, Rind, Hämatoxylin-Eosin, SB 80 µm

Im bindegewebigen Grundstock des Flotzmauls liegt eine kompakte Ansammlung ekkrin sezernierender, seröser Drüsen (Flotzmauldrüsen), deren Ausführungsgänge im Bereich der Abgrenzungen der polygonalen Felder münden.

1 Seröse Endstücke der Flotzmauldrüsen; 2 Ausführungsgänge; 3 Bindegewebe

Abb. 12-7 Harter Gaumen, Ziege, Hämatoxylin-Eosin, SB 825 µm

Am harten Gaumen ist die derbe Schleimhaut unverschieblich mit dem Periost der Processus palatini der Maxilla und der Partes horizontales des Os palatinum verbunden. Sie weist quergestellte Erhebungen (Rugae palatinae) auf. Ihr bindegewebiger Grundstock weist ein gut entwickeltes Venengeflecht auf.

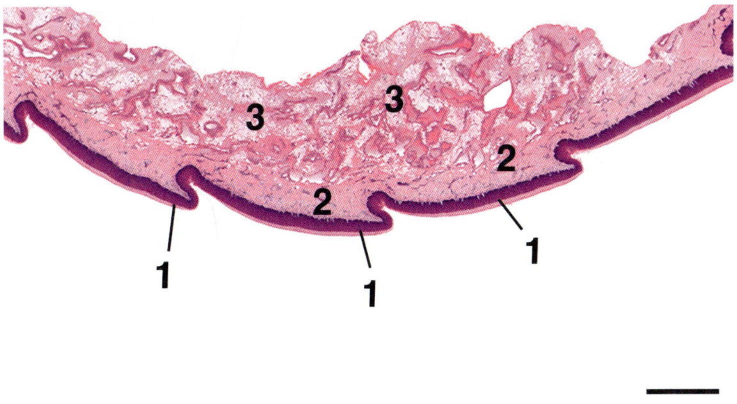

1 Rugae palatinae; 2 Bindegewebe; 3 Knochengewebe

Abb. 12-8 Gaumensegel, Ziege, Hämatoxylin-Eosin, SB 825 µm

Das Gaumensegel (Velum palatinum), auch weicher Gaumen (Palatum molle), ist die Fortsetzung des harten Gaumens und wird durch Ausläufer des M. palatopharyngeus und anderer Muskeln gebildet. Er teilt die Rachenhöhle in einen dorsalen Atemweg und einen ventralen Speiseweg. Die ventrale, mundhöhlenseitige Fläche (Tunica mucosae oralis) wird von einem mehrschichtigen, leicht verhornten Plattenepithel überzogen.

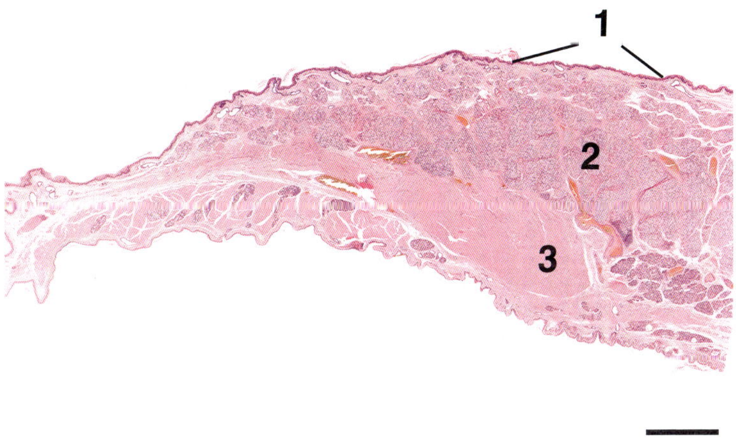

1 Mehrschichtiges, verhorntes Plattenepithel; 2 Muköse Drüsen in der Lamina propria; 3 Muskulatur

Abb. 12-9 Gaumensegel, Ziege, Hämatoxylin-Eosin, SB 312 µm

In der Lamina propria befinden sich dicke Pakete muköser Drüsen (Glandulae palatinae), rechts ist die muskuläre Grundlage des Gaumensegels zu erkennen.

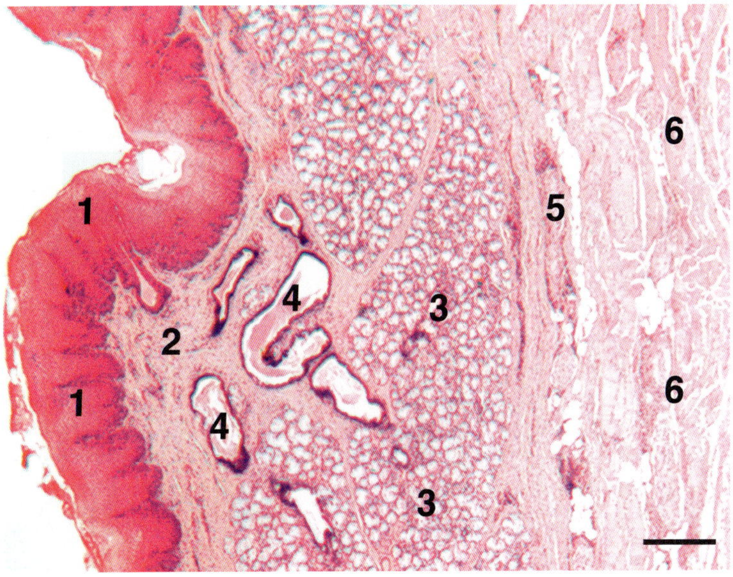

1 Mehrschichtiges verhorntes Plattenepithel; 2 Lamina propria; 3 Muköse Drüsen; 4 Drüsenausführungsgänge; 5 Gefäß; 6 Skelettmuskulatur

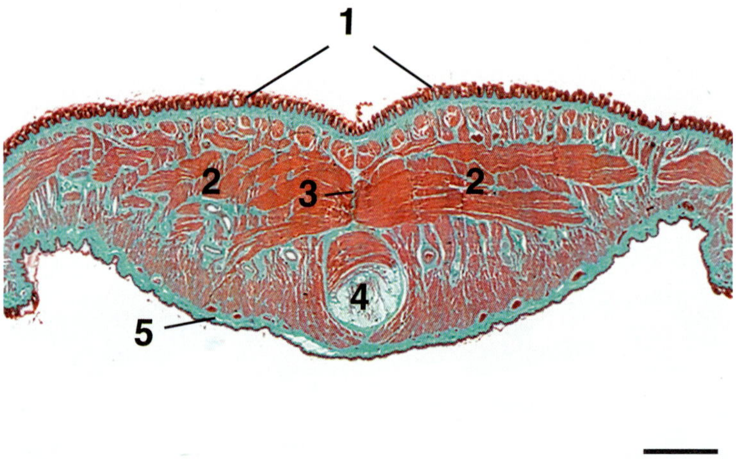

Abb. 12-10 Zunge, Hund, Goldner-Färbung, SB 825 µm

Die Zunge ist ein Muskel, dessen große Beweglichkeit auf der horizontalen, vertikalen und longitudinalen Anordnung seiner quergestreiften Binnenmuskulatur beruht. Die Schleimhaut des Zungenrückens besitzt ein mehrschichtiges, verhorntes Plattenepithel mit mechanischen Papillen. In das bindegewebige Septum medianum linguae ist eine hohlstabähnliche Bildung, die Lyssa („Tollwurm") eingelagert. Sie beinhaltet Fett und einige quergestreifte Muskelfasern.

1 Mehrschichtiges Plattenepithel; 2 Binnenmuskulatur der Zunge; 3 Septum medianum linguae; 4 Lyssa; 5 Aponeurosis lingue

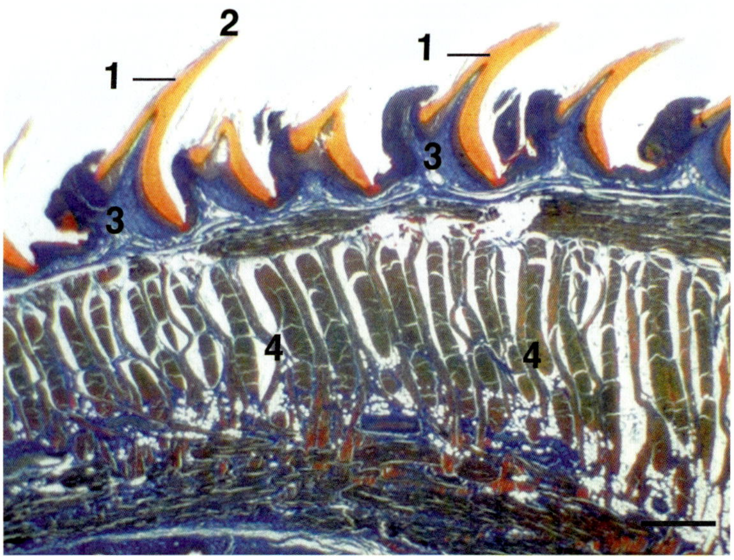

Abb. 12-11 Papilla filiformis, Zunge, Katze, Azan-Färbung, SB 312 µm

Die fadenförmigen Papillen (Papillae filiformes) sind mechanische Papillen. Sie bestehen bei der Katze aus bindegewebigen Grundkörpern und nach kaudal gerichteten, aufgelagerten Hornspitzen aus mehrschichtigem, stark verhornten Plattenepithel. Diese Papillen verleihen der Felidenzunge den sogenannten „Reibeisencharakter". Zur Verstärkung und für die Gewebsplastizität ist jeder Hornpapille eine bindegewebige Stützpapille vorgelagert, deren Epithel nicht verhornt.

1 Papilla filiformis; 2 Hornspitze; 3 Bindegewebiger Grundkörper der Stützpapille; 4 Zungenmuskulatur

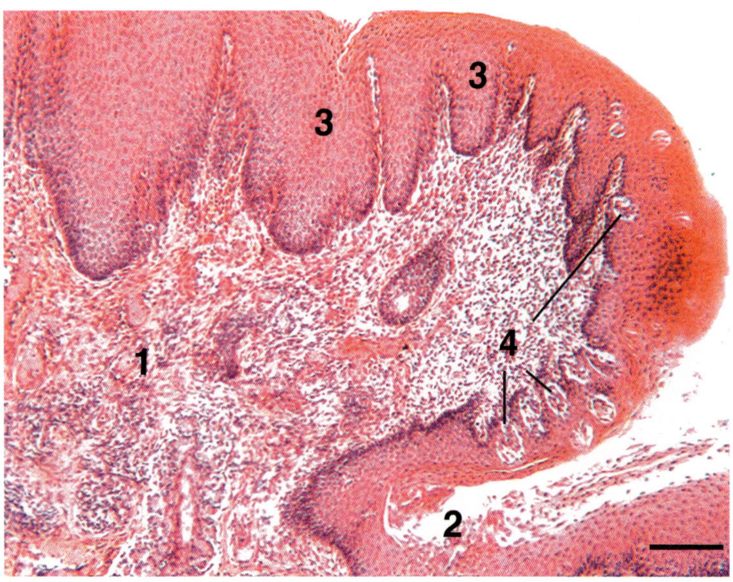

Abb. 12-12 Papilla vallata, Zunge, Ziege, Hämatoxylin-Eosin, SB 80 µm

Die Papillae vallatae sind Geschmackspapillen. Sie liegen am Zungengrund und sind von einem Ringgraben, an dessen Grund seröse Drüsen (von-Ebner-Spüldrüsen) einmünden, und einem erhöhten äußeren Wall umgeben. Die Geschmacksknospen sitzen im mehrschichtigen, leicht verhornten Plattenepithel der Papillen. Sie bestehen jeweils aus 20 bis 30 Geschmackszellen mit Mikrovilli. Dabei kann man reife und unreife Sinneszellen sowie kleine Basalzellen, die der Erneuerung der beiden anderen Zelltypen dienen, unterscheiden.

1 Papilla vallata; 2 Ringgraben; 3 Mehrschichtiges Plattenepithel; 4 Geschmacksknospen

Abb. 12-13 Papilla foliata, Zunge, Kaninchen, Hämatoxylin-Eosin, SB 40 µm

Die Papillae foliatae liegen im Randbereich des Zungengrundes. Sie weisen quer zur Zungenlängsachse ausgerichtete Blättchen auf, in deren Seitenbereichen ihres mehrschichtigen, leicht verhornten Plattenepithels Geschmacksknospen vorkommen. Diese öffnen sich durch ihren Porus nach außen. Unter den Papillen sind zahlreiche seröse Drüsen (Glandulae linguales) eingelagert, deren Ausführungsgänge an den Spalten zwischen den Blättchen münden.

1 Mehrschichtiges Plattenepithel; 2 Blättchenspalte; 3 Geschmacksknospen; 4 Porus; 5 Sinneszellen; 6 Basalzelle; 7 Bindegewebe

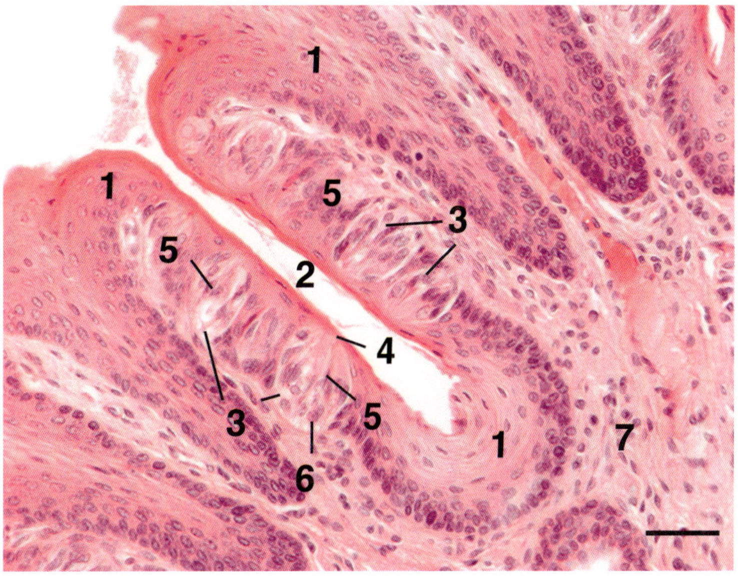

Abb. 12-14 Zahnanlage, Rinderfetus, Hämatoxylin-Eosin, SB 825 µm

Die aus dem Mundektoderm stammende Schmelzglocke besitzt ein äußeres und ein inneres Schmelzepithel. Letzteres wird von den hochprismatischen Adamantoblasten gebildet, die den Zahnschmelz sezernieren. Die schmelzseitigen Mesenchymzellen der Zahnpapille differenzieren sich zu den Odontoblasten, die das Prädentin bilden, das durch Mineralisierung zum Dentin wird.

1 Äußeres Schmelzepithel; 2 Schmelzpulpa; 3 Inneres Schmelzepithel (Adamantoblasten); 4 Odontoblasten; 5 Dentin; 6 Mesenchym der Zahnpapille (spätere Zahnpulpa); 7 Knochengewebe

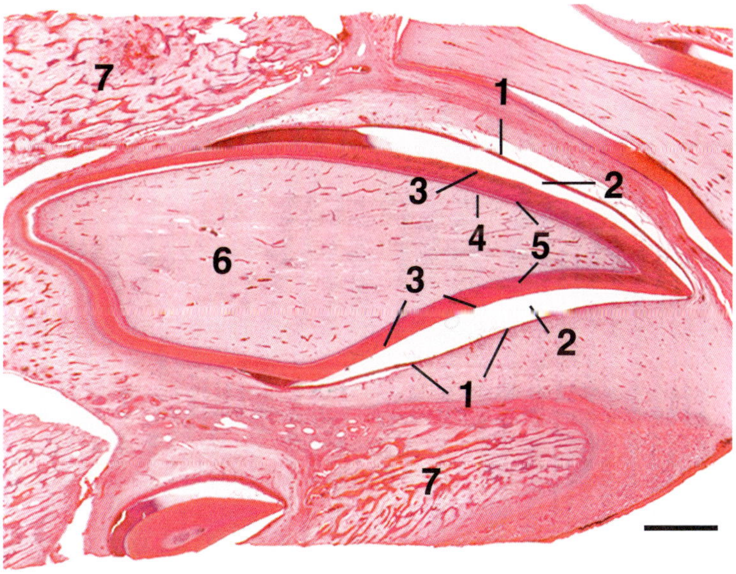

Abb. 12-15 Zahnanlage, Kalb, Detailansicht, Hämatoxylin-Eosin, SB 25 µm

Das von den Odontoblasten gebildete Dentin macht später die Hauptmasse des Zahnes aus. Im Kronenbereich wird der Zahn durch den extrem harten und widerstandsfähigen Schmelz geschützt, der von den Adamantoblasten in Form von Schmelzprismen sezerniert wird.

1 Odontoblasten; 2 Dentin; 3 Membrana praeformativa; 4 Schmelz; 5 Inneres Schmelzepithel (Adamantoblasten)

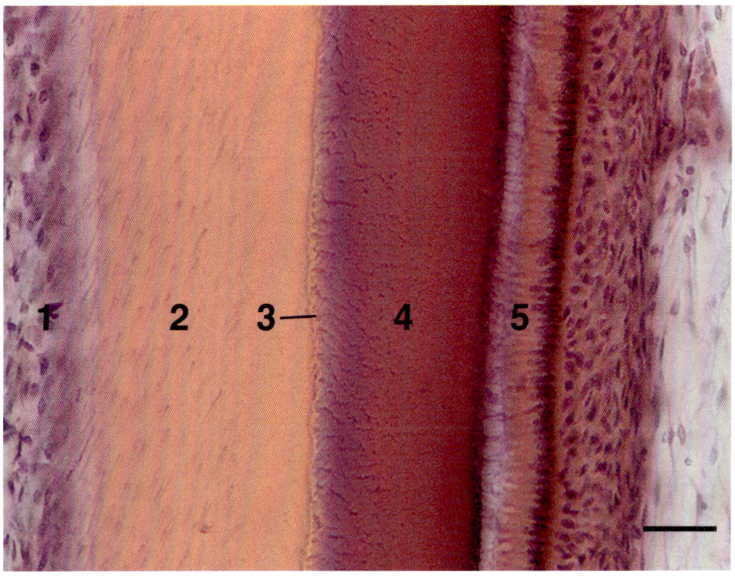

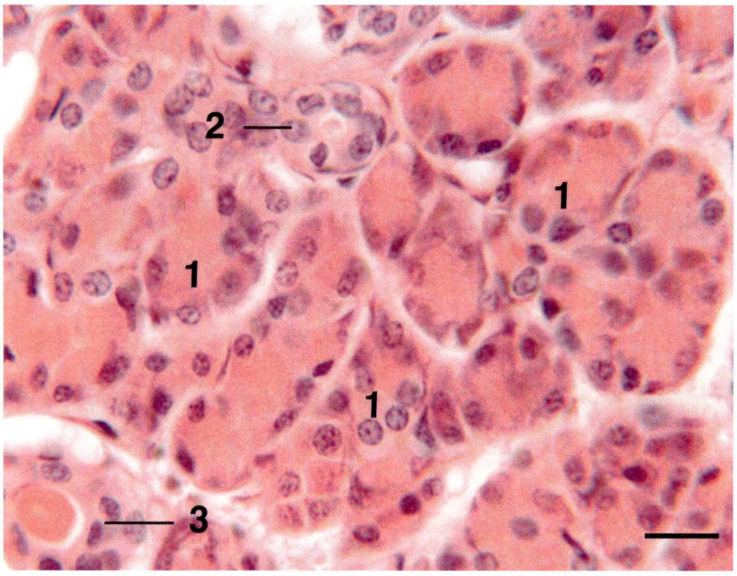

Abb. 12-16 Ohrspeicheldrüse, Hund, Hämatoxylin-Eosin, SB 18 µm

Die Glandula parotis (Ohrspeicheldrüse) ist eine zusammengesetzte, seröse Drüse. Die serösen Endstücke zeigen ein enges Lumen. Die Kerne der Drüsenzellen sind rund und liegen im basalen Drittel der Zellen, deren Zytoplasma eosinophil ist. Das Ausführungsgangsystem besteht aus Schaltstücken und daran anschließenden Streifenstrücken, die beide im Drüsenläppchen (intralobulär) liegen (▶ Abb. 4-19). Die Streifenstücke münden in die interlobulär gelegenen Ausführungsgänge, die zwei- bis mehrschichtiges Epithel aufweisen.

1 Seröse Drüsenzellen mit rundem Kern; 2 Schaltstück; 3 Streifenstück.

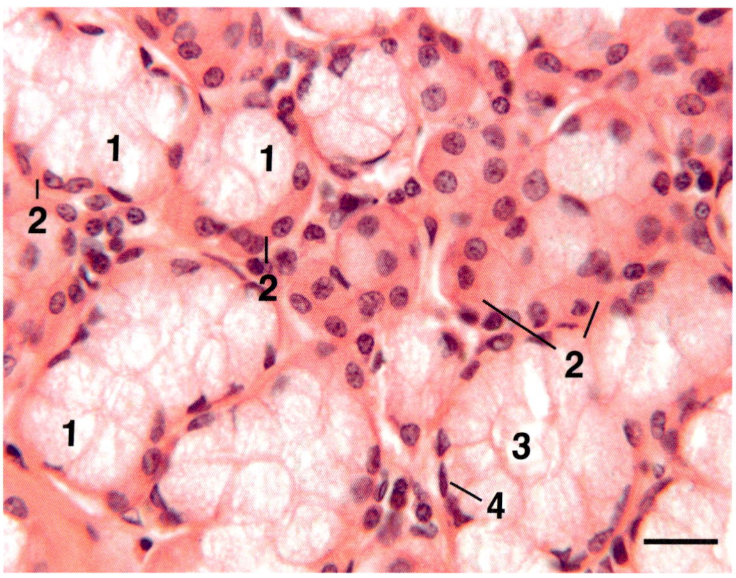

Abb. 12-17 Unterkieferspeicheldrüse, Hund, Hämatoxylin-Eosin, SB 18 µm

Die Glandula mandibularis (Unterkieferspeicheldrüse) ist eine gemischte Drüse, die sowohl seröse als auch muköse Anteile enthält. Die eosinophil angefärbten, serösen Endstücke (seröse Halbmonde, „Gianuzzi-Halbmonde") ordnen sich dabei kugelschalenförmig um die mukösen Drüsenendstücke an. Das Zytoplasma der mukösen Endstücke erscheint wabig und nahezu weiß. Die Kerne sind abgeplattet und liegen basal.

1 Muköse Drüsenzellen; 2 Seröse Drüsenzellen („Gianuzzi-Halbmond") mit runden Kernen; 3 Lumen des Drüsenendstückes; 4 Kern einer mukösen Drüsenzelle

---

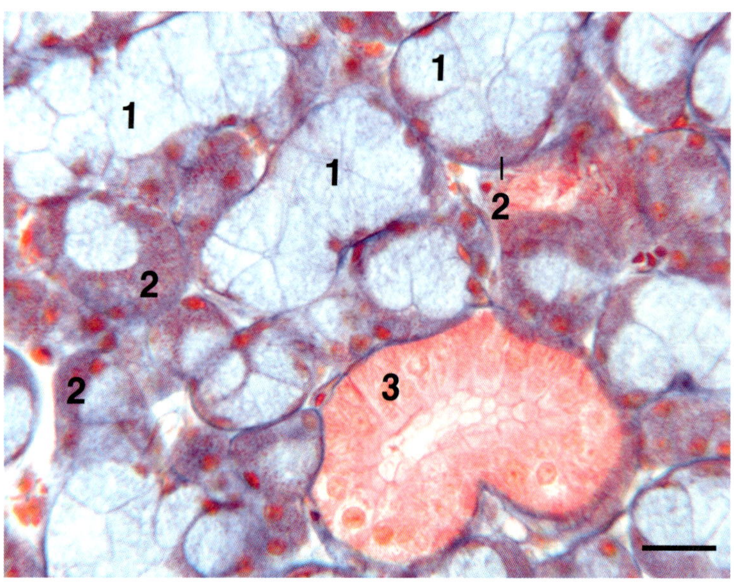

Abb. 12-18 Unterzungenspeicheldrüse, Rind, Azan-Färbung, SB 18 µm

Die Glandula sublingualis maior (Unterzungenspeicheldrüse) ist eine gemischte Speicheldrüse, mit überwiegend mukösen Anteilen. Seröse Halbmonde sitzen den mukösen Endstücken kappenartig auf. Die Schaltstücke zeigen meist starke Verschleimung. Die angeschlossenen Glandulae sublinguales minores besitzen nur sehr kurze Ausführungsgänge und sind fast ausschließlich mukös.

1 Muköse Drüsenzellen mit platten Kernen; 2 Seröse Drüsenzellen im „Gianuzzi-Halbmond" mit runden Kernen; 3 Streifenstück mit luminalem Sekret

Abb. 12-19 Ösophagus, Hund, Hämatoxylin-Eosin, SB 825 µm

Die Tunica mucosa des Ösophagus besteht aus einem mehrschichtigen, unverhornten Plattenepithel, der Lamina propria mucosae und der Lamina muscularis mucosae. Die sich anschließende Tela submucosa enthält muköse Ösophagusdrüsen (Glandulae oesophageales). Die Tunica muscularis besteht aus einer spiralig angeordneten Schicht aus quergestreifter bzw. glatter Muskulatur. Den äußeren Abschluss bildet die Tunica adventitia im serosafreien Bereich, oder die Tunica serosa.

1 Lumen des Ösophagus, 2 Tunica mucosa; 3 Tela submucosa; 4 Tunica muscularis; 5 Tunica adventitia

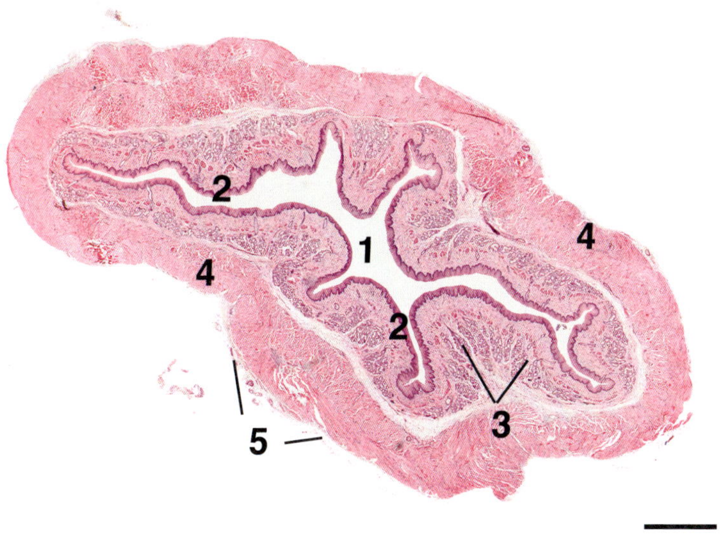

Abb. 12-20 Ösophagus, Schwein, Hämatoxylin-Eosin, SB 80 µm

Die Tunica mucosa enthält das mehrschichtige (hier leicht verhornte) Plattenepithel der Lamina epithelialis, die bindegewebige Lamina propria und die Lamina muscularis. Beim Schwein ist letztere nur in der unteren Hälfte des Ösophagus ausgebildet. In der Submukosa sind große muköse Drüsenlager erkennbar. Beim Schwein findet sich häufig lymphatisches Gewebe um die Drüsenausführungsgänge.

1 Lumen des Ösophagus; 2 Lamina epithelialis mucosae; 3 Lamina propria mucosae; 4 Lamina muscularis mucosae; 5 Tela submucosa mit 6 Ösophagusdrüsen; 7 Tunica muscularis

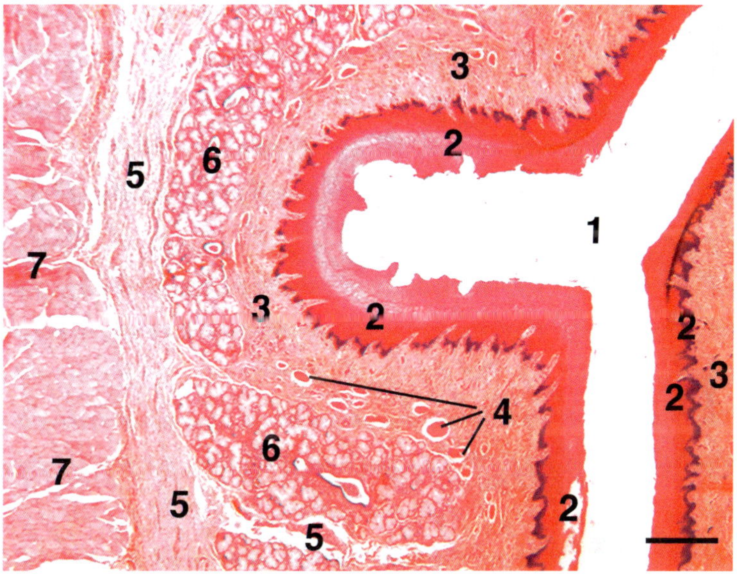

Abb. 12-21 Ösophagus, Huhn, Hämatoxylin-Eosin, SB 80 µm

Die Lamina epithelialis der Mukosa besteht aus einem mehrschichtigen Plattenepithel, das teilweise stark verhornt ist. Im Unterschied zum Säuger liegen in der Lamina propria zahlreiche tubulo-alveoläre muköse Drüsen. Die Lamina muscularis mucosae grenzt die Schleimhaut von der Tela submucosa ab. Letztere ist relativ schwach ausgebildet und enthält, wie auch die Lamina propria mucosae, Gefäße und Nerven.

1 Lumen des Ösophagus; 2 Lamina epithelialis mucosae; 3 Lamina propria mucosae; 4 Ösophagusdrüsen; 5 Lamina muscularis mucosae; 6 Tela submucosa; 7 Tunica muscularis; 8 Tunica adventitia

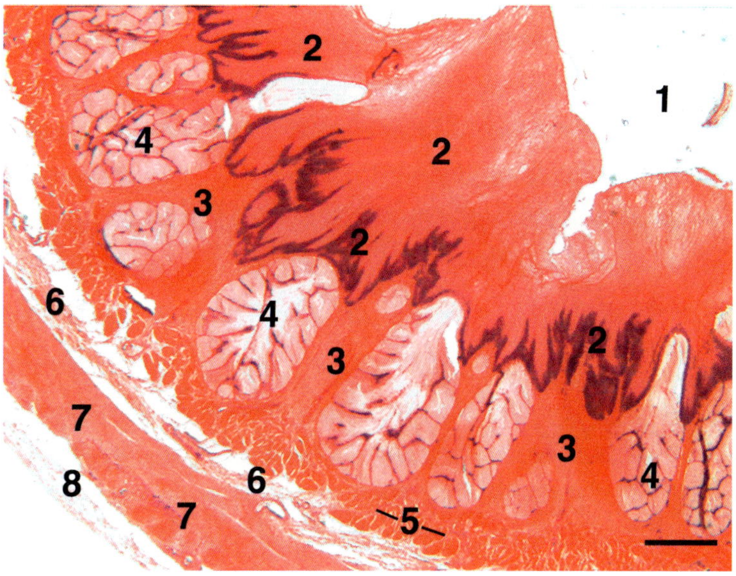

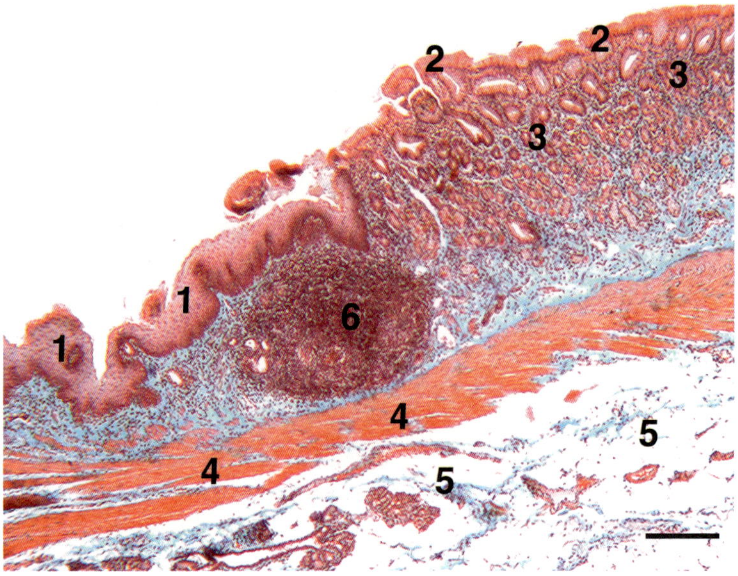

Abb. 12-22 Speiseröhren-Magen-Übergang, Hund, Goldner-Färbung, SB 285 µm

Die von einem mehrschichtigen Plattenepithel ausgekleidete Schleimhaut des Ösophagus geht hier in die Magendrüsen enthaltende Schleimhaut der Kardia des Magens über.

1 Mehrschichtiges Plattenepithel des Ösophagus; 2 Einschichtig hochprismatisches Epithel der Kardia des Magens; 3 Lamina propria mucosae mit Kardiadrüsen (Glandulae cardiacae); 4 Lamina muscularis mucosae; 5 Tela submucosa; 6 Lymphfollikel

---

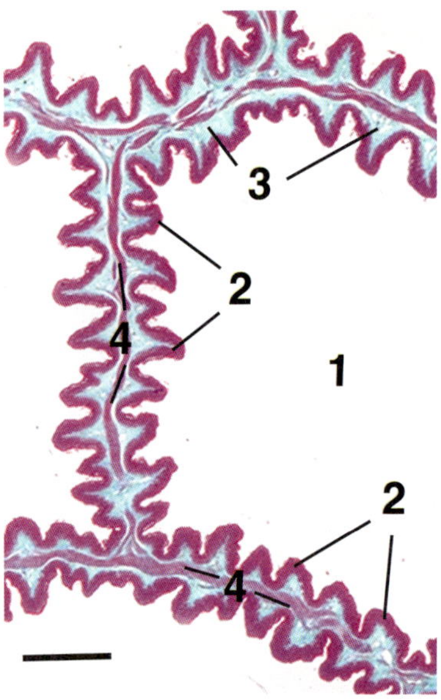

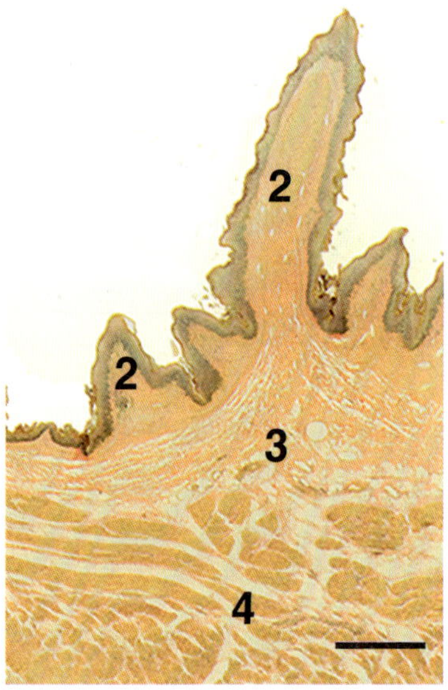

Abb. 12-23a Haube (Netzmagen, Reticulum), Ziege, Flachschnitt, Goldner-Färbung, SB 312 µm.
Abb. 12-23b Haube, Ziege, van-Gieson-Färbung, SB 312 µm

Die Schleimhaut bildet verschieden hohe Falten, die Haubenleisten (Cristae reticuli), welche die bienenwabenförmigen Haubenzellen (Cellulae reticuli) begrenzen. Die Lamina epithelialis besteht aus einem mehrschichtigen, teilweise verhornten Plattenepithel, das oberflächlich kleine Papillen bildet.

1 Haubenzelle; 2 Haubenleiste mit mehrschichtigem Plattenepithel; 3 Submucosa; 4 Tunica muscularis

---

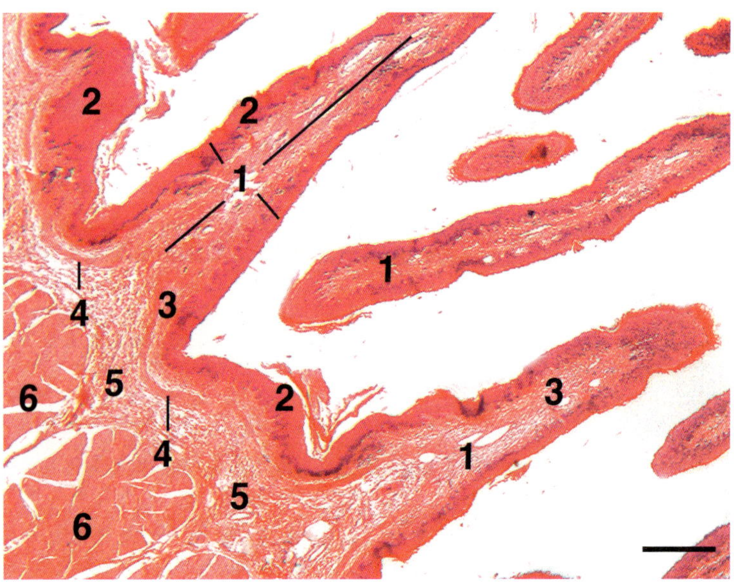

Abb. 12-24 Pansen (Rumen), Rind, Hämatoxylin-Eosin, SB 660 µm

Die Pansenschleimhaut trägt Pansenzotten, die für die Resorption von Nahrungsbestandteilen wichtig sind. Die Lamina epithelialis besteht aus einem mehrschichtigen, teilweise verhornten Epithel. Die Lamina propria enthält keine Drüsen. Die Lamina muscularis mucosae trennt die Propria von der Tela submucosa ab. Die Tunica muscularis besteht aus einer inneren zirkulären und einer äußeren longitudinalen Schicht glatter Muskulatur.

1 Pansenzotte; 2 Lamina epithelialis mucosae; 3 Lamina propria mucosae; 4 Lamina muscularis mucosae; 5 Tela submucosa; 6 Tunica muscularis

Abb. 12-25 Psalter (Blättermagen, Omasum), Rind, Hämatoxylin-Eosin, SB 660 µm

Der Innenraum des Psalters wird durch unterschiedlich große Psalterblätter (I. bis IV. Ordnung) unterteilt. Die Lamina epithelialis wird von einem mehrschichtigen Plattenepithel gebildet, das teilweise kleine verhornte Wärzchen trägt. In die kleinsten Blätter (IV) strahlt die Lamina muscularis nur zum Teil ein, in die drei großen Blätterarten läuft neben der Lamina muscularis auch noch eine Abspaltungen der zirkulären Lage der Tunica muscularis hinein.

1 Psalterblatt I. Ordnung; 2 Psalterblatt IV. Ordnung; 3 Lamina muscularis muscosae; 4 Tunica muscularis; 5 Tunica serosa

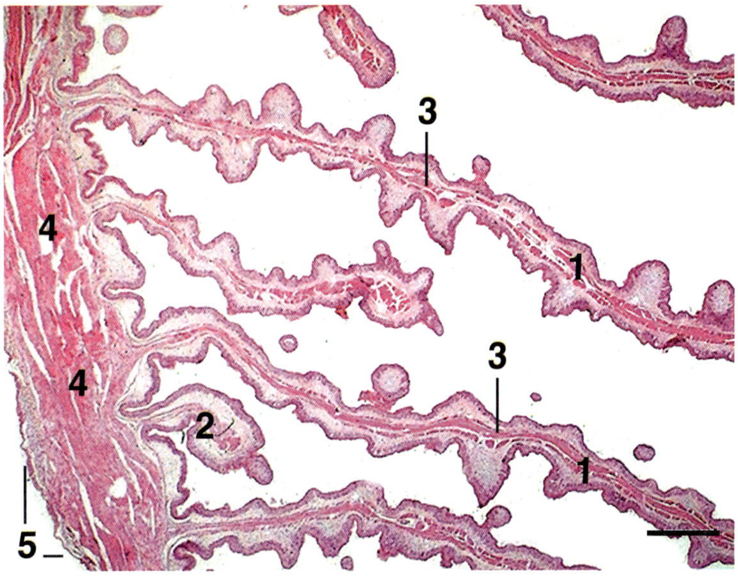

Abb. 12-26 Kardia, Magen, Hund, Hämatoxylin-Eosin, SB 75 µm

Bei den Fleischfressern und den Wiederkäuern beschränkt sich die Region der Kardiadrüsen auf eine ringförmige schmale Zone im Bereich des Mageneinganges. Sehr groß ist dagegen der Bereich der Kardiadrüsen beim Schwein, bei dem er fast bis zur Mitte des Magens reicht. Beim Pferd sind die Kardiadrüsen als schmaler Bezirk ausgebildet, der der Pars nonglandularis folgt.

1 Einschichtig hochprismatisches Ösophagusepithel; 2 Epithel der Kardia; 3 Drüsen der Kardia; 4 Lamina propria

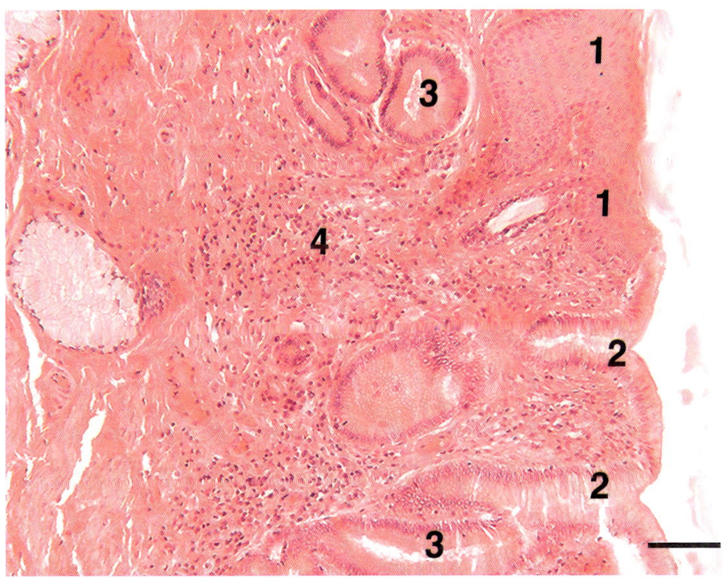

Abb. 12-27 Fundus, Magen, Hund, Hämalaun-Kongorot-Färbung, SB 40 µm

Die dicht gelagerten, gestreckten Schlauchdrüsen durchziehen die gesamte Lamina propria. Ihr einschichtiges, hochprismatisches Epithel besteht aus Hauptzellen, Belegzellen und Nebenzellen. In dieser Färbung erscheinen die Hauptzellen, die Pepsinogen sezernieren, blaugrau, die Belegzellen, die HCl bilden, rotorange. An die Lamina propria schließt sich beim Fleischfresser das Stratum granulosum und eine Zone verdichteten Bindegewebes, das Stratum compactum, an.

1 Hauptzellen; 2 Belegzellen; 3 Bindegewebe

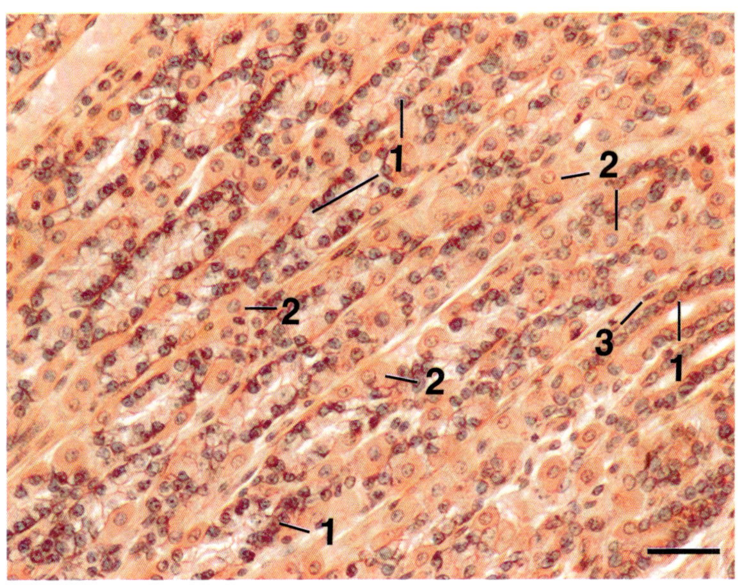

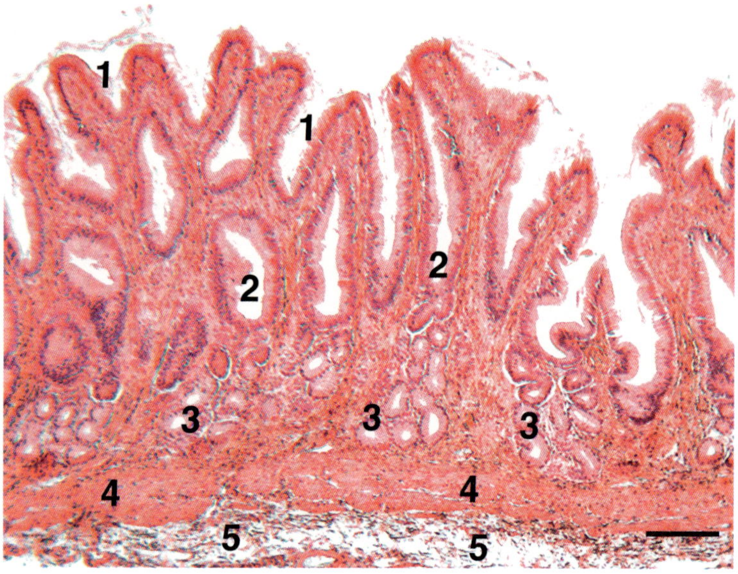

Abb. 12-28 Pylorus, Hund, Hämatoxylin-Eosin, SB 80 µm

Im Pylorusbereich sind die Drüsen stark verästelt und im basalen Bereich aufgeknäult. Die Foveolae gastricae sind erweitert. Das einschichtige, hochprimatische Epithel sezerniert schleimiges Schutzsekret für die Magenschleimhaut. Die Pylorusdrüsen enthalten intraepithelial neben exokrinen Zellen weiterhin endokrine Zellen (G-Zellen, Somatostatinzellen). Die Lamina muscularis, deren Züge sich spiralig überkreuzen, ist beim Fleischfresser verhältnismäßig stark ausgeprägt.

1 Foveolae gastricae; 2 Pylorusdrüsen; 3 Geknäuelte Drüsenenden; 4 Lamina muscularis mucosae; 5 Tela submucosa

---

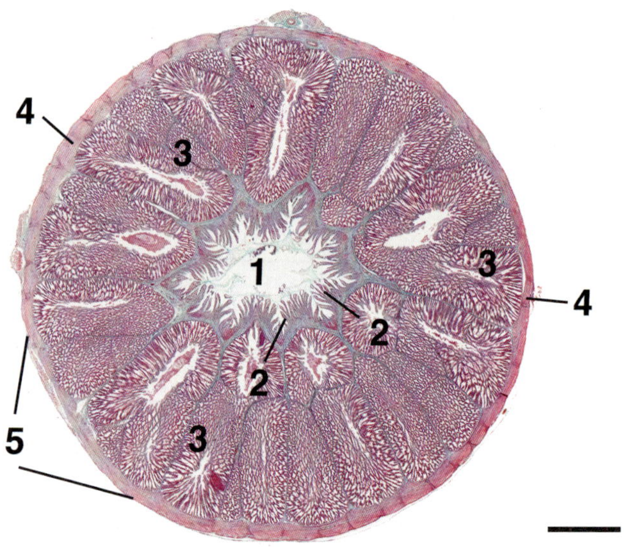

Abb. 12-29 Drüsenmagen (Proventriculus), Huhn, Goldner-Färbung, SB 825 µm

Das einschichtig hochprismatische Epithel der Mucosa senkt sich in Form von einfachen tubulösen Drüsen (oberflächliche Propriadrüsen) in die Lamina propria. Darunter liegen die tiefen Propriadrüsen. Diese gruppieren sich um einen Sammelraum. Die einheitlichen isoprismatischen Epithelzellen produzieren Pepsinogen und Salzsäure. Die Lamina muscularis trennt die Mucosa von der relativ schwach ausgebildeten Tela subcumosa und liegt der Tunica muscularis unmittelbar an.

1 Sternförmiges Lumen; 2 Oberflächliche Propriadrüsen; 3 Tiefe Propriadrüsen; 4 Tunica muscularis; 5 Tunica serosa

---

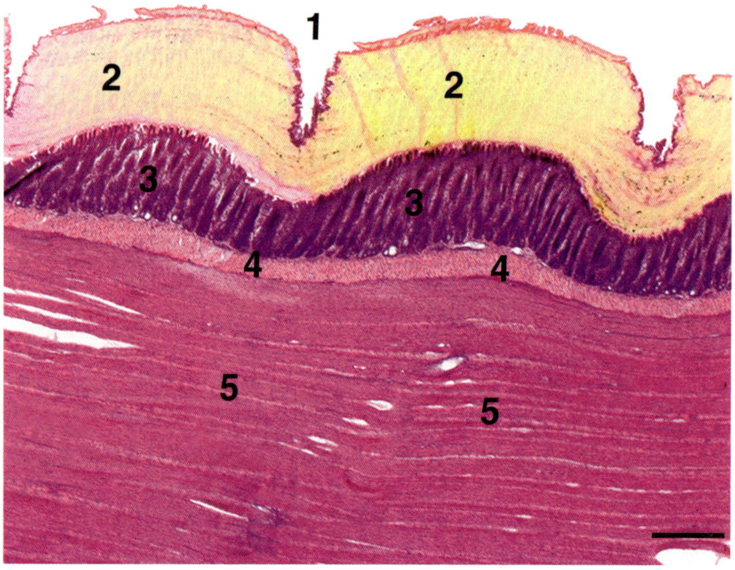

Abb. 12-30 Muskelmagen (Ventriculus), Huhn, Hämatoxylin-Eosin, SB 825 µm

Zum Schutz der Mukosa ist an der Oberfläche eine erstarrte Sekretschicht, die Keratinoidschicht, aufgelagert. Sie wird von den tubulösen Drüsen der Lamina propria gebildet. Da keine Lamina muscularis ausgebildet ist, lassen sich die Lamina propria und die Tela submucosa nicht deutlich trennen. In der Tunica muscularis können eine stark ausgebildete, innere zirkuläre Schicht und eine relativ reduzierte, äußere longitudinale Schicht aus glatten Muskelzellen unterschieden werden.

1 Lumen; 2 Keratinoidschicht; 3 Propriadrüsen; 4 Tela submucosa; 5 Innere zirkuläre Muskelschicht

Abb. 12-31 Duodenum, Katze, Hämatoxylin-Eosin, SB 825 µm

Die gut ausgebildeten Zotten besitzen ein einschichtiges, hochprismatisches Epithel, das zum Großteil aus resorbierenden Enterozyten besteht. Vereinzelt finden sich Becherzellen. Das Oberflächenepithel der Zotten senkt sich als Glandulae intestinales (Lieberkühn-Krypten) in die Lamina propria ein. In der Tela submucosa sind dicht gelagerte Glandulae duodenales (Brunner-Drüsen) zu finden.

1 Glandulae intestinales (Lieberkühn-Krypten); 2 Lamina muscularis mucosae; 3 Tela submucosa mit Glandulae duodenales (Brunner-Drüsen); 4 Tunica muscularis; 5 Tunica serosa

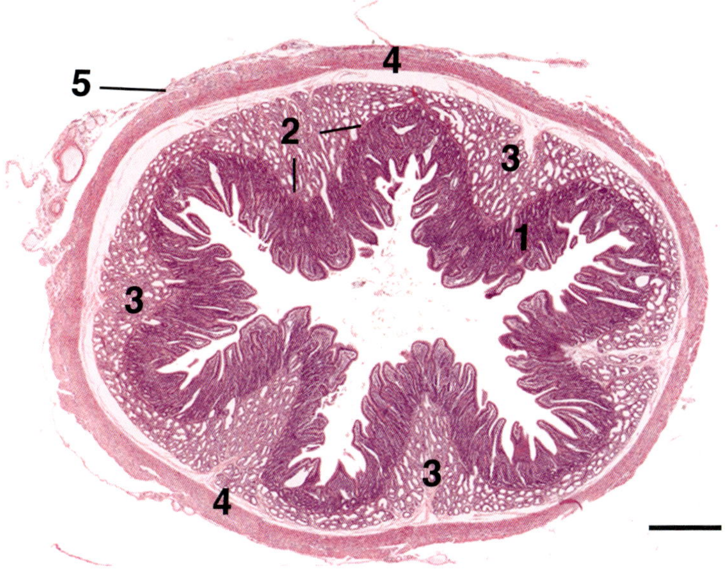

Abb. 12-32 Jejunum, Katze, Hämatoxylin-Eosin, SB 825 µm

Die Zotten des Jejunums sind fingerförmig und schlanker als im Duodenum. Die Zahl der Becherzellen hat gegenüber dem Duodenum zugenommen. Wie auch in den anderen Dünndarmabschnitten findet man in der Submukosa Ganglienzellen des Meissner-Plexus (Plexus submucosus) und zwischen der zirkulären und longitudinalen Muskelschicht der Tunica muscularis den Auerbach-Plexus.

1 Zotten 2 Glandulae intestinales (Lieberkühn-Krypten); 3 Lamina muscularis mucosae; 4 Tela submucosa; 5 Tunica muscularis; 6 Tunica serosa

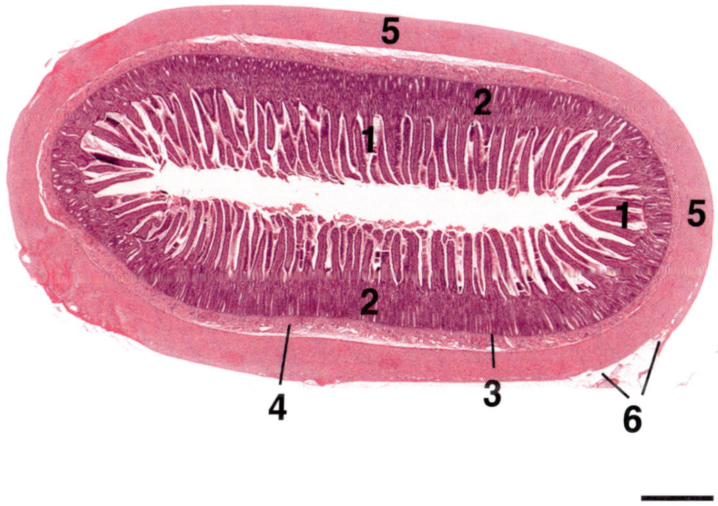

Abb. 12-33 Ileum, Hund, Hämatoxylin-Eosin, SB 80 µm

Das Ileum weist eine deutlich reduzierte Faltenbildung auf. Die Zotten sind kürzer und etwas breiter als im Jejunum. Im Epithel hat die Zahl der Becherzellen gegenüber dem Jejunum zugenommen. In der Tela submucosa treten aggregierte Lymphfollikel auf, die sogenannten Peyer-Platten (Noduli lymphatici aggregati), die der lokalen Immunabwehr dienen.

1 Lamina epithelialis mit Becherzellen; 2 Lamina propria mucosae; 3 Lamina muscularis mucosae; 4 Lymphfollikel in der Tela submucosa; 5 Tunica muscularis

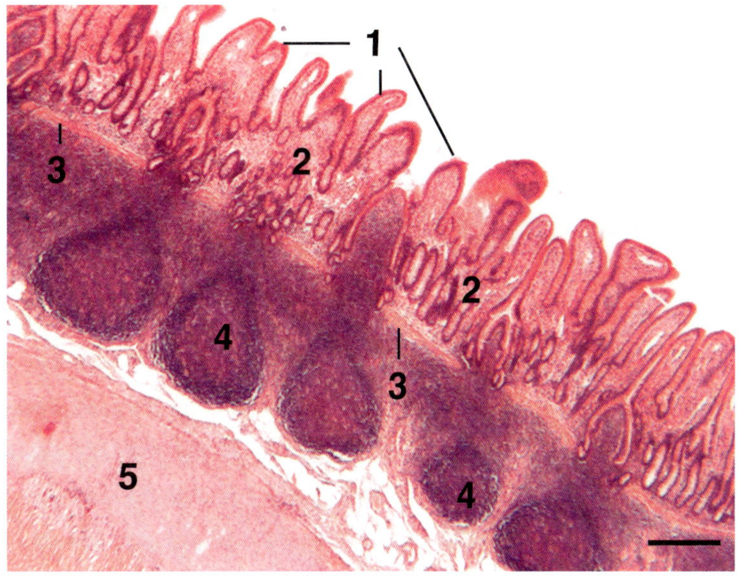

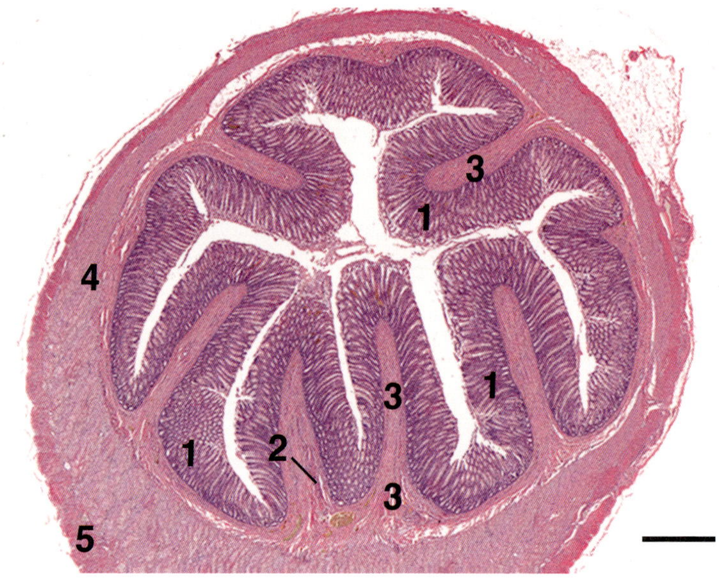

Abb. 12-34 Kolon, Hund, Übersicht, Hämatoxylin-Eosin, SB 825 µm

Im Dickdarm fehlen die Darmzotten. Vom einschichtigen, hochprismatischen Oberflächenepithel, das zahlreiche Becherzellen enthält, senken sich die Glandulae intestinales in die Lamina propria ein. Die äußeren Längsmuskellagen werden zu Bandstreifen (Tänien) zusammengefasst.

1 Glandulae intestinales (Lieberkühn-Krypten) in der Lamina propria mucosae; 2 Lamina muscularis mucosae; 3 Tela submucosa; 4 Tunica muscularis (zirkuläre Lage); 5 Tunica muscularis (longitudinale Lage)

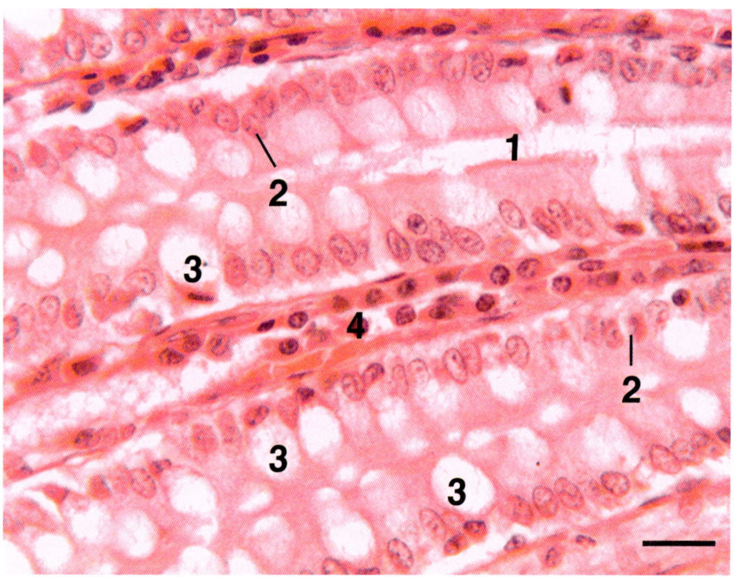

Abb. 12-35 Kolon, Hund, Hämatoxylin-Eosin, SB 18 µm

Die Glandulae intestinales besitzen ein weites Lumen und sind nur wenig verzweigt. Das einschichtig hochprismatische Epithel der Mukosa sowie das der Drüsen enthält zahlreiche Becherzellen. Diese produzieren den Schleim, der sowohl Barrierefunktion besitzt, als auch als Gleitsubstanz dient.

1 Lumen der Glandulae intestinales; 2 Enterozyten; 3 Becherzellen; 4 Lamina propria mucosae

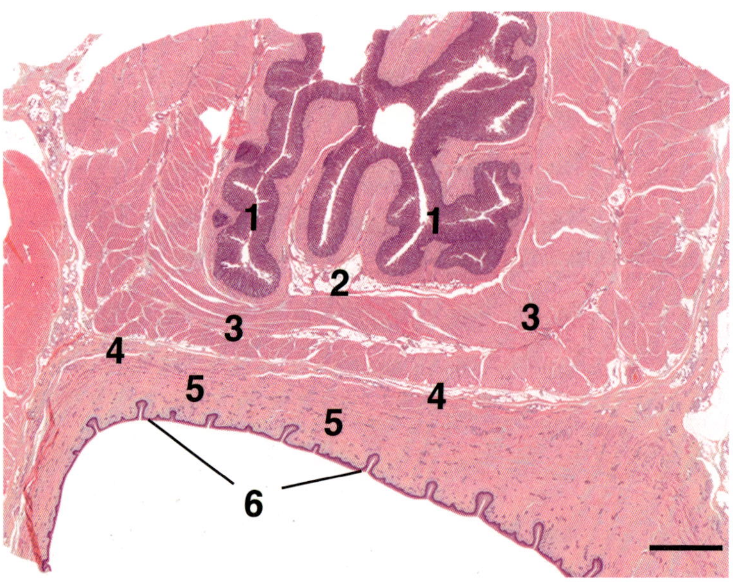

Abb. 12-36 Rektum (Mastdarm), Schaf, Hämatoxylin-Eosin, SB 825 µm

Im Endabschnitt des Rektums, das bei den einzelnen Haustierarten unterschiedlich starke subseröse Fetteinlagerungen enthält, wird die Serosa durch eine bindegewebige Adventitia ersetzt.

1 Gefaltete Mastdarmschleimhaut; 2 Fettgewebe; 3 Zirkulär- und Längsmuskelschicht des Mastdarms; 4 Perineales Bindegewebe; 5 Muskulatur des Scheidendaches; 6 Scheidenschleimhaut mit charakteristischen Epitheleinsenkungen

Abb. 12-37 Leber, Schwein, Masson-Goldner-Färbung, SB 285 µm

Beim Schwein wird das Leberparenchym durch das gut ausgebildete Bindegewebe deutlich in Läppchen (Lobuli hepatici) unterteilt. Im Bindegewebe der periportalen Felder findet man typischerweise einen Zweig der Arteria hepatica (Arteria interlobularis), einen Zweig der Vena portae (Vena interlobularis) und einen Gallengang (Ductus interlobularis). Zusammen bilden sie die Lebertrias.

1 Bindegewebe um ein Leberläppchen; 2 Lebertrias; 3 Leberzellbalken mit Hepatozyten

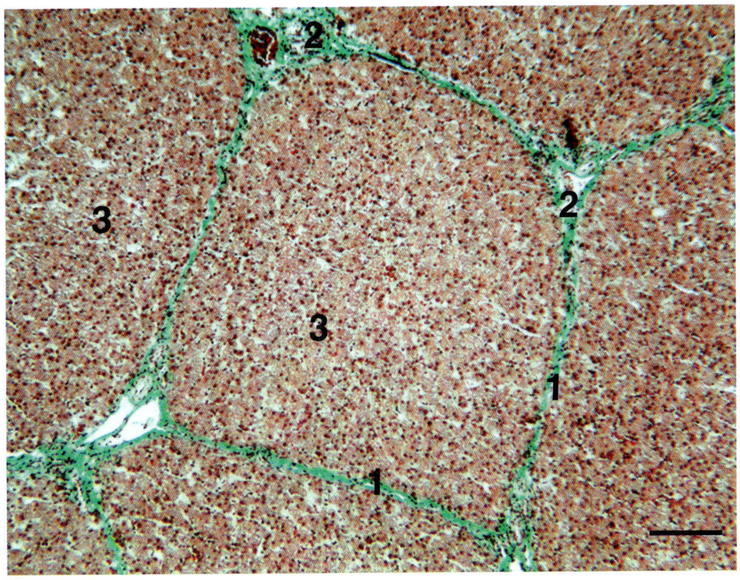

Abb. 12-38 Leber, Hund, Hämatoxylin-Eosin, SB 1000 µm

Die polygonalen Leberzellen bilden in den Leberläppchen zur Zentralvene gerichtete und durch Sinusoide getrennte, verzweigte Zellplatten, die das Leberparenchym bilden. Beim Hund (wie auch bei anderen Haussäugetieren) kann man die Abgrenzung der fünf- bis sechseckigen Leberläppchen meist nur anhand der Lage der Lebertrias (Glisson-Trias) erkennen.

1 Vena centralis; 2 Leberläppchen; 3 Lebertrias

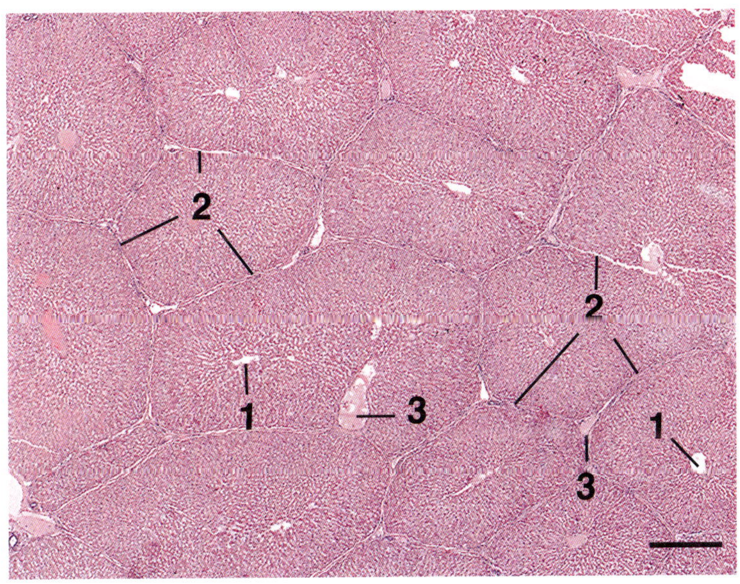

Abb. 12-39 Lebertrias, Schwein, Goldner-Färbung, SB 80 µm

Die Lebertrias (Periportalfeld) befinden sich an den Ecken der Leberläppchen in den bindegewebigen Septen. Sie sind gefäßführende und bindegewebige Zwickelräume, die eine Vena interlobularis (Zweig der Pfortader), eine Arteria interlobularis (Zweig der A. hepatica) und einen Gallengang (Ductus interlobularis), der an seinem isoprismatischen Epithel erkennbar ist, enthalten.

1 Hepatozyten; 2 Sinusoide; 3 Bindegewebe des periportalen Feldes; 4 Vena interlobularis; 5 Arteria interlobularis; 6 Ductus interlobularis (Gallengang)

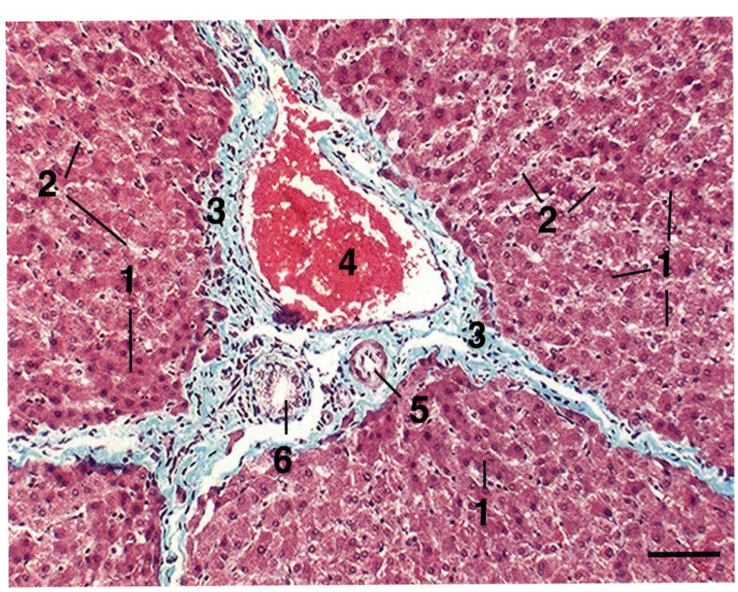

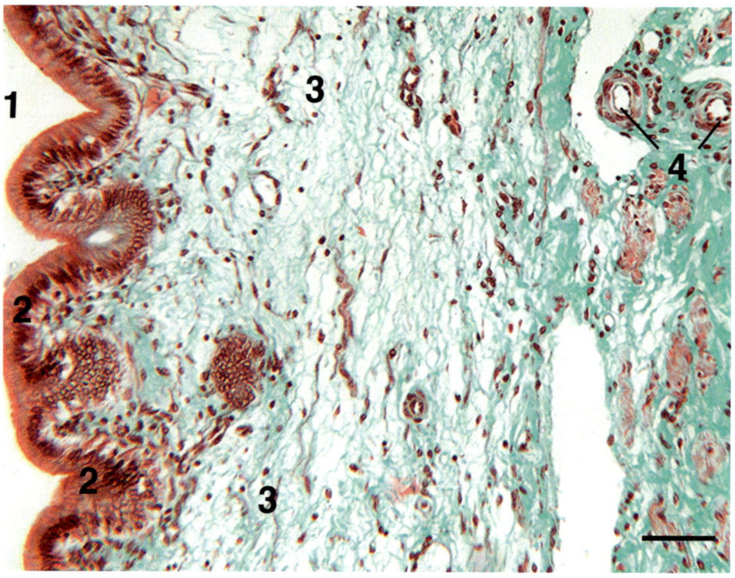

Abb. 12-40 Gallenblase, Rind, Goldner-Färbung, SB 80 µm

Die Schleimhaut besitzt starke Falten (Plicae tunicae mucosae) und ist von einschichtigen, hochprismatischem Epithel bedeckt. Die Epithelzellen besitzen ellipsoidale Kerne, die basal gelegen sind, und Mikrovilli im apikalen Bereich. Beim Wiederkäuer treten in der Lamina propria mukoide Drüsen auf. Die Tunica muscularis weist einen spiraligen und scherengitterartigen Verlauf auf. Den äußeren Überzug bildet die Tunica serosa bzw. im Verbindungsbereich mit der Leber eine Tunica adventitia.

1 Lumen; 2 Hochprismatisches Epithel; 3 Lamina propria; 4 Arteriole

---

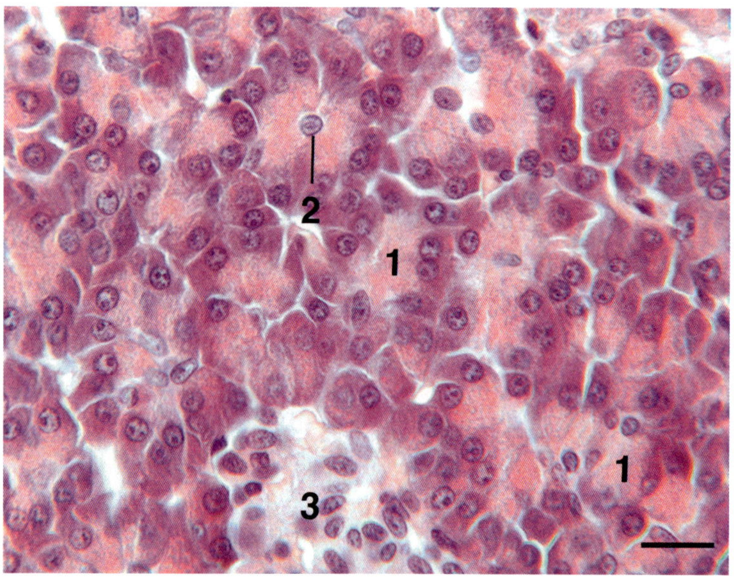

Abb. 12-41 Bauchspeicheldrüse (Pancreas), Hund, Hämatoxylin-Eosin, SB 18 µm

Das Pankreas besitzt sowohl exokrine als auch endokrine (Langerhans-Insel) Anteile. Der exokrine Anteil liefert den Pankreassaft, der über Ausführungsgänge in das Duodenum gelangt. Er enthält die wichtigsten Verdauungsenzyme. Die Drüsenendstücke gleichen denen einer serösen Kopfspeicheldrüse (Differentialdiagnose). Die kugeligen Zellkerne liegen basal, apikal im Zytoplasma befinden sich Sekretgranula. Die Schaltstücke sind sehr lang, Streifenstücke fehlen.

1 Seröse Drüsenendstücke; 2 Zentroazinäre Zelle; 3 Langerhans-Insel

---

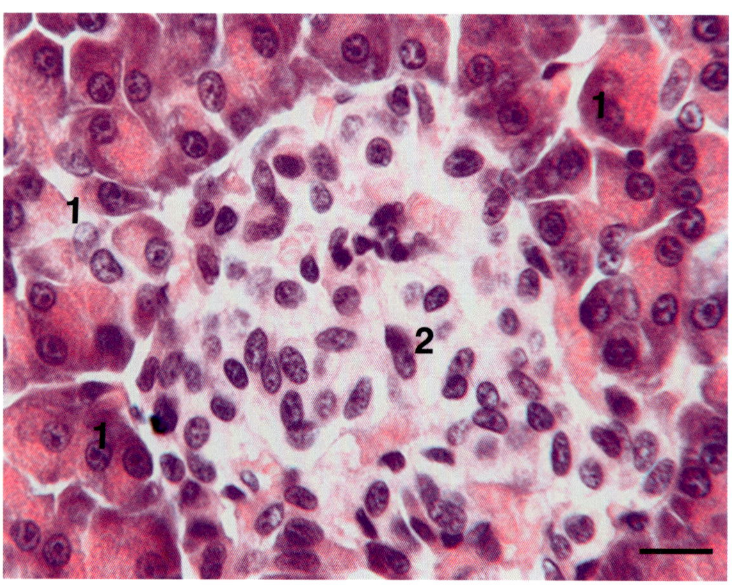

Abb. 12-42 Pancreas, Hund, Langerhans-Insel, Hämatoxylin-Eosin, SB 12 µm

Das in das exokrine Pankreasgewebe eingebettete Inselorgan umfasst ca. 1–2 Millionen Langerhans-Inseln. Ihr Durchmesser liegt zwischen 75 und 300 µm. Bei den Inselzellen können immunzytochemisch verschiede Zelltypen (A-Zellen, die Glukagon bilden, B-Zellen, die Insulin abgeben, D-Zellen, die Somatostatin liefern und PP-Zellen, die Pankreatisches Polypeptid in die Blutbahn sezernieren), unterschieden werden.

1 Exokrines Pankreas; 2 Langerhans-Insel

13 Atmungsapparat (Systema respiratorium)

Der Atmungsapparat dient dem Gasaustausch zwischen der eingeatmeten Luft und dem Blut. Dieser findet in den Alveolen der Lungen statt. In den zur Lunge ziehenden Luftwegen (Nasenhöhle, Nasenrachenraum, Kehlkopf, Luftröhre, Bronchien) erfolgt die Weiterleitung, Reinigung, Befeuchtung und Erwärmung der Atemluft. Die Schleimhaut der Atemwege ist im Allgemeinen fest mit der Unterlage verbunden, eine besondere Verschiebeschicht fehlt. Nahezu die gesamten Luftwege sind mit einem mehrreihigen Kinozilien-tragenden Epithel (Flimmerepithel, respiratorisches Epithel) ausgekleidet, das auch zahlreiche schleimproduzierende Becherzellen enthält. Das Epithel ist unter normalen Bedingungen von einer Schleimschicht bedeckt, an welche sich die mit dem Luftstrom eingedrungenen Fremdkörper binden. Die Schleimschicht wird durch die Flimmerbewegungen der Kinozilien ständig rachenwärts befördert.

13.1 Nasenhöhle (Cavum nasi) und Nasenrachenraum

13.1.1 Nasenvorhof (Vestibulum nasi)

Der Vorhof der Nase wird von einem mehrschichtigen unverhornten Plattenepithel ausgekleidet, das einem gut ausgebildeten Papillarkörper aufsitzt. Tiefer im Vestibulum nasi geht es dann in das respiratorische Epithel über. Im vorderen Teil des Vestibulum nasi befinden sich viele kurze, aber starke Haare (Vibrissae), welche gröbere Partikel zurückhalten können. Die dem Vorhof angeschlossene Nasendrüsen (Glandulae nasalis) dienen der Befeuchtung des Naseneinganges. Beim Hund sorgt ihr seröses Sekret auch für die Befeuchtung des Nasenspiegels. Beim Pferd wird das Vestibulum noch von äußerer Haut mit Haaren, Talg- und Schweißdrüsen gebildet.

13.1.2 Regio respiratoria

Der größte Teil der Nasenhöhle ist mit respiratorischer Schleimhaut ausgekleidet, die auch viele Becherzellen und mehrzellige endoepitheliale Schleimdrüsen enthält. Die Basalmembran ist deutlich zu sehen. Die Flimmerbewegungen der Kinozilien sind gegen die Choanen (Öffnungen der Nasenhöhle zum Schlund) gerichtet.

Die Lamina propria (subepitheliales Bindegewebe) ist sehr zellreich, es sind auch viele freie Zellen, insbesondere Lymphozyten, vorhanden. An mehreren Stellen der Nasenschleimhaut findet man in der Lamina propria Geflechte von weitlumigen Venen (Schwellkörper), deren Wand relativ muskelstark ist. Durch Kontraktion der Muskelwand der Venen (Sperrvenen) wird der Abfluss des Blutes temporär gedrosselt und die Schleimhaut schwillt an. Das Venensystem ist besonders gut beim Hund ausgebildet und dient zur Vorwärmung und Befeuchtung der eingeatmeten Luft. Die Lamina propria enthält weiterhin verzweigte seromuköse Drüsen, die Glandulae nasales und lymphoretikuläres Gewebe.

Auch die Nebenhöhlen der Nase (Sinus paranasales) sind mit respiratorischer Schleimhaut ausgekleidet, die sich von der Schleimhaut der Nasenhöhle in einigen Punkten unterscheidet: Geringere Dicke der Schleimhaut, geringere Epithelhöhe, weniger Drüsen und Becherzellen. Die Venenplexus fehlen.

13.1.3 Regio olfactoria

Die Regio olfactoria ist bei den einzelnen Tierarten unterschiedlich groß ausgebildet. Sie dient dem Geruchssinn und weist ein mehrreihiges Sinnesepithel auf, das dicker (60 µm) als das respiratorische Epithel ist und keine Kinozilien enthält. Die Basalmembran ist nur undeutlich ausgeprägt. Die histologischen Einzelheiten der Regio olfactoria und des Jacobson-Organs (Organum vomeronasale), einem speziellen Witterungs- und Geruchsorgan, sind im ▶ Kapitel 18 eingehend besprochen.

13.1.4 Rachen (Pharynx)

Im Rachen kreuzen sich die Wege der Atmung und der Nahrungsaufnahme. Der dorsale Teil des Pharynx, der Nasenrachen (Nasopharynx, Pars nasalis pharyngis) ist mit einem respiratorischen Epithel ausgekleidet, während die übrigen Abschnitte des Rachens (Pars oralis pharyngis) ein mehrschichtig unverhorntes Plattenepithel aufweisen.

13.2 Kehlkopf (Larynx)

Der bilateral symmetrisch gebaute Kehlkopf verbindet den Pharynx mit der Trachea. Er wird von einem komplex aufgebauten System von Kehlkopfknorpeln gestützt, die untereinander durch Bänder in Kontakt stehen. Schild- und Ringknorpel (Cartilago thyreoidea und Cartilago cricoidea) und der größte Teil der Aryknorpel (Cartilagines arytaenoideae) bestehen aus hyalinem, die Processus corniculati, cuneiformes und vocales sowie die Epiglottis aus elastischem Knorpel. Die Schleimhaut des Kehlkopfes weist bis einschließlich der Stimmfalten ein mehrschichtiges Plattenepithel auf. Distal der Stimmfalten werden die luftleitenden Wege von einem Respirationsepithel ausgekleidet.

Die Lamina propria ist sehr zellreich (insbesondere Lymphozyten). Weiterhin kommen auch Lymphfollikel und seromuköse Drüsen (Glandulae laryngeae) vor. Die Kehlkopfmuskulatur wird von quergestreiften Muskelfasern gebildet.

13.2.1 Kehldeckel (Epiglottis)

Der Kehldeckel wird durch fibroelastische Bänder mit den übrigen Anteilen des Kehlkopfs verbunden. Grundlage des Kehldeckels (Epiglottis) ist elastischer Knorpel (Cartilago epiglottica), der beim Fleischfresser von Fettgewebe durchzogen ist. Auf seiner lingualen Seite trägt der Kehldeckel mehrschichtiges unverhorntes Plattenepithel, in dem sich bei Fleischfresser, Schwein und Wiederkäuern gelegentlich Geschmacksknospen nachweisen lassen. Auf der aboralen, der Trachea zugewandten Seite weist er ein Flimmerepithel auf, das sich dann in die Trachea und den Bronchialbaum der Lunge fortsetzt. Der Papillarkörper ist an der laryngealen Seite des Kehldeckels schwächer ausgeprägt als an der mundhöhlenseitigen.

An der Stimmfalte (Plica vocalis) ist das Plattenepithel unverschieblich an seiner Unterlage befestigt, Drüsen sind nicht vorhanden. In der Stimmfalte liegen das Stimmband (Ligamentum vocale: vorwiegend parallel angeordnete elastische Fasern) und der Musculus vocalis, dem die Aufrechterhaltung der Stimmfaltenspannung obliegt. Das elastische Gewebe der Stimmbänder setzt sich nach kaudal in die Membrana fibroelastica laryngis (Conus elasticus) fort, welche in das elastische Gerüst der Luftröhre übergeht. Mit Ausnahme der Plica vocalis ist die Kehlkopfschleimhaut sehr locker gebaut. Daher kann sie durch Flüssigkeitseinlagerung stark anschwellen (Glottisödem) und den Luftweg verschließen. Der Kehlkopf ist reich an Blut- und Lymphgefäßen sowie an Nerven. Zahlreiche Drüsen (Glandulae laryngeales) befeuchten Kehlkopfschleimhaut und Stimmfalten.

13.3 Luftröhre (Trachea)

Die Trachea ist ein elastisches Rohr, das die Verbindung zwischen Kehlkopf und dem Bronchialsystem der Lunge herstellt. Es wird durch tierartlich unterschiedlich geformte Spangen aus hyalinem Knorpel (Cartilagines tracheales) dauernd offen gehalten. Die Spangen werden durch straffes kollagen-elastisches Bindegewebe (Ligamenta anularia) in Scherengitteranordnung so verbunden, dass Längsstreckungen des Trachealrohres möglich sind. Nach dorsal, zur Speiseröhre hin, ist die Trachea knorpelfrei. Dort werden die freien Knorpelenden durch eine derb-elastische Bindegewebsschicht (Paries membranaceus) verbunden, der innen Züge glatter Muskelzellen (M. trachealis) aufliegen. Bei Beim Fleischfresser liegt der M. trachealis außerhalb der dorsalen Enden der Trachealknorpel.

Die Wand der Trachea lässt eine deutliche Gliederung der Schleimhaut in konzentrische Schichten erkennen, nämlich aus der Schleimhaut (Tunica mucosa respiratoria), deren Lamina propria nahtlos in die Tela submucosa übergeht, der Faser-Muskel-Knorpelschicht (Tunica fibromusculocartilaginea) und der Tunica adventitia. Die Schleimhaut (Tunica mucosa) ist fest mit der Unterlage verbunden, unverschieblich und, mit Ausnahme der weicheren Hinterwand, nahezu faltenlos. Das Trachealepithel ist ein mehrreihiges hochprismatisches Flimmerepithel (Epithelium pseudostratificatum columnare ciliatum), dessen Basallamina sich färberisch gut darstellt. Folgende Zelltypen lassen sich dabei unterscheiden: Zilienzellen (Epitheliocyti ciliati), Becherzellen (Exocrinocyti caliciformis), Basalzellen (Epitheliocyti basales) und Bürstensaumzellen (Epitheliocyti microvillosi, Mikrovilli tragende hochprismatische Epithelzellen). Mit speziellen Färbemethoden, wie der Immunhistochemie, lassen sich weitere Zelltypen, wie die der Verflüssigung des Schleims dienenden Clara-Zellen und verschiede neuroendokrine Zellen, wie die APUD-Zellen (amine and precursor uptake and decarboxylation-cells) und K-Zellen (Kultschizky-Zellen) unterscheiden, die im basalen Teil des Epithels liegen.

In der unter dem Epithel liegenden Lamina propria mucosae und in der nahtlos anschließenden Tela submucosa liegen tubuloazinöse Drüsen (Glandulae tracheales) mit serösen und mukösen Endstücken. Das Sekret dieser Drüsen liefert den Trachealschleim, wobei die Ausführungsgänge der Drüsen ein muköses, an sauren Glykoproteinen reiches Sekret liefern, während die azinären Endstücke neutrale Glykoproteine bilden. Dieser Schleim und die daran haftenden Fremdpartikel werden dann an der Oberfläche des Trachealepithels durch die Kinozilien der Flimmerzellen in Richtung Rachen transportiert und dort abgeschluckt.

13.4 Lunge (Pulmo)

Die Lunge wird außen von der Pleura visceralis bedeckt. Sie besteht aus dem luftleitenden System, dem gasaustauschendem Parenchym und dem interstitiellen Bindegewebe. Die Luftröhre verzweigt sich am Lungenhilus an der Bifurkation der Luftröhre (Bifurcatio tracheae) in die beiden extrapulmonalen Hauptbronchien (Bronchus principalis dexter und sinister), welche in ihrem Bau mit der Trachea übereinstimmen. Lediglich ihr Durchmesser ist kleiner. Innerhalb der Lunge verzweigen sich die Bronchien meist durch Gabelung (dichotome Aufteilung), wobei aus jedem Bronchus zwei kleinere hervorgehen, die sich ihrerseits wieder gabeln etc. Die Zahl der Aufgabelungen ist bei den einzelnen Tierarten und auch in den einzelnen Lungenlappen unterschiedlich. Die Struktur der Bronchien wird dabei einfacher. Es kommt zu eine Verringerung der Epithelhöhe, einer Abnahme der Zelltypen sowie eine Reduzierung der Lamina propriae mucosae und der darin eingebetten Bronchialdrüsen.

13.4.1 Struktur des Lungengewebes

Die Lunge zeigt einen wabigen Bau. Das histologische Bild ist gekennzeichnet durch die dünnwandigen Lungenbläschen (Alveoli pulmones), die sich in alle Richtungen des Raumes erstrecken (▶ Abb. 13-1). Die morphologische Grundeinheit ist das Lungenläppchen (Lobulus pulmonis), ein durch kollagen-elastisches Bindegewebe abgetrennter, formvariabler Bereich von Lungengewebe (Größe ca. 0,5–3 cm). Die Abtrennung der Läppchen ist an der Peripherie der Lunge deutlicher als im Zentrum des Organs.

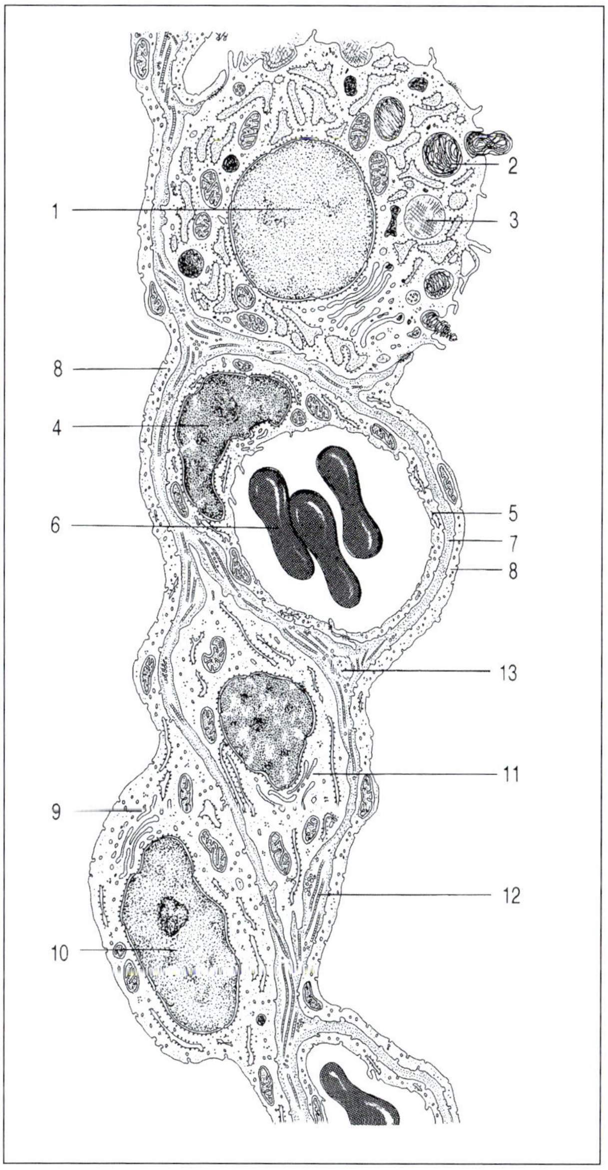

Abb. 13-1 Lungengewebe (Alveolarseptum und Interstitium). 1 Pneumozyt Typ II, Zellkern; 2 Granulum mit lamellärem Inhalt; 3 Granulum, dessen Inhalt an Fingerabdrücke erinnert; (der Inhalt beider Granulatypen bildet den Surfactant); 4 Endothelzelle einer Lungenkapillare; 5 Zytoplasma dieser Zelle; 6 Erythrozyten im Lumen der Kapillare; 7 gemeinsame Basallamina von Kapillarendothel und Alveolarepithel; 8 Pneumozyt Typ I (Alveolarepithelzelle); 5, 7 und 8 bilden die Blut-Luft-Schranke; 9 Pneumozyt Typ I, kerntragender Bereich; 10 Zellkern dieser Zelle; 11 Bindegewebszelle (Fibrozyt); 12 Kollagenfibrille im Interstitium; 13 Elastische Fasern im Interstitium

13.4.2 Bronchien

- Bronchus principalis (Hauptbronchus)
- Bronchus lobaris (für einen Lungenlappen)
- Bronchus segmentalis (für ein Lungensegment, ein jeweils in sich abgeschlossenes kegelförmiges Segment innerhalb eines Lungenlappens)

Die Bronchi segmentales gehen unter weiterer Aufzweigung und kontinuierlicher Abnahme ihres Durchmessers in die kleineren, knorpelfreien Bronchioli (Bronchioli veri) über. Diese teilen sich in die Bronchioli terminales, mit denen das luftleitende System endet und in den gasaustauschen Teil der Lunge übergeht.

Die Schleimhautstruktur der Luftröhre und der Bronchien ist weitgehend gleich.

Die **Tunica mucosa** trägt ein mehrreihiges hochprismatisches Flimmerepithel.

Mit histochemischen und elektronenmikroskopischen Befunden lassen sich im Atemwegsepithel ähnlich wie in der Trachea verschieden Zelltypen unterscheiden:

- Zilienzellen (Flimmerzellen, Epitheliocyti ciliati): Sie tragen einen dicht stehenden Kinozilienbesatz.
- Becherzellen (Exocrinocyti caliciformis).
- Basalzellen (Epitheliocyti basales): Ihre Kerne richten sich nahe der Basallamina in einer Reihe aus. Diese noch geringer differenzierten Zellen sind Vorstufen der meisten anderen Zelltypen in der Atemwegsschleimhaut.
- Bürstensaumzellen (Epitheliocyti microvillosi): Sie tragen auf ihrer dem Lumen zugewandten Seite Mikrovilli (Bürstensaum). Einige dieser Zellen haben Kontakt zu sensiblen Axonen (möglicherweise Rezeptorfunktion).
- Clara-Zellen: Diese zilienlosen Zellen wölben sich mit einer keulenartigen Ausbuchtung in das Lumen vor. Ihr Sekret trägt zur Bildung des Surfactant bei.

- Neuroendokrine Zellen (APUD-Zellen, amine and precursor uptake and decarboxylation-cells) und K-Zellen (Kultschizky-Zellen), die im basalen Teil des Epithels liegen.

Die **Lamina propria mucosae** besteht aus lockerem Bindegewebe mit einem großen Anteil an elastischen Fasern, die sich in der Tiefe zu einer elastischen Membran verdichten. Diese liegt dem vorwiegend kollagenen Bindegewebe der **Tunica submucosa** auf. Die Schleimhaut ist in den großen Bronchien noch immer unverschieblich und weitgehend faltenlos. In den mittleren und kleinen Bronchien ist sie dagegen lockerer mit der Unterlage verbunden. Deshalb kann sie sich, vor allem bei entspanntem Gewebe, in Längsfalten legen. Im histologischen Bild ergibt dies den typischen sternförmigen Querschnitt kleiner Bronchien. In den kleineren Bronchien wird das Epithel immer niedriger und die Lamina propria immer schmäler.

Die **Tunica muscularis** besteht aus netzartig zusammenhängenden Muskelfaserbündeln, die eine mehr oder minder ringförmige Schicht bilden und mit elastischen Sehnen in die Bindegewebsschicht zwischen den Knorpeln oder in das Perichondrium einstrahlen. In eine Bindegewebsschicht sind Knorpelplättchen oder Knorpelstückchen von unregelmäßiger Form eingefügt. Sie wird als Tunica conjunctivocartilaginea bezeichnet. In den größeren Bronchien bestehen die Stückchen aus hyalinem Knorpel. In den kleineren Ästen des Bronchialbaumes werden sie dagegen allmählich durch elastische Knorpel ersetzt. Die Fasersysteme sind in dieser Schicht vorwiegend längs orientiert. Durch Austausch von Fasern stehen sie mit dem interlobulären Bindegewebe in Verbindung.

Besonders zwischen den Knorpelstückchen liegen seromuköse Glandulae bronchiales. Ihre Ausführungsgänge ziehen schräg zum Lumen, sind oft ampullär erweitert und von Flimmerepithel ausgekleidet.

Der Bronchialschleim dient zur Befeuchtung der Atemluft. Außerdem bindet er eingedrungene Staubpartikel. Durch den rachenwärts gerichteten Zilienschlag des Flimmerepithels wird er kontinuierlich nach oben befördert.

Zwischen der Muskel- und der Bindegewebsschicht liegen Venengeflechte, die zur Erwärmung der Atemluft und möglicherweise auch zur Regulierung der Lumenweite beitragen.

13.4.3 Bronchuli

Die kleinsten Äste des Bronchialsystems werden als Bronchuli bezeichnet. Ihr Durchmesser beträgt weniger als 1 mm. Sie liegen bereits innerhalb der Lungenläppchen. Die Ringmuskulatur ist kräftig entwickelt. Bei ihrer Kontraktion entstehen Schleimhautfalten, die das Lumen fast ganz verschließen können. In der Wand der Bronchuli fehlen Knorpelstückchen und Drüsen. Das mehrreihige Epithel enthält vorwiegend Flimmerzellen und Clara-Zellen. Es wandelt sich in den Bronchuli allmählich zu kubischem Flimmerepithel. In den terminalen Bronchuli (Bronchuli terminales) ist dann nur noch ein einfaches kubisches Epithel vorhanden.

13.4.4 Gasaustauschendes System

Ein Bronchulus terminalis teilt sich innerhalb eines Lungenläppchens in relativ weitlumige Äste, die Bronchuli respiratorii, an denen schon vereinzelte Alveolen sitzen können. Die Bronchuli respiratorii, die nur beim Fleischfresser ausgeprägt entwickelt sind, münden in die nur noch mit einschichtigem platten Epithel ausgekleideten Ductus alveolares. Diese sind zentrale Zugangsräume zu den an sie anschließenden Alveolen (Alveoli pulmonis). Ihre Wand besteht eigentlich nur aus den dicht aneinander liegenden, ringförmigen Zugängen zu den einzelnen Alveolen. In den sog. Basalringen, die jeden Alveoleneingang umfassen, kommen glatte Muskelzellen vor. Der Durchmesser einer Alveole beträgt 0,25–0,3 mm.

Die Alveolen dienen dem Gasaustausch. Die Lungenalveolen liegen in der Regel unmittelbar aneinander und werden durch schmale Bindegewebsepten (Alveolarsepten, Septa interalveolaria), in denen ein Netzwerk von Kapillaren lokalisiert ist, getrennt. Die Alveolen werden zum größten Teil von extrem flachen Zellen, den Alveolarepithelzellen (Pneumozyten Typ I, Pneumocyti typus I) ausgekleidet. Im Lichtmikroskop kann man von ihnen nur die kerntragenden Bereiche gut sehen. Außer diesen Deckzellen (welche das Gasaustauschepithel bilden), kommen noch größere isoprismatische Alveolarzellen vor (Pneumozyten Typ II, Pneumocyti typus II). Sie liegen meist in Nischen der Alveolarwand. Ihre Oberfläche trägt einige Mikrovilli. Sie enthalten rundlich-ovale, opake Körperchen mit lamellärer Struktur (Corpuscula lamellaria) in ihrem Zytoplasma, die als Phospholipide identifiziert worden sind. Die Pneumozyten Typ II produzieren das Surfactant (Surfactandum), einen oberflächenaktiven Phospholipidfilm, der das Alveolarepithel überzieht und so die Oberflächenspannung herabsetzt. Für die Dehnung der Lunge beim Einatmen ist daher weniger Muskelarbeit erforderlich, als es beim Fehlen des Surfactant zu leisten wäre. Die Pneumozyten Typ II können sich auch aus dem Zellverband lösen und zu Alveolarmakrophagen (Macrophagocyti alveolaris) werden.

13.4.4.1 Blut-Luft-Schranke (Claustrum aerosanguineum)

Über die Blut-Luft-Schranke erfolgt der Austausch der Atemgase. Diese Trennwand zwischen Gas- und Blutraum ist etwa 0,2–0,4 µm dick und besteht aus drei Schichten:

- Alveolarepithel (Epithelium alveolare) mit aufgelagertem Surfactant
- gemeinsame Basallamina
- Kapillarendothel

Der Gasaustausch (O_2 von der Alveole in die Kapillaren, CO_2 von der Kapillare in die Alveole) geschieht durch Diffusion. Nach dem Diffusionsgesetz ist die diffundierende Gasmenge bei bestehendem Druckunterschied umso größer, je größer die Austauschfläche ist.

13.5 Brustfell (Pleura)

Eine seröse Haut, die Pleura pulmonalis, bildet als glatter, faltenloser Überzug die äußere Begrenzung der Lungen. Sie besteht aus einem einschichtigen Plattenepithel (Mesothel), das durch eine subseröse Bindegewebsschicht mit dem Parenchym der Lungen verbunden ist. In der Subserosa liegen derbe Kollagenbündel und elastische Netze. Die Fasern strahlen in die interlobulären Bindegewebssepten des Lungengewebes ein. Bei Wiederkäuern und dem Schwein ist dieses interstitielle Bindegewebe gut entwickelt, während es bei den Fleischfressern und beim Pferd eher schwach ausgeprägt ist.

Am Hilus der Lunge treten Bronchien und Gefäße in die Lunge ein. Dort setzt sich die Pleura pulmonalis kontinuierlich in die Pleura parietalis fort, welche die Innenwand des Brustkorbes (Thorax) bedeckt. Die parietale Pleura ist dicker als die pulmonale. Beide Pleurablätter umschließen die spaltförmige Pleurahöhle (Cavum pleurae), welche einerseits die Atemverschieblichkeit der Lunge gegen die Thoraxinnenwand gestattet, andererseits infolge der in ihr herrschenden Luftdruckverhältnisse das Kollabieren der gegen den elastischen Gewebswiderstand gedehnten Lunge verhindert.

13.6 Lunge der Vögel

Die beiden Lungen (Pulmones) sind klein und ungelappt. Sie liegen beidseits der Wirbelsäule und sind allseitig durch Bindegewebe fest mit dem Cavum pulmonale verbunden. Für ihre Ventilation müssen die Luftsäcke sorgen, die durch die Exspirations- und Inspirationsmuskeln wie Blasebälge komprimiert werden. Die beiden Lungenflügel erhalten ihre Luftzufuhr durch je einen Hauptbronchus (Bronchus I. Ordnung), der kranio-kaudal die Lunge durchquert und in den Bauchluftsack mündet. Vom Hauptbronchus werden Dorso- und Ventrobronchien (Bronchien II. Ordnung) abgegeben, von denen dann die Lungenpfeifen (Parabronchien, Bronchien III. Ordnung) ihren Ursprung nehmen. Die Parabronchien sind die funktionelle Grundeinheit der Vogellunge. Jeder Parabronchus stellt eine kleine Röhre dar, die bei kleinen Vögeln einen Durchmesser von etwa 0,5 mm, bei großen Vögeln bis zu 2 mm hat. Das Lumen der Parabronchien wird von einem einschichtigen Plattenepithel ausgekleidet und von einem Mantel aus Luftkapillaren umgeben. Unter dem Epithel liegt ein feines Netz von glatten Muskelzellen. Sie umgeben auch die Öffnungen der zahlreichen taschenförmigen Hohlräume, die sich vom Lumen der Parabronchien ausbuchten und als Atria bezeichnet werden. Sie werden von einem flachen bis kubischen Epithel ausgekleidet. Die Atria münden jeweils in mehrere trichterförmige Infundibula, die radiär in das Mantelgewebe aus Luftkapillaren vorstoßen. Der Durchmesser der Luftkapillaren, in denen es zum Gasaustausch kommt, ist bei den einzelnen Vogelarten unterschiedlich (Singvögel: 3 µm, große Wasservögel 10 µm). Beim Gasaustausch in den Luftkapillaren müssen beim Vogel folgende Schichten passiert werden: 1. Das Endothel der Blutkapillaren, 2. die verschmolzene Basalmembran von Blut- und Luftkapillaren und 3. die flache Epithelauskleidung der Luftkapillaren. Die Diffusionsschranke ist dabei wesentlich dünner als bei den Säugetieren ausgebildet (Haushuhn: ca. 0,3 µm). Die Größe der Oberfläche, die für den Gasaustausch zur Verfügung steht, ist beim Vogel im Verhältnis sehr viel größer als beim Säugetier.

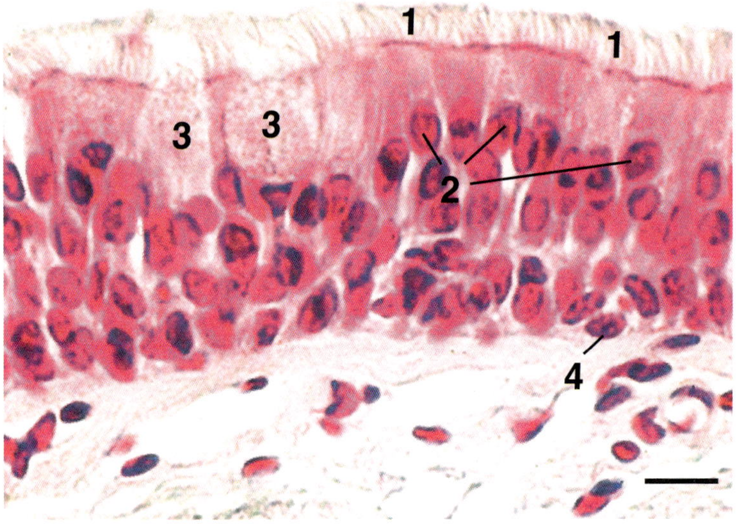

Abb. 13-2 Respiratorisches Epithel, Nasenschleimhaut, Kalb, Hämatoxylin-Eosin, SB 18 µm

Die Regio respiratoria der Nasenhöhle wird von einem mehrreihigen, hochprismatischen Epithel ausgekleidet. Alle Epithelzellen sitzen der Basalmembran auf, nicht alle erreichen die freie Epitheloberfläche. Die Kerne der Zellen stehen dadurch in unterschiedlicher Höhe. Auf den Zellen, die die Oberfläche erreichen, sind Kinozilien erkennbar. Weiter enthält das Epithel endoepitheliale sekretorische Zellen (Becherzellen).

1 Kinozilien; 2 Kerne der Kinozilien-tragenden Zellen; 3 Becherzellen; 4 Basalzelle

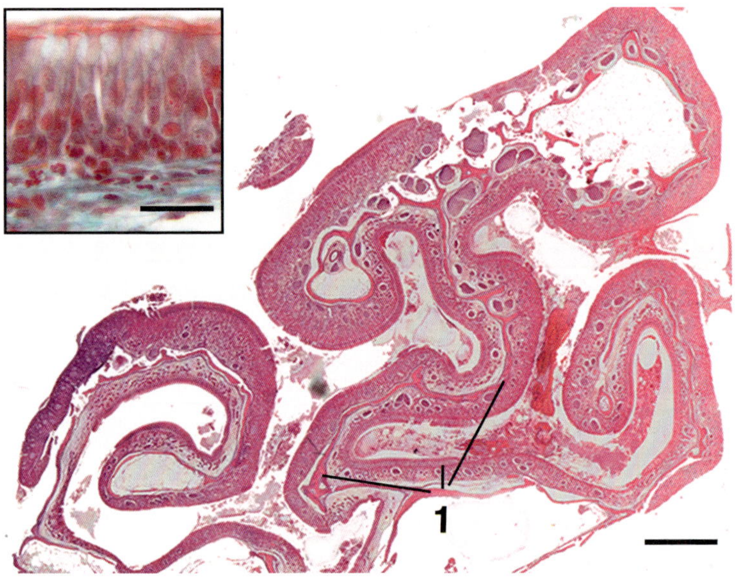

Abb. 13-3 Conchae nasales, Kalb, Hämatoxylin-Eosin, SB 825 µm

Die Regio respiratoria geht ohne scharfe Grenze in die Schleimhaut der Regio olfactoria über, die von Riechschleimhaut ausgekleidet wird. Die Ausdehnung der Riechschleimhaut zeigt starke tierartliche Unterschiede. Das Epithel der Riechschleimhaut besteht aus primären Sinneszellen (Riechzellen), Stützzellen und Basalzellen (siehe Sinnesorgane). Die Lamina propria enthält die tubulären seromukösen Glandulae olfactoriae.

1 Knochenlamellen der Conchae nasales; Inset (Goldner): Respiratorisches Epithel mit Becherzellen, SB 75 µm

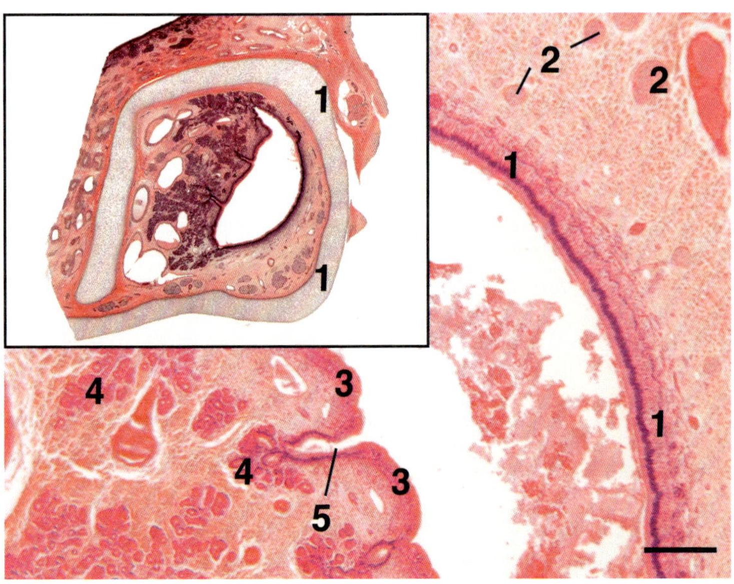

Abb. 13-4 Organum vomeronasale, Kalb, Hämatoxylin-Eosin, SB 165 µm

Das Organum vomeronasale (Jacobson-Organ) liegt neben dem ventralen Rand der Nasenscheidewand am Nasenboden. Es wird von einem kaudal blind endenen Schleimhautrohr, das von einem hyalinen Knorpel gestützt wird, gebildet. Das Organum vomeronasale wird von einem modifizierten Riechepithel (rechts) bzw. respiratorischen Epithel (links) ausgekleidet.

1 Riechepithel; 2 Nervenfasern; 3 Respiratorisches Epithel; 4 Seromuköse Drüsen; 5 Ausführungsgang
Inset: Übersicht über das Organum vomeronasale; 1 Hyaliner Knorpel

Abb. 13-5 Kehldeckel, Hund, Hämatoxylin-Eosin, SB 312 µm

Der Kehldeckel wird durch kollagene Bänder mit den übrigen Teilen des Kehlkopfes verbunden. Beim Hund wird der elastische Knorpel oft sehr stark von Fettgewebe durchsetzt.

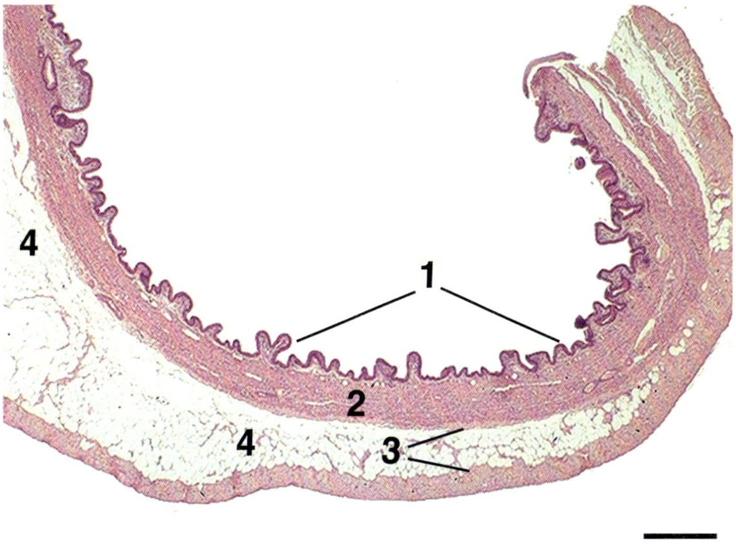

1 Mehrschichtiges Plattenepithel; 2 Lamina propria mucosae; 3 Perichondrium; 4 Elastischer Knorpel, stark mit Fettgewebe durchsetzt

Abb. 13-6 Kehldeckel, Schaf, Hämalaun-Orcein-Färbung (Elastica-Färbung), SB 450 µm

Das stützende Element des Kehldeckels ist sein elastischer Knorpel. Auf seiner oralen Fläche wird er von einem mehrschichtigen Plattenepithel ausgekleidet. Im darunter gelegenen Bindegewebe liegen gut ausgebildete Ansammlungen muköser Drüsen. Auf der laryngealen Seite flacht sich das Epithel deutlich ab.

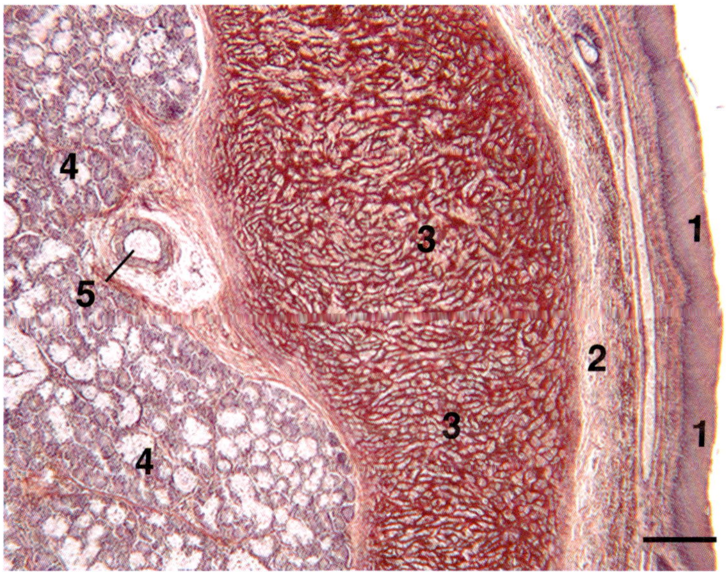

1 Mehrschichtiges Plattenepithel; 2 Bindegewebe; 3 Elastischer Knorpel; 4 Muköse Drüsen; 5 Arteriole

Abb. 13-7 Kehlkopf, Hund, Hämatoxylin-Eosin, SB 825 µm

Die Kehlkopfknorpel bestehen außer der Epiglottis (elastischer Knorpel) aus hyalinem Knorpel. Die epitheliale Auskleidung der Kehlkopfhöhle besteht aus mehrschichtigem Plattenepithel. Bei einigen Tierarten können bis in den Recessus laryngis laterales Inseln von respiratorischer Schleimhaut vorhanden sein. Der eigentliche Schleimhautwechsel findet jedoch erst aboral von den Stimmbändern statt.

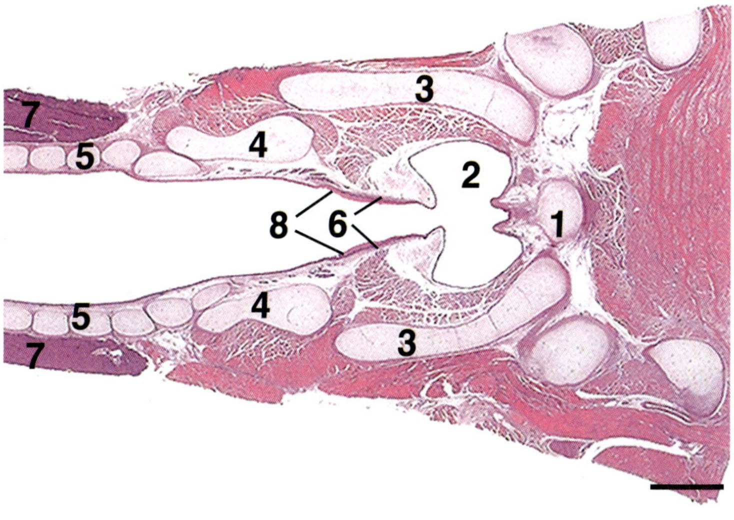

1 Epiglottis; 2 Recessus piriformis; 3 Cartilago thyreoidea; 4 Cartilago cricoidea; 5 Trachealspangen; 6 Stimmband; 7 Schilddrüse; 8 Schleimhautwechsel

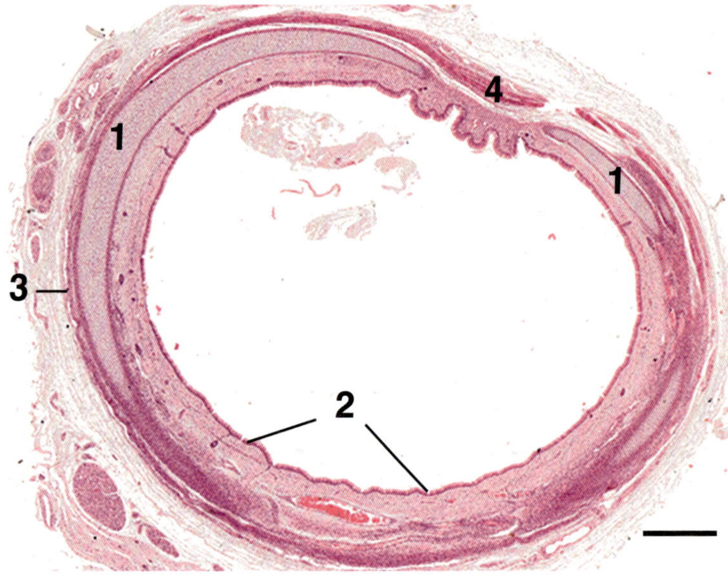

Abb. 13-8 Trachea, Hund, Hämatoxylin-Eosin, SB 450 µm

Die Stabilität der Trachea wird durch hyaline Knorpelringe, die dorsal offen sind, gewährleistet. Der Zwischenraum wird durch Bindegewebe (Paries membranacaeus) und den (beim Hund außen liegenden) M. trachealis geschlossen. In diesem Abschnitt ist die respiratorische Schleimhaut, welche die Trachea auskleidet, in Falten gelegt.

1 Hyaline Knorpelspange; 2 Respiratorische Schleimhaut; 3 Perichondrium; 4 M. trachealis

---

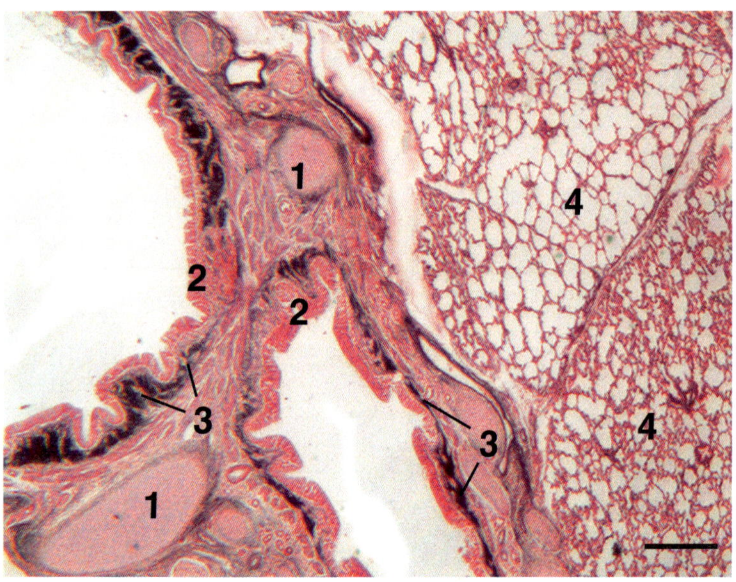

Abb. 13-9 Lunge, Kalb, Resorcin-Fuchsin-Kernechtrot-Färbung, SB 312 µm

Schon in der Übersichtsfärbung erkennt man den wabigen Bau des Lungenparenchyms mit unterschiedlich großen Hohlräumen. Die Bronchien enthalten in ihrer Wand Knorpelspangen bzw. Knorpelscherben aus hyalinem Knorpel. Der hohe Gehalt an elastischen Fasern ist unter dem respiratorischen Epithel der Bronchien gut erkennbar.

1 Knorpel; 2 Respiratorisches Epithel; 3 Elastische Fasern; 4 Alveolen

---

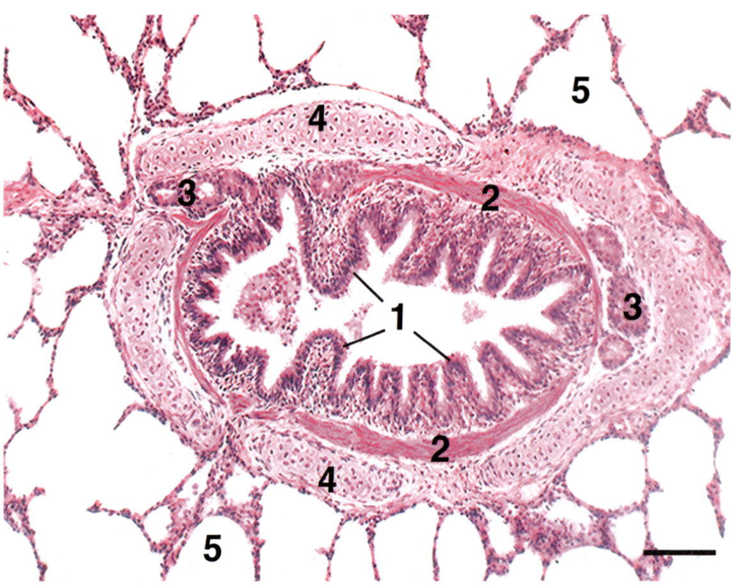

Abb. 13-10 Bronchus, Lunge, Kalb, Hämatoxylin-Eosin, SB 80 µm

Die Bronchien werden von einem respiratorischen Epithel mit Becherzellen ausgekleidet. Durch die subepithelialen elastischen Fasern und die glatten Muskelzellen wird die Schleimhaut in Falten gelegt. Im lockerem Bindegewebe der Lamina propria und in der Tela submucosa treten seromuköse Drüsen (Gld. bronchiales) auf.

1 Respiratorisches Epithel; 2 Glatte Muskelzellen; 3 Seromuköse Drüsen; 4 Hyaline Knorpelspangen; 5 Alveolen

Abb. 13-11 Bronchus und Bronchiolus, Lunge, Hund, Hämatoxylin-Eosin, SB 250 µm

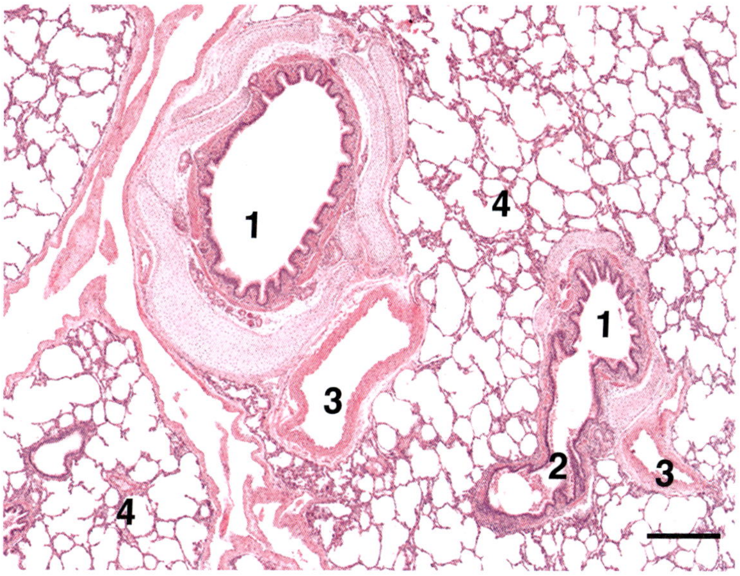

Hier ist der Übergang von einem Bronchus in einen Bronchiolus zu sehen. Der Bronchiolus ist dadurch gekennzeichnet, dass in seiner Wand keine Knorpelanteile mehr vorhanden sind. Das auskleidende Epithel ist ein langsam niedriger werdendes respiratorisches Epithel. Drüsen fehlen, aber die glatte Ringmuskulatur ist noch gut ausgebildet. In den anschließenden Ductus alveolares ist nur noch ein einschichtiges, plattes Epithel mit vereinzelt unterlagerten glatten Muskelzellen vorhanden. An ihnen sitzen die Alveolen.

1 Bronchus; 2 Bronchiolus; 3 A. bronchialis; 4 Alveolen

Abb. 13-12 Alveolen, Lunge, Schwein, Hämatoxylin-Eosin, SB 312 µm

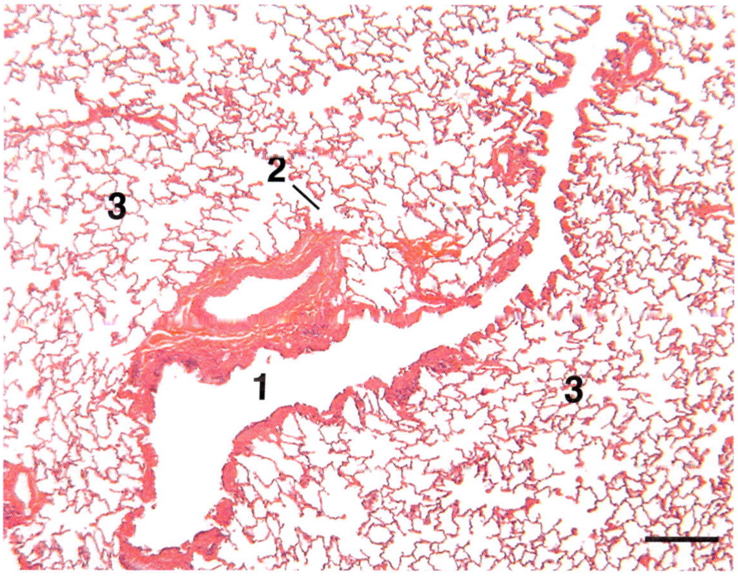

Die an die Bronchioli respiratorii anschließenden Ductus alveolares besitzen ein einschichtiges Epithel. Aus den Ductus alveolares stülpen sich die Alveolen aus, die von sehr flach ausgezogenen Deckzellen, den Pneumozyten Typ I, ausgekleidet werden. Die Pneumozyten Typ II oder Nischenzellen bilden das Surfactant, einen Phospholipidfilm, der die Oberflächenspannung der Alveolen herabsetzt und damit ihr Kollabieren verhindert.

1 Bronchiolus respiratorius; 2 Ductus alveolaris; 3 Alveolen

Abb. 13-13 Lunge, Wachtel, Hämatoxylin-Eosin, SB 312 µm

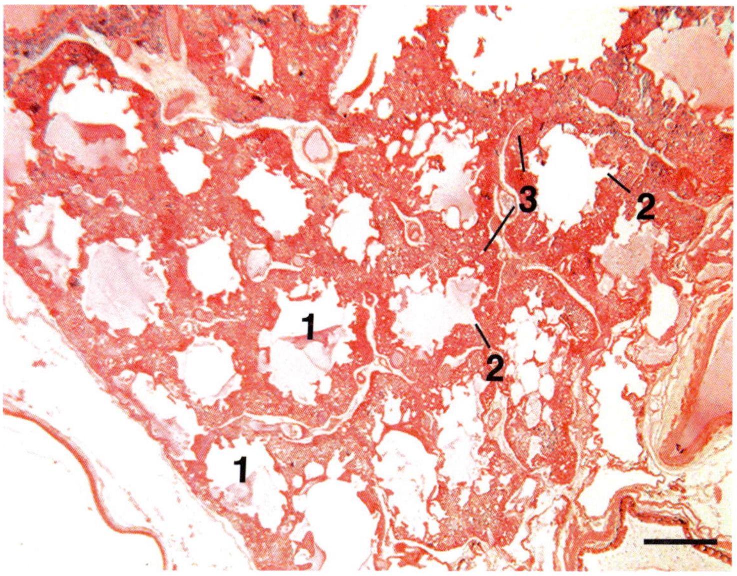

Die Parabronchien bilden die funktionelle Grundeinheit der Vogellunge. Ihr Lumen, das einen Durchmesser von 100–150 µm aufweist, wird von einem stellenweise unterbrochenen Plattenepithel ausgekleidet. In der darunter gelegenen dünnen Bindegewebsschicht liegen glatte Muskelzellen und elastische Fasernetze. Durch Ausbuchtungen (Atrien) ist der Randsaum vielfach unterbrochen. Die Atrien führen über die Infundibula in röhrchenartige Hohlräume, die Luftkapillaren, in denen der Gasaustausch erfolgt.

1 Lumen der Parabronchien; 2 Atrium; 3 Luftkapillaren

14 Harnsystem (Systema urinarium)

Zu den Harnorganen zählen die beiden harnbereitenden Nieren und die harnableitenden Wege, die aus den paarigen Harnleitern, der Harnblase und der Harnröhre bestehen. Zu ihren wesentlichen Aufgaben gehören die Ausscheidung von harnpflichtigen Stoffen und die Regulierung des Elektrolyt- und Wasserhaushalts. Mit dem juxtaglomerulären Komplex (Complexus iuxtaglomerularis), der im Bereich des Gefäßpols der Nierenkörperchen (Corpuscula renales) gelegen ist, reguliert die Niere den Blutdruck und die Konzentration der Natriumionen im Tubulusharn. Durch die Produktion von Erythropoetin stimuliert die Niere weiter die Bildung der roten Blutkörperchen (Erythropoese).

14.1 Niere (Ren)

Die Nieren sind bei den meisten Haussäugetieren paarige und bohnenförmig Organe (Ausnahme: rechte Niere des Pferdes), die retroperitoneal (hinter dem Peritoneum) gelegen sind und von einer Fettkapsel (Capsula adiposa) in ihrer Position gehalten werden. Die Niere wird außen von einer derben Bindegewebskapsel (Capsula fibrosa) überzogen. Da diese Kapsel sensibel innerviert ist, kommt es bei Druckerhöhung im Nierenparenchym zu einem Spannungsschmerz. Unter der Nierenkapsel liegt eine Schicht von lockerem Bindegewebe. Sie kann vom gesunden Organ leicht und ohne Verletzungen des Nierenparenchyms abgezogen werden.

Oberfläche: Die Oberfläche der Nieren ist bei Fleischfresser, Schwein, kleinen Wiederkäuern und Pferd glatt. Die fetale Niere ist im Unterschied dazu, wie auch die Niere beim Rind, gefurcht. Bei den anderen genannten Spezies verschmelzen die Nierenlappen sowohl in ihrem äußeren Bereich als auch im Sinus renalis. Dadurch entsteht bei der Katze, Hund, Ziege, Schaf und Pferd eine glatte einwarzige Niere. Das bedeutet, dass ihre Niere eine glatte Oberfläche aufweist und auch die Spitzen der Markpyramiden verschmolzen sind. Das Schwein hat ein glatte mehrwarzige Niere und das Rind, wie schon erwähnt, eine gefurchte mehrwarzige Niere.

Sinus renalis: Rinde und Mark umfassen zusammen eine sich am Nierenhilum nach außen öffnende Ausbuchtung, den Sinus renalis. Dieser enthält das Nierenbecken, Gefäße, Nerven und Fettgewebe. Bei einem Schnitt durch die Niere lässt sich schon mit bloßem Auge eine Gliederung in Rinde und Mark erkennen, die sich in Struktur und Färbung unterscheiden. Die Nierenrinde beinhaltet die Nierenkörperchen (Corpuscula renales) und die gewundenen Anteile der Nierentubuli. Im Nierenmark liegen die gestreckt verlaufenden Nierentubuli und die Sammelrohre.

Nierenrinde (Cortex renis): Die Nierenrinde ist eine unmittelbar unter der Nierenkapsel gelegene, leicht gekörnt erscheinende Schicht. Sie umschließt kappenartig das Mark und weist eine undeutliche Gliederung in Rindenläppchen (Lobuli corticales) auf. Ihre Abgrenzung wird durch die Aa. und Vv. interlobulares markiert. Rindengewebe setzt sich aus den Harn bereitenden Nierenkörperchen und den gewundenen Anteilen der Nierenkanälchen zusammen und erstreckt sich als sog. Columnae renales hilumwärts in das Mark aus.

Nierenmark (Medulla renis): Das Nierenmark besteht aus einer speziespezifischen Anzahl, etwa zehn bis 20, großen, hellen Markpyramiden (Pyramides renales), die eine zur Spitze hin konvergierende, feine Streifung erkennen lassen. Sie ist auf die dort verlaufenden geraden Anteile der Tubuli und Sammelrohre zurückzuführen, die im Wesentlichen das Mark bilden. Die Basis der Pyramiden verläuft nahezu parallel zur Nierenoberfläche. Die Spitzen der Pyramiden werden auch als Nierenpapillen (Papillae renales) bezeichnet und werden von den Nierenkelchen (Calices renales) umfasst. Im Bereich der Papillen durchbrechen die Ductus papillares (Endabschnitte des Sammelrohrsystems) die Oberfläche der Pyramiden siebartig und geben den Harn über die Nierenkelche in das Nierenbecken ab. Innerhalb der Pyramiden lässt sich eine dichter erscheinende Außen- (Zona externa) und eine lockerer strukturierte Innenzone (Zona interna) unterscheiden.

Mark und Rinde werden nicht durch eine gerade Begrenzung voneinander getrennt. Von der Basis der Pyramiden ziehen schmale Streifen von Marksubstanz (Markstrahlen) in die darüber gelegene Rindenschicht. Das dazwischen gelegene Rindengewebe wird als Rindenlabyrinth (Pars convoluta) bezeichnet. Andererseits dringt auch die Rinde zentralwärts gegen das Nierenbecken vor. Diese Rindenbezirke, die zwischen den Markpyramiden gelegen sind, werden, wie schon erwähnt, als Columnae renales bezeichnet. Die Bezeichnung „Columnae renales" leitet sich vom Schnittbild ab. Sie ist nicht ganz zutreffend, da bei dreidimensionaler

Rekonstruktion erkennbar ist, dass diese Rindenanteile die Markpyramiden mantelartig umhüllen.

14.1.1 Nephron

Die kleinste Funktionseinheit der Niere ist das Nephron. Ein Nephron besteht aus dem Nierenkörperchen (Corpusculum renale) und dem daran angeschlossenen Tubulusapparat (Tubulus renalis).

Jedes der Nierenkörperchen (▶ Abb. 14-1) besteht aus einem Kapillarknäuel (Glomerulum) und der umgebenden Bowman-Kapsel (Capsula glomeruli). Gleich nach Eintritt der Arteria glomerularis afferens am Gefäßpol des Nierenkörperchen spaltet sie sich in mehrere Kapilläräste auf. Ihr Blut sammelt sich in der zentral im Glomerulum beginnenden Arteriola efferens, welche dann am Gefäßpol wieder das Nierenkörperchen verlässt. Die Bowman-Kapsel baut sich aus einem äußeren und einem inneren Blatt auf. Die Zellen des inneren Blattes heißen Podozyten (Podocyti) und liegen mit fußförmigen Fortsätzen („Fußleisten") der Basalmembran der Kapillaren unmittelbar an. Zwischen den nebeneinander liegenden Fußleisten bleiben nur schlitzförmige Öffnungen (Filtrationsschlitze), die von der 5 nm dicken Schlitzmembran überspannt werden. Diese weist Poren auf, deren Weite den Durchtritt von Albuminmolekülen (Molekulargewicht 69.000 Dalton) gerade noch verhindert. Zwischen dem inneren und äußeren Blatt der Bowman-Kapsel liegt ein spaltförmiger Raum, in den der Primärharn filtriert wird.

Der weitgehend eiweißfreie Primärharn wird in den Glomerula durch den Filtrationsdruck als Ultrafiltrat des Blutplasmas gebildet und in den Spaltraum zwischen dem inneren und dem äußeren Blatt der Bowman-Kapsel abgepresst. Substanzen mit einem Molekulargewicht unter 5000 Dalton können die Kapillarwand praktisch ungehindert passieren. Ihre Konzentration im Blutplasma und im Ultrafiltrat ist daher nahezu identisch. Der Primärharn ist mit dem Blutplasma isoosmotisch bzw. isoton und entspricht in seiner Zusammensetzung dem Blutplasma, abgesehen davon, dass die hochmolekularen Eiweißkörper die Wand nicht passieren können Seine Menge übertrifft die Menge des schließlich nach außen abgegebenen Urins mehr als hundertmal. Der größte Teil (rund 99 %) des Primärharns wird durch das Tubulussystem der Nephrone wieder rückresorbiert.

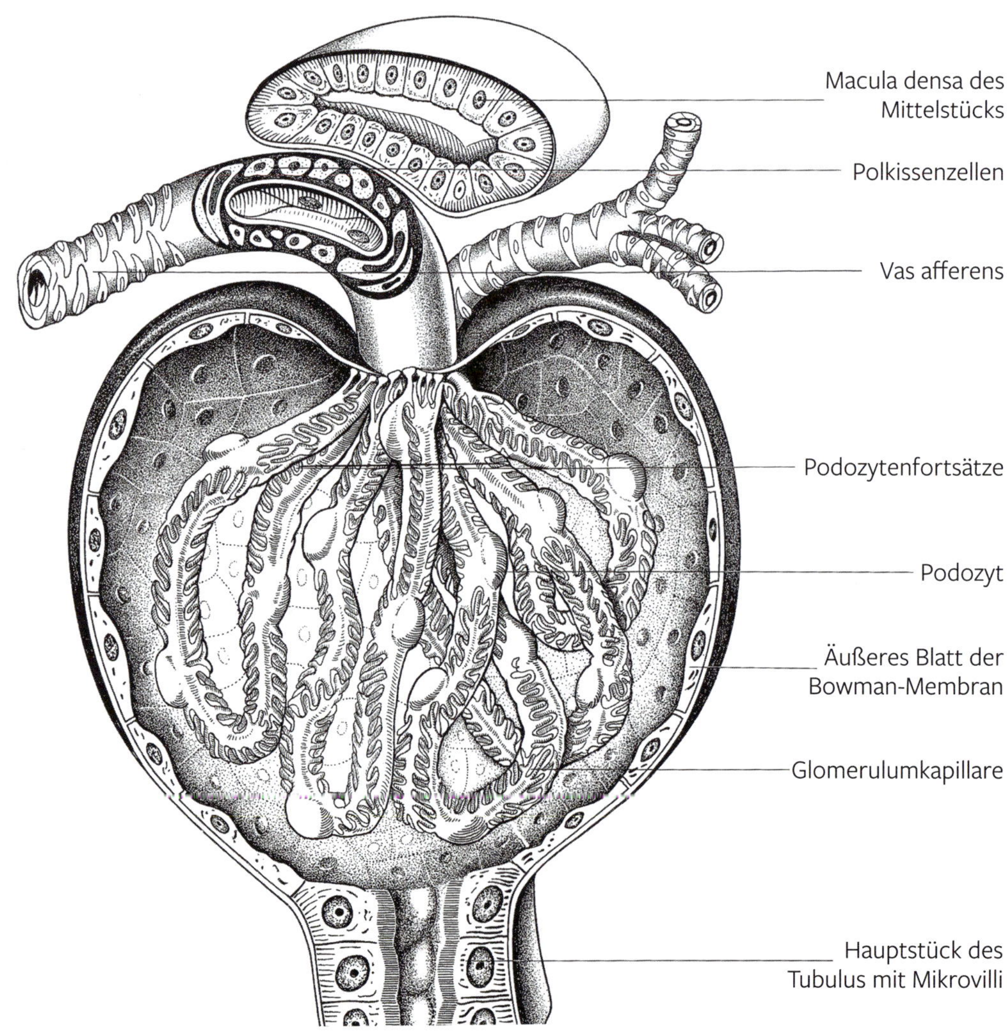

Abb. 14-1 Strukturschema eines Nierenkörperchens.

Bei der Filtration in den Glomerula müssen die abgefilterten Stoffe folgende Schichten passieren:

- Das mit Poren versehene Endothel der Glomerulumkapillaren.
- Die Basallamina, die aus Glykoproteinen, Glykosaminoglykanen und einem Filzwerk von Filamenten (vor allem Kollagen Typ IV) besteht.
- Die Schlitzporen, die von den Fortsätzen aneinander grenzender Podozyten gebildet werden.

Zwischen den Kapillarschlingen der Glomerula liegen sternförmige intraglomeruläre Mesangiumzellen (Mesangiocyti), die eine Art von Aufhängevorrichtung für die Kapillaren (Mesangium) bilden. Zwischen ihnen liegt die Measangiummatrix, eine basalmembranartige Grundsubstanz.

14.1.2 Tubulusapparat

Der Tubulusapparat eines Nephrons (▶ Abb. 14-2) weist eine Länge von mehreren Zentimetern auf und umfasst verschiedene Abschnitte, nämlich den Tubulus proximalis (Hauptstück), bestehend aus Tubulus contortus proximalis und Tubulus rectus proximalis, den Tubulus intermedius (Tubulus attenuatus, Überleitungsstück) und den Tubulus distalis (Mittelstück), bestehend aus Tubulus rectus distalis und Tubulus contortus distalis, die sich sowohl in ihrer Form als auch in ihrer Funktion unterscheiden. In allen Tubulusabschnitten besteht die Wand aus einem einschichtigen Epithel und einer Basalmembran, der außen ein vorwiegend retikuläres Fasergitter anliegt. Dieses steht mit dem spärlich ausgebildeten Bindegewebe in Verbindung.

Der **proximale Tubulus** beginnt am Harnpol des Glomerulum. Sein Anfangsteil verläuft stark gewunden und liegt meist in unmittelbarer Nähe des jeweiligen Nierenkörperchens. Dieser Abschnitt wird als Tubulus contortus proximalis (= Pars contorta) bezeichnet. Er erscheint lichtmikroskopisch im Prinzip gleich gebaut wie der anschließende, gestreckte Teil, der Tubulus rectus proximalis (= Pars recta), der ins Mark zieht.

Der sich im histologischen Routinepräparat eosinophil darstellende proximale Tubulus hat einen Durchmesser von ca. 50–60 µm. Sein Lumen erscheint unregelmäßig begrenzt. Die Zellgrenzen zwischen benachbarten Epithelzellen sind nur undeutlich erkennbar. An ihrer Oberfläche tragen die

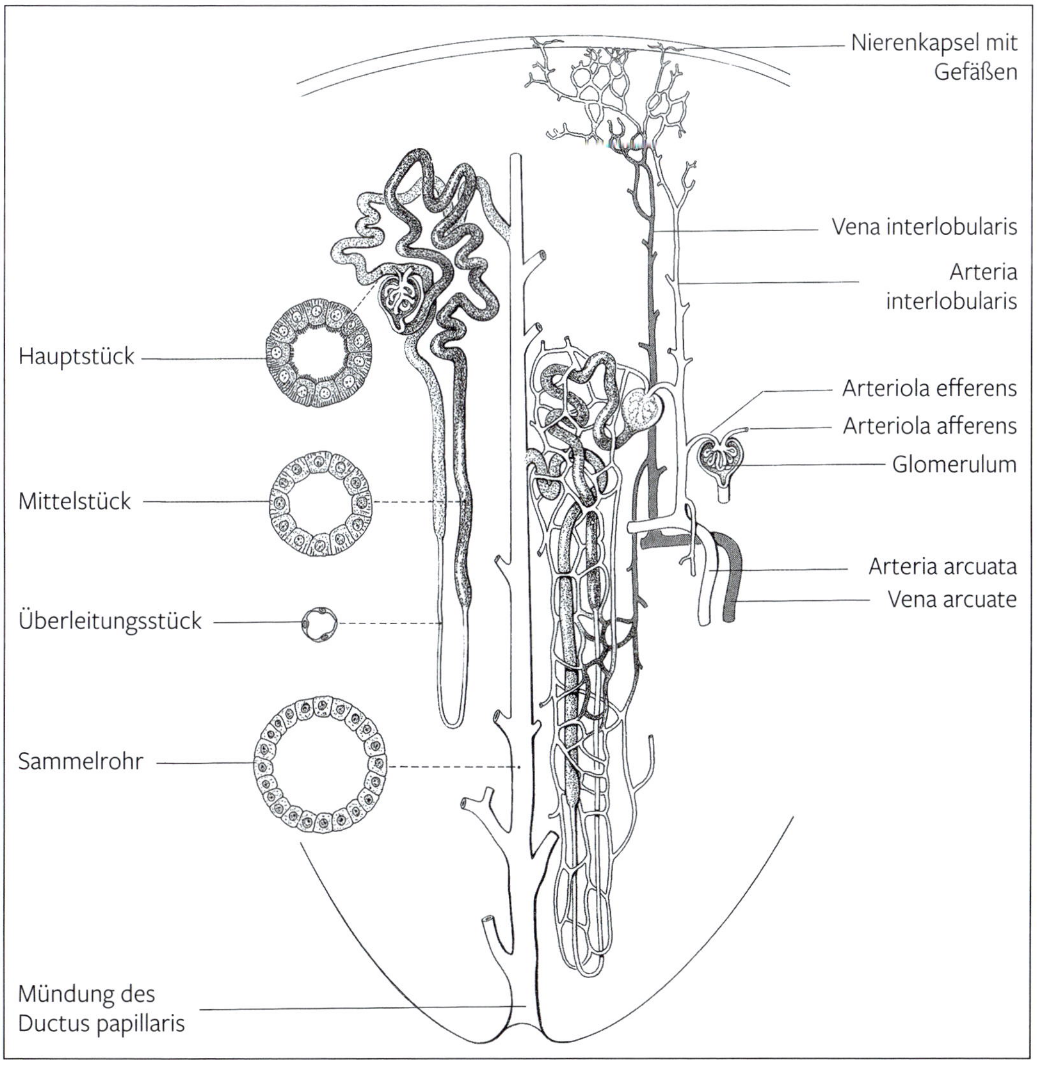

Abb. 14-2 Tubulusapparat der Niere und seine Gefäßversorgung.

Zellen des proximalen Tubulus einen dichten Besatz von Mikrovilli, die für die Rückresorption nicht harnpflichtiger Substanzen (z.B. Glukose, Chloride) und Wasser dienen. Basal ist an ihrem Epithel schon lichtmikroskopisch eine grobe Streifung zu erkennen. Wie sich elektronenmikroskopisch zeigen lässt, resultiert sie aus tiefen Einfaltungen der basalen Zellmembran und dazwischen gelagerten Mitochondrien. Dadurch wird die Oberfläche der basalen Zellmembran erheblich vergrößert und die Abgabe resorbierter Stoffe in das darunter gelegene Kapillarnetz erleichtert.

Während der Passage durch die Pars contorta des proximalen Tubulus wird eine große Menge Flüssigkeit rückresorbiert, sodass die Harnmenge nur mehr ein Fünftel des ursprünglichen Ultrafiltrats beträgt. Im proximalen Tubulus werden weiter 50–60 % der filtrierten Na^+-Ionen, die von Chlor- und Bikarbonationen begleitet werden, rückresorbiert. Normale Mengen von Aminosäuren und Glukose werden von den Epithelzellen aktiv und vollständig rückresorbiert. Dabei spielen die Mikrovilli mit ihrer reichen Enzymausstattung eine wichtige Rolle. Wenn die Kapazität zur Rückresorption für einen bestimmten Stoff überschritten wird (Überschreiten der Tubulusschwelle), dann tritt dieser Stoff im Endharn auf (z.B. Glukose bei Diabetes mellitus).

Neben der Rückresorption besitzt das Epithel des proximalen Tubulus die Fähigkeit zur Sekretion (z.B. die Abgabe von Kreatinin) und zur Speicherung bestimmter Stoffe (z.B. Lipide, Arzneimittel).

Der **intermediäre Tubulus (Tubulus intermedius, Tubulus attenuatus, Überleitungsstück)**, der dünne Teil der Henle-Schleife, schließt sich kontinuierlich an den gerade verlaufenden Teil des proximalen Tubulus an. Zunächst verläuft er markwärts, um dann haarnadelförmig umzubiegen und wieder zurück in Richtung Rinde zu ziehen. Der äußere Durchmesser des Überleitungsstückes liegt bei 12–15 µm.

Das Epithel des intermediären Tubulus ist stark abgeflacht, sodass sich seine kernhaltigen Bezirke in die Lichtung vorwölben. Der Bürstensaum fehlt, jedoch kommen kleine Mikrovilli vor. Im intermediären Tubulus erfolgt eine starke Wasserresorption und damit eine Konzentrierung des Harns. Anschnitte des intermediären Tubulus können mit Blutkapillaren verwechselt werden. Im Unterschied zu diesen fehlen aber im Lumen die Blutzellen, die Kerne wölben sich stärker vor und das Zytoplasma ist relativ dicker als bei Endothelzellen.

Der **distale Tubulus (Tubulus distalis, Mittelstück)** besteht aus einem gestreckt verlaufenden Anteil (Tubulus rectus distalis) und einem gewundenen Abschnitt (Tubulus contortus distalis). Der gerade Abschnitt verläuft aus dem Mark kommend zu dem zugehörigen Glomerulum. Dort geht er im Bereich des Gefäßpols in den etwas dickeren Tubulus contortus distalis über. Das isoprismatische Epithel des Mittelstücks setzt sich aus hellen Zellen zusammen und zeigt keinen Bürstensaum, sodass sich sein Lumen scharf abgegrenzt darstellt. Charakteristisch ist auch hier, ähnlich wie beim Streifenstück, eine basale Streifung, die allerdings in den einzelnen Abschnitten des Mittelstücks verschieden stark ausgebildet ist. Sie ist gleichfalls auf eine starke basolaterale Verzahnung der Epithelzellen zurückzuführen. An der Stelle, wo sich der distale Tubulus (noch im Bereich der Pars recta) an das Nierenkörperchen anlagert, ist die Macula densa ausgebildet. Im distalen Tubulus erfolgt vor allem eine weitere Rückresorption von Na^+-Ionen, teils im Austausch gegen K^+- und H^+-Ionen. Bestimmte Funktionen des Tubulus contortus distalis werden zusammen mit jenen der Sammelrohre hormonell kontrolliert. Wie bei den Sammelrohren näher ausgeführt wird, fördert das antidiuretische Hormon (ADH), ein Hypothalamushormon, die Rückresorption von Wasser. Aldosteron, ein Hormon der Nebennierenrinde, nimmt Einfluss auf den Na^+- und K^+-Ionentransport. Bei Salzmangel kommt es zu einer Natriumretention, die sekundär osmotisch gebundenes Wasser zurückhält. Gleichzeit werden K^+-Ionen sezerniert. Kalzitonin und Parathormon wirken auf die Ca^{++}-Ausscheidung, wobei sie durch Kalzitonin gesteigert und durch Parathormon vermindert wird.

14.1.3 Sammelrohrsystem (Tubulus renalis colligens)

Histologisch lassen sich am Sammelrohrsystem die Ductus colligentes corticales, die Ductus colligentes medullaris und die Ductus papillares (Nierengänge) unterscheiden. Die Zusammensetzung des Harns wird auch in den Sammelrohren durch Rückresorption von Wasser und Elektrolyten verändert („Feinregulation der Harnzusammensetzung"). Die Sammelrohre spielen damit bei der Harnkonzentrierung eine Rolle. Sie sind ein Ort der fakultativen Wasserresorption. Hier wird letztendlich die Harnmenge bestimmt, die zur Ausscheidung kommt. Während am Ende des distalen Tubulus noch ca. 7 % des glomerulären Ultrafiltrates vorhanden sind, nimmt seine Menge bis zu den Ductus papillares auf 0,5 % ab.

Das Lumen der Sammelrohre nimmt in ihrem Verlauf vom Ende der Verbindungstubuli zu den Ductus papillares von 50 µm auf 200–300 µm zu. In den initialen Sammelrohren sind die Epithelzellen noch kubisch, in den Ductus papillares jedoch immer hochprismatisch. Das Epithel der Sammelrohre besteht aus hellen Hauptzellen und dunkler gefärbten Schaltzellen im Verhältnis von etwa 2:1. Die Zellgrenzen der Hauptzellen sind gut erkennbar. Schaltzellen, die immer einzeln liegen, sind elektronenmikroskopisch durch ihren hohen Mitochondriengehalt charakterisiert.

Die fakultative Wasserresorption in den Sammelrohren steht unter der Kontrolle von Adiuretin (ADH) aus dem Hypothalamus. Durch ADH wird die Durchlässigkeit der Sammelrohre für Wasser erhöht. Durch die hohe Osmolarität im umgebenden Interstitium des Nierenmarks wird vermehrt Wasser dorthin abtransportiert. Dies führt dazu, dass der Endharn im Vergleich zum Blutplasma hyperton ist.

14.1.4 Juxtaglomerulärer Apparat (Complexus iuxtaglomerularis)

Der juxtaglomeruläre Apparat ist am Gefäßpol der Glomerula gelegen und umfasst verschiedene Strukturen, die im Dienste der renalen und extrarenalen Regulationsvorgängen stehen. Sie sind von Bedeutung als Sensoren der Na^+-Ionenkonzentration des Harns und bei der Regulation des Blutdrucks. Zum juxtaglomerulären Apparat gehören:

- epitheloide juxtaglomeruläre Zellen (Polkissenzellen, Iuxtaglomerulocyti)
- Macula densa
- extraglomeruläre Mesangiumzellen (Goormaghtigh-Zellen; Lacis-Zellen)

14.1.4.1 Epitheloide, juxtaglomeruläre Zellen (Polkissenzellen)

Die Zellen des Polkissens sind epitheloide Zellen, die in der Wand der Arteriola glomerularis afferens kurz vor ihrem Eintritt in das Glomerulum liegen. Sie sind in der Regel auf der einen Seite des Gefäßes stärker entwickelt (Entstehung eines sog. Polkissens). Diese epitheloiden Zellen sind modifizierte glatte Muskelzellen, mit nur wenigen Myofilamenten und dicht gelagerten Reningranula. Dieses wird bei Bedarf in die Blutbahn abgegeben und bewirkt die Umwandlung von Angiotensinogen, einem in der Leber gebildeten Plasmaprotein, in Angiotensin I. Durch das Converting Enzyme, das in hoher Aktivität in der Lunge, aber auch in vielen anderen Geweben vorhanden ist, werden aus dem Angiotensin I zwei Aminosäuren abgespalten, wodurch das Oktapeptid Angiotensin II entsteht. Angiotensin II wirkt stark vasokonstriktorisch. Ferner führt es in der Nebenniere zur Freisetzung von Aldosteron und Katecholaminen und in der Niere zur Verminderung der renalen Durchblutung und damit zur Herabsetzung der glomerulären Filtrationsrate, der Na^+-Ionen- und Wasserausscheidung.

14.1.4.2 Macula densa

Die Macula densa ist jener Teil des distalen Tubulus rectus, der in engen Kontakt zum zugehörigen Nierenkörperchen tritt. An dieser Stelle sind die Zellen des Epithels höher und schmäler als in den angrenzenden Abschnitten und ihre Kerne sind dicht gelagert. Die Zellen der Macula densa gelten als Na^+-Ionen-Sensoren. Sie können ferner die Aktivität der epitheloiden, juxtaglomerulären Zellen in der Arteriola afferens und damit über den Renin-Angiotensin-Mechanismus den Blutdruck beeinflussen. Über die extraglomerulären Mesangiumzellen nehmen sie auch Einfluss auf die Filtrationsrate im zugeordneten Glomerulum.

14.1.4.3 Extraglomeruläre Mesangiumzellen

Zwischen der Macula densa und der Gefäßgabel, die von Arteriola glomerularis afferens und efferens gebildet wird, liegt eine Ansammlung kleiner, spindelförmiger Zellen mit dünnen verästelten Fortsätzen, die extraglomerulären Mesangiumzellen. Sie stehen mit Endothelzellen der Arteriola glomerularis afferens in Verbindung und setzen sich in das intraglomeruläre Mesangium fort. Die Bedeutung der extraglomerulären Mesangiumzellen ist noch nicht vollständig geklärt. Man vermutet aber, dass sie gleichfalls an der Regulation der Nierendurchblutung beteiligt sein könnten.

14.2 Ableitende Harnwege

Die ableitenden Harnwege beginnen bei den mehrwarzigen Nieren von Schwein und Rind mit den Calices renales bzw. bei den einwarzigen Nieren von Fleischfresser, kleinen Wiederkäuern und Pferd mit dem Nierenbecken (Pelvis renalis). Es folgen die paarigen Harnleiter (Ureter), die Harnblase (Vesica urinaria) und die Harnröhre (Urethra).

Die Wand der ableitenden Harnwege weist einen prinzipiell einheitlichen Bau auf und besteht aus einer Tunica mucosa mit Übergangsepithel (Epithelium transitionale) und Lamina propria, Tunica muscularis und einer Tunica adventitia. Das Übergangsepithel bietet Schutz vor dem hypertonischen Harn und ist in der Lage, sich den verschiedenen Dehnungszuständen der Wandung anzupassen. Die großen, stark verformbaren Deckzellen des Übergangsepithels sind gegen das Lumen durch eine besonders dichte und widerstandsfähige Zytoplasmazone (Crusta) begrenzt.

14.2.1 Nierenbecken (Pelvis renalis)

Das Nierenbecken nimmt den Endharn auf. In das gefäßreiche Bindegewebe unter dem Übergangsepithel des Nierenbeckens sind glatte Muskelzellen eingelagert, welche die Weite des Hohlraumsystems regulieren können. Beim Fleischfresser und kleinen Wiederkäuer zweigen vom trichterförmigen Nierenbecken zwei schmale Ausbuchtungen, die Recessus renales ab. Das Pferd weist bei der Ausbildung des Nierenbeckens einige Besonderheiten auf. So sind seine Recessus terminales von einem mehrschichtigen Epithel ausgekleidet und die Lamina propria mucosae enthält tubuloalveoläre Schleimdrüsen, die Glandulae pelvis renalis.

14.2.2 Harnleiter (Ureter)

Die beiden Ureteren leiten den Harn vom Nierenbecken in die Blase. Das sternförmige Lumen des Harnleiters ist von Übergangsepithel ausgekleidet. Darunter liegt ein kapillarreiches, lockeres Bindegewebe (Lamina propria mucosae) mit zahlreichen elastischen Fasern. Sie ist eine gut bewegliche Verschiebeschicht, die eine ausgedehnte Faltenbildung der Schleimhaut zulässt. Beim Pferd enthält die Lamina propria mucosae gut ausgebildete Schleimdrüsen (Glandulae uretericae).

An der Tunica muscularis lassen sich zwei Schichten unterscheiden (Stratum longitudinale internum, Stratum circulare), zwischen denen zahlreiche Fasern ausgetauscht werden. Im letzten Drittel kommen noch äußere, longitudinal verlaufende glatte Muskelzellen (Stratum longitudinale externum) hinzu. Das distale Ende des Ureters ist schräg in die Harnblasenwand eingebaut. In diesem intramuralen Stück überwiegen die Längsmuskelzüge.

14.2.3 Harnblase (Vesica urinaria)

Die Harnblase zeigt einen weitgehend gleichen Aufbau wie der Harnleiter. Auf die Schleimhaut mit dem Übergangsepithel folgt das lockere, feinelastische Bindegewebe der Lamina propria mucosae. Die kräftig ausgebildete glatte Muskulatur der Tunica mucosa besteht aus mehreren überkreuzenden Lagen mit unterschiedlicher Verlaufsrichtung. Wie beim Ureter lässt sich die Tunica muscularis mehr oder weniger deutlich in drei Schichten aufteilen, die innen und außen vorherrschend längs, dazwischen mehr ringförmig verlaufen. Die mittlere, annähernd zirkuläre Schicht verstärkt sich am Blasenausgang und bildet den M. sphincter vesicae. Die Kontraktion der Blasenmuskulatur führt zu einer gleichmäßigen Lumenverkleinerung. Die Füllung der Blase folgt längere Zeit ohne eine nennenswerte Spannung in ihrer Tunica muscularis, weil sich die Harnblasenmuskulatur dem jeweiligen Füllungszustand reflektorisch anpasst. Zum Harndrang kommt es über Rezeptoren in der Harnblasenwand, die den Dehnungszustand der glatten Muskelzellen registrieren.

Als äußere Wandschicht ist eine bindegewebige Adventitia oder in den von Bauchfell überzogenen Wandbereichen eine Tunica serosa ausgebildet. In der Tunica adventitia finden sich neben den Blut- und Lymphgefäßen, sowie Nerven nicht selten größere Gruppen von vegetativen Ganglienzellen.

14.2.4 Harnröhre (Urethra)

Die Harnröhre geht aus dem Blasenhals hervor. Sie enthält in der Mukosa und in der Tela submucosa gelegene Venennetze, die dem Verschluss des Harnröhrenlumens dienen. Bei männlichen Tieren hat die Harnröhre eine enge Verbindung zu den Geschlechtsorganen und nimmt in ihrem proximalen Bereich die Samenleiter und die Ausführungsgänge der akzessorischen Geschlechtsdrüsen auf. Sie wird dadurch zur Harnsamenröhre. Der distale Anteil setzt sich in den Penis fort und weist ein bei den einzelnen Spezies typisch ausgebildetes Schwellgewebe auf (▶ Kap. 15).

Die weibliche Harnröhre verbindet die Harnblase mit dem Orificium urethra externum und weist einen geschichteten Wandaufbau auf, der aus Tunica mucosa, Tela submucosa, Tunica muscularis und Tunica adventitia besteht. Nahe der Harnblase wird die Schleimhaut von einem Übergangsepithel (Epithelium transitionale) überzogen, das im weiteren Verlauf durch ein mehrreihiges Epithel (Epithelium pseudostratificatum) ersetzt wird.

14.3 Niere der Vögel

Die Niere der Vögel ist eine Pfortaderniere. Sie hat neben arteriellen auch venöse Zuflüsse. Im Unterschied zu den Säugern fehlen Nierenbecken und Nierenkelche. Die äußere bindegewebige Kapsel ist dünn. Von ihr ziehen feine Septen in das Nierenparenchym, wodurch dieses eine feine Lobulierung aufweist. Im histologischen Schnitt erscheint ein Nierenläppchen als birnenförmiger Gewebsbezirk, der von den Vv. interlobulares des Nierenpfortadersystems und den perilobulären Sammelrohren umgeben ist. Zentral im Läppchen verläuft die abführende Läppchenvene (V. intralobularis) und um sie herum liegt die den Lobulus versorgende Arterie, die A. intralobularis. Von ihr entspringen die Vasa afferentia, die die Glomerula versorgen. Die kleinste Funktionseinheit beim Vogel ist wie beim Säuger das Nephron, das aus dem Nierenkörperchen (Corpusculum renale) und dem daran angeschlossenen Tubulusapparat besteht. Morphologisch lassen sich beim Vogel zwei Arten von Nephronen unterscheiden, nämlich solche vom kortikalen Typ (reptilian type) und medullärem Typ (mammalian type). Die medullären Nephrone (10–40 % aller Nephrone) liegen an jenen Nierenanteilen, die in den Markkegel reichen. Sie besitzen relativ große und komplex gebaute Glomerula und eine Henle-Schleife, die in den Markkegel zieht. Die zahlreicheren kortikalen Nephrone (60–90 %) sind kleiner und verhältnismäßig einfach gebaut. Sie besitzen keine oder nur eine sehr kurze Henle-Schleife, die vollkommen in der Rindenzone lokalisiert ist. Die aus den Corpuscula renales hervorgehenden proximalen Tubuli nehmen vorwiegend die peripheren Läppchenbereiche ein, während die distalen Tubuli überwiegend um die V. intralobularis angeordnet sind. Die außen um das Läppchen ziehenden Sammelrohre formieren sich am verjüngenden Teil des birnenförmigen Läppchens zu einem konischen Bündel. Dieser stielartige Teil bildet die Markzone (Markkegel, Medulla renalis) des Läppchens und enthält neben den Sammelrohren die Henle-Schleifen der marknahen Nephrone und die Vasa recta. Bei den meisten Vogelarten ist ein juxtaglomerulärer Apparat (Complexus iuxtaglomerularis) ausgebildet. Er besteht ebenfalls aus einer Macula densa, epitheloiden Zellen in der Tunica media des Vas afferens (Polkissenzellen, Cellulae iuxtaglomerulares) und extraglomerulären Mesangiumzellen (Lacis-Zellen, Goormaghtigh-Zellen, Insulae iuxtavasculares).

Abb. 14-3 Niere, Übersicht, Hund, Hämatoxylin-Eosin, SB 825 µm

Die Niere ist außen von einer derben Bindegewebskapsel, der Capsula fibrosa, überzogen. Schon bei schwacher Vergrößerung kann man leicht eine Mark- und Rindenzone unterscheiden, zumal an der Grenze zwischen beiden die Arteriae und Venae arcuatae gut zu erkennen sind. Das Mark läuft spitz in die Nierenpapille aus, die sich in das Nierenbecken einfügt. Das Nierenbecken öffnet sich in den Harnleiter.

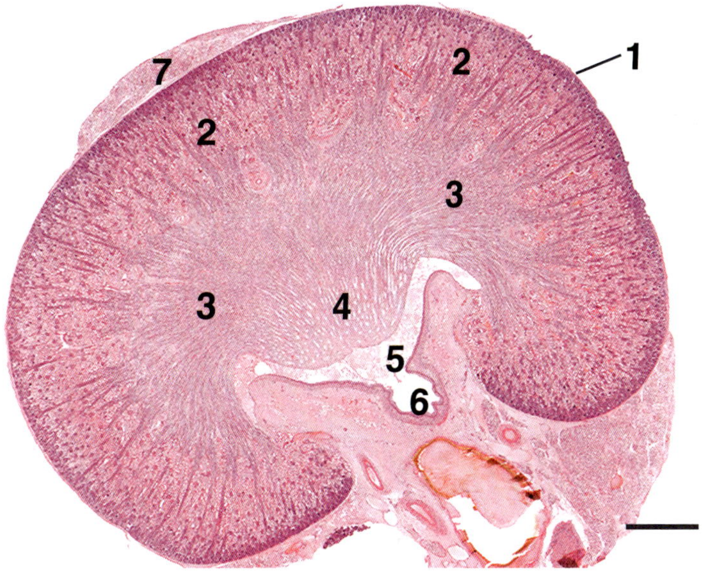

1 Nierenkapsel; 2 Rinde; 3 Mark; 4 Papille; 5 Nierenbecken; 6 Harnleiter; 7 Capsula fibrosa

---

Abb. 14-4 Nierenrinde, Ratte, PAS-Färbung, SB 80 µm

Im Rindenbereich sind deutlich die Nierenkörperchen zu sehen. Sie bauen sich aus einem Kapillarknäuel (Glomerulum) und der Bowman-Kapsel auf. An der Bowman-Kapsel kann ein inneres (Podozyten) und ein äußeres, parietales Blatt unterschieden werden. Zwischen beiden befindet sich ein kapillarer Spalt, in dem der Primärharn sezerniert wird. Zwischen den Nierenkörperchen findet man eine Vielzahl von Tubulusanschnitten.

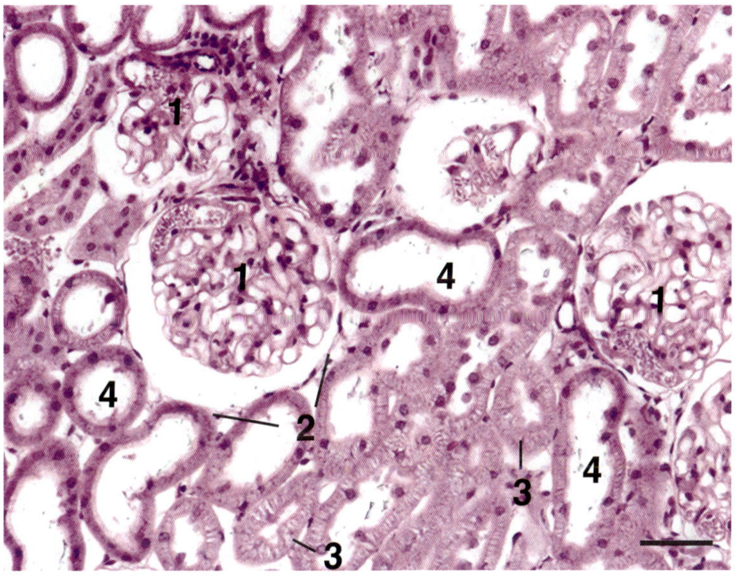

1 Glomerulum; 2 Äußeres Blatt der Bowman-Kapsel; 3 Hauptstück mit zahlreichen Mikrovilli (proximaler Tubulus); 4 Mittelstück (distaler Tubulus)

Abb. 14-5 Nierenmark, Ratte, PAS-Färbung, SB 80 µm

Im Nierenmark liegen vor allem absteigende und aufsteigende Anteile der Henle-Schleifen, gerade Sammelrohre und Ductus papillares. Daneben finden sich auch Anschnitte des distalen Tubulussystems.

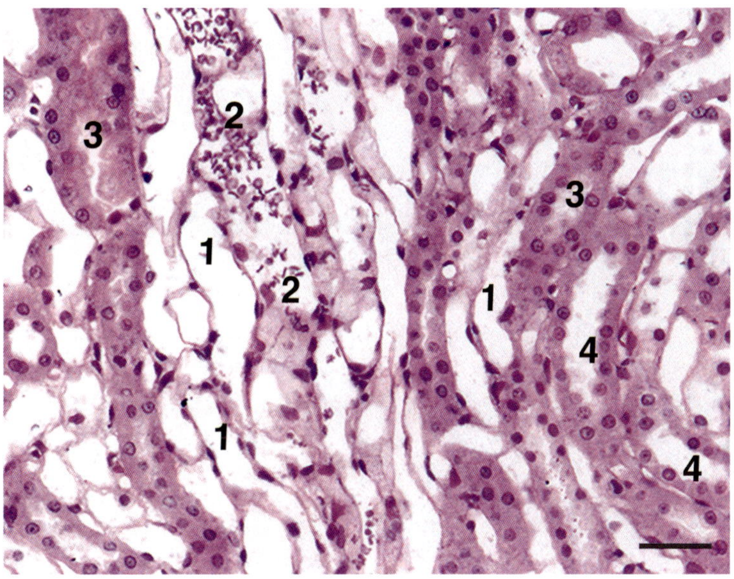

1 Überleitungsstücke der Henle-Schleife; 2 Kapillaren mit Blutkörperchen; 3 Proximaler Tubulus; 4 Distaler Tubulus

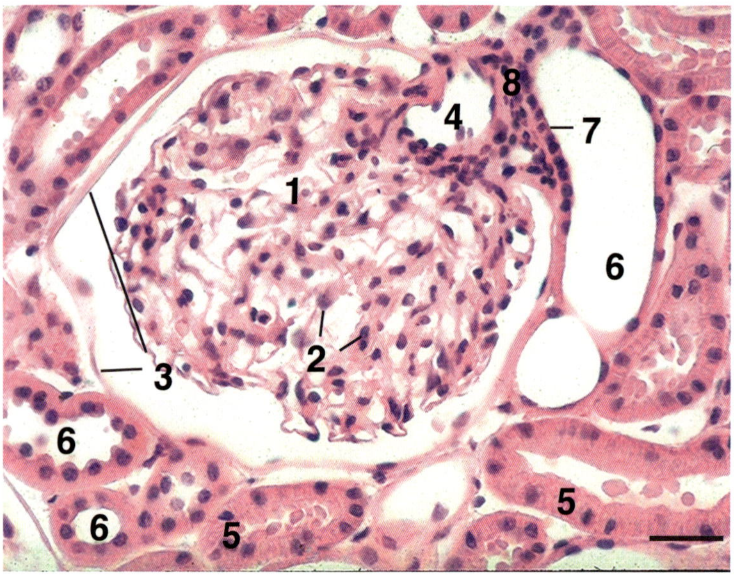

Abb. 14-6 Nierenkörperchen, Hund, Hämatoxylin-Eosin, SB 40 µm

Die Nierenkörperchen bestehen aus einem Kapillarknäuel (Glomerulum) und der Bowman-Kapsel. An der Bowman-Kapsel kann ein inneres (Podozyten) und ein äußeres, parietales Blatt unterschieden werden. Zwischen beiden befindet sich ein kapillarer Spalt (hier artifiziell erweitert), in dem der eiweißfreie Primärharn sezerniert wird.

1 Glomerulum; 2 Podozyten (Inneres Blatt der Bowman-Membran); 3 Äußeres Blatt der Bowman-Membran; 4 Vas afferens; 5 Proximaler Tubulus; 6 Distaler Tubulus; 7 Macula densa; 8 Extraglomeruläre Mesangiumzellen

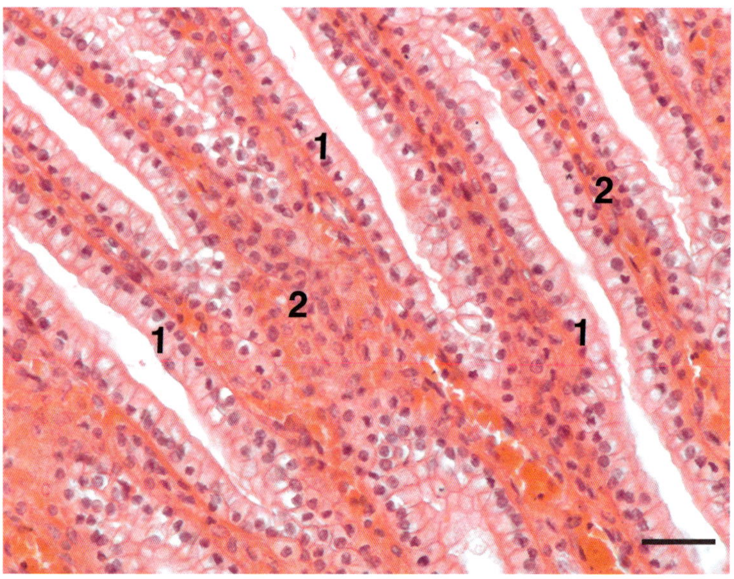

Abb. 14-7 Sammelrohre, Niere, Hund, Hämatoxylin-Eosin, SB 40 µm

Die Sammelrohre bestehen jeweils aus einem kurzen, bogenförmigen Tubulus renalis arcuatus (isoprismatisches Epithel), der in einen gestreckten Abschnitt (Tubulus colligens rectus) mit hochprismatischem Epithel einmündet. Die gestreckten Abschnitte verlaufen fast parallel. Im Sammelrohrsystem erfolgt eine weitere Konzentrierung des Harns.

1 Hochprismatisches Epithel der Sammelrohre mit basal gelegenen Zellkernen; 2 Bindegewebe

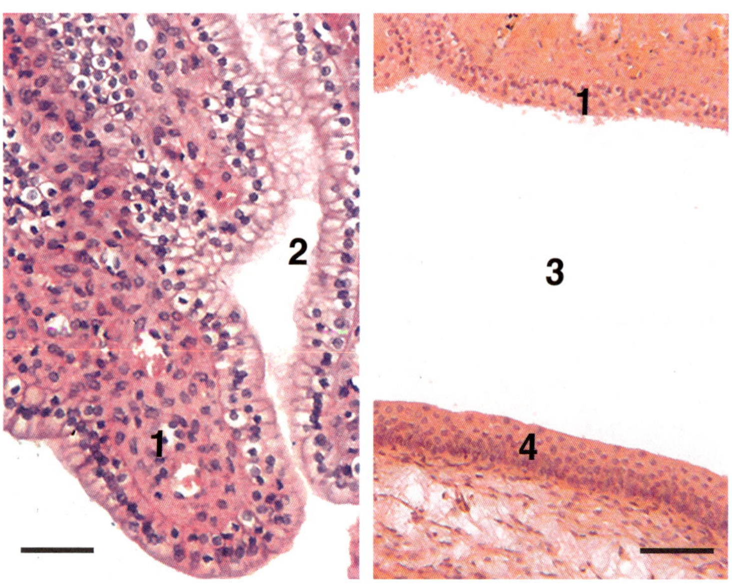

Abb. 14-8a Ductus papillares
Abb. 14-8b Nierenbecken, Hund, Hämatoxylin-Eosin, SB 40 µm

Die Sammelrohre vereinigen sich in der inneren Markzone zu den Ductus papillares. Diese münden auf dem Porenfeld (Area cribrosa) der Nierenpapille in das Nierenbecken.

1 Nierenpapille; 2 Ductus papillaris; 3 Lumen des Nierenbeckens; 4 Übergangsepithel des Nierenbeckens

Abb. 14-9 Niere, Huhn, Hämatoxylin-Eosin, SB 40 µm

Bei den Nephronen kann man zwei Typen unterscheiden: solche vom kortikalen Typ (reptilian-type nephron) und größere medulläre Nephrone (mammalian-type nephron). Kortikale Nephrone besitzen keine oder nur eine gering ausgebildete Henle-Schleife. Die aus den Corpuscula renales hervorgehenden proximalen Tubuli nehmen vorwiegend die peripheren Läppchenbereiche ein, während die distalen Tubuli überwiegend zentral um die V. intralobularis angeordnet sind.

1 Nephron (mammalian type); 2 Nephron (reptilian type); 3 Proximaler Tubulus; 4 Distaler Tubulus; 5 Sammelrohre

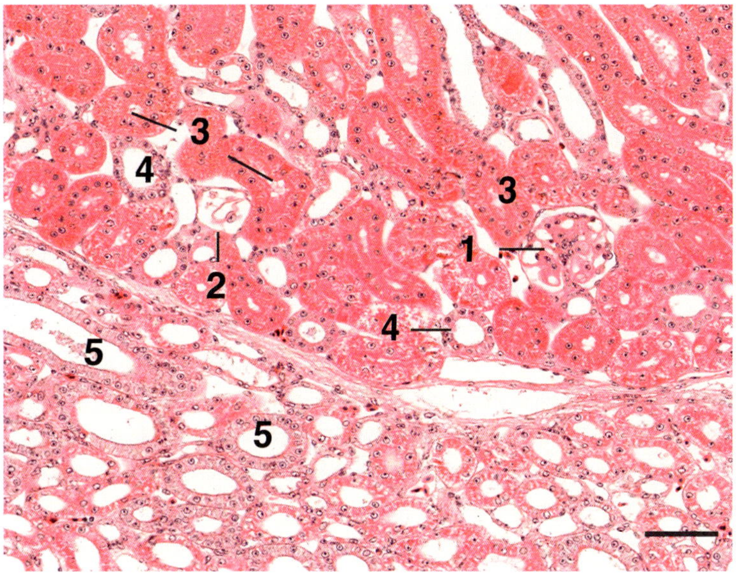

Abb. 14-10 Harnleiter, Pferd, Hämatoxylin-Mucikarmin-Färbung, SB 300 µm

Der Ureter wird von Übergangsepithel (Epithelium transitionale) ausgekleidet. Die Schleimhaut weist große Reservefalten auf. Das Lumen erscheint daher sternförmig. Die Lamina propria ist locker und im allgemeinen drüsenlos. Nur beim Pferd finden sich im oberen Drittel des Ureters in der Lamina propria muköse Drüsen (Glandulae uretericae). Der Harn der Equiden hat daher eine schleimige, fadenziehende Konsistenz. Die Tunica muscularis ist spiralig angeordnet.

1 Übergangsepithel; 2 Lamina propria; 3 Glandulae uretericae; 4 Glatte Muskulatur der Harnleiterwand; 5 Tunica adventitia

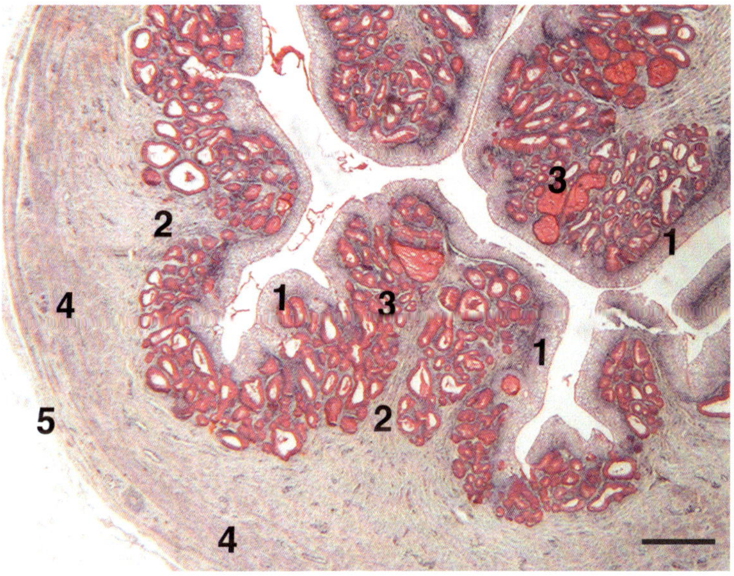

Abb. 14-11 Harnblase, Ziege, Goldner-Färbung, SB 312 µm

Das Epithel der Harnblase ist ein Übergangsepithel. Da keine Lamina muscularis mucosae ausgebildet ist, findet sich eine einheitliche, gut verschiebliche Bindegewebsschicht unter dem Epithel, die als Tela submucosa bezeichnet wird. An sie schließt sich glatte Muskulatur an. Die Tunica muscularis ist in der Harnblase wesentlich dicker als im Harnleiter. Sie besteht aus netzartig miteinander verflochtenen Bündeln glatter Muskelzellen in spiraliger Anordnung.

1 Übergangsepithel; 2 Tela submucosa; 3 Tunica muscularis; Inset: 1 Übergangsepithel; 2 Tela submucosa; 3 Crusta SB 40 µm

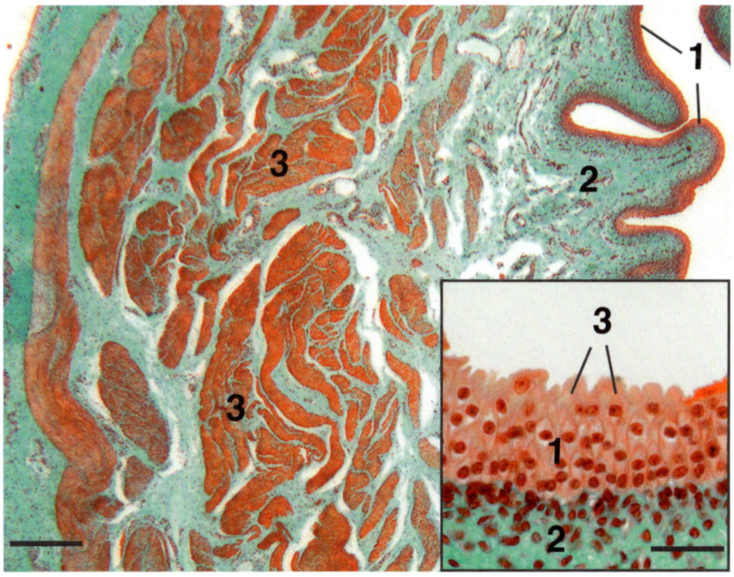

15 Männliche Geschlechtsorgane (Organa genitalia masculina)

Die männlichen Geschlechtsorgane (Organa genitalia masculina) dienen der Bildung von Samenzellen und Samenflüssigkeit sowie deren Übertragung in den weiblichen Genitaltrakt. Diese Aufgaben werden im Zusammenwirken von den Hoden (Testes), den ableitenden Samenwegen (Ductuli efferentes, Ductus epididymidis, Ductus deferens), den akzessorischen Geschlechtsdrüsen (Samenleiterampulle, Prostata, Samenblasendrüsen und Harnröhrenzwiebeldrüsen) und dem Kopulationsorgan (Penis) ausgeführt. Weiter erfolgt in den Hoden die Bildung von männlichen Geschlechtshormonen (Androgenen), die für die Entwicklung und Funktion der männlichen Geschlechtsorgane von entscheidender Bedeutung sind.

15.1 Hoden (Testis)

Der Hoden ist ein im Hodensack gelegenes, eiförmiges Organ, das außen fast vollständig von einer dünnen Tunica serosa (Lamina visceralis der Tunica vaginalis) überzogen wird. Darunter liegt als derbe Organkapsel die etwa 0,5 mm dicke Tunica albuginea. Sie besteht im Wesentlichen aus straffen kollagenen Fasergeflechten, enthält daneben aber auch elastische Fasern und glatte Muskelzellen. Von dieser laufen bindegewebige Septen (Septula testis) in das Innere des Organs zu einem zentral gegelegenen Bindegewebsbereich, dem Mediastinum testis, der das anastomosierende Gangsystem des Rete testis enthält. Sie unterteilen das Hodenparenchym in zahlreiche, unvollständig voneinander getrennte Hodenläppchen (Lobuli testis), die jeweils mehrere Samenkanälchen (Tubuli seminiferi contorti), in denen die Spermien gebildet werden, enthalten.

15.1.1 Intertubuläre Areale

Zwischen den Tubuli seminiferi contorti liegen im lockeren Bindegewebe die Leydig-Zwischenzellen (Endocrinocyti interstitiales), Blut und Lymphgefäße, sowie Nerven. Die Leydig-Zwischenzellen, die beim Schwein (wo sie am stärksten ausgebildet sind) ca. 20 %, beim Bullen aber nur ca. 5–7 % des Hodengewebes ausmachen, liegen in kleinen oder größeren Gruppen zusammen. Sie sind von polygonaler Form und besitzen große, kugelige Kerne mit deutlichem Nukleolus. Das Zytoplasma weist ein stark entwickeltes glattes endoplasmatisches Retikulum, sowie Mitochondrien vom Tubulustyp auf. Beim Rind enthält ein Teil der Mitochondrien auch Cristae mitochondriales. Diese Zellorganellen sind charakteristisch für Steroidhormon-produzierende Zellen. Durch Stimulierung mit LH (= Luteinisierendes Hormon) aus der Hypophyse werden die Leydig-Zwischenzellen zur Produktion von männlichen Geschlechtshormonen (Androgenen, vor allem Testosteron) angeregt, die für die Ausbildung der sekundären Geschlechtsmerkmale und für die Funktion der akzessorischen Geschlechtsdrüsen essenziell sind.

Das Epithel der Tubuli seminiferi contorti besteht aus:

- Sertoli-Zellen (Stützzellen, Epitheliocyti sustentantes)
- Keimzellen (Cellulae spermatogenicae)
- Membrana propria (umfasst außen das Keimepithel)

15.1.2 Sertoli-Zellen (Epitheliocyti sustentantes)

Die Sertoli-Zellen sitzen der Basallamina breitbasig auf und ziehen durch das gesamte Keimepithel bis zum Lumen der Tubuli seminiferi contorti. Sie entsenden schlanke Fortsätze zwischen die verschiedenen Generationen der Keimzellen und füllen die Räume zwischen den Keimzellen mehr oder weniger vollständig aus. Die Sertoli-Zellen besitzen einen chromatinarmen, birnenförmigen Kern mit auffallendem Nucleolus. Er liegt in der Regel im mittleren bis basalen Bereich des Keimepithels. Das Zytoplasma enthält, abhängig vom Funktionszustand, verschiedene Einschlüsse wie Glykogen, Lipidtröpfchen und gelegentlich auch Eiweißkristalle.

Die funktionelle Bedeutung der Sertoli-Zellen liegt in ihrer Stütz- und Ernährungsfunktion für die Keimzellen. Zahlreiche Zonulae occludentes, die im basalen Drittel des Keimepithels zwischen benachbarten Sertoli-Zellen ausgebildet sind, bilden die wichtigste Komponente der Blut-Hoden-Schranke. Die Blut-Hoden-Schranke stellt eine Diffusionsbarriere zwischen dem basalen Anteil des Tubulus, der die Spermatogonien und die präleptotänen Spermatozyten beinhaltet, und dem adluminalen Anteil, in dem die Meiose und die Spermatidendifferenzierung ablaufen, dar. Durch Kontraktionen des Zytoskeletts sind die Sertoli-Zellen an der Abgabe der Spermien (Spermiation) in das Lumen der Tubuli seminiferi contorti beteiligt. Ein Teil der Spermatiden geht während der Spermiogenese zugrunde. Sie werden, wie auch jenes Zytoplasma, das bei der Spermiogenese von den sich entwickelnden Spermatiden abgeschnürt wird (Residualkörper), von den Sertoli-Zellen phagozytiert und mittels ihrer lysosomalen Enzyme abgebaut. Eine weitere Funktion der Sertoli-Zellen ist die Sekretion der intratubulären Flüssigkeit, die reich an Ionen, Inositol und Glutamat, sowie an Androgen Binding Protein und Inhibin ist. In dieser Flüssigkeit sind die ausdifferenzierten Spermien suspendiert und werden durch Kontraktion der peritubulären Zellen passiv nebenhodenwärts transportiert.

15.2 Keimzellen und Spermatogenese

Die Spermatogenese (Spermatogenesis) läuft nach der Pubertät als streng koordinierter Zellproliferations- und -differenzierungsprozess im Keimepithel ab. Ziel ist es, die gleichmäßige Produktion einer sehr großen Zahl von männlichen Gameten sicherzustellen. Es lässt sich aber leicht feststellen, dass die Spermatogenese im Tubulusepithel von basal nach apikal fortschreitet (▶ Abb. 15-1). Zwischen den Sertoli-Zellen liegen innerhalb des Tubulusepithels die geschichteten Generationen der Keimzellen, und zwar so, dass die indifferenten Stammzellen, die Spermatogonien (Spermatogonia), ganz basal anzutreffen sind, die einzelnen Stadien der Meiose den mittleren Bereich des Keimepithels einnehmen und die fortgeschrittenen Differenzierungsstadien der Spermatiden (Spermatida) und die Spermien (Spermatozoa) lumenwärts liegen. Der Gesamtprozess der Spermatogenese dauert beim Rind 54 Tage, beim Pferd und Schaf 49, beim Schwein 34 und beim Menschen 74 Tage. Nach einer Schädigung des Keimepithels müssen daher (abhängig von der Spezies) mindestens zwei

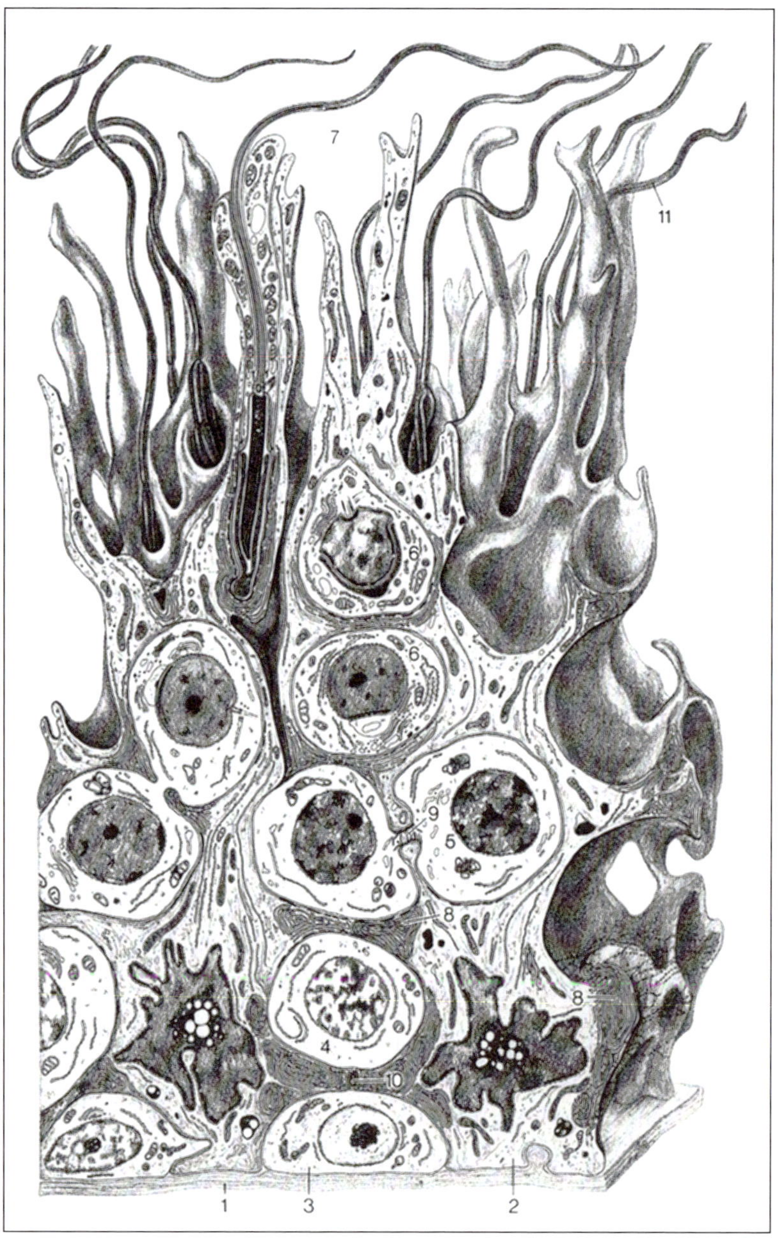

Abb. 15-1 Spermatogenese im Keimepithel des Rindes.
1 Basalmembran um die Samenkanälchen; 2 Sertoli-Zelle; 3 Spermatogonie; 4 Spermatozyt I. Ordnung; 5 Spermatozyt II. Ordnung; 6 Spermatiden in verschiedenen Differenzierungstadien; 7 Lumen des Samenkanälchens; 8 Endoplasmatisches Retikulum; 9 Interzellularbrücken; 10 Blut-Hoden-Schranke; 11 Spermium

bis drei Monate vergehen, bis wieder voll funktionsfähige Spermien im Ejakulat vorkommen.

Die Teilungs- und Differenzierungsprozesse (Spermatogenese), die sich an den Keimzellen abspielen, während sie von basal nach zentral vorgeschoben werden, lassen sich in drei Phasen unterteilen:

1. **Spermatozytogenese (Spermatocytogenesis):** Die Bildung einer ausreichend großen Zahl von Geschlechtszellen aus den Stammspermatogonien durch mitotische Zellteilung.
2. **Meiose (Meiosis):** Die Reduktion des Chromosomensatzes auf die Hälfte und Austausch von genetischem Material zwischen den Chromosomen (▶ Abb. 15-2).
3. **Spermiogenese (Spermiogenesis):** Differenzierung der rundkernigen haploiden Spermatiden zu den reifen Spermien.

15.2.1 Spermatozytogenese

Mitotische Vermehrung der Spermatogonien bis hin zur Entstehung der Spermatozyten I. Ordnung (Spermatocyti primarii).

Es werden aufgrund morphologischer Merkmale A- und B-Spermatogonien unterschieden. A-Spermatogonien stellen eine Population von Stammzellen dar, die der Basallamina breit aufsitzen. Der größere Teil von ihnen hat einen hellen runden bis querovalen Kern (Spermatogonia A lucida, A pale Spermatogonien), ein kleinerer Teil einen dichteren dunkleren Kern mit einer zentralen Aufhellung (Spermatogonia A densa, A-dark Spermatogonien). Die A-Spermatogonien besitzen wenig Zytoplasma, das eine relativ geringe Zahl von Zellorganellen enthält. Nach ihrer mitotischen Teilung bleibt etwa die Hälfte der Tochterzellen als Stammzellen erhalten. Die übrigen entwickeln sich über mehrere Mitosen zu den B-Spermatogonien. Aus autoradiografischen Untersuchungen wurde geschlossen, dass aus einer A-Spermatogonie acht B-Spermatogonien hervorgehen.

Die B-Spermatogonien haben nur mehr geringen Kontakt zur Basalmembran. Sie besitzen einen großen Kern mit wandständig kondensiertem Chromatin und einem zentral gelegenen Nukleolus. Durch mitotische Teilung gehen aus der letzten Generation von B-Spermatogonien die Spermatozyten I. Ordnung hervor.

Aus Untersuchungen an Semidünnschnitten und im Elektronenmikroskop wurde deutlich, dass die Spermatogonien nicht als Einzelzellen vorliegen, sondern durch zytoplasmatische Brücken (Pontes intercellulares) miteinander in Verbindung stehen. Diese Verbindung der Keimzellen bleibt auch während der weiteren Entwicklung bis hin zu weit ausdifferenzierten Spermatiden bestehen. Dies erlaubt eine synchrone Entwicklung der Keimzellen.

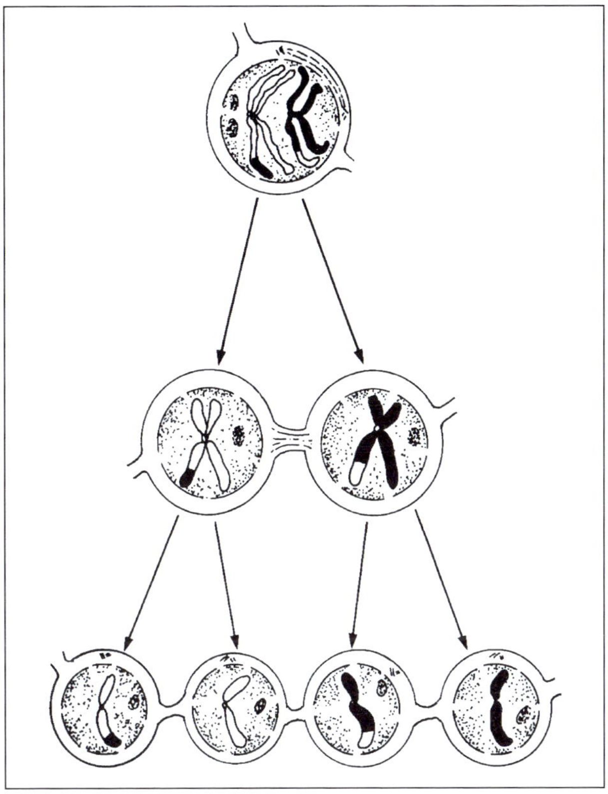

Abb. 15-2 Ablauf der Meiose während der Spermatogenese. Bei der Meiose entstehen aus einer diploiden Spermatogonie durch zwei aufeinanderfolgende Teilungen (1. und 2. Reifeteilung) vier haploide Zellen. Während der Prophase der 1. Reifeteilung kommt es zur Paarung der homologen Chromosomen und zur Rekombination des genetischen Materials.

15.2.2 Meiose

Die Spermatozyten I. Ordnung unterscheiden sich unmittelbar nach ihrer Entstehung kaum von ihren Vorläufern. Sie machen zunächst eine Wachstumsperiode durch, bei der ihr DNA-Gehalt verdoppelt wird. Diese Spermatozyten I. Ordnung besitzen daher einen regulären, diploiden Chromosomensatz, haben aber ihren DNA-Gehalt von 2n auf 4n erhöht.

Die Spermatozyten I. Ordnung treten dann in die I. Reifeteilung ein. Die Prophase der I. Reifeteilung dauert mehrere Wochen und umfasst folgende morphologisch unterscheidbare Phasen: Leptotän, Zygotän, Pachytän, Diplotän und Diakinese. Dabei werden zunächst die Chromosomen durch Spiralisation als lange dünne Fäden sichtbar (Leptotän). Darauf folgt das Zygotän, in dem sich homologe Chromosomen (die jeweils entsprechenden väterlichen und mütterlichen Chromosomen) an mehreren Stellen paarweise aneinander zu legen beginnen. Die beiden homologen Chromosomen werden dabei durch eine spezielle Struktur, den „synaptonemalen Komplex" zusammengehalten. Da jedes von zwei gepaarten Chromosomen infolge der vorher abgelaufenen DNA-Verdoppelung aus zwei Chromatiden besteht, weisen die Chromosomenpaare insgesamt vier (zwei väterliche und zwei mütterliche) Chromatiden auf. Diese Vierergruppen treten im darauf anschließenden Pachytän durch zunehmende Verkürzung und Verdickung deutlich in Erscheinung. Im Diplotän beginnen sich die gepaarten homologen Chromosomen wieder zu trennen. Dabei werden Überkreuzungen und Verklebungen (Chiasmata) zwischen ihnen sichtbar, die erkennen lassen, dass es während der vorangegangenen Stadien zum Austausch von genetischem Material zwischen den homologen Chromosomen gekommen ist. Da die Austauschpunkte (Crossing over) zufällig über jedes Chromosom verteilt sind, enthält jedes Chromatid eine neue individuelle Kombination. Am Ende der Prophase (Diakinese) schwindet die Kernmembran und die anschließenden Phasen der I. Reifeteilung (Meta-, Ana-, Telophase) verlaufen sehr rasch. Im Unterschied zur Mitose teilen sich bei der I. Reifeteilung der Meiose die Zentromeren nicht. In der Anaphase wandert daher je eines der beiden homologen Chromosomen eines Chromosomenpaars zu den gegenüberliegenden Zellpolen.

Als Resultat der I. Reifeteilung entstehen die Spermatozyten II. Ordnung (Spermatocyti secundarii), die nur mehr einen haploiden Chromosomensatz besitzen. Diese Spermatozyten II. Ordnung sind durch die zufällige Verteilung der homologen Chromosomen und infolge des Austausches von genetischem Material während der Prophase der I. Reifeteilung nicht mehr erbgleich. 50 % der Spermatozyten II. Ordnung besitzen ein X-Chromosom, 50 % ein Y-Chromosom.

Die Spermatozyten II. Ordnung (Spermatocyti secundarii) treten sehr rasch in die II. Reifeteilung ein, ohne dass es vorher zu einer S-Phase mit Verdoppelung der DNA-Menge kommt. Die Spermatozyten II. Ordnung existieren nur sehr kurze Zeit und sind daher im Keimepithel selten zu finden. Die II. Reifeteilung erfolgt in der Art einer normalen Mitose, indem die beiden Chromatiden eines Chromosoms durch Aufspaltung des Zentromers getrennt werden. Das Ergebnis sind die Spermatiden (Spermatida), die einen haploiden Chromosomensatz und einen DNA-Gehalt von 1n aufweisen. Insgesamt sind somit aus einem Spermatozyten I. Ordnung mit einem diploiden Chromosomensatz (DNA-Gehalt: 4n) in zwei Teilungsschritten vier haploide Spermatiden (DNA-Gehalt: 1n) entstanden. Diese Spermatiden sind kleine Zellen mit rundem Kern, die in Gruppen in der Nähe des Tubuluslumens gelagert sind. Wie die vorangehenden Keimzellstadien sind auch Spermatiden durch Zellbrücken miteinander verbunden.

15.2.3 Spermiogenese

Im Verlauf der Spermiogenese wird die zunächst rundkernige Spermatide in das hoch spezialisierte Spermium umgewandelt. Die komplizierte Umgestaltung ist notwendig, damit die Samenzellen die Fähigkeit erhalten, durch eigene Beweglichkeit die Eizelle aufzusuchen und in sie einzudringen. Im Verlauf der Spermiogenese streckt sich die anfangs runde Spermatide beträchtlich. Das Chromatin des Kerns kondensiert stark und bildet den Spermienkopf. Sein Volumen wird dabei auf etwa ein Zehntel des ursprünglichen Kernvolumens reduziert. Glykoproteinhaltige Vesikel, die sich vom Golgi-Apparat abschnüren, bilden die Kopfkappe (Akrosom, Acrosoma), die zwei Drittel des kondensierten Kerns bedeckt. Das Zentriolenpaar wandert um den Kern herum, bis es gegenüber dem Akrosom zu liegen kommt. Das proximale Zentriol stellt eine gelenkige Verbindung zum Kern her, die dem späteren Spermienhals entspricht. Aus dem distalen Zentriol wächst dann der ca. 50 µm lange Schwanzfaden aus. Die morphologisch ausdifferenzierten Spermien werden anschließend von den Sertoli-Zellen, die sie während der Spermiogenese eng umschließen und die mit den sich differenzierenden Spermatiden lange Zeit durch spezielle Haftstrukturen in Verbindung stehen, in das Lumen der Tubuli seminiferi contorti abgegeben (Spermiation).

Spermium (Spermatozoon, Samenzelle): Die ca. 60–80 µm langen Spermien bestehen aus einem Kopf (Caput), einem kurzen Halsabschnitt (Collum), einem Mittelstück (Pars intermedia) mit Mitochondrien, sowie einem Haupt- (Pars prinicpalis) und Endstück (Pars terminalis). Mittel-, Haupt- und Endstück werden zusammen als Spermienschwanz (Flagellum) bezeichnet. Aufgrund der kleinen Dimensionen wird die genaue Morphologie der Samenzellen erst im Elektronenmikroskop erkennbar (▶ Abb. 15-3).

Der **Spermienkopf** enthält den stark kondensierten Zellkern mit seinem haploiden Chromosomensatz. Er erscheint in der Aufsicht oval, vom Profil her abgeflacht. Das Akrosom, das seine vorderen zwei Drittel umgibt, enthält eine Reihe von hydrolytischen Enzymen (unter anderem Hyaluronidase und Akrosin), die für das Durchdringen der Eihüllen (Corona radiata und Zona pellucida) und für das Eindringen der Spermien in die Eizelle wichtig sind.

Der **Spermienhals** ist ein bewegliches Gelenkstück zwischen Kopf und Schwanz und enthält das proximale Zentriol sowie den Rest des distalen Zentriols. Diese sind in einem segmentiert erscheinenden Streifenkörper eingebettet, aus dem die Längsfasern des Schwanzes ihren Ursprung. nehmen. Das proximale Zentriol wird nach der Befruchtung für die erste Teilung der Zygote benötigt, weil die Eizelle kein eigenes Zentriol enthält.

Das **Mittelstück**, der proximalste Abschnitt des Spermienschwanzes, beinhaltet im Zentrum das Axonema, das wie auch andere Kinozilien, eine typische 9x2+2-Struktur aufweist, d.h., die zwei zentralen Mikrotubuli werden von neun teilweise miteinander verschmolzenen Doppeltubuli peripher umgeben. Diese sind untereinander durch feine Dynein-Arme verbunden. Um die Mantelfasern sind die Mitochondrien spiralförmig angeordnet. Das Mittelstück endet mit dem Schlussring, einer Plasmamembranverdichtung, die verhindert, dass sich die Mitochondrien weiter nach distal verlagern können.

Das **Hauptstück** macht den größten Anteil des Spermienschwanzes aus. Unter der Plasmamembran, die das ganze Spermium umhüllt, liegt die Ringfaserscheide. Sie besteht aus einer dorsalen und ventralen Längsleiste, welche seitlich durch eine Vielzahl rippenförmiger Strukturen verbunden sind.

Im etwa 5 µm langen **Endstück** gibt es keine Faserscheide und keine Mantelfasern mehr. Das Axonema wird lediglich von der Zellmembran bedeckt. Am Ende des Schwanzes spaltet sich das Axonema in 20 einzelne Mikrotubuli auf.

15.2.4 Membrana propria

Die Membrana propria bildet die periphere Umhüllung der Samenkanälchen. Sie besteht aus der Basalmembran, der das Keimepithel aufsitzt, kollagenen, elastischen und retikulären Fasern sowie aus mehreren Lagen von kontraktilen Myofibroblasten (Cellulae myoideae), die auch als peritubuläre Zellen bezeichnet werden.

15.2.5 Intratestikuläre samenleitende Wege

Das Endstück der Tubuli seminiferi contorti besteht aus einer trichterförmigen Struktur, dem Terminalsegment, das sich aus modifizierten Sertoli-Zellen zusammensetzt. Keimzellen fehlen in diesem Bereich. Zwischen den pfropfartig angeordneten Sertoli-Zellen sind feine Kanälchen ausgebildet, durch die die Spermien passieren müssen. Ein Teil der Spermien, wahrscheinlich handelt es sich dabei um pathologische Formen, wird dabei von den Zellen des Terminalsegments phagozytiert. Die Terminalsegmente der Tubuli seminiferi contorti werden über relativ gerade ver-

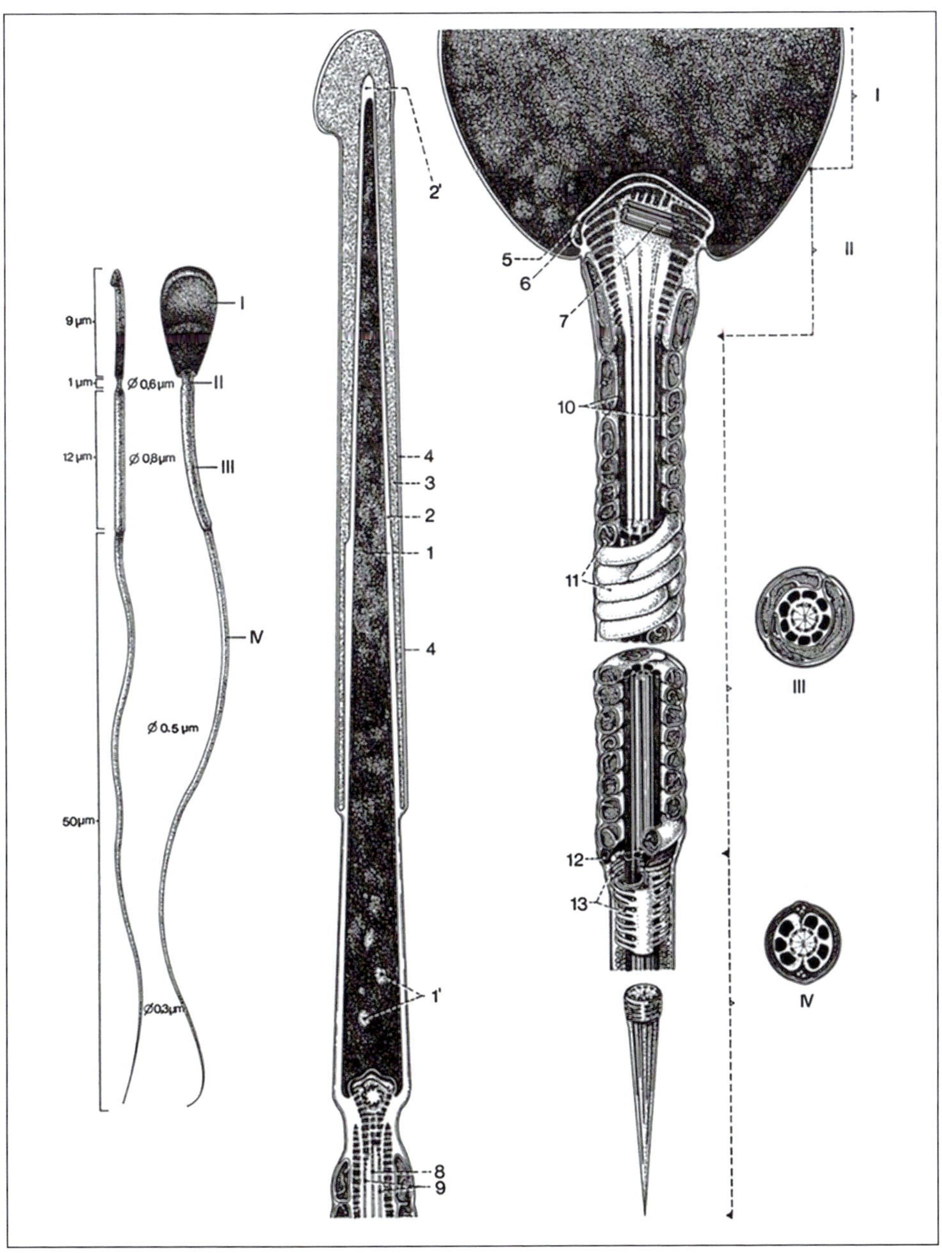

Abb. 15-3 Spermium des Rindes (Schema). Licht- und elektronenmikroskopische Struktur.
I Kopf; II Hals; III Mittelstück; IV Schwanz
1 Kern mit 1' Kernvakuolen; 2 Subakrosomaler Raum; 2 „Perforatorium"; 3 Akrosom mit innerer und äußerer akrosomaler Membran; 4 Plasmalemm; 5 Implantationsgrube; 6 Basalplatte; 7 Proximales Zentriol 8 Zentrales Mikrotubulipaar; 9 Periphere Mikrotubulipaare; 10 Mantelfasern; 11 Mitochondrien; 12 Anulus; 13 Ringfasern

laufende kurze Kanalstücke mit einem kubischen Epithel, die Tubuli recti, an das Rete testis angeschlossen. Das Rete testis ist ein engmaschiges Netzwerk aus Kanälchen, das im Mediastinum testis gelegen ist und von einem flachen bis kubischen Epithel ausgekleidet wird.

15.3 Nebenhoden (Epididymis)

Am Nebenhoden lassen sich makroskopisch der Nebenhodenkopf (Caput epididymidis), der Nebenhodenkörper (Corpus epididymidis) und der Nebenhodenschwanz (Cauda epididymidis) unterscheiden. Der Nebenhoden ist ein multifunktionelles Organ. Durch aktive Sekretions- (Glykoproteine, wie das Forward Motility Protein, das Heparin Binding Protein und Glykosidasen, Karnitin, Glzcerylphosphorylcholin) und Resorptionsprozesse wird in den einzelnen Gangabschnitten ein spezifisches Milieu geschaffen, das für die funktionelle Ausreifung der Samenzellen wichtig ist (epididymale Spermienreifung). Der Nebenhodenschwanz dient als Spermienspeicher, in dem die Samenzellen dicht gepackt bei relativ hohen Temperaturen (32° C) lange Zeit überleben können.

15.3.1 Ductuli efferentes

Die aus dem Rete testis hervorgehenden acht bis zwölf Ductuli efferentes bilden einen großen Anteil des Nebenhodenkopfes. Ihre Wandung besteht aus einem mehrreihigen hochprismatischen Epithel. Dieses Epithel setzt sich aus resorptiv tätigen Hauptzellen, Zellen mit apikalen Kinozilien (Flimmerzellen) und kleinen Basalzellen zusammen. Die Kinozilien der Flimmerzellen spielen für den Weitertransport der noch nicht vorwärts beweglichen Spermien eine wichtige Rolle. An die Basallamina des Epithels schließt sich nach außen hin eine dünne Schicht glatter Muskelzellen an. Vom Epithel der Ductuli efferentes und vom Anfangsabschnitt des Nebenhodenkanals werden mehr als 90 % der testikulär gebildeten Flüssigkeit rückresorbiert.

15.3.2 Nebenhodenkanal (Ductus epididymidis)

Die Ductuli efferentes münden in den langen, stark geknäuelten Nebenhodenkanal, den Ductus epididymidis. Seine Länge beträgt beim Rind ca. 40–50 m und beim Hund 5–8 m. Der Ductus epididymidis trägt ein zweireihiges hochprismatisches Epithel, das sich aus den schlanken, lange Mikrovilli (Stereozilien) tragenden Hauptzellen und den kleinen Basalzellen aufbaut. Die Höhe des Epithels wird nach distal deutlich geringer. Die Weite des Kanallumens nimmt von ca. 150 µm im Nebenhodenkopf auf bis zu 400 µm im Nebenhodenschwanz zu. Auch die Stärke der glatten Muskelschicht, die den äußeren Wandanteil des Ductus epididymidis bildet, und die Zahl der Spermien im Lumen nimmt im Verlauf des Ductus epididymidis deutlich zu.

15.3.3 Samenleiter (Ductus deferens)

Der Samenleiter bildet die Fortsetzung des Nebenhodenkanals. Er verläuft im Bindegewebe des Samenstranges (Funiculus spermaticus) gemeinsam mit den Gefäßen, die den Hoden und den Nebenhoden versorgen (Arteria testicularis, Plexus pampiniformis, Lymphgefäße, Plexus testicularis), und mit dem Musculus cremaster.

Die Schleimhaut (Tunica mucosa) des Samenleiters liegt in Falten, sodass der Ductus deferens im Querschnitt ein sternförmiges Lumen aufweist. Das Epithel des Samenleiters ist zweireihig hochprismatisch und setzt sich aus langen, schlanken Zellen mit kurzen Stereozilien und kleinen Basalzellen zusammen. Der bindegewebige Anteil der Schleimhaut, die Lamina propria mucosae, ist reich an elastischen Fasern. An die Schleimhaut schließt sich eine dicke Schicht (1–1,5 mm) von glatten Muskelzellen an, die in schraubenförmigen Touren angeordnet sind. Diese Muskulatur des Samenleiters wirkt bei der Ejakulation nach der Art einer Saug-Druck-Pumpe und ermöglicht das plötzliche Freisetzen der Spermien.

Vor dem Eintritt in die Prostata erweitert sich der Samenleiter zu einer spindelförmigen Anschwellung, der Ampulla ductus deferentis. Die Schleimhaut bildet zahlreiche Falten und Einsenkungen. Auf Querschnitten zeigt die Ampullenwand dadurch ein netzförmiges Aussehen. Das Epithel der Schleimhaut ist einschichtig hochprismatisch und sekretorisch aktiv. Die Tunica muscularis ist nur schwach ausgebildet.

Bei Pferd und Rind vereinigt sich kurz vor der Einmündung in die Harnröhre der Endabschnitt des Ductus deferens mit dem Ausführungsgang der Samenblasendrüse zum Ductus ejaculatorius. Beim Schwein dagegen erfolgt diese Einmündung getrennt. Bei den Fleischfressern fehlt eine Samenblasendrüse, daher mündet nur der Samenleiter in die Harnröhre.

15.4 Akzessorische Geschlechtsdrüsen (Glandulae genitales accessoriae)

Die akzessorischen Geschlechtsdrüsen sind artspezifisch ausgebildet und bilden zusammen mit dem Nebehodensekret den Hauptteil des Seminalplasmas, das als Transportmedium für die Spermien dient. Bei Pferd, Rind und Schwein sind alle vier akzessorischen Geschlechtsdrüsen (Prostata, Samenblasendrüse, Harnröhrenzwiebeldrüse und Samenleiterampulle) ausgebildet. Bei den Fleischfressern fehlt die Samenblasendrüse. Dem Hund fehlt zusätzlich die Harnröhrenzwiebeldrüse. Für die Weiterentwicklung der akzessorischen Geschlechtsdrüsen während der Pubertät und für ihre Funktion sind die Androgene des Hodens notwendig.

15.4.1 Samenblasendrüse (Bläschendrüse, Glandula vesicularis)

Beim Wiederkäuer und Schwein zeigt die Samenblasendrüse eine charakteristische Lobulierung. Ihre derbe Bindegewebskapsel enthält glatte Muskelzellen, die sich auch in die bindegewebigen Septen fortsetzen. Beim Pferd ist sie ein blasenförmiges Hohlorgan.

Das Drüsenepithel ist in der Regel zweireihig und je nach Funktionszustand iso- bis hochprismatisch. Beim Bullen enthält es die charakteristischen Zwergfettzellen, die sich mit Sudanrot oder anderen Fettfarbstoffen gut darstellen lassen.

Die Samenblasen bilden ein gelatinöses Sekret, das unter anderem Fruktose und Prostaglandine enthält und dem Seminalplasma beigemengt wird. Die Fruktose spielt im Energiestoffwechsel der Spermien eine wichtige Rolle. Ein weiteres wichtiges Sekretionsprodukt ist das Major Protein, das von den Spermien absorbiert wird und möglicherweise zu ihrer funktionellen Reifung beiträgt.

15.4.2 Prostata (Vorsteherdrüse, Glandula prostatica)

Die Prostata ist am Beckenstück der Urethra lokalisiert und umfasst den Hals der Harnblase. Ihr Drüsenparenchym besteht aus tierartlich etwas unterschiedlich entwickelten Drüsenkomplexen. Sie sind zum Teil organartig zusammengefasst (Corpus prostatae) und liegen außen an der Harnröhre oder sind in deren Lamina propria mucosae, bzw. Tela submucosae eingelagert (Pars disseminata prostatae). Das Drüsenepithel ist zweireihig und besteht aus den hochprismatischen Hauptzellen, die das Prostatasekret liefern, und kleinen Basalzellen. Das Sekret der Prostata enthält unter anderem einen hohen Gehalt an saurer Phosphatase und Prostata-spezifischem Antigen. Es soll nach der Ejakulation die Vorwärtsbeweglichkeit der Spermien stimulieren können. In den Lumina der Drüsen finden sich bei älteren Tieren „Prostatasteinchen“, geschichtete Körperchen, die aus eingedicktem Sekret hervorgegangen sind.

Das Stroma ist in der Prostata sehr gut ausgebildet. Charakteristisch sind zahlreiche Bündel glatter Muskelzellen, die bei der Auspressung des Sekrets bei der Ejakulation wichtig sind. Daneben enthält das Stroma (Stroma myoelasticum) gut ausgebildete elastische Fasernetze, Blut- und Lymphgefäße, sowie Nervenfasern. Im adventitiellen Bindegewebe kommen kleine vegetative Ganglien vor.

15.4.3 Harnröhrenzwiebeldrüse (Glandula bulbourethralis)

Die paarige Harnröhrenzwiebeldrüse ist eine Schleimdrüse, die beidseits des Bulbus penis liegt. Sie wird vom M. urethralis und vom M. bulbocavernosus umschlossen. Das einschichtige, meist hochprismatische Epithel der verzweigten Drüsenschläuche, die teilweise alveoläre Endstücke aufweisen, erscheint auffallend hell. Die Zellgrenzen sind gut erkennbar. Die Zellkerne liegen basal und erscheinen häufig abgeplattet. Als echte Schleimdrüsen produzieren die Cowper-Drüsen ein fadenziehendes, Sialomucin-haltiges Sekret. Dieses wird bei sexueller Erregung bereits vor der Ejakulation in die Urethra abgegeben. Die Funktion dieser präejakulatorischen Fraktion dürfte in der Neutralisation von Urinresten bestehen. Daneben wird der Urethralkanal für die spätere Entleerung der folgenden Spermafraktionen gleitfähiger gemacht. Beim Schwein wird dagegen das sagoartige Sekret der Glandula bulbourethralis am Ende der Ejakulation ausgestoßen. Es koaguliert dann in der Scheide des besamten weiblichen Tieres und bildet einen schützenden Verschluss. Die Glandula bulbourethralis fehlt beim Hund.

15.5 Penis (männliches Glied)

Der bei den Haussäugetieren schon makroskopisch deutlich unterschiedlich gestaltete Penis weist auch hinsichtlich seiner mikroskopischen Anatomie tierspezifische Unterschiede auf. Der Penis besitzt zwei dorsal gelegene, zylindrische Schwellkörper, die Corpora cavernosa penis, und das ventral gelegene Corpus spongiosum urethrae.

Diese Schwellkörper werden von der dehnbaren Fascia penis umschlossen. Darunter liegt die Tunica albuginea corpora cavernosi. Die Corpora cavernosa penis und das Corpus spongiosum sind in Bau und Funktion unterschiedlich. Die Corpora cavernosa penis bewirken die Versteifung des Penis während der Erektion. Das Corpus spongiosum penis umschließt das Penisstück der Urethra und steht mit dem ebenfalls unpaaren Eichelschwellkörper, dem Corpus spongiosum glandis (Fleischfresser, Pferd) bzw. einer homologen Bildung (Galea glandis der Wiederkäuer) in Verbindung.

Die **Corpora cavernosa** besitzen eine straffe Bindegewebshülle, die ein Schwammwerk aus glatten Muskelzellen, elastischen und kollagenen Fasern umfasst und in der sich zahlreiche, von Endothel begrenzte Räume (Kavernen) befinden. Diese werden von den stark geschlängelt verlaufenden Rankenarterien (Aa. helicinae, Äste der A. profunda penis) versorgt und stellen daher einen arteriellen Schwellkörper dar. Bei nicht erigiertem Penis werden diese Kavernen nur von wenig Blut durchströmt, da die Hauptmenge des zufließenden Blutes den Weg über arteriovenöse Anastomosen nimmt. Bei Versteifung des Gliedes werden diese arteriovenösen Anastomosen geschlossen, sodass sich nun das Blut der Rankenarterien in die Kavernen ergießt. Gleichzeitig wird der venöse Abfluss durch die bei Vergrößerung des Penis auftretende zunehmende Spannung der Tunica albuginea gedrosselt. Die Verengung der A. profunda penis bewirkt die Erschlaffung des erigierten Penis.

Das **Corpus spongiosum** umschließt die Urethra und geht in den Schwellkörper der Eichel (Corpus spongiosum glandis) über. Dieses urethrale Schwellgewebe besteht aus anastomosierenden Venen, deren Volumenänderung bei der Erektion nur gering ist. Dadurch wird das Corpus spongiosum bei der Versteifung des Penis nur wenig komprimiert und die Harnsamenröhre bleibt für den Durchtritt des Spermas bei der Ejakulation gut durchgängig.

Nach den jeweiligen relativen Mengen an kavernösem Schwellgewebe und bindegewebigen Trabekeln lassen sich bei den Haussäugetieren zwei Penistypen unterscheiden, nämlich der fibroelastische Typ (Wiederkäuer, Schwein) und der muskulokavernöse Typ (Fleischfresser).

Die **Eichel (Glans penis)** hat an der Oberfläche ein mehrschichtiges, nicht verhorntes Plattenepithel. Sie wird bei Pferd und Fleischfressern von einem eigenen kavernösen Schwellkörper versorgt, der in seinem Aufbau den Corpora cavernosa der Harn-Samenröhre entspricht und mit ihr kommuniziert. Die Glans penis der Wiederkäuer und des Schweins besitzt nur ein subepithelial gelegenes Stratum cavernosum. Die Erektion führt bei ihnen zu keiner wesentlichen Vergrößerung der Eichel. Die drüsenlose Schleimhaut des Katers weist an der Glans penis kleine Hornstachel auf.

Die **Vorhaut (Präputium, Praeputium)** stellt eine Hautfalte dar, die sich aus einem Hautblatt (Lamina externa) und einem Innen- oder Parietalblatt (Lamina interna) zusammensetzt. Die Lamina externa gleicht in ihrem Aufbau der äußeren Haut und weist Haare und Talgdrüsen auf. Die Lamina interna zeigt nur im Anfangsabschnitt eine feine Behaarung. Sonst ist das Innenblatt haar- und drüsenlos und wird von einem mehrschichtigen Plattenepithel ausgekleidet. Es weist wie die Glans penis zahlreiche intraepitheliale freie Nervenendigungen auf. Im subepithelialen Bindegewebe finden sich weiter mechanorezeptorische Nervenendkörperchen und lymphoretikuläres Gewebe. Die nur beim Schwein ausgebildeten Präputialbeutel (Diverticulum praeputiae) sind histologisch wie die Lamina interna des Präputiums aufgebaut. Abgeschuppte Epithelzellen und Urinreste bedingen den typischen „Ebergeruch" seines Inhalts.

15.6 Hoden der Vögel

Das Hodenparenchym wird von einer bindegewebigen Kapsel, der Tunica albuginea umschlossen, die außen von einer dünnen Serosa (Epiorchium) überzogen wird. Von der Tunica albuginea ziehen zarte Bindegewebszüge in das Hodenparenchym. Die Tubuli seminiferi contorti erfahren durch das spärlich ausgebildete Bindegewebe nur eine leichte Trennung. Ein Mediastinum testis ist beim Vogel nicht vorhanden. Im Bindegewebe zwischen den Tubuli seminiferi liegen die Androgen-bildenden Leydig-Zellen. Ihre Größe und Funktion hängt vom Sexualzyklus ab. Daneben finden sich im Hodeninterstitium häufig Melanozyten. In das gefäßführende Bindegewebe eingebettet liegen Tausende von stark geschlängelten Tubuli seminiferi contorti, die ein komplexes, weiträumiges Netzwerk bilden. Seine Gesamtlänge hängt stark vom Reproduktionszyklus ab. Beim Hahn kann es zur Zeit der geschlechtlichen Aktivität 200- bis 300-mal größer sein als während der Ruhepause. Die Wand der Tubuli seminiferi contorti wird von der Membrana propria und dem Keimdrüsenepithel gebildet, dessen Aufbau nach der Geschlechtsreife im Wesentlichen dem der Säugetiere entspricht. Zwischen den Sertoli-Zellen liegen von basal nach apikal die verschiedenen Generationen von Keimzellen: Spermatogonien, Spermatozyten I. Ordnung, Spermatozyten II. Ordnung, Spermatiden und Spermien. Nach Abgabe in das Lumen der Tubuli seminiferi contorti werden die Spermien über das dorsomedial gelegene Rete testis, das einen intratestikulären, intrakapsulären und einen extratestikulären Anteil besitzt, in die Ductuli efferentes transportiert.

Abb. 15-4 Hoden, Rind, Azan-Färbung, SB 312 µm

Das Hodenparenchym besteht aus ca. 350–400 unvollständig durch Bindegewebesepten getrennte Hodenläppchen. Jedes Hodenläppchen enthält 2–6 stark gewundene Samenkanälchen (Tubuli seminiferi contorti), in denen die Spermienbildung stattfindet. Zwischen den Tubuli seminiferi contorti liegen im lockeren Bindegewebe die Testosteron bildenden Leydig-Zellen, Gefäße und Nerven. Die Tubuli seminiferi contorti münden über den Terminalen Pfropf in die Tubuli recti. Diese ziehen zu dem im Mediastinum testis gelegenen Rete testis.

1 Tubulus seminiferus contortus; 2 Terminaler Pfropf ; 3 Tubulus rectus; 4 Leydig-Zelle; 5 Arterie; 6 Vene

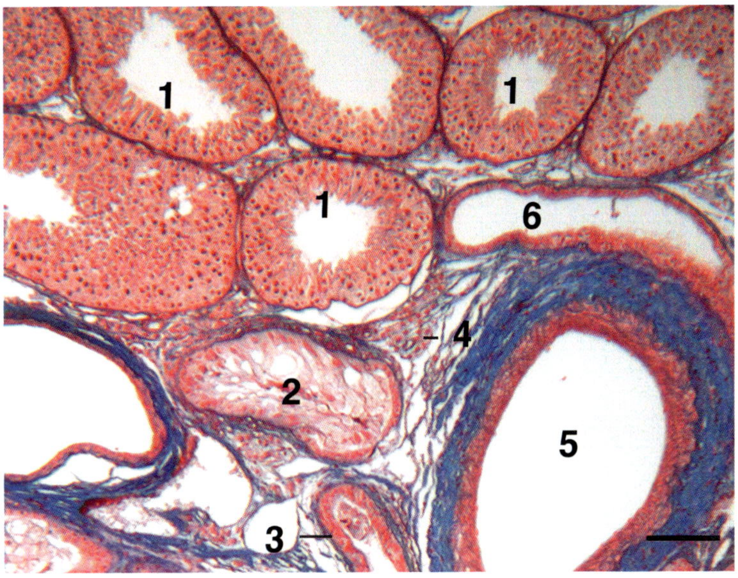

Abb. 15-5 Hoden, Schwein, Goldner-Färbung, SB 40 µm

Zwischen den Tubuli seminiferi contorti liegt das intertubuläre Areal mit den Leydig-Zellen, Bindegewebe, Gefäßen und Nerven. Leydig-Zellen haben polygonale Form und besitzen große, kugelige Kerne. Sie produzieren Androgene (männliche Steroidhormone). Beim Schwein sind die Leydig-Zellen besonders prominent und bilden auch große Mengen an Östrogenen.

1 Tubuli seminiferi contorti; 2 Sertoli-Zellen; 3 Spermatogonien; 4 Spermatozyten I. Ordnung; 5 Spermatiden; 6 Leydig-Zellen; 7 Vene; 8 Kapillare

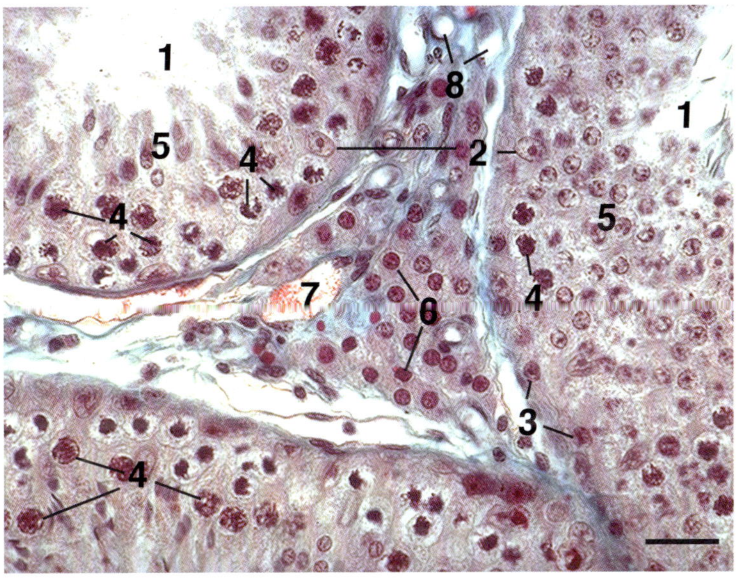

Abb. 15-6 Tubulus seminiferus, Hoden, Pferd, Hämatoxylin-Eosin, SB 20 µm

Bei der Bildung der Spermien (Spermatogenese) in den Tubuli seminiferi contorti können die mitotische Vermehrung der Spermatogonien (Spermatozytogenese), die Reifeteilung (Meiose) und die Umwandlung der rundkernigen Spermatiden in die hochdifferenzierten Spermien (Spermiogenese) unterschieden werden.

1 Sertoli-Zellen; 2 Spermatogonien; 3 Spermatozyten I. Ordnung; 4 Spermatiden in der Reifungsphase; 5 Spermien; 6 Leydig-Zelle

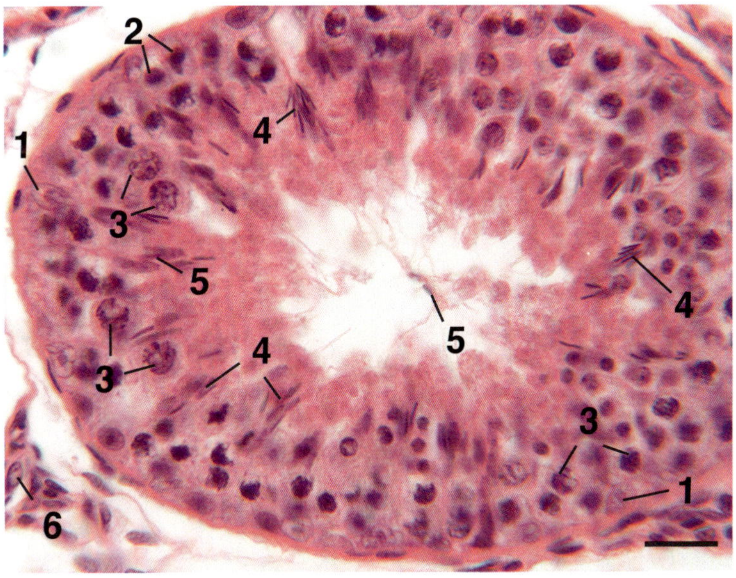

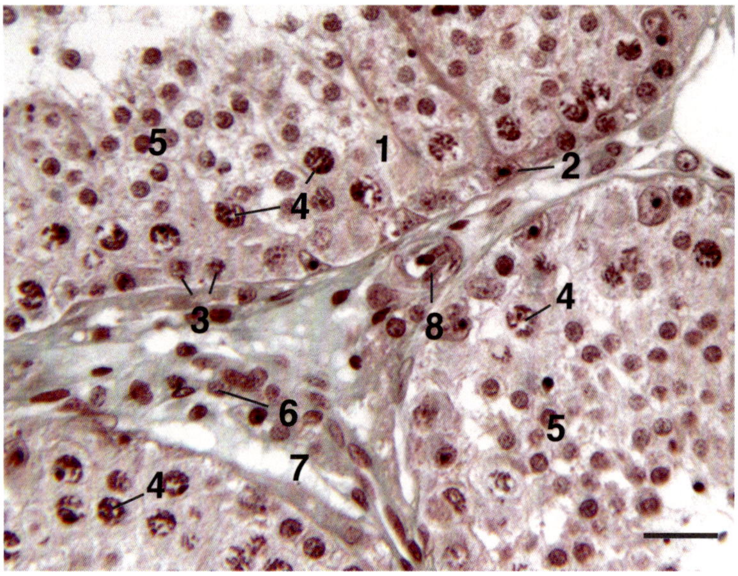

Abb. 15-7 Hoden, Hund, Goldner-Färbung, SB 40 µm

Das intertubuläre Areal enthält die in Gruppen liegenden Leydig-Zellen, Blut- und Lymphgefäße sowie elastische Fasern. Basierend auf dem Akrosomsystem der Spermatiden wird der Keimepithelzyklus beim Hund in 8 Phasen unterteilt. Wie beim Bullen enden die Tubuli seminiferi contorti mit einem terminalen Pfropf aus modifizierten Sertoli-Zellen, die phagozytieren können.

1 Keimepithel; 2 Sertoli-Zelle; 3 Spermatogonien; 4 Spermatozyten I. Ordnung; 5 Rundkernige Spermatiden; 6 Leydig-Zelle; 7 Lymphgefäß; 8 Arteriole

---

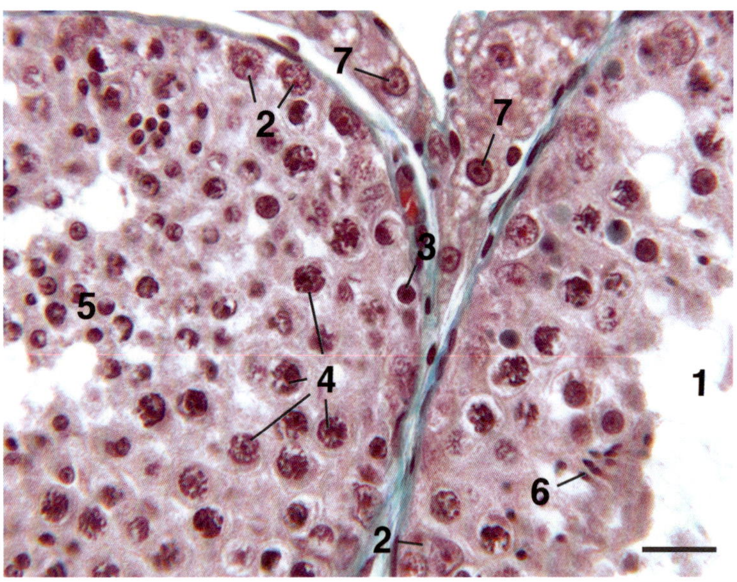

Abb. 15-8 Hoden, Katze, Goldner-Färbung, SB 20 µm

Beim Kater ist das intertubuläre Bindegewebe gut ausgebildet und enthält, ähnlich wie beim Eber, zahlreiche große Leydig-Zellen.

1 Querschnitt durch einen Tubulus seminiferus contortus; 2 Sertoli-Zellen; 3 Spermatogonie; 4 Spermatozyten I. Ordnung; 5 Rundkernige Spermatiden; 6 Elongierte Spermatiden; 7 Leydig-Zellen

---

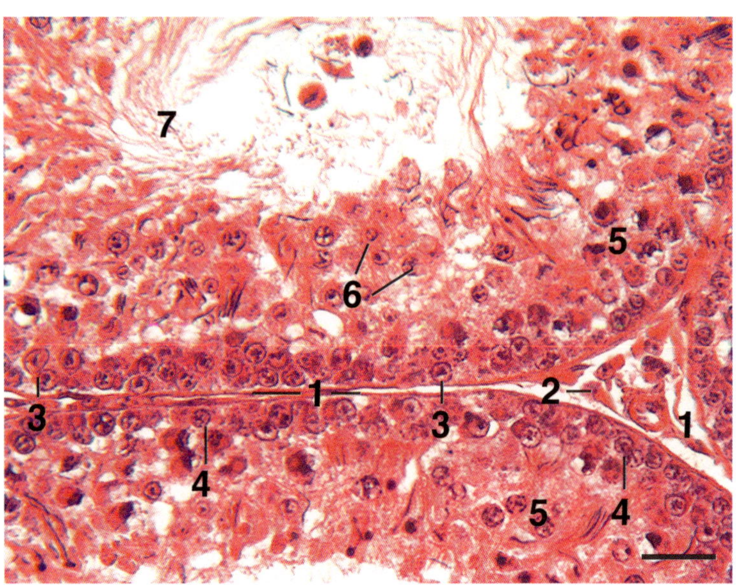

Abb. 15-9 Hoden, Wachtel, Hämatoxylin-Eosin, SB 40 µm

Der Hoden der Vögel zeigt nur eine schwache Entwicklung des intertubulären Bindegewebes in dem die spindelförmigen Leydig-Zellen lokalisiert sind.

1 Intertubuläres Bindegewebe; 2 Leydig-Zellen; 3 Sertoli-Zellen; 4 Spermatogonien; 5 Spermatozyten; 6 Spermatiden; 7 Spermien

Abb. 15-10 Tubuli seminiferi contorti, Hoden, Rind, Hämatoxylin-Eosin, SB 40 µm

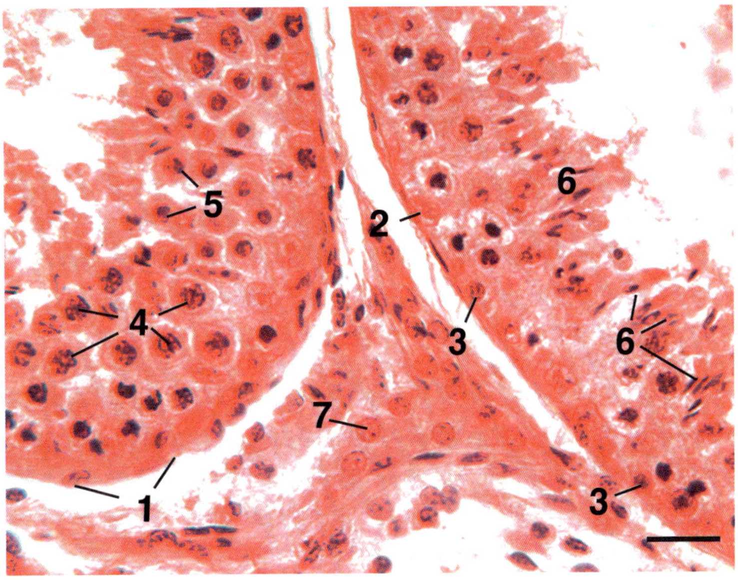

In den Tubuli seminiferi contorti findet die Spermatogenese statt. Das Keimepithel umfasst die Sertoli-Zellen, die u.a. Stütz- und Ammenfunktion für die Spermienbildung übernehmen und die Blut-Hoden-Schranke bilden, sowie die Keimzellen in den verschiedenen Stadien der Spermatogenese. Außen wird das Keimepithel von der kontraktilen Membrana propria umgeben.

1 Membrana propria; 2 Sertoli-Zelle; 3 Spermatogonien; 4 Spermatozyten I. Ordnung; 5 Rundkernige Spermatide; 6 Elongierte Spermatide; 7 Leydig-Zelle

Abb. 15-11 Terminaler Pfropf, Tubuli seminiferi contorti, Hoden, Rind, Azan-Färbung, SB 80 µm

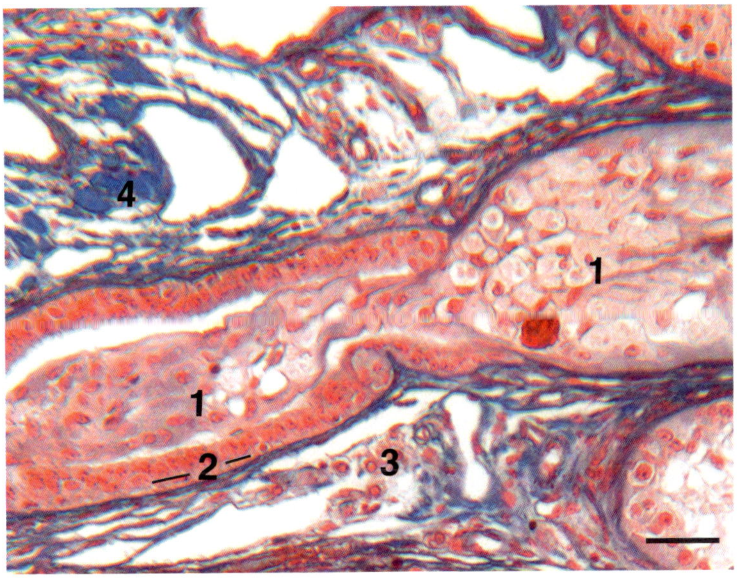

Das Endstück der Tubuli seminiferi contorti besteht aus einer trichterförmigen Struktur, dem Terminalsegment, das sich aus modifizierten Sertoli-Zellen zusammensetzt. Keimzellen fehlen in diesem Bereich. Zwischen den pfropfartig angeordneten Sertoli-Zellen befinden sich feine Kanälchen, welche die Spermien passieren müssen.

1 Terminaler Pfropf aus modifizierten Sertoli-Zellen; 2 Tubulus rectus; 3 Leydig-Zellen; 4 Bindegewebe

Abb. 15-12 Tubuli recti und Rete testis, Hoden, Rind, Azan-Färbung, SB 312 µm

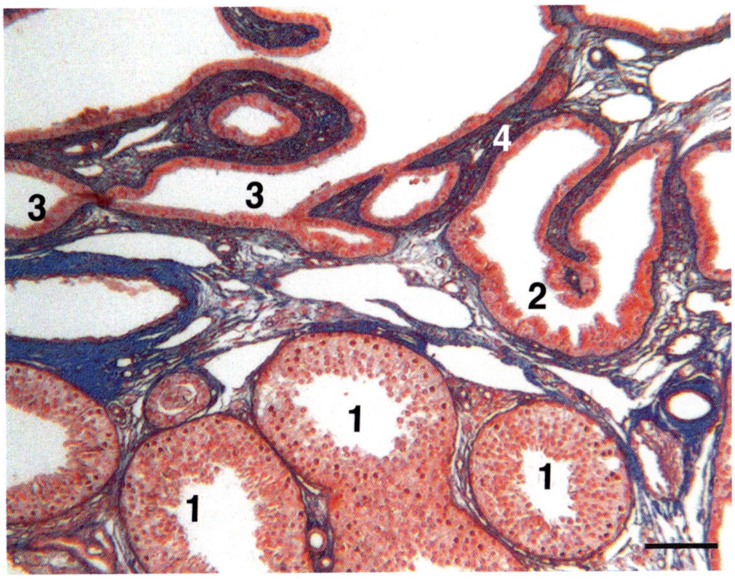

Die Tubuli recti und das Rete testis werden zum spermienableitenden System gezählt. Die Terminalsegmente der Tubuli seminiferi contorti werden über kurze, gerade verlaufende Kanalstücke, Tubuli recti, an das Rete testis angeschlossen. Sie weisen ein isoprismatisches Epithel auf. Das Rete testis, ein engmaschiges Netzwerk aus kleinen Kanälen, befindet sich im Mediastinum testis und besitzt flaches bis isoprismatisches Epithel.

1 Tubuli seminiferi contorti; 2 Tubuli recti; 3 Rete testis; 4 Bindegewebe des Mediastinum testis mit Gefäßen

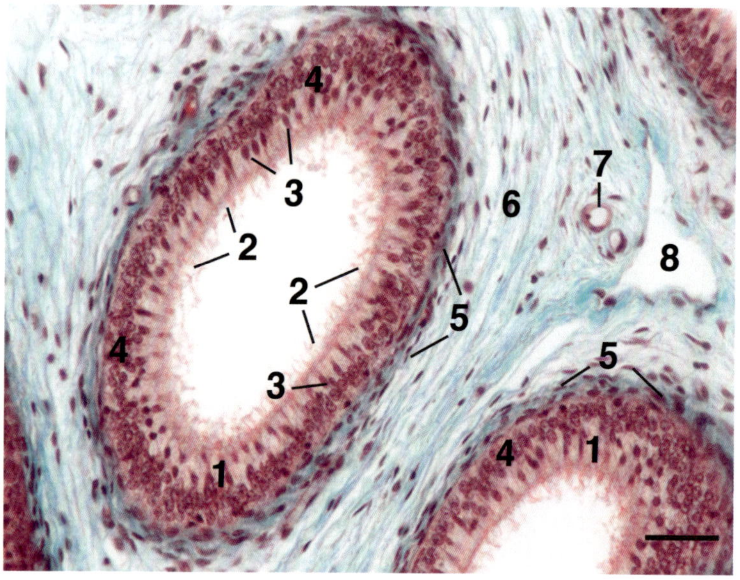

Abb. 15-13 Ductuli efferentes, Nebenhoden, Pferd, Goldner-Färbung, SB 40 µm

Die 8–12 Ductuli efferentes verbinden das Rete testis mit dem Ductus epididymidis (Nebenhodenkanal). Sie besitzen ein mehrreihiges, hochprismatisches Epithel, das resorptiv tätige Hauptzellen, Flimmerzellen und Basalzellen enthält. Die apikalen Kinozilien der Flimmerzellen sorgen für den aktiven Weitertransport der Spermien.

1 Mehrreihiges hochprismatisches Epithel; 2 Kinozilien; 3 Kerne der Kinozilien tragenden Zellen; 4 Kerne der sekretorischen Zellen; 5 Glatte Muskelzellen; 6 Bindegewebe; 7 Arteriole; 8 Lymphgefäß

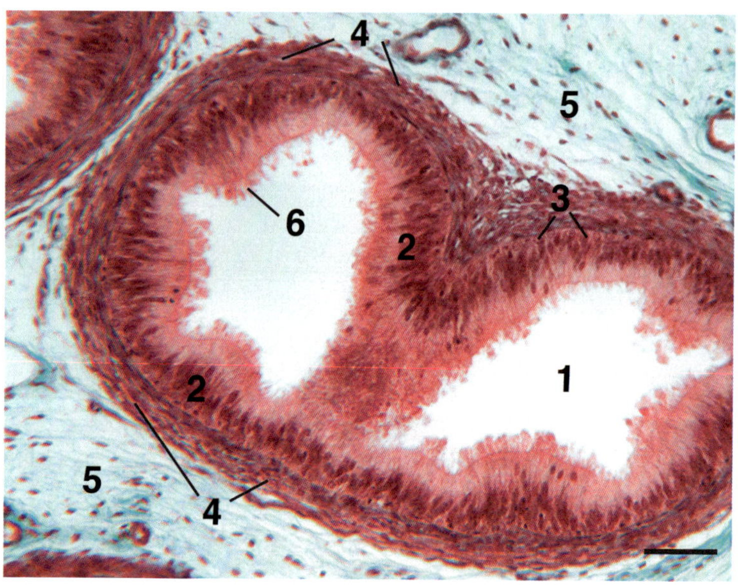

Abb. 15-14 Caput epididymidis, Nebenhoden, Rind, Goldner-Färbung, SB 40 µm

Der stark gewundene Ductus epididymidis besitzt ein mehrreihiges hochprismatisches Epithel. Dieses besteht aus Hauptzellen, die Stereozilien (lange, nicht aktiv bewegliche Mikrovilli) tragen und Basalzellen, Apikalzellen sowie in das Epithel eingewanderte Lymphozyten und Makrophagen. Während die Höhe des Epithels im Verlauf des Ductus epididymidis bis zum Nebenhodenschwanz (Cauda epididymidis) hin deutlich abnimmt, wird das Kanallumen größer.

1 Lumen; 2 Stereozilientragende Hauptzellen; 3 Basalzellen; 4 Myofibroblasten; 5 Bindegewebe; 6 Stereozilien

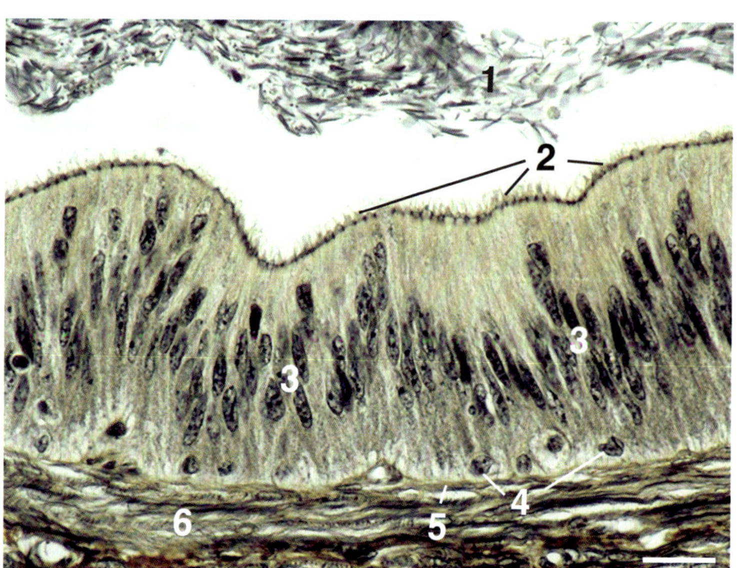

Abb. 15-15 Cauda epididymidis, Nebenhoden, Rind, Eisenhämatoxylin-Färbung, SB 18 µm

Im Nebenhodenschwanz (Cauda epididymidis) werden die Spermien gespeichert. Sie sind dicht gepackt und können lange Zeit bei relativ hoher Temperatur (ca. 5 °Celsius unter der Körpertemperatur) überleben. Die glatte Muskelschicht des Ductus epididymidis, nimmt im Vergleich zum Caput stark zu.

1 Lumen mit zahlreichen Spermien; 2 Stereozilien mit Basalkörperchen; 3 Hauptzellen; 4 Basalzellen; 5 Basalmembran; 6 Glatte Muskelzellen

Abb. 15-16 Samenleiter, Rind, van-Gieson-Färbung, SB 312 µm

Der Samenleiter (Ductus deferens) besitzt ein durch die Längsfalten der Wandmuskulatur bedingtes sternförmiges Lumen. Sein zweireihiges, hochprismatisches Epithel enthält stereozilientragende Zellen und kleine Basalzellen. Die Stereozilien selbst sind kurz. Die Lamina propria besitzt viele elastische Fasern. Eine dicke, schraubenförmig angeordnete Muskelschicht schließt sich an (Freisetzen der Spermien).

1 Lumen; 2 Spermien; 3 Epithel; 4 Lamina propria; 5 Tunica muscularis; Inset (Hämatoxylin-Eosin): Epithel des Ductus deferens, Kater, SB 80 µm

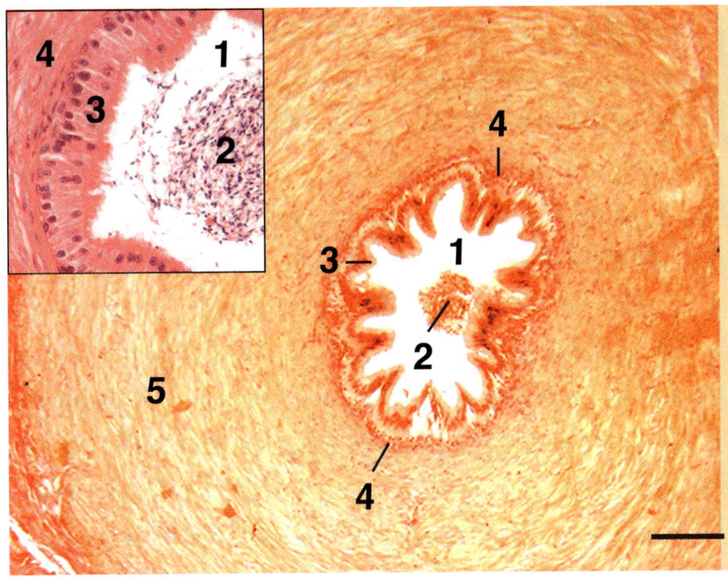

Abb. 15-17 Samenleiterampulle, Rind, Hämatoxylin-Eosin, SB 80 µm

Der Samenleiter (Ductus deferens) erweitert sich zu einer ampullenförmigen Anschwellung (Pars glandularis ductus deferentis, Ampulla ductus deferentis), bevor er in die Prostata einmündet. Die Schleimhaut ist gekennzeichnet durch starke Faltenbildung und tiefe, tubuläre Einsenkungen des Epithels, in dem zahlreiche Spermien liegen können. Das einschichtige, hochprismatische Epithel ist sekretorisch aktiv. Eine schwach ausgebildete Tunica muscularis schließt sich an.

1 Spermien; 2 Zweireihiges hochprismatisches Epithel; 3 Bindegewebe

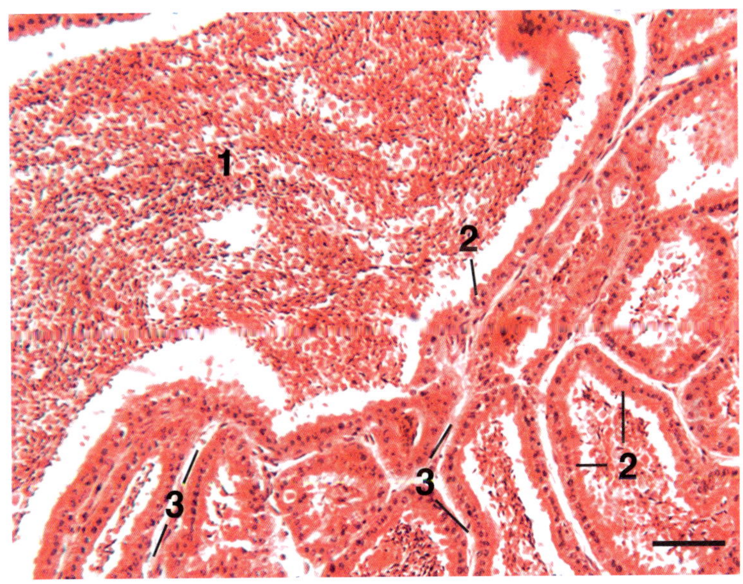

Abb. 15-18 Samenblasendrüse, Rind, Hämatoxylin-Eosin, SB 25 µm

Die paarige tubuloalveoläre Samenblasendrüse (Glandula vesicularis) gehört zu den akzessorischen Geschlechtsdrüsen. Das zweireihige Drüsenepithel besteht aus sekretorisch aktiven, iso- bis hochprismatischen Hauptzellen, die Glykogen, Peroxisomen und Lipidtröpfchen im Zytoplasma aufweisen. Beim Wiederkäuer sind im basalen Zellbereich Zwergfettzellen zu finden. Das von der Drüse gebildete gelatinöse, fruktosehaltige Sekret wird dem Seminalplasma beigemengt.

1 Lumen; 2 Drüsenepithel; 3 Zwergfettzellen; 4 Bindegewebe

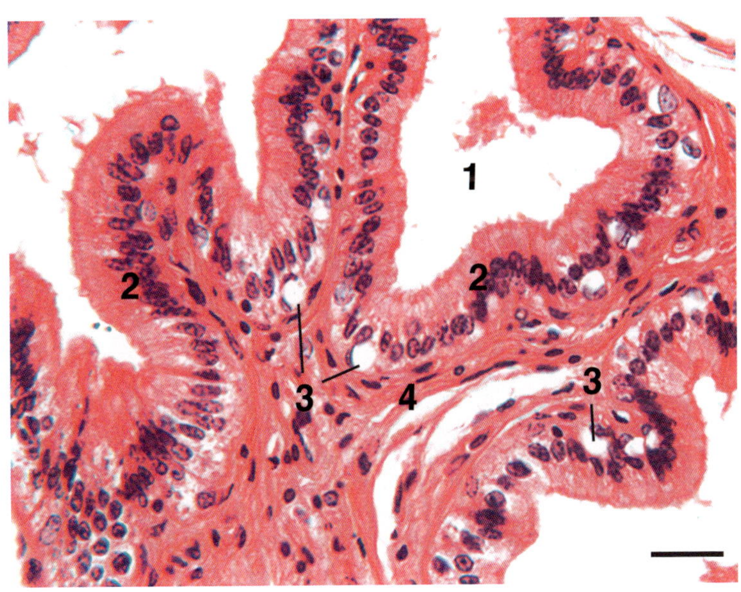

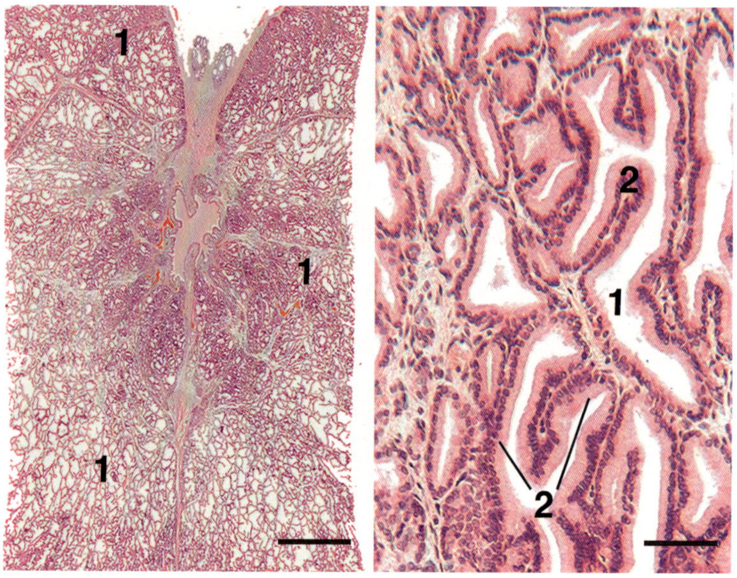

Abb. 15-19 Prostata, Rind, Hämatoxylin-Eosin

Eine Prostata ist bei allen männlichen Säugetieren ausgebildet. Das Drüsenparenchym der Prostata (Glandula prostatica) setzt sich aus 40–50 tubuloalveolären Drüsen zusammen. Das zweireihige Epithel der Alveolen besteht aus iso- bis hochprismatischen Hauptzellen und kleinen Basalzellen. Im lockeren Bindegewebsstroma sind einige glatte Muskelzellen, elastische Fasernetze und Gefäße eingelagert. Das enzymhaltige Prostatasekret wird bei der Ejakulation dem Sperma beigemengt und sorgt u.a. für deren Motilität.

Links: Übersicht über das Prostataparenchym, SB 420 µm; Rechts: 1 Drüsenlumen; 2 Drüsenepithel, SB 125 µm

---

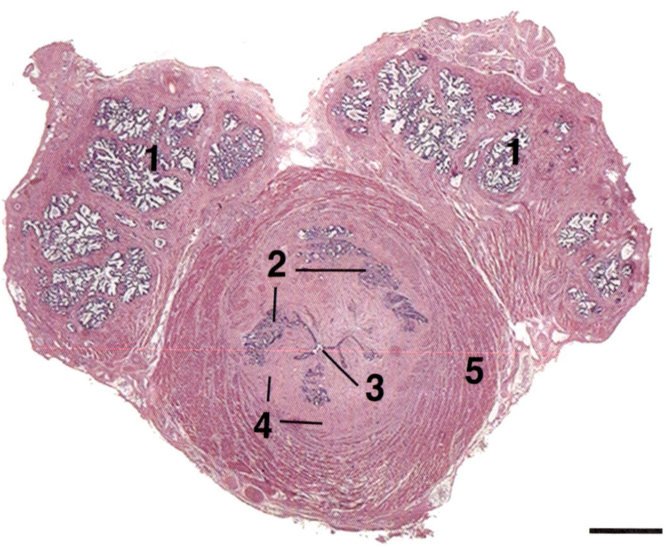

Abb. 15-20 Prostata, Hund, Hämatoxylin-Eosin, SB 825 µm

Beim Hund ist die Prostata die einzige akzessorische Geschlechtsdrüse. Sie besteht aus dem Corpus prostatae, das dem Beckenstück der Harnröhre (Urethra) außen anliegt und der Pars disseminata, die mit ihren Drüsenläppchen in die Lamina propria der Harnröhre eingebaut ist. Die Pars disseminata umschließt die Harnröhre, die mit Übergangsepithel ausgekleidet ist.

1 Corpus prostatae (Pars externa); 2 Pars disseminata (Pars interna) in Lamina propria der Urethra; 3 Urethra; 4 Lamina propria der Urethra; 5 Tunica muscularis der Urethra

---

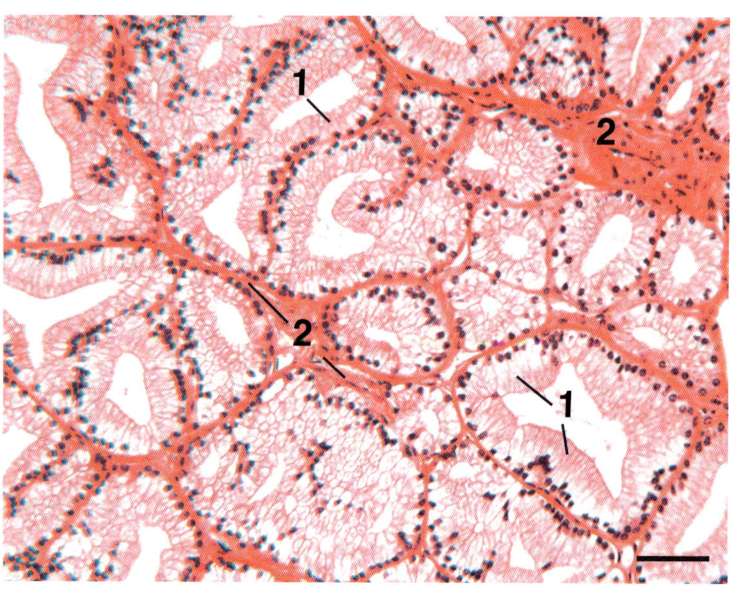

Abb. 15-21 Harnröhrenzwiebeldrüse (Glandula bulbourethralis), Rind, Hämatoxylin-Eosin, SB 80 µm

Die tubulären Drüsenendstücke sind verzweigt. Ihr muköses Sekret wird – insbesondere beim Schwein, bei dem die Glandula bulborurethralis besonders groß ausgebildet ist – in zentrale Sammelräume abgegeben. Abgesehen vom Pferd gelangt das gelatinöse Sekret über einen Hauptausführungsgang in die Harnröhre.

1 Einschichtiges hochprismatisches Drüsenepithel; 2 Bindegewebe

Abb. 15-22 Penis, Übersicht, Hund, Hämatoxylin-Eosin, SB 825 µm

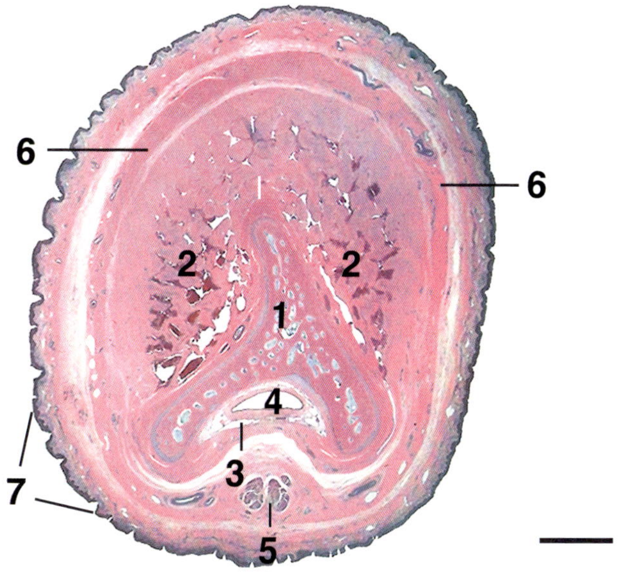

Der Penis des Hundes enthält als Besonderheit einen Penisknochen (Os penis), der von Periost überzogen ist. Dorsal des Penisknochens liegen die paarigen Corpora cavernosa penis (arterielle Schwellkörper), ventral davon befindet sich das Corpus spongiosum (venöser Schwellkörper), das die Urethra umgibt. Eine derb-elastische Tunica albuginea umgibt die Schwellkörper.

1 Penisknochen; 2 Corpus cavernosum; 3 Corpus spongiosum; 4 Urethra; 5 M. retractor penis; 6 Tunica albuginea; 7 Mehrschichtiges Plattenepithel

---

Abb. 15-23 Corpus spongiosum, Penis, Hund, Hämatoxylin-Eosin, SB 80 µm

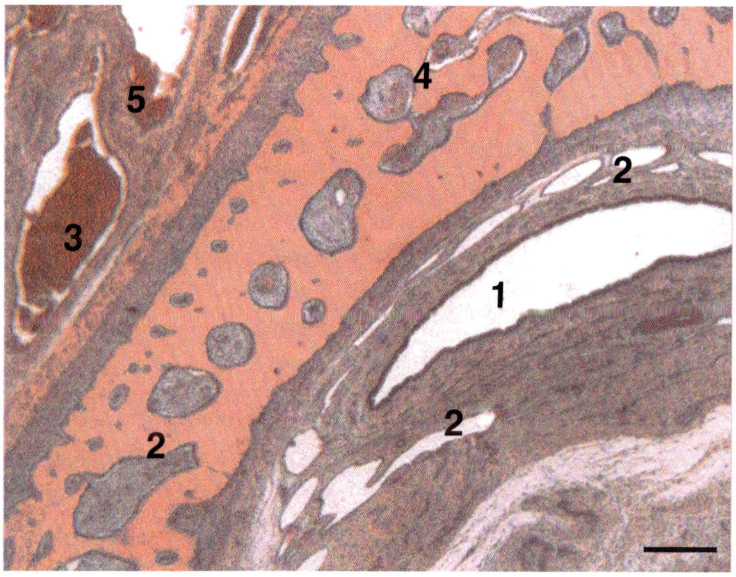

Das Corpus spongiosum umschließt die Harnsamenröhre als urethrales Schwellgewebe bis zum Schwellkörper der Eichel (Corpus spongiosum glandis). Es besteht aus anastomosierenden Venen, die ihr Lumen bei Erektion nur geringfügig ändern. Dadurch wird das Corpus spongiosum bei der Versteifung des Penis nur wenig komprimiert, was dem Sperma einen guten Durchgang durch die Harnsamenröhre gewährleistet.

1 Urethra mit Übergangsepithel; 2 Corpus spongiosum; 3 Vene des Corpus cavernosum; 4 Penisknochen; 5 Corpus cavernosum penis

---

Abb. 15-24 Penis, Rind, Hämatoxylin-Eosin, SB 80 µm

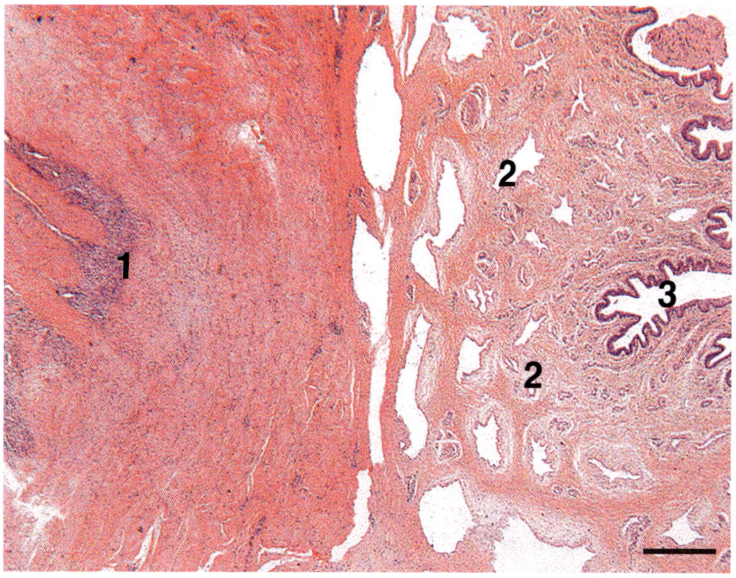

Der Bulle besitzt einen fibroelastischen Penis. Ein durchgehendes Septum penis ist nicht vorhanden, die Corpora cavernosa sind zu einem einheitlichen Schwellkörper zusammengelegt. Bei diesem Typ sind hauptsächlich fibroelastische Bindegewebsnetze zwischen den Bluträumen im Schwellkörper zu finden. In der Eichel (Glans penis), die sich bei Erektion nicht vergrößert, ist nur ein schmales, subepitheliales Stratum cavernosum ausgebildet.

1 Corpus cavernosum; 2 Corpus spongiosum; 3 Urethra

16 Weibliche Geschlechtsorgane (Organa genitalia feminina)

16.1 Ovar (Ovarium)

Das Ovar (Eierstock) ist die weibliche Keimdrüse. In ihr läuft die Bildung von Eizellen und von weiblichen Geschlechtshormonen (Östrogenen, Progesteron) eng verknüpft ab.

An seiner Außenfläche trägt das Ovar einen Peritonealüberzug, ein einschichtiges, vorwiegend kubisches Epithel (Keimdrüsenepithel). Darunter liegt eine dünne Lamina propria serosae, gefolgt von einer mäßig ausgebildeten Bindegewebsschicht (Tunica albuginea).

Am Querschnitt durch das Ovar (▶ Abb. 16-1) kann man Mark (Medulla ovarii) und Rinde (Cortex ovarii) unterscheiden. Das Mark besteht aus spinozellulärem Bindegewebe. Darin eingebettet findet man zahlreiche Blut- und Lymphgefäße, Nervenfasern und Reste des Rete ovarii. In der Rinde des Ovars liegen Follikel verschiedener Entwicklungsstadien und Gelbkörper. Bei den Equiden ist die Rinde zum größten Teil vom Mark umschlossen. Nur im Bereich der Fossa ovarii (Ovulationsgrube), wo die Ovulationen erfolgen, bildet die Rinde die äußerste Schicht.

16.1.1 Merkmale der Follikelreifungsstadien (▶ Abb. 16-2)

Primordialfollikel: Zirka 30 µm, Eizelldurchmesser ca. 25–30 µm. Die Eizelle (Oozyte I. Ordnung, Ovocytus primarius) ist klein, das Follikelepithel einschichtig und flach. Die Primordialfollikel liegen in der Rinde des Ovars, in der das Stroma arkadenförmig angeordnet ist. Nach außen wird dieses besondere Kompartiment durch die Tunica albuginea des Ovars begrenzt. Die Blutversorgung dieser Schicht ist spärlich. Nur wenige kleine Gefäße, Kapillaren und Arteriolen sind hier vorhanden. In den Primordialfollikeln werden die Eizellen als primäre Oozyten über die gesamte fertile Lebenszeit gespeichert und können in diesem Ruhestadium über einen jahrzehntelangen Zeitraum aktivierungsfähig bleiben.

Primärfollikel: 40–50 µm, Eizelldurchmesser 30–40 µm. In jedem Zyklus werden mehrere der ruhenden Primordialfollikel aktiviert. Nach der Aktivierung beginnt die Eizelle zu wachsen. Auch die Follikelzellen nehmen an Größe zu Das Follikelepithel wird kubisch bis hochprismatisch, bleibt aber noch einschichtig.

Sekundärfollikel: Es kommt zur weiteren Größenzunahme der Eizelle (je nach Tierart auf 50–100 µm) und des Follikels (100–200 µm). Mit der Aktivierung beginnt eine starke mitotische Tätigkeit der Follikelzellen. Die Proliferation setzt an zwei gegenüberliegenden Polen ein. Follikel und Eizelle wachsen, die Follikelwand wird mehrschichtig und damit zum rundlichen oder ovoiden Sekundärfollikel. Die Zahl der Schichten ist tierartlich verschieden. Bei Rind und Schaf können bis zu zehn Schichten entstehen. Bei der Katze sind es weniger. Der durch die Vielschichtigkeit gekennzeichnete Sekundärfollikel liegt noch in der Rindenschicht. In ihm vollzieht sich die Differenzierung der Eizelle. Im Sekundärfollikel erreicht das Ei nahezu seine endgültige Größe und erfährt dabei seine für jede Spezies charakteristische Zelldifferenzierung. Um die Eizelle kommt es zur Ausbildung der Zona pellucida. Die aus mehreren Glykoproteinen (Zona-pellucida[ZP]-Proteinen, ZP1 bis ZP4) bestehende Schicht lässt sich gut durch die PAS-Reaktion darstellen. Mit der zunehmenden Dicke der Zona kommt es zu einer Verlängerung der Mikrovilli der Eizelle und der Fortsätze der Follikelzellen, die beide in die Zona hinein- bzw. durch sie hindurchreichen. In der Folge treten im mehrschichtigen Follikelepithel vermehrt flüssigkeitsgefüllte Hohlräume auf.

Tertiärfollikel: Der Follikeldurchmesser variiert in Abhängigkeit von der Tierart und Entwicklungsstadium. Die sprungreifen Follikel (Graaf Follikel) haben einen Durchmesser von 250–50.000 µm (Pferd). Der Eizelldurchmesser variiert korrespondierend dazu zwischen 80–140 µm.

Die Hohlräume zwischen den Follikelepithelzellen des Sekundärfollikels fließen zu einer einheitlichen Follikelhöhle (Antrum) zusammen, die mit hormonhaltigem (Östrogene) Liquor folliculi gefüllt ist. Die Eizelle nimmt eine exzentrische Position im Follikel ein und wird vom Cumulus oophorus umschlossen. Die in ihm liegende Eizelle ist von Corona-radiata-Zellen und Intermediärzellen umgeben. Während der Antrumbildung verlagert sich der Tertiärfollikel aus der Rindenschicht in einen markwärts gelegenen, besser durchbluteten Ovarbereich. Die Follikelwand des Tertiärfollikels besteht aus dem mehrschichtigen Follikelepithel, das einer Basalmembran aufsitzt und einer bindegewebigen Theca folliculi (s.u.).

Am Follikelepithel (Stratum granulosum), das den Tertiär- bzw. den späteren Graaf-Follikel auskleidet, kann man von außen nach innen (zum Antrum hin) verschiedene Zellarten unterscheiden:

- **Basalzellen** stellen die äußerste Zellschicht des Follikels dar. Ihre Anordnung in ein hochprismatisches Epithel beginnt im reifen Sekundärfollikel. Ihre Differenzierung setzt sich im Tertiärfollikel fort. Sie bilden an ihrer Basis kurze Fortsätze aus. Die Basalzellen wandeln die von der Theca gebildete Androgene in Östrogene um.
- **Intermediärzellen** folgen lumenwärts den Basalzellen. Über sie werden Östrogene in die Follikelflüssigkeit und zur Eizelle oder umgekehrt in den Blutstrom außerhalb des Follikels transportiert. Auch andere Stoffe, die das Ei zu seiner Differenzierung braucht, werden über die Intermediärzellen transportiert.
- **Follikelzellen** am Lumen kleiden die Follikelhöhle aus und produzieren den größten Teil des Liquor folliculi, einer eiweißreichen, hormonhaltigen Flüssigkeit.

Im Tertiärfollikel werden die **Theca interna** und die Theca externa ausgebildet. Dabei wandeln sich ehemalige Zellen des Ovarstromas zu den großen epitheloiden, Testosteron bildenden Theca-interna-Zellen um. Die **Theca externa** besteht aus Bindegewebe, das parallel zur Follikeloberfläche angeordnet ist und die Umhüllung des Follikels darstellt. In ihr verlaufen die Arteriolen, aus denen das Kapillarnetz

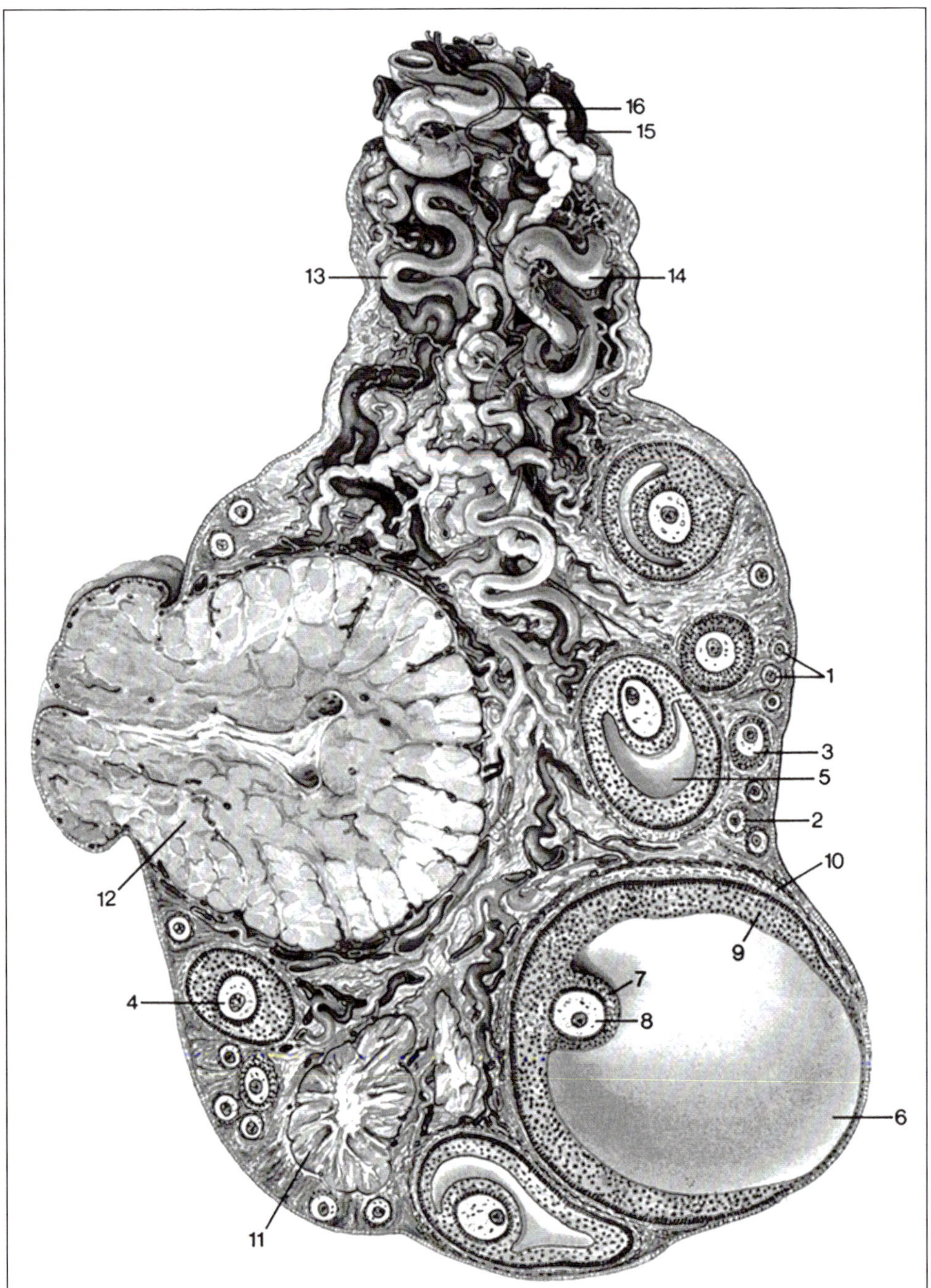

Abb. 16-1 Schematische Darstellung der Funktionsgebilde im Ovar des Rindes im Stadium des Diöstrus.
1 Primordialfollikel; 2 Primärfollikel; 3 Junger Sekundärfollikel; 4 Reifer Sekundärfollikel; 5 Antrumbildung im jungen Tertiärfollikel; 6 Großer Tertiärfollikel; 7 Cumulus oophorus; 8 Eizelle; 9 Follikelzellen; 10 Theca folliculis mit Theca interna und Theca externa; 11 Atretischer Follikel; 12 Corpus luteum im Blütestadium; 13 A. ovarica; 14 V. ovarica; 15 Lymphgefäße; 16 Nervenfasern des vegetativen Nervensystems

in der Theca interna gespeist wird. Die Theca externa hat hauptsächlich mechanische Funktionen und grenzt den Tertiärfollikel unscharf gegen das Ovarialstroma ab.

Graaf-Follikel (sprungreifer Follikel): Die Follikelhöhle vergrößert sich weiter. Durch seine Lage dicht unter der Oberfläche des Ovars wölbt sich der Graaf-Follikel deutlich über die Ovaroberfläche vor.

Die meisten Follikel gelangen nicht zur Sprungreife, sie werden atretisch. Atretische Follikel früher Entwicklungsstadien werden relativ schnell resorbiert. Bei Tertiärfollikeln ist der Umbau komplizierter und nimmt längere Zeit in Anspruch.

Nach der Ovulation kommt es zur Bildung eines Gelbkörpers, des Corpus luteum periodicum, oder, wenn eine Befruchtung der ovulierten Eizelle erfolgte, zur Bildung eines Corpus luteum graviditatis. Nach der Ovulation wird das Lumen des Graaf-Follikels zunächst mit Blut gefüllt (Corpus hämorrhagicum). Aus der Theca interna dringen Gefäße über das Stratum granulosum in die ehemalige Follikelhöhle ein. Mit ihnen gelangen Makrophagen und Fibroblasten in das Blutkoagulum. Die Follikelzellen der kollabierten Follikelwand wandeln sich in den nächsten Tagen schnell zu den Granulosa-Luteinzellen (große Luteinzellen, Granulosaluteocyti) um. Aus eindringenden Fibroblasten der Theca interna entstehen Theca-Luteinzellen (kleine Luteinzellen, Thecaluteocyti).

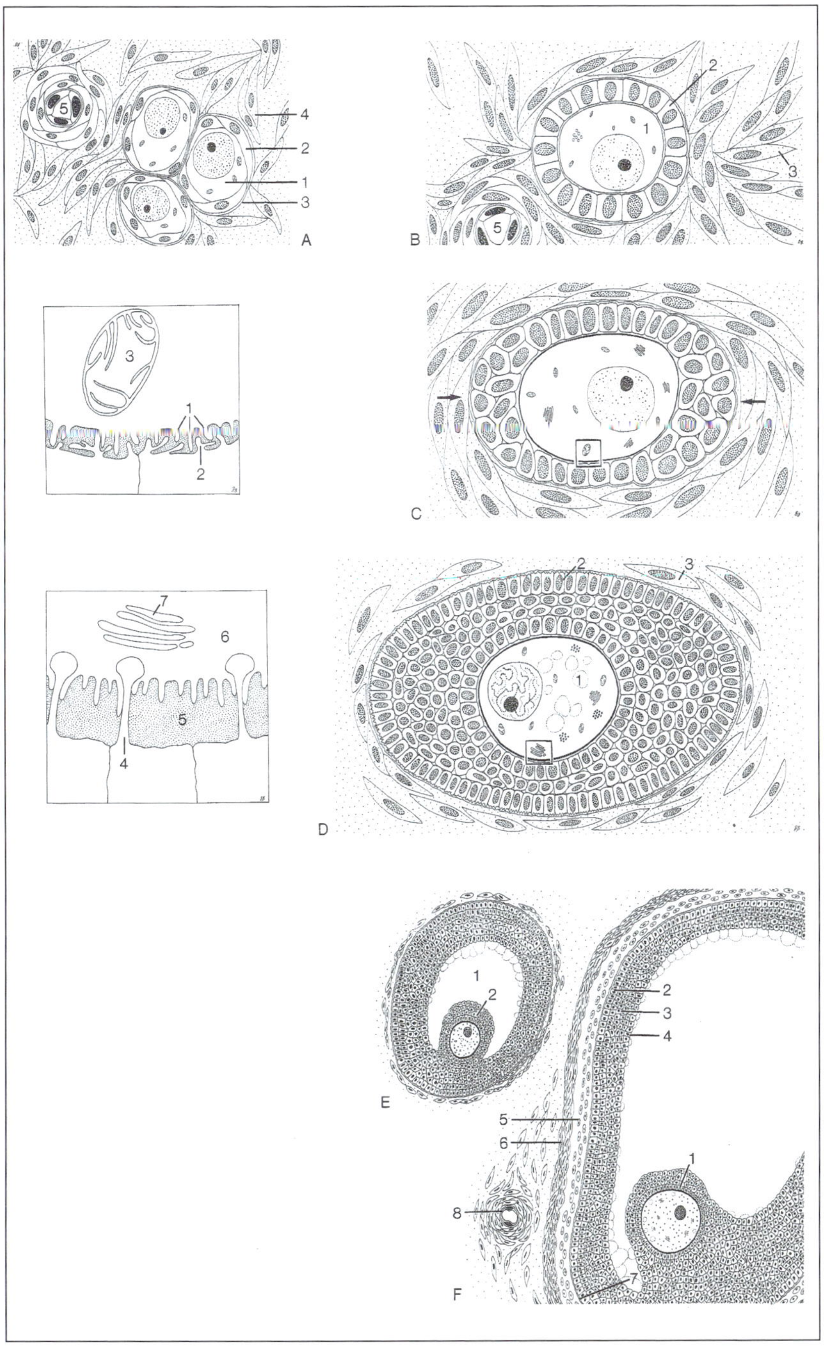

Abb. 16-2 Schematische Darstellung für die Entwicklung des Follikels und der Differenzierung der Eizelle beim Rind.
A Primordialfollikel (Ruhestadium).
Die primäre Ovozyte (1) ist von flachen Follikelzellen (2) umgeben. Der Follikel wird durch eine Basalmembran (3) von den umgebenden Bindegewebszellen (4) abgegrenzt. 5 Arteriole
B Primärfollikel (aktivierter Follikel).
Wachstums- und Differenzierungsbeginn der primären Ovozyte (1).
Die Follikelzellen werden isoprismatisch.
3 Bindegewebszellen
C Proliferationsbeginn der Follikelzellen an zwei gegenüberliegenden Polen (Pfeile), deren Zellmembranen (Inset links: Ausschnitt aus dem Randbereich der Ovozyte) Mikrovilli ausbildet. 3 Mitochondrium
D Mehrschichtiger Sekundärfollikel mit Eizelle (1) und beginnender Entwicklung der basalen Follikelzellschicht (2).
Die Entwicklung der Theca folliculi (3) beginnt. Inset links: Ausschnitt aus dem Randbereich der Ovozyte. Die Corona-radiata-Zellfortsätze (4) durchdringen die Zona pellucida (5) und verbinden sich mit der Zellmembran der primären Ovozyte (6). 7 Golgi-Feld
E Kleiner Tertiärfollikel mit Antrum (1).
Die Ovozyte liegt exzentrisch im Cumulus oophorus (2).
F Großer Tertiärfollikel. Die Follikelzellen haben sich in unterschiedliche Populationen differenziert (2) Basalzellen, (3) Intermediärzellen und (4) das Lumen begrenzende Follikelzellen. Außen wird der Follikel von der Theca interna (5) und Theca externa (6) begrenzt. Zwischen der Theca interna und den Basalzellen liegt eine gut ausgebildet Basalmembran (7).
8 Blutgefäß

Beide Typen von Luteinzellen sezernieren Progesteron. Bindegewebig-narbige Reste eines zugrunde gegangenes Corpus luteum werden als Corpus albicans bezeichnet.

16.2 Eileiter (Tuba uterina, Salpinx)

Vom Infundibulum des Eileiters wird die ovulierte Eizelle aufgenommen und in der Ampulla von den durch die Kontraktionen der glatten Eileitermuskulatur hoch transportierten Spermien befruchtet. Über den Eileiter erreichen dann die frühen Embryonen (meist noch im Blastozystenstadium) nach der Befruchtung innerhalb weniger Tage (Rind fünf bis sechs Tage) den Uterus.

Nach morphologischen Gesichtspunkten können am Eileiter folgende Abschnitte unterschieden werden: Infundibulum, Ampulla, Isthmus und Pars uterina. Das trichterförmige Infundibulum besitzt an seinem freien Rand fächerartig angeordnete Fimbrien. Seine Öffnung kommuniziert frei mit der Bauchhöhle, wodurch gelegentlich eine befruchtete Eizelle retrograd in die freie Bauchhöhle fallen kann. Die Ampulla tubae ist der längste und dickste Abschnitt des Eileiters. Dort findet die Befruchtung der Eizelle statt. Der Isthmus tubae ist kurz und geschlängelt. Seine Wand, insbesondere seine glatte Muskulatur ist deutlich dicker als in den vorangegangenen Teilen. Die Pars uterina ist in die Wand der Uterushornspitze eingelagert. Sie hat das engste Lumen aller Eileiterabschnitte.

Die Wand des Eileiters ist dreischichtig. Von innen (Lumen) nach außen können folgende Schichten unterschieden werden:

- Tunica mucosa
- Tunica muscularis
- Tunica serosa

Die **Tunica mucosa** besteht aus einem einschichtigen hochprismatischen Epithel und einer Lamina propria mucosae aus lockerem, feinfaserigen Bindegewebe. Die Schleimhaut des Eileiters ist in Primär, Sekundär- und Tertiärfalten gelegt, um die Oberfläche des Eileiters zu vergrößern. Das Epithel enthält kubische bis hochprismatische Flimmerzellen mit besonders langen Kinozilien und sezernierende Zellen (Drüsenzellen), die gegen das Lumen etwas vorgewölbt sein können. Wie auch im Uterus lassen sich im Eileiterepithel charakteristische zyklische Veränderungen feststellen.

Die **Tunica muscularis** nimmt uteruswärts an Stärke zu. Die glatten Muskelzellen sind in Spiralen angeordnet, die innen (lumenwärts) steiler und außen flacher verlaufen.

Die **Tunica serosa** weist die übliche Struktur des Peritoneums auf.

16.3 Gebärmutter (Uterus)

Im Unterschied zum Menschen mit einem Uterus simplex weisen alle Haustiere einen Uterus bicornis mit zwei Hörnern (Cornua uteris) auf.

Auf einem Schnitt durch die Uteruswand lässt sich der dreischichtige Aufbau des Organs erkennen:

- Endometrium (griech. metra: Gebärmutter): Schleimhaut mit Uterindrüsen
- Myometrium: Muskelschicht
- Perimetrium: Peritonealüberzug (Serosa) und subseröses Bindegewebe

Als Parametrien bezeichnet man die an den Uterus angrenzenden Bindegewebsräume.

Die im Ruhezustand gefaltet erscheinende **Gebärmutterschleimhaut (Endometrium, Tunica mucosa uteri)** ist besonders stark den zyklischen Veränderungen unterworfen. Sie besteht aus einem einschichtigen hochprismatischen Epithel und einer darunter gelegenen relativ breiten Lamina propria mucosae. Im Epithel finden sich Flimmerzellen mit gut ausgebildeten Kinozilien und sekretorische Zellen mit apikalen Mikrovilli. In der Regel überwiegen die sekretorischen Zellen deutlich, aber das Verhältnis der beiden Zelltypen wechselt in den einzelnen Zyklusphasen. Der dritte Zelltyp, die Stiftchenzellen sind degenerierte Epithelzellen, die abgestoßen werden.

Diese Lamina propria mucosae enthält die schlauchförmigen, bisweilen auch verzweigten Uterindrüsen, die während des Zyklus hormonbedingten Veränderungen unterworfen sind.

Das **Myometrium**, die Muskelschicht, bildet die Hauptmasse der Uteruswand. Es besteht aus zahlreichen, eng verflochtenen Bündeln glatter Muskelzellen. Zwischen den Muskelfaserbündeln befindet sich kollagen-elastisches Bindegewebe. Die Muskelbündel der Haltebänder des Uterus (Ligamentum ovarii proprium, Ligamentum teres uteri, Ligamentum latum) strahlen fächerförmig in das Myometrium ein. Die glatten Muskelzellen haben einen spiraligen Verlauf, die dem Uterus (zusammen mit der Hypertrophie der glatten Muskelzellen) während der Gravidität die rasche Größenzunahme und nach der Geburt das schnelle Zusammenziehen erlauben. Am histologischen Schnitt kann man eine stark entwickelte innere Schicht mit vorwiegend zirkulärer Anordnung der glatten Muskelzellen und eine schwächere longitudinale Schicht unterscheiden.

Der Uterus der Wiederkäuer ist durch das Vorkommen von Karunkeln (Carunculae) gekennzeichnet. Diese bilden bei einer Gravidität mit korrespondierenden Trophoblastarealen, den Kotyledonen, eine speziestypische Anzahl von Plazentomen. Wiederkäuer haben damit eine Placenta cotyledonaria (Placenta multiplex). Die Lamina propria mucosae ist im Bereich der Karunkel weitgehend drüsenfrei. Ihr retikuläres Bindegewebe ist sehr zellreich und weist zahlreiche Lymphozyten auf.

16.3.1 Gebärmutterhals (Cervix uteri)

Die **Tuncia mucosa** zeigt zahlreiche, in das Lumen vorspringende Falten, die teilweise kleine Sekundärfalten und Tertiärfalten aufweisen. Das einschichtige, hochprismatische Epithel sezerniert den zähflüssigen Zervikalschleim, der außerhalb des Östrus für den völligen Verschluss des äußeren Muttermunds sorgt. Während der Brunst erfolgt die Bildung einer großen Menge dünnflüssigen Schleims. Die Zervix wird während dieser Zeit für die Spermien passierbar. Drüsen kommen in der Lamina propria mucosa der Zervix nur bei den Fleischfressern vor. Da die Zervix uteri dem Verschluss und der Öffnung des Uterus dient, ist sie durch eine besonders mächtige **Tunica muscularis** gekennzeichnet, in der auch eine große Zahl von kollagenen und elastischen Fasern vorkommt.

16.4 Scheide (Vagina)

Die **Tunica mucosa** besitzt ein hohes mehrschichtiges unverhorntes Plattenepithel, dessen Zellen einen hohen Glykogengehalt aufweisen. Das Epithel ist durch hohe Bindegewebspapillen mit der Lamina propria mucosae verbunden. Diese Schicht ist relativ breit, Drüsen fehlen. Auffällig sind deutlich ausgebildete Venengeflechte. Auch das Vaginalepithel unterliegt zyklusabhängigen Veränderungen, die beim Hund und den Labornagern durch die Abstrichdiagnostik erfasst werden können. Vor der Ovulation (durch die Östrogenwirkung) erreicht das Epithel in der Follikelphase seine größte Dicke. Im Abstrich überwiegen die großen, flach ausgebreiteten Superfizialzellen, die vorwiegend azidophil sind und kleine pyknotische Kerne besitzen. In der Sekretionsphase beginnt unter Progesteroneinfluss eine Rückbildung (Regression) des Epithels. Die Zellabstoßung (Desquamation) ist vermehrt, die Epithelhöhe nimmt deutlich ab, der Glykogengehalt ist geringer, die Leukozytenzahl ist vermehrt. Im Abstrich dominieren mittelgroße, vorwiegend basophile Zellen mit eingerollten Rändern und großen Kernen. Sie stammen aus der oberen Intermediärschicht.

Während der Gravidität ist eine Hyperplasie und Hypertrophie aller Gewebsbestandteile (Epithel, Bindegewebe, Muskulatur, Blut- und Lymphgefäße) festzustellen. Die Vagina wird so allmählich auf die starke Dehnungsbeanspruchung während der Geburt vorbereitet.

Die **Tunica muscularis** zeigt ein starkes Bindegewebsgerüst mit locker eingelagerten Bündeln von glatten Muskelzellen, die spiralig angeordnet sind. In der Innenschicht verlaufen die Muskelzellen zirkulär, in der Außenschicht mehr longitudinal, ohne dass man aber von einer deutlichen Ring- oder Längsmuskelschicht sprechen könnte.

16.4.1 Scheidenvorhof (Vestibulum vaginae) und Scham (Vulva)

Der Wandaufbau des Vestibulum vaginae entspricht weitgehend dem der Vagina. Allerdings zeigt das mehrschichtige Plattenepithel des Scheidenvorhofs kaum zyklusbedingte Unterschiede. Die **Lamina propria mucosae** enthält die kleine Vorhofdrüsen (Glandulae vestibulares minores). Bei Katze und den Wiederkäuern findet sich auch eine große paarige Vorhofdrüse (Glandula vestibularis major, Bartholin-Drüse). Die Vorhofdrüsen bilden ein schleimiges Sekret, das während der Paarung als Gleitmittel dient.

Das mehrschichtig unverhornte Plattenepithel des Scheidenvorhofs (Vestibulum vaginae) geht allmählich in die tierartlich unterschiedlich geformten Schamlippen (Labia vulvae) über. Diese sind von äußerer Haut bedeckt, die feine Haare und eine große Zahl von Talgdrüsen aufweist. Auch zahlreiche sensible und vegetative Nervenfasern lasen sich dort nachweisen. Quergestreifte Muskelfasern bilden den M. constrictor vulae. Die Schamlippen sind reichlich mit Blut- und Lymphgefäßen versorgt. Die Klitoris (Kitzler) zeigt einen ähnlich Aufbau wie der Penis. Bei Hund und Pferd besitzt die Glans clitoris einen echten Schwellkörper. Bei den übrigen Haussäugetieren ist nur gut vaskularisiertes Bindegewebe vorhanden.

16.5 Ovar der Vögel

Bei den meisten Vogelarten entwickelt sich nur das linke Ovar (und damit auch nur die linke Anlage des weiblichen Geschlechtssystems) als voll funktionsfähiges Organ. Das rechte Ovar ist zwar embryonal angelegt, wird aber schon während der Embryonalentwicklung wieder weitgehend zurückgebildet. Während der Fortpflanzungsperiode nimmt das Ovar stark an Größe zu und erscheint traubenartig ausgebildet. Die unterschiedlichen Stadien der Follikulogenese sind dabei in einem gut vaskularisierten gefäßreichen Stroma eingebettet. Bei den Follikeln lassen sich nach der Größe und dem Dottergehalt die kleinen weißen und die dotterhaltigen gelben Follikel unterscheiden. Bei den gelben Follikel lässt sich eine klare Hierarchie erkennen (F1- bis F5-Follikel). Das Follikelepithel bleibt, im Unterschied zum Säuger, stets einschichtig. Ein Antrum folliculi wird ebenfalls nicht ausgebildet, die Eizelle füllt in jedem Stadium den gesamten Follikel aus. Beim Huhn kommt während der Legeperiode im Abstand von ca. 24 Stunden jeweils ein großer F1-Follikel zur Ovulation (präovulatorischer Follikel). Dabei wird eine reife, polylecithale Oozyte, die noch von der perivitellinen Membran (sie entspricht der Zona pellucida der Säugetiere) umgeben wird ovuliert und vom Infundibulum des Eileiters aufgefangen. Ein Corpus luteum wird bei Vögeln nicht ausgebildet.

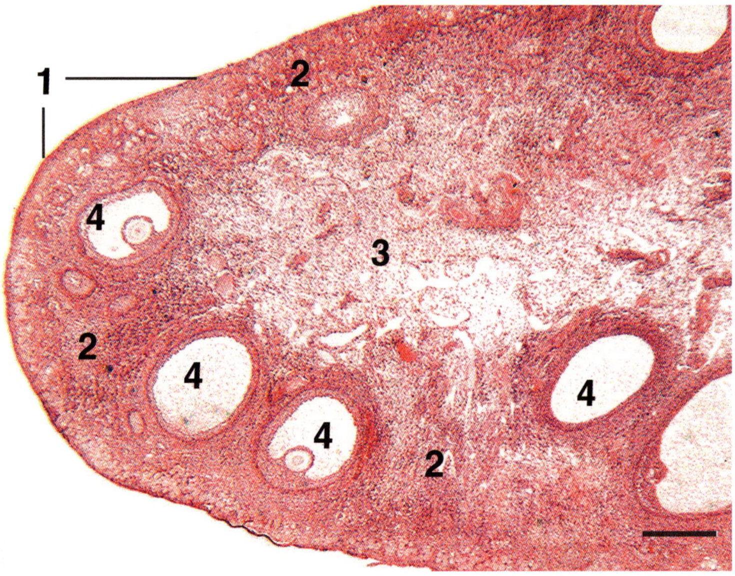

Abb. 16-3 Ovar, Übersicht, Katze, Hämatoxylin-Eosin, SB 312 µm

Das Ovar wird nach außen vom Keimdrüsenepithel abgegrenzt. Darunter ist die bindegewebige Tunica albuginea zu finden, deren Fasern ins Innere des Organs einstrahlen. Im Ovar können eine äußere Rindenzone (Cortex ovarii, Zona parenchymatosa) und eine innere Markzone (Medulla ovarii, Zona vasculosa) unterschieden werden. In der Rinde liegen Follikel und Gelbkörper (Corpora lutea) als Funktionsgebilde. Das Mark enthält hauptsächlich spinozelluläres Bindegewebe, Gefäße und Nerven.

1 Keimdrüsenepithel; 2 Rindenzone; 3 Markzone; 4 Tertiärfollikel

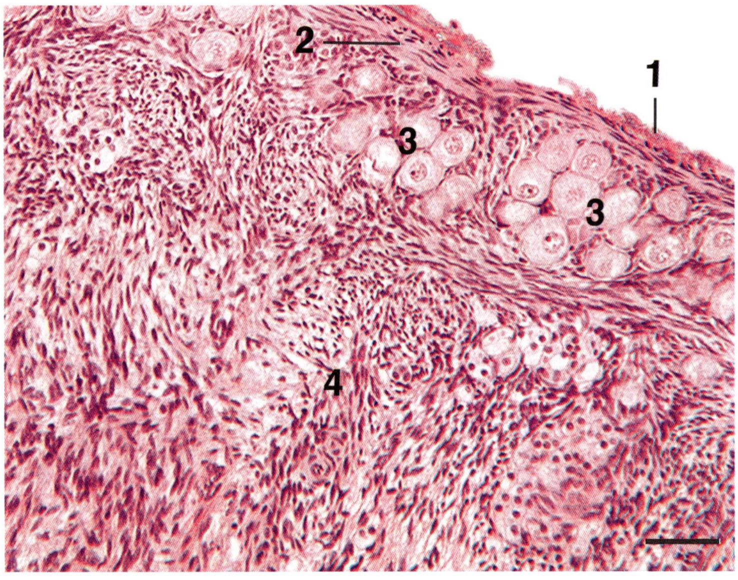

Abb. 16-4 Eierstocksrinde (Cortex ovarii), Primordialfollikel, Katze, Hämatoxylin-Eosin, SB 80 µm

In der Rinde des Ovars liegen die verschiedenen Follikelstadien sowie Gelbkörper. Im äußersten Randbereich des Ovars sind Ballen von Primordialfollikeln lokalisiert. Sie bestehen aus Oozyten (in der Prophase der Meiose I) und flachem Follikelepithel. Das Stroma der Rinde besteht aus spinozellulärem, lockeren Bindegewebe, dessen fibrozytenartige Zellen multipotente Fähigkeiten wie Regeneration, Teilung, Phagozytose und Hormonbildung besitzen.

1 Keimdrüsenepithel; 2 Tunica albuginea; 3 Primordialfollikel; 4 Spinozelluläres Bindegewebe

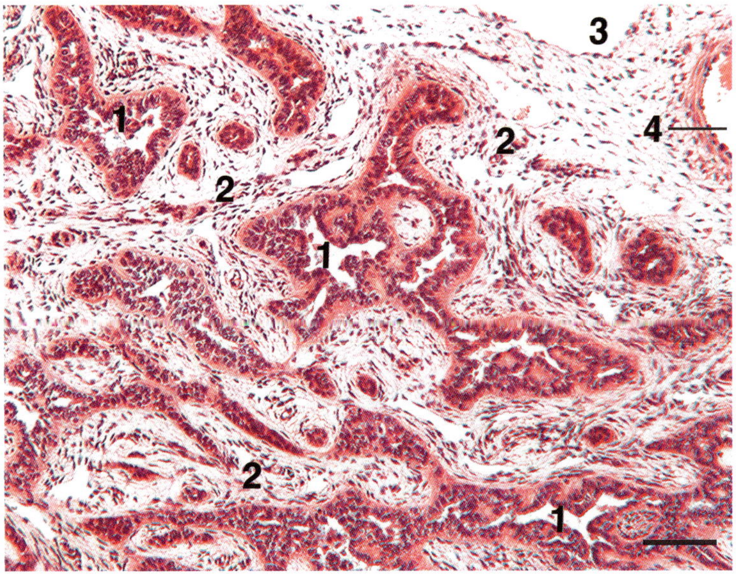

Abb. 16-5 Medulla ovarii mit Rete ovarii, Ovar, Rind, Hämatoxylin-Eosin, SB 80 µm

Das Mark des Ovars (Medulla ovarii) ist durch ein locker gefügtes Bindegewebe in dem zahlreiche Gefäße liegen (Zona vasculosa) gekennzeichnet. Im Übergangsbereich des Marks zum Mesovar findet sich das Rete ovarii. Es besteht aus anastomisierenden Kanälen, die von einem isoprismatischen bis hochprismatischen Epithel ausgekleidet werden.

1 Kanäle des Rete ovarii; 2 Bindegewebe des Marks; 3 Lymphgefäß; 4 Vene

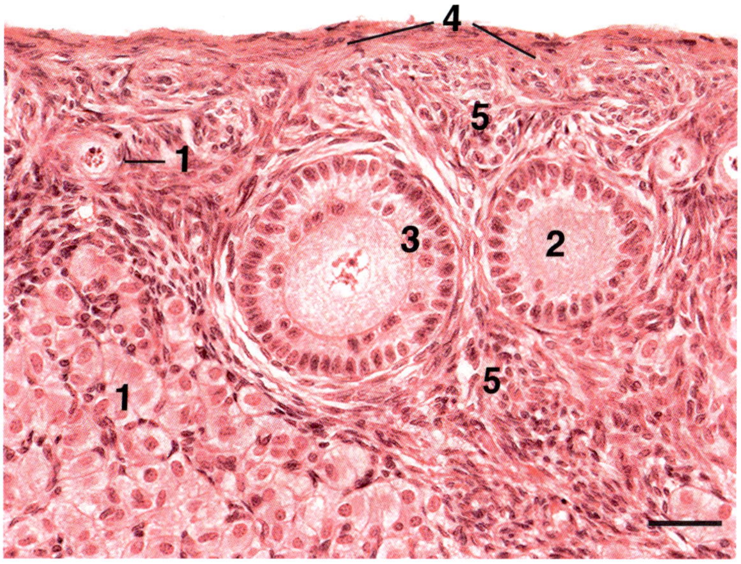

Abb. 16-6 Primordialfollikel, Primärfollikel und Sekundärfollikel, Ovar, Kaninchen, Hämatoxylin-Eosin, SB 20 µm

Primordialfollikel befinden sich in der äußersten Rindenzone des Ovars. Sie bestehen aus der Oozyte I und einem einschichtigen Follikelepithel aus flachen Follikelzellen. Primärfollikel sind durch Wachstum der Oozyte gekennzeichnet, sowie durch ihr iso- bis hochprismatisches Follikelepithel mit basal stehendem, runden Zellkern. Im späten Primärfollikel ist bereits eine schmale Zona pellucida um die Oozyte sichtbar.

1 Primordialfollikel mit flachen Follikelzellen; 2 Primärfollikel mit isoprismatischen Follikelzellen; 3 Sekundärfollikel; 4 Tunica albuginea; 5 Spinozelluläres Bindegwebe

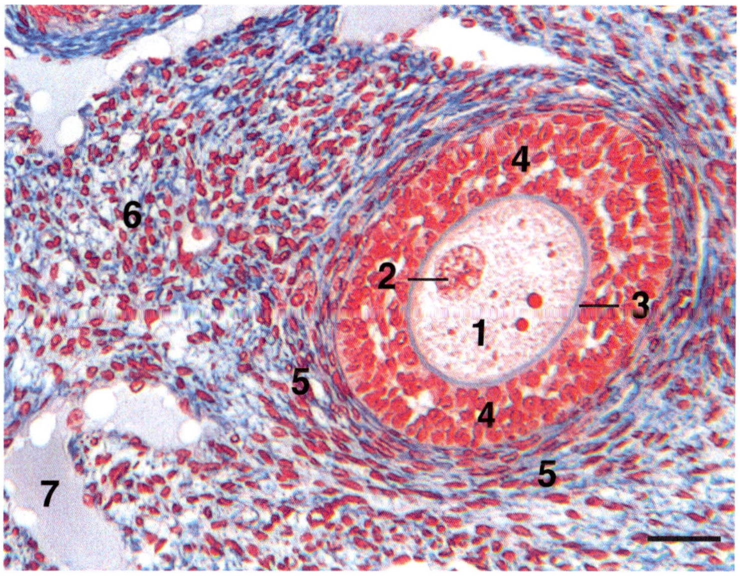

Abb. 16-7 Sekundärfollikel Ovar, Rind, Azan-Färbung, SB 40 µm

Der Sekundärfollikel ist durch eine starke Volumenzunahme der Oozyte gekennzeichnet. Das Follikelepithel proliferiert und wird mehrschichtig. Zwischen Oozyte und Follikelepithel bildet sich die Zona pellucida aus. Die die Follikel umgebenden Stromazellen differenzieren sich zur Theca folliculi. Sekundärfollikel verlagern sich in tiefere Schichten der Rinde, wo eine bessere Gefäßversorgung des wachsenden Follikels gewährleistet wird.

1 Oozyte I; 2 Kern der Oozyte; 3 Zona pellucida (blau); 4 Mehrschichiges Follikelepithel; 5 Theca folliculi; 6 Bindegewebe; 7 Lymphgefäß

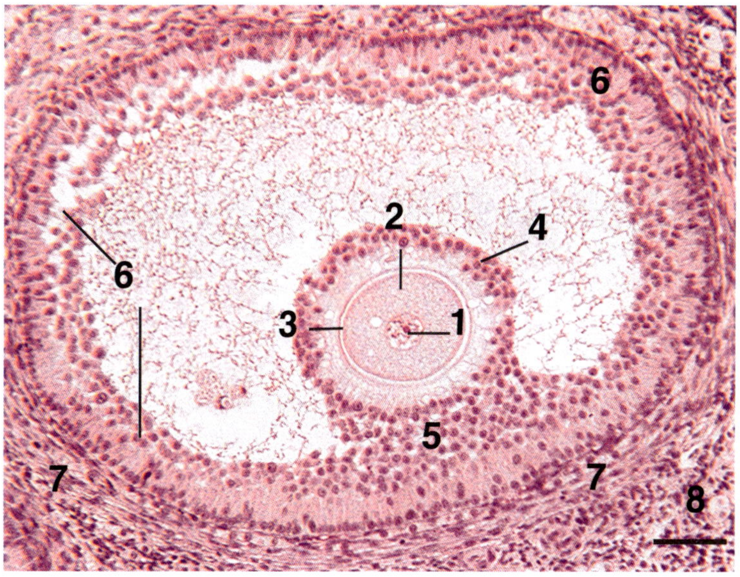

Abb. 16-8 Tertiärfollikel, Ovar, Katze, Hämatoxylin-Eosin, SB 80 µm

Beim Tertiärfollikel bilden die inneren Follikelepithelschichten den Eihügel (Cumulus oophorus), in dem die Oozyte exzentrisch zu liegen kommt. Die der Oozyte direkt anliegenden Follikelzellen werden als Corona radiata bezeichnet. Die übrigen Follikelzellen umschließen das Antrum folliculi. Die Stromazellen haben sich zur zellreichen, androgenproduzierenden Theca interna und zur faserreichen Theca externa differenziert.

1 Kern der Oozyte I; 2 Oozyte I; 3 Zona pellucida; 4 Corona radiata; 5 Cumulus oophorus; 6 Follikelzellen; 7 Theca interna; 8 Theca externa

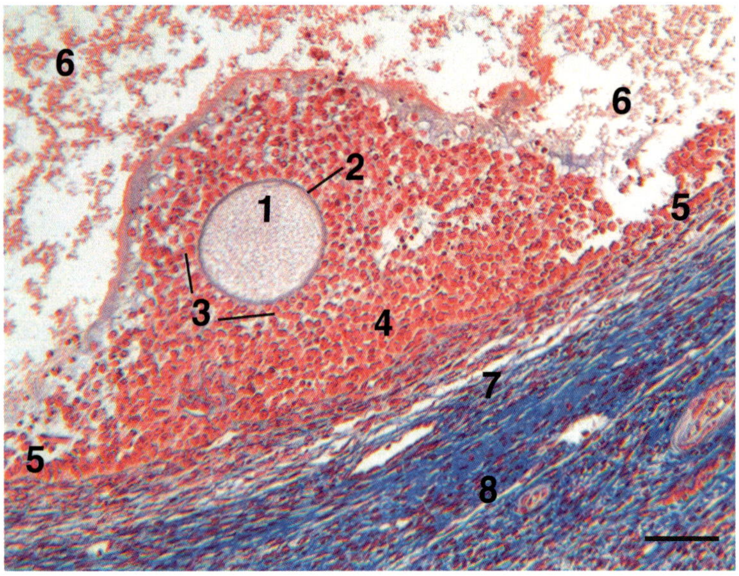

Abb. 16-9 Cumulus Oophorus, Ovar, Rind, Azan-Färbung, SB 80 µm

Der Eihügel (Cumulus oophorus) beherbergt die Oozyte I im Tertiär- und Graaf-Follikel. Die die Oozyte umgebenden Follikelzellen bilden die Corona radiata. Die übrigen Follikelzellen werden auch als Granulosaschicht bezeichnet. Von innen nach außen (vom Antrum folliculi ausgehend) kann man Apikalzellen, Intermediärzellen und Basalzellen unterscheiden.

1 Oozyte I; 2 Zona pellucida; 3 Corona radiata; 4 Cumulus oophorus; 5 Follikelzellen; 6 Antrum folliculi mit Follikelflüssigkeit; 7 Theca interna; 8 Theca externa

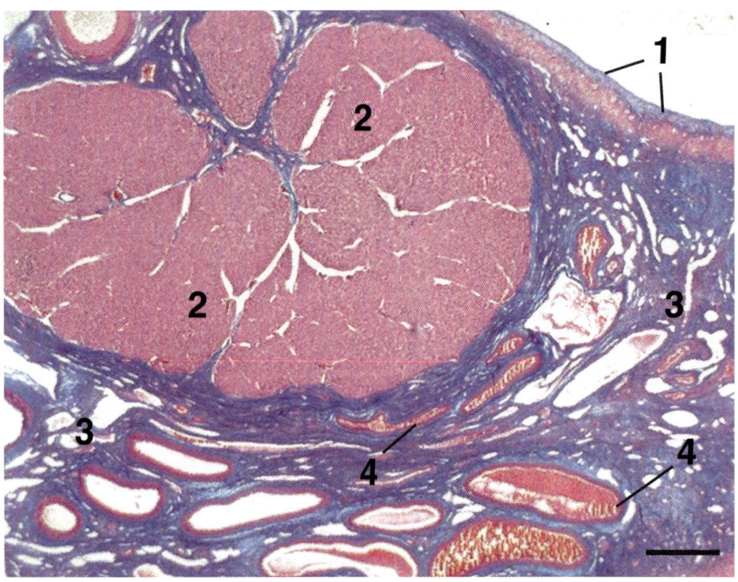

Abb. 16-10 Corpus luteum, Ovar, Rind, Azan-Färbung, SB 312 µm

Nach der Ovulation verbleibt der Restfollikel im Ovar und wandelt sich zu einer temporären Hormondrüse, dem Gelbkörper (Corpus luteum) um. Die eingewanderten Zellen der Granulosaschicht differenzieren sich zu großen Granulosa-Luteinzellen, die Zellen der ehemaligen Theca interna zu Theca-Luteinzellen. Beide Zelltypen produzieren Progesteron, um eine mögliche Implantation der befruchteten Oozyte im Uterus zu gewährleisten. Bindegewebige Septen aus der ehemaligen Theca externa gliedern die Drüse in Läppchen.

1 Keimdrüsenepithel; 2 Corpus luteum; 3 Stroma ovarii; 4 Gefäß

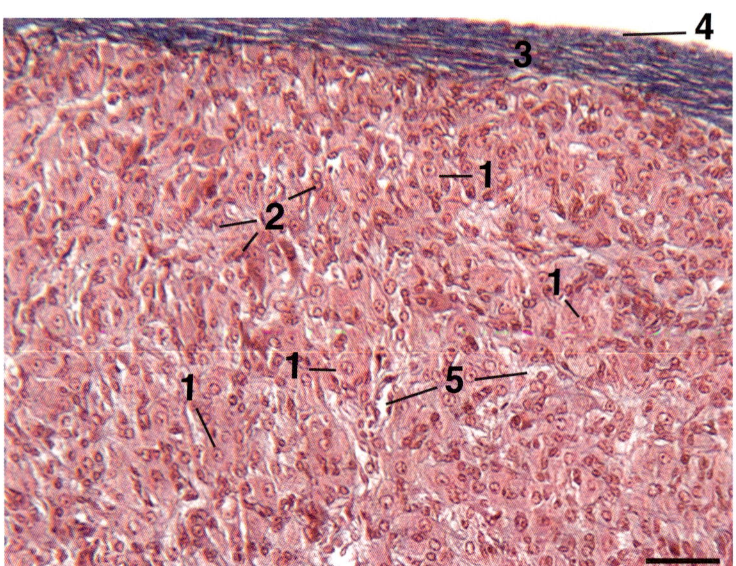

Abb. 16-11 Corpus luteum, Ovar, Rind, Azan-Färbung, SB 80 µm

Die Granulosa-Luteinzellen zeigen einen großen, ovalen Zellkern und präsentieren sich heller und größer als die Theca-Luteinzellen. Beide Zelltypen weisen Lipoideinschlüsse in ihrem Zytoplasma auf, was auf Steroidhormonsythese hindeutet. Das Bindegewebe stellt sich in der Azanfärbung stets blau dar.

1 Granulosa-Luteinzellen (Große Luteinzelle); 2 Theca-Luteinzellen (Kleine Luteinzelle); 3 Tunica albuginea; 4 Keimdrüsenepithel; 5 Kapillaren

Abb. 16-12 Corpus albicans, Ovar, Rind, Hämatoxylin-Eosin, SB 300 µm

Bei der Rückbildung des Gelbkörpes (Corpus luteum) schwellen die Gefäßwande zunächst an und durch den Verschluss der Kapillaren unterliegen die Lutcinzellen der fettigen Degeneration, Autolyse und Phagozytose. Kollagene und retikuläre Bindegewebsfasern vermehren sich über einen längeren Zeitraum. Wenn der gesamte ehemalige Gelbkörper durch Bindegewebsnarben durchsetzt ist, spricht man vom Corpus albicans.

1 Degenerationszone; 2 Gestautes Gefäß; 3 Bindegewebe

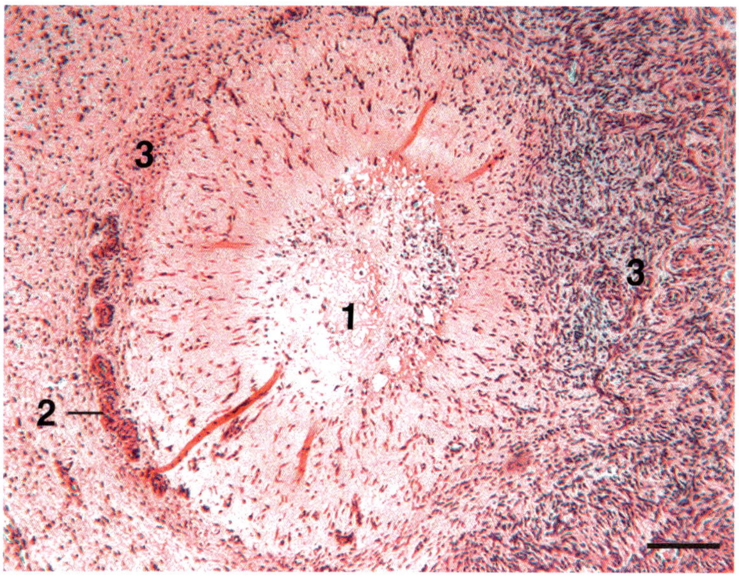

Abb. 16-13 Ovar, Wachtel, Hämatoxylin-Eosin, SB 825 µm

Die meisten Vogelarten bilden nur das linke Ovar aus.Vögel besitzen Primordialfollikel, prävitelline Follikel und vitelline Follikel. Alle Follikelstadien enthalten nur ein einschichtiges Follikelepithel (Granulosazellen). Es wird keine Follikelhöhle mit Liquor folliculi gebildet. Die schnell wachsenden Oozyten lagern in großer Menge Dotter ein und sind lediglich von der Perivitellinmembran (dem aviären Äquivalent zur Zona pellucida der Säuger) und den Granulosazellen umgeben.

1 Primordialfollikel; 2 Prävitelline Follikel; 3 Vitelline Follikel; 4 Atretischer Follikel; 5 Markzone

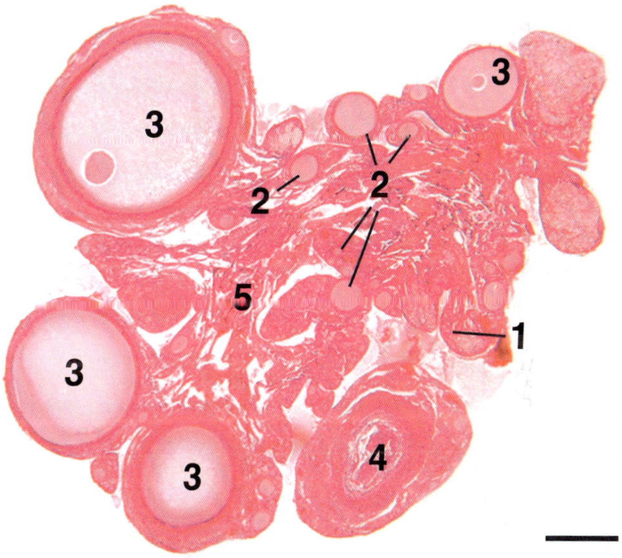

Abb. 16-14 Perivitellinmembran, Ovar, Wachtel, Immunhistochemischer Nachweis von ZP3, SB 40 µm

Die 1–2 µm breite Perivitellinmembran ist das Äquivalent zur Zona pellucida der Säuger. Sie wird zwischen der Oozyte und den Granulosazellen eingebaut und spielt eine wichtige Rolle bei der Befruchtung (Spermienbindung, Einleitung der Akrosomenreaktion). Die fünf verschiedenen Glykoproteine, aus denen ihr Netzwerk besteht, werden in der Leber, den Granulosazellen und der Oozyte gebildet.

1 Oozyte eines kleinen prävitellinen Follikels mit Kern (2); 3 Oozyte eines großen prävitellinen Follikels mit Kern (4); 5 Perivitellinmembran; 6 Granulosazellen; 7 Theca interna; 8 Theca externa

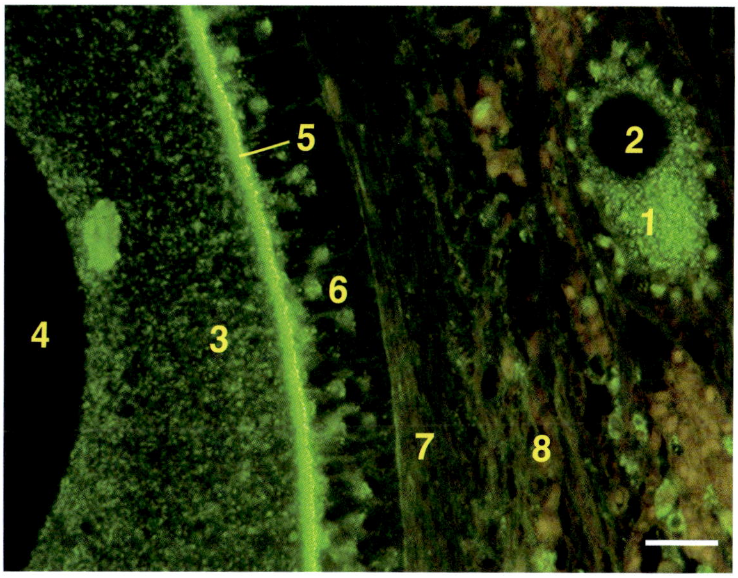

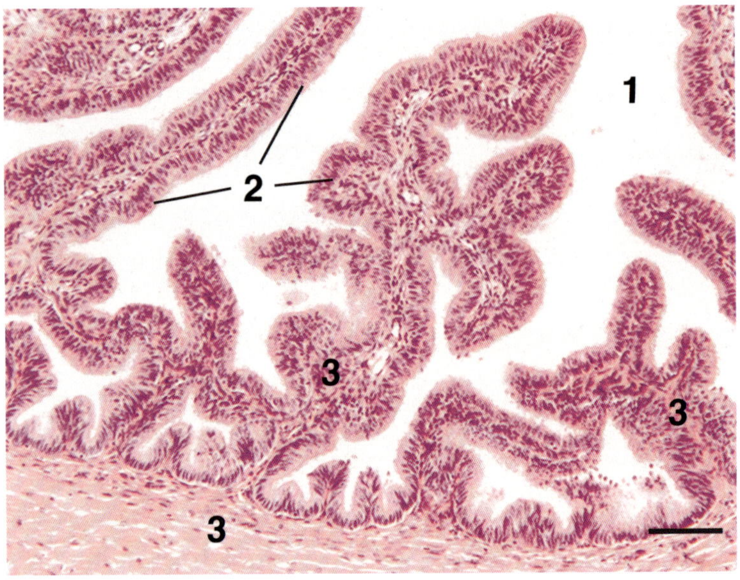

Abb. 16-15 Ampulla des Eileiters, Rind, Hämatoxylin-Eosin, SB 80 µm

Die Ampulla ist der Ort der Befruchtung. Die innere Oberfläche wird durch Primär-, Sekundär- und Tertiärfalten vergrößert. Das einschichtige, hochprismatische Epithel besteht aus zilientragenden Zellen, Sekretionszellen (Drüsenzellen) und Stiftchenzellen. Basal sind eingewanderte Lymphozyten zu finden. Die drüsenlose Lamina propria besteht aus lockerem Bindegewebe, die Tunica muscularis aus spiralig angeordneten glatten Muskelzellen. Den äußeren Abschluss bildet die Tunica serosa.

1 Lumen; 2 Eileiterepithel; 3 Lamina propria mucosae

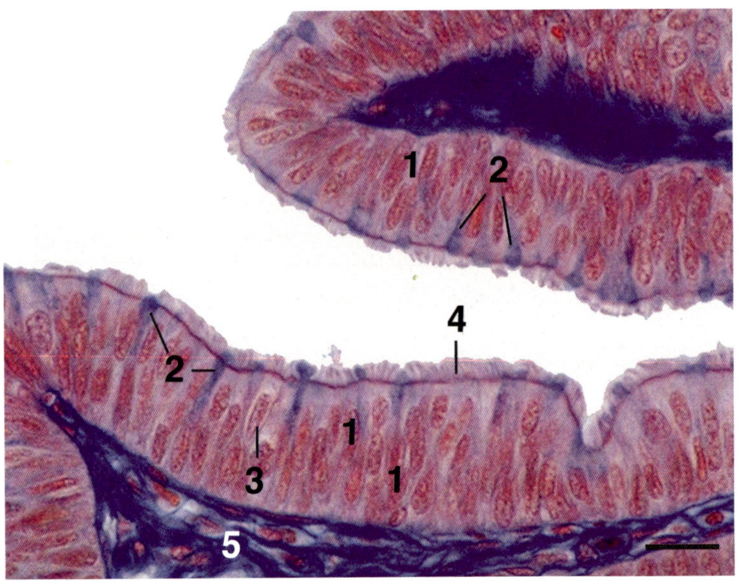

Abb. 16-16 Isthmus des Eileiters, Rind, Hämatoxylin-Eosin, SB 80 µm

Der Isthmus ist der verengte Abschnitt des Eileiters und bildet seinen längsten Teil. Die Höhe der Schleimhautfalten nimmt zum Übergang zur Uterusschleimhaut kontinuierlich ab, während die Dicke der Muskelwand zunimmt.

1 Eileiterepithel; 2 Drüsenzellen; 3 Kern einer Zilien-tragenden Zelle; 4 Kinozilien; 5 Lamina propria mucosae

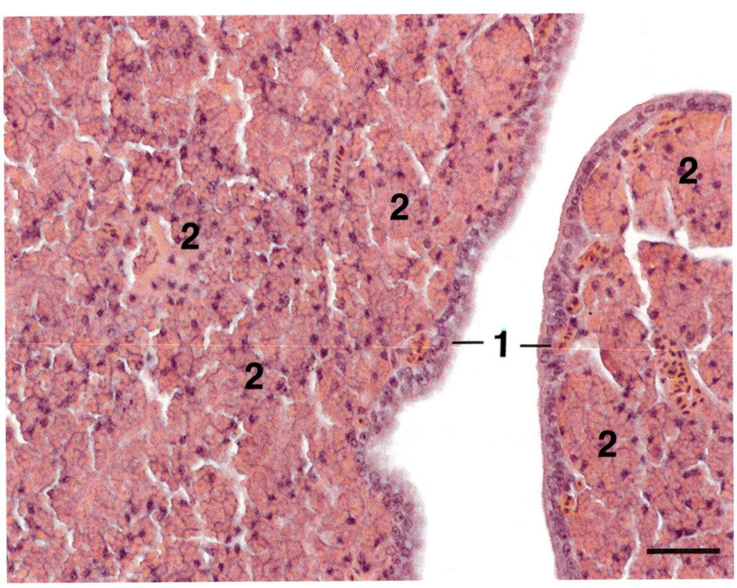

Abb. 16-17 Eileiter, Magnum, Wachtel, Hämatoxylin-Eosin, SB 65 µm

Das Magnum ist beim Vogel der längste Abschnitt des Eileiters und besitzt spiralig verlaufende Falten in der Schleimhaut, die nahezu das ganze Lumen ausfüllen. Das Epithel des Magnums enthält Zilienzellen sowie granulierte Zellen. Die Lamina propria enthält langgestreckte Drüsen, die unter Progesteroneinfluss Avidin bilden. Unter Östrogeneinfluss werden weiterhin Ovoalbumin, Ovotransferrin, Ovomucoid und Lysozyme gebildet.

1 Oberflächenepithel mit Kinozilien; 2 Pakete von Drüsenzellen in der Lamina propria

Abb. 16-18 Uterus, Hund, Hämatoxylin-Eosin, SB 312 µm

Der Uterus besitzt ein sternförmiges Lumen. Die Gebärmutterschleimhaut, Endometrium, wird von einem einschichtigen, hochprismatischen Epithel gebildet und der bindegewebigen Lamina propria, die schlauchförmige Uterindrüsen enthält. Die Endometriumhöhe unterliegt zyklusabhängigen Veränderungen. Das Myometrium zeigt schraubenförmig angeordnete glatte Muskulatur. Tela subserosa und Tunica serosa/adventitia bilden das Perimetrium. Als Parametrium werden angrenzende Bindegewebsräume bezeichnet.

1 Uterinepithel; 2 Lamina propria mit Uterindrüsen; 3 Myometrium

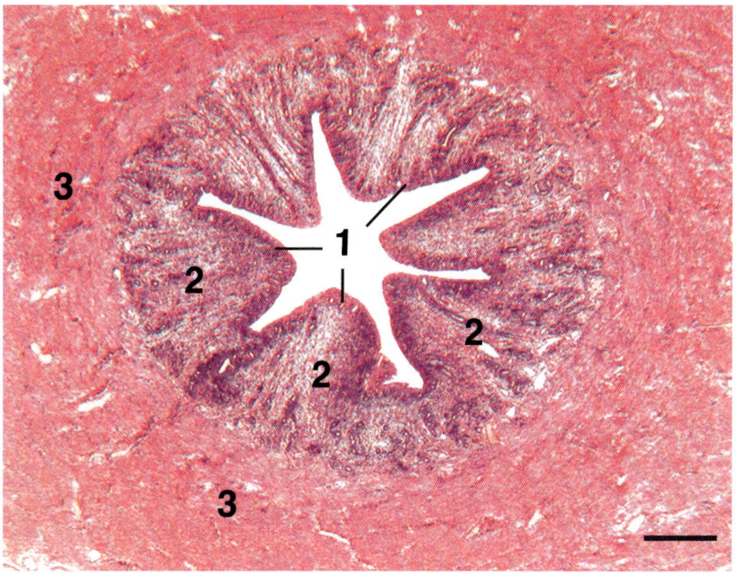

Abb. 16-19 Uterus, Schaf, Hämatoxylin-Eosin, SB 825 µm

Wiederkäuer weisen als Besonderheit Karunkel in ihrem Endometrium auf. Dies sind endometriale knopfförmige Erhebungen, die regelmäßig und reihenförmig angeordnet sind. Sie sind frei von Uterindrüsen, stark vaskularisiert und enthalten lymphoretikuläres Gewebe. Zusammen mit den Kotyledonen der fetalen Fruchthülle bilden die Karunkel das Plazentom.

1 Lumen; 2 Karunkel; 3 Endometrium mit Schlauchdrüsen; 4 Myometrium; 5 Perimetrium

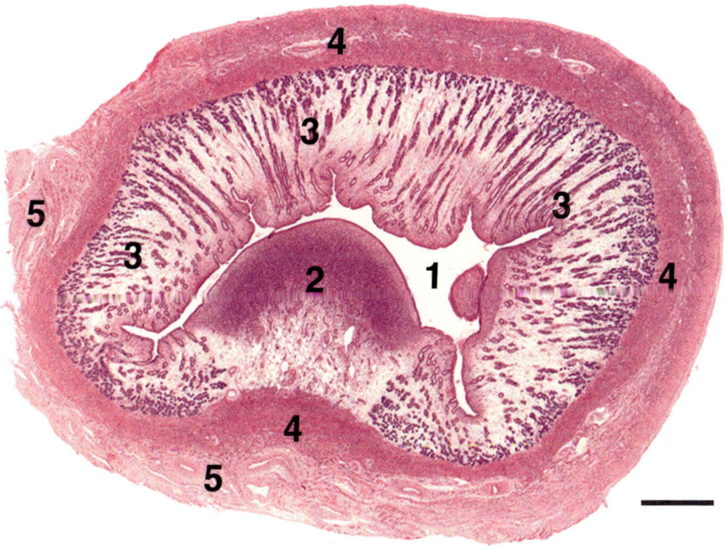

Abb. 16-20 Uterus, Rind, Sekretorische Phase, Hämatoxylin-Eosin, SB 80 µm

Die beim Menschen zu beobachtende Unterteilung der Uterinschleimhaut in eine Zona functionalis und Zona basalis ist bei den Haussäugetieren, wenn überhaupt, dann nur andeutungsweise erkennbar. Beim Rind ist der Durchmesser der Uterindrüsen in den epithelnahen Schichten deutlich größer als in den tiefer gelegenen Abschnitten.

1 Uterinepithel; 2 Uterindrüsen; 3 Lamina propria der Uterinschleimhaut

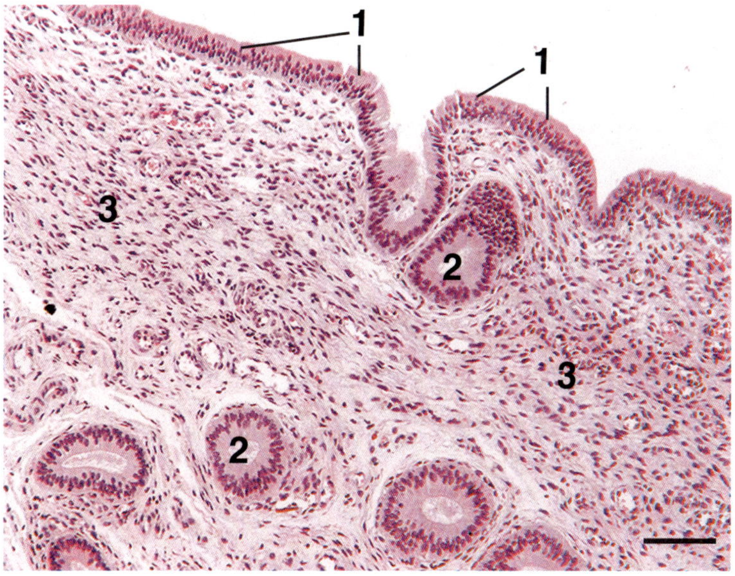

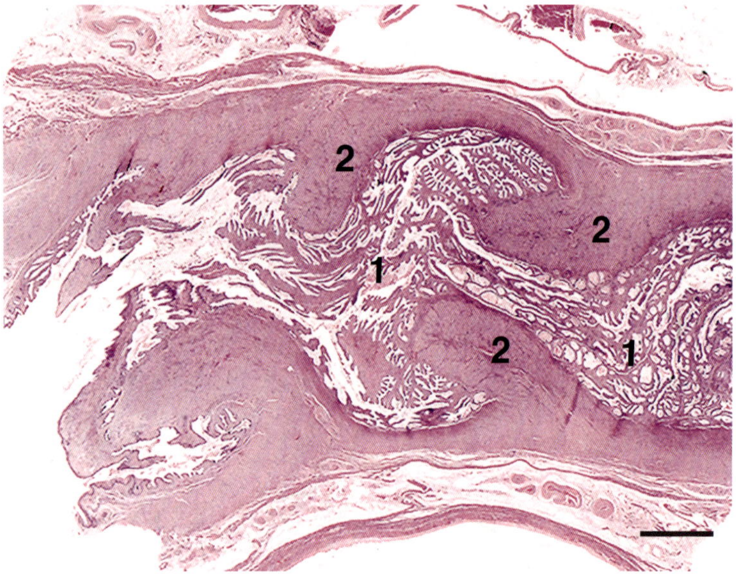

Abb. 16-21 Zervix, Rind, längs, Übersicht, Hämatoxylin-Eosin, SB 825 µm

Die Zervix (Gebärmutterhals) weist eine stark verzweigte Schleimhaut mit Primär-, Sekundär- und Tertiärfalten auf. Das schleimbildende Zervikalepithel ist einschichtig und hochprismatisch. Schlauchförmige Zervikaldrüsen sind bei Fleischfressern ausgebildet, ansonsten fehlen sie bei den meisten Tieren. Die Tunica muscularis ist kreisförmig bis flachspiralig angeordnet und bewirkt den sphinkterartigen Verschluss des Uterus.

1 Schleimhautfalten der Zervix; 2 Tunica muscularis

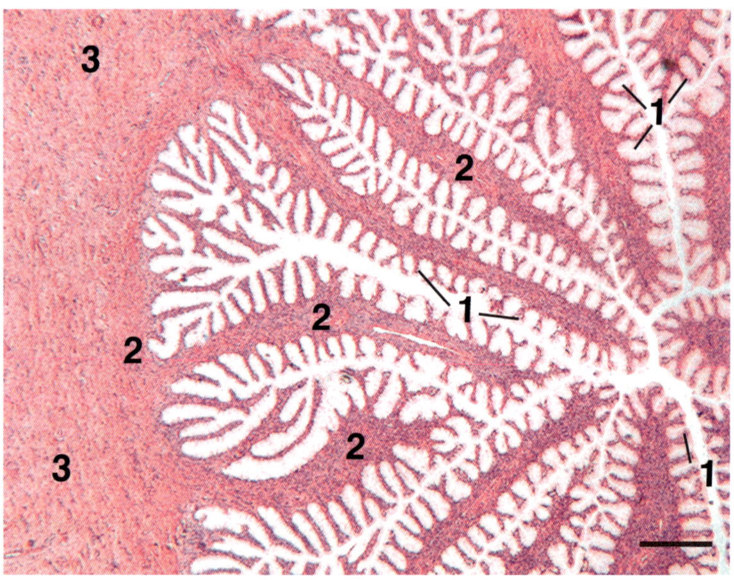

Abb. 16-22 Zervix, Rind, quer, Hämatoxylin-Eosin, SB 80 µm

Das einschichtige hochprismatische Epithel sezerniert den zähen Zervikalschleim. Beim Rind kommen neben den schleimbildenden Zellen auch Kinozilien-tragende Zellen vor. Die Lamina propria der Zervix ist weniger zellreich als in anderen Uterusabschnitten und stärker mit Kollagenfasern ausgestattet.

1 Zervikalepithel; 2 Lamina propria; 3 Tunica muscularis

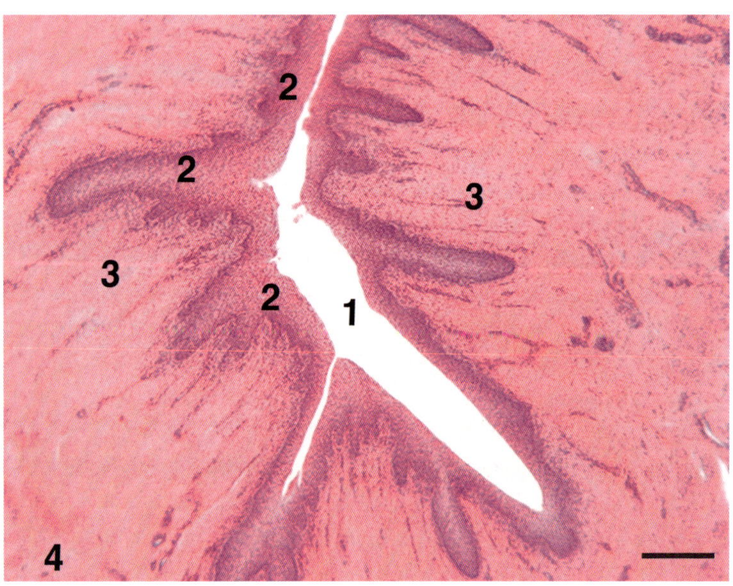

Abb. 16-23 Vagina, Ziege, Hämatoxylin-Eosin, SB 40 µm

Das Vaginalepithel ist mehrschichtig und in Abhängigkeit vom Zyklus teilweise leicht verhornt. Die Lamina propria besteht aus kollagenem Bindegewebe, in das elastische Faserbündel eingelagert sind. Die Tunica muscularis besteht aus spiralig verlaufender Zirkulärmuskulatur und einer äußeren Längsmuskulatur, die jedoch aus Gründen der Kontraktilität mit den kollagen-elastischen Fasernetzen verbunden sind.

1 Lumen; 2 Vaginalepithel; 3 Lamina propria; 4 Tunica muscularis

Abb. 16-24 Vagina, Rind, Hämatoxylin-Eosin, SB 40 µm

Im mehrschichtigen Plattenepithel der Vagina kann man zyklusabhängig verschiedene Zelltypen unterscheiden, was für die Zyklusbestimmung (Vaginalzytologie) herangezogen wird.

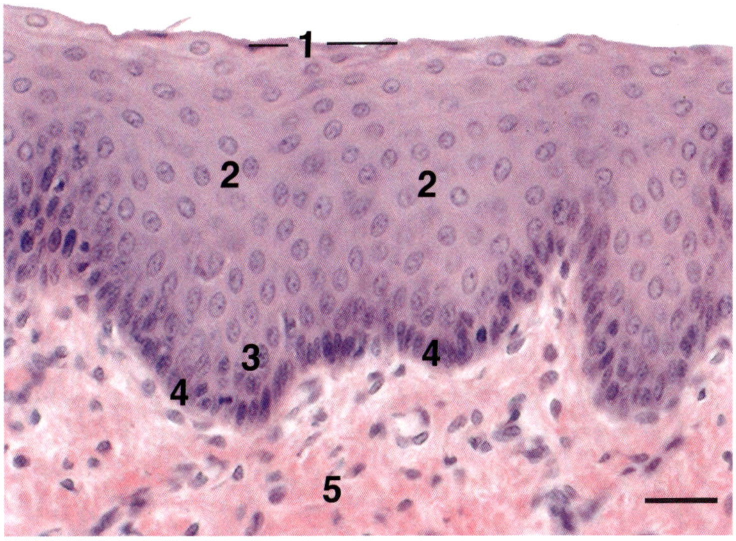

1 Deckzellen; 2 Intermediärzellen; 3 Parabasalzellen; 4 Basalzellen; 5 Lamina propria

---

Abb. 16-25 Vagina, Pferd, Hämatoxylin-Eosin, SB 80 µm

Die drüsenlose Schleimhaut der Scheide ist in verstreichbare Längs- und Querfalten gelegt. Diese Konstruktion der Scheide erleichtert während der Geburt ihre Erweiterung.

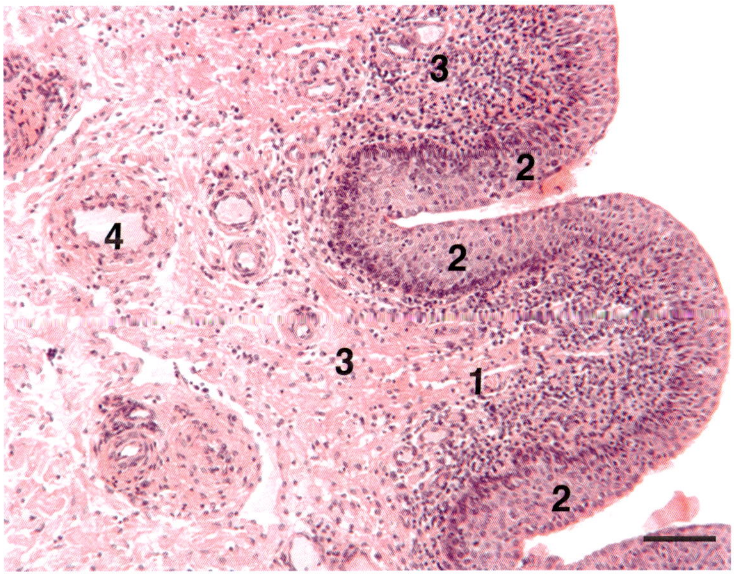

1 Querfalte der Scheidenschleimhaut; 2 Mehrschichtiges Plattenepithel; 3 Lamina propria mit zahlreichen freien Zellen; 4 Arterie

---

Abb. 16-26 Plazenta, Rind, Hämatoxylin-Eosin, SB 80 µm

Das Rind weist eine epitheliochoriale Plazenta auf, bei der Uterinepithel und Chorionepithel nur verzahnt aneinander liegen. Die weiten Spalträume zwischen den beiden Epithelien sind artifiziell.

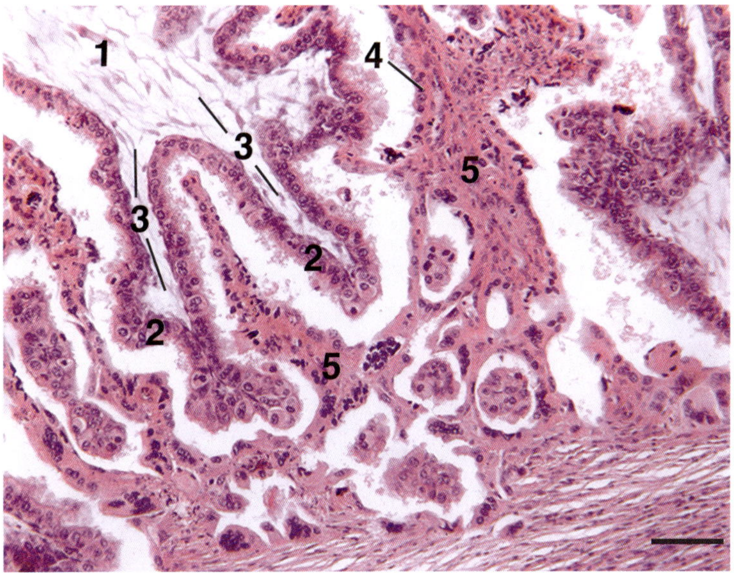

1 Chorionzotte mit ihrem Epithel (2) und dem mesenchymalen Grundstock (3); 4 Uterinepithel; 5 Bindegewebe des Uterus

17 Haut und Anhangsorgane (Integumentum)

17.1 Integumentum commune

Die allgemeine Körperdecke (Integumentum commune) bildet die äußere Bedeckung des Körpers. Sie lässt sich in die Haut im engeren Sinn (Cutis) und die Unterhaut (Subcutis) gliedern. Obwohl die Hautdecke in den verschiedenen Regionen der Körperoberfläche teilweise sehr unterschiedlich strukturiert ist, besitzt sie einen Schichtenbau, der überall gleich ist. Sie besteht aus einer epithelialen Deckschicht (Oberhaut, Epidermis), der bindegewebigen Lederhaut (Dermis, Corium) und der Unterhaut (Tela subcutanea, Subcutis). Die Anhangsgebilde der Haut (Haare, Nägel, Drüsen) leiten sich von der Epidermis ab.

Der Haut kommen vielfältige Funktionen zu. Wesentliche Aufgaben sind:

- Schutzfunktion: Sie bietet den darunter gelegenen Körperanteilen Schutz gegen mechanische, thermische und chemische Einflüsse und verhindert das Eindringen von Mikroorganismen.
- Wasserhaushalt: Sie schützt den Körper durch die verhornte Epidermis vor zu großen Wasserverlusten. Andererseits gibt sie über ihre Drüsen Flüssigkeit und Salze nach außen ab.
- Thermoregulation: Durch Veränderung der Durchblutung trägt die Haut zur Regulierung der Körpertemperatur bei. Bei den Haussäugetieren fehlen ekkrine Schweißdrüsen fast vollständig. Daher spielen ekkrine Schweißdrüsen für die Temperaturregulation im Unterschied zum Menschen keine Rolle.
- Sinnesfunktionen: Die Haut stellt ein umfassendes Sinnesorgan mit einem breiten Spektrum von Sinnesrezeptoren für physikalische und chemische Reize dar.
- Kommunikation: Als Signalgeber von Emotionen (Aufstellen der Nackenhaare etc.).
- Immunfunktionen: Durch Antigen-präsentierende Zellen ist sie an den immunologischen Vorgängen beteiligt.

Die Dicke der Haut variiert an den verschiedenen Stellen der Körperoberfläche und Körperregionen und hängt von der Ausbildung der einzelnen Schichten (Epidermis, Corium, Subcutis) ab. Generell ist die Epidermis der behaarten Haut bei den Haussäugetieren dünner ausgebildet als beim Menschen.

17.1.1 Oberhaut (Epidermis)

Dieses mehrschichtige verhornende Plattenepithel besteht aus folgenden Schichten:

- Stratum basale
- Stratum spinosum
- Stratum granulosum
- Stratum lucidum (nur im Bereich der Leistenhaut)
- Stratum corneum

17.1.1.1 Keratinozyten (Keratinocyti)

Die verhornenden Epithelzellen, welche die Hauptmasse (ca. 85 %) der Epidermis bilden, werden als Keratinozyten bezeichnet. Daneben enthält die Epidermis Melanozyten (Pigmentzellen), Merkel-Zellen (Tastzellen mit Sinnesfunktion) sowie Langerhans-Zellen, die als Antigen-präsentierende Zellen an den immunologischen Abwehrfunktionen der Haut beteiligt sind.

Das **Stratum basale** besteht aus einer Schicht prismatischer Zellen, die über Hemidesmosomen mit der darunter gelegenen Basalmembran verbunden sind. Im Stratum basale findet die überwiegende Mehrzahl der Mitosen statt, die für die ständige Regeneration der Epidermis notwendig sind. Zum Teil sind auch noch die Zellen des darüber gelegenen Stratum spinosum mitotisch aktiv. Beide Schichten werden daher auch unter dem Begriff Stratum germinativum zusammengefasst. Von den beiden Tochterzellen, die bei einer mitotischen Teilung entstehen, tritt eine in den Verhornungsprozess ein und wandert (bei den einzelnen Tierarten in einem unterschiedlichen Zeitraum) zur Oberfläche. Die andere bleibt im basalen Bereich der Epidermis zurück und teilt sich erneut. Dieser Prozess der differentiellen Zellteilung wird durch eine Reihe von verschiedenen Wachstumsfaktoren gesteuert.

Das **Stratum spinosum** (**Stachelzellschicht**) wird von einer relativ breiten Schicht unregelmäßig polygonaler Zellen gebildet. Mit zunehmender Verlagerung nach oben flachen sie sich parallel zur Epidermisoberfläche ab. Die Keratinozyten zeigen stachelförmige Zellfortsätze und stehen über gut ausgebildete Desmosomen miteinander in Verbindung.

Die Umwandlung der Zellen des Stratum spinosum zu verhornenden Zellen beginnt mit der Einlagerung von basophilen Keratohyalinkörnchen, die dann im folgenden schmalen **Stratum granulosum** besonders stark ausgeprägt erscheint. Keratohyalin ist ein histidinreiches Protein. Seine Bedeutung als Vorstufe bei der Hornbildung wird noch kontrovers diskutiert. Diese Keratohyalingranula färben sich mit basischen Farbstoffen stark an. In den Zellen des Stratum spinosum und granulosum treten weiter in zunehmender Zahl Lamellarkörper (Keratinosomen) auf, die Glykoproteine, Phospholipide und saure Hydrolasen enthalten. Diese Substanzen werden in die Interzellularspalten entleert. Die Exozytose der Keratinosomen führt zur Ausbildung eines äußeren amorphen Plasmalemmüberzugs. Gleichzeitig werden die Interzellularspalten abgedichtet, wodurch die Haut gegen Flüssigkeitsverlust geschützt wird.

An das Stratum granulosum schließt sich in Bereichen mit unbehaarter Haut, z. B. bei den Sohlenballen, das homogen erscheinende, azidophile **Stratum lucidum** an. Zellkerne und Zellgrenzen sind nicht mehr erkennbar. Das Zytoplasma enthält Eleidin und ist mit einer elektronendichten Matrix erfüllt, in der dicht gepackte Filamente liegen.

Im **Stratum corneum** (**Hornschicht**) verbacken mehrere Lagen flacher, verhornter Zellen miteinander. Lichtmikroskopisch erscheint diese Schicht als ein Stapel von stark eosinophilen, gewellten Lamellen, in denen keine klaren Zellgrenzen ausgebildet sind. Die flachen Hornschuppen enthalten Keratin, das durch Verdichtung der aus den basalen Schichten mitgebrachten Tonofilamenten entsteht. Die Hornbildung wird über zahlreiche Faktoren gesteuert. Eine wichtige Rolle spielt dabei das Vitamin A. Bei Mangel an diesem Vitamin kommt es zu einer überschießenden Hornbildung (Hyperkeratose).

17.1.1.2 Melanozyten (Melanocyti)

Im Stratum basale finden sich, wie erwähnt, neben den Keratinozyten verschiedene weitere Zellarten, darunter die Melanozyten. Sie sind als Melanoblasten während der Embryonalentwicklung aus der Neuralleiste in die Epidermis und in das darunter gelegene Korium eingewandert. Die Melanozyten sind große runde Zellen, die sich mit langen Ausläufern zwischen die Keratinozyten des Stratum spinosum schieben. Sie sind bei histologischen Routinefärbungen nicht erkennbar. Ihre histochemische Darstellung gelingt mit der „Dopa-Reaktion". Diese Zellen exprimieren im Unterschied zu den Keratinozyten das Enzym Tyrosinase, mit dem sie aus der Aminosäure Tyrosin über mehrere Zwischenstufen das Melanin bilden. Das entstandene Melanin wird in Form von Pigmentkörnchen, Melanosomen, gespeichert. Die Melanosomen wandern innerhalb der dendritischen Fortsätze der Melanozyten nach peripher und werden dann in kleinen Bläschen von den Zellen abgeschnürt. Diese werden samt der enthaltenen Melanosomen von den benachbarten Epidermiszellen aufgenommen und gespeichert. Durch die Pigmentierung der basalen Epidermisschichten und der Fellhaare wird ein wirkungsvoller Schutz gegenüber zu starker Sonnenbestrahlung, vor allem gegen die schädlichen UV-Strahlen, ausgebildet. Beim Albino kann durch einen genetisch verursachten Mangel an Tyrosinase kein Melanin produziert werden.

17.1.1.3 Langerhans-Zellen (Dendrocyti)

Die große Bedeutung der Haut bei immunologischen Vorgängen wird mit speziellen Zellen der Epidermis, den Langerhans-Zellen, in Verbindung gebracht. Die dendritisch verzweigten Langerhans-Zellen, welche mit speziellen Goldfärbungen schon seit langer Zeit dargestellt werden konnten, liegen in den basalen Anteilen der Epidermis. Sie stammen von Zellen aus dem Knochenmark, die in die Epidermis eingewandert sind. In die Haut eindringende Antigene werden an diese dendritischen Zellen gebunden. Die Langerhans-Zellen präsentieren dann dieses Antigen den T-Helferzellen in der Haut. Die Keratinozyten selbst können sich auch an den spezifischen Abwehrreaktionen durch Sekretion von Interleukin 1 beteiligen, das zur Aktivierung der T-Lymphozyten in der Haut beiträgt. Diese verteilen sich auf dem Lymphweg im gesamten Organismus. Die Haut wird daher von verschiedenen Autoren als Teil des Immunsystems (SALT = Skin Associated Lymphoid Tissue) betrachtet.

17.1.1.4 Merkel-Zellen (Epitheliocyti tactiles)

In den basalen Schichten der Epidermis liegen vereinzelt polygonale helle Zellen, die sog. Merkel-Zellen. Ihr Zytoplasma enthält kleine elektronendichte Granula. Sie haben häufig Kontakt mit freien Nervenendigungen und werden als Tastzellen interpretiert.

17.1.2 Lederhaut (Dermis, Corium)

Das Korium ist eine kräftige Bindegewebsplatte, die die stützende und versorgende Unterlage für die Epidermis liefert. Bei verschiedenen Tierarten (Schwein, Rind), die eine besonders dicke Lederhaut besitzen, kann das Korium durch entsprechende Behandlung (Gerbung) zu Leder verarbeitet werden. Das Korium besteht aus dichten Kollagenfasergeflechten, die von Netzen elastischer Fasern durchsetzt werden. Dadurch ist die hohe Reißfestigkeit der Haut bedingt. Weiter weist das Korium einen hohen Gehalt an Glykosaminoglykanen auf, die für die Wasserbindungsfähigkeit der Haut und damit für ihren Turgor verantwortlich ist. Im Korium liegen Blut- und Lymphgefäße, sowie Nerven und Nervenendkörperchen (Meissner-Tastkörperchen, Krause-Endkolben).

Histologisch können am Korium aufgrund des unterschiedlichen Faser- und Zellgehaltes zwei Schichten, nämlich die Papillarschicht (Stratum papillare) und die darunter gelegene und mächtigere Geflechtsschicht (Stratum reticulare) unterschieden werden.

17.1.2.1 Papillarschicht (Stratum papillare)

Sie grenzt unmittelbar an die Epidermis und ist mit ihr durch papillenartige Vorstülpungen (Papillarkörper) verzahnt. Form und Zahl dieser Bindegewebspapillen variieren entsprechend der jeweiligen örtlichen mechanischen Beanspruchung der Haut. Die Verzapfung von Epidermis und Korium ist aber nicht nur für den mechanischen Zusammenhang von Bedeutung, sondern sie erhöht auch wesentlich die Oberfläche, mit der beide Schichten in Kontakt stehen. Dies ist für den Stoffaustausch zwischen Korium und Epidermis wichtig. Das Stratum papillare besteht aus lockerem, relativ zellreichem Bindegewebe mit einem Netzwerk aus retikulären, kollagenen und elastischen Fasern. Aus dem subpapillären Gefäßnetz entspringen langgestreckte Kapillarschlingen, die bis an das Epithel heranreichen und für die Versorgung der gefäßlosen Epidermis sorgen. In den Bindegewebspapillen des Koriums findet man auch Nervenfasern und Nervenendkörperchen (Meissner-Tastkörperchen).

17.1.2.2 Geflechtsschicht (Stratum reticulare)

Sie liegt unter der Papillarschicht und geht in die Subkutis über. In dieser zellarmen Schicht herrschen eng verflochtene Bündel kollagener Fasern (Kollagen Typ 1) vor, die ein dichtes, vorwiegend oberflächenparalleles Netzwerk ausbilden. Die Dehnbarkeit der Haut geht hauptsächlich auf die scherengitterartige Anordnung des kollagenelastischen Fasersystems im Stratum reticulare zurück, in das die Gefäße, Nerven und Anhangsgebilde der Haut systemgerecht eingeordnet sind. In verschiedenen Körperregionen verfolgen die kollagenen Fasern unterschiedliche Vorzugsrichtungen, die mit den Spannungsunterschieden in der Haut übereinstimmen (Spaltlinien). In der Chirurgie ist die Beachtung des Verlaufs dieser Spaltlinien von Bedeutung. Parallel zu den Spaltlinien geführte Schnitte heilen schnell und mit geringer Narbenentwicklung. Eine Schnittführung, die quer zu den Spaltlinien verläuft, führt dagegen zu weit klaffenden Hautwunden, die mit stärkerer Narbenbildung verheilen.

17.1.3 Unterhaut (Subcutis, Tela subcutanea)

Die Unterhaut baut sich aus lockerem Bindegewebe mit mehr oder weniger reichlich eingelagertem Fettgewebe auf. Sie ermöglicht die Verschieblichkeit der Haut und stellt die Verbindung zwischen der Haut und der oberflächlichen Körperfaszie her. In der Subkutis liegen neben größeren Blutgefäßen (vor allem an der Grenze zum Korium) und Nervenbahnen die Schweißdrüsen, Duftdrüsen und Nervenendkörperchen (Vater-Pacini-Lamellenkörperchen).

Die Unterhaut ist ein wichtiger Fettspeicher (Depotfett). Sie kann außerordentlich dick werden (Panniculus adiposus unter der Haut des Rumpfes). Die subkutanen Fettpolster spielen auch als Wasserspeicher und für die Wärmeregulation eine wichtige Rolle. Das im subkutanen Fettlager gespeicherte Wasser kann bei Flüssigkeitsverlust rasch mobilisiert werden. Pathologischerweise kann es auch zu einer stark vermehrten Wassereinlagerung in die Subkutis kommen. Dies wird als ein Ödem bezeichnet. Bei der Thermoregulation dient das Fettgewebe als Isolierschicht, die die darunter gelegene stark durchblutete Muskulatur gegen Kälteeinwirkung von außen abschirmt. Das Fettgewebe der Subkutis dient aber nicht nur als Energiereserve. An bestimmten, mechanisch besonders belasteten Körperstellen (z. B. Sohlenballen) wird es durch straffe Bindegewebszüge (Retinacula cutis) steppkissenartig unterteilt und übt als Baufett die Funktionen eines Druckpolsters aus.

17.2 Anhangsorgane der Haut

Die verschiedenen Anhangsgebilde der Haut (Haare, Drüsen, Zehenendorgane) leiten sich von der Epidermis ab, wobei sich bei den einzelnen Strukturen auch das angrenzende Bindegewebe in charakteristischer Weise beteiligt. Sie entstehen alle aus Epithelsprossen, die von der Epidermis in das darunter gelegene Mesenchym vorwachsen und sich unter dem Einfluss des Bindegewebes sekundär zu den einzelnen Gebilden differenzieren. In einem Teil der Hautanhangsgebilde (Haare, Huf, Klaue, Kralle) lässt sich auch noch später eine Schichtenbildung erkennen, die mit jener der Epidermis vergleichbar ist.

17.2.1 Haare (Pili)

Haare sind in die Haut eingesenkte zugfeste Hornfäden (▶ Abb. 17-1). Die Ausbildung der Haare bei den Haussäugetieren weist je nach Lokalisation, Geschlecht und Alter eine große Vielfalt auf (siehe Lehrbücher der Anatomie). Grundsätzlich lässt sich am Haar der frei aus der Haut herausragende Haarschaft (Scapus), der in der Haarspitze (Apex pili) endet, und die schräg in der Haut steckende, von bindegewebigen Hüllen umgebene Haarwurzel (Radix pili) unterscheiden. Diese umfasst mit ihrem verdickten unterem Ende, der Haarzwiebel (Bulbus), eine zellreiche bindegewebige Papille (Haarpapille, Papilla pili), die eine Kapillarschlinge enthält. Die an die Haarpapille angrenzenden Basalzellen des Bulbus teilen sich rasch und formen sich zu einem Hornfaden, dem Haar, um. Alle Haare setzen sich aus einer Kutikula und einer darunter gelegen Rinde (Cortex pili) zusammen. Bei den Terminalhaaren ist zusätzlich ein zentrales Mark (Medulla pili) aus noch nicht vollständig verhornten Epithelzellen vorhanden. Die Rinde bildet den größten Teil des Haarquerschnitts.

17.2.1.1 Wurzelscheide

Die Haarwurzel wird von der Wurzelscheide (Vagina radicularis) wie von einem Hohlzylinder umschlossen. Sie hat die Aufgabe, das wachsende Haar zu schützen und in der

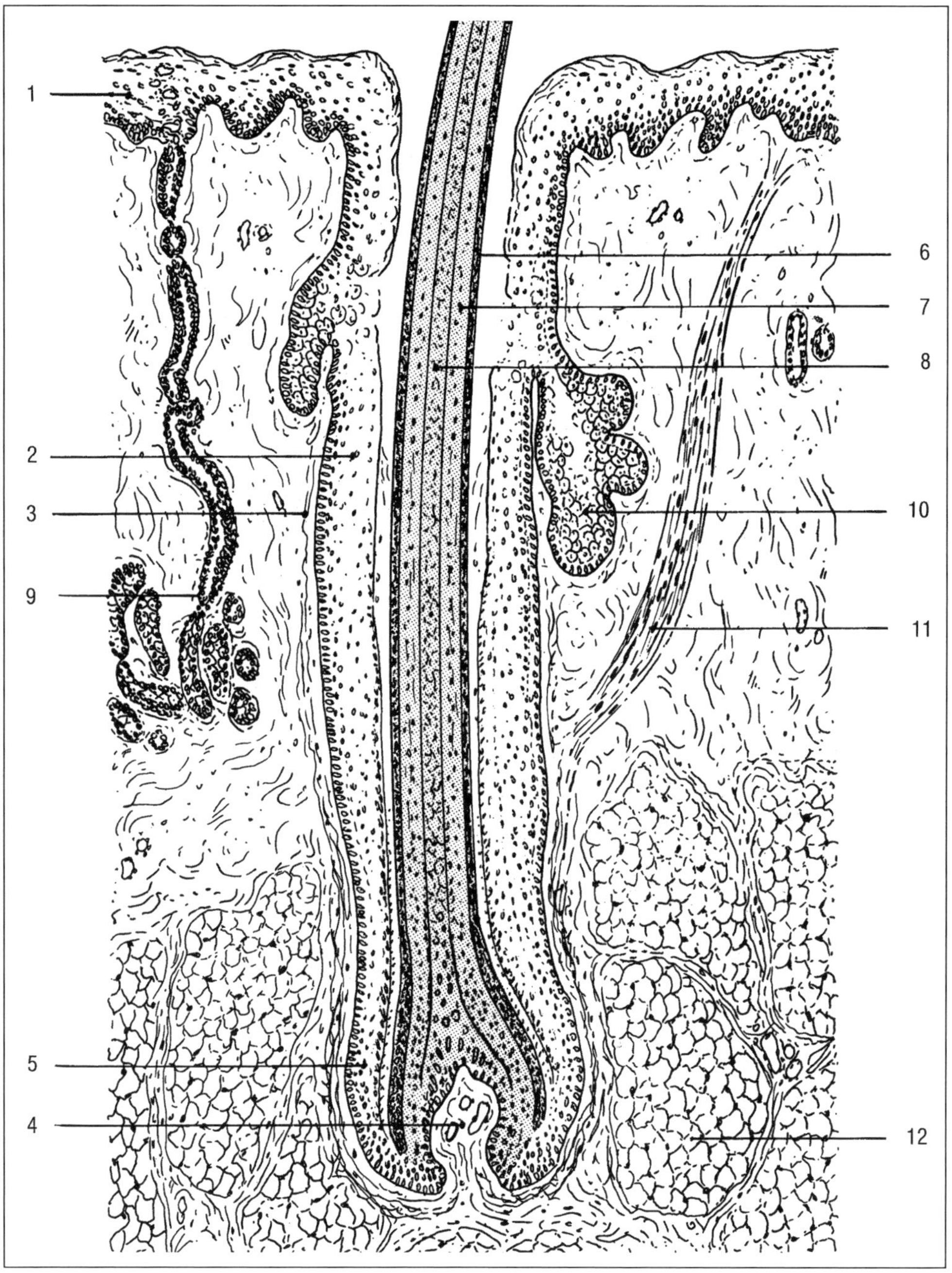

Abb. 17-1 Schematische Darstellung von Haar und Haarfollikel.
1 Epidermis; 2 Epitheliale Wurzelscheide; 3 Bindegewebige Wurzelscheide; 4 Haarpapille; 5 Haarzwiebel; 6 Haarkutikula; 7 Rinde; 8 Mark; 9 Schweißdrüse; 10 Talgdrüse; 11 M. arrector pili; 12 Subkutis mit Fettgewebe

Haut zu verankern. Sie gliedert sich in eine epitheliale und in eine bindegewebige Wurzelscheide. An der epithelialen Wurzelscheide lassen sich wiederum ein äußerer Anteil (äußere epitheliale Wurzelscheide), der dem Stratum germinativum (Stratum basale und Stratum spinosum) der Epidermis entspricht, und ein innerer Anteil (innere epitheliale Wurzelscheide), der mit dem Stratum granulosum bzw. lucidum vergleichbar ist, unterscheiden. An der inneren epithelialen Wurzelscheide lassen sich im Einzelnen drei Schichten erkennen: 1. Scheidenkutikula = Cuticula vaginalis, 2. Huxley-Schicht = Stratum epitheliale internum, 3. Henley-Schicht = Stratum epitheliale extenum. Die Scheidenkutikula ist die innerste Schicht und besteht aus einer Lage abgeplatter Zellen. Haarkutikula und Scheidenkutikula sind so ineinander verzahnt, dass das Haar trotz der Verschiebung, die es infolge seines Wachstums erfährt, innerhalb der Wurzelscheide relativ fest verankert bleibt. Die innere epitheliale Wurzelscheide reicht hautwärts nur bis zur Einmündung der Talgdrüsen. Im anschließenden Haartrichter ist die Haarkutikula mit dem verbleibenden Anteil der epithelialen Wurzelscheide nicht mehr verbunden.

Die epitheliale Wurzelscheide wird außen von der bindegewebigen Wurzelscheide (Vagina dermalis radicularis) umgeben, die sich aus dem Stratum papillare des Koriums differenziert. Zwischen epithelialer und bindegewebiger Wurzelscheide liegt eine gut ausgebildete Basalmembran (Glashaut). Die bindegewebige Wurzelscheide beherbergt zahlreiche feine Nervenendigungen und dient dem Haarmuskel (M. arrector pili) als Ansatzstelle. Die Nervenendigungen spielen für die Tastempfindung eine wichtige Rolle.

Die an die Haarbälge herantretenden, marklos gewordenen Nervenfasern verlaufen in der Haarwurzelscheide zunächst zirkulär und zeigen weiter oben einen longitudinalen Verlauf. Eine Berührung der Haare reizt diese freien Nervenendigungen, wobei der Reiz durch die Hebelwirkung der Haare wesentlich verstärkt wird.

Die Haarfarbe wird vom Gehalt an Melanin, das von Melanozyten der Haarzwiebel gebildet wird, bestimmt. Braune und schwarze Haare enthalten Eumelanin. Rote Haare weisen das gelbliche Phäomelanin auf. Im Alter lässt die Melaninbildung nach und die Lufteinschlüsse im Haar nehmen zu. Die Haare werden grau bzw. weiß.

17.2.1.2 Sinushaare (Pili tactiles)

Bei den Tasthaaren der Säugetiere ist die Nervenmanschette besonders gestaltet. Diese Tasthaare zeichnen sich u.a. durch ihre Größe aus. Zwischen der äußeren und inneren Lage des stark gefalteten bindegewebigen Haarbalges dehnt sich ein Blutsinus aus. Diese Tasthaare werden daher auch als Sinushaare bezeichnet. Bei Pflanzenfressern (Pferd, Rind) wird der Blutsinus von zahlreichen Bindegewebsbalken durchzogen, die von Endothelzellen ausgekleidet sind (kavernöser Typ des Sinushaars). Bei den Fleischfressern (Hund, Katze) fehlen die Bindegewebsbalken im oberflächlichen Abschnitt, sodass in diesem Bereich ein größerer Ringsinus auftritt. In den Wänden der mit Blut gefüllten Hohlräume liegen zahlreiche freie Nervenendigungen. Sie dienen der Aufnahme der durch die Bewegung der Sinushaare ausgelösten mechanischen Reize, die durch das Blut in den Sinus und gleichmäßig auf die Sinuswände übertragen werden.

17.2.2 Zehenendorgane

Zu den Zehenendorganen der Haussäugetiere werden Huf (Ungula), Klaue (Ungula) und Kralle (Unguicula) gerechnet. Sie bestehen in allen Schichten aus modifizierter äußerer Haut, wobei die massive Verhornung der Epidermis besonders auffallend ist. Zugleich kommt es zu einem erheblichen Umbau des Stratum papillare des Koriums und zu Gewebszubildungen in der Subkutis in Form von Ballen und Polstern. Trotz ausgeprägter Unterschiede in der Ausbildung der Zehenendorgane bei den einzelnen Haussäugetieren liegt ihnen ein gemeinsames Bauprinzip zugrunde.

17.2.2.1 Huf (Ungula)

Die knöcherne Grundlage des Hufes wird von den Phalangenknochen gebildet, die durch die entsprechenden Bänder, Sehnen und die Hufknorpel ergänzt werden. Letztere bestehen im Wesentlichen aus Faserknorpelgewebe. Die Subkutis ist im Saumsegment und Kronsegment als Wulst ausgebildet (Saumwulst, Kronenwulst), im Ballen und Strahlsegment erscheint sie als kissenartiges Polster. Sie weist in diesen Bereichen eine starke Zubildung von kollagenen Fasern und eine Ansammlung von Fettgewebe auf, welche wichtig für ihre stoßdämpfenden Eigenschaften sind. Im Wand- und Sohlensegment des Hufes fehlt die Subkutis.

Die Huflederhaut (Corium oder Dermis ungulae) weist im Saum-, Kron-, Ballen-, Strahl- und Sohlensegment einen schon makroskopisch erkennbaren Papillarkörper (Dermis papillaris) auf. Seine Papillen (Papillae dermales) verlaufen parallel zur Zehenachse. Im Wandsegment und im Bereich der Eckstreben zeigt das Korium größere, längsgestellte Primärblättchen (Lamellae dermalis primariae), die an den Seitenflächen dicht mit Sekundärblättchen (100 bis 200 Lamellae dermalis secundariae) besetzt sind und am freien distalen Ende in Zotten auslaufen. In der Huflederhaut finden sich reichlich arterielle Blutgefäße, das engmaschige Venennetz des Plexus venosus, sowie zahlreiche sensible Nervenfasern.

Die Epidermis ist in das Relief der Lederhaut eingepasst und bildet durch intensive Verhornungsprozesse den Hornschuh. Dadurch erscheint das Horn im Saum-, Kronen-, Ballen-, Strahl- und Sohlensegment röhrchenförmig ausgebildet (Röhrchenhorn). Ein Hornröhrchen besteht aus konzentrisch angeordneten Lagen verhornter Zellen, wobei man eine Außen-, Mittel- und Innenzone unterscheiden kann. Die Räume zwischen den Hornröhrchen (Interterritorien) werden von interpapillärem Horn ausgefüllt, das die Hornröhrchen miteinander und auch die Verbindung zum Horn des Wandsegments herstellt. Der größte Teil der Hufwand wird von dem im Kronsegment entstandenen Horn gebildet. Das Horn des Saumsegments überzieht den Huf außen als schwach verhornte Glasurschicht.

17.2.2.2 Klaue (Ungula)

Der epidermale Klauenschuh setzt sich aus dem Rückenteil, der leicht gewölbten Außenwand, der schwach konkaven Zwischenklauenwand, sowie aus der Sohle und den Ballen zusammen. Der histologische Aufbau der Klaue zeigt große Ähnlichkeiten zum Huf. Allerdings fehlen in der Wandlederhaut die Sekundärblättchen. Die Blättchen sind zudem enger, kürzer und zahlreicher als beim Huf. Die Höhe der Zotten des Stratum papillare im Bereich der Kronlederhaut, von der die Klauenplatte im wesentlich gebildet wird, beträgt nur 0,2–0,3 mm, während sie im darüber gelegenen Saumsegment deutlich höher sind.

17.2.2.3 Kralle (Unguicula)

Die Kralle zeigt im Vergleich zu den Zehenendorganen des Pferdes und der Wiederkäuer einen relativ einfachen

Aufbau. Ihre Subkutis ist gering entwickelt. Sie ist in allen Bereichen der Kralle fest mit dem Periost des Krallenbeins verwachsen und auch das Korium ist straff mit der Subkutis verbunden. Die Epidermis bildet eine im Kron- und Wandsegment seitlich zusammengebogene Tüte, die in einer hakenförmig gekrümmten Krallenspitze endet. Ihre unverhornten tiefen Schichten erscheinen glatt und nur im Wandteil lassen sich Hornblättchen erkennen, welche sich in die korrespondierenden Lederhautblättchen einsenken. Das Kronsegment der Lederhaut weist kleine Zotten auf, die im Wesentlichen die Krallenplatte bilden.

Das schmale Sohlensegment auf der Unterseite des Krallenbeinfortsatzes bildet weiches, röhrchenloses Sohlenhorn. Im Bereich der Sohlenballen ist die Subkutis stark verdickt. In den durch Bindegewebstränge gekammert erscheinenden Polstern aus Fettgewebe finden sich ekkrine Schweißdrüsen und (besonders bei der Katze) Lamellenkörperchen als Druckrezeptoren.

Die Epidermis weist eine besonders dicke Hornschicht auf.

17.2.3 Hörner (Cornua)

Die Hörner der Wiederkäuer sind pneumatisierte Knochenzapfen (Processus cornuales) des Os frontale, die von modifizierter stark verhornter äußerer Haut überzogen werden. Das Periost des Knochenzapfens ist fest mit der nur mäßig entwickelten Subkutis des Horns verbunden. Das Korium bildet nur an der Hornbasis und an der Hornspitze deutliche Papillen aus, im mittleren Bereichen des Horns erscheint das Stratum papillare flach. Von der Epidermis wird durch starke Verhornungsvorgänge die tütenförmige Hornscheide gebildet. Diese ist aus unterschiedlich dicht stehenden Hornröhrchen (sehr eng stehend beim Rind, weniger dicht bei Schaf und Ziege) und dem sie verbindenden Zwischenhorn aufgebaut. Das in unterschiedlicher Menge in die Epidermiszellen eingelagerte Melanin bedingt die für manche Rassen typische Farbe der Hörner. Während beim Bullen die Horntüte durchgehend glatt ausgebildet ist, kann man bei der Kuh periodisch abwechselnde Wülste und Einschnürungen erkennen. Sie entstehen vor allem durch Wachstumsschwankungen der Hörner während der Trächtigkeit. Aber auch Störungen in der Ernährung und Erkrankungen können zu Veränderungen in der Hornproduktion und zur Ringbildung führen.

17.2.4 Hautdrüsen (Glandulae cutis)

Hautdrüsen kommen als Talgdrüsen (Glandulae sebaceae) und Schweißdrüsen, bzw. in bestimmten Körperregionen als deren Modifikationen vor. Die morphologischen Merkmale und die Funktionen sind im ▶ Kapitel 4 näher erläutert. Hier werden ihre wichtigsten Charakteristika noch einmal kurz beschrieben:

Die überwiegende Mehrzahl der Schweißdrüsen der Haussäugetiere weist eine apokrine Sekretion auf. Sie sind in der Regel tubulöse, monoptyche Drüsen mit einem geschlängelt verlaufenden Ausführungsgang und sind stets an eine Haaranlage gebunden. Die Drüsenendstücke werden von Myoepithelzellen (Korbzellen) umgeben. Die seltenen ekkrin sezernierenden Schweißdrüsen (Glandulae sudorifeae eccrinae) kommen nur an wenigen, unbehaarten Hautarealen, z. B. an den Sohlenballen, vor.

Die polyptychen Talgdrüsen sind alveoläre, holokrin sezernierende Drüsen, die in den meisten Fällen gemeinsam mit den Haaranlagen vorkommen. Ihr fettiges, zähflüssiges Sekret (Talg) überzieht die Haare und die Oberfläche der Epidermis mit einem dünnen Fettfilm, der sie geschmeidig hält. Nur an wenigen Körperstellen kommen Talgdrüsen ohne Bindung an Haaranlagen vor (Tarsaldrüse der Augenlider, am After, am Penis und im äußeren Gehörgang).

Beispiele für modifizierte Hautdrüsen:

- Die Flotzmaul- bzw. Nasenspiegeldrüsen der Wiederkäuer sind stark geknäuelte und verzweigte tubulöse Drüsen. Sie bilden ein wässriges Sekret.
- Bei den Fleischfressern ist das Submentalorgan der Katze, das sich im vorderen Kehlgangsabschnitt befindet, zu erwähnen.
- Das Infraorbitalorgan des Schafes liegt unter dem nasalen Augenwinkel. Es besteht aus einer Hauteinstülpung die zahlreiche aggregierte Talgdrüsen und apokrin sezernierende Schweißdrüsen enthält.
- Das Interdigitalorgan des Schafes, das im Zwischenklauenspalt der hinteren Extremität lokalisiert ist, besteht aus einer Hauteinstülpung, die zahlreiche Talg- und apokrine Schlauchdrüsen enthält.
- Bei Hund und Schwein enthält die Lamina propria der Analschleimhaut tubuloalveoläre Drüsen, die als Analdrüsen (Glandulae anales) bezeichnet werden. Ihr Sekret ist beim Hund fettig, beim Schwein von schleimiger Beschaffenheit. Beim Hund liegen weiters in der Zona arcuata polyptyche Drüsen, die Zirkumanaldrüsen (Glandulae circumanales), die ein Leberähnliches Aussehen (hepatoid) aufweisen. Sie bilden ein wässriges Sekret, das Duftstoffe enthält.
- In der Wand der Analbeutel des Hundes (Sinus paranales), die von einem mehrschichtigen, verhornenden Plattenepithel ausgekleidet werden, befinden sich im Bindegewebe unter dem Epithel apokrin sezernierende Schweißdrüsen. Bei der Katze finden sich daneben auch noch Talgdrüsen.

17.2.4.1 Milchdrüse (Mamma, Euter, Gesäuge, Glandula mammaria)

Die Milchdrüse ist eine stark modifizierte apokrine Hautdrüse, deren altersabhängige Ausbildung stark von den Hormonen des Ovars (Östrogene, Progesteron) abhängt. Ihre volle Entwicklung erreicht sie nur beim weiblichen

Geschlecht während der Gravidität. Dort kommt es zu zunächst zu charakteristischen Aufbau- und Differenzierungsprozessen, welche zur vollen Sekretionsleistung der Mamma führen. Nach Abschluss der Laktation wird die Milchdrüse wieder weitgehend zurückgebildet. Je nach Tierart besteht die Mamma aus einer unterschiedlichen Zahl von Drüsenkomplexen, die mit einer tierartspezifischen Anzahl von Ausführungsgängen in einer Zitze (Papilla mammae) münden.

Der Überzug der Mamma wird von äußerer Haut gebildet, die tierartliche Unterschiede aufweist. Beim Rind ist sie relativ dünn und fein behaart. Bei den anderen Haussäugetierarten ist sie meist deutlich behaart und weist nur geringe Unterschiede zur allgemeinen Körperdecke auf. Der Halte- und Trageapparat ist bei den einzelnen Haussäugetieren entsprechend der Beanspruchung unterschiedlich stark entwickelt (besonders gut beim Rind), besteht aber im Prinzip aus Abspaltungen der beiden Rumpffaszien, die gemeinsam einen Mammarkomplex umschließen. Von ihnen strahlen Bindegewebszüge in die Mammarkomplexe ein und bilden das Bindegewebe des Organs. Dieses ist bei der nicht laktierenden Mamma gut erkennbar und wird durch größere Mengen an Fettgewebe ergänzt. Während der Laktation wird das Fettgewebe durch das proliferierende Drüsengewebe weitgehend verdrängt.

Größere bindegewebig abgegrenzte Einheiten des Organs werden als Milchdrüsenlappen (Lobi glandulae mammariae) bezeichnet, die durch interlobuläre Bindegewebssepten in kleine Drüsenläppchen (Lobuli) unterteilt werden. Ihr Durchmesser liegt bei ca. 1–2 mm. Das interstitielle Bindegewebe enthält neben Fibroblasten, Mastzellen und verschiedenen Abwehrzellen, wie Lymphozyten und Plasmazellen, kollagene, retikuläre und elastische Fasern.

Das Drüsenparenchym der laktierenden Milchdrüse (Mamma lactans) besitzt weitlumige alveoläre Endstücke (Alveoli glandulae), die mit einem einschichtigen isoprismatischen bis flachen Epithel (Epithelium simplex cuboideum) ausgekleidet sind und von gut ausgebildeten Myoepithelzellen (Myoepitheliocyti stellati) umfasst werden. Charakteristisch für die Milchdrüse ist perlschnurartige Anordnung der Drüsenendstücke, d.h. das weitlumige und englumige Anteile (Alveolen und interalveoläre Gangabschnitte) aufeinanderfolgen, wodurch eine kontinuierliche Sekretableitung verhindert wird und die Milch in der Mamma über einen längeren Zeitraum gespeichert werden kann. Die Höhe der Drüsenzellen (Exocrinocyti lacti) hängt vom Sekretionszustand der Zellen ab. So ist das Epithel der Alveolen während der Sektretbildung und -extrusion iso- bis hochprismatisch, wobei die apikalen Abschnitte (die später abgeschnürt werden) kuppenförmig in das Lumen der Alveolen hineinragen. Bei der Sekretion der Milch wird das Milchfett durch apokrine Sekretion, die Proteinbestandteile durch ekkrine Sekretion abgegeben. Die Entleerung der Milch aus den Alveolen wird durch den Milchausschüttungsreflex initiert. Die Myoepithelzellen der Alveolen und des Ausführungsgangsystems der Milchdrüse besitzen Rezeptoren für Oxytozin. Durch den Saug- oder Melkreiz wird in der Neurohypophyse die Ausschüttung des dort gespeicherten Oxytozins ausgelöst. Dieses erreicht über den Blutweg die Milchdrüse und bewirkt die Kontraktion ihrer Myoepithelzellen.

Das Ausführungsgangsystem der Milchdrüse beginnt mit den intralobulär lokalisierten englumigen Ductus alveolares lactiferi, welche die Alveolen perlschnurartig miteinander verbinden. Sie schließen an interlobulär verlaufende mittelgroße Milchgänge (Ductus lactiferi interlobulares) an, auf die die großen Milchgänge (Ductus lactiferi colligentes) folgen, die mit einem zweischichtigen hochprismatischen Epithel ausgestattet sind. Die großen Milchgänge münden bei Pferd und Wiederkäuern in weitlumige, beim Schwein in relative enge Sammelräume, die als Milchzisternen (Sinus lactiferi) bezeichnet werden. Sie werden gleichfalls von einem zweischichtigen Epithel ausgekleidet.

Zitze (Papilla mammae)

Bei Wiederkäuern und beim Pferd ist die Zitze eine fingerförmige Vorstülpung jedes Mammarkomplexes (Proliferationszitze), bei den anderen Haussägetieren eine warzenförmige Struktur (Eversionszitze). Die Zitze beinhaltet die Pars papillaris der Milchzisterne und den Zitzenkanal (Strichkanal, Ductus papillaris). Die Zitzenwand weist eine bindegewebig-muskulär-elastische Grundlage auf. Beim Rind kommen in der mittleren Schicht muskelstarke, mit Klappen ausgestattete Venen (Venae myotypicae) vor. Im freien Ende der Zitze verjüngt sich die Milchzisterne zum kurzen, engen Strichkanal, der von einem verhornten Plattenepithel (Epithelium stratificatum squamosum cornificatum) ausgekleidet wird. Beim Wiederkäuer hat jede Zitze einen Strichkanal, beim Pferd zwei, beim Hund acht bis zwanzig und bei der Katze einen bis sieben.

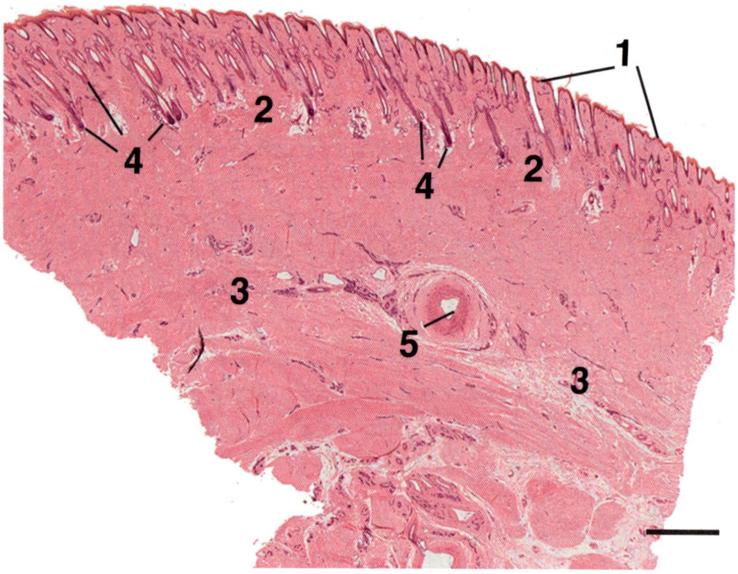

Abb. 17-2 Haut, Übersicht, Pferd, Hämatoxylin-Eosin, SB 825 µm

Die Epidermis besteht aus einem mehrschichtigen, verhornten Plattenepithel (Keratinozyten in verschiedenen Verhornungsstadien). Es folgt die bindegewebige Dermis, bei der man das mit der Epidermis verzahnte Stratum papillare und das darunter liegende Stratum reticulare unterscheiden kann. Die nach unten anschließende Subkutis stellt eine Verschiebeschicht aus lockerem Bindegewebe mit eingelagertem Fett dar. Anhangsgebilde der Haut sind Haare, Schweiß- und Talgdrüsen.

1 Epidermis; 2 Dermis; 3 Subkutis; 4 Haar; 5 Gefäß

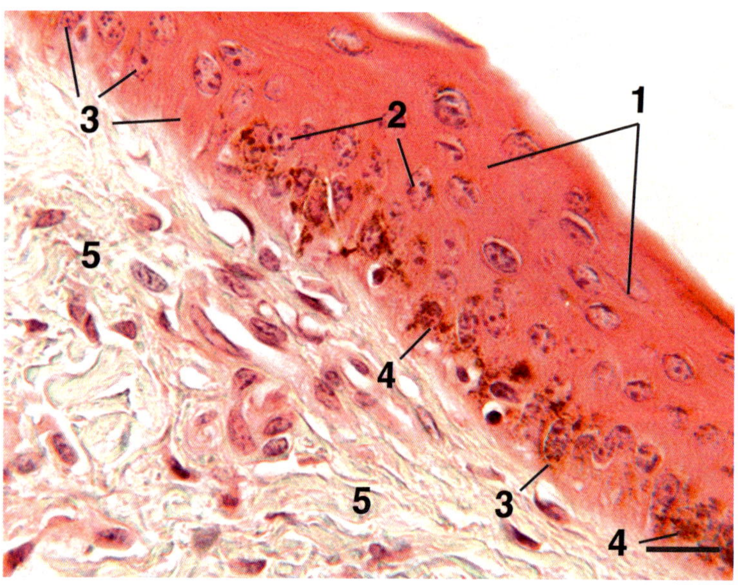

Abb. 17-3 Melanozyten, Haut, Pferd, Hämatoxylin-Eosin, SB 18 µm

Im Stratum basale der Epidermis befinden sich die Melanozyten. Diese großen, runden Zellen besitzen lange Zellausläufer, die sich zwischen die Keratinozyten schieben. Im Zytoplasma der Zellausläufer wird das Melanin in Form von Pigmentkörperchen (Melanosomen) gespeichert. Von den Melanozyten wird das Melanin abgegeben und von benachbarten Keratinozyten aufgenommen und gespeichert. Die Pigmentierung der basalen Epidermis gewährleistet einen Schutz gegenüber starker Sonneneinstrahlung.

1 Epidermis; 2 Keratinozyt; 3 Stratum basale der Epidermis; 4 Melanozyt; 5 Dermis

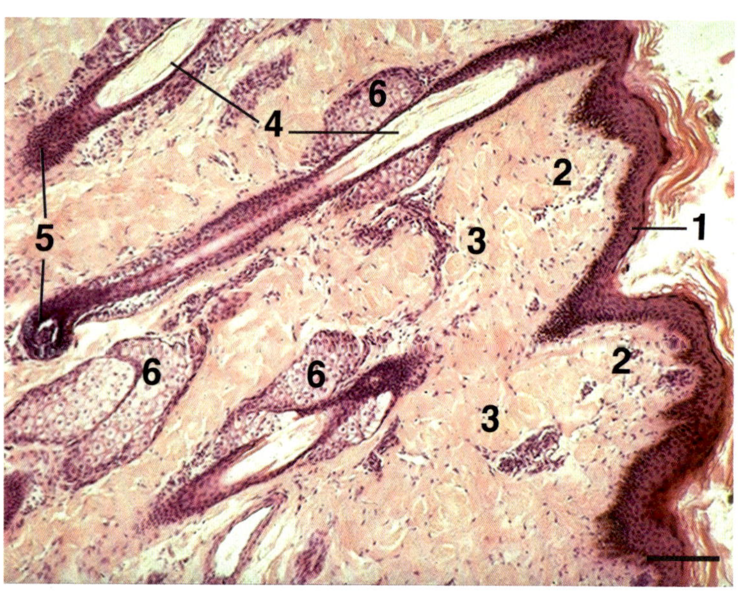

Abb. 17-4 Stratum papillare und Stratum reticulare Pferd, Hämatoxylin-Eosin, SB 200 µm

Das Stratum papillare ist durch papillenartige Erhebungen (Papillarkörper) mit der Epidermis verzahnt. Es besteht hauptsächlich aus lockerem Bindegewebe und Kapillaren, die die Epidermis versorgen. Das Stratum reticulare weist scherengitterartig angeordnetes, straffes und faserreiches Bindegewebe auf. Es ermöglicht die Verschiebung der Haut. Haare, Talg- und Schweißdrüsen sind als Bildungen der Epidermis eingelagert.

1 Epidermis; 2 Stratum papillare der Dermis; 3 Stratum reticulare der Dermis; 4 Haar; 5 Haarwurzel; 6 Talgdrüse

Abb. 17-5 Talgdrüse, Haut, Pferd, Hämatoxylin-Eosin, SB 18 µm

Talgdrüsen sind mehrlappige, alveoläre Drüsen und befinden sich in der Dermis. Sie weisen eine holokrine Sekretion auf. Die Zellen gehen bei der Bildung des Talgs zugrunde, die Kerne werden pyknotisch. Talgdrüsen kommen meist in Verbindung mit Haaren vor, wo sie den Talg (Sebum) in den Haarbalg entleeren, der dann auf die Oberfläche der Haut gelangt. Talg bewirkt eine Verminderung der Wasserdurchlässigkeit der Haut und erhöht deren Geschmeidigkeit.

1 Talgdrüsenläppchen; 2 Basalmembran; 3 Talgdrüsen-Basalzelle; 4 Talgdrüsen-Zelle: Zellkern; 5 Pyknotischer Zellkern

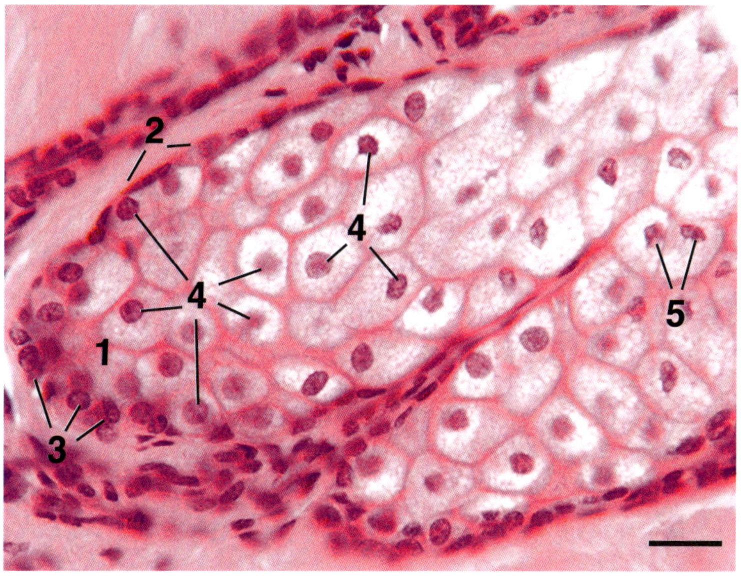

Abb. 17-6 Apokrine Schweißdrüsen, Haut, Übersicht, Pferd, Hämatoxylin-Eosin, SB 40 µm

Schweißdrüsen sind bei Haussäugetieren weit überwiegend apokrin sezernierende Schlauchdrüsen. Sie münden unabhängig von den Haaren frei an der Hautoberfläche. Ihre sekretorisch aktiven Endabschnitte sind stark geknäult und liegen blind endend im basalen Bereich der Dermis. Sie besitzen einschichtiges, isoprismatisches Epithel und werden nach außen von kontraktilen, myoepithelialen Zellen (Korbzellen) umgeben.

1 Basalmembran; 2 Drüsenzellen; 3 Drüsenlumen mit Sekret; 4 Bindegewebe; 5 Arteriole

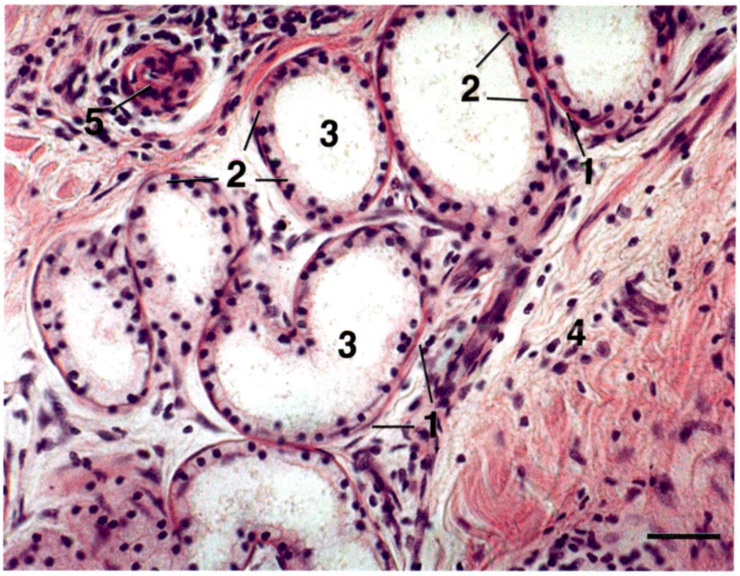

Abb. 17-7 Längsschnitt durch eine Haarwurzel, Katze, Hämatoxylin-Eosin, SB 200 µm

Die in der Dermis steckende Haarwurzel (Radix pili) enthält eine basal verdickte Haarzwiebel (Bulbus pili), die die zellreiche, bindegewebige Haarpapille umschließt. Die proximalen Anteile des Haares werden von einer epithelialen Wurzelscheide umgeben, die bis an die Austrittsstelle des Haares reicht. Daran schließt sich nach außen die bindegewebige Wurzelscheide an. Haarschaft (Scapus pili) und Haarspitze (Apex pili) ragen über die Epidermis hinaus.

1 Haarzwiebel; 2 Haarpapille; 3 Epitheliale Wurzelscheide; 4 Bindegewebige Wurzelscheide; 5 Haarschaft; 6 Schweißdrüse

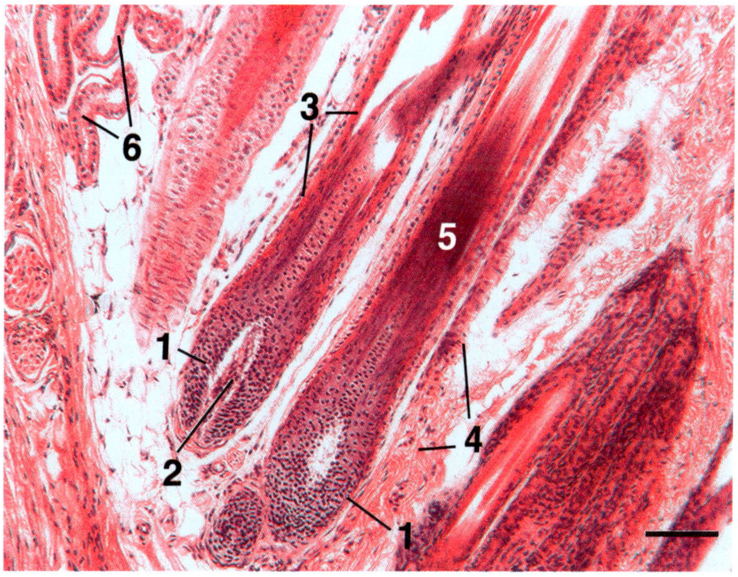

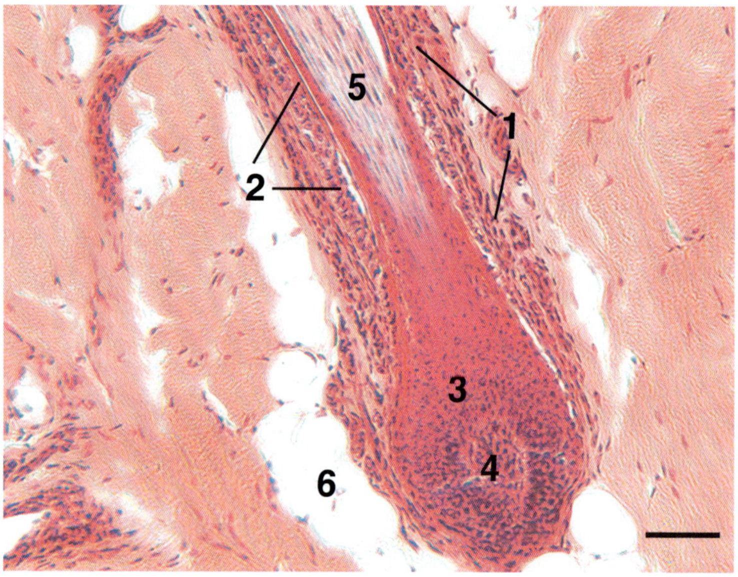

Abb. 17-8 Haarwurzel mit Wurzelscheide, Pferd, Hämatoxylin-Eosin, SB 80 μm

Durch die röhrenförmige Einstülpung der Epidermis wird die innere und die äußere epitheliale Wurzelscheide gebildet. Die innere epitheliale Wurzelscheide reicht in Richtung Epidermis nur bis zur Einmündung der Talgdrüsen. Nach außen wird sie von der bindegewebigen Wurzelscheide umgeben, die den Ansatz für den Haarmuskel (M. arrector pili) stellt und feine Nervenendigungen enthält. Dazwischen befindet sich eine gut ausgebildete Basalmembran.

1 Bindegewebige Wurzelscheide; 2 Epitheliale Wurzelscheide; 3 Haarzwiebel; 4 Haarpapille; 5 Haarschaft; 6 Fettzellen

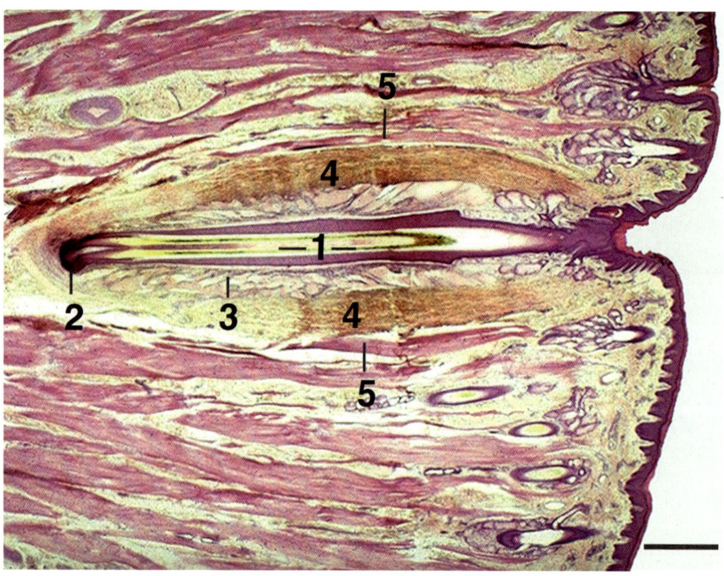

Abb. 17-9 Längsschnitt durch ein Sinushaar, kavernöser Typ, Rind, Hämatoxylin-Eosin, SB 200 μm

Sinushaare (Pili tactiles) sind kräftige Tasthaare, die meistens bis in die Subkutis reichen. Die bindegewebige Wurzelscheide spaltet sich in ein inneres und ein äußeres Blatt auf. Der dazwischen liegende Blutsinus (Sinus sanguineus folliculi) ist durchgehend durch feine Bindegewebstrabekel gekammert. Wurzelscheide und Blutsinus werden sensibel innerviert, die Nervenfasern dienen gleichfalls als Druckrezeptoren mit afferenter Reizweiterleitung.

1 Sinushaar; 2 Haarzwiebel; 3 Inneres Blatt der Wurzelscheide; 4 Blutsinus; 5 Äußeres Blatt der Wurzelscheide

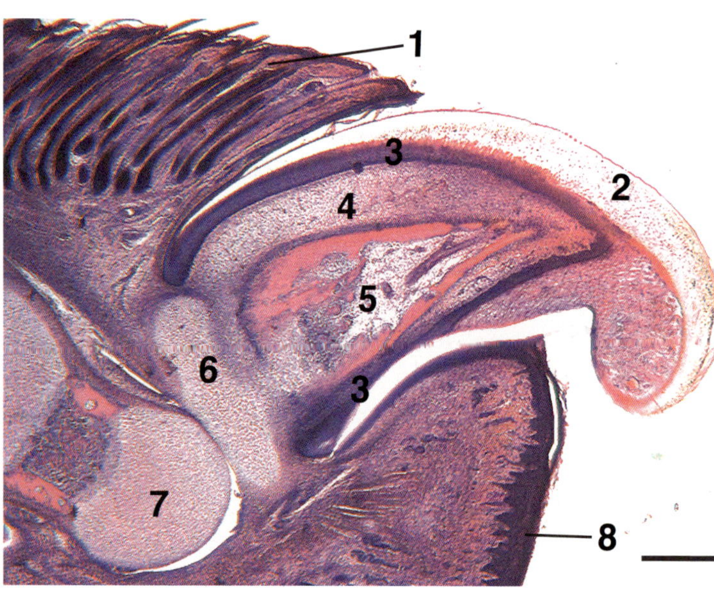

Abb. 17-10 Längsschnitt durch eine Kralle, Hundewelpe, Hämatoxylin-Eosin, SB 312 μm

Die Krallenepidermis stellt das eigentliche Epidermalorgan dar. Es bildet im Kronen- und Wandabschnitt ein zur Hornkralle ausgebildetes Stratum corneum, unter Entwicklung einer seitlich komprimierten, hakenförmigen Krallenplatte.

1 Äußere Haut mit Haaren; 2 Stratum corneum; 3 Tiefe Schichten der Epidermis der Krallenplatte; 4 Korium; 5 Krallenbein; 6 Gelenkknorpel; 7 Os digiti secundum; 8 Epidermis des Sohlenballens

Abb. 17-11 Sohlenballen, Katze, Hämatoxylin-Eosin, SB 1000 µm

Der Sohlenballen weist eine modifizierte, stark verdickte Subkutis auf, in der Bündel von kollagenen Fasern steppkissenartig Fettgewebe einschließen. In den Bindegewebspolstern finden sich Schweißdrüsen mit ekkriner Sekretion und Tastrezeptoren (Lamellenkörperchen).

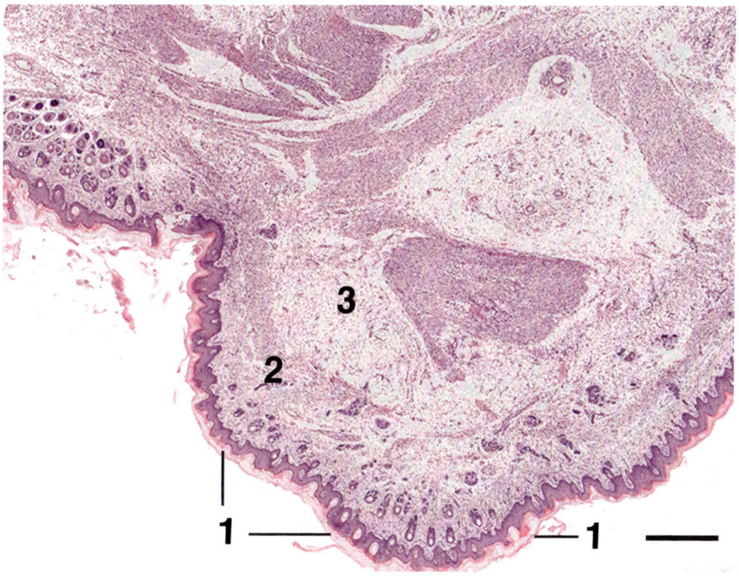

1 Stark verhorntes mehrschichtiges Plattenepithel; 2 Korium; 3 Subkutis mit Fettgewebe

Abb. 17-12 Sohlenballen, Katze, Hämatoxylin-Eosin, SB 40 µm

Der Sohlenballen weist mehrschichtiges, verhorntes Plattenepithel auf. Das Stratum basale hat Kontakt zur Basalmembran und weist zahlreiche Mitosen auf. Es folgt das Stratum spinosum mit polygonalen Zellen und das Stratum granulosum, in dem sich kleine Keratohyalinkörnchen im Zytoplasma der Zellen befinden. Im stärker rot angefärbten Stratum lucidum sind keine Zellkerne mehr erkennbar. Das Stratum corneum stellt die kernlose Hornschicht dar.

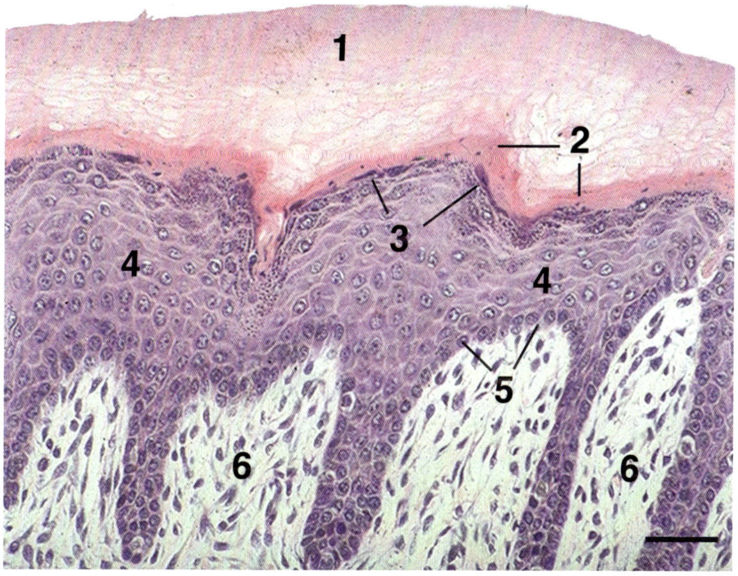

1 Stratum corneum; 2 Stratum lucidum;
3 Stratum granulosum; 4 Stratum spinosum;
5 Stratum basale; 6 Korium

Abb. 17-13 Kronsegment, Pferd, Hämatoxylin-Eosin, SB 80 µm

Entprechend dem Profil der Huflederhaut folgend ist im Kronsegment (wie auch Saum-, Ballen-, Strahl- und Sohlensegment) das Horn röhrchenfömig (Röhrchenhorn) differenziert.

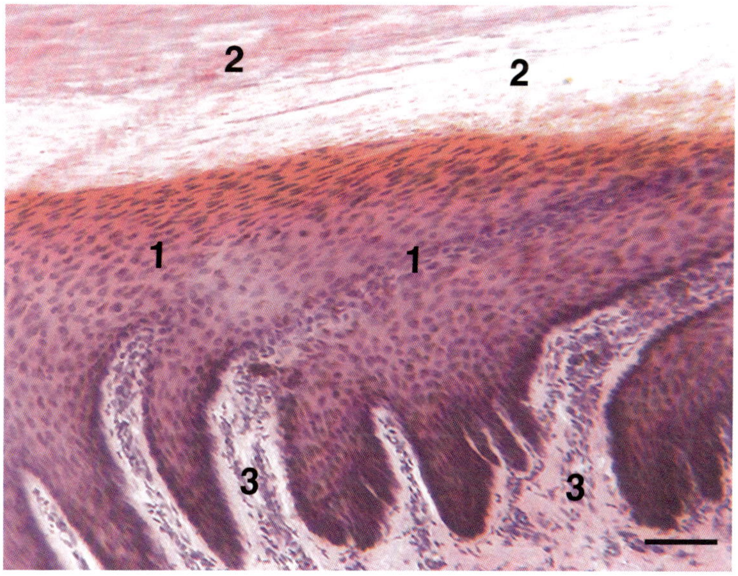

1 Mehrschichtiges verhorntes Plattenepithel;
2 Röhrchenhorn; 3 Korium

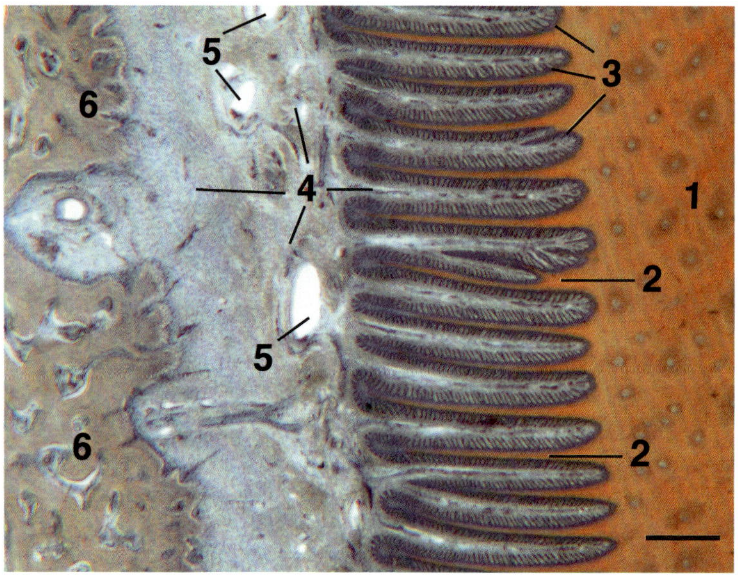

Abb. 17-14 Wandsegment, Huf, Pferd, Eisenhämatoxylin-Pikrinsäure-Färbung, SB 312 µm

Der Hornschuh des Hufes wird von der Epidermis gebildet. Er besteht aus lamellär geschichtetem Röhrchenhorn (produziert vom Kron- und Saumsegment) und Blättchenhorn (produziert vom Wandsegment). Das Blättchenhorn sowie die Lederhaut bilden Primär- und Sekundärblättchen. Ein ausgeprägter Venenplexus befindet sich in tieferen Bereichen der Lederhaut. Diese geht ohne Ausbildung einer Subkutis direkt in das Periost des Hufbeins über.

1 Röhrchenhorn; 2 Blättchenhorn; 3 Epidermis; 4 Korium; 5 Venenplexus; 6 Hufbein

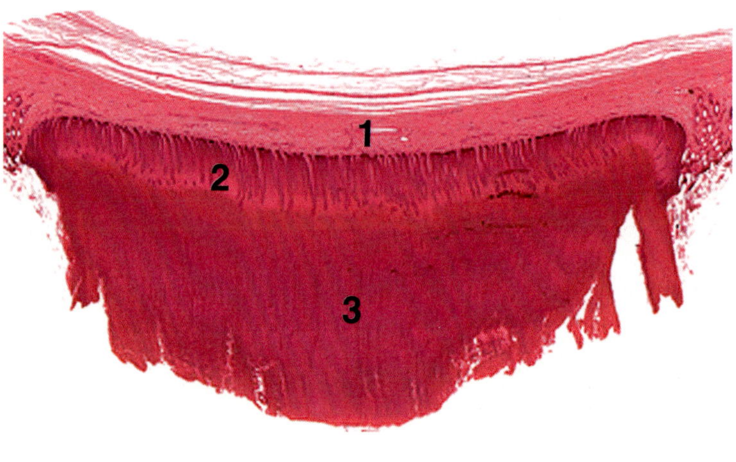

Abb. 17-15 Kastanie, Pferd, Hämatoxylin-Eosin, SB 825 µm

Die Kastanien der Equiden sind haar- und drüsenlose Hautschwielen. Sie treten immer an konstanten Stellen der Extremitäten, als hochschichtige epidermisbildende, von der übrigen Haut scharf abgegrenzte Strukturen, auf. Das Korium bildet gegen den konvex aus der Haut vorgewölbten Epidermiskörper hohe, schlanke Papillen und über deren Endkuppen Röhrchenhorn und Zwischenhorn.

1 Korium; 2 Epidermis; 3 Röhrchenhorn

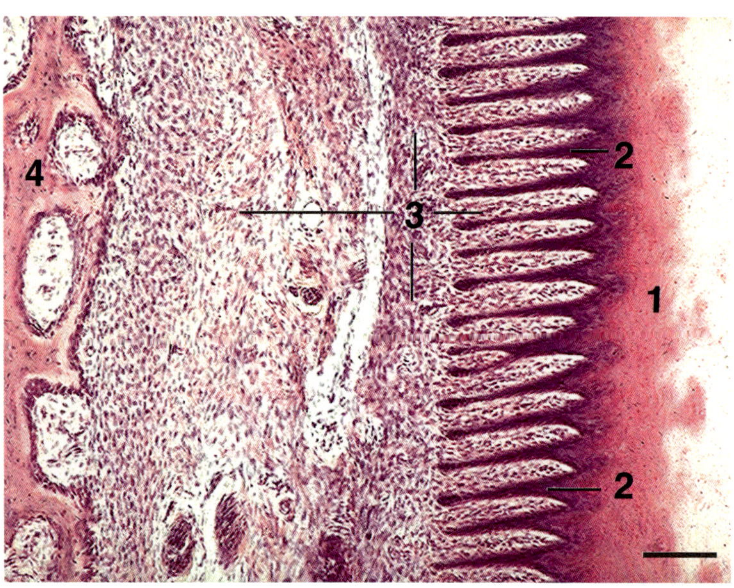

Abb. 17-16 Wandsegment, Klaue, Schaf, Hämatoxylin-Eosin, SB 312 µm

Der Klauenschuh setzt sich aus der Außenwand, der Zwischenklauenwand und dem Rückenteil zusammen. Die Epidermis der Klaue weist Röhrchenhorn mit schalenartig um das Röhrchenmark angeordneten Röhrchen („Tannenzapfen") und Blättchenhorn auf. Im Blättchenhorn sind ausschließlich Primärblättchen ausgebildet, ein Charakteristikum der Wiederkäuer.

1 Röhrchenhorn; 2 Primärblättchen; 3 Lederhaut; 4 Klauenbein

Abb. 17-17 Milchdrüse, Kalb, Hämatoxylin-Eosin, SB 80 µm

Die Milchdrüse weist noch einen verhältnismäßig einfachen Bau auf. Neben größeren Mengen an Fettgewebe, dem eine Platzhalterfunktion zukommt, sind kurze Gangstücke, die an ihren Enden erweiterte Abschnitte mit mehrschichtigem Epithel aufweisen, zu beobachten. Von diesen geht dann ab der Pubertät unter dem Einfluss der Steroidhormone Östrogen und Progesteron die weitere Verzweigung der Gänge und die Ausbildung erster Alveolen aus.

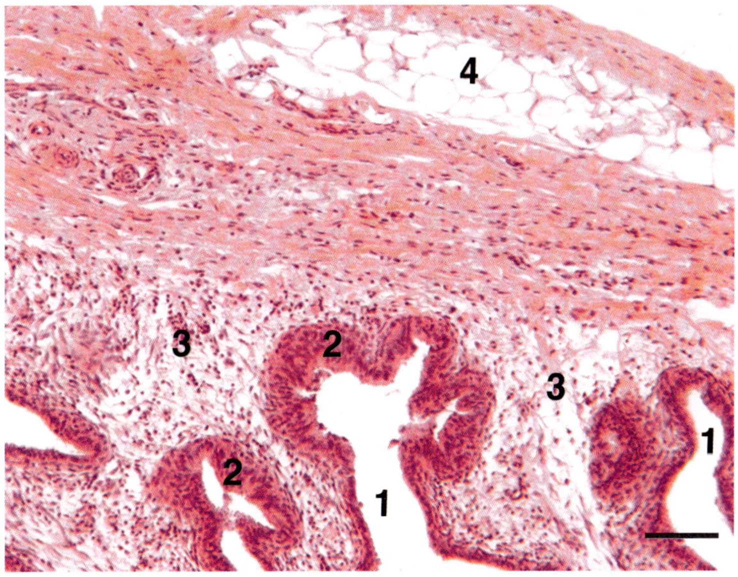

1 Drüsengänge; 2 Drüsenendstücke; 3 Bindegewebe; 4 Fettgewebe

---

Abb. 17-18 Laktierende Milchdrüse, Übersicht, Rind, Hämatoxylin-Eosin, SB 80 µm

Während der Gravidität kommt es zu einer fortschreitenden Entfaltung des Gangsystems und zur Neubildung der Alveolen. Dabei wird das als Platzhalter dienende Fettgewebe weitgehend durch Drüsengewebe ersetzt. Große Ausführungsgänge werden auch Milchgänge genannt.

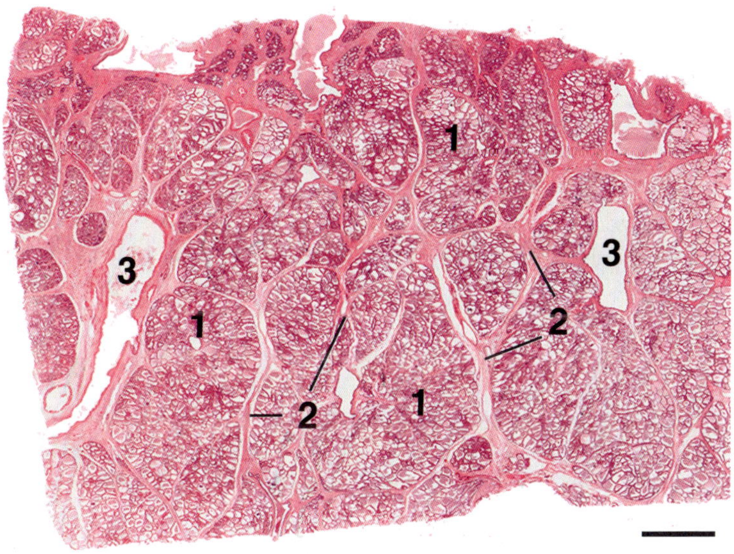

1 Alveolen; 2 Bindegewebiges Septum; 3 Interlobulärer Ausführungsgang

---

Abb. 17-19 Laktierende Milchdrüse, Rind, Goldner-Färbung, SB 80 µm

Die Alveolen des Drüsenparenchyms besitzen einschichtiges Epithel, das je nach Sekretionsphase isoprismatisch (Sekretbildung) bis hochprismatisch (Sekretabgabe) sein kann. Bei der Freisetzung der Milch in die Ausführungsgänge spielen die intraepithelial gelegenen Myoepithelzellen eine wichtige Rolle. Oft treten Drüsensteinchen (Milchsteinchen) auf, die bei Tieren, die schon mehrere Laktationen hinter sich haben, wegen des zyklischen Auf- und Abbaues der Drüse auch im Bindegewebe auftreten.

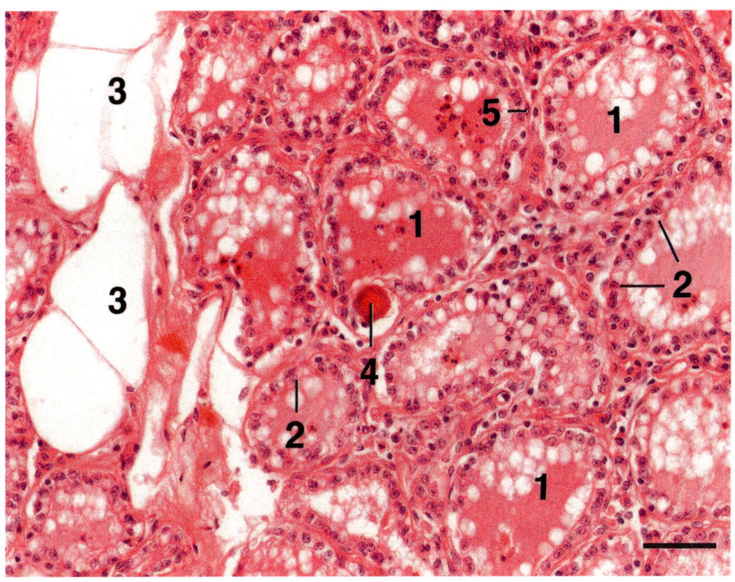

1 Alveole; 2 Sekretorisches Drüsenepithel; 3 Fettzellen; 4 Milchsteinchen 5 Myoepithelzelle

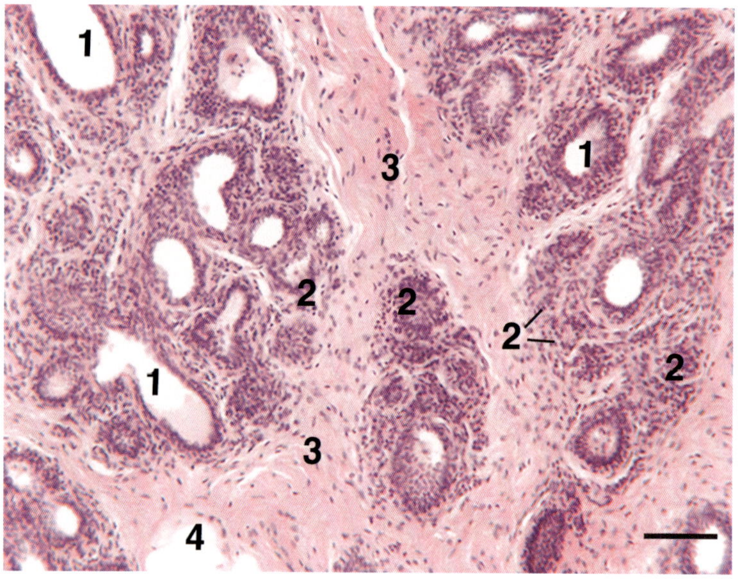

Abb. 17-20 Milchdrüse, Rind, Involution, Hämatoxylin-Eosin, SB 80 µm

Nach der Laktationsperiode kommt es während des Trockenstellens zur Involutions des Drüsengewebes. Das Epithel der Alveolen flacht sich ab und die Drüsenendstücke werden abgebaut. Das Bindegewebe, teilweise auch das Fettgewebe, nimmt deutlich zu. Die Zahl der Lymphozyten, Plasmazellen und Makrophagen um die sich zurückbildenden Drüsen steigt stark an.

1 Drüsengänge; 2 Alveolen; 3 Kollagenreiches Bindegewebe; 4 Fettgewebe

---

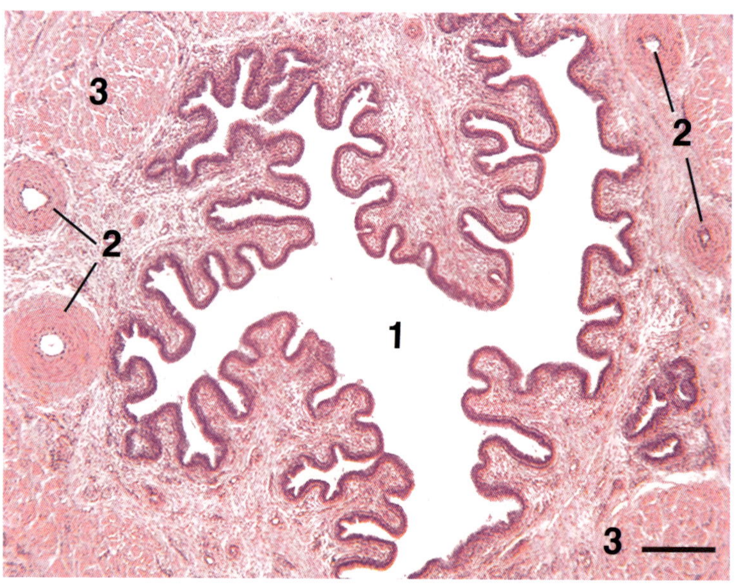

Abb. 17-21 Milchzisterne, Rind, Hämatoxylin-Eosin, SB 312 µm

Die großen Milchgänge (Ductus lactiferi colligentes) münden beim Rind in einen relativ weiten Sammelraum, der als Milchzisterne (Sinus lactifer) bezeichnet wird. Er weist eine charakteristische Faltenbildung auf und wird von einem zweireihigen Epithel ausgekleidet, das sich in den Zisternenteil der Zitze fortsetzt.

1 Sinus lactifer; 2 Muskelstarke Venen; 3 Bindegewebe

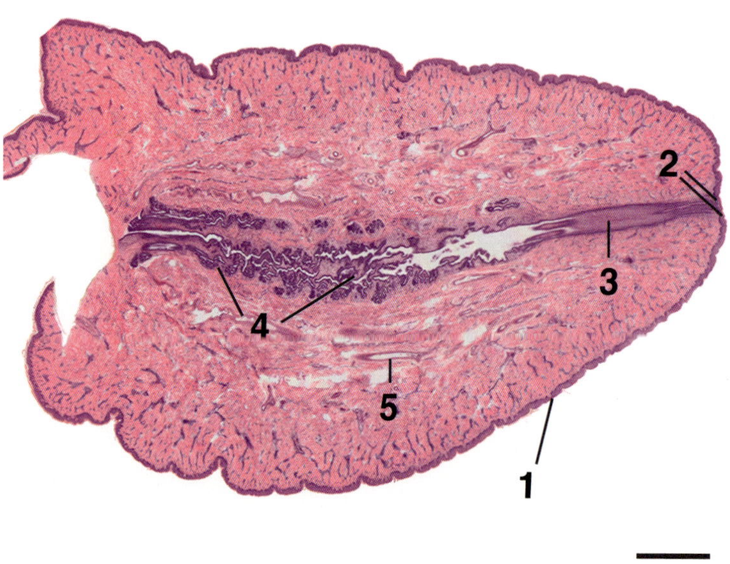

Abb. 17-22 Zitze, Kalb, längs, Hämatoxylin-Eosin, SB 312 µm

Die Zitze besteht aus der Zitzenzisterne und dem Strichkanal (Ductus papillaris). Außen befindet sich modifizierte Haut ohne Haare, Talg- und Schweißdrüsen. In der elastisch-bindegewebig aufgebauten Wand befinden sich Venen und glatte Muskelzellen. Die Zitzenzisterne weist starke Reservefalten auf und besitzt zweischichtiges, isoprismatisches Epithel. Das Epithel des Strichkanals zeigt mehrschichtiges Plattenepithel, das bei trockenstehenden Tieren teilweise verhornen kann.

1 Epidermis; 2 Ostium papillare; 3 Strichkanal; 4 Zitzenzisterne (Zitzenteil der Milchzisterne); 5 Vene

Abb. 17-23 Strichkanal, quer, Zitze, Rind, Hämatoxylin-Eosin, SB 312 µm

In der Zitzenwand sind zahlreiche große, muskelstarke Venen zu finden. Weiterhin sind kollagene und elastische Bindegewebsfasernetze ausgebildet. Die glatten Muskelzellen verdichten sich zirkulär verlaufend um den Strichkanal und bilden dort den M. sphincter papillae.

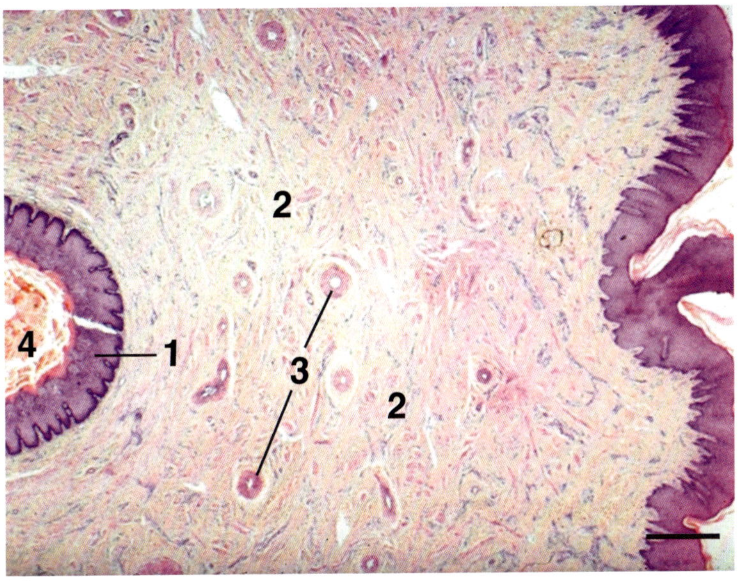

1 Mehrschichtiges Plattenepithel des Strichkanals; 2 Bindegewebe; 3 Venen; 4 Strichkanal (Lumen)

Abb. 17-24 Milchdrüse, laktierend, Hund, Hämatoxylin-Eosin, SB 80 µm

Die Milchdrüsenläppchen werden durch gröbere Bindegewebszüge (Septa interlobaria) gegeneinander abgegrenzt. Die Gestalt und Größe der Drüsenläppchen variiert deutlich. Im Durchschnitt beträgt der Durchmesser eines Läppchens 1–2 mm. Inter- und intralobuläres Bindegewebe enthält neben den üblichen Komponenten des lockeren Bindegewebes (Fibroblasten, Mastzellen) in Abhängigkeit vom Laktationsstadium eine unterschiedliche Anzahl von Abwehrzellen (Lymphozyten, Makrophagen, Granulozyten).

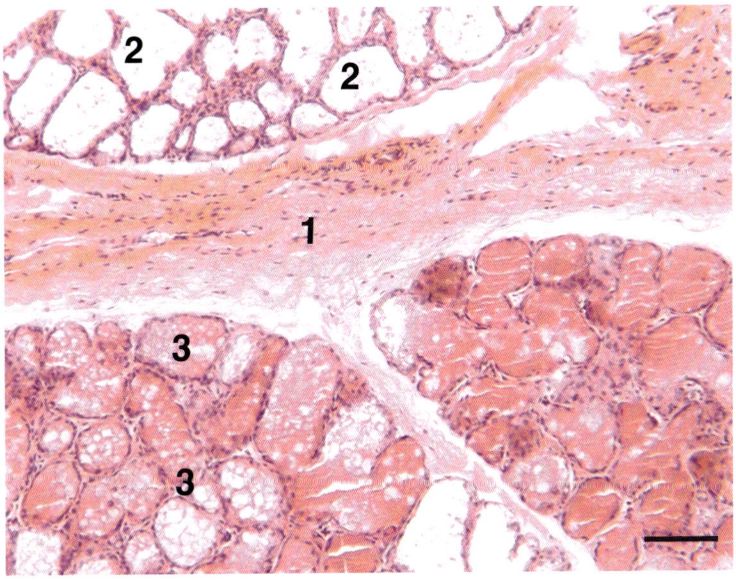

1 Interlobuläres Bindegewebe; 2 Alveolen; 3 Milch in den Alveolen

---

Abb. 17-25 Milchdrüse, Katze, Hämatoxylin-Eosin, SB 80 µm

Die Grundlage der Drüsenläppchen bildet die Endaufzweigung eines großen Milchganges und der zugeordneten Drüsenalveolen (Alveoli glandulae). Charakteristisch für die Milchdrüse ist die perlschnurartige Anordnung der Drüsenendstücke. Dabei sind die Alveolen durch enge Gangsegmente miteinander verbunden. Dieser Wechsel in der Lumenweite wirkt einer kontinuierlichen Sekretableitung entgegen.

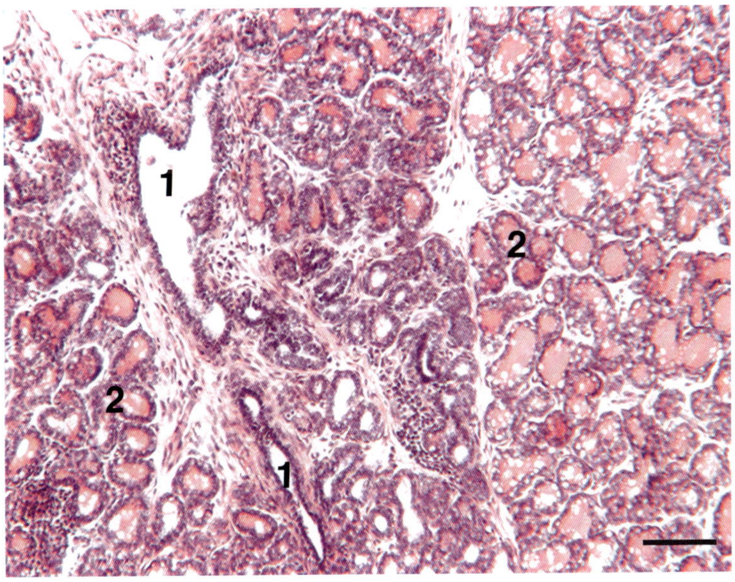

1 Milchgang; 2 Alveolen

18 Sinnesorgane (Receptores sensorii et Organa sensuum)

18.1 Organe der Oberflächen- und Tiefensensibilität

18.1.1 Oberflächensensibilität (Hautsinne)

Das System der Hautsinne (Oberflächensensibilität) vermittelt die Tastempfindung (Druck, Berührungs- und Vibrationsreize) sowie Wärme-, Kälte- und Schmerzeindrücke. Schon im vorigen Jahrhundert wurde beobachtet, dass diese Empfindungsqualitäten nicht von jeder beliebigen Stelle der Körperoberfläche, sondern nur von eng umschriebenen Bereichen (Reizpunkten) ausgelöst werden können. So verursacht die Reizung eines „Kältepunktes" ausschließlich eine Kälteempfindung. Da in diesem Bereich mit histologischen Methoden spezielle Rezeptorzellen gefunden wurden, versuchte man jeweils den verschiedenen Erlebnisqualitäten (Kälte, Wärme, Druck etc.) bestimmte Rezeptortypen zuzuordnen, z.B. für Tastempfindung die Meissner-Tastkörperchen, für Wärmeempfindung die Ruffini-Körperchen oder für Kälteempfindung die Krause-Endkolben. Neuere Untersuchungen ergaben jedoch, dass häufig eine genaue Zuordnung eines bestimmten histologisch charakterisierten Rezeptortyps zu einer spezifischen Empfindungsqualität nicht möglich ist.

18.1.1.1 Freie Nervenendigungen (Terminationes neurales liberae)

Endigungen von schwach ummarkten oder marklosen Nervenfasern, die mit keinem spezifischen Endkörperchen in Beziehung stehen, werden als freie Nervenendigungen bezeichnet. Die Endigungen von marklosen afferenten Nervenfasern vom Typ C (Durchmesser 1–2 µm, Leitungsgeschwindigkeit 0,5–2 m/s) vermitteln „dumpfen Schmerz", Jucken sowie Wärme- und Kälteempfindung. Die freien Nervenendigungen der schwach ummarkten Fasern vom Typ A (Durchmesser 3–6 µm, Leitungsgeschwindigkeit 10–30 m/s) werden mit „hellem" Schmerz, Druck- und Wärmeempfindung in Verbindung gesetzt.

Freie Nervenendigungen in Epithelien: Die endoepithelialen Nervenfasern sind in den routinemäßig gefärbten histologischen Präparaten nicht zu erkennen. Sie können jedoch mit speziellen Techniken, wie mit Silber- oder Goldimprägnation, dargestellt werden. Feine Nervenfasern reichen in der Epidermis bis in das Stratum granulosum, in der Kornea des Auges bis in die oberflächlichen Zelllagen. In den Schleimhäuten ziehen sie im Allgemeinen bis zu den mittleren Epithelschichten. Die freien Nervenendigungen in den Epithelien sind wahrscheinlich Mechanorezeptoren und vermitteln darüber hinaus in vielen Fällen Temperatur- und Schmerzempfindung. Bei Gewebsschädigung werden Stoffe (proteolytische Enzyme, Histamin u.a.) freigesetzt, die zur Reizung der freien Nervenendigungen führen.

Merkel-Tastscheiben: Diese werden als Mechanorezeptoren angesehen. Die Merkel-Zellen (Längsdurchmesser 9–16 µm) liegen in der Basalschicht der Epidermis und haben Kontakt mit einer freien Nervenendigung. Sie kommen sowohl in der behaarten als auch in der unbehaarten Haut vor. Besonders zahlreich sind sie in der Rüsselscheibe des Schweines, dem Nasenspiegel der Fleischfresser und in der äußeren Wurzelscheide der Sinushaare. Sie enthalten elektronendichte Granula, die an neurosekretorische Granula erinnern. Deshalb werden die Merkel-Zellen neuerdings auch den Paraneuronen zugeordnet.

Freie Nervenendigungen an Haaren: Die an die Haarbälge herantretenden, marklos gewordenen Nervenfasern verlaufen in der Haarwurzelscheide zunächst zirkulär und zeigen weiter oben einen longitudinalen Verlauf. Eine Berührung der Haare reizt diese freien Nervenendigungen, wobei der Reiz durch die Hebelwirkung der Haare wesentlich verstärkt wird.

Bei den Tasthaaren der Säugetiere ist diese Nervenmanschette besonders gestaltet. Die Tasthaare zeichnen sich u.a. durch ihre Größe aus. Zwischen der äußeren und inneren Lage des stark gefalteten bindegewebigen Haarbalges dehnt sich ein Blutsinus aus. Diese Tasthaare werden daher auch als Sinushaare (Pili tactiles) bezeichnet. Bei Pflanzenfressern (Pferd, Rind) wird der Blutsinus von zahlreichen Bindegewebsbalken durchzogen (kavernöser Typ des Sinushaars). Bei den Fleischfressern (Hund, Katze) fehlen die Bindegewebsbalken im oberflächlichen Abschnitt, sodass in diesem Bereich ein größerer Ringsinus auftritt. In den Wänden der mit Blut gefüllten Hohlräume liegen zahlreiche freie Nervenendigungen. Sie dienen der Aufnahme der durch die Bewegung der Sinushaare ausgelösten mechanischen Reize, die durch das Blut in den Sinus und gleichmäßig auf die Sinuswände übertragen werden.

Freie Nervenendigungen im Korium und in der Subkutis der Haut fungieren wahrscheinlich als Wärme- und Schmerzrezeptoren.

Endkörperchen (Eingekapselte Nervenendigungen, Corpuscula sensorium noncapsulata): Endkörperchen sind Rezeptorenbereiche, die kapsulär vom umgebenden Gewebe abgegrenzt werden. Die dendritischen Axonendigungen von pseudounipolaren Nervenzellen bilden dabei mit modifizierten peripheren Gliazellen (Lemnozyten) kleine umschriebene Organe, die von einer bindegewebigen Kapsel umfasst werden. Die verschiedenen Formen der Endkörperchen, die häufig nach ihrem Erstbeschreiber benannt sind, unterscheiden sich durch Zahl und Anordnung ihrer Zellen und hinsichtlich der Ausgestaltung des dendritischen Axonendes. Die afferenten Nervenfasern aus den Endkörperchen sind markhaltig. Ihr Durchmesser beträgt 10–15 µm und die Leitungsgeschwindigkeit 30–60 m/s (▶ Abb. 18-1).

Die **Meissner-Tastkörperchen** liegen im Stratum papillare der Lederhaut. Weiter kommen sie in großer Zahl an den Lippen, den Mammillen und im Genitalbereich vor. Sie sind ca. 40–100 µm lange und bis zu 50 µm breite, ovoide Gebilde, die sich aus aufeinander geschichteten (zehn bis 20) keilförmigen Zellen zusammensetzen. Zwischen diese Zellen treten marklose Nervenfasern und bilden ein Geflecht. Außen werden die Tastkörperchen von einer dünnen, bindegewebigen Kapsel umgeben. Diese steht durch Kollagenfasern mit der Basalmembran des Epithels in Verbindung. Durch diese Verspannung wird jede mechanische Verformung der Haut zu einem Reiz für die Tastkörperchen. Sie stellen daher wahrscheinlich Berührungs- und Druckrezeptoren dar.

Krause-Endkolben wurden früher als Kälterezeptoren gedeutet, dienen wahrscheinlich aber gleichfalls der Mechanorezeption. Sie kommen in den gleichen Hautgebieten wie die Meissner-Tastkörperchen vor. Außerdem finden sie sich in größerer Zahl in der Lamina propria von Schleimhäuten, so in der Mundhöhle und im Genitalbereich. Die Krause-Endkolben sind von rund-ovaler Form und in der Regel etwas größer als die Meissner-Tastkörperchen. Sie werden außen von einer dicken Bindegewebskapsel umgrenzt. Die an die Endkolben heranziehenden Nervenfasern verlieren ihre Markscheide und bilden zwischen den locker angeordneten Zellen der Endkolben knäuelartige Geflechte.

Ruffini-Körperchen wurden früher als Wärmerezeptoren gedeutet. Dies wird heute bezweifelt und sie dürften gleichfalls den Mechanorezeptoren zuzuordnen sein. Sie werden im Korium und in der Subkutis, aber auch in der harten Gehirnhaut angetroffen. Nach Versilberung stellen sie sich als spindelförmige Rezeptororgane dar, die in ihrem Inneren Geflechte und Knäuel markloser Nervenfasern enthalten.

Vater-Pacini-Lamellenkörperchen (Corpuscula lamellosa) stellen Druck- und Vibrationsrezeptoren dar. Es sind ovale, etwa 1–4 mm lange und 1–2 mm dicke Gebilde, die schon mit freiem Auge erkannt werden können. Sie liegen in der Subkutis der Haut der Sohlenballen, im Bereich der Mammillen, des äußeren Genitales und um den Anus. Auch im Pankreas können sie regelmäßig nachgewiesen werden. Ihre Funktion dort ist nicht bekannt. Varianten der Vater-Pacini-Körperchen findet man im Perimysium und in Sehnen (Golgi-Mazzoni-Körperchen) und in der Lederhaut der äußeren Geschlechtsorgane (Genitalnervenkörperchen: Dogiel-Körperchen).

Die Vater-Pacini-Lamellenkörperchen bauen sich aus einem Innenkolben auf, der von zahlreichen (50–60) konzentrischen Lamellen (Außenkolben) umschlossen wird und zwischen denen sich eine eiweißreiche Flüssigkeit befindet. Der Innenkolben besteht aus dicht gelagerten modifizierten Schwann-Zellen, die miteinander verankert sind und flüssigkeitsfreie Räume abgrenzen. Zu einem Vater-Pacini-Lamellenkörperchen zieht eine markhaltige Nervenfaser. Nach Verlust ihrer Markscheide tritt sie in den Innenkolben ein, in dem sie dann weiter verläuft. Mechanische Reize führen wahrscheinlich zu Permeabilitätsänderungen der Plasmamembran des Axons, sodass ein Aktionspotential an der Nervenfaser hervorgerufen wird.

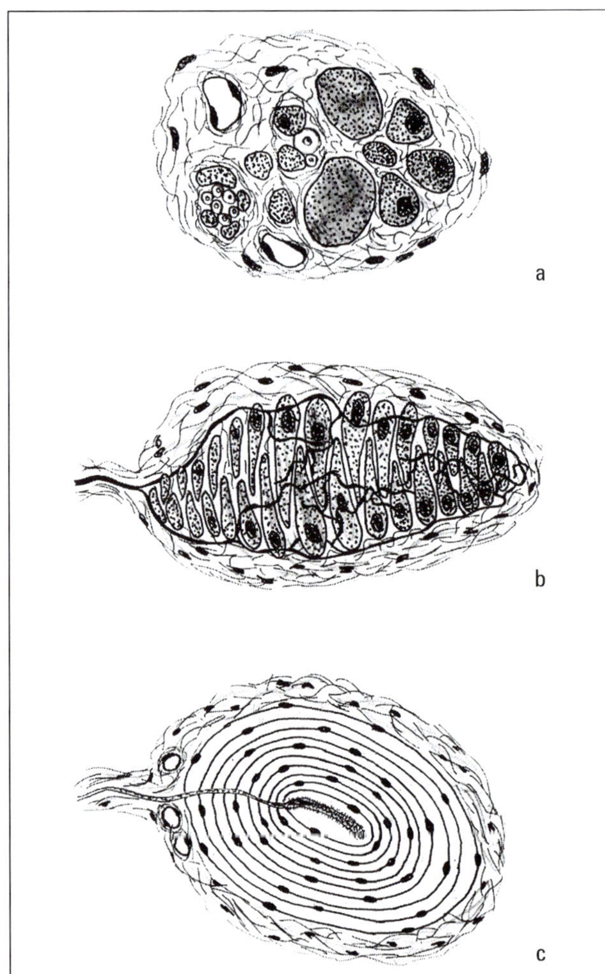

Abb. 18-1 Propriorezeptoren und Endkörperchen.
a) Muskelspindel; b) Meissner-Tastkörperchen; c) Vater-Pacini-Körperchen

18.1.2 Tiefensensibilität (Propriorezeptoren)

Neben den nahe der Körperoberfläche gelegenen Sinneszellen der Oberflächensensibilität gibt es ein in der Tiefe des Muskelgewebes, der Sehnen und der Gelenke liegendes Rezeptorsystem (Tiefensensibilität), dessen Aufgabe darin besteht, Informationen über Druck- und Spannungszustände in diesen Geweben und Organen an das Zentralnervensystem zu leiten.

18.1.2.1 Muskelspindeln (Fusus neuromusculares)

In der Skelettmuskulatur findet man neben der eigentlichen Arbeitsmuskulatur noch sog. Muskelspindeln (lat. fusus = Spindel), die eine entscheidende Rolle bei der Regulation der spinalen Sensomotorik spielen (▶ Abb. 18-2). Sie sind etwa 2–10 mm lange und 0,2–1 mm dicke spindelförmige Gebilde, die der extrafusalen Arbeitsmuskulatur parallel geschaltet sind. Ihre Zahl ist in besonders präzise arbeitenden Muskeln (wie den äußeren Augenmuskeln) besonders hoch, während große Muskeln mit weniger differenzierten Aufgaben (z.B. M. quadriceps femoris) wesentlich weniger Muskelspindeln aufweisen. Sie sind hochspezialisierte Rezeptororgane und bestehen aus einer Gruppe von drei bis zwölf besonders differenzierten Muskelfasern (intrafusale Fasern, Myocyti intrafusales), die von einer spindelförmigen, flüssigkeitsgefüllten Bindegewebskapsel umgeben sind. Der Durchmesser der intrafusalen Muskelfasern ist viel kleiner als jener von Muskelzellen der Arbeitsmuskulatur. Die intrafusalen Muskelfasern haben nur an ihren Enden quergestreifte Myofibrillen. Im mittleren Faserbereich fehlen die Aktin- und Myosinfilamente; sie sind deswegen nicht kontraktil und fungieren als Längenrezeptoren. Nach der Anordnung ihrer Kerne können die intrafusalen Fasern in zwei Typen, die Kernkettenfasern (Nuclear chain fibres, Vinculum nucleare myocyti) und die Kernsackfasern (Nuclear bag fibres, Bursa nuclearis myocyti) unterschieden werden. Bei den Kernkettenfasern handelt es sich um äußerst dünne Muskelfasern, deren Zellkerne reihenförmig hintereinander angeordnet über die ganze Faser verteilt sind. Die Kernsackfasern, von denen jede Muskelspindel ein bis zwei Stück enthält, weisen im Zentrum der Spindel eine sackförmige Erweiterung auf, in der bis zu 50 Zellkerne angesammelt sind.

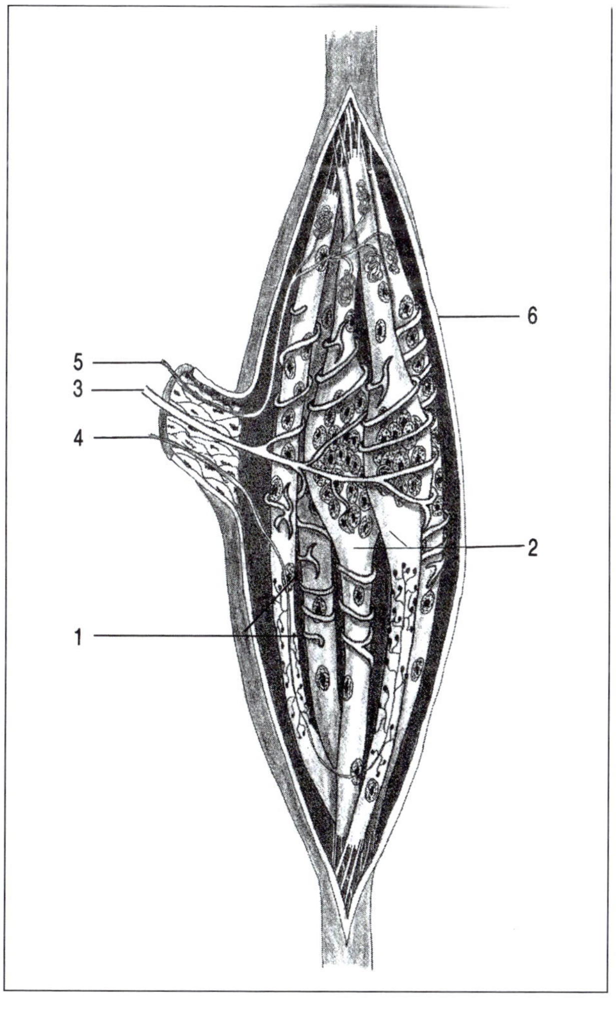

Abb. 18-2 Muskelspindel.
1 Kernkettenfaser; 2 Kernsackfasern; 3 Nervenfaser vom Typ I; 4 Nervenfaser vom Typ II; 5 Axon eines γ-Motoneurons; 6 Kapsel

Beide Fasertypen werden von dicken markhaltigen Nervenfasern (Ia-Fasern) versorgt. Sie verlieren kurz nach Eintritt in die Muskelspindel ihre Schwann-Scheide und umwinden den mittleren, nicht kontrahierbaren Abschnitt auf einer Länge von 200 µm in Form der sog. anulospiraligen Endigungen (Terminatio neuralis anulospiralis). Diese morphologisch besondere Form der Innervation wird auch als primär sensible Endigung bezeichnet. Bei vielen, jedoch nicht allen, Muskelspindeln wird eine zusätzliche sensible Innervation gefunden. Dort treten unmittelbar neben den anulospiraligen Endigungen dünnere Typ-II-Fasern an die intrafusalen Fasern, vor allem an die Kernkettenfasern, heran. Sie bilden dort an beiden Seiten der anulospiraligen Endigungen sog. blütendoldenförmige Endigungen (Flower-Spray-Endigungen). Diese Form der peripheren Nervenendigungen wird auch als sekundär sensible Endigung bezeichnet. Die kontraktilen („motorischen") Pole der Spindelfasern werden durch relativ langsame motorische Fasern der Gruppe Aγ innerviert (Gamma-Innervation). Wird die Muskelspindel langsam gedehnt, dann steigt die Zahl der Nervenimpulse, die von den primären und sekundären Endigungen ausgehen, nahezu proportional mit dem Ausmaß der Dehnung. Bei einer Entlastung der Muskelspindel, z.B. während einer isotonen Kontraktion, kommt es dagegen zu einer Abnahme der Entladeaktivität. Die Rezeptoren registrieren also die auftretende Längenänderung der intrafusalen Fasern und sind, da sie parallel zur extrafusalen Arbeitsmuskulatur angeordnet sind, in der Lage, Informationen über die jeweilige Länge des Muskels dem ZNS zu melden. Als Antwort kommen von dort Impulse an die quergestreifte Arbeitsmuskulatur, wodurch eine der Belastung entsprechende Kontraktion des betreffenden Muskels erwirkt wird.

18.1.2.2 Sehnenspindeln (Fusus neurotendineus)

Neben den Muskelspindeln gibt es in der Skelettmuskulatur noch einen anderen Typ von Mechanorezeptoren, die Golgi-Sehnenorgane. Sie sind im Übergangsbereich zwischen Muskel und Sehne lokalisiert und damit zur Arbeitsmuskulatur in Serie geschaltet. Die Sehnenspindeln bestehen aus einer Bindegewebshülle, die Kollagenfaserbündel und sensible Nerven umschließt. Die afferenten Nervenfasern verlieren beim Eintritt in die Sehnenspindel ihre Schwann-Scheide und bilden zwischen den kollagenen Fasern ein ausgedehntes Netzwerk mit kolbenförmig aufgetriebenen Endigungen. An eine Sehnenspindel schließen durchschnittlich zehn bis 15 Muskelfasern an. Die Spannung in der Sehne, die bei Kontraktion dieses kleinen Muskelbündels hervorgerufen wird, stimuliert das Sehnenorgan. Die Sehnenspindeln registrieren damit vor allem den Spannungszustand im Muskel-Sehnen-System. Auf eine rein isotone Kontraktion sprechen sie daher nicht an. Der Hauptunterschied zwischen Muskelspindel und Sehnenspindel ist, dass die Muskelspindeln die relativen Unterschiede in der Länge von intrafusalen und extrafusalen Muskelfasern registrieren, während die Sehnenspindeln auf Veränderungen der Muskelspannung ansprechen. Die Golgi-Sehnenrezeptoren sind im Vergleich mit den Muskelspindeln weniger empfindlich. Ihre Ansprechschwelle liegt höher.

Wird eine Sehnenspindel gedehnt, dann gibt sie Signale an das Rückenmark ab, die dort eine reflektorische Hemmung der Kontraktion des Muskels auslösen. Sie haben damit einen gegenteiligen Effekt zu den Muskelspindeln. Durch die Signale von den Sehnenspindeln werden inhibitorische Interneurone stimuliert, die dann die α-Motoneurone desselben Muskels hemmen (autogene Hemmung). Wird die Spannung in einem Muskel und damit auch die Kraft, die an seiner Sehne angreift, extrem, dann kann die inhibitorische Wirkung, die über die Sehnenspindel vermittelt wird, zu einer plötzlichen Entspannung des Muskels (lengthening reaction) führen. Die ist wahrscheinlich ein Schutzmechanismus, der verhindert, dass bei zu starker Muskelspannung der Muskel von der Sehne bzw. die Sehne vom Knochen abgerissen wird.

18.1.3 Organe der Eingeweidesensibilität (Viszerorezeptoren)

Chemo- und mechanosensible Viszerorezeptoren sind an der Steuerung der Funktion der Eingeweide maßgeblich beteiligt.

Pressorezeptoren: Nervengeflechte in der Wand von großen Blutgefäßen (im Bereich des Sinus caroticus, des Aortenbogens, der großen Hohlvenen) sowie der Vorhöfe und der linken Kammer des Herzens reagieren auf Dehnungsreize, die durch Veränderungen des arteriellen bzw. venösen Blutdruckes hervorgerufen werden. Auch in der Lunge kommen Nervengeflechte vor, die auf Dehnungsreize ansprechen. Die Erregung der Pressorezeptoren wird zu kreislaufregulierenden Zentren in der Medulla oblongata weitergeleitet. Von dort erfolgt auf reflektorischem Weg eine Herabsetzung der Herz- bzw. Atemfrequenz.

Glomus caroticum: Das Glomus caroticum ist ein arterieller Chemorezeptor, der in der Teilungsstelle der Arteria carotis communis gelegen ist und vom N. glossopharyngeus versorgt wird. Histologisch kann man zwei Zelltypen unterscheiden: Große, katecholaminhaltige Glomuszellen und Stützzellen. Sie liegen eingebettet in einem Stroma, das reich ist an weiten, sinusartigen Kapillaren und an markhaltigen Nervenfasern. Das Nervengeflecht entstammt vor allem dem Sinusnerv des IX. Gehirnnerven. Von den Zellen des Glomus caroticum wird die Blutgasspannung im arteriellen Blut registriert. Die Chemorezeptoren des Glomus caroticum werden durch einen Anstieg des Partialdruckes von CO_2 oder der H^+-Ionen-Konzentration im Blut, sowie durch ein Absinken der Sauerstoffkonzentration stimuliert.

Glomus aorticum (Aortenkörperchen): Am Aortenbogen sind zwei oder auch mehr Aortenkörperchen gelegen, die vom N. vagus innerviert werden. Ihr histologischer Aufbau gleicht dem des Glomus caroticum, d.h. zwei Typen von Zellen, Glomuszellen und Stützzellen, werden von sinusoiden Kapillaren und zahlreichen marklosen Nervenfasern umgeben. Die Aortenkörperchen dürften in ähnlicher Weise wie das Glomus caroticum der Messung der Blutgasspannung von CO_2 und Sauerstoff dienen.

18.2 Geschmacksorgan (Organum gustus)

Die spezifischen Rezeptoren des Geschmackssinnes sind die Geschmacksknospen. Sie finden sich vor allem in den Geschmackspapillen der Zunge. In den Papillae vallatae, die an der Grenze zwischen Zungenrücken und Zungengrund lokalisiert sind, liegen die Geschmacksknospen in den Seitenwänden und vereinzelt in der gegenüberliegenden Wand eines sie umgebenden Grabens. In den Papillae foliatae liegen sie in der Wand paralleler Blättchen-Falten. Auch die Papillae fungiformes des Zungenrückens können in kleiner Zahl Geschmacksknospen aufweisen.

18.2.1 Aufbau der Geschmacksknospen (Caliculi gustatorii)

Die Geschmacksknospen (▶ Abb. 18-3) sind zwiebelförmige Gebilde, die nahezu die gesamte Höhe des mehrschichtigen Plattenepithels durchziehen. Sie erreichen mit ihrer Spitze nicht ganz die freie Oberfläche und sind dadurch gegen mechanische Einflüsse geschützt. Von der Epitheloberfläche sind sie durch eine kleine, grübchenartige Öffnung, den Geschmacksporus (Porus gustatorius), zu erreichen. Eine Geschmacksknospe besteht aus ca. 20 länglichen, zwiebelschalenartig angeordneten Sinneszellen (Epitheliocyti sensorii gustatorii). Diese besitzen ellipsoidale Zellkerne und tragen apikal lange Mikrovilli, die bei lichtmikroskopischer Betrachtung durch Zusammenklumpen als „Geschmacksstiftchen" in Erscheinung treten. Im apikalen Zytoplasma der Sinneszellen liegen membranumhüllte Sekretgranula, aus deren Material wahrscheinlich die schleimartige Substanz hervorgeht, die sich im Geschmacksporus nachweisen lässt. Die Rezeptorzellen der Geschmacksknospen sind sekundäre Sinneszellen. An ihrer Oberfläche befinden sich zahlreiche Synapsen mit afferenten Nervenfasern, die aus dem N. facialis, N. glossopharyngeus und N. vagus stammen. Die dünnen, markhaltigen Nervenfasern verlieren mit Eintritt in die Geschmacksknospe ihre Markscheide („intragemmale Fasern"), verzweigen sich zwischen den Geschmackszellen und bilden mit ihnen Synapsen. Jede Geschmacksknospe wird von mehreren Nervenfasern versorgt und jede Nervenfaser gibt andererseits Kollateralen zu mehreren Geschmacksknospen ab.

Nicht alle Zellen erreichen den Geschmacksporus. Neben den beschriebenen Sinneszellen gibt es einen weiteren Zelltyp, dem die apikalen Mikrovilli fehlen und dessen Zytoplasma etwas dunkler erscheint. Diese Zellen dürften Stützzellen (Epitheliocyti sustentantes) sein, was aber heute nicht unumstritten ist. Basal liegen einige wenig differenzierte Reservezellen (Epitheliocyti basales), die sich mitotisch teilen und die zugrunde gegangenen Sinneszellen und Stützzellen ersetzen. In dem die Geschmacksknospen umgebenden Bindegewebe liegen die tubuloazinären von-Ebner-Spüldrüsen (Glandulae gustatoriae), durch deren Sekret die gebundenen Geschmacksstoffe wieder von den Geschmacksknospen entfernt werden.

18.3 Geruchsorgan (Organum olfactus)

Die Haussäugetiere sind im Unterschied zum Menschen Makrosmatiker. Dem Geruchssinn kommt daher für die Nahrungssuche, für soziale Kontakte und für das Sexualverhalten besondere Bedeutung zu. Die Riechschleimhaut (Regio olfactoria) nimmt bei den Haussäugetieren im Unterschied zum Menschen, der ein Mikrosmatiker ist,

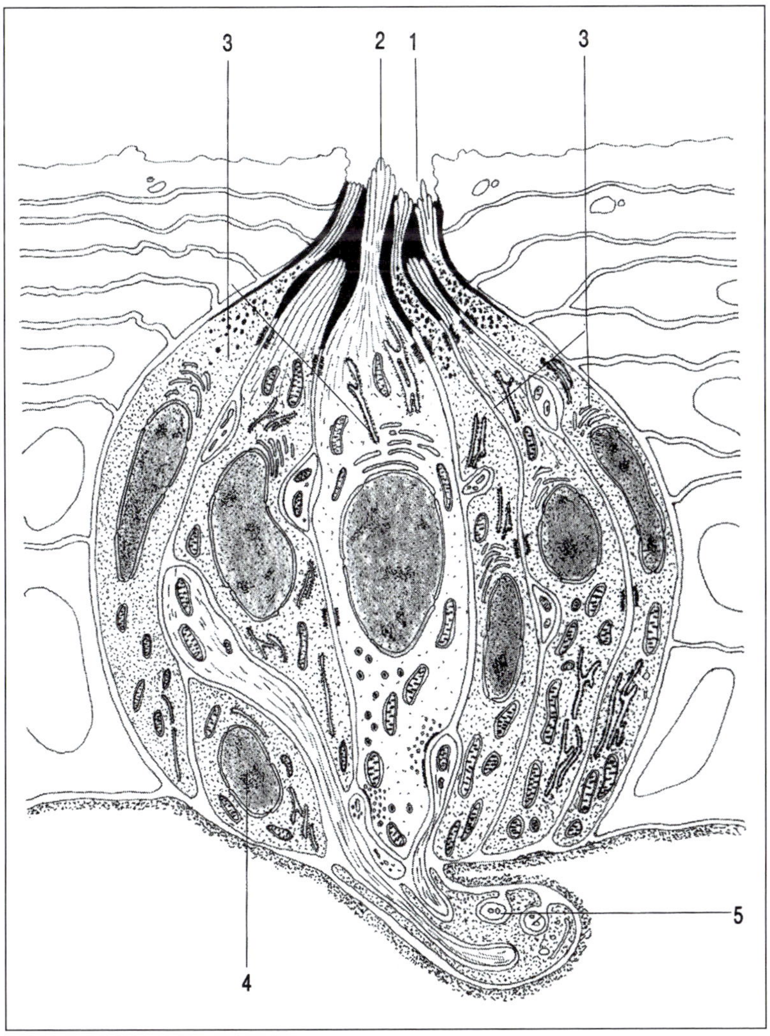

Abb. 18-3 Schema einer Geschmacksknospe. 1 Geschmacksporus; 2 Mikrovilli (Geschmacksstiftchen); 3 Sinneszellen; 4 Ersatzzelle; 5 Marklose Nervenfasern

einen relativ großen Teil der Nasenschleimhaut ein. Dieses Schleimhautareal kann aufgrund der gelbbräunlichen Färbung schon makroskopisch von der rötlichen Regio respiratoria unterschieden werden. Riechnerven sind die Nn. olfactorii, die insgesamt den I. Hirnnerven ausmachen.

18.3.1 Aufbau des Riechepithels

Das mehrreihige Epithel der Riechschleimhaut (▶ Abb. 18-4) ist deutlich höher (30–60 µm) als das der Regio respiratoria und setzt sich aus Sinneszellen (Riechzellen, Epitheliocyti neurosensorii olfactorii), Stützzellen (Epitheliocyti sustentantes) und Basalzellen (Epitheliocyti basales) zusammen. Im Gegensatz zur Regio respiratoria fehlen Becherzellen und die Basalmembran ist deutlich schmäler ausgebildet.

Die **Riechzellen** sind ihrer Entstehung nach modifizierte bipolare Nervenzellen und bilden das 1. Neuron der Riechleitung. Sie weisen nur eine begrenzte Lebenszeit auf. Aus tierexperimentellen Untersuchungen geht hervor, dass die Riechzellen im Unterschied zu den meisten anderen Nervenzellen auch postnatal noch zur Teilung fähig sind. Die Riechzellen sind spindelförmig. Ihr erweiterter Mittelteil (Perikaryon) enthält den hellen, kugeligen Zellkern. Ihr schmaler, etwa 1 µm breiter apikaler Dendrit zieht zur Oberfläche des Epithels. Sein apikales Ende ist leicht kolbig verdickt (Riechkolben) und trägt 10–20 feine, ca. 2 µm lange, unbewegliche Zilien (Riechhärchen), an deren Zellmembranen die Geruchsstoffe gebunden werden. Das proximale Segment der Riechhärchen zeigt die typische 9x2+2- Struktur. Im distalen Anteil liegen die Mikrotubuli einzeln und sind nicht zu neun Doppelmikrotubuli vereinigt. Basal zieht von jeder Riechzelle ein Axon durch die Basalmembran. In der gefäßreichen Lamina propria werden sie von Schwann-Zellen umgeben und vereinigen sich zu den markscheidenfreien Nn. olfactorii, die durch das Siebbein zum Bulbus olfactorius ziehen. In den Glomerula des Bulbus olfactorius bilden sie mit den Dendriten der zweiten Riechbahnneurone (Mitralzellen) Synapsen. Ihre Axone ziehen dann über die Tractus des Rhinencephalon zum limbischen System.

Die **Stützzellen** sitzen mit einem schmalen, stielartigen Fuß der Basalmembran auf und durchziehen gleichfalls das gesamte Epithel. An der Oberfläche sind benachbarte Stützzellen durch Schlussleisten miteinander verbunden. Die Zellen sind organellenreich. Ihr Zytoplasma enthält ein ausgedehntes glattes endoplasmatisches Retikulum, einen

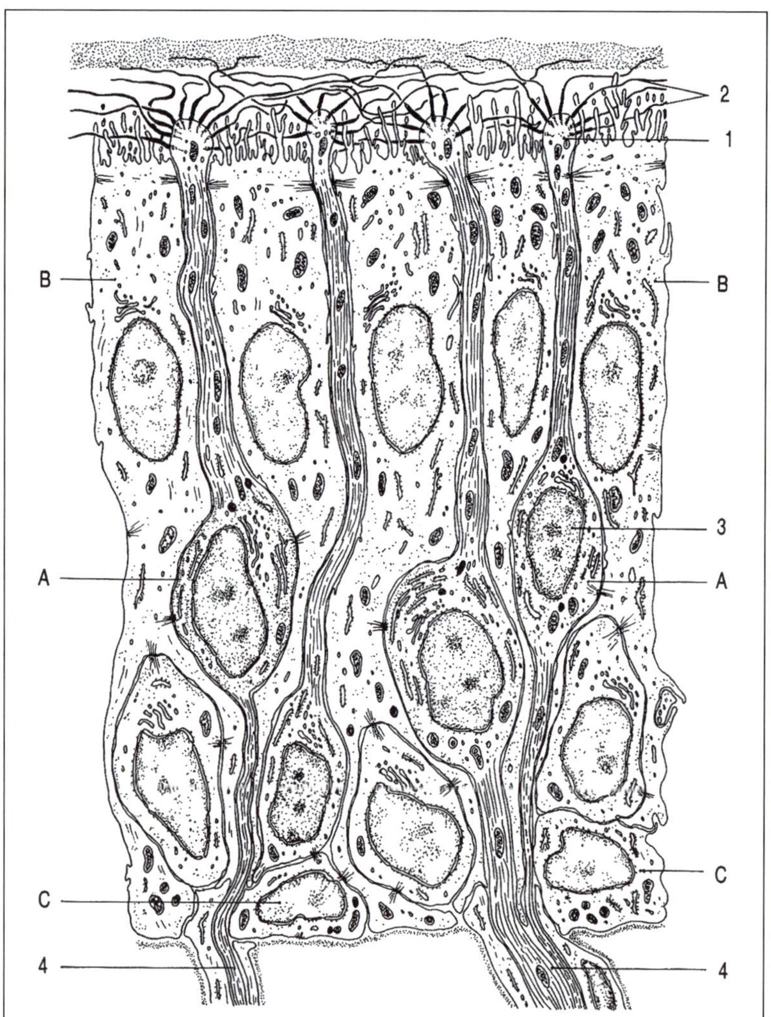

Abb. 18-4 Mikroskopischer Aufbau des olfaktorischen Epithels.
A Riechzellen mit: 1 Riechkolben; 2 Riechhärchen; 3 Perikaryon mit Zellkern; 4 Axon; B Stützzellen mit Mikrovilli; C Basalzellen

großen Golgi-Apparat, Sekretgranula, Tonofibrillen und häufig auch braune Pigmenteinlagerungen. Ihre länglich-ovalen Kerne liegen in einer Reihe oberhalb derjenigen der Riechzellen. An ihrem apikalen Ende tragen die Stützzellen zahlreiche kleine Mikrovilli.

Die kleinen, dreieckigen **Basalzellen** (Reservezellen) sitzen breitflächig der Basalmembran auf. Sie erscheinen wenig differenziert und dienen wahrscheinlich dem Ersatz der Stützzellen. Unter der Basalmembran des Epithels liegt eine gefäßreiche Lamina propria, die verzweigte, tubulöse Drüsen (Glandulae olfactoriae, Bowman-Drüsen) enthält. Ihr Sekret bildet über der Riechschleimhaut einen feinen Überzug, in den die Riechhärchen der Sinneszellen eintauchen. Dieser feine Schleimbelag dient wahrscheinlich einerseits zum Fixieren und Lösen der Geruchsstoffe, andererseits könnten durch das Sekret der Bowman-Drüsen auch die an den Sinneshärchen haftenden Geruchsstoffe weggespült werden, sodass deren Rezeptoren frei für neue Geruchsreize werden.

18.4 Organum vomeronasale (Jacobson Organ)

Dies ist ein blind endendes Kanälchen, das von hyalinem Knorpel (Cartilago vomeronasalis) umgeben und zum Teil mit olfaktorischer Schleimhaut (Tunica mucosa olfactoria) ausgekleidet ist. Der übrige Teil wird von respiratorischer Schleimhaut (Tunica mucosa respiratoria) bedeckt, in der ein gut ausgebildeter Venenplexus (Plexus cavernosus vomeronasalis) liegt. Das Organum vomeronasale dient den Haussäugetieren als Witterungsorgan. Eine besondere Bedeutung kommt ihm bei der Rezeption von Pheromonen zu.

18.5 Auge (Oculus)

Das Sehorgan oder Auge besteht aus dem Augapfel, der den optischen Apparat enthält, sowie verschiedenen Schutz- und Hilfseinrichtungen (Lider, Augenmuskeln, Tränenapparat).

18.5.1 Augapfel (Bulbus oculi)

Der Augapfel (▶ Abb. 18-5) liegt von Fett umgeben in der knöchernen Augenhöhle (Orbita). Seine Wand besteht aus der äußeren (Tunica fibrosa bulbi), mittleren (Tunica vasculosa bulbi, Uvea) und der inneren Augenhaut (Tunica interna bulbi, Netzhaut, Retina). Sein Innenraum wird hauptsächlich vom Glaskörper (Corpus vitreum) eingenommen. Zwischen Glaskörper und Iris befindet sich die hintere Augenkammer (Camera posterior bulbi). Zwischen Iris und Hornhaut ist die vordere Augenkammer (Camera anterior bulbi) gelegen.

18.5.1.1 Äußere Augenhaut (Tunica externa oder fibrosa bulbi)

Die äußere Augenhaut setzt sich aus der Lederhaut (weiße Augenhaut, Sklera) und der durchsichtigen Hornhaut (Cornea), die das vordere Sechstel des Bulbus einnimmt, zusammen. Die Lederhaut ist weiß, derb und undurchsichtig. Sie besteht steht im Wesentlichen aus dicken kollagenen Faserbündeln, die in vielen Schichten übereinander liegen. Sie enthält außerdem elastische Fasern und in tieferen Lagen einige Melanozyten. Blutgefäße sind nur spärlich ausgebildet. An der Durchtrittsstelle des N. opticus (Papilla nervi optici) ist sie siebartig durchbrochen (Area cribrosa).

Hornhaut (Cornea): Im vorderen Abschnitt ist die äußere Augenhaut durchsichtig. Dieser Teil heißt Hornhaut (Cornea). Sie ist wie ein Uhrglas in die Sklera eingefügt. Der größte Teil der Brechkraft des Auges ist durch Krümmung der Hornhaut bedingt. An der durchsichtigen Hornhaut können von vorne nach hinten fünf Schichten unterschieden werden:

1 Vorderes Hornhautepithel (Epithelium anterius): Ein mehrschichtiges unverhorntes Plattenepithel, das eine gute Regenerationsfähigkeit zeigt (wichtig bei Hornhautverletzungen).

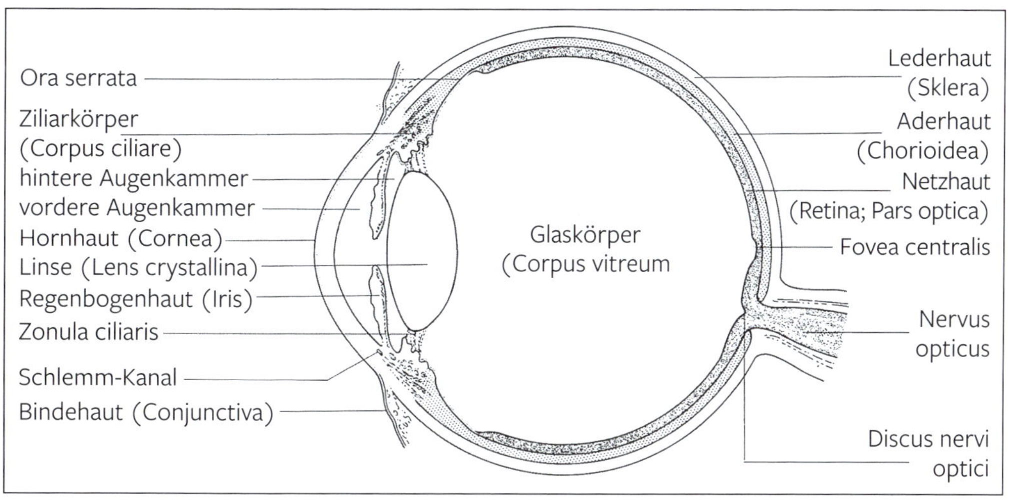

Abb. 18-5 Sagittalschnitt durch das Auge (Schemazeichnung).

2 Vordere Grenzmembran (Bowman-Membran, Lamina limitans anterior): Diese Schicht besteht aus einem Filzwerk von feinen kollagenen Fibrillen, die in eine dichte Grundsubstanz aus Glykoproteinen eingebettet sind. Sie dient als Diffusionsbarriere und verhindert das Einströmen von Wasser in das Stroma der Hornhaut.
3 Eigenschicht der Hornhaut (Substantia propria corneae): Sie bildet ca. neun Zehntel der Kornea und besteht aus abgeplatteten Bindegewebslamellen sowie reichlich ausgebildeter metachromatischer Grundsubstanz. Die Grundsubstanz weist einen Wassergehalt von 70–80 % auf und trägt wesentlich zur Transparenz der Kornea bei.
4 Hintere Grenzmembran (Descemet-Membran, Lamina limitans posterior): Sie besteht aus einem Basallamina-ähnlichen, dichten Netzwerk aus Mikrofilamenten, die zusätzlich Kollagen Typ V einschließen.
5 Hinteres Hornhautepithel (Epithelium posterius corneae): Ein 5–6 µm dickes, einschichtiges Plattenepithel, das den Einstrom von Kammerwasser in das Hornhautstroma und damit dessen Trübung verhindert.

Blutgefäße fehlen in der Hornhaut vollständig. Ihre Ernährung erfolgt durch Diffusion vom Kammerwasser und von den Gefäßen der Sklera. In der Kornea liegen zahlreiche sensible Nervenfasern, die freie Nervenendigungen in das Hornhautepithel entsenden (wichtig für den Kornealreflex).

18.5.1.2 Mittlere Augenhaut (Gefäßhaut, Tunica media oder vasculosa bulbi)

Sie lässt sich in drei Abschnitte untergliedern: 1. in die Aderhaut (Chorioidea), 2. in die Regenbogenhaut (Iris, Pars iridica uvae) und 3. in den Strahlenkörper (Corpus ciliare). Die Aderhaut macht den größten Teil der mittleren Augenhaut aus und liegt als pigmentzellenreiche und gefäßreiche Schicht zwischen der Sklera und der Netzhaut. Sie ist die eigentliche Gefäßschicht des Auges.

Aderhaut: An der Aderhaut lassen sich drei Anteile unterscheiden: 1. die Lamina suprachorioidea, 2. die Lamina vasculosa und 3. die Lamina chorioidocapillaris. Die Lamina chorioidocapillaris enthält ein dichtes Kapillarnetz und schließt sich an das Pigmentepithel der Netzhaut an. Von diesem ist sie durch eine ca. 2 µm dicke Schicht, die aus der Basalmembran des Pigmentepithels und angelagerten elastischen Netzen besteht und die als Bruch-Membran (Lamina vitrea) bezeichnet wird, getrennt. Von den Kapillaren aus erfolgt die Ernährung der gefäßfreien äußeren Netzhautschichten. Die mittlere Schicht, die Lamina vasculosa, enthält zahlreiche große Gefäßäste. Die äußerste Schicht, die Lamina suprachorioidea, ist relativ gefäßarm und stellt als lockere Verschiebeschicht die Verbindung mit der Sklera her. Zwischen der Lamina chorioidocapillaris und der Lamina vasculosa findet sich dorsal der Papilla optica bei allen Haussäugetieren (mit Ausnahme des Schweins) ein lichtreflektierendes Feld, das Tapetum lucidum. Bei Pferd und Wiederkäuern besteht es aus konzentrisch verlaufenden kollagenen Fasern (Tapetum lucidum fibrosum). Bei den Fleischfressern wird es von mehreren Lagen polygonaler Zellen (Tapetum lucidum cellulosum) gebildet. Diese Zellen enthalten in ihrem Zytoplasma zahlreiche, parallel angeordnete Stäbchen, die in hoher Konzentration Zinkverbindungen enthalten. Einfallendes Licht wird von diesen paraplasmatischen Einschüssen reflektiert. Dadurch werden die Photorezeptoren zusätzlich stimuliert und bei Dunkelheit kommt es zum farbigen Aufleuchten des Augenhintergrunds. Dies wird weiter dadurch unterstützt, dass im Bereich über dem halbmondförmigen Tapetum lucidum im Pigmentepithel der Retina die Einlagerung von Melanin fehlt.

Strahlenkörper (Corpus ciliare): An der Ora serrata (Übergang zwischen dem lichtempfindlichen und lichtunempfindlichen Teil der Netzhaut) geht die Aderhaut in den Strahlenkörper über, der vom Pigmentepithel und der (nicht mehr lichtempfindlichen) Pars ciliaris retinae überzogen wird. In seinem vorderen Abschnitt entspringen (70–80 beim Hund, über 100 bei Pferd und Rind) meridional verlaufende Fortsätze (Processus ciliares), die zahlreiche Kapillaren enthalten. Hier erfolgt die Produktion des Kammerwassers, einer klaren, blutisotonen Flüssigkeit, die kaum Proteine enthält. Das Kammerwasser fließt aus der hinteren Augenkammer durch die Pupille in die vordere Augenkammer. Bei vermehrter Produktion von Kammerwasser oder gestörtem Abfluss kommt es zum Ansteigen des intraokulären Drucks, wodurch sekundär die Netzhaut geschädigt werden kann (Glaukom). Zwischen den Einsenkungen der Processus ciliares entspringen die Aufhängefasern für die Linse (Fibrae zonulares, Zonulafasern). Im Corpus ciliare liegt der Ziliarmuskel (M. ciliaris). Seine glatten Muskelzellen verlaufen unter der Sklera vorwiegend meridional, nach innen mehr zirkulär. Dieser ist beim Fleischfresser deutlich, beim Pferd relativ schwach entwickelt. Bei Kontraktion des Ziliarmuskels kommt es zur Erschlaffung der Zonulafasern. Dadurch nimmt die Linse auf Grund ihrer elastischen Eigenschaften eine mehr kugelförmige Gestalt an und ihre Brechkraft wird erhöht (Nahakkommodation). Umgekehrt kommt es bei einer Erschlaffung des Ziliarmuskels zu einer Abflachung der Linse, wodurch diese ihre minimale Brechkraft erreicht (Fernakkommodation).

Regenbogenhaut (Iris): Sie ist der am weitesten vorne gelegene Anteil der mittleren Augenhaut. Die Iris umschließt das Sehloch (Pupille) und dient als Lochblende. Bei Pferd und Wiederkäuern können am Rand der Pupille sogenannte Traubenkörner, Wucherungen des Pigmentepithels, ausgebildet sein. In ihrem Inneren findet sich gefäßhaltiges Irisstroma.

Die gefältete Vorderfläche der Iris wird von einer lückenhaften Lage von platten Epithelzellen (die sich vom Bindegewebe ableiten) überzogen. Das Stroma der Iris wird von lockerem Bindegewebe gebildet, in dem Gefäße und Nerven radiär verlaufen. Ferner liegen im Irisstroma zwei Muskeln, die in Abhängigkeit von der vorhandenen Lichtintensität die Pupille verengen bzw. erweitern können: Der M. sphincter pupillae besteht aus glatten Muskelzellen, die ringförmig um das Sehloch verlaufen und bei parasympathischer induzierter Kontraktion die Pupille verengen. Der M. dilatator pupillae besteht aus einer dünnen Schicht radiär angeordneter Muskelzellen. Er wird vom Sympathikus innerviert und erweitert die Pupille.

Die Rückfläche der Iris wird von einem zweischichtigen Epithel bedeckt, das sich aus dem Pigmentepithel und der hier ebenfalls stark pigmentierten Pars iridica retinae zusammensetzt. Alle Tiere mit Ausnahme sog. Albinos weisen eine Pigmentierung des hinteren Irisepithels auf. Bei Albinos, denen diese Pigmentschicht fehlt, erscheinen die Augen aufgrund der durscheinenden Gefäße rot. Blauäugige Haussäugetiere, wie Schweine und Ziegen, haben ein pigmentiertes Irisepithel. Bei braunäugigen Tieren (z.B. Rind, Pferd) finden sich zudem zahlreiche Pigmentzellen im Irisstroma. Die oft gelbliche bis hellbraune Farbe der Iris beim Hund beruht auf weniger Melaninpigmenten.

Kammerwinkel (Angulus iridocornealis): Der Kammerwinkel ist jener Teil der vorderen Augenkammer, der zwischen Iriswurzel und Kornea gelegen ist. Er beherbergt ein mit Mesothel überkleidetes, bindegewebiges Trabekelwerk (Spongium anguli iridocornealis, Ligamentum pectinatum). Durch seine Lücken, die Fontana-Räume (Spatia anguli iridocornealis) kann das Kammerwasser aus der vorderen Augenkammer über die Ziliarvenen abfließen.

18.5.1.3 Innere Augenhaut (Netzhaut, Retina, Tunica interna)

An der Netzhaut sind ein lichtempfindlicher Teil (Pars optica retinae) und ein blinder Teil (Pars caeca retinae) zu unterscheiden, die von einer gezackten Grenzlinie (Ora serrata) getrennt werden. An der Ora serrata geht die hohe und vielschichtige Pars optica retinae in das zweischichtige Epithel der Pars caeca retinae über. Dieses bedeckt mit ihrer Pars ciliaris retinae den Ziliarkörper und als Pars iridica retinae die Hinterfläche der Iris.

Die Pars optica der Retina (▶ Abb. 18-6) besteht aus zwei Schichten: dem außen gelegenen Pigmentepithel (Stratum pigmentosum retinae) und dem inneren Sinnesepithel (Stratum nervosum retinae). Beide liegen dicht aufeinander. Eine Verwachsung zwischen beiden Schichten besteht aber nur im Bereich der Austrittstelle des Sehnervs (Discus nervi optici) und an der Ora serrata. Das Pigmentepithel ist ein einschichtiges kubisches Epithel, das der Bruch-Membran aufsitzt. Die ziemlich regelmäßigen, sechseckigen Zellen sind durch Tight und Gap junctions fest miteinander verbunden und bilden Melaningranula. Durch das Pigmentepithel wird das Licht, das die Pars nervosa passiert hat, absorbiert. Damit wird das Auftreten störender Reflexe im Auge verhindert.

Das Stratum nervosum der Netzhaut enthält als Lichtrezeptoren primäre Sinneszellen, die sog. Stäbchen- und Zapfenzellen, und Nervenzellen, über die die Erregung umgeschaltet und zum Gehirn weitergeleitet wird. Histologisch zeigt die Netzhaut einen deutlichen Schichtenbau, der funktionell einer Gliederung in drei hintereinander geschaltete Neuronenschichten entspricht. Außerdem kommen in der Netzhaut Assoziationszellen (Horizontalzellen, amakrine Zellen) vor. Das sind Ganglienzellen, die mit ihren Fortsätzen Querverbindungen zwischen den benachbarten Rezeptoren- bzw. Nervenzellen schaffen.

Von außen nach innen ergibt sich dabei im Stratum nervosum folgende Schichtung:

I. Neuron:
- Stratum neuroepitheliale (Schicht der Stäbchen [Epitheliocyti neurosensorii baciliferi] und Zapfen [Epitheliocyti neurosensorii coniferi])
- Stratum limitans externum (äußere Gliagrenzmembran)
- Stratum nucleare externum (äußere Körnerschicht)
- Stratum plexiforme externum (äußere plexiforme Schicht)

II. Neuron:
- Stratum nucleare internum (innere Körnerschicht)
- Stratum plexiforme internum (innere plexiforme Schicht)

III. Neuron:
- Stratum ganglionare (Ganglienzellschicht)
- Stratum neurofibrarum (Axone des N. opticus)
- Stratum limitans internum (innere Gliagrenzmembran)

I. Neuron (Stratum neuroepitheliale): Beim menschlichen Auge liegen die Lichtrezeptoren, die Stäbchen- und Zapfenzellen, in der Tiefe der Netzhaut und sind mit ihren lichtempfindlichen Fortsätzen dem Pigmentepithel zugewandt. Einfallendes Licht muss daher alle Schichten der Pars nervosa retinae durchdringen, bis es an die eigentlichen lichtempfindlichen Rezeptorzellen kommt (inverse Struktur der Retina).

Die beiden Sinneszelltypen (Stäbchen- und Zapfenzellen) unterscheiden sich vor allem in der Ausbildung ihres peripheren Rezeptorbereichs, der bei den Stäbchenzellen (▶ Abb. 18-7) lang und schmal („Stäbchen"), bei den Zapfenzellen (▶ Abb. 18-8) mehr konisch („Zapfen") ausgebildet ist. Die Stäbchenzellen sind auf das Hell-Dunkel-Sehen (Dämmerungssehen) spezialisiert, die in wesentlich geringerer Zahl vorhandenen Zapfenzellen dienen dem Farbsehen. Die Austrittstelle des Sehnervs durch die Retina wird als Discus nervi optici bezeichnet. Hier fehlen die Sinneszellen, sodass an dieser Stelle der Retina keine Lichtreize aufgenommen werden können. Sie wird daher auch als „blinder Fleck" bezeichnet.

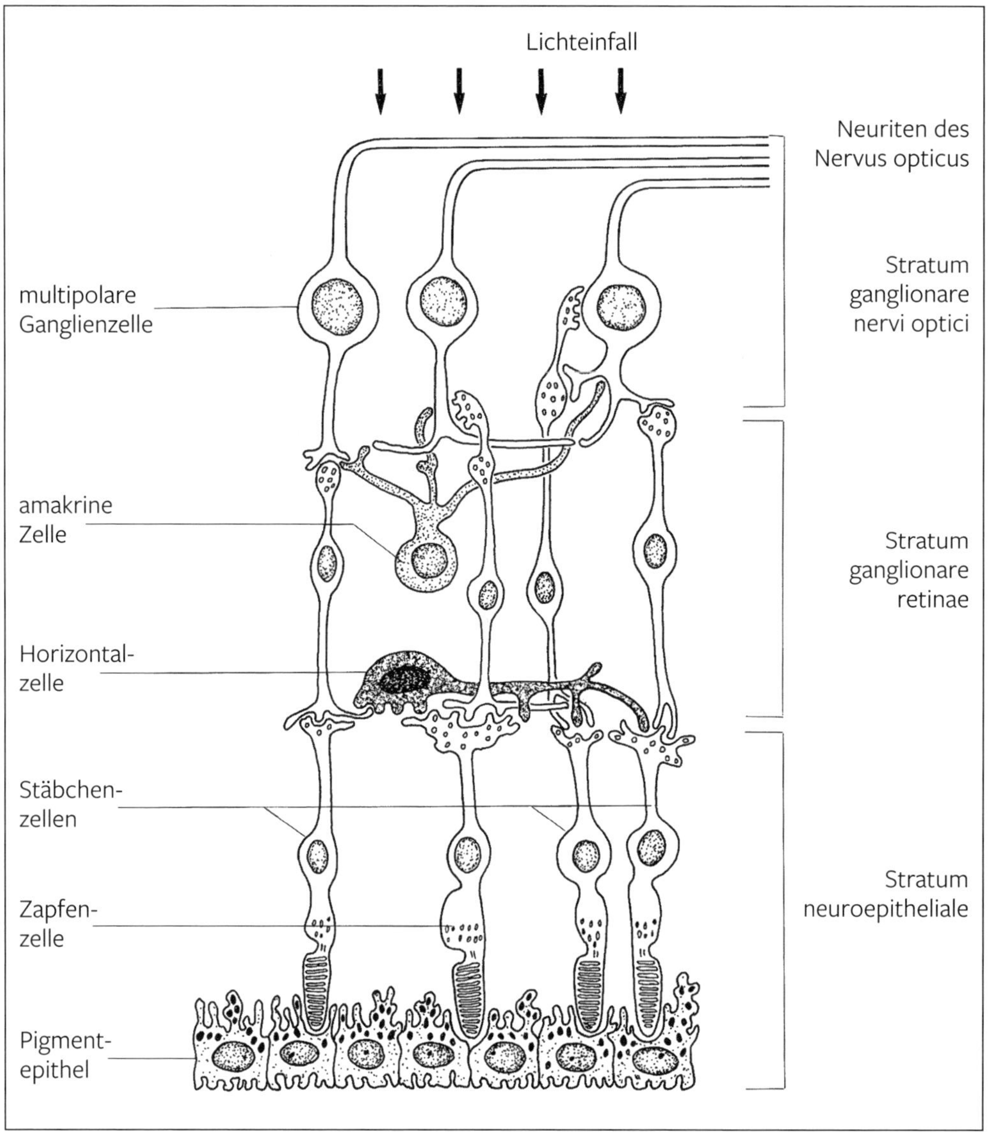

Abb. 18-6
Aufbau der Netzhaut (Schemazeichnung).

Sowohl bei den Stäbchen- als auch bei den Zapfenzellen lassen sich vier Teile unterscheiden: 1. Außenglied, 2. Innenglied, 3. Perikaryon mit Zellkern und 4. ein zentripetaler, axonaler Fortsatz. Das Außenglied, die Rezeptorstruktur, ist etwa 20 µm lang und 2 µm dick. Es ist aus einem Stapel von scheibenartig aufeinander gelagerten Doppelmembranen aufgebaut, die außen von der Zellmembran umschlossen werden. Diese Querscheiben enthalten das Sehpigment Rhodopsin, welches aus einem Trägerprotein, dem Opsin, und einer Farbstoff tragenden prosthetischen Gruppe, dem 11-cis-Retinal (einem Aldehyd des Vitamin A), zusammengesetzt ist. Bei Belichtung zerfällt dieser Sehfarbstoff innerhalb von Millisekunden und wird anschließend resynthetisiert.

Bei den Außengliedern der Zapfen (Segmenta externa) geht die Membran der Querscheiben teilweise in die Zellmembran über, wodurch die Zwischenräume sich in den extrazellulären Raum fortsetzen. Der wichtigste Unterschied zwischen Stäbchen- und Zapfenzellen besteht allerdings in ihren unterschiedlichen Sehfarbstoffen. Die Stäbchen enthalten Rhodopsin. In den Zapfen der Retina gibt es in der Regel drei verschieden Pigmente (Iodopsine) mit unterschiedlichen Absorptionsmaxima. Dabei kommt in einer bestimmten Zapfenzelle immer nur eine Pigmentart vor.

Auch die Innenglieder (Segmenta interna) von Stäbchen und Zapfen zeigen einige Unterschiede. Das Innenglied der Stäbchen ist schmäler als das mehr bauchig verbreiterte Innenglied der Zapfen. Am Innenglied lassen sich ein äußerer Anteil, das Ellipsoid, und ein innerer Anteil, das Myoid, unterscheiden. Das Ellipsoid enthält vor allem Mitochondrien. Im Myoid liegen der Golgi-Apparat, endoplasmatisches Retikulum, Mikrotubuli und Myosinfilamente. Insgesamt stellt das Innenglied das Stoffwechselzentrum der Stäbchen- und Zapfenzellen dar. Es produziert das jeweilige Sehpigment, das über ein kurzes, schmales Zwischenstück (mit dem Bau einer „9x2+0-Zilie") an die neu gebildeten Querscheiben des Außenglieds abgegeben wird.

Die Zellkerne der Stäbchen- und Zapfenzellen liegen schon innerhalb des Stratum limitans externum und formen die äußere Körnerschicht. Die zentripetalen (axonalen)

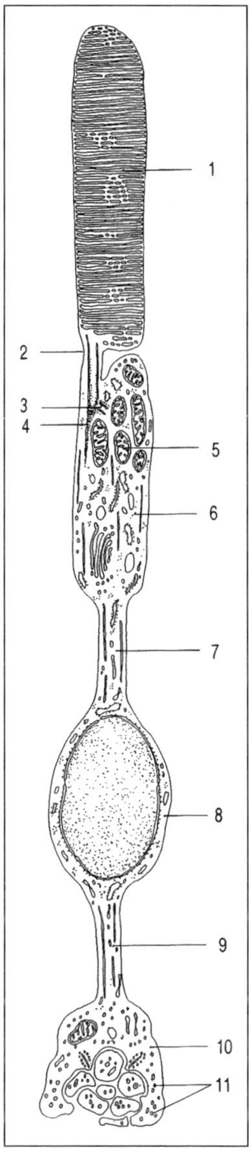

Abb. 18-7 Schematische Darstellung des Feinbaus einer Stäbchenzelle.
1 Außensegment; 2 Verbindungsstück (Zilie); 3 Zentriol; 4 Basalkörperchen; 5 Mitochondrium; 6 Innensegment; 7 Einschnürung; 8 Perikaryon; 9 Axon; 10 Endkolben; 11 Synapsenbläschen

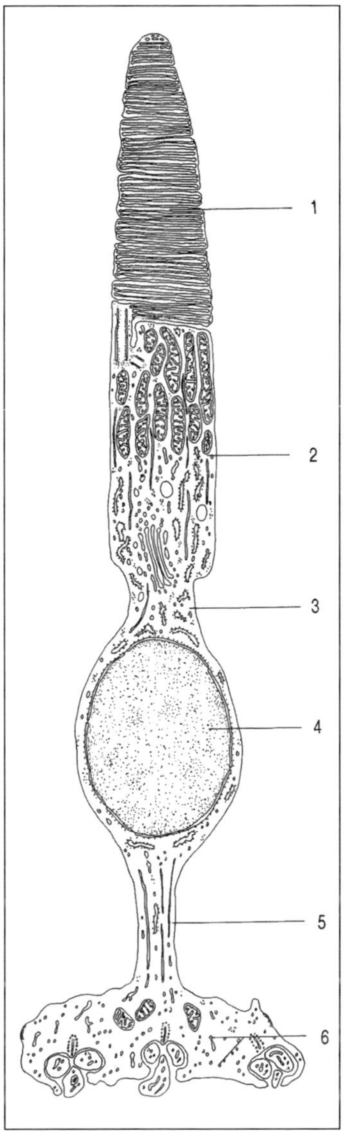

Abb. 18-8 Schematische Darstellung des Feinbaus einer Zapfenzelle.
1 Außensegment; 2 Innensegment; 3 Einschnürung; 4 Zellkern; 5 Axon; 6 Synapsenbläschen

Fortsätze der Stäbchen- und Zapfenzellen bilden mit den bipolaren Ganglienzellen der 2. Neuronenschicht synaptische Kontakte aus. Dabei kann eine bipolare Ganglienzelle entweder mit mehreren Rezeptorzellen (polysynaptische Verschaltung, vor allem mit Stäbchenzellen) oder mit nur einer Zapfenzelle (monosynaptische Verbindung) synaptisch verknüpft sein. Die Kerne der bipolaren Nervenzellen liegen in der inneren Körnerschicht. Die kurzen Axone des II. Neurons bilden in der inneren plexiformen Schicht Synapsen mit den multipolaren Ganglienzellen des III. Neurons (Optikusganglienzellen).

II. Neuron: In der inneren Körnerschicht finden sich neben den bipolaren Nervenzellen in kleiner Zahl noch andere Ganglienzellformen. So kommen in der äußersten Lage Horizontalzellen (Neurocyti horizontales) vor, die in der äußeren plexiformen Schicht Synapsen mit den Rezeptorzellen eingehen. An der Grenze zur inneren plexiformen Schicht treten amakrine Zellen (Neurocyti amacrini) auf, die als Assoziationsneurone sowohl mit den bipolaren als auch mit den multipolaren Ganglienzellen in Verbindung stehen. Ferner findet man in der inneren Körnerschicht die Zellkerne der Müller-Stützzellen (Gliocyti radiales). Diese Gliazellen sind besonders differenzierte faserige Astrozyten. Sie durchziehen als lang gestreckte Zellen die gesamte Netzhaut und bilden nahe ihrer äußeren Oberfläche das Stratum limitans externum und innen das Stratum limitans internum. Ihre Fortsätze füllen die Räume zwischen den Nervenzellen der Retina vollständig aus. Diesen glykogen- und enzymreichen Zellen werden neben einer Stützfunktion auch wichtige Aufgaben für den Stoffwechsel der Retina zugeschrieben.

III. Neuron (Optikusganglienzellschicht) und N. opticus: Die 10–30 µm großen, multipolaren Nervenzellen des Stratum ganglionare fassen entweder polysynaptisch Erregungen aus einem größeren Netzhautareal zusammen oder treten monosynaptisch mit bipolaren Nervenzellen, die ihre Erregung von Zapfenzellen erhalten, in Verbindung. Letzteres gilt vor allem für die Zapfenzellen der Fovea centralis, der Stelle des schärfsten Sehens beim Menschen. Bei den Haussäugetieren spricht man von der Area centralis, die beim Schwein und Carnivoren rundlich (Area centralis rotunda), bei den Herbivoren streifenförmig ist. Im Unterschied zum Menschen ist dort kein gelbes Pigment (Xanthophyll) in den Ganglienzellen eingelagert. Beim Menschen konnte man nachweisen, dass dort jede einzelne Zapfenzelle an nur eine bipolare Nervenzelle und diese wiederum an eine einzige, ihr zugeordnete multipolare Nervenzelle angeschlossen ist.

Die marklosen Axone der Ganglienzellen des III. Neurons bilden zusammen den Sehnerv (N. opticus), der etwa 1 Million Fasern umfasst. Nach dem Durchtritt durch die Lamina cribrosa der Sklera werden die Nervenfasern markhaltig. Zwischen den dünnen Nervenfasern finden sich Oligodendrogliazellen und Astrozyten. Im Zentrum des N. opticus verlaufen A. und V. centralis retinae. Außen wird er von Pia mater, Arachnoidea und Dura mater umhüllt. Der N. opticus entspricht in seinem Bau einer Gehirnbahn (II. Gehirnnerv) und nicht einem gewöhnlichen peripheren Nerven.

Gefäßsystem der Retina

Die Endstrombahn innerhalb der Retina bietet in ihrem dreidimensionalen Aufbau Besonderheiten, deren Kenntnis für das Verständnis von pathophysiologischen Phänomenen und von krankhaften Gefäßprozessen der Retina wichtig ist.

Die Hauptstämme der Retina sind durch Augenspiegelung gut erkennbar. Neben der Ophthalmoskopie wird in der Klinik zunehmend auch Fluorescein-Serien-Angiografie eingesetzt, mit der fast das ganze terminale Stromgebiet der Retina dargestellt werden kann. Das Gefäßsystem der Netzhaut umfasst Arteriolen, Kapillaren und Venolen. Arterien und Venen kommen nicht vor. Die Kapillaren durchsetzen die Retina in distinkter Schichtenlage, wobei die Rezeptorschicht und das Pigmentepithel der Retina praktisch kapillarfrei sind. Sie werden aus der Choriocapillaris der Aderhaut versorgt. Die Kapillaren der äußeren plexiformen Netzhautschicht bilden ein anastomosierendes Maschenwerk mit einer Maschenweite von 200 µm. Sie stehen in Verbindung mit einer inneren Kapillarschicht, die zusammen mit Arteriolen und Venolen in der Schicht der Nervenfasern und Ganglienzellen des N. opticus verlaufen. Beide Kapillarlagen sind durch kurze, annähernd vertikal ziehende Brückenkapillaren miteinander verbunden. In der Umgebung des Sehnervenkopfes (Papilla optica) liegt eine zusätzliche Kapillarschicht.

18.5.1.4 Linse (Lens)

Die bikonvexe, durchsichtige Linse hat eine weiche Konsistenz, die durch ihren hohen Wassergehalt bedingt ist. Sie wird an ihrer Außenfläche von einer tierartlich unterschiedlich dicken, elastischen Kapsel (Capsula lentis) umgeben. Die Linsenkapsel besteht aus Kollagenfaserlamellen und Glykoproteinen. Sie ist an der Vorderseite wesentlich dicker (20 µm) als auf der Rückseite der Linse. In ihre äußerste Schicht strahlen die Zonulafasern (Fibrae zonulares), die den Aufhängeapparat der Linse bilden, ein. Die Zonulafasern setzen sich aus 12–20 nm dicken Mikrofibrillen zusammen.

Die Hinterfläche der Linse, die dem Glaskörper anliegt, ist etwas stärker als die Vorderfläche gekrümmt. Die Linse ist gefäß- und nervenfrei. Sie setzt sich aus dem Linsenepithel (Epithelium lentis) und den Linsenfasern (Fibrae lentis), die den größten Teil der Linse ausmachen, zusammen. Das einschichtige isoprismatische Linsenepithel ist nur an der Vorderfläche ausgebildet, da die Zellen der hinteren Wand des Linsenbläschens während der Embryonalentwicklung zu den Linsenfasern auswachsen. Das Wachstum der Linse geht noch über die Zeit der Pubertät weiter, wird jedoch insgesamt nicht mehr wesentlich größer, weil sich im Innern unter Wasserverlust und Schrumpfung der Linsenkern bildet. Die schalenartig übereinander gelagerten Linsenfasern machen die Hauptmasse der Linse aus. Die älteren Linsenfasern besitzen keinen Kern mehr. Mit zunehmendem Alter vermindert sich die Elastizität der Linse, wodurch die Akkommodationsfähigkeit des Auges abnimmt. Weiter kommt es im höheren Alter nicht selten zur Trübung der Linse (grauer Star = Katarakt).

18.5.1.5 Glaskörper (Corpus vitreum)

Der Glaskörper, eine durchsichtige, gallertartige Kugel, füllt den ganzen Bulbusbereich zwischen Linse und Netzhaut aus. Er besitzt ein feines fibrilläres Gerüstwerk, in das eine gallertige, fast zellfreie Masse eingelagert ist, die zu 98 % aus Wasser besteht und daneben noch Hyaluronsäure, Mukopolysaccharide und Proteine enthält. Die Bestandteile seiner geringen festen Phase sind die Hyalozyten (Hyalocyti). Bei Rind, Schaf und Schwein hat der Glaskörper eine relativ feste Konsistenz. Bei den Fleischfressern ist er im Inneren dichter, in den äußeren Bereichen strukturarm. Beim Pferd ist der Glaskörper insgesamt sehr strukturarm. Durch den Glaskörper wird das Stratum nervosum gegen das Pigmentepithel der Retina gedrückt. Sinkt der Druck im Glaskörper, dann kommt es zur Netzhautablösung, d.h. das Stratum nervosum der Retina löst sich in den hinteren Bereichen vom Pigmentepithel. Bei anhaltendem erhöhtem Druck kommt es zu einer Schädigung der Netzhaut (Glaukom).

18.5.2 Schutz- und Hilfseinrichtungen des Auges (Organa oculi accessoria)

18.5.2.1 Augenlider (Palpebrae)

Die Augenlider schützen die Hornhaut vor mechanischen Reizen bzw. vor dem Austrocknen. Der Lidschluss ist weiter eine Voraussetzung für das Schlafen. Oberlid (Palpebra superior) und Unterlid (Palpebra inferior) zeigen den gleichen Aufbau. Am Augenlid sind folgende Schichten zu unterscheiden:

Äußere Haut: Die Haut des Lids ist dünn und nur schwach verhornt. Die Subkutis ist nahezu fettzellfrei und sehr locker. Am Lidrand geht sie in die Bindehaut (Conjunctiva) des Lids über. Dort finden sich zwei bis drei Reihen von Wimpern (Cilia). In die Haarbälge der Wimpern münden kleine Talgdrüsen (Zeiss-Drüsen) und modifizierte Schweißdrüsen mit apokriner Sekretion (Moll-Drüsen, Glandulae sudoriferae palpebrae).

Schicht des M. orbicularis oculi: Seine Fasern verlaufen konzentrisch zur Lidspalte. Durch seine Kontraktion erfolgt der Lidschluss.

Tarsus (Tarsus palpebrae): Dies ist eine bindegewebige Platte, die das Stützgerüst des Augenlides bildet. Unter der in den Tarsus einstrahlenden Sehne des quergestreiften M. levator palpebrae setzt der glatte M. tarsalis am Tarsus an. Er wird vom Sympathikus innerviert und beeinflusst durch seinen Tonus die Weite der Lidspalte. Seine Lähmung führt zu einer Verengung der Lidspalte, die ein Teil des Horner-Syndroms ist und auf eine Schädigung des Sympathikus hinweist. Innerhalb der Kollagenfasern des Tarsus liegen 20 bis 25 große, alveoläre Talgdrüsen, die zusammen als Meibom-Drüse (Glandulae tarsales) bezeichnet werden. Ihre punktförmigen Ausführungsgänge münden nahe der hinteren Kante des Lidrandes. Die Meibom-Drüsen fetten mit ihrem Sekret den Lidrand ein.

Bindehaut des Lids (Conjunctiva palpebrae): Sie bedeckt die Hinterfläche des Augenlides und geht im Bereich des Fornix conjunctivae in die Bindehaut des Augapfels über. Die Konjunktiva des Augenlides ist aus einer bindegewebigen Lamina propria und einer Epithelschicht aufgebaut und sitzt weitgehend unverschieblich dem Tarsus auf. Die Lamina propria enthält nicht selten diffuses lymphatisches Gewebe. Die Konjunktiva des Augapfels und des Fornix conjunctivae besteht dagegen aus lockerem Bindegewebe (Ödembildung).

18.5.2.2 Drittes Augenlid (Nickhaut, Palpebra tertia)

Die Grundlage des dritten Augenlides wird von einer mehr oder weniger senkrecht stehenden Bindehautfalte (Plica semilunaris) gebildet, die im nasalen Augenwinkel lokalisiert ist. Bei Pferd und Schwein wird die Nickhaut zudem von einem hyalinen, bei der Katze von einem elastischen Knorpel (Blinzknorpel) gestützt. Neben kleinen Lymphknötchen (Noduli lymphatici aggregati) finden sich im lockeren Bindegewebe oberflächliche (Glandulae superficiales palpebrae tertiae) und tiefe Drüsen (Harder Drüse, Glandulae profundae palpebrae tertiae) bei Schwein und Rind.

18.5.2.3 Tränenapparat (Apparatus lacrimalis)

Durch den Tränenapparat wird die konjunktivale Bulbusoberfläche feucht gehalten.

Dazu zählen die Tränendrüsen (Glandulae lacrimales) und die ableitenden Tränenwege (Tränenröhrchen, Tränensack und Tränenkanal). Die Tränendrüse liegt oben lateral in der Orbita. Sie wird von der Aponeurose des M. levator palpebrae in zwei Abschnitte unterteilt. Sie ist eine zusammengesetzte tubuloalveoläre Drüse, die bei den meisten Haussäugetieren ein seröses Sekret (Ausnahme Schwein: mukös, Hund: teilweise mukös), die Tränen, bildet. Die Tränenflüssigkeit ist eine eiweißarme, farblose Flüssigkeit mit salzigem Geschmack (Natriumgehalt 1 %). Im Unterschied zu serösen Speicheldrüsen wie der Glandula parotis fehlen der Tränendrüse Schaltstücke und Sekretrohre. Die relativ weiten und verzweigten Tubuli setzen sich direkt in die intralobulären Ausführungsgänge fort. Diese münden im Bereich des dorso-lateralen Lidrandes in den Konjunktivalsack. Das interstitielle Bindegewebe der Tränendrüsen enthält zahlreiche Lymphozyten und Plasmazellen. Die Tränenröhrchen werden von einem mehrschichtigen Plattenepithel ausgekleidet. Die Wand des Tränensacks weist ebenfalls ein mehrschichtiges, hochprismatisches Epithel auf, das sich auch auf den Tränenkanal fortsetzt. Dort fallen auch gut ausgebildete Venenplexus sowie reichliche Einlagerungen von lymphatischem Gewebe auf.

18.5.3 Auge der Vögel

Das Sehvermögen ist bei Vögeln in der Regel hervorragend, dies gilt sowohl für das Auflösungsvermögen als auch für die Fähigkeit, Farben zu sehen. Der große Augapfel der Vögel (Bulbus oculi) weist einen im Vergleich zum Säuger wesentlich größeren vertikalen Durchmesser als Längsdurchmesser auf. Die Kornea ist dünn und deutlich stärker gewölbt als die Sklera. Die Wand des Augapfels besteht wie beim Säuger aus der Tunica fibrosa bulbi (Sklera), der Tunica vasculosa bulbi (Uvea) und der inneren Augenhaut (Tunica interna bulbi, Netzhaut, Retina). Im Bindegewebe der Sklera ist bei vielen Vögeln (allen Hausvogelarten) eine hyaline Knorpelplatte eingelagert, in welcher ventrolateral am Augenhintergrund eine Öffnung für den N. opticus ausgespart ist. Die Retina weist im Bereich der Pars optica retinae folgende Schichten auf, die im Prinzip bei allen Wirbeltieren ähnlich ausgebildet sind. Von außen nach innen folgen: 1. die Schicht der Stäbchen und Zapfen (Stratum neuroepitheliale), 2. die äußere Grenzmembran (Stratum limitans externum), 3. die äußere Körnerschicht (Stratum nucleare externum), 4. die äußere plexiforme Schicht (Stratum plexiforme externum), 5. die innere Körnerschicht (Stratum nucleare internum), 6. die innere plexiforme Schicht (Stratum plexiforme internum), 7. die Ganglienzellschicht (Stratum ganglionare), 8. die Nervenfaserschicht (Stratum neurofibrarum) und 9. die innere Grenzmembran (Stratum limitans internum). An der ovalen Eintrittsstelle des N. opticus befindet sich der für das Vogelauge charakteristische Fächer oder Kamm (Pecten oculi). Dieser wellblechartig gefaltete, meist keilförmige Körper weist ein dichtes Netz an Kapillaren auf und es wird angenommen, dass er die Retina und den Glaskörper mit Nährstoffen versorgt. Eventuell ist er auch an der Bildung des Glaskörpers beteiligt.

18.6 Gleichgewichts- und Hörorgan (Organum vestibulocochleare)

Gleichgewichts- und Hörorgan liegen in der Felsenbeinpyramide. Sie werden vom N. vestibulocochlearis (VIII) versorgt. Dem Innenohr sind das schallleitende Mittelohr und das schallaufnehmende äußere Ohr vorgelagert.

18.6.1 Hörorgan

18.6.1.1 Äußeres Ohr (Auris externa)

Die Grundlage der Ohrmuschel (Auricula) wird von einem arttypisch ausgebildetem elastischem Knorpelgewebe (Cartilago auriculae) gebildet, dem dünne äußere Haut faltenlos aufgelagert ist. Die behaarte Innenfläche trägt lange Schutzhaare (Tragi). An der Wand des äußeren Gehörganges (Meatus acusticus externus) sind ein halbringförmiger knorpeliger (elastischer Knorpel) und ein knöcherner Teil zu unterscheiden. Der knöcherne Gehörgang wird von der Pars tympanica gebildet. Der Meatus acusticus externus wird von äußerer Haut ausgekleidet, die fest mit ihrer Unterlage verbunden ist. Sie und enthält Talg- (Glandulae ceruminosae) sowie apokrin sezernierende Schlauchdrüsen. Ihr dünnflüssiges Sekret bildet zusammen mit dem Talg und abgeschilferten Epithelzellen den Ohrschmalz (Cerumen).

Durch das schwingungsfähige, runde Trommelfell (Membrana tympani) wird der äußere Gehörgang gegenüber dem Mittelohr abgeschlossen. Das Trommelfell ist in seinen unteren drei Vierteln (Pars tensa) am Hammergriff befestigt und in den Anulus tympanicus wie in einen Rahmen gespannt. Das obere Viertel wird von lockeren Bindegewebslamellen gebildet und wird Pars flaccida genannt. Dort kommt es am ehesten zu einer Trommelfellperforation.

Das Trommelfell lässt mehrere Schichten erkennen. Es wird auf der Seite des äußeren Gehörgangs von einem mehrschichtigen, wenig verhornten Plattenepithel (Stratum cutaneum) überzogen. Auf der Mittelohrseite findet sich einschichtiges Epithel (Stratum mucosum). Zwischen beiden liegt die Lamina propria, die für die Vermittlung der Schallaufnahme wichtig ist. Die Lamina propria zeigt im Bereich der Pars tensa eine charakteristische Anordnung seiner kollagenen Fasern, wobei man radiär (Stratum radiale) und zirkulär (Stratum circulare) verlaufende Bündel unterscheiden kann. In der Pars flaccida ist die Faserschicht dünn und locker angeordnet. Sie enthält in größerer Menge elastische Fasern. Das Trommelfell ist reichlich mit Blutgefäßen versorgt, die vorwiegend vom äußeren Gehörgang ausgehen. Ein Teil der Gefäße kommt auch von der Paukenhöhle, sodass man zwei Kapillarnetze unterscheiden kann. Die Innervation erfolgt über Äste des N. vagus, den Plexus pharyngeus und Plexus tympanicus.

18.6.1.2 Mittelohr (Auris media)

Zum Mittelohr (▶ Abb. 18-9) gehören verschiedene, mit Schleimhaut ausgekleidete, lufthaltige Räume im Os temporale und die Gehörknöchelchen (Ossicula auditus). Der Hauptraum ist die Paukenhöhle (Cavum tympani), die den schallleitenden Apparat (Gehörknöchelchen) enthält. Ihm angeschlossen sind nach hinten das Antrum mastoideum, das zu den Cellulae mastoideae führt, und die Ohrtrompete (Tuba auditiva), das Verbindungsrohr zwischen Paukenhöhle und Rachen.

Die Paukenhöhle (Cavum tympani) enthält die drei Gehörknöchelchen und die beiden Mittelohrmuskeln (M. stapedius und M. tensor tympani). Die Größe der Gehörknöchelchen korreliert nicht mit der Größe der jeweiligen Tierart. So ist der Steigbügel (Stapes) der Katze 2 mm und der des Pferdes 3–3,5 mm lang. Außerdem verlaufen Nerven (Chorda tympani, Plexus tympanicus) durch die Paukenhöhle. Die drei Gehörknöchelchen sind Hammer (Malleus), Amboss (Incus) und Steigbügel (Stapes). Sie bilden ein Hebelsystem, das an einem Ende am Trommelfell und am anderen Ende am ovalen Fenster (Fenestra vestibuli) befestigt ist und über das die Schwingungen des Trommelfells auf die Perilymphe im Vorhof des Innenohrs übertragen werden. Die Schleimhaut des Mittelohrs, die das Hohlraumsystem und die darin lokalisierten Strukturen überzieht, zeigt ein einschichtiges, flaches bis kubisches Epithel, das durch wenig Bindegewebe mit dem Knochen verbunden ist.

Die Ohrtrompete (Tuba eustachii, Tuba auditiva) verbindet Paukenhöhle und Pharynx und ist für den Druckausgleich zwischen diesen beiden wichtig. Die Wand der Ohrtrompete ist teils knöchern (ein Drittel), teils knorpelig-membranös (zwei Drittel). Der Knorpel bildet dabei eine nach lateral und ventral offene Rinne, in der das Schleimhautrohr lokalisiert ist. Die laterale Tubenwand

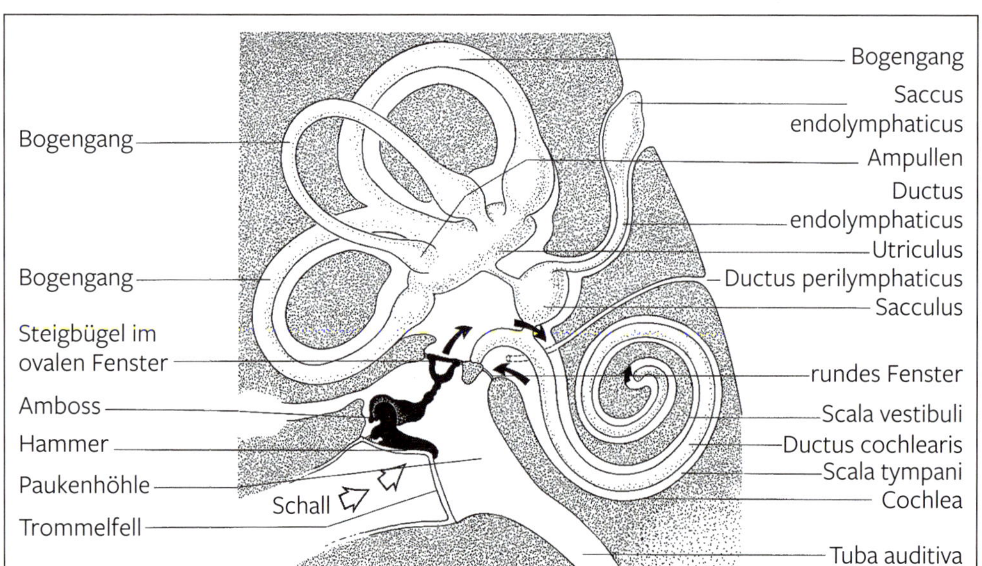

Abb. 18-9 Mittel- und Innenohr (Schemazeichnung).

besteht aus Bindegewebe. Die Schleimhaut der Tube ist im oberen Teil, der mit dem Mittelohr in Verbindung steht, von einem einschichtigen platten Epithel ausgekleidet. Es geht im unteren, pharynxnahen Bereich in ein mehrreihiges hochprismatisches Epithel mit Kinozilien über. Über dieses mukoziliäre Transportsystem wird ein Flüssigkeitsstrom in Richtung Pharynx unterhalten. Gegen das pharyngeale Ende sind in der Schleimhaut vermehrt Lymphfollikel eingelagert (Tonsilla tubaria). Als spezielle Bildung ist hier noch der Luftsack des Pferdes zu nennen. Dieser wird von einem mehrreihigen Flimmerepithel mit Becherzellen ausgekleidet und von einer Lamina propria mit glatten Muskelzellen und Drüsen unterlagert.

18.6.1.3 Innenohr (Auris interna)

Gleichgewichts- und Hörorgan liegen als Innenohr in der Pyramide des Felsenbeins. Die Knochenräume des Innenohrs, das knöcherne Labyrinth (Labyrinthus osseus) bestehen aus dem Vorhof (Vestibulum), den drei Bogengängen (Canales semicirculares) und der knöchernen Schnecke (Cochlea). Der Vorhof steht über das ovale (Fenestra vestibuli) und das runde Fenster (Fenestra rotunda) mit der Paukenhöhle in Verbindung. Die knöcherne Schnecke besitzt beim Pferd und kleinen Wiederkäuer 2,25, bei den Fleischfressern 3, beim Rind 3,5 und beim Schwein 4 Spiralwindungen, eine dünne Knochenleiste (Lamina spiralis ossea), die von einer zentralen Achse (Modiolus) in den Schneckengang vorspringt. Zum knöchernen Labyrinth zählt auch der innere Gehörgang. Er enthält Nerven (N. facialis mit N. intermedius, N. vestibulocochlearis mit Ganglion vestibulare) und Gefäße. Im knöchernen Labyrinth liegt das häutige Labyrinth (▶ Abb. 18-10), ein mit Flüssigkeit (Endolymphe) gefülltes, geschlossenes Hohlraumsystem. Von der knöchernen Wand wird das häutige Labyrinth durch einen mit Perilymphe gefüllten Spaltraum

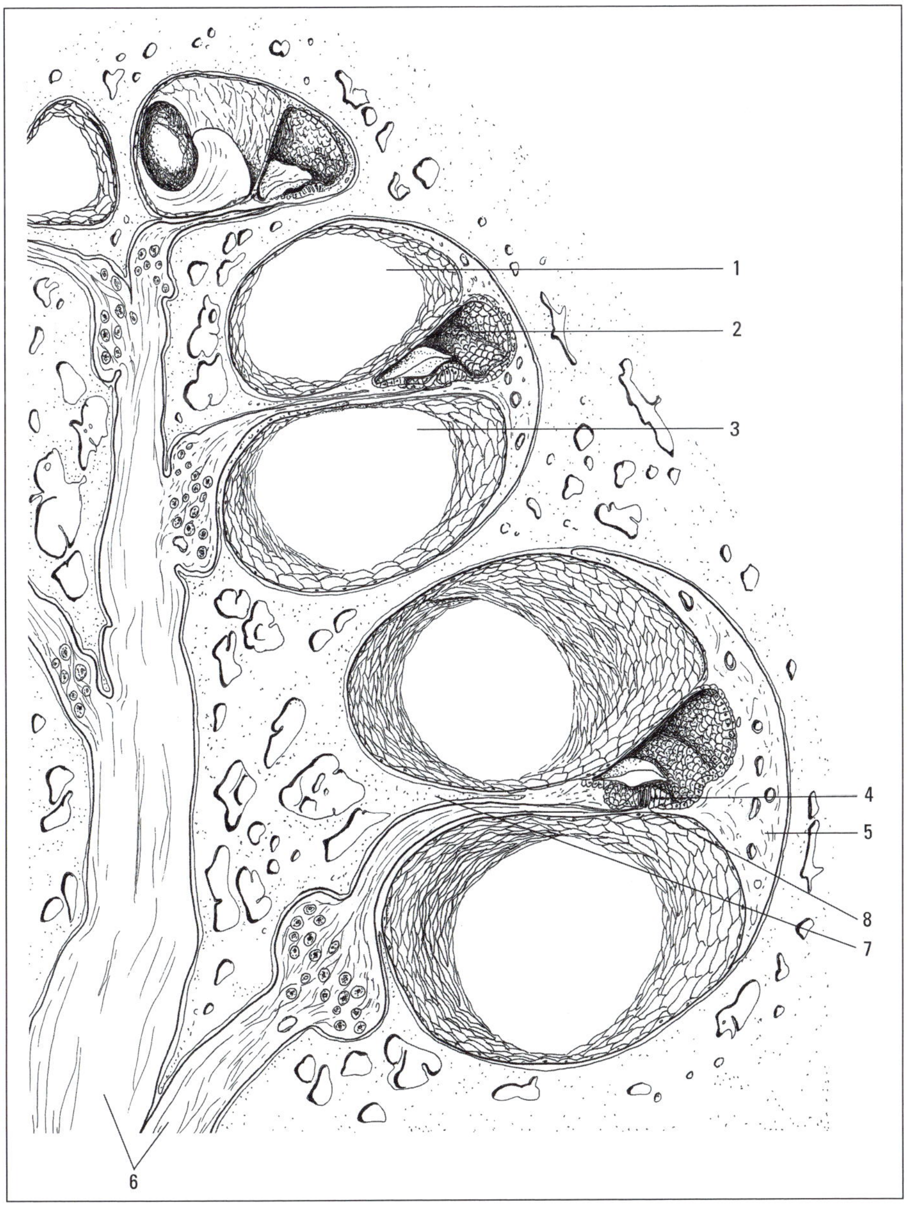

Abb. 18-10 Axialschnitt durch die Schnecke.
1 Scala vestibuli; 2 Ductus cochlearis; 3 Scala tympani; 4 Corti-Organ; 5 Ligamentum spirale; 6 N. cochlearis; 7 Lamina spiralis ossea; 8 Lamina basilaris

(Spatium perilymphaticum) getrennt. Die Perilymphe ist eine extrazelluläre Flüssigkeit, die aus einer Kombination von Substanzen aus dem Liquor cerebrospinalis und dem Blut besteht.

Häutiges Labyrinth: Es umfasst den vestibulären Apparat, der aus zwei miteinander verbundenen Säckchen (Sacculus und Utriculus) und den drei häutigen Bogengängen (Canales semicirculares) besteht, dem akustischen Apparat (Ductus cochlearis) sowie Ductus und Saccus endolymphaticus. Alle Hohlräume des häutigen Labyrinths sind untereinander verbunden und mit Endolymphe gefüllt. Die Endolymphe gleicht in ihrer Zusammensetzung intrazellulärer Flüssigkeit. Sie enthält viele K^+-Ionen.

Wände des Ductus cochlearis: Von der Lamina spiralis der knöchernen Schnecke zieht die Basilarmembran (Lamina basilaris) zur gegenüberliegenden äußeren Wand des knöchernen Labyrinths, wo sie über das Ligamentum spirale am Periost verankert ist. Die Basilarmembran bildet den Boden des Ductus cochlearis. Sie besteht im Wesentlichen aus kollagenen Fasern und bildet eine verbiegbare Platte, die sich in ihrem Verlauf von der Schneckenbasis zur Spitze zunehmend verbreitert. Die Basilarmembran trägt das Corti-Organ, den Limbus spiralis und die Membrana tectoria.

Die obere Wand des Ductus cochlearis, die als Abgrenzung zur Scala vestibuli fungiert, wird von der Reissner-Membran (Membrana basilaris) gebildet. Sie ist eine dünne, gefäßlose Schicht, die auf der einen Seite vom Plattenepithel des Ductus cochlearis, auf der anderen Seite vom Plattenepithel der perilymphatischen Scala vestibuli überzogen wird. Die seitliche Wand des Ductus cochlearis wird vom Ligamentum spirale gebildet. Das Ligamentum spirale besteht aus einem lockeren Schwammwerk von Bindegewebszellen und Fasern und enthält reichlich Kapillaren. Gegen die Endolymphe ist das Ligamentum spirale vom vielschichtigen Epithel der Stria vascularis und von den Zellen der Prominentia spiralis bedeckt. Das Epithel der Stria vascularis enthält als einziges Epithel im Körper Kapillaren und wirkt als Kaliumpumpe. Sie transportiert K^+-Ionen in den Endolymphraum und bewirkt dadurch den hohen K^+-Gehalt der Endolymphe.

Corti-Organ (Organum spirale): Das Corti-Organ (▶ Abb. 18-11), das die Sinneszellen für den Gehörsinn trägt, liegt auf der Basilarmembran des Ductus cochlearis. Es baut sich aus sekundären Sinneszellen (Haarzellen) und verschiedenen Typen unterschiedlich geformter Stützzellen (Pfeiler-Zellen, Phalangen-Zellen, Hensen-Zellen, Claudius-Zellen) auf. Die Stützzellen des Corti-Organs umschließen drei spiralförmig verlaufende Kanäle:

1 Den **inneren Tunnel (Cuniculus internus)**, der zwischen den inneren und äußeren Pfeiler-Zellen liegt.
2 Den **„Nuel-Raum"**, der sich seitlich der äußeren Pfeiler-Zellen befindet. Er wird lateral von den äußeren Phalangen-Zellen (Deiter-Stützzellen) begrenzt.
3 Den **äußeren Tunnel (Cuniculus externus)**, der innerhalb der äußersten Phalangen-Zellen gelegen ist. Er wird durch den stark ausgebildeten Phalangenfortsatz der äußersten Phalangen-Zellen überdeckt. Seitlich folgen höhere (Hensen-Zellen) und niedrigere Stützzellen (Claudius-Zellen), die den Sulcus spiralis externus auskleiden.

Die apikalen Enden der Stützzellen sind untereinander und mit den Sinneszellen durch Zonulae occludentes verbunden, wodurch letztlich ein einheitlicher, von der Endolymphe abgetrennter Raum entsteht. Er enthält „Corti-Lymphe", die in ihrer Zusammensetzung eher der Perilymphe in der Scala tympani und Scala vestibuli gleicht.

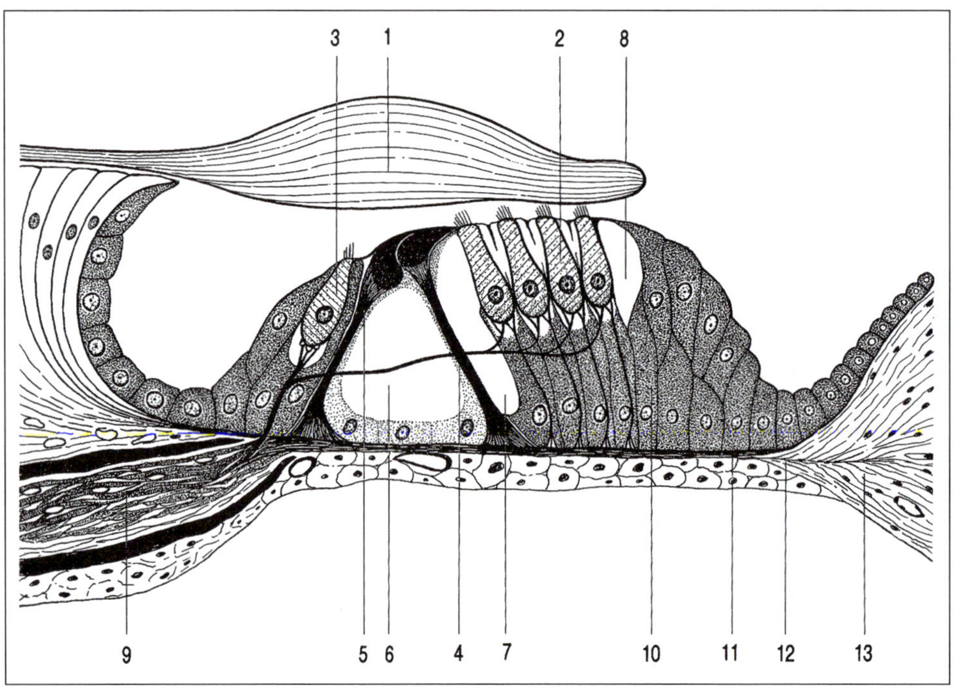

Abb. 18-11 Das Corti-Organ (Schemazeichnung). 1 Membrana tectoria; 2 Äußere Haarzellen; 3 Innere Haarzelle; 4 Äußere Pfeiler-Zelle; 5 Innere Pfeiler-Zelle; 6 Innerer Tunnel; 7 Nuel-Raum; 8 Äußerer Tunnel; 9 Nervus cochlearis (der eigentliche Hörnerv); 10 Hensen-Zellen; 11 Basilarmembran; 12 Claudius-Zellen; 13 Ligamentum spirale

Die Sinneszellen (Haarzellen, Epitheliocyti sensori pilosi) sitzen auf den verdickten basalen Teilen der Phalangen-Zellen und werden basal von einem feinen Nervenfasergeflecht umsponnen. Bezogen auf den inneren Tunnel gibt es drei bis fünf Reihen äußerer Haarzellen und eine Reihe innerer Haarzellen. Sie tragen apikal einen dichten Besatz von Stereozilien. Diese sind in charakteristischer Weise angeordnet, und zwar in Form eines nach innen konkaven „V". In den Stereozilien sind Aktinfilamente enthalten. Die oberen Abschnitte der Haarzellen werden von Fortsätzen der Phalangen-Zellen umfasst, wodurch die Membrana reticularis entsteht. Durch sie ziehen die Stereozilien („Sinneshärchen").

Über die Haarzellen legt sich eine gallertig-filamentöse Platte, die Membrana tectoria, die am Labium limbi vestibulare mit dem hochprismatischen Epithel über dem Limbus spiralis osseae verbunden ist. Die Spitzen der Stereozilien berühren diese Platte; ihre relative Verschiebung soll zur Erregungsbildung in den Haarzellen führen. Diese Erregungen werden dann über den N. cochlearis zum Gehirn weitergeleitet. Für den Menschen hat man ungefähr 3500 innere und 20.000 äußere Haarzellen ermittelt. Die äußeren und inneren Haarzellen unterscheiden sich in vielen morphologischen und funktionellen Merkmalen. Außerdem sind fast alle Neurone des N. cochlearis den inneren Haarzellen zugeordnet. Die inneren Haarzellen vermitteln also die akustische Information.

Ganglion spirale cochleae: Bipolare Neurone bilden das Ganglion spirale cochleae, das in dem fast ganz ausgehöhlten Modiolus an der medialen Wand der Scala tympani gelegen ist. Die dendritischen Fortsätze der bipolaren Nervenzellen verlassen den Modiolus und treten unter Verlust ihrer Markscheide durch die Basilarmembran des Ductus cochlearis. Sie ziehen dann frei durch den inneren Tunnel und den Nuel-Raum des Corti-Organs und erreichen schließlich die Haarzellen, an deren Basis sie mit Synapsen enden. Die axonalen Fortsätze der bipolaren Nervenzellen formieren sich zum N. cochlearis.

Gleichgewichtsorgan (Labyrinthus vestibularis)

Das Gleichgewichtsorgan besteht aus Utriculus und Sacculus, die in einer gemeinsamen Knochenhöhle, dem Vestibulum, gelegen sind, und den drei in den Utriculus mündenden Bogengängen (Canales semicirculares), von denen jeder in einen eigenen kleinen Knochenkanal eingeschlossen ist.

Utriculus und Sacculus (Vorhofsäckchen)

Der Wandbau ist bei allen Teilen des Gleichgewichtsorgans grundsätzlich gleich: Ein einschichtiges, plattes bis isoprismatisches Epithel überzieht eine dünne bindegewebige Lamina propria. Innerhalb dieser Wand findet sich eine ca. 2 mm große Verdickung, die einen anderen Aufbau zeigt, nämlich die Macula sacculi bzw. Macula utriculi. In diesem Bereich ist ein zweireihiges, hochprismatisches Sinnesepithel ausgebildet, das aus Haarzellen (Sinneszellen) und Stützzellen aufgebaut ist. Die schlanken Stützzellen besitzen einen kleinen, basal liegenden, länglichen Kern. Die Haarzellen weisen einen etwas größeren, runden und weiter oberflächlicheren Kern auf. An ihrer freien Oberfläche tragen die Haarzellen 40–100 Stereozilien und eine Kinozilie. Ultrastrukturell lassen sich bei den Haarzellen zwei Typen unterscheiden: Typ I besitzt einen birnenförmigen Zellkörper mit sehr langen Stereozilien und wird von einer kelchförmigen dendritischen Endigung eines afferenten Axons umgeben; die Typ-II-Zellen sind eher prismatisch geformt und weisen kürzere Stereozilien auf. Mehrere Axonendigungen bilden jeweils mit einer Typ-II-Zelle synaptische Verbindungen. Die afferenten Nervenendigungen sind der Beginn der peripheren Fortsätze der bipolaren Nervenzellen des Ganglion vestibulare. Die zentralen Fortsätze dieser Ganglienzellen bilden den N. vestibularis. Die Stereozilien beider Typen von Haarzellen ragen in eine flache gallertige Masse, die Statolithenmembran (Membrana statoconium). Auf dieser Gallertschicht liegen kleine $CaCO_3$-Kristalle (Statoconia) und üben entsprechend der Schwerkraft einen Reiz auf die Sinneszellen aus. Eine Beschleunigung in jeder Richtung bewirkt eine Verlagerung der Statolithenmembran und damit die Auslösung eines Reizes. Das Sinnesepithel von Utriculus und Sacculus dient damit der Wahrnehmung von Linearbeschleunigungen.

Bogengänge (Canales semicirculares)

Die Bogengänge sind in drei zueinander senkrecht stehenden Ebenen angeordnet. Ihre Wand zeigt denselben Aufbau wie Utriculus und Sacculus und besteht aus einem flachen Epithel mit darunter gelegener, bindegewebiger Lamina propria. Die Anfangsabschnitte der Bogengänge sind ampullenartig erweitert. In jeder Ampulle (Ampulla membranacea) liegt eine von hochprismatischem Sinnesepithel überzogene Leiste, die Crista ampullaris. Ihr Epithel besteht aus sekundären Sinneszellen (Haarzellen) und Stützzellen. Die Sinneszellen tragen an ihrem apikalen Ende eine Kinozilie und besonders lange Stereozilien, die in eine gallertige Masse, die Cupula ampullaris hineinragen. Die Auslenkung der Cupula aus ihrer normalen Lage wird durch die Trägheit der Endolymphe im Bogengang bewirkt. Bei Bewegungen in der Ebene des jeweiligen Bogenganges wird die Cupula durch die Endolymphe bewegt. Die daraus resultierenden Scherkräfte führen zur Ablenkung der Kinozilien und Stereozilien. Erfolgt dabei die Abbiegung der Stereozilien zur Kinozilie hin, so wird die Haarzelle depolarisiert. Abbiegungen in umgekehrter Richtung führen zu einer Hyperpolarisation der Sinneszellen. Die dadurch in den Haarzellen entstehenden Impulse werden über die bipolaren Nervenzellen des Ganglion vestibulare zum Gehirn weitergeleitet. Durch diesen Mechanismus können über das Sinnesepithel der Cristae ampullares Drehbewegungen in den drei Ebenen des Raumes registriert werden.

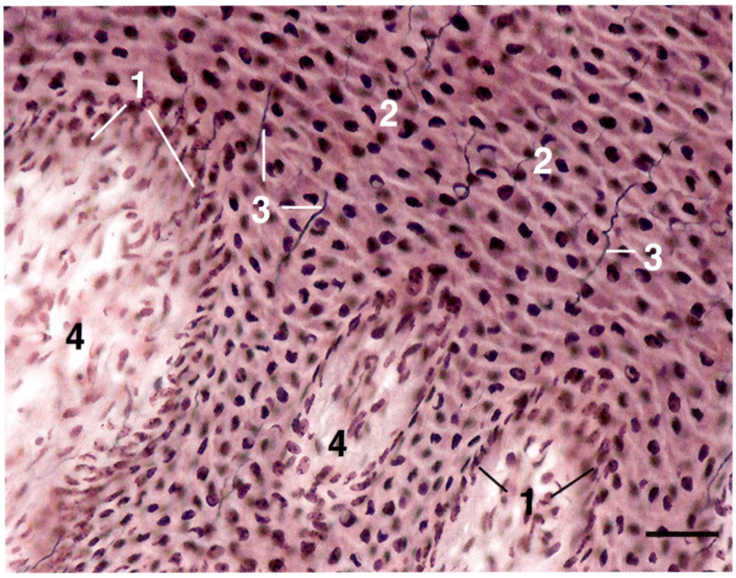

Abb. 18-12 Freie Nervenendigung, Flotzmaul, Rind, Schefthaler-Mayet-Färbung, SB 40 µm

Freie Nervenendigungen sind in Epithelien und Schleimhäuten zu finden und dienen als Mechano- und Schmerzrezeptoren der Oberflächensensibilität des Körpers. Die endoepithelialen Nervenzellen werden als primäre Rezeptoren bezeichnet, da ihre dendritischen Endaufzweigungen (freie Nervenendigungen) ohne Gliahülle bis in das Stratum granulosum der Epidermis ziehen. Von dort leiten sie den Reiz als Aktionspotential direkt an das ZNS weiter.

1 Stratum basale; 2 Stratum spinosum der Epidermis; 3 Freie Nervenendigungen; 4 Stratum papillare des Corium

---

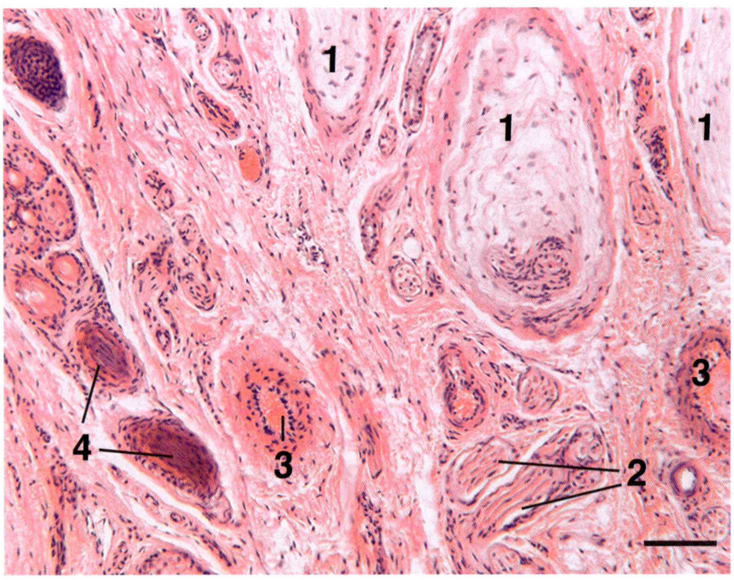

Abb. 18-13 Vater-Pacini-Lamellenkörperchen, Krallenhaut, Katze, Hämatoxylin-Eosin, SB 80 µm

Die Vater-Pacini-Lamellenkörperchen können bis zu 2 mm groß werden. Sie enthalten 20 bis 60 Lamellen aus flachgedrückten Bindegewebszellen (Innen- bzw. Außenkolben), zwischen denen sich seröse Flüssigkeit befindet. Die das Körperchen versorgende Nervenfaser verliert beim Eintritt ihre Myelinscheide und durchläuft den Innenkolben als markloser Strang.

1 Vater-Pacini-Lamellenkörperchen; 2 Nerven; 3 Arterien; 4 Haare

---

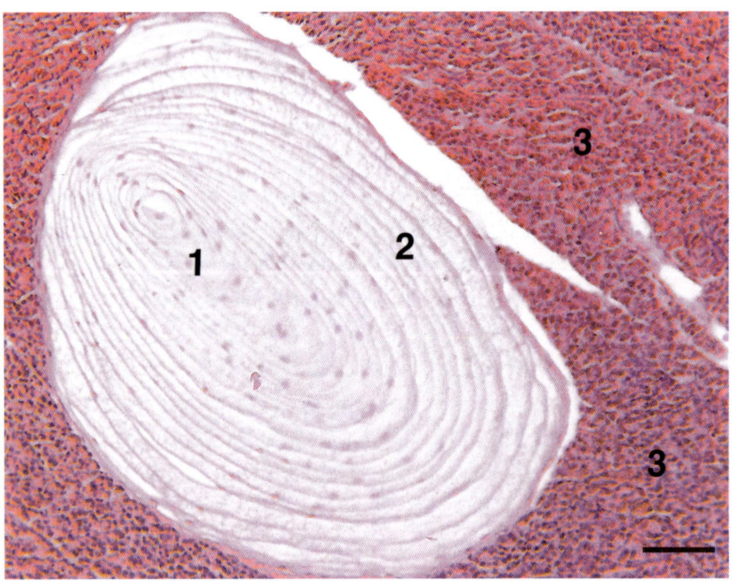

Abb. 18-14 Vater-Pacini-Lamellenkörperchen, Pankreas, Katze, Schefthaler-Mayet-Färbung, SB 65 µm

Vater-Pacini-Lamellenkörperchen werden auch im Pankreas angetroffen. Ihre Funktion ist nicht bekannt. Sie weisen einen Innenkolben aus modifizierten und verankerten Schwann-Zellen und einen Außenkolben aus konzentrisch gelagerten Lamellen auf, zwischen denen sich eine proteinhaltige Flüssigkeit befindet.

Vater-Pacini-Lamellenkörperchen: 1 Innenkolben; 2 Lamellen des Außenkolbens; 3 Exokrines Pankreasgewebe

Abb. 18-15 Geschmacksknospen, Papilla foliata, Kaninchen, Hämatoxylin-Eosin, SB 40 μm

Geschmacksknospen sind zwiebelförmige Gebilde, die im Epithel der Zungenpapillen (Papillae circumvallatae, Papillae foliatae, Papillae fungiformes) lokalisiert sind. Eine Geschmacksknospe besteht aus rund 20 länglichen sekundären Sinneszellen, die apikal lange Mikrovilli (Geschmacksstiftchen) tragen.

1 Geschmacksknospen; 2 Stratum basale des Epithels der Papilla foliata; 3 Stratum intermedium; 4 Stratum superficiale; 5 Bindegewebe

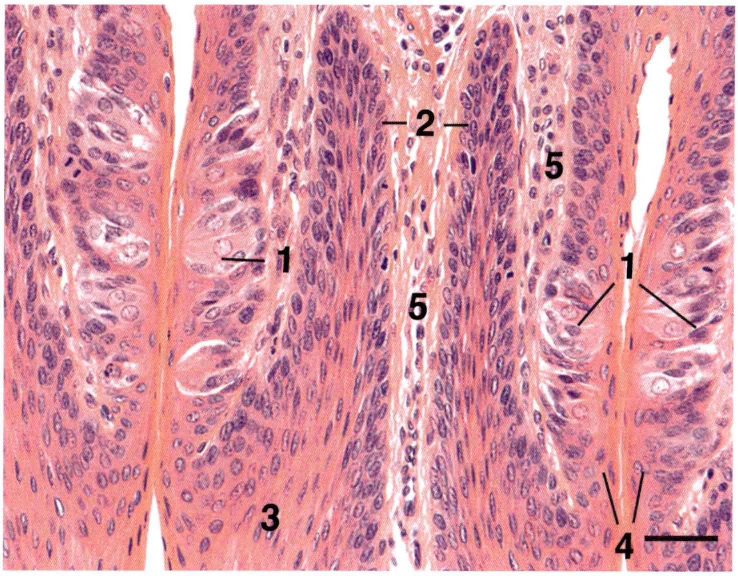

Abb. 18-16 Riechepithel, Regio olfactoria, Rind, Hämatoxylin-Eosin, SB 20 μm

Das Epithel der Riechschleimhaut ist mehrreihig. Es setzt sich aus den Riechzellen (große, mittlere Kerne), Stützzellen (längliche, apikal gelegene Kerne) und Basalzellen (dunkle, basale Kerne) zusammen. Riechzellen sind bipolare Nervenzellen und bilden das 1. Neuron der Riechleitung. Der apikale Teil der Riechzellen trägt modifizierte Zilien (Riechhärchen) zur Bindung der Geruchsstoffe. Das Axon zieht durch die Basalmembran und vereinigt sich mit den Nachbarfasern zu den Nn. olfactorii.

1 Riechzellen; 2 Riechhärchen; 3 Stützzellen; 4 Basalzellen; 5 Seröse Drüsen

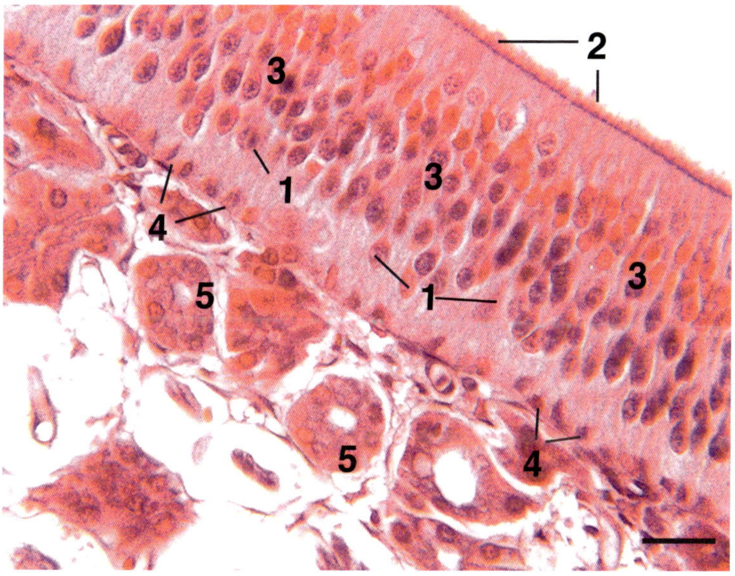

Abb. 18-17 Organum vomeronasale, Rind, Hämatoxylin-Eosin, SB 20 μm

Das Sinnesepithel des Organum vomeronasale gleicht in seinem Aufbau weitgehend der Riechschleimhaut. Es besteht ebenfalls aus Stützzellen mit luminal gelegen, länglichen Kernen, rundkernigen Sinneszellen und unmittelbar an der Basalmembran lokalisierten Basalzellen. Die Nervenfasern der Sinneszellen ziehen zum Lobus olfactorius accessorius.

1 Sinneszellen (Riechzellen); 2 Stützzellen; 3 Basalzellen; 4 Bindegewebe; 5 Vene

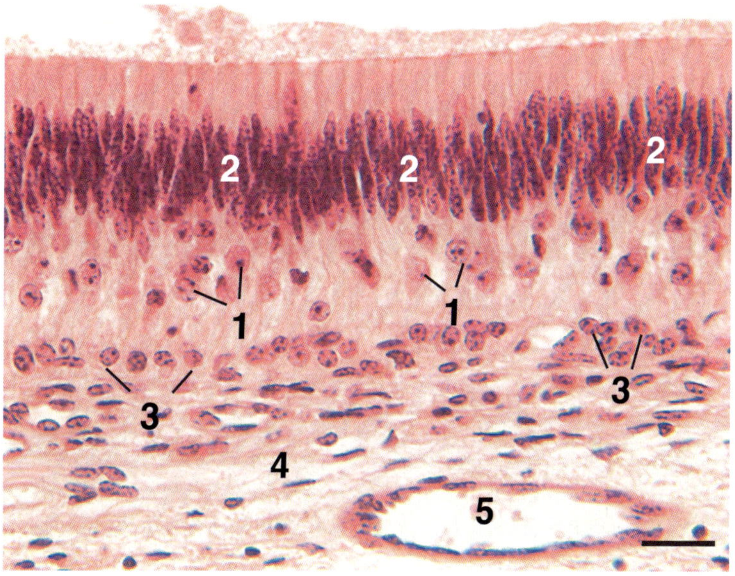

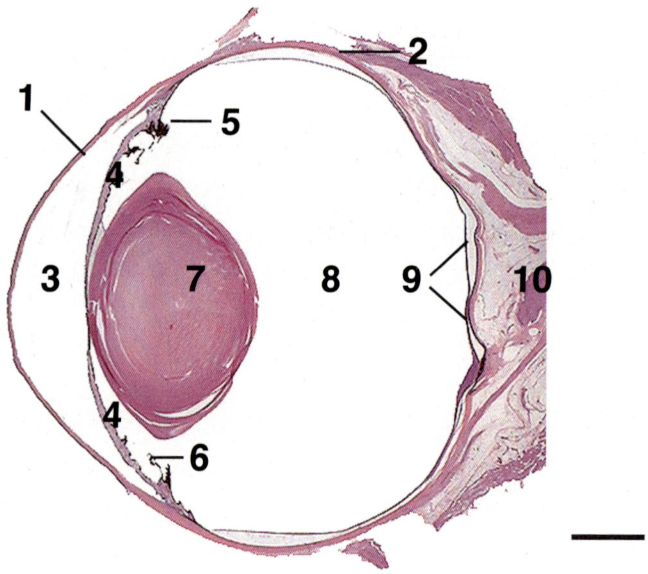

Abb. 18-18 Auge, Übersicht, Ziege, Hämatoxylin-Eosin, SB 1000 µm

Die Wand des Augapfels läßt sich in die äußere (Tunica externa sive fibrosa), mittlere (Tunica media sive vasculosa) und innere Augenhaut (Tunica interna bulbi) unterteilen. Zwischen Hornhaut und Iris befindet sich die vordere, zwischen Iris und Linse die hintere Augenkammer. Der größte Teil des Innenraumes wird vom Glaskörper (Corpus vitreum) eingenommen, der den Raum zwischen Linse und Netzhaut ausfüllt.

1 Hornhaut (Cornea); 2 Sklera; 3 Vordere Augenkammer; 4 Iris; 5 Corpus ciliare; 6 Hintere Augenkammer; 7 Linse; 8 Glaskörper; 9 Retina; 10 N. opticus

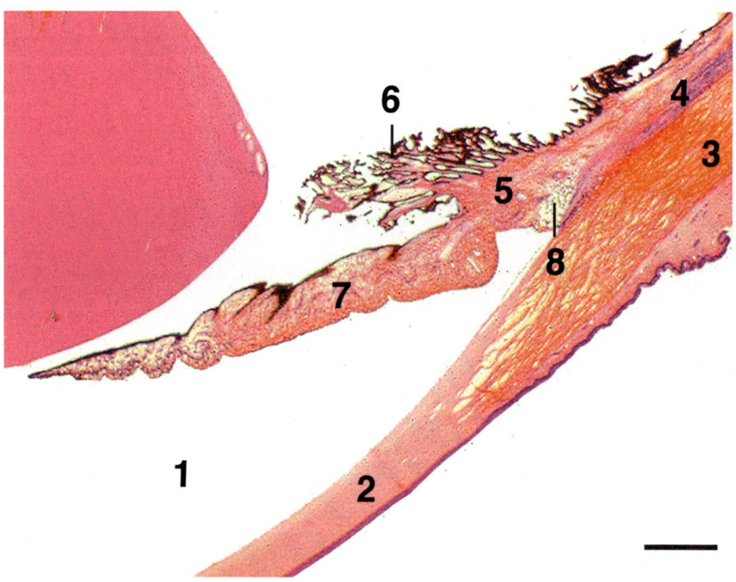

Abb. 18-19 Augenvordergrund, Rind, Hämatoxylin-Eosin, SB 312 µm

Zwischen Iriswurzel und Kornea befinden sich kleine Trabekel, durch die das Kammerwasser aus der vorderen Augenkammer über den Schlemm-Kanal (Sinus venosus sclerae) ablaufen kann. Die Aderhaut (Chorioidea), der Strahlenkörper (Corpus ciliare) mit den Processus ciliares (mit Zonulafasern als Aufhängeapparat der Linse) und die Iris sind Teil der mittleren Augenhaut (Tunica vasculosa). In den Processus ciliares wird das Kammerwasser produziert.

1 Vordere Augenkammer; 2 Kornea; 3 Sklera; 4 Chorioidea; 5 Corpus ciliare; 6 Processus ciliares; 7 Stroma der Iris; 8 Schlemm-Kanal

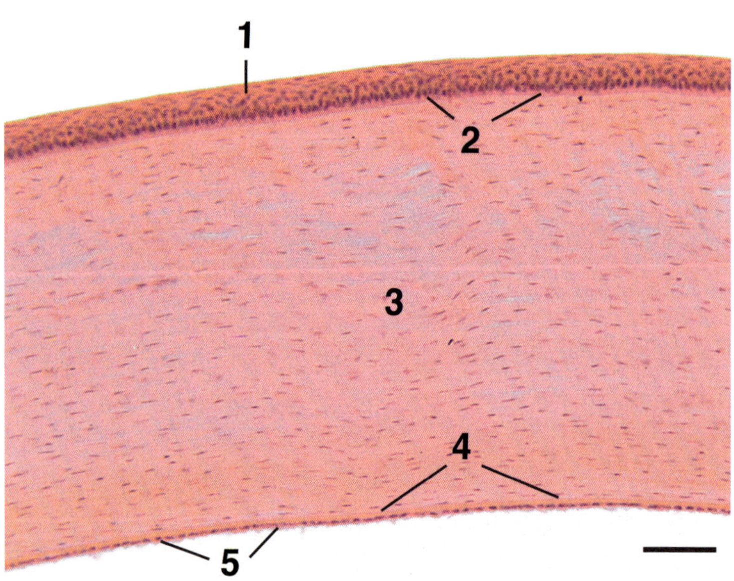

Abb. 18-20 Hornhaut (Cornea) Rind, Hämatoxylin-Eosin, SB 80 µm

Die Kornea ist Teil der äußeren Augenhaut. Ihre Vorderseite wird von einem mehrschichtigen, unverhornten Plattenepithel gebildet, das einer gut ausgebildeten Basalmembran (Bowman-Membran) aufsitzt. In der Bindegewebsschicht (Substantia propria corneae) sind besonders regelmäßig angeordnete Kollagenfibrillen zu finden, die in eine proteoglykanreiche Grundsubstanz von gleichem Brechungsindex eingebettet sind. Der hinteren Basalmembran (Descemet-Membran) sitzt das hintere, einschichtige Hornhautepithel auf.

1 Vorderes Hornhautepithel; 2 Bowman-Membran; 3 Substantia propria corneae; 4 Descemet-Membran; 5 Hinteres Hornhautepithel

Abb. 18-21 Wand des Augapfels, Ziege, Hämatoxylin-Eosin, SB 40 µm

Die Sklera (äußere Augenhaut) besteht aus straffem Bindegewebe. Die Chorioidea (mittlere Augenhaut) ist eine gefäß- und pigmentzellenreiche Schicht. Die Retina (innere Augenhaut, hier Pars optica retinae) besteht aus drei hintereinander geschalteten Neuronen, deren erste Schicht von Sinnesrezeptoren (Stäbchen- und Zapfenzellen) gebildet wird (Stratum nervosum). Das Pigmentepithel (Stratum pigmentosum) gehört ebenfalls zur Retina.

1 Sklera; 2 Chorioidea mit Tapetum lucidum; 3 Pigmentepithel der Retina; 4 Stäbchen und Zapfen; 5 Äußere Körnerschicht; 6 Innere Körnerschicht; 7 Ganglienzellen des N. opticus; 8 Nervenfasern

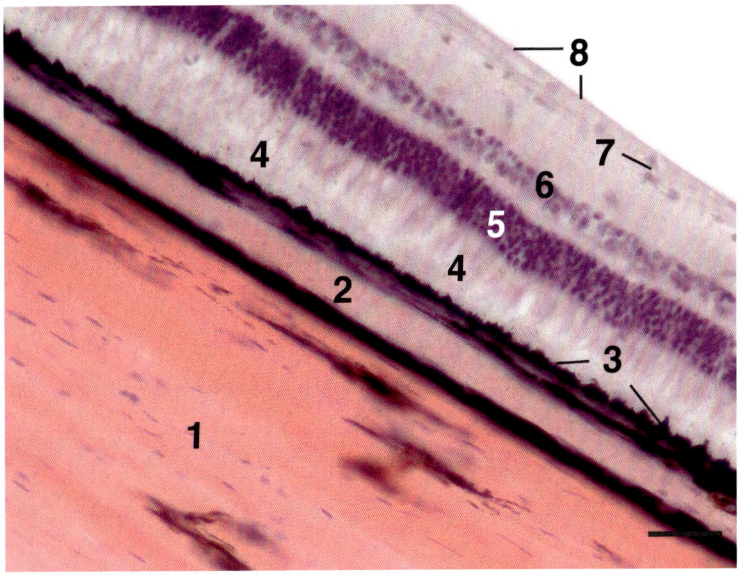

Abb. 18-22 Strahlenkörper (Corpus ciliare), Rind, Hämatoxylin-Eosin, SB 80 µm

Die Chorioidea geht im Bereich der Ora serata (Übergang zwischen dem lichtempfindlichen und lichtunempfindlichen Teil der Retina) in den Strahlenkörper (Corpus ciliare) über. Dieser ist von zwei Lagen von einschichtigem Epithel überzogen, die von der Pars caeca der Retina stammen. An seinem vorderen Abschnitt enthält er 70 bis 80 Fortsätze (Processus ciliares), die zahlreiche Kapillaren enthalten und das Kammerwasser bilden. Zwischen den Fortsätzen entspringen die Zonulafasern (Fibrae zonulares), die den Aufhängeapparat der Linse bilden.

1 Strahlenkörper; 2 Processus ciliares; 3 Vene; 4 Zweischichtiges Epithel der Iris; 5 Stroma der Iris

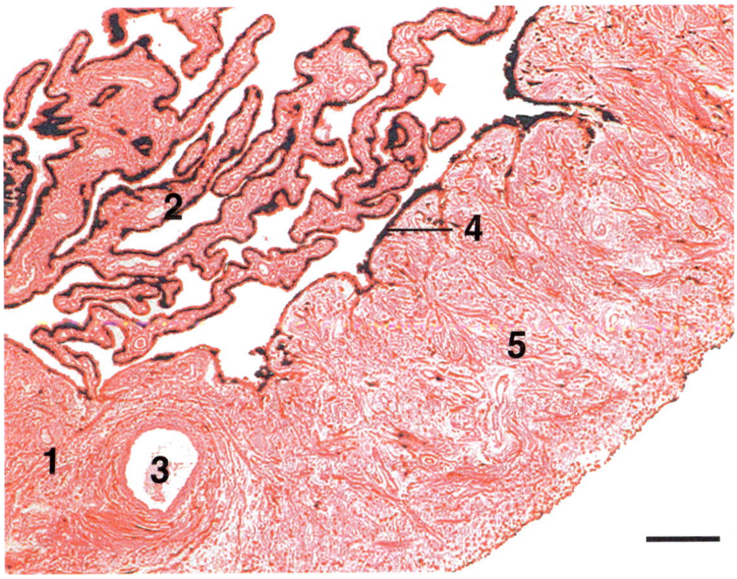

Abb. 18-23 Iris, Rind, Pferd, Hämatoxylin-Eosin, SB 80 µm

Die Iris umschließt das Sehloch (Pupille). Ihre Vorderfläche ist von lückenhaftem, platten Epithel überzogen. Ihr Stroma schließt neben kollagenen Faserbündeln Gefäße, Nerven und Pigmentzellen ein, sowie den M. sphincter pupillae und den M. dilatator pupillae. Die Rückfläche der Iris enthält zwei Lagen von einschichtigem Epithel (Pars iridica retinae und das Pigmentepithel), die beide von der Pars caeca der Retina stammen.

1 Vorderes Irisepithel; 2 Irisstroma mit Pigmentzellen; 3 Hinteres zweischichtiges Irisepithel (Pars iridica retinae und Pigmentepithel); 4 Linse

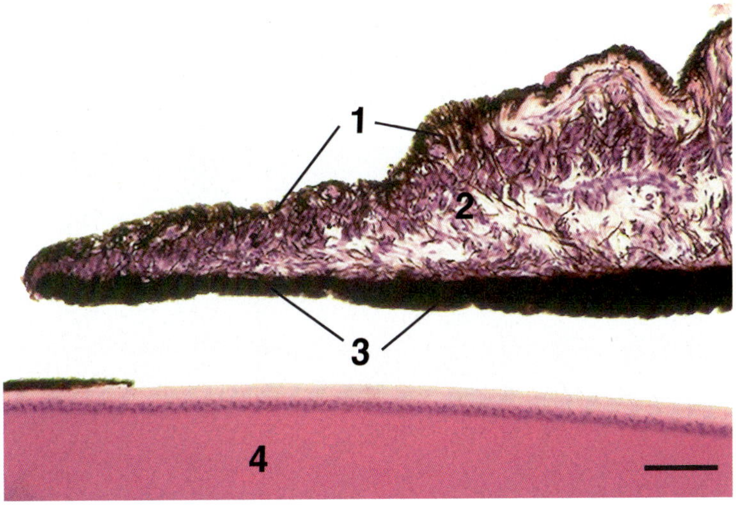

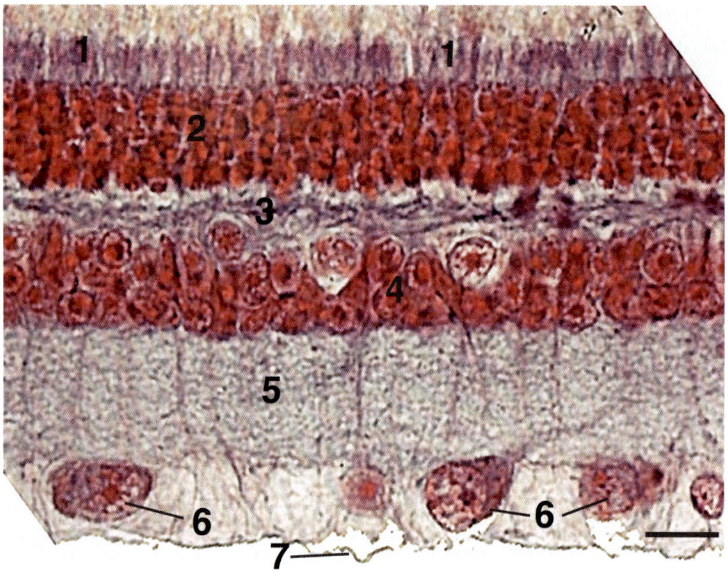

Abb. 18-24 Netzhaut, Retina, Katze, Azan-Färbung, SB 18 µm

1 Schicht der Stäbchen und Zapfen; 2 Äußere Körnerschicht (Kerne der Sinneszellen); 3 Äußere plexiforme Schicht (Synapsen mit bipolaren Ganglienzellen); 4 Innere Körnerschicht (Kerne der bipolaren Ganglienzellen, Horizontalzellen, amakrinen Zellen, Müller-Stützzellen); 5 Innere plexiforme Schicht (Synapsen mit multipolaren Ganglienzellen); 6 Ganglienzellschicht (Multipolare Ganglienzellen des N. opticus; 7 Nervenfaserschicht (Nervenfasern des N. opticus, hier weitgehend abgerissen).

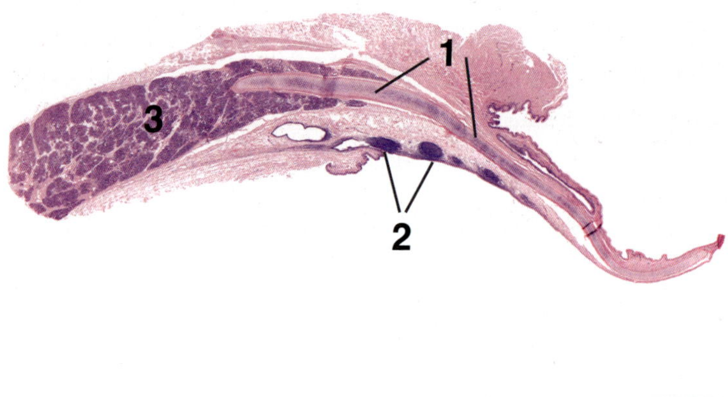

Abb. 18-25 Drittes Augenlid, Katze, Hämatoxylin-Eosin, SB 1000 µm

Durch eine Faltenbildung im nasalen Augenwinkel wird bei den Haussäugetieren das dritte Augenlid (Palpebra tertia) gebildet. Die Falte aus Bindehaut wird durch Knorpelgewebe (Blinzknorpel) gestützt. Neben Einlagerungen von lymphatischem Gewebe kommen im dritten Augenlid die Nickhautdrüse (Glandula superficialis palpebrae tertiae), die bei der Katze serös ist, und die gemischte Harder-Drüse (Glandula profunda palpebrae tertiae) vor.

1 Blinzknorpel; 2 Lymphatisches Gewebe; 3 Nickhautdrüse

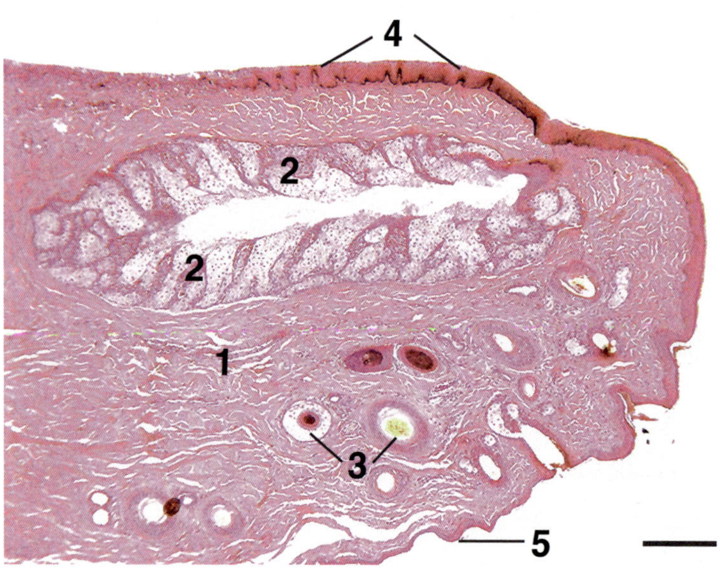

Abb. 18-26 Augenlid, Rind, Hämatoxylin-Eosin, SB 312 µm

Das Augenlid hat als Mittelschicht eine feste bindegewebige Platte, die in der Nähe des Lidrandes zum Tarsus wird. Seine kollagenen Fasern umgeben die Meibom-Drüse, die eine modifizierten Talgdrüse darstellt und den Lidrand einfettet. An der Innenkante des Lidrands erfolgt der Übergang in die haar- und drüsenlose Bindehaut (Tunica conjunctiva).

1 Tarsus; 2 Meibom-Drüse; 3 Wimpern; 4 Epidermis; 5 Tunica conjunctiva

Abb. 18-27 Auge, Wachtel, Hämatoxylin-Eosin, SB 1000 µm

Die meisten Vögel besitzen vier bis fünf Rezeptortypen in der Retina. Weiterhin sind zwischen den Innen- und Außenbereichen ihrer Stäbchen Öltröpfchen ausgebildet, die durch karotinoide Pigmente aus der Nahrung rötlich oder gelblich gefärbt sind und als Lichtfilter wirken dürften. Ein chorioidales Tapetum lucidum ist nur bei nachtaktiven Vögeln ausgebildet. Bei Vögeln ist die Chorioidea mit der Innenfläche der Sklera durch die Lamina suprachorioidea verbunden.

1 Glaskörper; 2 Retina; 3 Pigmentepithel der Retina; 4 Sklera mit hyalinem Knorpel; 5 N. opticus; 6 Pecten; 7 Linse; 8 Iris; 9 Hornhaut (Cornea)

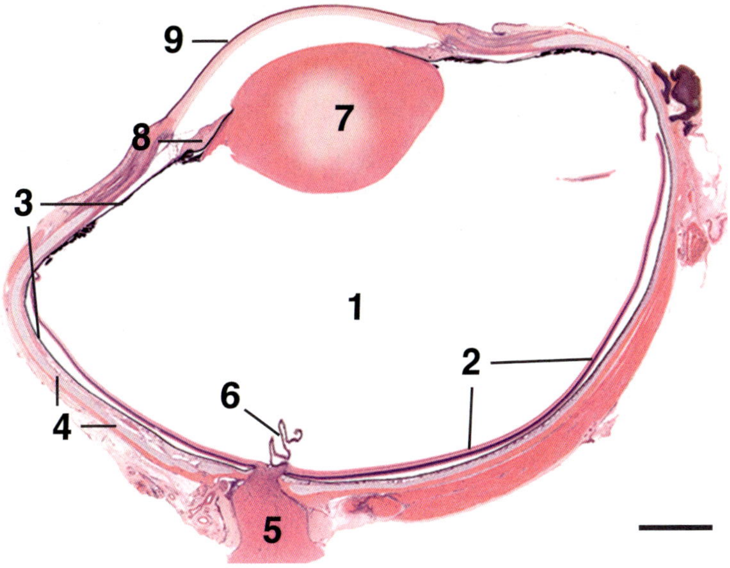

Abb. 18-28 Retina, Auge, Wachel, Hämatoxylin-Eosin, SB 80 µm

Die Sklera enthält Knorpelgewebe, die in ihrer Gesamtheit eine schalenförmige knorpelige Umhüllung bilden. Die Chorioidea ist pigmentreich. Ein Tapetum ludicum fehlt beim Hausgeflügel. Die Retina enthält keine Blutgefäße und entspricht weitgehend dem Bau der Haussäugetiere.

1 Sinnesepithel der Retina; 2 Pigmentepithel der Retina; 3 Chorioidea; 4 Sklera mit hyalinem Knorpel (5)

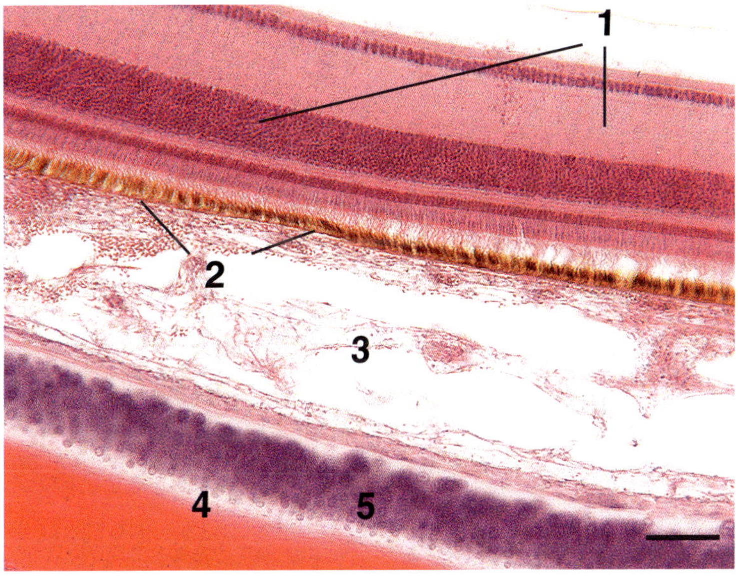

Abb. 18-29 Pecten, Auge, Wachtel, Hämatoxylin-Eosin, SB 40 µm

Ein charakteristischer Augenkamm von chorioidalem Ursprung, der dem Sehnerv aufsitzt und in den Glaskörper hineinragt, wird als Pecten oculi bezeichnet. Er kommt bei Vögeln und Reptilien vor und enthält braune oder schwarze Pigmente. Seine genaue Bedeutung ist noch unbekannt. Aufgrund der besonderen Beschaffenheit der pectalen Kapillarendothelien dürfte er jedoch u.a. für die Versorgung von Glaskörper und Retina mit Nähr- und Sauerstoff verantwortlich sein.

1 Glaskörper; 2 Pecten; 3 N. opticus; 4 Sklera; 5 Bindegewebige Hülle des N. opticus

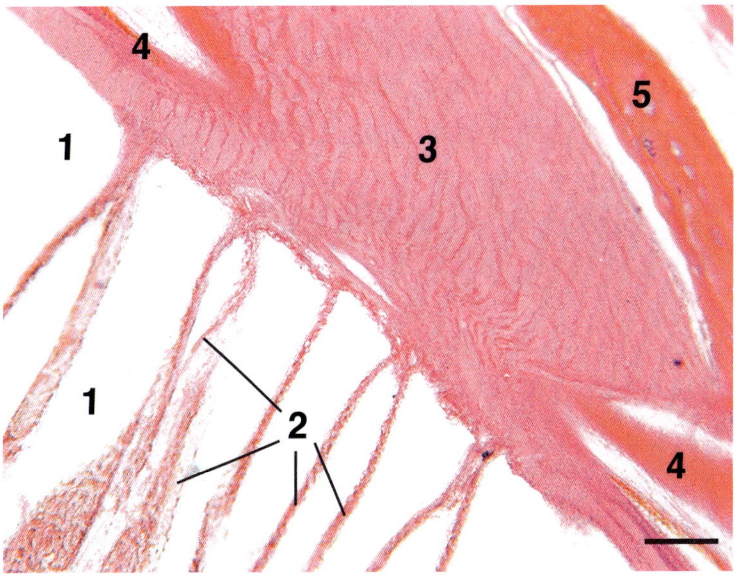

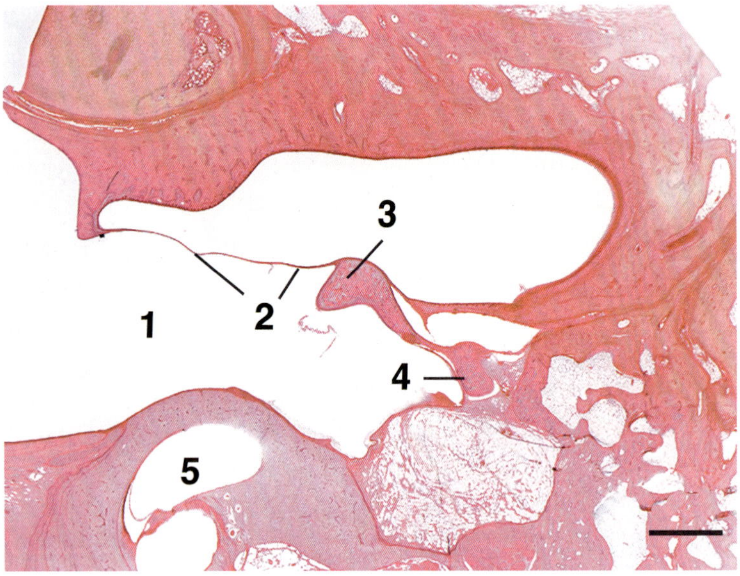

Abb. 18-30 Mittelohr, Zwergziege, Schefthaler-Mayet-Färbung, SB 312 µm

Die Paukenhöhle (Cavum tympani) liegt in einem knöchernen Hohlraum des Felsenbeins und wird von einer dünnen Schleimhaut ausgekleidet. Die Gehörknöchelchen bestehen aus lamellärem Knochengewebe und enthalten stellenweise Knorpelreste. Über die Gehörknöchelchen und das Trommelfell (Membrana tympani) erfolgt die Weiterleitung des Schalls zum Innenohr.

1 Cavum tympani; 2 Trommelfell; 3 Hammer; 4 Amboss; 5 Cochlea

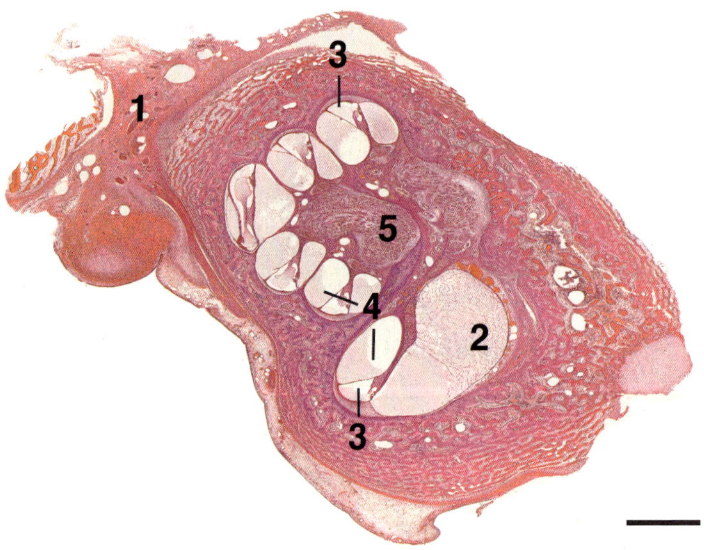

Abb. 18-31 Schnecke (Cochlea) des Innenohrs, Zwergziege, Schefthaler-Mayet-Färbung, SB 1000 µm

Das Innenohr liegt innerhalb des knöchernen Labyrinths des Felsenbeins. Die Achse der knöchernen Schnecke bildet der Modiolus, in dem der Nervus cochlearis verläuft. An ihm windet sich eine spiralige Knochenlamelle (Lamina spiralis ossea) hoch, die durch die Basilarmembran fortgesetzt wird und die an der gegenüber liegenden Wand im Ligamentum spirale inseriert.

1 Felsenbein; 2 Scala tympani; 3 Ductus cochlearis; 4 Scala vestibuli; 5 Ganglion vestibulo-cochleare

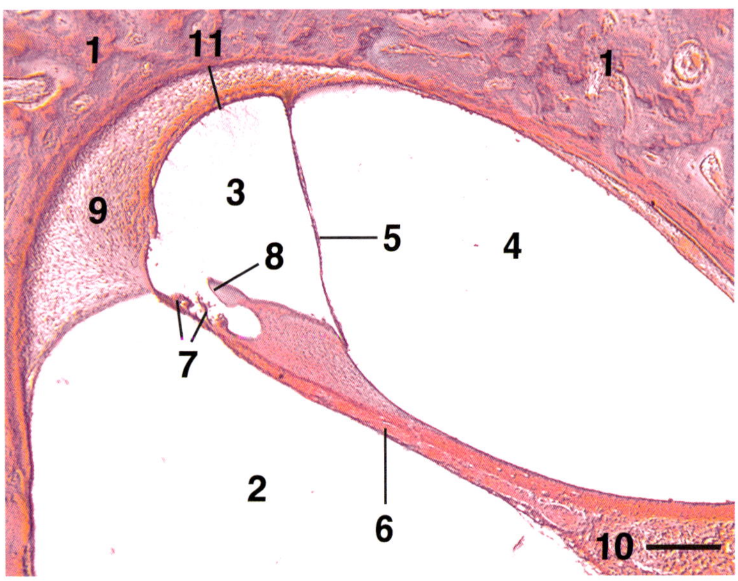

Abb. 18-32 Corti-Organ, Innenohr, Zwergziege, Schefthaler-Mayet-Färbung, SB 80 µm

Durch die Basilarmembran erfolgt die Unterteilung des Knochenkanals in eine obere Scala vestibuli und eine untere Scala tympani. Die Reissner-Membran trennt den Ductus cochlearis von der Scala vestibuli ab, in dem das Corti-Organ, das eigentliche Hörsinnesorgan, gele- gen ist. Der Ductus cochlearis wird durch die Basilarmembran und die Stria vascularis begrenzt.

1 Felsenbein; 2 Scala tympani; 3 Ductus cochlearis; 4 Scala vestibuli; 5 Reissner-Membran; 6 Basilarmembran; 7 Corti-Organ; 8 Membrana tectoria; 9 Ligamentum spirale; 10 Lamina spiralis ossea; 11 Stria vascularis

19 Nervensystem (Systema nervosum)

19.1 Zentrales Nervensystem

Gehirn und Rückenmark bilden zusammen das hochdifferenzierte Zentralnervensystem. Die in ▶ Kapitel 7 beschriebenen Bauelemente des Nervengewebes haben am Aufbau des zentralen Nervensystems in regional unterschiedlicher Weise Anteil. An Schnitten von Gehirn und Rückenmark lässt sich bereits mit freiem Auge die graue (Substantia grisea) und die weiße Substanz (Substantia alba) unterscheiden Die Histologie des Zentralnervensystems entwickelt sich durch die rasche Zunahme neuer Forschungsergebnisse immer mehr zu einer Spezialwissenschaft. Im Folgenden kann der komplizierte Aufbau des Zentralnervensystems nur in den Grundzügen erklärt werden.

Am Gehirn (Cerebrum) können makroskopisch fünf Abschnitte unterschieden werden:

1. Endhirn (Großhirn, Telencephalon), mit den beiden Großhirnhälften (Hemisphären) mit ihrer Rinde, dem Marklager, den Stammganglien und dem Riechhirn (Rhinencephalon),
2. Zwischenhirn (Diencephalon) mit Epithalamus, Thalamus, Hypothalamus, Epiphyse und Mammilarkörper,
3. Mittelhirn (Mesencephalon) mit der Vierhügelplatte, der Haube und den beiden Hirnschenkeln,
4. Hinterhirn (Metencephalon) mit Brücke und Kleinhirn,
5. verlängertes Mark (Medulla oblongata).

19.1.1 Endhirn (Großhirn, Telencephalon, Cerebrum)

Das Großhirn stellt mit seinen beiden Hemisphären den größten Abschnitt des Zentralnervensystems dar. Im Großhirn liegt die weiße Substanz als Großhirnmark (Corpus medullare) vor, die außen von der grauen Substanz, die von der Großhirnrinde (Cortex cerebri) gebildet wird, überzogen ist. Ein weiteres Vorkommen von grauer Substanz sind die Basalganglien, die innerhalb des Großhirnmarks lokalisiert sind. Die Großhirnrinde bildet zahlreiche Furchen (Fissurae) und Windungen (Gyri), die eine erhebliche Vergrößerung der Oberfläche des Cerebrums bewirken. Den äußeren Abschluss des Gehirns bildet die Membrana limitans glialis superficialis und die darunter gelegene Basalmembran. Die Großhirnrinde gliedert sich in die phylogenetisch jüngere Neuhirnrinde (Neocortex, Isocortex) und den Allocortex (mit Palaeocortex und Archicortex). Während der Allocortex beim Menschen nur ca. 4 % der Oberfläche der Großhirnrinde einnimmt, beträgt sein Anteil beim Hund 16 %.

Die weiße Substanz des Corpus medullare besteht aus zahlreichen markhaltigen Fasersystemen. Aufgrund ihres Verlaufes können sie in drei Kategorien eingeteilt werden:

1. Assoziationsfasern verbinden unterschiedliche Rindengebiete der gleichen Hemisphäre.
2. Kommissurenfasern verknüpfen entsprechende Hirnteile beider Hirnhälften.
3. Projektionsfasern stellen als auf- und absteigende Bahnen die Verbindung des Cortex mit dem Hirnstamm bzw. dem Rückenmark her. Die Projektionsfasern verlaufen zum größten Teil innerhalb der Capsula interna.

Die Dicke der Großhirnrinde beträgt bei den Haussäugetieren ca. 1,3–1,7 mm. Sie wird von den Gehirnhäuten überzogen. Durch die Größenzunahme der Hirnrinde, die beim Menschen und den höheren Säugetieren zu beobachten ist, hat nicht nur die Zahl der Neurone, sondern insbesondere auch die Zahl der Nervenfasern, welche die verschiedenen Nervenzellen miteinander verknüpfen, enorm zugenommen. Die Perikaryen der Neurone liegen daher viel weiter auseinander, als dies in den Gehirnen niederer Vertebraten der Fall ist. Das dichte Geflecht von Nervenfasern und Gliazellfortsätzen zwischen den Neuronen wird Neuropil genannt.

19.1.1.1 Großhirnrinde (Cortex cerebri)

Neurone der Großhirnrinde

Die Vielzahl unterschiedlicher Nervenzelltypen in der Großhirnrinde lässt sich nach verschiedenen Gesichtspunkten zusammenfassen. Nach der Länge der Axone können, wie auch in anderen Abschnitten des ZNS, Golgi-Typ-I-Nervenzellen von Golgi-Typ-II-Nervenzellen unterschieden werden. Golgi-Typ-I-Nervenzellen besitzen dabei sehr lange Axone, die in entfernten Gebieten des ZNS enden. Beispiele sind die Riesenpyramidenzellen. Golgi-Typ-II-Nervenzellen weisen kurze Axone auf, die in unmittelbarer

Nachbarschaft des Perikaryons bleiben. Diese Nervenzellen sind in der Regel Interneurone. Weiter werden Neurone mit dornenreichen Dendriten, die exzitatorisch wirken, von solchen mit glatten Dendriten und inhibitorischer Funktion unterschieden.

Im Folgenden sollen folgende Nervenzellen des Cortex näher besprochen werden:

- Pyramidenzelle (Neuron pyramidale)
- Sternzelle (Neuron stellatum)
- Interneuron (intrinsisches Neuron)

Pyramidenzellen: Die verschiedenen Formen von Pyramidenzellen sind mit ca. 75 % die mit Abstand am häufigsten vorkommenden Nervenzellen des Cortex. Charakteristisch ist ihr pyramidenförmiges Perikaryon. Dabei zeigt die Basis zur weißen Substanz. Der Längsdurchmesser ist bei den einzelnen Varianten sehr unterschiedlich (10–100 µm). Von der apikalen Spitze des Perikaryons entspringt meist ein Dendritenstamm, der zum Stratum moleculare läuft und sich dort in mehrere Äste aufspaltet. Diese verzweigen sich dann sternförmig parallel zur Gehirnoberfläche. Basal und lateral nehmen vom Perikaryon weitere Dendriten (Basaldendriten) und das Axon ihren Ursprung. Alle Dendriten der Pyramidenzellen weisen Dornensynapsen auf. Ihre Anzahl und Ausbildung werden durch Aktivität und Alter verändert. Das Axon kann den Cortex über die weiße Substanz verlassen und zu anderen Cortexarealen bzw. nichtkortikalen Strukturen ziehen. Zuvor gibt es bis zu 20 Kollateralen ab, die sich innerhalb der Großhirnrinde ausbreiten und dabei ein Areal von ca. 3 mm Seitenlänge abdecken. Dies kann als die morphologische Basis für verschiedene intrakortikale Neuronen-Interaktionen gesehen werden, z. B. bei Assoziationsvorgängen.

Sternzellen: Sie sind der 2. Haupttyp von Neuronen mit dornentragenden Dendriten. Sie liegen vor allem in Lamina IV (innere Körnerschicht), wo sie auch als Körnerzellen bezeichnet werden. Der Zellkörper ist polygonal. Von ihm entspringen nach allen Richtungen etwa gleich lange, dornentragende Dendriten, die insgesamt ein kugelförmiges dendritisches Feld um das Neuron formieren. Das Axon endet meist innerhalb des Cortex und bildet dort an anderen Nervenzellen hemmende Synapsen.

Interneurone: Sie sind sehr zahlreich und ihre Morphologie ist vielfältig. Sie wirken inhibitorisch auf andere Nervenzellen und spielen für die Modulation von Erregungen, welche die Großhirnrinde verlassen, eine wichtige Rolle. Beispiele für solche Interneurone sind die Double-Bouquet-Zellen sowie Korb- und Kandelaberzellen. Double-Bouquet-Zellen sind Nervenzellen, deren Fortsätze innerhalb eines schmalen, zylinderförmigen Areals verlaufen. Sie werden in der Lamina IV (innere Körnerschicht) angetroffen. Korb- und Kandelaberzellen üben vor allem am Soma oder am Initialsegment von Projektionsneuronen eine hemmende Wirkung aus.

Mikroorganisation der Großhirnrinde

Der tierartlich und regional unterschiedlich dicke (1,3–2,25 mm) Cortex cerebri zeigt mikroskopisch sowohl eine horizontale Anordnung der Zellen (▶ Abb. 19-1) in Schichten (Strata isocorticis) als auch eine senkrecht dazu orientierte vertikale Säulenstruktur (Columnae corticales). Jede der horizontalen Zellschichten hat vorherrschende Zelltypen. Die unterschiedliche Ausprägung der Zellschichten ist die Grundlage für eine zytoarchitektonische Gliederung der Großhirnrinde in Felder oder Areae.

Es gibt keine Färbemethode, mit der alle Aspekte der Mikromorphologie der Großhirnrinde gleichzeitig erfasst werden. Deswegen müssen stets Präparate mit verschiedenen Färbungen untersucht werden. So kann die Zytoarchitektur der Großhirnrinde gut nach einer Nissl-Färbung oder einer Versilberung beurteilt werden. Der Verlauf der markhaltigen Nervenfasern (Myeloarchitektur) kann durch eine Markscheidenfärbung dargestellt werden.

Über 90 % des Cortex cerebri der Haussäugetiere zeigt einen sechsschichtigen Bau (Isocortex). Dieser phylogenetisch junge Anteil der Großhirnrinde wird auch als Neocortex den entwicklungsgeschichtlich älteren Rindenanteilen, dem Palaeocortex und dem Archicortex, gegenübergestellt. Letztere Abschnitte weisen nur drei Schichten auf und werden unter dem Begriff Allocortex zusammengefasst. Zum Allocortex zählen beispielsweise die Area olfactoria, der Hippocampus und der Gyrus dentatus.

Am Isocortex lassen sich von der Oberfläche zur Tiefe hin folgende sechs Schichten (Strata isocorticis) unterscheiden, in denen jeweils eine Neuronenart dominiert:

1. **Molekularschicht (Stratum moleculare, Lamina I):** Die Molekularschicht ist die oberflächlichste Schicht der Großhirnrinde. Sie enthält wenige, oberflächenparallel ausgerichtete, spindelförmige Neurone (Cajal-Zellen: Schalt- und Assoziationszellen) und zahlreiche Tangentialfasern. Ein großer Teil der sich in der Lamina I ausbreitenden Dendriten und Axone kommt von Neuronen (Pyramidenzellen, Körnerzellen), die in tieferen Schichten der Großhirnrinde lokalisiert sind. Plattenartige Fortsätze von Gliazellen (Astrozyten) bilden die äußere „Gliamembran“ (Membrana limitans glialis superficialis) der Gehirnoberfläche.
2. **Äußere Körnerschicht (Stratum granulare externum, Lamina II):** In der äußeren Körnerschicht liegen dicht gelagert relativ kleine (10 µm) Nervenzellen, die Körnerzellen (Sternzellen). Die Lamina II ist im Gyrus postcruciatus und in der Sehrinde stark entwickelt, während sie im motorischen Gyrus praecruciatus nur undeutlich ausgebildet ist.
3. **Äußere Pyramidenschicht (Stratum pyramidalium externum, Lamina III):** In der äußeren Pyramidenschicht finden sich 10–25 µm große Pyramidenzellen. Die Größe der Pyramidenzellen nimmt von außen nach innen zu. Pyramidenzellen besitzen einen langen, bis in die Molekularschicht reichenden Spit-

zendendrit (Apikaldendrit) und kürzere, horizontal verlaufende Basaldendriten. Die Dendriten weisen Tausende von speziellen Synapsen (Dornensynapsen) auf. Das Axon geht basal von der Pyramidenzelle ab und zieht als markhaltige Assoziations- oder Kommissurfaser in die weiße Substanz.

4 **Innere Körnerschicht (Stratum granulare internum, Lamina IV):** Die innere Körnerschicht ist in den einzelnen Rindenfeldern unterschiedlich ausgebildet. Sie kann, wie im Gyrus postcruciatus, sehr gut entwickelt sein, oder, wie im Gyrus praecruciatus, weitgehend fehlen. In manchen Rindenregionen, wie in der Sehrinde (Area striata), kann die innere Körnerschicht in weitere Schichtungen untergliedert sein.

5 **Innere Pyramidenschicht (Stratum pyramidalium internum, Lamina V):** Die innere Pyramidenschicht ist durch die großen Pyramidenzellen charakterisiert. Sie können in der motorischen Rinde (Gyrus praecruciatus) eine Größe von über 100 µm erreichen und werden dann als Betz-Riesenpyramidenzellen bezeichnet. Die Axone der Betz-Riesenpyramidenzellen ziehen in der Pyramidenbahn zu motorischen Kernen im Mittel- und Rautenhirn bzw. bis zu den motorischen Nervenzellen im Ventralhorn der Rückenmarks.

6 **Spindelzellschicht (Stratum multiforme, Lamina VI):** Die Spindelzellschicht enthält unterschiedlich große, häufig spindelförmige Nervenzellen. Ihre Axone steigen zum Teil in höhere Schichten der Großhirnrinde auf, zum Teil ziehen sie zum Marklager. In den ersten drei Schichten enden zahlreiche in den Cortex aufsteigende Afferenzen und intrakortikale Verbindungen. Die spezifischen thalamo-kortikalen Projektionsfasern endigen unter starker Aufzweigung in der inneren Körnerschicht (Lamina IV), die durch die sog. Sternzellen charakterisiert ist. Das sind Zellen, die ein relativ begrenztes Dendritenfeld aufweisen. Ihre kurzen, ebenfalls stark verzweigten Axone stellen wirkungsvolle exzitatorische Synapsen mit den Pyramidenzellen der III. und der V. Schicht her. Bei primär afferenten Rindenfeldern (z. B. im Gyrus postcruciatus) ist die Lamina IV besonders stark entwickelt. Die diffuse thalamo-kortikale Projektion der intralaminären (unspezifischen) Thalamuskerne erfolgt auf alle Rindenschichten, bevorzugt aber auf die oberflächlichen drei Laminae.

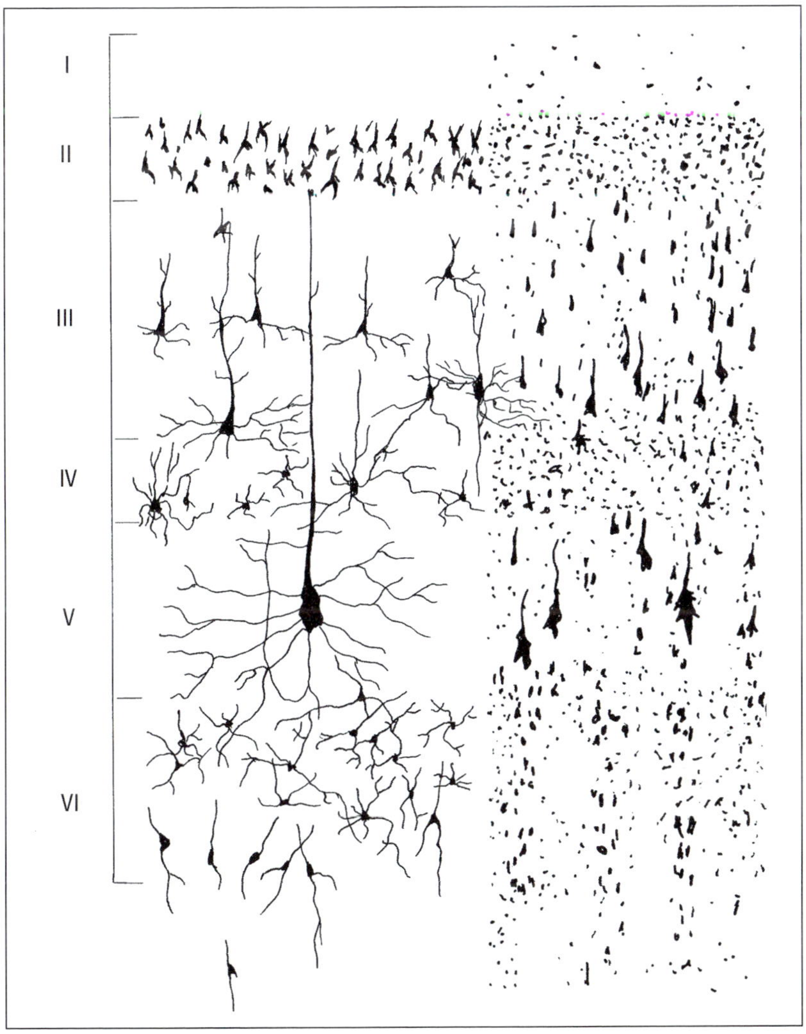

Abb. 19-1 Schichtenbau der Großhirnrinde. Die Nissl-Färbung (rechts) erfasst dabei die basophilen Substanzen in den Nervenzellen, d. h. vor allem das gut ausgebildete raue endoplasmatische Retikulum. Mit der Versilberung der Nervenzellen nach Golgi (links) lassen sich die Umrisse der Neurone, also das Perikaryon, Axon und Dendriten, sowie die Verbindungen zwischen den Nervenzellen gut darstellen.
I Molekularschicht (Stratum moleculare)
II Äußere Körnerschicht (Stratum granulare externum)
III Äußere Pyramidenschicht (Stratum pyramidalium externum)
IV Innere Körnerschicht (Stratum granulare internum)
V Innere Pyramidenschicht (Stratum pyramidalium internum)
VI Spindelzellschicht (Stratum multiforme)

Die meisten Efferenzen der Großhirnrinde nehmen von der inneren Pyramidenschicht (z.B. Tractus corticospinalis, Tractus corticonuclearis, Fibrae corticopontinae) und der Spindelzellschicht (kortiko-thalamische Projektionsfasern) ihren Ausgang. Die Pyramidenzellen der V. Schicht geben dabei Projektionsfasern zu entfernten Zielstrukturen im Rückenmark, Hirnstamm und Basalganglien ab. Assoziations- und Kommissurfasern entspringen vorwiegend aus den oberflächlichen Rindenschichten.

Der sechsschichtige Aufbau des Isocortex zeigt in seinen einzelnen Arealen eine gewisse Variabilität in der Weise, dass regional entweder die Körnerzellschichten („granulärer Typ") oder die Pyramidenzellen („agranulärer Typ") dominieren. Wie schon erwähnt sind afferente Rindenfelder durchwegs vom granulären Typ. Im motorischen Cortex finden sich andererseits besonders zahlreiche und große Pyramidenzellen (vor allem in der inneren Pyramidenschicht). Zwischen diesen beiden charakteristischen Rindenformen gibt es aber viele Übergangsformen.

Aufgrund der Unterschiede im Schichtenbau und weiterer morphologischer Charakteristika kann die gesamte Großhirnrinde in einzelne relativ scharf begrenzte Areale (Rindenfelder) unterteilt werden, wobei sich bestimmte Felder zu Feldertypen zusammenfassen lassen, denen man auch funktionelle Unterschiede zurechnet. Korbinian Brodmann (1909) hat diese Rindenfelder beim Menschen mit den Nummern 1 bis 47 bezeichnet. Die Brodmann-Rindenfelder entsprechen dabei nicht genau den in der Makroskopie beschriebenen Gyri und ihren Grenzen. Im Allocortex fehlen die Laminae II, III und IV. Sie sind offensichtlich in der Phylogenese eine neuere Errungenschaft und scheinen vor allem assoziative Funktionen wahrzunehmen.

Zellsäulengliederung (Modulkonzept)

Aufgrund histologischer Befunde hat von Economo (1912) als Erster radiär verlaufende Zellsäulen im Cortex mit einem Durchmesser von ca. 30 µm beschrieben, die sich durch alle seine Schichten ziehen. Der Aufbau aus vertikal orientierten Zellsäulen in der Großhirnrinde („Modul-Architektur") erschließt sich bei den üblichen Routinefärbungen nur schwer. Elektrophysiologische Untersuchungen deuten gleichfalls darauf hin, dass die Großhirnrinde funktionell in vertikale Zellsäulen gegliedert ist. Bei genau senkrecht zur Oberfläche vorgenommener Einführung einer Mikroelektrode zeigt sich, dass nacheinander mehrere Neurone erreicht werden, die in charakteristischen Merkmalen bezüglich ihres rezeptiven Feldes übereinstimmen, während sie bei schrägem Stichkanal unterschiedlich sind. Jede Zellsäule hat einen Durchmesser von 300–500 µm und ist eine funktionelle Einheit. Sie repräsentiert (in den Projektionsfeldern der Rinde) einen umschriebenen Bereich. So können etwa im Bereich der Sehrinde ganz bestimmte Zellsäulen einzelnen Arealen der Retina zugeordnet werden. Allerdings handelt es sich bei den Modulen nicht um streng separierte Struktureinheiten, sondern um sich überlappende Funktionseinheiten.

Die Module können weiterhin in Mikromodule unterteilt werden, die aus ca. 100–250 besonders eng vernetzten Neuronen bestehen und über 10–30 Afferenzen mit anderen Zellsäulen in Verbindung stehen.

Innerhalb eines Moduls sind die Neurone in der radiären Richtung viel stärker miteinander verbunden als in der tangentialen Ebene. Derartige Zellsäulen finden sich im gesamten Cortex. Insgesamt wird die Zahl der Module in der menschlichen Großhirnrinde auf ca. 400 Millionen geschätzt. Für die Haussäugetiere liegen noch keine Angaben vor. Die einzelnen Module werden in bestimmten Rindenarealen dann zu größeren funktionellen Einheiten zusammengefasst. Das Organisationsprinzip der Großhirnrinde aus Modulen dürfte für die rasche Expansion des Neocortex während der Evolution des Menschen in den letzten 3 Millionen Jahren eine entscheidende Rolle gespielt haben. Die Vergrößerung des Neocortex konnte wahrscheinlich durch Vervielfachung der bestehenden Module bewirkt werden, ohne dass dazu im größeren Umfang neue genetische Information notwendig gewesen wäre.

Der Allocortex ist im Allgemeinen einfacher gebaut als der Neocortex. Allerdings lassen sich am Riechkolben (Bulbus olfactorius), der bei den makrosmatischen Haussäugetieren gut entwickelt ist, sechs bis acht Schichten unterscheiden. Die Rinde des Lobus piriformis weist dagegen nur drei Schichten von Neuronen auf.

Die Hippocampusformation kann in drei Abschnitte gegliedert werden: 1. Das Ammonshorn (Pes hippocampi, Cornu ammonis) mit seinen Unterregionen CA 1–4, 2. den Gyrus dentatus (Fascia dentata) und 3. das Subiculum.

Die Hippocampusformation zeigt eine einheitliche Mikrostruktur und zählt deshalb zu den bevorzugten Modellen neurobiologischer Forschung. Sie ist ein Teil der telencephalen Rinde, der wegen seines reduzierten dreischichtigen Aufbaus dem Allocortex zugerechnet wird. Sie liegt an der mediobasalen Seite des Temporallappens und grenzt innen an das Unterhorn des Seitenventrikels.

Durch die charakteristische Anordnung seiner Hauptneurone, der Pyramidenzellen, sowie den Verlauf der Fasersysteme können im Ammonshorn folgende drei Schichten unterschieden werden:

- Stratum moleculare
- Stratum pyramidale
- Stratum multiforme

Nach innnen folgt noch der Alveus, eine dünne Schicht markhaltiger Nervenfasern, welche die efferenten Axone der Pyramidenzellen enthält. In seinem weiteren Verlauf grenzt der Alveus dann an das Ependym des Seitenventrikels und geht anschließend in die Fimbria hippocampi über.

Das Stratum pyramidale des Ammonshorns enthält die Zellkörper der Pyramidenzellen. Ihre apikalen Dendriten sind nach außen, gegen die ursprüngliche Cortexoberfläche gerichtet. Sie bilden zusammen mit den Efferenzen des Tractus perforans das komplexe Neuropil des Stratum moleculare. Weiter finden sich im Stratum pyramidale die Korbzellen. Ihre Axone umschließen mit charakteristischen telodendritischen Verzweigungen die Zellkörper von mehreren benachbarten Pyramidenzellen. Die Korbzellen besitzen als Transmitter GABA und wirken inhibitorisch. Das Stratum oriens ist auf der basalen Seite der Pyramidenzellen gelegen. Diese zellarme Schicht enthält die Somata von polygonalen Nervenzellen und die basalen Dendriten der Pyramidenzellen. Die reduzierten Schichten des Gyrus dentatus (Fascia dentata) können am bandartigen Verlauf der Körnerzellen erkannt werden. Diese sind erheblich kleiner als die Pyramidenzellen des Ammonshorns und besitzen keine basalen Dendriten. Ihre verzweigten und dicht mit Dornensynapsen besetzten apikalen Dendriten tragen wesentlich zur Bildung des Stratum moleculare des Gyrus dentatus bei. Die Axone der Körnerzellen bilden die Moosfasern, welche zum Ammonshorn (Region CA 3) ziehen.

Dem Hippocampus kommt wahrscheinlich große Bedeutung bei Lernvorgängen zu. Man nimmt an, dass er wichtig für die Bildung von Engrammen für das Kurzzeitgedächtnis ist. Möglicherweise spielt er aber auch eine Rolle bei der Übertragung von Gedächtnisinhalten aus dem Kurzzeit- in das Langzeitgedächtnis. In der Tiermedizin spielt der Nachweis von Negri-Körperchen im Hippocampus bei an Tollwut erkrankten Tieren (vor allem bei Füchsen) und von Joest-Degen-Einschlusskörperchen (Nachweis von Borna-Virus) eine wichtige Rolle bei der Diagnose dieser Viruserkrankungen.

Stammganglien und zugehörige Nachbarkerne

Die Großhirnhemisphären enthalten in ihrem Inneren Ansammlungen von grauer Substanz, die Stamm- oder Basalganglien. Unter dieser Bezeichnung werden gewöhnlich folgende Kerne verstanden: Nucleus caudatus, Putamen, Globus pallidus, Nucleus subthalamicus und Substantia nigra. Nucleus caudatus und Putamen werden auch als Striatum zusammengefasst. Putamen und Globus pallidus bilden zusammen den Linsenkern (Nucleus lentiformis). Alle drei im Telencephalon gelegenen Abschnitte (Nucleus caudatus, Putamen und Globus pallidus) werden auch als Striopallidum bezeichnet. Die einzelnen Kerne des Basalgangliensystems stehen durch zahlreiche Faserbündel miteinander in Verbindung. Die aus dem Cortex und den intralaminären Kernen des Thalamus stammenden Afferenzen enden im Striatum. Dieses kann daher als der rezeptive Anteil des Systems aufgefasst werden. Die Efferenzen verlassen den Kernkomplex vorwiegend über den Globus pallidus, teilweise auch über die Substantia nigra. Sie projizieren über den Nucleus ventralis anterolateralis des Thalamus auf die prämotorische Rinde.

Nucleus caudatus und Putamen sind mikroskopisch ähnlich aufgebaut. Sie enthalten neben Gliazellen und zahlreichen marklosen Nervenfasern zwei Arten von Neuronen. Besonders zahlreich sind kleine, multipolare Nervenzellen (Schaltzellen), die vor allem auf dem Weg über den Thalamus erregt werden und mit ihren Axonen das Striatum verlassen. In kleinerer Zahl liegen dazwischen große, polygonale Nervenzellen, deren Axone vorwiegend zum Globus pallidus ziehen. Der schon zum Zwischenhirn gehörende Globus pallidus bildet gemeinsam mit dem lateral von ihm gelegenen, ihn schalenartig umgebenden telencephalen Putamen den Nucleus lentiformis. Das Pallidum ist sehr reich an markhaltigen Nerverfasern und Gliazellen. Es hat daher ein blasses Aussehen. Die Axone der im Pallidum verstreut liegenden großen, spindelförmigen Neurone verlassen das Globus pallidum und ziehen zum Nucleus ruber, zum Thalamus sowie zum Globus pallidum der Gegenseite.

Die Substantia nigra (Nucleus niger) befindet sich im Tegmentum des Mittelhirns, reicht jedoch mit ihrem rostralen Abschnitt in den Bereich des Subthalamus hinein. Der dorsale Teil des Kerns erscheint makroskopisch schwarz und enthält spindelförmige, durch Melanin dunkel pigmentierte Nervenzellen. Melanin ist ein Metabolit der Transmittersubstanzen Dopamin und Noradrenalin. Der linsenförmige Nucleus subthalamicus befindet sich im Subthalamus und liegt dem pedunkulären Abschnitt der Capsula interna an. Die Substantia nigra ist mit dem Striatum beidläufig (sowohl über striatonigrale als auch über nigrostriatale Fasern) verbunden. Die dopaminerge (Dopamin als Überträgersubstanz benutzende) nigrostriatale Bahn nimmt ihren Ursprung vom pigmentierten dorsalen Anteil der Substantia nigra. Die Degeneration der dopaminergen Neurone führt zu charakteristischen Störungen der Motorik, die unter dem Begriff Morbus Parkinson bekannt sind. Die wichtigsten Symptome sind Akinese (Bewegungsarmut), Rigor (Erhöhung des Muskeltonus) und Tremor (Zittern im distalen Bereich der Extremitäten). Die striatonigralen Fasern endigen im nichtpigmentierten Anteil der Substantia nigra, die ihrerseits Efferenzen zum Nucleus ventralis anterolateralis des Thalamus entsendet.

Globus pallidus und Nucleus subthalamicus stehen gleichfalls in wechselseitiger Verbindung. Das charakteristische Krankheitsbild, das bei Ausfall des Nucleus subthalamicus zu beobachten ist, wird als Hemiballismus bezeichnet. Es ist durch heftige, umherschlagende Bewegungen aus dem Schulter und Hüftbereich gekennzeichnet.

Frühere Vorstellungen über die Bedeutung der Basalganglien als eine Art von höherem motorischem Zentrum können nicht mehr aufrechterhalten werden. Als sicher gilt, dass die Zuordnung zum motorischen System nur eine Seite ihrer Funktion berücksichtigt. In diesem Zusammenhang ist auch wichtig darauf hinzuweisen, dass die Basalganglien keine direkt in das Rückenmark absteigenden Bahnen entsenden, sondern dass die Beeinflussung der Motorik über thalamische Projektion auf der Ebene der prämotorischen Rinde erfolgt. Letztlich läuft damit die normale wie auch die pathologisch veränderte Funktion über den motorischen

Cortex und den von hier ausgehenden deszendierenden Bahnen (Tractus corticospinalis, Tractus corticorubralis, Tractus corticoreticularis) ab.

19.1.2 Zwischenhirn (Diencephalon)

Das Diencephalon ist ein relativ kleiner Gehirnabschnitt, dem aber funktionell große Bedeutung als oberstes Steuerungszentrum zahlreicher vegetativer Funktionen und als dem Großhirn vorgelagerte Umschalt- und Verarbeitungsstation zukommt. Das Zwischenhirn zeigt eine charakteristische Gliederung in einzelne Etagen, wobei die einzelnen Abschnitte in ventro-dorsaler Richtung versetzt sind.

Am Zwischenhirn können folgende Anteile unterschieden werden:

- Epithalamus
- Thalamus
- Subthalamus
- Hypothalamus

Jedes dieser Gebiete ist durch zahlreiche Besonderheiten seiner Zytoarchitektur gekennzeichnet. Im Rahmen dieses Buches soll nur näher auf die Histologie von Thalamus und Hypothalamus eingegangen werden (detailliertere Darstellung des Diencephalon siehe Lehrbücher der veterinärmedizinischen Neuroanatomie).

19.1.2.1 Thalamus

Der Thalamus stellt das größte Kerngebiet des Zwischenhirns dar. Er ist in zahlreiche, auch funktionell unterschiedliche Einzelkerne aus relativ kleinen Neuronen unterteilbar. Auffallend ist die intensive wechselseitige Verbindung der Thalamuskerne mit der Großhirnrinde. Der Thalamus wird deshalb auch als das „Tor" zur Großhirnrinde (und damit zum Bewusstsein) bezeichnet. Er stellt jedoch nicht bloß eine Schaltstation dar, sondern ist ein wichtiges Integrationszentrum für sensible und motorische Funktionen. Afferente Impulse von Sinnesorganen und der Haut werden im Thalamus verarbeitet und an die entsprechenden Rindenfelder des Cortex weiter gegeben. Andere Thalamuskerne verarbeiten die Impulse aus den Basalganglien und dem Kleinhirn und geben sie an die motorischen Rindenfelder weiter. Bestimmte Teile des Thalamus stehen mit dem limbischen System in Verbindung. Sie haben damit für Emotionen und grundlegende Lebensfunktionen Bedeutung.

Nach der Zuordnung zu bestimmten Rindenfeldern und der Art ihrer Afferenzen können drei Gruppen von Kernen im Thalamus unterschieden werden:

- spezifische Thalamuskerne
- unspezifische Thalamuskerne
- Assoziationskerne

Die **spezifischen Thalamuskerne** sind in der lateralen Kerngruppe gelegen. Sie erhalten Afferenzen von einem bestimmten Sinnesorgan oder der Haut und projizieren diese auf ein spezifisches primäres Rindenfeld. Mit Ausnahme des Geruchssinnes weist der Thalamus für jedes sensorische System (Sehen, Hören, Tastsinn etc.) einen entsprechenden spezifischen Kern auf. Die spezifischen Kerne stehen über direkte Punkt-für-Punkt-Projektion mit der Großhirnrinde in Verbindung, z.B. der Nucleus ventralis posterior mit dem Gyrus postcruciatus oder der Nucleus geniculatus lateralis mit der primären Sehrinde. Die Verbindung der spezifischen Thalamuskerne mit der Rinde ist gegenläufig, d.h. es bestehen auch rückläufige (kortiko-thalamische) Verbindungen vom Cortex zu den spezifischen Thalamuskernen. Jeder spezifische Thalamuskern und das ihm zugehörige Rindenfeld bilden eine funktionelle und trophische Einheit. Die Zerstörung eines spezifischen Rindenfeldes hat die Degeneration des entsprechenden Thalamuskerns zur Folge. Dies ist ein grundlegender Unterschied zu den unspezifischen Kernen mit ihren überwiegend subkortikalen Verbindungen, welche nach Dekortikation nicht degenerieren. Die Zerstörung eines spezifischen Kerns hat allerdings nicht den völligen Untergang des zugehörigen Rindenfeldes zur Folge, obwohl es für die entsprechenden Sinnesfunktionen ausfällt. Über Assoziationsfasern erhält dieses Feld nämlich immer noch Afferenzen von anderen Kortexabschnitten. So hat die Zerstörung der Corpora geniculata lateralia Blindheit zur Folge. Optische Halluzinationen sind jedoch immer noch möglich.

Zu den **unspezifischen Thalamuskernen** rechnet man vor allem die medial und intralaminär gelegenen Kerne. Sie erhalten ihren afferenten Zustrom überwiegend aus den Kernkomplexen des Hirnstammes (Formatio reticularis), aus dem Hypothalamus, dem Globus pallidus und dem Thalamus selbst (intrathalamische Verbindungen vom Nucleus lateralis thalami). Sie weisen lediglich eine unspezifische, diffuse kortikale Projektion auf. Ein Teil ihrer Efferenzen endet diffus in der gesamten Großhirnrinde, andere ziehen zu subkortikalen Strukturen. Man geht heute davon aus, dass die unspezifischen Thalamuskerne an verschiedenen zentralnervösen Funktionen maßgeblich beteiligt sind. Im Vordergrund steht dabei die Beteiligung an der Steuerung des kortikalen Aktivitätsniveaus und damit des Bewusstseinszustandes (Schlaf-Wach-System).

19.1.2.2 Hypothalamus

Der Hypothalamus ist bei allen Wirbeltieren vorhanden. Beim Menschen und den Haussäugetieren bildet er unterhalb des Sulcus hypothalamicus die Seitenwand und den Boden des III. Ventrikels. Die relativ wenig markhaltige Nervenfasern enthaltende Region des Hypothalamus lässt sich von medial nach lateral in drei Zonen gliedern: 1. in eine schmale, unter dem Ventrikelependym gelegene periventrikuläre Zone, 2. eine mediale Zone, die aus gut abgrenzbaren Kernen besteht, und 3. eine wenig gegliederte laterale Zone.

Innerhalb der medialen Zone lassen sich von rostral nach kaudal drei Kerngruppen unterscheiden: eine vordere, eine mittlere und eine hintere Kerngruppe. Aus der vorderen Kerngruppe sind der Nucleus anterior hypothalami und der Nucleus praeopticus an der Regulation der Körpertemperatur und der weiblichen Hormonregulation beteiligt. Der Nucleus suprachiasmaticus gilt zusammen mit der Epiphyse als „zirkadianer Schrittmacher“. Zwei weitere Kerne dieser vorderen Gruppe, die aus besonders großen Neuronen aufgebaut sind, der Nucleus paraventricularis und der Nucleus supraopticus, sind neurosekretorisch tätig. Die von ihren Nervenzellen produzierten Hormone Oxytozin und Adiuretin werden, an Neurophysine gebunden, als Neurosekret entlang der Nervenfasern des Tractus supraopticus-hypophysealis in den Hinterlappen der Hypophyse transportiert.

In der mittleren Kerngruppe lassen sich mehrere Einzelkerne unterscheiden. Der Nucleus infundibularis und der Nucleus ventromedialis steuern die Hormonsekretion im Vorderlappen der Hypophyse. Ihre Nervenfasern enden an Kapillarschlingen im Bereich der portalen Blutgefäße der Hypophyse. Auf diesem Weg erreichen die im Hypothalamus produzierten Releasing- und Inhibiting-Hormone die Hypophyse. Die nichthypophysären Kerne dieser Gruppen beeinflussen unter anderem die Regulation des Wasserhaushaltes (durch Kontrolle des osmotischen Druckes des Blutes) und die Nahrungsaufnahme (durch Überwachung des Blutzuckerspiegels).

Die hintere Kerngruppe umfasst den Nucleus posterior und das Corpus mamillare. Vom Nucleus posterior steigen viszerale Fasern in den unteren Hirnstamm und in das Rückenmark ab. Das Corpus mamillare ist über markreiche Fasersysteme in das limbische System integriert. Die laterale Kerngruppe ist nur undeutlich gegliedert.

Der Hypothalamus besitzt zahlreiche Verbindungen zu anderen Hirnteilen. Er erhält Afferenzen unter anderem vom Hirnstamm, Thalamus, Hippocampus, den Mandelkernen, Bulbus olfactorius und vom Neocortex. Efferenzen vom Hypothalamus ziehen zu Tegmentum, Formatio reticularis, Hypophyse, Thalamus, Hippocampus und Fronthirn. Zudem stehen linker und rechter Hypothalamus über Faserverbindungen (vor allem über die supraoptische Kommissur) in enger funktioneller Wechselwirkung. Die ausgedehnten Verbindungen des Hypothalamus zu anderen Strukturen des ZNS weisen auf die enge Integration der hypothalamischen Kerngebiete in die Gesamtfunktion des ZNS.

Funktionell kann der Hypothalamus als die oberste Koordinationsstelle für das viszerale Nervensystem und die endokrinen Drüsen angesehen werden. Er regelt die Homöostase des inneren Milieus des Organismus. Über hormonale und nervale Efferenzen reguliert er lebenswichtige Funktionen, wie Atmung, Blutkreislauf, Wasser- und Nahrungsaufnahme, Körpertemperatur, Verdauung und Stoffwechsel. Im Hypothalamus kommt es auch zur Verknüpfung von viszeralen Grundfunktionen mit charakteristischen Verhaltensmustern und Emotionen.

19.1.3 Kleinhirn (Cerebellum)

19.1.3.1 Morphologie und Funktion

Das Kleinhirn liegt in der hinteren Schädelgrube und ist über die drei Kleinhirnstiele mit dem Hirnstamm verbunden. Wie das Großhirn besitzt das Kleinhirn zwei Hemisphären. Sie sind durch einen unpaaren mittleren Teil, den Wurm (Vermis), miteinander verbunden. Es besteht aus dem weißen Markkörper (Substantia alba cerebelli), aus der Kleinhirnrinde (Cortex cerebelli) und den Kleinhirnkernen. Die beiden letzteren bestehen aus grauer Substanz. Die etwa 0,5–1 mm dicke Rinde bildet die gefaltete Oberfläche des Kleinhirns. Das Faltenrelief verläuft eng und ist horizontal gestellt. Besonders tiefe Einfaltungen grenzen die Läppchen (Lobuli) voneinander ab. Die unter der Rinde gelegene weiße Substanz (Markkörper, Substantia alba cerebelli) zweigt sich bäumchenartig auf und bildet die primären Marklamellen (Laminae albae). Diese teilen sich weiter in sekundäre und tertiäre Markblättchen auf („Arbor vitae“). Im Markkörper liegen von medial nach lateral gesehen umschriebene Ansammlungen von Ganglienzellen, die als Kleinhirnkerne (Nuclei cerebellares) bezeichnet werden. Von medial nach lateral lassen sich dort folgende Kleinhirnkerne lokalisieren: Nucleus fastigii, Nuclei globosi, Nucleus emboliformis und Nucleus dentatus.

Wie die Großhirnhemisphären hat auch das Kleinhirn phylogenetisch erst spät seine starke Entfaltung erhalten. Sein ältester Teil, das Archicerebellum (Urkleinhirn), ist beim Menschen und den Haussäugetieren als Lobus flocculonodularis erhalten. Das Archicerebellum ist durch doppelläufige Verbindungen ausschließlich mit den Vestibulariskernen im Hirnstamm verbunden. Es wirkt wesentlich an der Erhaltung des Körpergleichgewichts mit. Wird das Archicerebellum zerstört, so kommt es zu Ausfallserscheinungen, die dem Bild einer Dauerreizung des Labyrinths entsprechen. Die betroffenen Tiere zeigen eine „zerebelläre Ataxie“. Das klinische Bild ist charakterisiert durch einen breitspurigen, schwankenden Gang (Abasie), Schwanken im Stehen (Astasie) und charakteristischen Augenbewegungen (Nystagmus) mit Schwindelerscheinungen.

Phylogenetisch später entwickelte sich das Paläocerebellum (Altkleinhirn), das im Gehirn der Haussäugetiere durch Teile des Wurms (Vermis, rostral der Fissura prima), Pyramis, Uvula und Lobus paraflocculus repräsentiert wird. Der Vermis ist bei den Vögeln besonders stark ausgebildet. Das Paläocerebellum ist vornehmlich an der Regulation des Muskeltonus beteiligt. Es empfängt Erregungen von allen Rezeptoren der Oberflächen- und Tiefensensibilität sowie von den Sinnesorganen. Ähnlich wie die motorische und sensorische Hirnrinde ist dieser Kleinhirnteil somatotopisch gegliedert. Dies bedeutet, dass jedem Gebiet des Körpers ein bestimmtes Areal der Rinde des Kleinhirnvorderlappens entspricht. Die efferenten Signale vom Paläocerebellum verlaufen zunächst zu den im Hirnstamm gelegenen Zentren (vor allem zum Nucleus ruber) und beeinflussen über diese die spinale Motorik. Der Einfluss des Paläocerebellums auf die Motoneurone im Rückenmark dürfte im Wesentlichen in einer Hemmung der α-Motoneurone für die extensorische Muskulatur bestehen.

Die beiden Kleinhirnhemisphären treten bei Säugetieren auf. Sie werden, zusammen mit dem Vermis, als Neocerebellum bezeichnet. Ihre funktionelle Bedeutung liegt besonders in der zeitlichen Koordination verschiedener Bewegungen. Auch das Neocerebellum ist somatotopisch organisiert. Es empfängt über die Brückenkerne vornehmlich Impulse von der motorischen Hirnrinde und gibt seinerseits Signale über den Thalamus zu den motorischen Feldern der Großhirnrinde ab. Diese Wechselwirkung von motorischem Cortex und Neocerebellum dient vor allem dem reibungslosen Zusammenspiel von Agonisten, Synergisten und Antagonisten beim Ablauf von Willkürbewegungen. Zusammenfassend hat das Kleinhirn auf folgende Funktionen maßgeblichen Einfluss: Aufrechterhaltung des Körpergleichgewichts, zeitliche Koordination von Bewegungen und Regelung des Muskeltonus.

19.1.3.2 Mikroskopischer Aufbau

Die Kleinhirnrinde (Cortex cerebelli) ist in ihrer ganzen Ausdehnung einheitlich gebaut und ca. 0,5–1 mm dick. Sie zeigt eine Gliederung in drei Schichten. Von außen nach innen sind dies:

- Molekularschicht (Stratum moleculare)
- Purkinje-Zellschicht (Stratum neuronorum piriformium)
- Körnerschicht (Stratum granulosum)

In der **Molekularschicht** finden sich in einem dichten Netzwerk von Nervenfasern zwei Neuronentypen, die Korb- (Neurona corbifera) und Sternzellen (Neurona stellata). Die Korbzellen liegen dabei im inneren Drittel der Molekularschicht. Ihr Zellkörper hat einen Durchmesser von 10–20 µm. Ihre vielfach verzweigten Dendriten sind vorwiegend senkrecht zur Längsachse der Kleinhirnwindung gestellt. Auch das lange, marklose Axon verläuft quer zu den Windungen, jedoch mit ihrer Oberfläche parallel. Die Axone der Korbzellen bilden mit zahlreichen Kollateralen ein dichtes Netz („Faserkorb“, daher Korbzellen) um die Purkinje-Zellen (Neurona piriforma). Sie üben auf die Purkinje-Zellen eine hemmende Wirkung aus. Vorwiegend in der äußeren Hälfte der Molekularschicht liegen die Perikarya der Sternzellen. Auch sie wirken auf die Purkinje-Zellen inhibitorisch. Als besondere Gliazellformen werden in der Molekularschicht die Bergmann-Zellen und die Fananas- (gefiederte) Zellen beschrieben. Unter den kleinen Gliazellen überwiegen im Gegensatz zur Körnerschicht, in der die Oligodendrozyten häufiger sind, die Mesoglia (Mikroglia). Außerdem kommen auch protoplasmatische und faserhaltige Astrozyten vor.

Die **Purkinje-Zellschicht** wird von den großen (35 µm) Perikaryen der Purkinje-Zellen gebildet. Ihre Dendriten verzweigen sich spalierbaumartig in der Molekularschicht. Jedes Dendritenbäumchen steht dabei senkrecht zum Windungsverlauf. Die Axone der Purkinje-Zellen erhalten in der Körnerschicht ihre Markscheide. Sie bündeln sich zu efferenten Bahnen, die in den Kleinhirnkernen umgeschaltet werden.

Die **Körnerschicht** besteht hauptsächlich aus kleinen, dicht gelagerten Neuronen, den Körnerzellen (Neurona granuliforma). Ihre Dendriten bilden mit afferenten Nervenfasern (Moosfasern) komplexe Synapsen, die als Glomerula cerebelli bezeichnet werden. Die Axone der Körnerzellen ziehen in die Molekularschicht. Dort spalten sie sich T-förmig auf und enden synaptisch an den Dendriten der Purkinje-Zellen und Korbzellen. Die einzelnen Zelltypen der Kleinhirnrinde sind zu komplexen Mehrfach-Hemmungs-Schaltkreisen angeordnet. In geringer Zahl kommen in der Körnerschicht noch weitere Nervenzelltypen wie kleine (Neurona stellata parva) und große Sternzellen (Neurona stellata magna) vor.

19.1.4 Rückenmark (Medulla spinalis)

Das im Wirbelkanal gelegene Rückenmark erstreckt sich vom Foramen magnum des Schädels, wo es ohne scharfe Grenze in die Medulla oblongata des Gehirns übergeht, bis auf Höhe der ersten Lendenwirbel. Dort verjüngt es sich kegelförmig (Conus medullaris) und geht in das Filum terminale über, das keine Nervenzellen mehr enthält und bis zum Steißbein reicht. Mit den Spinalnerven sorgt es für die nervöse Verbindung zwischen Gehirn und der Rumpfwand, den Extremitäten und den Rumpfeingeweiden. Jeder Rückenmarksnerv wird dabei aus einer ventralen (motorischen) und dorsalen (sensiblen) Wurzel gebildet und zieht durch sein Foramen vertebrale in die Peripherie. In den Ventralhornzellen des Rückenmarks werden die aus dem Großhirn kommenden motorischen Impulse umgeschaltet und über die motorischen Anteile der Spinalnerven an die entsprechenden Muskeln weitergeleitet. Die starke Innervation der vorderen und hinteren Extremitäten führt zu einer lokalen Verdickung des Rückenmarks in den entsprechenden Abschnitten, die als Intumescentia cervicalis bzw. lumbosacralis bezeichnet werden. Umgekehrt laufen ständig Signale, die von Rezeptoren der Haut, der Muskulatur und von inneren Organen aufgenommen werden (Temperatur-, Tast-, Schmerzsinn etc.) über das Rückenmark zum Gehirn. Kurze neuronale Schaltkreise im Rückenmark selbst, die zwischen den eingehenden afferenten und ausgehenden efferenten Nervenfasern aufgebaut sind, liefern weiter die morphologische Grundlage für die Rückenmarksreflexe.

19.1.4.1 Aufbau des Rückenmarks

Querschnitte durch das Rückenmark zeigen in seinem gesamten Verlauf einen prinzipiell gleichen Aufbau. Sie sind von runder bis ovaler Form und weisen ventral einen tiefen Einschnitt (Fissura mediana ventralis) auf. Dorsal ist median nur eine seichte Furche, der Sulcus medianus dorsalis ausgebildet. Seitlich von ihm verläuft beiderseits der Sulcus lateralis dorsalis. Die graue Substanz (Substantia grisea) liegt im Inneren des Rückenmarks und bildet eine schmetterlingsförmige Figur, die den Zentralkanal (Canalis centralis) umschließt. Außen wird sie von der weißen Substanz (Substantia alba) umgeben, die kaudalwärts an Umfang abnimmt. Die graue Substanz gliedert sich beiderseits in je eine Ventralsäule (Columna ventralis) und eine Dorsalsäule (Columna dorsalis). Am Schnittbild erscheinen die Columnae als Ventralhorn (Cornu ventrale) bzw. Dorsalhorn (Cornu dorsale). Der zwischen Ventral- und Dorsalsäule liegende Teil der grauen Substanz wird Pars intermedia genannt. Aus dieser geht im Brust- und oberen Lendenmark lateralwärts jederseits die Seitensäule (Columna lateralis) hervor. Die Pars intermedia umschließt den Zentralkanal. Dieser wird von Ependymzellen ausgekleidet und enthält Liquor cerebrospinalis.

Graue Substanz des Rückenmarks

Die graue Substanz besteht aus Nervenzellen, Gliazellen und zahlreichen Kapillaren. Die in der grauen Substanz gelegenen Nervenzellen besitzen unterschiedliche Größe, Form und Funktionen. Nach dem Verhalten ihrer Axone können die multipolaren Nervenzellen in Wurzelzellen (die Axone verlassen das Rückenmark) und Binnenzellen (die Axone bleiben innerhalb des ZNS) unterschieden werden. Die Ganglienzellen der grauen Substanz sind keineswegs gleichmäßig verteilt. Vielfach liegen die Zellkörper in abgrenzbaren Gruppen zusammen, die als Rückenmarkskerne (Nuclei) bezeichnet werden. Sie können insofern als funktionelle Einheiten angesehen werden, als aus ihnen Nervenfasern hervortreten, die zu Nervenbahnen zusammengelagert, eine längere oder kürzere Strecke gemeinsam verlaufen und schließlich entweder an bestimmten anderen Kernen des Rückenmarks oder Gehirns, an peripheren Ganglien oder Effektoren (z.B. bestimmten Muskeln) enden.

Bei den Wurzelzellen, deren Axone das Rückenmark verlassen und über die ventrale Wurzel (Radix ventralis) in den Spinalnerv eintreten, lassen sich weiter somatomotorische und viszeromotorische (vegetative) Nervenzellen unterscheiden:

Somatomotorische Wurzelzellen: Die somatomotorischen Wurzelzellen (Motoneurone, Neurona motorium somatica) innervieren die extrafusale Arbeitsmuskulatur. Sie sind große, multipolare Nervenzellen, die zu Gruppen zusammengefasst im Ventralhorn des Rückenmarks lokalisiert sind. Jede Gruppe von Motoneuronen innerviert eine bestimmte Muskelgruppe des Bewegungsapparates.

Ein Motoneuron (α-Motoneuron) und die von ihm versorgten Muskelfasern nennt man eine motorische (neuromuskuläre) Einheit. Jeder Skelettmuskel setzt sich aus vielen derartigen motorischen Einheiten zusammen, wobei die Zahl der Muskelfasern in einer motorischen Einheit, je nach Muskel unterschiedlich groß sein kann. Generell lässt sich sagen, dass die motorischen Einheiten in einem Muskel umso kleiner sind, je feiner abstufbar die Kraft des Muskels ist und je feiner die von ihm ausgeführten Bewegungen sind. So finden sich etwa besonders kleine motorische Einheiten in den äußeren Augenmuskeln, wo von einem Neuron, z.B. dem N. oculomotorius, nur 5–10 quergestreifte Muskelzellen versorgt werden. Kleine motorische Einheiten kommen auch in der Muskulatur des Kehlkopfes vor. Umgekehrt weisen Muskeln für grobe und kräftige Bewegungen, wie die Muskeln des Rumpfes und der Extremitäten, große motorische Einheiten auf. So liegt beim M. quadriceps femoris ein Innervationsverhältnis von circa 1: 2000 vor, d.h., ein einziges Motoneuron aus dem Rückenmark versorgt über die Kollateralen seines Axons 2000 Muskelfasern.

Die relativ kleinen Perikaryen der γ-Motoneurone (kleine Ventralhornzellen, Neuron motorium neuromusculare fusi) liegen gleichfalls im Ventralhorn des Rückenmarks. Diese Neurone innervieren ausschließlich die intrafusalen Muskelfasern der Muskelspindeln.

Viszeromotorische (vegetative) Wurzelzellen: Im Unterschied zum somatischen Nervensystem, dessen efferente, markhaltige Nervenfasern von den motorischen Nervenzellen im Ventralhorn des Rückenmarks bis zu ihrer Kontaktstelle mit der Skelettmuskulatur, den motorischen Endplatten, ziehen, besteht die Efferenz des vegetativen Nervensystems stets aus zwei hintereinander geschalteten Neuronen. Das 1. Neuron wird dabei von den im Rückenmark gelegenen Wurzelzellen des Sympathikus und Parasympathikus gebildet. Die Zellkörper des 2. Neurons liegen in den vegetativen Ganglien in der Peripherie. Seine Axone, die postganglionären Nervenfasern, erreichen die Erfolgsorgane (glatte Muskulatur; Drüsenzellen).

Sympathische Wurzelzellen: Die multipolaren Wurzelzellen des Sympathikus sind im Seitenhorn der Rückenmarkssegmente (vom kaudalen Abschnitt des Halsmarks bis zu den ersten Segmenten des Lendenmarks) gelegen und bilden dort den Nucleus intermediomedialis und Nucleus intermediolateralis. Die Axone der sympathischen Wurzel verlassen das Rückenmark in erster Linie über die ventrale Wurzel (Radix ventralis) und ziehen als Rami communicantes albi zu den segmentalen Ganglien des Grenzstrangs (Truncus sympathicus). Sie werden zum Teil in den Grenzstrangganglien auf das 2. efferente Neuron, das postganglionäre Neuron, umgeschaltet. Seine marklosen Nervenfasern erreichen über die Rami communicantes grisei die Spinalnerven und ziehen mit diesen zu den einzelnen Körpersegmenten, wo sie die vegetative Versorgung von Rumpf und Extremitäten übernehmen. Ein Teil der präganglionären Fasern durchzieht die Grenzstrangganglien, ohne dort Synapsen auszubilden. Sie werden erst in den unpaaren prävertebralen Ganglien des Bauchraumes (Ggl. coeliacum, Glg. mesentericum craniale, Ggl. mesentericum caudale) auf das 2. Neuron umgeschaltet und ziehen dann als marklose Nervenfasern zu den Organen.

Parasympathische Wurzelzellen: Die präganglionären parasympathischen Neurone liegen teils im Hirnstamm (Kerne des N. oculomotorius, N. facialis, N. glossopharyngeus und N. vagus) und verlassen das ZNS mit den Hirnnerven, teils sind sie im sakralen Anteil des Rückenmarks lokalisiert. Die parasympathischen Wurzelzellen des Rückenmarks befinden sich dabei im lateralen Teil der Zona intermedia. Im Unterschied zum Sympathikus ist beim Parasympathikus das Axon des präganglionären Neurons meist wesentlich länger als das des postganglionären. Die Umschaltung auf das zweite Neuron liegt beim Parasympathikus damit weit vom ZNS entfernt und organnah. Die Axone der parasympathischen Wurzelzellen verlassen das Rückenmark über die Radix ventralis und gelangen mit den Nn. splanchnici pelvini und mit dem N. pudendus zu den Nervengeflechten des kleinen Beckens und zu den Geschlechtsorganen. Ein Teil der parasympathischen Fasern wird in den Ganglien der pelvinen Nervengeflechte umgeschaltet, teilweise erfolgt die Umschaltung auf das postganglionäre Neuron erst in den intramuralen Ganglien der zu innervierenden Organe. Dickdarm und Harnblase werden mit motorischen Fasern, die Geschlechtsorgane, vor allem die Schwellkörper von Penis und Klitoris, mit gefäßerweiternden Fasern versorgt.

Die Axone der Binnenzellen verbleiben innerhalb des Zentralnervensystems. Bei den Binnenzellen lassen sich Schaltzellen, Kommissurenzellen, Assoziationszellen und Strangzellen unterscheiden. Schaltzellen sind Interneurone, die die Verbindung innerhalb derselben Segmenthälfte herstellen. Zu ihnen zählen auch die Renshaw-Zellen. Diese sind kleine Neurone, die durch rückläufige Kollateralen der großen Motoneurone erregt werden und ihrerseits mit ihren Axonen hemmend auf diese Motoneurone wirken. Kommissurenzellen verbinden kontralaterale Segmenthälften. Ihre Axone kreuzen über die Commissura alba zur Gegenseite. Über Assoziationszellen werden Neurone derselben Seite zu größeren funktionellen Einheiten verknüpft. Ihre Axone teilen sich in aufsteigende und absteigende Kollateralen. Sie enden meist direkt oder auch über Vermittlung von Schaltzellen an den Wurzelzellen anderer Segmente. Strangzellen sind Neurone, deren Axone aus der grauen Substanz in die weiße Substanz übertreten und hier in einem der Stränge zu den höher gelegenen Zentren des Rückenmarks bzw. zu den übergeordneten Zentren im Gehirn ziehen. Sie stellen das 2. Neuron der afferenten aufsteigenden Leitungen dar. Die Zellkörper der Strangzellen liegen in den Kerngebieten des Dorsalhorns. Ihre Axone verlaufen gebündelt als Leitungsbahnen im ipsilateralen oder kontralateralen Funiculus ventralis oder Funiculus lateralis.

Weiße Substanz des Rückenmarks

Die graue Substanz wird außen von weißer Substanz (Substantia alba) umgeben, an der man jederseits drei Stränge (Funiculi) unterscheiden kann. Zwischen den Ventralsäulen liegen die beiden durch die Fissura mediana ventralis getrennten Funiculi ventrales, die unterhalb des Zentralkanals über die Commissura alba miteinander in Verbindung stehen. Lateral ist in jeder Rückenmarkshälfte ein Seitenstrang (Funiculus lateralis) gelegen. Seine dorsale und ventrale Begrenzung ist durch die Einstrahlung der hinteren bzw. Ursprünge der vorderen Spinalnervenwurzeln bestimmt. Der dorsale Bereich zwischen den beiden grauen Hintersäulen wird von den Hintersträngen (Funiculi dorsales) eingenommen, die durch ein gliöses Septum (Septum medianum dorsale) voneinander getrennt werden.

Die Funiculi bestehen aus absteigenden und aufsteigenden, größtenteils markhaltigen Nervenfasern. Dabei liegen Axone mit gleichen Funktionen eng beieinander, sodass kleinere und größere Bahnen, Fasciculi und Tractus entstehen. Ihnen fehlen die für die peripheren Nerven charakteristischen bindegewebigen Umhüllungen, deren Aufgaben von der Neuroglia übernommen wird.

Aufsteigende Bahnen: Durch aufsteigende Bahnen werden die Aktionspotentialfolgen, die von peripheren Rezeptoren stammen, in Richtung Gehirn weitergeleitet. Die wichtigsten dieser Bahnen sind:

- Die Dorsalstrangbahnen im Bereich des Halsmarks, der mediale Fasciculus gracilis (Goll-Strang) und der lateral davon lokalisierte Fasciculus cuneatus (Burdach-Strang), leiten propriorezeptive Reize und Tastreize von den Mechanorezeptoren der Haut, Muskeln, Gelenke und Bänder zu den gleichnamigen Kernen in der Medulla oblongata, wo sie ihre erste Umschaltung erfahren. Über den Lemniscus medialis erreichen sie den hinteren ventralen Thalamuskern.
- Der Tractus spinocerebellaris dorsalis et ventralis: von den Mechanorezeptoren der Muskeln, Bänder und Gelenke zum Kleinhirn.
- Der Tractus spinothalamicus: von den Mechano-, Thermo- und Schmerzrezeptoren der Haut und der Eingeweide zum Thalamus.

Absteigende Bahnen: Von den absteigenden Bahnen sollen folgende, besonders wichtige erwähnt werden:

- Die Pyramidenbahn (Tractus corticospinalis lateralis et ventralis): von der motorischen Großhirnrinde zu den Motoneuronen des Rückenmarks.
- Die extrapyramidalen Bahnen, die vom Nucleus ruber (Tractus rubrospinalis), von der Olive (Tractus olivospinalis), vom Tectum (Tractus tectospinalis), von der Formatio reticularis (Tractus reticulospinalis

medialis et lateralis) und von den Vestibulariskernen (Tractus vestibulospinalis) in das Rückenmark ziehen.

Neben diesen langen aufsteigenden, bzw. absteigenden Bahnen gibt es zahlreiche kurze Verbindungen zwischen den Neuronen der einzelnen Rückenmarksegmente (intersegmentale Bahnen). Die kurzen Bahnen gehören zum Eigenapparat des Rückenmarks, die langen zum Leitungsapparat.

19.1.5 Hüllen von Gehirn und Rückenmark (Meningen)

Die Meningen umgeben das Zentralnervensystem von allen Seiten und schützen es vor mechanischen Einwirkungen. Gehirn und Rückenmark werden dabei von einer äußeren straffen Bindegewebsschicht, der harten Hirnhaut (Dura mater oder Pachymeninx), und einer inneren, zarten Hülle, der weichen Hirnhaut (Leptomeninx), umgeben. An der Leptomeninx lässt sich wiederum eine äußere Schicht, die Arachnoidea (Spinnwebenhaut) und eine innere Schicht, die Pia mater, unterscheiden.

Die **Dura mater** ist aus derbem, kollagenem Bindegewebe aufgebaut. Im Unterschied zu anderen parallelfaserigen Bindgewebsschichen ist sie gut vaskularisiert. Als Dura mater encephali kleidet sie das Neurokranium aus. Sie ist mit dem Periost (Endocranium) verwachsen und unterteilt durch die Faserplatten der Falx cerebri und des Tentorium cerebelli den Schädelraum unvollständig. Die Dura mater encephali schließt venöse Blutleiter (Sinus durae matris) ein. Dies sind endothelausgekleidete, röhrenförmige Erweiterungen von Duraduplikaturen. Die Sinuswände besitzen keine Tunica muscularis.

Die **Dura mater spinalis** umhüllt das Rückenmark und die Cauda equina bis zur Höhe des 3. Sakralwirbels und setzt sich dann in Form des Filum terminale externum bis zum Os coccygis fort. Im Wirbelkanal sind die Dura mater spinalis und das Periost (Endorhachis) durch das mit Fettgewebe, lockerem Bindegewebe und Venengeflechten erfüllte Spatium epidurale (Cavum epidurale) getrennt.

Die **Arachnoidea (Spinnwebenhaut)** ist eine zarte, gefäß- und nervenfreie Schicht aus lockerem Bindegewebe, die der Dura unmittelbar anliegt. Ihre äußerste, der Dura zugewandte Schicht wird von hellen Epithelzellen, dem Neurothel gebildet. Durch das Neurothel wird eine sehr wirksame Blut-Liquor-Schranke zwischen dem Blut in den Kapillaren der Dura mater und dem Liquormilieu im Bereich der Leptomeninx gebildet. Von der inneren Oberfläche der Spinnwebenhaut ziehen zarte Fasern durch das mit Liquor cerebrospinalis erfüllte Cavum subarachnoideale und heften sich an der Pia mater an. Das Cavum subarachnoideale zeigt überall dort Erweiterungen, wo die Oberfläche des Gehirns Vertiefungen und Sulci aufweist. Die markantesten Erweiterungen dieses „äußeren Liquorraumes" werden als Cisternae subarachnoideales bezeichnet. Die medizinisch bedeutsamste Zisterne, die Cisterna cerebellomedullaris, liegt zwischen dem Kleinhirn und dem verlängerten Mark. Aus ihr kann bei der sog. Subokzipitalpunktion mit einer Kanüle Liquor cerebrospinalis entnommen werden.

Die **Pia mater** bildet die innere Schicht der weichen Hirnhaut. Sie ist eine gefäßführende Bindegewebshaut und liegt der Oberfläche des Zentralnervensystems unmittelbar an. Sie zeigt in den verschiedenen Abschnitten des Zentralnervensystems große Unterschiede in ihrer Dicke. Während sie über der Großhirnrinde extrem dünn ausgebildet ist, erscheint sie an der Medulla oblongata und am Rückenmark eher derb. Sie überzieht die im Subarachnoidealraum verlaufenden Blutgefäße und Nerven und geht in das Perineurium über.

Einige Bereiche der Gehirnanlage erfahren während der embryonalen Entwicklung keine Verdickung ihrer Wand. Sie bleiben als einfache Epithelschicht erhalten. Ihnen legt sich von außen das Bindegewebe der Pia mater an, wodurch eine Tela chorioidea entsteht. An einigen Stellen der Tela chorioidea bildet die Pia mater zahlreiche weitlumige Kapillaren aus, die sich als Plexus chorioideus zottenartig in das Ventrikellumen vorstülpen. Das Ependym wird hier zu einem sekretorischen Epithel modifiziert.

Die **Plexus chorioidei** spielen eine wichtige Rolle bei der Produktion des Liquor cerebrospinalis. Etwa zwei Drittel der Liquormenge werden von den Plexus chorioidei der Hirnventrikel durch Sekretion gebildet. Zirka ein Drittel stammt aus den Gehirnkapillaren und tritt aus der Ventrikelwand aus. Der Liquor cerebrospinalis ist eine klare, farblose Flüssigkeit, welche die vier Ventrikel (innerer Liquorraum) und das Cavum subarachnoidale im Schädel und im Wirbelkanal (äußerer Liquorraum) ausfüllt. Der Liquor ist eine eiweißarme Flüssigkeit (20–40 mg/l) und enthält nur wenige (bis $5/mm^3$) Zellen (Lymphozyten und Monozyten). Der Beurteilung des Liquors kommt bei der Diagnose bestimmter neurologischer Erkrankungen große Bedeutung zu. Seine funktionelle Bedeutung liegt einerseits in seiner mechanischen Schutzfunktion für das Zentralnervensystem, zum anderen spielt er wahrscheinlich auch eine Rolle als Transportmedium für Hormone und andere Stoffe des intermediären Stoffwechsels. Der gesamte Liquor wird täglich ein- bis zweimal erneuert. Für seinen Abfluss dürften die Granulationes arachnoideales (Pacchioni-Granulationen) eine wichtige Rolle spielen. Diese sind kleine, pilzförmige Konvolute, die die Arachnoidea beidseits des Sinus sagittalis superior ausbildet. Sie durchbrechen das innere, meningeale Blatt der Dura mater und ragen in die mit venösem Blut erfüllten Sinus hinein. Die Granulationes arachnoideales stellen wahrscheinlich Abflusseinrichtungen mit ventilähnlicher Funktion dar, über die der Liquor in das venöse Sinusblut abgeführt wird.

19.2 Vegetatives (autonomes) Nervensystem

Das vegetative Nervensystem (VNS) ist jener Teil des Nervensystems, der für die nervale Kontrolle der vegetativen Funktionen (Verdauung, Atmung, Herz, Blutkreislauf etc.) sorgt und damit der Aufrechterhaltung eines konstanten inneren Milieus (seiner Homöostase) dient. Im VNS laufen auch Reflexe ab. Die Reflexbögen sind im Prinzip so aufgebaut wie im somatosensorischen Nervensystem, d.h., sie bestehen aus Rezeptor-Afferenz-Zentren-Efferenz-Effektor (glatte Muskulatur, Drüsen). Sie sind im Allgemeinen in die Regulationsprozesse, die der Aufrechterhaltung der Homöostase dienen, einbezogen (z.B. in Transport-, Verdauungs- und Ausscheidungsprozesse). Das vegetative Nervensystem wird auch als autonomes, d.h. weitgehend nicht dem Willen unterworfenes, Nervensystem bezeichnet. Diese Bezeichnung ist allerdings weniger gut, da auch in vielen Teilen des somatosensorischen Nervensystems eine starke Autonomie besteht. Weiter ist eine klare Trennung zwischen vegetativem und somatosensorischem Nervensystem kaum möglich, da ihre obersten Instanzen im ZNS innig verwoben sind.

Das Konzept des VNS ist somit vorwiegend funktionell bestimmt. Allerdings können auch im VNS zentrale und periphere Anteile unterschieden werden. Die Perikarya der afferenten Nerven des VNS liegen in den Spinalganglien bzw. in den Ganglien einiger Hirnnerven. In das Rückenmark treten die afferenten vegetativen Nervenfasern vor allem über die Dorsalwurzel ein. Einige wenige erreichen das Rückenmark aber auch über die Ventralwurzel.

Ein wesentliches Charakteristikum des VNS ist, dass peripher die efferente Strecke zwischen ZNS und Erfolgsorgan aus mindestens zwei hintereinander geschalteten Neuronen besteht. Dabei liegt das 1. Neuron immer im ZNS. Es wird auch als präganglionäres Neuron bezeichnet. Sein Axon tritt gemeinsam mit den Axonen der somatoefferenten Neurone aus Gehirn und Rückenmark und bildet mit dem 2. (multipolaren) Neuron, dem postganglionären Neuron, eine Synapse. Die Zellkörper des 2. Neurons liegen häufig in den vegetativen Ganglien. Als Transmitter wird an der Synapse zwischen dem 1. und 2. Neuron immer Azetylcholin freigesetzt. Die postganglionären Neurone enthalten dagegen teils Azetylcholin, teils Noradrenalin.

Auch die vegetativen Ganglien treten in der Regel als Verdickungen im Verlauf der Nerven auf. Ihre Größe ist recht unterschiedlich. Generell sind die Ganglien des Sympathikus größer als die parasympathischen Ganglien. Jedes vegetative Ganglion wird von einer dichten Bindegewebskapsel umschlossen, die dem Epineurium und dem Perineurium der peripheren Nerven entspricht. Die multipolaren Nervenzellen der vegetativen Ganglien werden von speziellen Gliazellen, den Mantelzellen, umgeben. Außerdem kommen zahlreiche markhaltige und markarme Nervenfasern vor. Nach ihrer Lokalisation werden paravertebrale, prävertebrale und intramurale Ganglien unterschieden.

Die paravertebralen Ganglien sind die Ganglien des Sympathikus. Sie werden durch interganglionäre Nervenfasern zum Grenzstrang verbunden. Die überwiegende Mehrzahl der Ganglienzellen ist multipolar. Es lassen sich dabei Typ-I- und Typ-II-Zellen unterscheiden. Die variabel gestalteten Typ-I-Zellen weisen einen Durchmesser von 20–35 µm auf. Sie sind nicht selten mehrkernig. Im Zytoplasma kommen Dense-Core-Vesikel vor, die Noradrenalin enthalten. Die kleineren (10–20 µm) Typ-II-Zellen sind oval. Sie besitzen zahlreiche große Dense-Core-Vesikel, in denen Dopamin gespeichert ist.

Die prävertebralen Ganglien liegen häufig an Gefäßen (z.B. Ganglion coeliacum, Ganglion mesentericum craniale, Ganglion mesentericum caudale). Im Wesentlichen handelt es sich dabei um Ganglien des Sympathikus. Es kommen darin aber auch in größerer Zahl Nervenzellen des 2. parasympathischen Neurons vor.

Als wichtigstes Integrationszentrum des VNS gilt der Hypothalamus, in dem die endokrine und nervöse Kontrolle der vegetativen Funktionen koordiniert werden. Entsprechend seinen vielfältigen regulierenden Funktionen (Regulation des Kreislaufes, Osmoregulation, Thermoregulation etc.) ist der Hypothalamus stark gegliedert (in verschiedene Kerne, d.h. umschriebene Ansammlungen von Nervenzellen, die an einer bestimmten Funktion beteiligt sind) und differenziert. Für viele vegetative Funktionen stellt der Hypothalamus das oberste Zentrum der Regulation dar, beispielsweise bei der Thermo- und der Osmoregulation. Für die Ausübung dieser Kontrollfunktionen ist es wichtig, dass der Hypothalamus ständige Informationen über den aktuellen Status der zu regelnden peripheren Systeme über seine zahlreichen afferenten Zuflüsse erhält. Weiter stehen viele der hypothalamischen Funktionen unter der Kontrolle des limbischen Systems und erhalten dadurch eine emotionale Tönung.

Vom Hypothalamus ziehen steuernde Signale zum Hirnstamm, in dem ebenfalls verschiedene wichtige Regulationszentren gelegen sind. Einige dieser Zentren arbeiten aber auch weitgehend autonom, d.h. ohne übergeordnete Kontrolle. So erfolgt beipsielsweise die Blutdruckregelung, deren periphere Rezeptoren im Sinus caroticus gelegen sind, weitgehend unbeeinflusst von übergeordneten Zentren im „Kreislaufzentrum" des Hirnstamms. Vom Hirnstamm werden dann die efferenten Signale über das periphere vegetative Nervensystem zu den Erfolgsorganen geleitet.

Für manche Fragestellungen ist es sinnvoll, das vegetative Nervensystem nach den Funktionszielen in ein ergotropes (leistungsförderndes) und trophotropes (erholungsförderndes) System zu unterteilen. Dabei gilt als generelle Regel, dass kranial des Zwerchfells der Sympathikus auf die Organfunktion leistungsfördernd, der Parasympathikus hemmend wirkt. Kaudal des Zwerchfells sind die Wirkungen umgekehrt.

19.2.1 Enterisches (intramurales) Nervensystem

In den letzten Jahren wird das „enterische Nervensystem" in zunehmendem Maße aus der klassischen Unterteilung des vegetativen Nervensystems in Sympathikus und Parasympathikus herausgenommen. Der Gastrointestinaltrakt verfügt nämlich über ein hoch entwickeltes, relativ eigenständiges Nervensystem, das in seinen beiden wesentlichsten Komponenten, dem Plexus submucosus und dem Plexus myentericus etwa ebenso viele Nervenzellen wie das gesamte Rückenmark enthält. Im enterischen Nervensystem gibt es viele verschiedene Typen von Neuronen (afferente, efferente, sowie Interneurone) mit unterschiedlichen Überträgerstoffen. Zu den Transmittern des enterischen Nervensystems zählen neben Azetylcholin und Noradrenalin auch Serotonin und viele Neuropeptide. Auch nach Durchtrennung aller Zuflüsse von Sympathikus und Parasympathikus ist das enterische Nervensystem noch zu komplizierten regulatorischen Leistungen fähig. Die sympathischen und parasympathischen Nervenfasern wirken damit offensichtlich nur modulierend auf dessen Eigenleistungen und enden überwiegend an Synapsen mit enterischen Neuronen. So endet die überwiegende Mehrheit der sympathischen Fasern zum Darm direkt an Ganglienzellen des Darms. Daneben gibt es aber auch im Magen-Darm-Bereich eine klassische sympathische und parasympathische Innervation.

19.3 Gehirn der Vögel

Das Gehirn der Vögel weist keine Windungen (Gyri) und Furchen (Sulci) auf. Seine Oberfläche ist glatt (glysencephal). Es lässt sich in kranio-kaudaler Richtung in das Proencephalon (Vorderhirn), bestehend aus Endhirn (Telencephalon) und Zwischenhirn (Diencephalon), Mittelhirn (Mesencephalon), das Rautenhirn (Rhombencephalon) bestehend aus Hinterhirn (Metencephalon), mit (Brücke (Pons) und Kleinhirn (Cerebellum) sowie das Nachhirn (Myelencephalon, Medulla oblongata) unterteilen. Die Vögel besitzen keinen Rindenanteil, der mit dem Neocortex der Säugetiere vergleichbar wäre. Der Cortex cerebri besteht beim Vogel nur aus wenigen Schichten von Nervenzellen und weist an keiner Stelle den für Säugetiere typischen sechsschichtigen Bau auf. Auch eine Capsula interna und der Balken fehlen. Dagegen sind die Basalganglien, welche die Seitenventrikel nahezu ausfüllen, sehr gut ausgebildet. Die Neurone sind dort sehr dicht gepackt und dürften viele der Funktionen, die beim Säuger von der Großhirnrinde erbracht werden, ausführen. In der Kleinhirnrinde (Cortex cerebelli) sind die Nervenzellen, wie beim Säugetier, in drei übereinander liegenden Schichten angeordnet. Von außen nach innen sind das die Molekularschicht (Stratum moleculare), die Schicht der Purkinje-Zellen (Stratum ganglionare) und die Körnerschicht (Stratum granulosum).

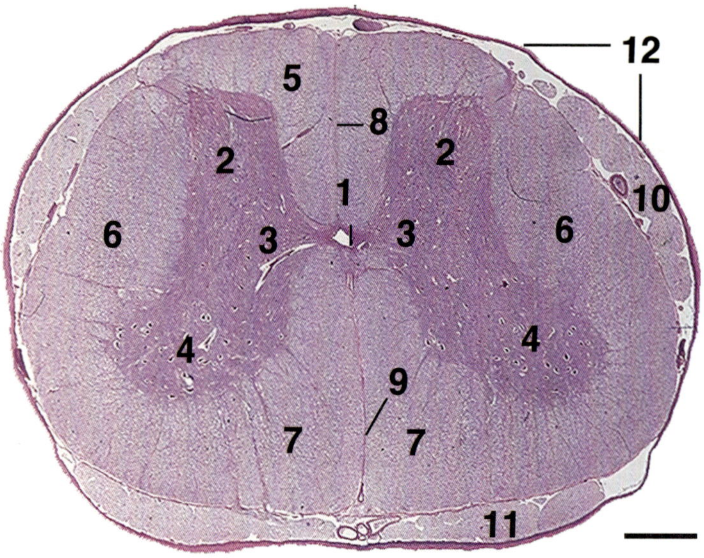

Abb. 19-2 Rückenmark, Schaf, Bodian-Färbung, SB 825 µm

Im Rückenmarksquerschnitt sieht man eine dunkler gefärbte, schmetterlingsförmige Struktur (graue Substanz, Substantia grisea), die von weißer Substanz (Substantia alba) umgeben ist. Die graue Substanz umschließt den Zentralkanal und enthält die Perikarya der Neurone. Die weiße Substanz besteht aus markhaltigen Nervenfasern und Gliazellen.

1 Zentralkanal; 2 Dorsalhorn (Cornu dorsale); 3 Pars intermedia; 4 Ventralhorn (Cornu ventrale); 5 Dorsal-, 6 Lateral-, und 7 Ventralstrang der weißen Subsanz; 8 Septum medianum dorsale; 9 Fissura mediana ventralis; 10 Dorsalwurzel; 11 Ventralwurzel; 12 Meningen

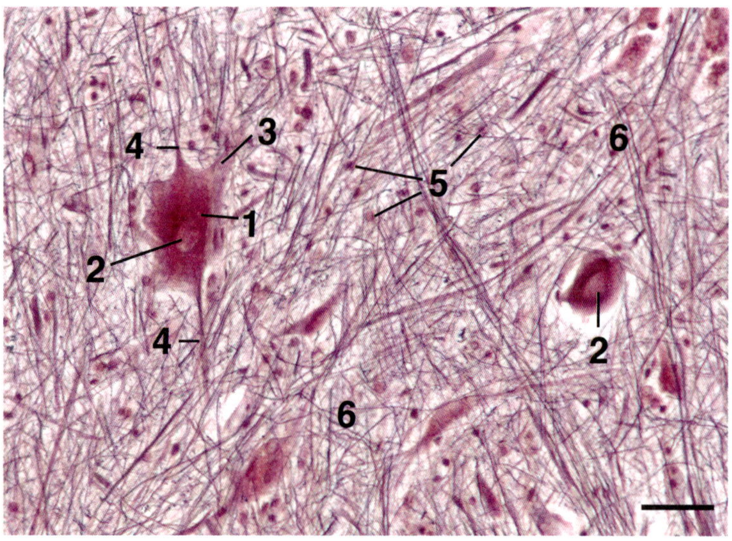

Abb. 19-3 Dorsalhorn, Rückenmark, Schaf, Bodian-Färbung, SB 65 µm

Im Dorsalhorn sind hauptsächlich Interneurone zu finden, die Impulse zwischen Nervenzellen übertragen. Eine wichtige Aufgabe der Interneurone ist die Verschaltung von afferenten und efferenten Leitungsbahnen. Weiterhin enthält das Dorsalhorn Gliazellen, Strangzellen (2. Neuron der afferenten, aufsteigenden Leitungen) und ein ausgedehntes Neuropil. Weiter finden sich zahlreiche Gefäße.

1 Perikaryon eines Interneurons; 2 Zellkern eines Neurons; 3 Axon; 4 Dendrit; 5 Gliazellen; 6 Neuropil

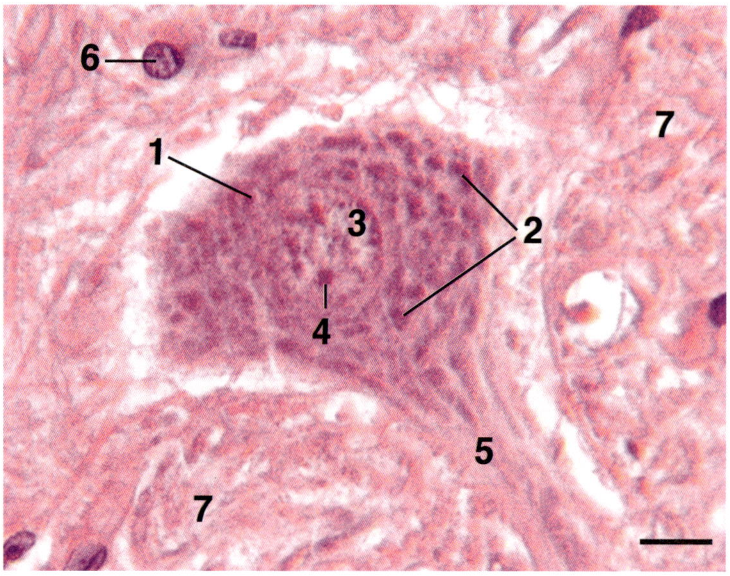

Abb. 19-4 α-Motoneuron, Ventralhorn, Rückenmark, Hund, Hämatoxylin-Eosin, SB 18 µm

Die großen α-Motoneurone besitzen einen großen Zellkern mit deutlichem Nucleolus und einem ausgedehnten Perikaryon, das zahlreiche Nissl-Schollen enthält. Letztere sind Ansammlungen von Zisternen des rauen endoplasmatischen Retikulums.

1 Motoneuron; 2 Perikaryon mit Nissl-Schollen; 3 Kern; 4 Nucleolus; 5 Axon; 6 Astrozyt; 7 Neuropil

Abb. 19-5 Kleinhirn, Maus, Hämatoxylin-Eosin, SB 312 µm

Die Kleinhirnrinde zeigt eine baumartig verzweigte Struktur (Arbor vitae) mit Blättern (Folia cerebelli). Sie ist in drei Schichten gegliedert. Von außen nach innen sind dies die zellarme Molekularschicht (Stratum moleculare), die Ganglienzellschicht mit den Purkinje-Zellen (Stratum ganglionare) und die Körnerschicht (Stratum granulosum). In der weißen Markzone befinden sich hauptsächlich myelinisierte Nervenfasern und Oligodendrozyten.

1 Stratum moleculare; 2 Stratum ganglionare (Purkinje-Zellen); 3 Stratum granulosum; 4 Weiße Substanz (Lamina alba)

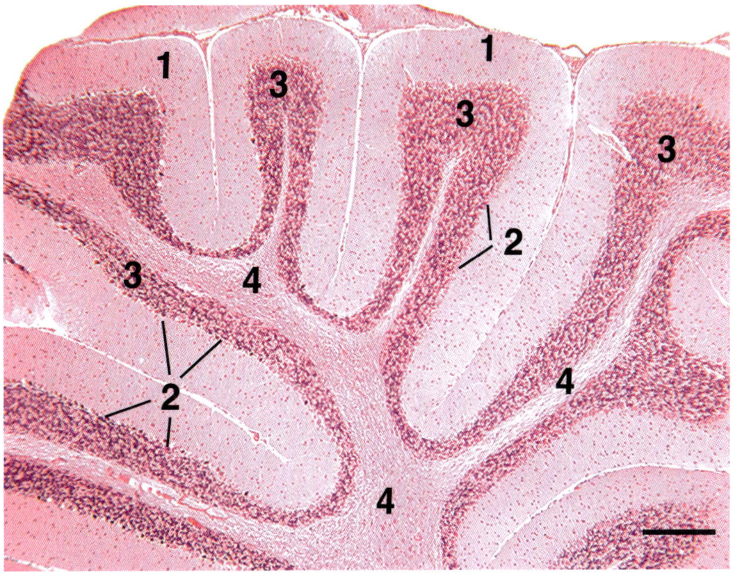

Abb. 19-6 Purkinje-Zellen, Kleinhirnrinde, Katze, Bodian-Färbung, SB 40 µm

Im zellarmen Stratum moleculare liegen neben Gliazellen die Korb- und Sternzellen, deren Axone ein dichtes Netzwerk um die Purkinje-Zellen legen. Das Stratum ganglionare enthält die Purkinje-Zellen (multipolare Nervenzellen), deren Dendriten sich im Stratum moleculare hirschgeweihartig verzweigen. Ihre Axone (efferente Leitung) ziehen in Richtung Mark und werden in den Kleinhirnkernen auf nachfolgende Neurone umgeschaltet. Das Stratum granulosum enthält kleine, dichte Neurone, die Körnerzellen.

1 Stratum moleculare; 2 Purkinje-Zellen; 3 Stratum granulosum (mit Körnerzellen)

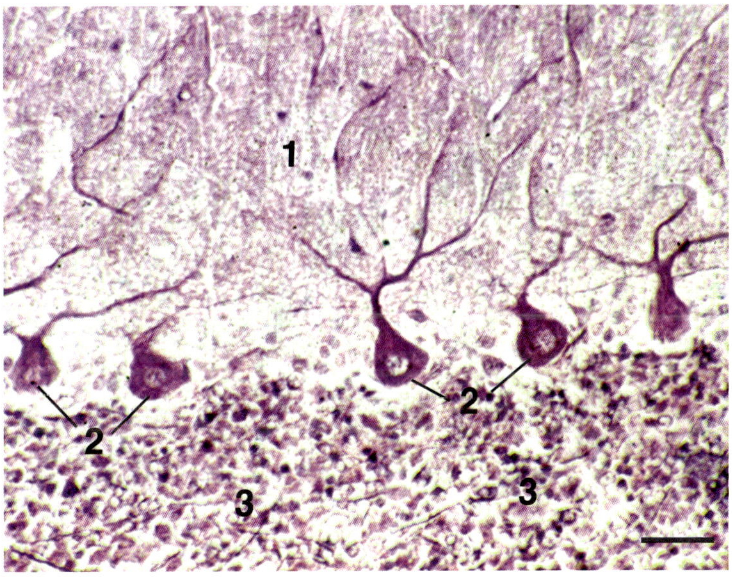

Abb. 19-7 Purkinje-Zelle, Kleinhirnrinde, Hund, Golgi-Imprägnation, SB 18 µm

Bei der Versilberung wird die feine, spalierbaumartige Verzweigung der Dendriten im Stratum moleculare deutlich. Die Dendritenäste stehen mit den als Assoziationszellen dienenden Korb- und Sternzellen der Molekularschicht in Verbindung. Die Axone der Purkinje-Zellen, die einzigen efferenten Fasern des Kleinhirns, ziehen zu den Kleinhirnkernen im Mark des Kleinhirns.

1 Zellkörper der Purkinje-Zellen; 2 Hauptdendriten; 3 Feine Dendritenäste mit Dornensynapsen

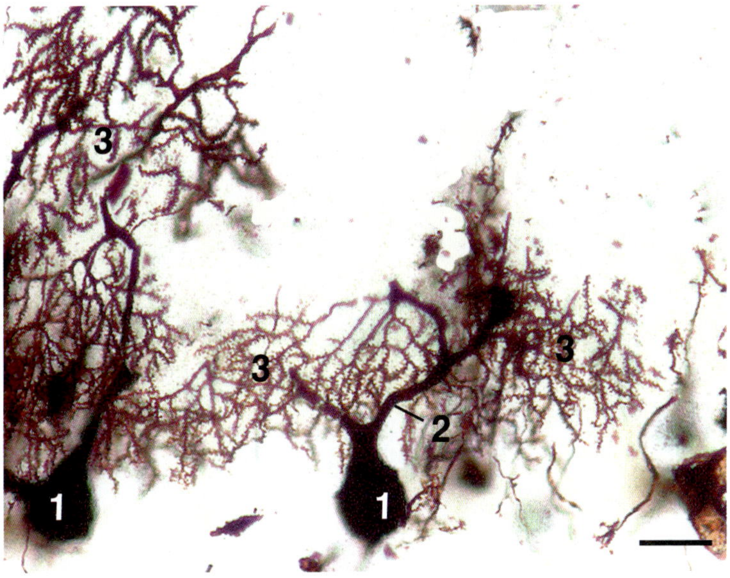

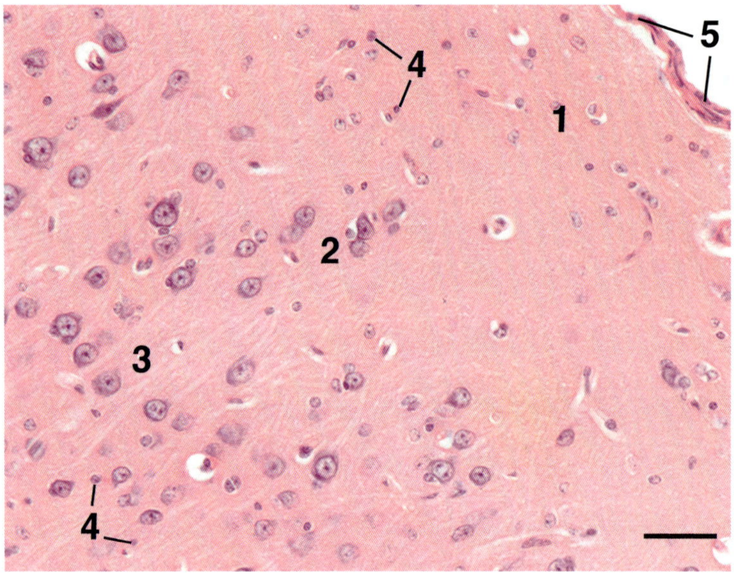

Abb. 19-8 Stratum moleculare und granulare externum, Großhirnrinde, Schaf, Hämatoxylin-Eosin, SB 40 µm

Das zellarme Stratum moleculare wird als äußerste Schicht von der Pia mater bedeckt und enthält kleine Neurone (Cajal-Zellen). Das Stratum granulare externum besitzt in größerer Zahl kleinere Neurone (Körnerzellen, kleine Pyramidenzellen). Diese dünne Schicht lässt sich nur undeutlich von der folgenden äußeren Pyramidenschicht abgrenzen, die größere Pyramidenzellen aufweist.

1 Stratum moleculare; 2 Stratum granulare externum; 3 Stratum pyramidale externum; 4 Gliazellen; 5 Meningen

---

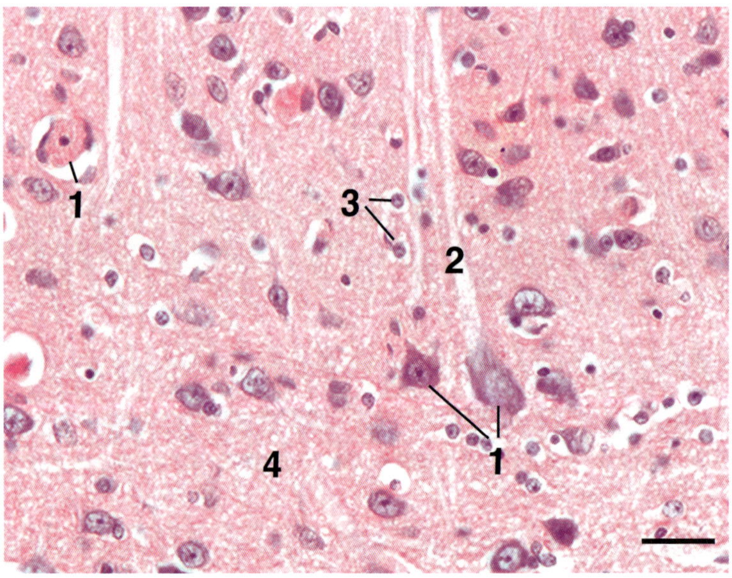

Abb. 19-9 Stratum pyramidale internum, Großhirnrinde, Schaf, Hämatoxylin-Eosin, SB 40 µm

Das Stratum pyramidale externum enthält Pyramidenzellen (20–40 µm), deren Größe von außen nach innen zunimmt. Diese besitzen einen Spitzendendrit, welcher in das Stratum moleculare hineinzieht und zahlreiche kleinere Basaldendriten, die sich innerhalb des Stratum pyramidale externum verzweigen und Synapsen bilden. Weiterhin sind in dieser Schicht protoplasmatische Gliazellen (Astrozyten) zu erkennen.

1 Pyramidenzellen; 2 Spitzendendrit einer Pyramidenzelle; 3 Astrozyten; 4 Neuropil

---

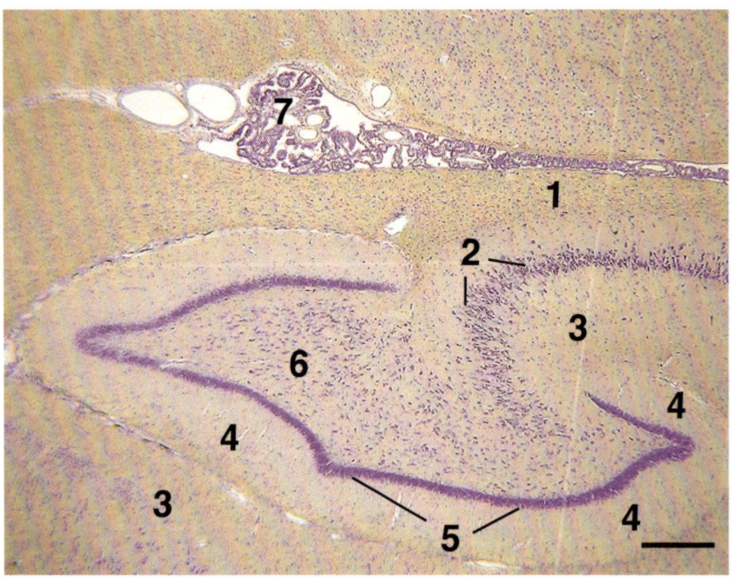

Abb. 19-10 Ammonshorn und Gyrus dentatus, Pavian, Nissl-Färbung, SB 300 µm

Im Ammonshorn (AH) kann man von außen nach innen ein Stratum oriens (polymorphe Nervenzellen), ein Stratum pyramidale (Pyramiden- und Korbzellen) und ein Stratum moleculare unterscheiden. Der Gyrus dentatus (GD) besitzt ein Stratum moleculare, ein Stratum granulare, ein Stratum subgranulare sowie ein Stratum oriens.

1 Stratum oriens (AH); 2 Stratum pyramidale (AH); 3 Stratum moleculare (AH); 4 Stratum moleculare (GD); 5 Stratum granulare (GD), 6 Stratum oriens (GD); 7 Plexus chorioideus

Abb. 19-11 Bulbus olfactorius, Hund, Hämatoxylin-Eosin, SB 80 µm

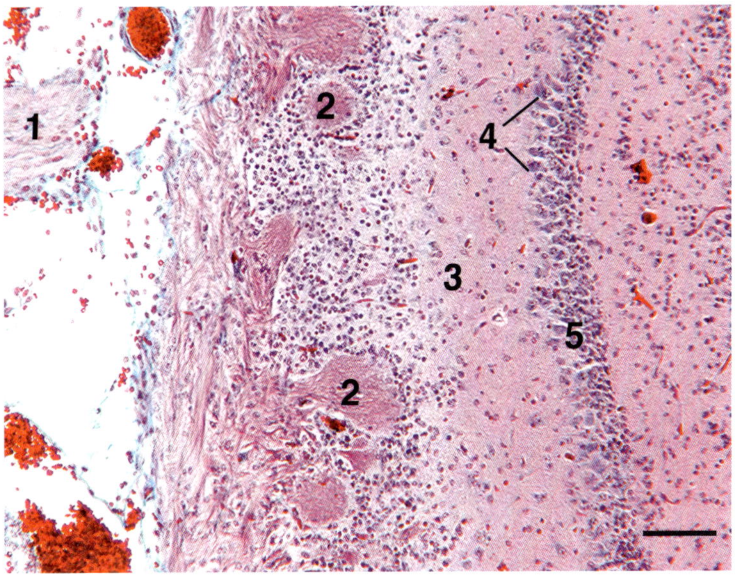

Die Axone der Riechzellen treten als Fila olfactoria in den Riechkolben (Bulbus olfactorius) ein. Sie zweigen sich nach ihrem Eintritt auf. Die daraus hervorgehenden Endverzweigungen bilden mit den Pinsel- und Mitralzellen kugelförmige Glomerula olfactoria. In ihnen erfolgt die synaptische Verschaltung der Riechzellen mit den sekundären Neuronen der Riechbahn (Pinsel- und Mitralzellen).

1 Fila olfactoria; 2 Glomerulum olfactorium; 3 Molekularschicht; 4 Schicht der Mitralzellen; 5 Körnerschicht

---

Abb. 19-12 Hypothalamus, Schaf, Versilberung, SB 40 µm

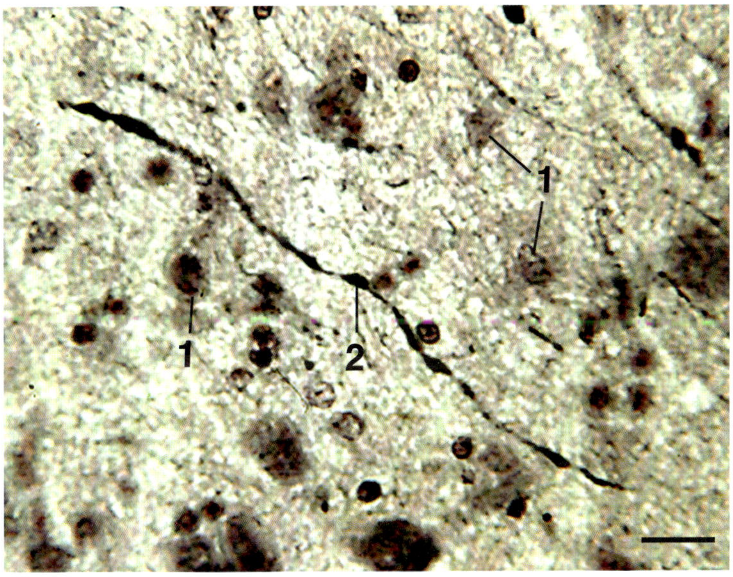

Der Hypothalamus bildet das übergeordnete Koordinationszentrum des Körpers für die Regulation der vegetativen Funktionen. Er koordiniert die nervösen und endokrinen Funktionen. Besonders große Neuronen der vorderen Kerngruppe stellen der Nucleus paraventricularis und der Nucleus supraopticus dar, die neurosekretorisch tätig sind. In der Versilberung sind die Herring-Körper gut zu erkennen. Dies sind Anschwellungen hypothalamischer Axone, in denen Neurohormone (z. B. ADH, Oxytozin) zur Neurohypophyse transportiert werden.

1 Neuron; 2 Herring-Körper

Abb. 19-13 Pons, Ziege, Hämatoxylin-Eosin, SB 80 µm

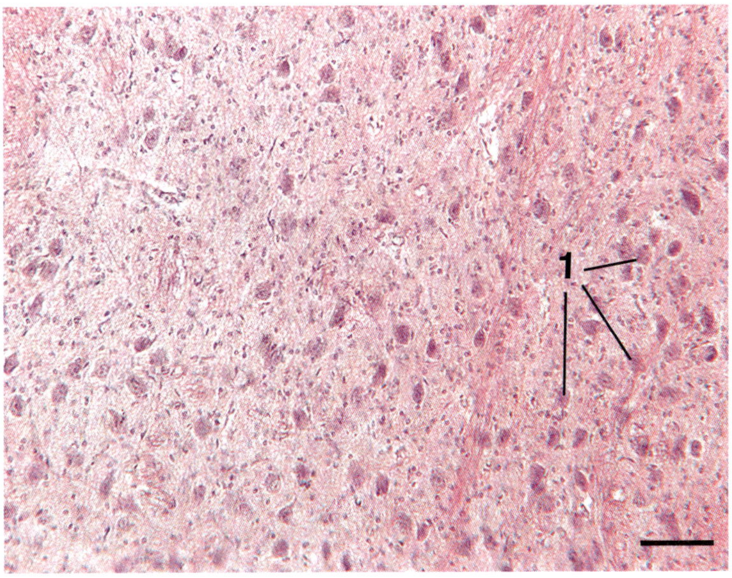

Die Pons (Brücke) ist ein Teil des Hirnstamms, der unter dem Kleinhirn gelegen ist. Sie ist durch transversale Faserzüge (weiße Substanz) der durchziehenden myelinisierten Nervenfasern aus vor und hinter dem Pons liegenden Bereichen charakterisiert. Graue Substanz (Ansammlungen von Neuronen) kommen im dorsalen Bereich als Fortsetzung der Haube und im ventralen Bereich als Brückenkerne vor.

1 Nervenzellen des Ursprungkerns des N. trigeminus

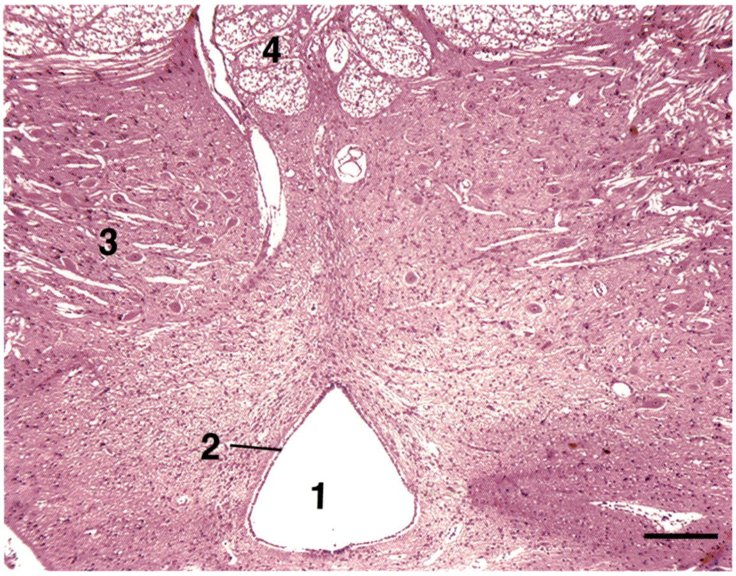

Abb. 19-14 Medulla oblongata, Schaf, Hämatoxylin-Eosin, SB 200 µm

Wie die anderen Teile des Hirnstammes enthält auch die Medulla oblongata Ursprungskerne und Fasern der Gehirnnerven. Es befinden sich viele longitudinale und auch quer verlaufende Faserzüge in diesem Abschnitt. Im dorsalen Bereich liegen primär die Kerne der afferenten, in der Mitte die der viszeralen efferenten und ventral die der efferenten motorischen Nervenfasern. Zentren für Atmung, Blutkreislauf, Brechreiz und anderer Reflexe befinden sich in der Medulla oblongata.

1 Zentralkanal; 2 Ependym; 3 Nucleus eines Gehirnnervs; 4 Weiße Substanz

---

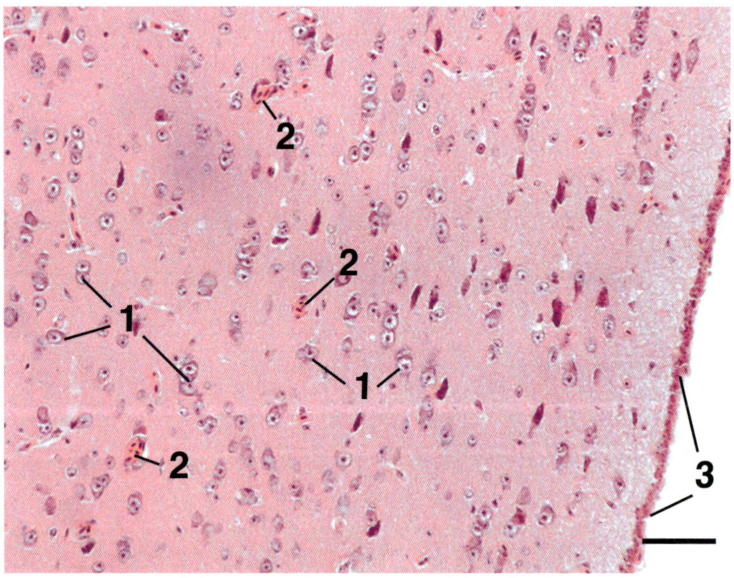

Abb. 19-15 Großhirn, Wachtel, Hämatoxylin-Eosin, SB 40 µm

Das Großhirn der Wachtel besteht aus zwei Hemisphären, die in der Medianen durch eine gut ausgebildete Fissura mediana cerebri getrennt werden. Furchen und Windungen fehlen weitgehend. Jede der beiden Hemisphären besteht aus dem dünnen Hirnmantel (Pallium) und den mächtig ausgebildeten Basalganglien (Streifenkörper, Corpus striatum). Das Pallium besteht aus einer oberflächlichen Schicht grauer Substanz, der Großhirnrinde (Cortex), die nur ein bis zwei Zellschichten umfaßt.

1 Neurone; 2 Blutgefäße mit kernhaltigen Erythrozyten; 3 Meningen

---

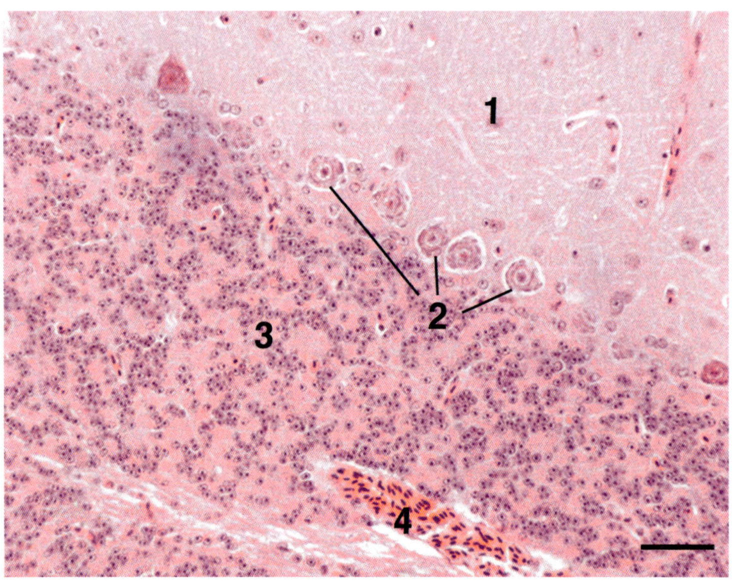

Abb. 19-16 Gehirn, Kleinhirn, Wachtel, Hämatoxylin-Eosin, SB 40 µm

Das Kleinhirn ist bei den Vögeln gut ausgebildet und weist eine dem Säugetier ähnliche Schichtung der Kleinhirnrinde auf, wobei die starke Ausbildung der Körnerschicht auffällt.

1 Stratum moleculare; 2 Purkinje-Zellen (Stratum ganglionare); 3 Stratum granulosum der Kleinhirnrinde; 4 Blutgefäß mit kernhaltigen Erythrozyten

Abb. 19-17 Plexus chorioideus, Katze, Hämatoxylin-Eosin, SB 80 µm

Der Plexus chorioideus besteht aus einer einschichtigen Epithellage (Ependym), die mit der reich kapillarisierten Tela chorioidea fest verbunden ist. Die starke Faltenbildung bewirkt eine starke Oberflächenvergrößerung. Die Plexus chorioidei, die in verschiedenen Bereichen des Gehirns vorkommen, bilden den Liquor cerebrospinalis.

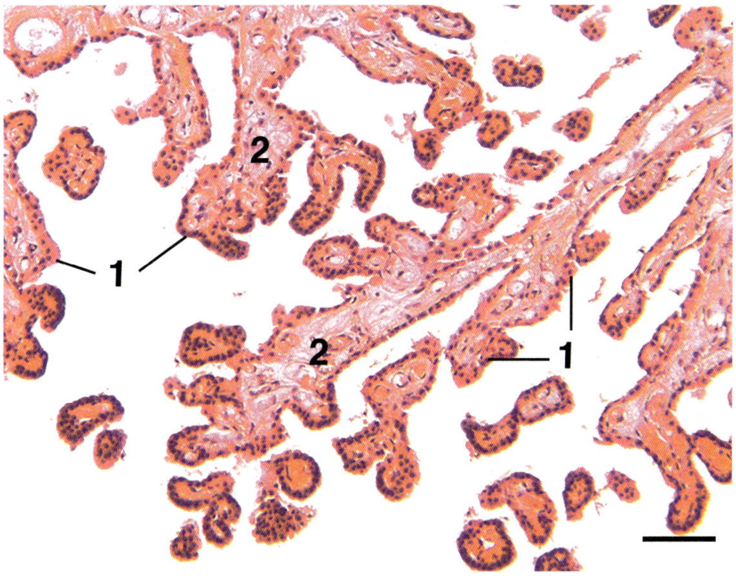

1 Ependym; 2 Tela chorioidea

Abb. 19-18 Ganglion stellatum mit multipolaren Nervenzellen, Hund, Hämatoxylin-Eosin, SB 40 µm

Das Ganglion stellatum ist ein vegetatives Ganglion. Das Ganglion wird durch multipolare Nervenzellen von unterschiedlicher Größe gebildet. Mit zunehmendem Alter kommen Lipofuszineinlagerungen im Zytoplasma vor. Die Dendriten weisen ein dichtes Netzwerk auf, während ihr relativ markarmes Axon postganglionär zum Erfolgsorgan leitet. Als Gliazellen sind Satellitenzellen anzutreffen.

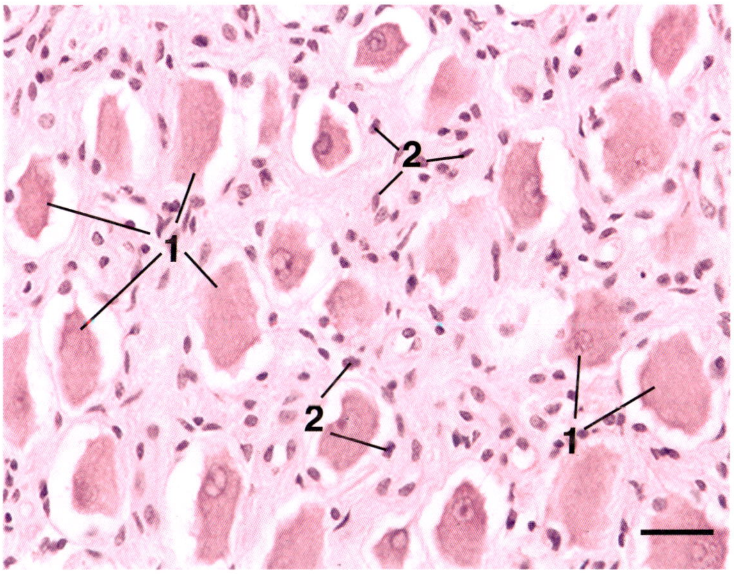

1 Multipolare Ganglienzelle; 2 Satellitenzelle

Abb. 19-19 Ganglion spinale mit pseudounipolaren Ganglienzellen, Rind, Hämatoxylin-Eosin, SB 40 µm

Das Ganglion spinale (Spinalganglion) ist ein sensibles Ganglion, das in der Dorsalwurzel des Spinalnerven eingelagert ist. Seine pseudounipolaren Nervenzellen sammeln durch ihre Dendriten Informationen aus dem Körper und leiten diese durch ihre Axone ins Rückenmark (afferente Neurone). Die pseudounipolaren Ganglienzellen besitzen einen großen Zellkern mit meist gut erkennbaren Nucleoli. Die Perikaryen sind von Satellitenzellen (Mantelzellen, Amphizyten) umgeben.

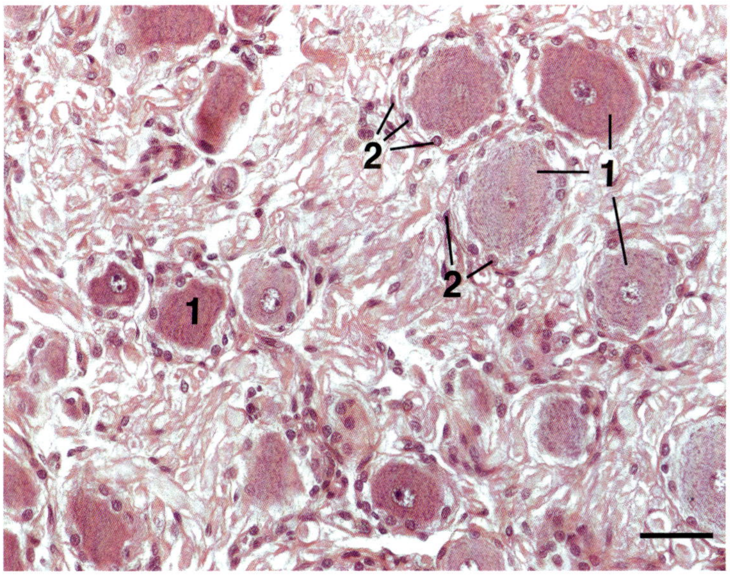

1 Pseudounipolare Ganglienzelle; 2 Satellitenzelle

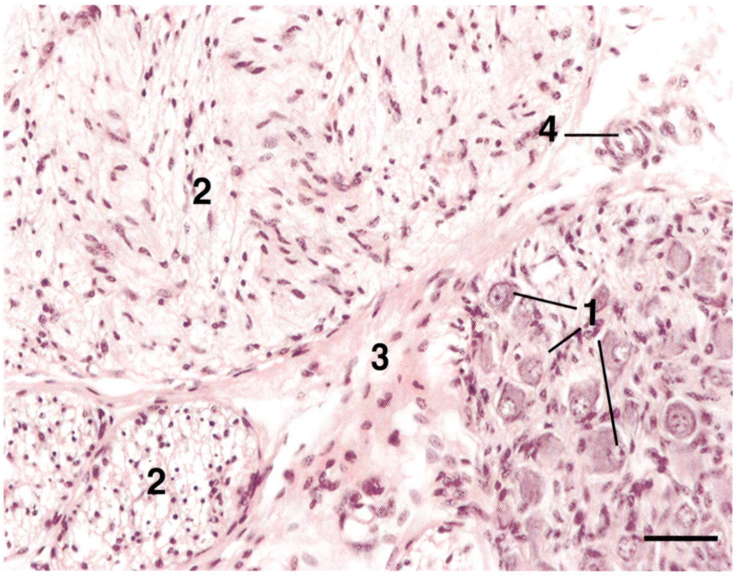

Abb. 19-20 Plexus solaris, Rind, Hämatoxylin-Eosin, SB 80 µm

Der Plexus solaris (Solarplexus) besteht aus einem autonomen Nervengeflecht sympathischer und parasympathischer Nervenfasern. Er wird gebildet durch den Plexus coeliacus und den Plexus mesentericus craniale.

1 Multipolare Ganglienzellen; 2 Markhaltige und marklose Nervenfasern; 3 Bindegewebe; 4 Arteriole

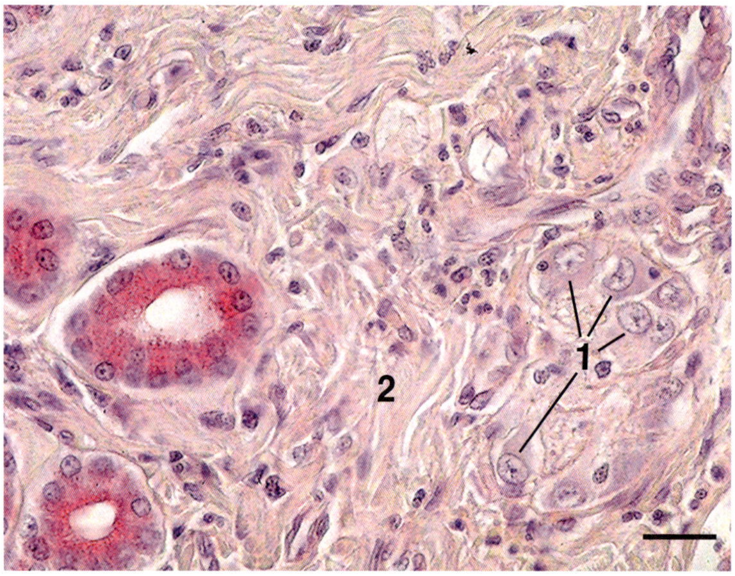

Abb. 19-21 Plexus submucosus, Dünndarm, Rind, Hämatoxylin-Eosin, SB 40 µm

Der Plexus (nervorum) submucosus (Meissner-Plexus) befindet sich intramural in der Tela submucosa des Darmes. Er enthält vegetative, autonome Ganglien aus multipolaren Nervenzellen. Sie entlassen Fasern in die Lamina propria mucosae, die Geflechte bilden und Becherzellen, glatte Muskulatur und Gefäße des Darmes versorgen. Gleichzeitig stehen sie mit den Nervenfasern des Plexus myentericus (Auerbach-Plexus) in synaptischem Kontakt.

1 Multipolare Ganglienzelle; 2 Bindegewebe

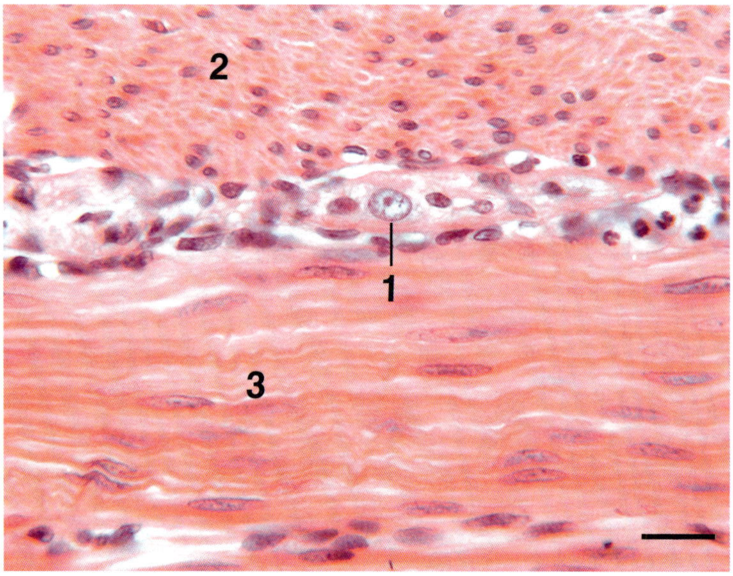

Abb. 19-22 Plexus myentericus, Dickdarm, Rind, Hämatoxylin-Eosin, SB 40 µm

Der Plexus myentericus (Auerbach-Plexus) befindet sich zwischen der inneren zirkulären und der äußeren longitudinalen Muskelschicht der Tunica muscularis des Darmes. Er enthält ebenfalls vegetative, autonome Ganglien. Chemische und mechanische Impulse des Darmes werden durch das Reflexsystem des Plexus myentericus efferent an die Muskulatur der Tunica muscularis, sowie an Gefäße und Drüsen weitergeleitet.

1 Multipolare Ganglienzelle; 2 Zirkuläre Muskelschicht der Tunica muscularis; 3 Longitudinale Muskelschicht der Tunica muscularis

Anhang

Abbildungsnachweise

Abb. 3-1 bis 19-2
(mit Ausnahme von Abb. 15-1, 15-2, 16-1 und 16-2):
Hees H, Sinowatz F (2012): Histologie – Kurzlehrbuch der Zytologie und mikroskopischen Anatomie, 5. Auflage, Eigenverlag.

Abb. 15-1, 15-2, 16-1 und 16-2:
Rüsse I, Sinowatz F (2015): Lehrbuch der Embryologie der Haustiere, 3. Auflage, Eigenverlag.

Für die freundliche Überlassung folgender Abbildungen bedanken wir uns herzlich bei Herrn Prof. Dr. Dr. Herbert Hees, Regensburg: **Abb. 4-2, 4-3, 4-4, 4-5, 5-2, 5-3, 5-4, 6-2, 6-3, 6-4, 7-1, 7-2, 7-3, 7-4, 7-5, 8-1, 8-2, 12-1, 12-2, 13-1**.

Abbildungen der Zwischentitel:
S. 1: sinhyu - stock.adobe.com
S. 11: Sergey Ryzhov - stock.adobe.com
S. 251: lightsonscience - stock.adobe.com

Autoren

Univ.-Prof. Dr. med. vet. Dr. med. univ. (Wien) Dr. med. habil. (Regensburg) Dr. h.c. (Cluj) Fred Sinowatz

ist in Steyr in Oberösterreich geboren und hat Tiermedizin sowie Humanmedizin in Wien studiert. Er ist ehemaliger Inhaber des Lehrstuhls für Tieranatomie II, insbesondere Allgemeine Anatomie, Histologie und Embryologie und des Lehrstuhls für Anatomie, Histologie und Embryologie der Tierärztlichen Fakultät der Ludwig-Maximilians-Universität München. Er war als Visiting Professor an der University of Queensland, Brisbane, der University of Wisconsin, Madison, der University of Kuwait, der St. George's University of Grenada sowie der University of Ghent tätig. Als Autor hat er zahlreiche Publikationen in internationalen wissenschaftlichen Zeitschriften veröffentlicht sowie Standardlehrbücher der Tiermedizin und Humanmedizin verfasst, die in mehrere Sprachen übersetzt wurden. Er ist Editor-in-Chief von „Anatomia Histologia Embryologia", der Zeitschrift der World Association of Veterinary Anatomy, sowie Mitglied des Editorial Board weiterer internationaler wissenschaftlicher Zeitschriften („Cells Tissues Organs"; „Folia Biologica: Journal of Cellular and Molecular Biology"). Seine Forschungsschwerpunkte sind die Immunhistochemie und Ultrastruktur der Reproduktionsorgane, die frühe Embryonalentwicklung der Haussäugetiere, die Mechanismen der Angiogenese und die experimentelle Krebsforschung.

✉ fred.sinowatz@lmu.de

PD Dr. med. vet. Daniela Rodler

ist in München geboren und hat Tiermedizin in München studiert. Sie ist Privatdozentin für Anatomie, Histologie und Embryologie an der Tierärztlichen Fakultät der Ludwig-Maximilians-Universität München und Fachtierärztin für Anatomie und Embryologie. Als Visiting Professor war sie an der St. George's University of Grenada tätig. Sie ist Mitglied des Editorial Board von „Anatomia Histologia Embryologia", der Zeitschrift der World Association of Veterinary Anatomy, und „Translational Research in Anatomy". Ihre Forschungsschwerpunkte sind die vergleichende Morphologie der Vögel sowie die Angiogenese im Ovar der Vögel und der Säugetiere.

✉ daniela.rodler@lmu.de

Sachverzeichnis

Fett gedruckte Seitenzahlen verweisen auf Abbildungen.

A

H

I

J

K

L

M

N

O

P

Q

R

S

T

U

V